国防特色教材·动力机械及工程热物理

燃料电池系统

曹殿学　王贵领　吕艳卓　　等编著

北京航空航天大学出版社

北京理工大学出版社　哈尔滨工业大学出版社
哈尔滨工程大学出版社　西北工业大学出版社

内容简介

本书论述了燃料电池的基本原理、结构、性能、关键材料、发展现状以及在军事、航天航空、民用等领域的应用。全书共13章，内容包括燃料电池概述、燃料电池热力学和动力学、质子交换膜燃料电池、直接甲醇燃料电池、碱性燃料电池、磷酸燃料电池、熔融碳酸盐燃料电池、固体氧化物燃料电池、金属半燃料电池、直接碳燃料电池、直接硼氢化物燃料电池、生物燃料电池和氢燃料的制备及储存。

本书内容全面系统，概念清楚、文字简练、图文并茂，可作为高等院校相关专业的高年级本科生和研究生的教材或教学参考书，也可供从事燃料电池研发的科技工作者参阅。

图书在版编目(CIP)数据

燃料电池系统/曹殿学等编著. —北京：北京航空航天大学出版社，2009.9

ISBN 978-7-81124-896-8

Ⅰ.燃… Ⅱ.曹… Ⅲ.燃料电池 Ⅳ.TM911.4

中国版本图书馆CIP数据核字(2009)第151269号

燃料电池系统

曹殿学　王贵领　吕艳卓　等 编著

责任编辑　杨　昕

*

北京航空航天大学出版社出版发行

北京市海淀区学院路37号(100191)　发行部电话:010-82317024　传真:010-82328026

http://www.buaapress.com.cn　E-mail:bhpress@263.net

北京九州迅驰传媒文化有限公司印装　各地书店经销

*

开本:787×960　1/16　印张:25.75　字数:577千字

2009年9月第1版　2024年1月第6次印刷　印数:5 501～6 000册

ISBN 978-7-81124-896-8　定价:89.00元

前　言

近年来随着能源短缺和环境恶化日益严重，燃料电池作为一种高效洁净的发电装置，其技术的发展引起了各国政府、企业、科研机构及高等院校的高度重视。燃料电池被看做是继火力发电、水力发电与核电之后的第四种发电方式。燃料电池技术被认为是21世纪首选的洁净高效的发电技术，美国把燃料电池列为仅次于基因重组计划和超级材料之后的第三项尖端技术。燃料电池技术的研发近年来取得了长足的进步，小到几瓦大到兆瓦级的燃料电池系统相继研究成功，并应用于发电站、交通运输工具和便携式电子设备等。另外，航天航空器、水潜艇和水下机器人等高科技领域也可看到燃料电池应用的例子，以氢为燃料的零排放燃料电池汽车更是人类追求的理想交通工具。燃料电池还特别适于建设分电站，可以解决目前集中式电网输电出现故障或遭到破坏时造成大面积瘫痪的问题。这一点对国防安全和反恐是十分重要的。

燃料电池的进一步发展需要更多年轻科技工作者的参与。因此，高等院校有必要设置有关燃料电池的课程，开展系统的教育，培养相关的研究人才。本书将面向高年级大学生和研究生教育，可作为教材或教学参考书，也可供从事燃料电池研发的科技工作者参阅。目前，燃料电池技术仍处于发展阶段，相关知识在不断更新。近年来现出了一些新型燃料电池，有关这方面内容的书籍较少，让学生们了解这些最新的发展是本书的编写出发点之一。

本书分为四个部分，共13章。第一部分(第1～2章)介绍了燃料电池的基本原理及其热力学和动力学知识；第二部分(第3～8章)分别针对目前常见的6种类型的燃料电池进行了系统的阐述，重点在电池的结构、关键材料及其发展现状与应用情况；第三部分(第9～12章)介绍了4种特殊类型的、目前处于活跃研究阶段的燃料电池，包括金属半燃料电池、直接碳然料电池、直接硼氢化物燃料电池和生物燃料电池；第四部分(第13章)讨论了作为燃料电池燃料的氢气的制备及储存。另外，每章后附有问题与讨论，可用于检查对本章知识的学习掌握情况。

本书的编写力求严谨、规范，叙述力求准确、精炼，内容力求系统、全面，使用的资料力求新颖。在阐述燃料电池的电化学原理和关键材料的基础 上，也介绍了燃料电池技术的一些最新成果。

本书由曹殿学编写了第1、第2、第9和第10章；王贵领编写了第7、第8(其中8.2.6和8.6由赵辉编写)和第11章；吕艳卓编写了第3～6章；温青编写了第12章；张森编写了第13章。全书由曹殿学统稿。

本书在编写过程中得到了中国科学院长春应用化学研究所陆天虹研究员和黑龙江大学赵辉教授的大力帮助，陆天虹研究员为直接甲醇燃料电池一章的编写提供了很多资料，赵辉教授对固体氧化物燃料电池一章做出了很多修改和补充。二人仔细审阅了全书并提出了宝贵意见。编者还参考了国内外有关燃料电池的著作和大量研究论文，在此一并表示衷心感谢。

由于编著者学识和能力有限，书中疏漏和错误之处，敬请读者批评指正，编著者表示由衷感谢。

作　者

2009年　月　日

目　　录

第1章 燃料电池概述

能源短缺以及大量化石能源的利用导致环境严重恶化已成为目前全人类所面对的重大问题。寻求洁净高效的能量转换技术已经成为各国政府、企业界、科研院所和高等院校等共同关注的问题。在这样的背景下,燃料电池(fuel cell)这一古老的发明又重新成为人们关注的热点。燃料电池技术被认为是21世纪首选的洁净高效的发电技术,美国把燃料电池列为仅次于基因组计划和超级材料之后的第三项尖端技术。因此,燃料电池技术承载着人类实现高效率和零排放发电的梦想。那么,什么是燃料电池?它是怎样来发电的?它有什么样的优点以至于被给予如此高度的重视和评价?目前都有哪些类型的燃料电池?它们能在哪些方面发挥作用?本章将回答这些关于燃料电池的基本问题,为读者学习后续章节奠定基础。

1.1 燃料电池的历史回顾

1.1.1 燃料电池的定义

燃料电池是一种能量转换装置,它将存储在燃料中的化学能通过电化学反应直接转换成电能。燃料电池的工作原理与一般传统电池(battery)类似,但其工作方式则不同于电池。电池是集能量存储和转换一体的装置,即电活性物质通常作为电极材料的一部分存储在电池壳体中,在电池工作(放电)时,其不断被消耗掉,待这些携带化学能的电活性物质消耗到一定程度后,电池就不能继续工作。因此,电池的特征是一次只能输出有限的电能,并且电极在电池工作过程中会不断变化。而燃料电池本身仅仅是一种能量转换装置,并不存储能量。携带能量的燃料和氧化剂被源源不断地输入到燃料电池中,经电化学反应转换为电能,并不断排出产物。此过程中燃料电池的电极并不发生变化,只是提供电化学反应发生的场所。因此,燃料电池的特征是只要能够连续地供应燃料和氧化剂,燃料电池就能连续发电,并且电极并不消耗。这种工作方式与汽油和柴油发电机比较接近,即不断的从外部获得燃料,不断输出电能,并不断排放反应产物。但是,燃料电池和汽、柴油发电机的发电过程是完全不同的。传统的热机发电要经过几个步骤,首先,必须通过燃烧将燃料的化学能转变成热能;然后,利用热机(内燃机或蒸汽机)将热能转化成机械能;最后,再通过发电机将机械能转换为电能。在这一系列的转换步骤中,燃烧过程产生污染,热机转换过程产生噪声,每一步转换都会造成能量损失,尤其热能转化为机械能时,由于热机效率受卡诺循环的限制,导致发电效率的极大损失。相比之下,燃料电池则是通过其阴、阳两电极上发生的电化学反应,直接将化学能转换为电能。转换过程中没有燃烧，不使用热机。因此，燃料电池具有效率高、污染少、噪声低的突出优点。

1.1.2 燃料电池的诞生及发展历程简介

燃料电池早在19世纪初就已发明了，迄今为止已经有170多年的历史，但直到20世纪60年代才第一次真正应用在航天航空上，这期间经历了120多年的时间。

燃料电池的发明要首先归功于瑞士教授 Christian Friedrich Schöenbein。他在1838年首先发现了燃料电池效应，即在铂电极上的氢和氧的反应会产生电流。在随后的1839年，英国的物理学家兼法官 William Robert Grove 爵士报道了世界上第一个燃料电池的雏形，当时 Grove 称之为气体电池（gas battery）。Grove 气体电池的发明是受到水电解实验的启发。Grove 认为既然通入电流可以将水在两个电极上分解为氢气和氧气，那么反过来，氢气和氧气在电极上反应生成水的过程就有可能产生电。为了验证这一设想，Grove 将两条铂片分别放入两个密封的玻璃瓶中，一个瓶内充满氢气，另一个瓶内充满氧气，当将这两个玻璃瓶一起浸入到稀硫酸溶液里面时，两个电极之间就开始有电流流过，同时在装有氧气的瓶内有水生成。Grove 同时指出反应应该仅发生在气体、液体和铂电极的接触处。为了提高电压，Grove 将4组这样的装置串联起来，就构成他称之为的气体电池，如图1-1所示。这个装置后来被公认为是世界上第一个燃料电池。现在，每年在瑞士卢塞恩市举办的欧洲燃料电池论坛上都设有以 Christian Friedrich Schöenbein 命名的奖牌，在英国每两年召开一次以 Grove 命名的燃料电池国际会议，以纪念这两位燃料电池的奠基人和发明人。

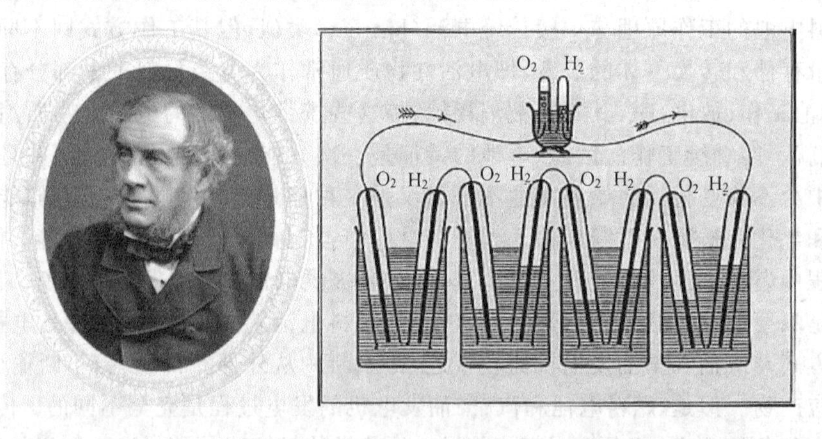

图1-1 William R. Grove 爵士及其的气体电池示意图

“燃料电池”(fuelcell)这一名词是直到1889年才由化学家 L. Mond 及其助手 C. Langer 提出。两位科学家认识到 Grove 气体电池这种装置需要大的反应面积才能产生大的电能，因此，他们在电池的结构设计上进行了大幅度改进。首先，他们将一种不导电的多孔隔膜材料用稀硫酸浸泡;然后,在隔膜的两侧各放上一片多孔的铂片,铂片上覆盖有一层铂黑,铂黑充当电极反应催化剂;最后,将它们一组一组的叠加在一起,中间用纸板、木头、橡胶等绝缘材料做成框架,形成气室,使得膜的一侧与氢气接触,另一侧与氧气接触。这种电池在工作电压为0.73 V时输出3.5 $mA \cdot cm^{-2}$的电流密度。但是他们发现电压每小时下降10%,并且电解质不稳定。现在看来,当年他们的电极结构和设计思路已经非常接近现代燃料电池的结构和设计思路。

此后,Friedrich Wilhelm Ostwald(1909年诺贝尔化学奖获得者)建立了燃料电池工作原理的基本理论,并在1893年从实验上测定了燃料电池各个组成部分之间的相互关系及作用,如电极、电解质、氧化剂和还原剂、阴离子和阳离子等。Ostwald关于燃料电池的理论为后来的燃料电池研究者奠定了基础。

19世纪是诸多科学原理和科学技术诞生的世纪,燃料电池就是其一。但是当时的科技水平还不足以将燃料电池这种技术发明转化成为商品。到了19世纪末期,内燃机技术崛起并迅速发展,与其配套的化石燃料(煤、石油等)的开发与使用也大规模的展开,因此,基于内燃机技术的交通运输工具开始普及。以氢气为燃料的燃料电池的研发失去了需求的推动,被人们逐渐淡忘了,燃料电池的发展基本进入了停顿期。这期间燃料电池发展的几个主要事件是,1902年,Reid提出了碱性燃料电池(alkaline fuel cell)的概念,增加了燃料电池的种类;1923年,A. Schmid提出了气体扩散电极(gas diffusion electrode)的概念,这种电极概念一直沿用到今天;1932年,G. W. Heise以蜡为防水剂制备出了憎水电极,这是现在气体扩散电极的雏形;20世纪50年代,美国通用电气公司GE(General Electric Co.)和联合碳化物公司(Union Carbide Co.)分别制备出了以聚四氟乙烯为防水剂的多孔气体扩散憎水电极,已经很接近目前氢氧燃料电池常用的电极。

1959年,英国剑桥大学的培根(F. T. Bacon)博士经过27年的研究,向世界展示了第一个真正能够工作的燃料电池,即一个5 kW的燃料电池堆,可以驱动一部电焊机工作。Bacon博士根据A. Schmid所提出的气体扩散电极的概念研制出了双孔结构电极,并对L. Mond和C. Langer所发明的燃料电池加以改进,即用比较廉价的镍网来替代铂黑电极,用不易腐蚀镍电极的KOH碱性电解质代替硫酸电解质。这种装置也称为培根电池(Bacon Cell)。培根电池实际上就是第一个碱性燃料电池。培根电池的成功开发为现代燃料电池的商业化奠定了基础。图1-2为培根博士及其5 kW燃料电池。

20世纪60年代,在燃料电池的发展史上是不平凡的年代。这一时期,太空科技迅速发展,为了找到合适太空飞船的动力电源,美国航空航天管理局(NASA)对各种电源系统进行了系统的分析和对比,包括电池、燃料电池、太阳能电池、核电系统等。燃料电池由于其具有潜在的高能量密度和高功率密度的特性,成为NASA太空飞船电源的首选。在NASA的大力资助下,燃料电池技术得到了长足的进步。首先,是磺化聚苯乙烯阳离子交换膜这种聚合物电解质膜(polymer electrolyte membrane)的研制成功;然后,是在这种膜上附着高分散铂黑方法的

图 1-2 培根博士及其 5 kW 燃料电池

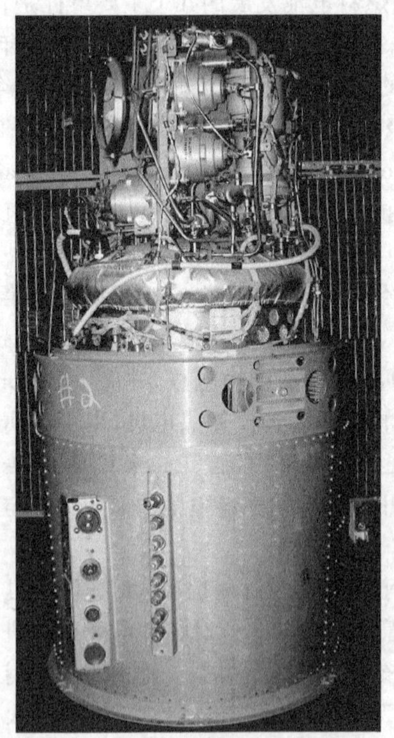

图 1-3 阿波罗登月飞船上使用的 1.5 kW 碱性燃料电池

发明。在此基础上，NASA 和 GE 合作，开发了一种新型燃料电池——聚合物电解质膜燃料电池 PEMFC（polymer electrolyte membrane fuel cell），并将其应用于双子星座飞船的探测任务。这一任务的主要目的是为阿波罗（Apollo）飞船测试程序和设备，包括电源系统。几次测试中，PEMFC 的表现不是很稳定，出现了很多技术问题，比如膜漏氧、电池内部污染等。于是 NASA 转向了飞机制造商普惠 P&W（Pratt&Whitney）公司。普惠公司在其取得的培根碱性燃料电池专利的基础上，通过一系列的改进，成功地开发出了比 GE 的 PEMFC 更加稳定且寿命更长的碱性燃料电池。这一燃料电池系统成为了阿波罗登月飞船的主电力系统。此后航天飞机的多次太空飞行任务也都采用碱性燃料电池作为动力电源系统，可以说燃料电池为航天科技的进步做出了巨大的贡献。图 1-3 为阿波罗登月飞船上使用的 1.5 kW 碱性燃料电池，质量约 113 kg，飞船上装备了两套，提供飞船所需电能和大部分饮用水。

图 1－4 为航天飞机上使用的 12 kW 碱性燃料电池，质量约 120 kg，白色套内为电池部分，其余为燃料供给及控制系统。

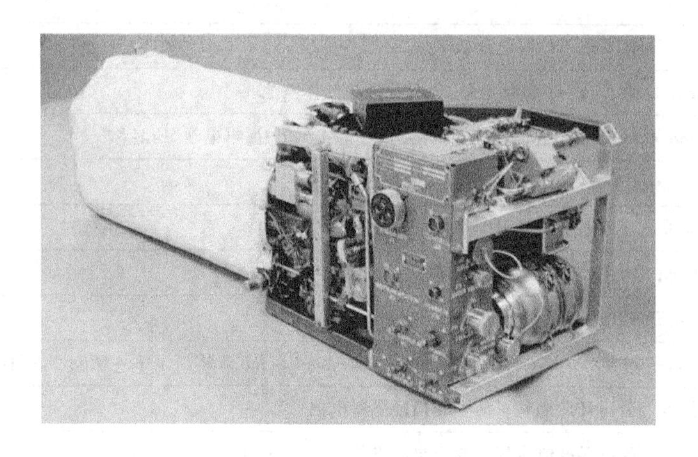

图 1－4　Orbiter 航天飞机上使用的 12 kW 碱性燃料电池

碱性燃料电池在航天应用上的优异表现增加了人们对燃料电池技术的信心。因此，20 世纪 60 年代后期，开始从事燃料电池研究的机构不断增加。特别是 1973 年发生了石油危机，世界各国开始真正认识到能源的重要性，纷纷开始寻找各种途径来降低对石油进口的依赖。通过提高能源的利用效率来减少需求显然是有效的方法之一，而燃料电池作为一种潜在的高效能量转换技术，在这种背景下也重新引起了人们的重视。接下来人们逐渐认识到化石燃料的大量使用，排放出大量温室气体导致全球变暖、环境污染加剧。因此，必须改变现在的能源利用方式，寻找洁净高效的能量转换技术。燃料电池作为一种洁净高效的发电装置，成了全球的研究热点。从 70 年代开始，燃料电池的研究进入了快速发展阶段，各种不同类型的燃料电池纷纷问世，新材料和新工艺不断出现。比如，1972 年杜邦公司成功地开发了一种聚合物质子交换膜 Nafion®（聚四氟乙烯磺酸膜），解决了长期困扰人们的燃料电池固体电解质膜材料的关键问题。再比如，1986 年美国洛斯阿莫斯国家实验室（LANL）发明了可以大大降低铂催化剂用量的电极立体化设计方法。随着一系列突破性研究成果的出现，燃料电池也开始走出实验室，进入普通人的视野。1993 年加拿大巴拉德公司（Ballard Power System）推出了世界上第一辆以质子交换膜燃料电池为动力的公共汽车。这种汽车以氢气为燃料，唯一的排放物是水，这使人们看到了燃料电池的魅力。今天，在北美和欧洲等一些城市，以燃料电池为动力的公共汽车正在进行示范运行。主要汽车制造商们在不断地展示他们的燃料电池示范样车。许多医院、学校、办公楼、水处理厂等都安装了燃料电池，在进行示范运转。表 1－1 列出了燃料电池发展史上的一些关键性发明和标志性成果。

表1-1 燃料电池发展史上的一些关键性发明和标志性成果

年代	事件
1838	Schöenbein发现了燃料电池效应
1839	Grove发明了第一个燃料电池,当时称之为气体电池
1889	Mond和Langer改进了气体电池结构,并正式提出“燃料电池”的名称
1896	Jacques研制成功了第一个数百瓦的煤燃料电池
1902	Reid提出了碱性燃料电池的概念,丰富了电池的种类
1923	Schmid提出了气体扩散电极的概念,并沿用至今
1932	Heise开发出了以石蜡为防水剂的憎水电极
1959	Bacon研制成功5 kW碱性燃料电池系统,Allis-Chalmers推出了第一辆碱性燃料电池拖拉机
1960	通用电气公司开发成功了质子交换膜燃料电池
1962	质子交换膜燃料电池应用于双子星座飞船
1965	碱性燃料电池应用于阿波罗登月飞船
1967	通用汽车公司开发成功第一辆碱性燃料电池电动汽车Electrovan
1972	杜邦公司开发出全氟磺酸质子交换膜Nafion®,至今仍是燃料电池唯一可用的质子膜
1979	美国纽约完成了4.5 MW磷酸燃料电池电厂的测试
1986	洛斯阿莫斯国家实验室发明了大幅降低铂催化剂用量的电极立体化设计方法,同时开发成功第一辆磷酸燃料电池公共汽车
1988	第一艘碱性燃料电池潜艇在德国下水进行试航
1991	日本千叶11 MWK磷酸燃料电池试验电厂达到设计功率
1993	巴拉德电力系统公司开发成功第一辆质子交换膜燃料电池公共汽车
1996	美国加利福尼亚州的2 MW试验电厂开始供电
2002	第一艘质子交换膜燃料电池U212A级潜艇在德国哈德威造船厂建成并下水试航,2005年装备德国海军服役

1.2 燃料电池基础

1.2.1 燃料电池的工作原理

所有燃料电池的核心部分都是由阳极、阴极、电解质这三个基本单元构成。电解质通常介于阳极和阴极之间，具有双重作用，传导离子和阻止燃料和氧化剂的直接接触。阳极是燃料发生氧化反应的场所，阴极是氧化剂发生还原反应的场所。燃料电池中从化学能到电能的全部转换过程都是通过这三个基本单元来完成的。以酸性电解质的氢氧燃料为例来说明燃料电池的工作原理。如图 1-5 所示，氢气作为燃料被连续地输送到燃料电池的阳极，在阳极电催化剂的作用下，发生电化学氧化反应（阳极反应），其式为：

$$H_2 \rightarrow 2H^+ + 2e^- \qquad (E^\circ = 0\ V) \tag{1-1}$$

生成质子，同时释放出两个自由电子。质子通过酸性电解质从阳极传递到阴极，自由电子则通过电子导体从阳极流经负载后运动到阴极。在阴极上，氧气在催化剂的作用下，发生电化学还原反应（阴极反应），其式为：

$$\frac{1}{2}O_2 + 2H^2 + 2e^- \rightarrow H_2O \qquad (E^\circ = 1.23\ V) \tag{1-2}$$

即与从电解质传递过来的质子和从外电路传递过来的电子结合生成水分子。总的电池反应为：

$$H_2 + \frac{1}{2}O_2 \rightarrow H_2O \qquad (E^\circ_{cell} = 1.23\ V) \tag{1-3}$$

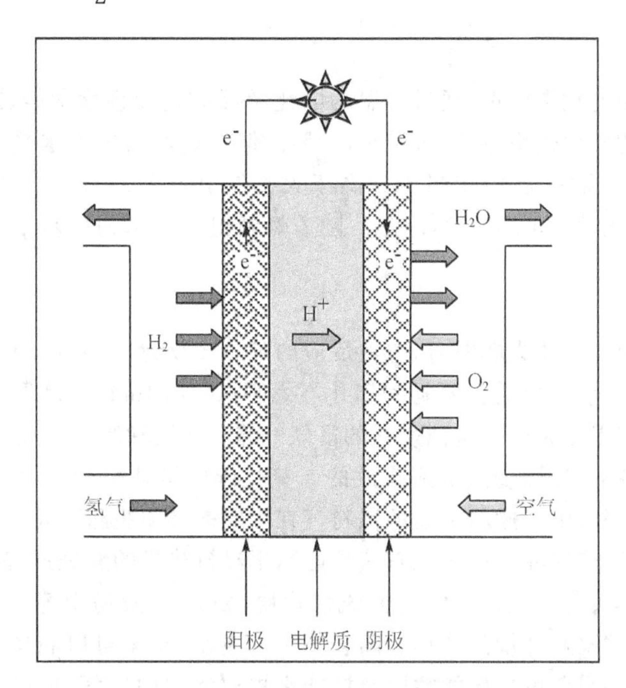

图 1-5 酸性电解质氢氧燃料电池基本原理示意图

显然与氢气和氧气的燃烧反应是一样的。但是发生燃烧反应时，氢气与氧气直接接触，释放出的是热能。而在燃料电池中，氢气和氧气并无直接接触，他们的氧化和还原在各自的电极上进行，由于两个电极反应的电势不同，从而在两个电极间产生电势差，其推动电子从电势低的阳极向电势高的阴极流动,并释放出电能。这一过程就和水从高处流往低处时势能转化为动能是一个道理。从燃料电池的工作原理可以看出,燃料电池是一个能量转化装置,只要外界源源不断地提供燃料和氧化剂,燃料电池就能持续发电。

从燃料电池的工作原理不难发现,可以作为燃料电池的燃料和氧化剂的物质有很多种。但目前常用的燃料是氢气,氧化剂则是来自空气中的氧气。原因主要是氢气电化学氧化反应快,空气无成本且可直接取自电池的周围环境中;电池的唯一排放物为水,从而实现零污染排放,符合当今对洁净能源转换技术的要求。但是自然界中并不存在氢气,氢以化合物的形式存在于水、石油、天然气等之中。如何能够从这些物质中经济环保的提取氢气对燃料电池技术的大规模应用是非常重要的。

1.2.2 燃料电池的特点

作为一种发电装置,燃料电池与现在广泛使用的热机(蒸汽机和内燃机)及其他发电方式相比,具有如下特点:

(1) 效率高

燃料电池是利用电化学原理,通过等温的电化学反应直接将化学能转化为电能。理论上它的化学能到电能的转化效率可达 75%～100%。但在目前的技术水平上,实际的发电效率均在 40%～60%的范围内,已经相当于或高于火力发电效率(30%～40%)。若实现热电联供,燃料的总能量转化效率可达 80%以上。随着燃料电池技术的进步,其电效率有希望进一步提高。

(2) 污染低

当燃料电池以纯氢气体为燃料时,电池反应的唯一产物为水,因此,可以实现零污染排放。但是自然界中不存在氢气,目前主要是利用化石燃料(fossil fuel)来制取,比如将天然气经过水气转换反应即可获得作为燃料电池燃料的富氢气体。在这种制氢过程中所排放的二氧化碳的量,要比将化石燃料直接燃烧发电所排放的二氧化碳的量减少 40%以上,从而可有效减缓地球的温室效应。另外,由于燃料电池的燃料气在反应前必须脱除硫及其化合物,而且燃料电池是按电化学原理发电(燃料与空气无直接接触),不经过热机的燃烧过程(空气与燃料直接混合),所以它几乎不排放硫的氧化物(SO_x)、氮氧化物(NO_x)以及粉尘等,从而减少了大气污染物排放,有利于降低酸雨对环境的破坏。随着技术的进步,未来可以利用太阳能、风能、水能、地热能、海洋能等这些绿色可再生能源以及核能来提取水中的氢气,再以其为燃料,利用燃料电池发电,将会从根本上实现无污染发电。

(3) 噪声低

火力发电、水力发电、核能发电这些目前使用的发电技术均需使用大型涡轮机,其在工作过程中高速运转,产生很大噪声。作为车船动力的内燃机也产生相当的噪声,必须进行隔音降噪,从而增加了成本。燃料电池按电化学原理工作,电池本身没有运动部件,附属系统也只有很少的运动部件,且都是低噪声的,因此,它可以安静地将燃料化学能转化为电能。实验表明,距离 40 kW 磷酸燃料电池电站 4.6 m 的噪声水平是 60 dB。而 4.5 MW 和 11 MW 的大功率磷酸燃料电池电站的噪声已经达到不高于 55 dB 的水平。我国对居住、商业、工业混杂区的噪声标准是昼间≤60 dB,夜间≤50 dB。显然,燃料电池电站的安静程度已达到可以建在居民生活和办公区域附近的要求。将燃料电池电站设置在需要电的工厂或住宅附近,可以有效地降低通过高压线路长距离地把从遥远的大型发电站发出的电能输送到用户所造成的电能损失。

(4) 使用范围广,机动灵活

燃料电池的基本单元是单电池,即两个电极夹一层电解质。基本单元组装起来就构成一个电池组,再将电池组集合起来就构成燃料电池发电装置。发电容量取决于单电池的功率与数目。燃料电池采用模块式结构进行设计和生产,可以根据不同的需要灵活地组装成不同规模的燃料电池发电站。所以燃料电池发电站的建设成本低、周期短。另外,由于燃料电池质量轻、体积小、比功率高,移动起来比较容易,布置方式也灵活多样,所以特别适合在海岛上或边远地区建造分散性电站。近年来世界上发生的几次大的停电事故启示人们:“大机组、大电网、高电压”模式的现代电力系统非常脆弱,在战争状态下更是不堪一击。燃料电池的机动灵活性,可以有效解决供电安全问题。

目前燃料电池可以从 1 W 级做到兆瓦级,如此宽的功率范围使得燃料电池的应用范围十分广泛。燃料电池按照发电量分为 7 级,各自有不同的应用领域,如表 1-2 所列。

表 1-2 不同级别燃料电池的应用领域

发电容量级别	应用领域
1 W 级	小型便携式电源,如数码相机、笔记本电脑、手机等
10 W 级	便携式电源,如应急作业灯、警用装备、军用野外作战装备等
100 W 级	电动自行车、摩托车的动力源、小型服务器、UPS 等
1 kW 级	各种移动式动力源,如家庭电源、野外作业动力源等
10 kW 级	电动车动力源,中型通信站后备电源
100 kW 级	舰艇、潜艇、公共汽车等交通工具的动力源,小型移动电站
1 MW 以上级	局域分散电站,集中式并网电站,大型舰船潜艇动力电源

1.2.3 燃料电池的种类

燃料电池的分类方式很多,可依据所用电解质性质、电池工作温度、燃料种类及使用方式等进行分类。目前广为采纳的分类方法是依据燃料电池中所用的电解质类型来进行分类,即分为五类燃料电池:碱性燃料电池 AFC(Alkaline Fuel Cell),质子交换膜燃料电池 PEMFC(Proton Exchange Membrane Fuel Cell,也叫聚合物电解质膜燃料电池,即 Polymer Electrolyte Membrane Fuel Cell),磷酸燃料电池 PAFC(Phosphoric Acid Fuel Cell),熔融碳酸盐燃料电池 MCFC(Molten Carbonate Fuel Cell)和固体氧化物燃料电池 SOFC(Solid Oxide Fuel Cell)。依据工作温度,燃料电池可以分为低温燃料电池、中温燃料电池和高温燃料电池。碱性燃料电池和质子交换膜燃料电池属于低温燃料电池,磷酸燃料电池则为中温燃料电池,熔融碳酸盐燃料电池和固体氧化物燃料电池为高温燃料电池。按燃料及其使用方式,燃料电池可分为三类。第一类是直接式燃料电池,即燃料直接在电池的阳极催化剂上被氧化。如直接甲醇燃料电池 DMFC(Direct Methanol Fuel Cell)、直接碳燃料电池 DCFC(Direct Carbon Fuel Cell)、直接硼氢化物燃料电池 DBFC(Direct Borohydride Fuel Cell)等。第二类是间接式燃料电池,其燃料不是直接使用,而是经过转化后再使用。比如把甲烷、甲醇或其他烃类化合物通过蒸汽转化或催化重整转变成富氢混合气后再供应给燃料电池来发电。第三类是再生式燃料电池,它是指把燃料电池反应生成的水,经某种方法分解成氢和氧,再将氢和氧重新输入燃料电池中发电。

下面就几种常见的燃料电池的特性及其发展状况做一简单介绍,详细介绍请见本书后续章节。

1.2.3.1 碱性燃料电池(AFC)

碱性燃料电池是第一种得到实际应用的燃料电池,20 世纪 60 年代中期,美国航空航天局(NASA)成功地将其应用于阿波罗登月飞船上,为飞船提供电力的同时,也为宇航员提供饮用水。后来还将其用于航天飞机。碱性燃料电池采用氢氧化钾(KOH)溶液为电解液,电池工作温度一般在 60～220 ℃之间。在低温工作的 AFC(＜120 ℃)采用质量分数为 35％～50％的 KOH 电解液;在较高温度工作的 AFC 则采用质量分数为 85％的 KOH 电解液。碱性燃料电池有两种结构模式:电解质固定式和电解质循环式。前者是将多孔石棉膜浸在电解液中,夹在气体扩散性阴阳两级之间构成电池;后者采用具有两种孔径的电极,气体一侧孔径较大,电解液一侧孔径较小,阴阳两级之间形成一个电解液腔,工作时采用泵使电解液流经电解液腔在电池内外部循环,利用电解液在电极细孔中的毛细作用来防止气泄漏。航天飞机上使用的碱性燃料电池是电解质固定式的,阿波罗登月飞船上使用的是电解液循环式的。

碱性燃料电池和其他类型的燃料电池相比,具有一些显著的优点:① 由于在碱性电解液中,氢气的氧化反应和氧气的还原反应交换电流密度比在酸性电解液中要高,反应更容易进行。所以不必像在酸性燃料电池中必须采用铂等贵金属为电催化剂,可以采用镍、银等较便宜的金属为催化剂,从而可以降低燃料电池的成本。② 碱性燃料电池的工作电压较高,一般在 0.8～0.95 V,电池的效率可高达 60％～70％,如果不考虑热电联供,AFC 的电效率是几种燃料电池中最高的。③ 碱性燃料电池的双极板可以采用镍,其在碱性条件下是稳定的。这样可以降低电池堆的成本。事实上，就电池堆而言，碱性燃料电池的制作成本是所有燃料电池中最低的。碱性燃料电池的缺点主要是必须以纯氢为燃料，纯氧为氧化剂。这是因为电池中的碱性电解液非常容易和CO_2发生化学反应生成碳酸盐，其会堵塞电极的孔隙和电解质的通道，影响电池的寿命。所以，不能直接采用空气作为氧化剂，也不能使用重整气体(H_2+CO_2)作为燃料。这极大地限制了碱性燃料电池的大规模民用，基本局限在航天和军事上。

1.2.3.2　质子交换膜燃料电池(PEMFC)

质子交换膜燃料电池采用能够传导质子的聚合物膜作为电解质，比如全氟磺酸膜(杜邦公司的 Nafion 膜)，其主链为聚四氟乙烯链，支链上带有磺酸基团($—SO_3H$)，可以传递质子。质子交换膜燃料电池的核心部分称为膜电极组件 MEA(Membrane Electrode Assembly)。它由质子交换膜、阴极和阳极催化层、阴极和阳极气体扩散层等几层叠压在一起构成，如图 1-6 所示。质子在膜中的传导要依靠水，质子交换膜只有在充分润湿的情况下才能有效地传导质子。因此，PEMFC 的工作温度通常低于水的沸点，在 80 ℃左右。工作温度低加之电解质为酸性，这就要求阴、阳两极电催化剂的活性要高；所以，PEMFC 采用贵金属 Pt 为催化剂。为了减少其用量，降低电池成本，通常将其高度分散在炭粉载体上。低温下 Pt 对 CO 的中毒非常敏感，当利用由烃或醇等经过重整等技术制备的富氢气体作为燃料时，其中 CO 的体积分数必须低于 5×10^{-6}，这就加大了制氢的成本。

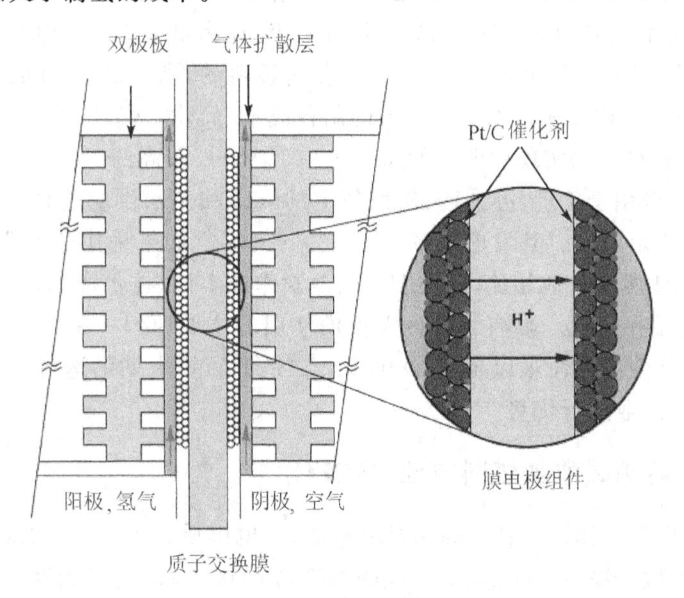

图 1-6　质子交换膜燃料电池结构示意图

由于 PEMFC 工作温度低于水的沸点，生成的水为液态，容易使气体扩散电极被淹没。所以，PEMFC 必须进行严格的水管理。液态水太多容易造成电极的水淹现象，水太少又容易引起膜干燥，降低膜的电导率，二者都会导致电池性能的下降，所以 PEMFC 的水管理特别重要。PEMFC 工作温度低还造成其余热利用价值不高，但是低温工作也使得 PEMFC 具有启动迅速、达到满载时间短的特性，加之 PEMFC 的功率密高、寿命长、运行可靠、环境友好，最有希望成为电动汽车的动力源。因此，世界几大汽车制造商，如戴姆勒-克莱斯勒、通用、福特、丰田、本田等，都在积极推动 PEMFC 电动汽车的发展。限制燃料电池汽车大规模发展的主要因素包括燃料电池系统价格昂贵、缺乏供氢系统等，短期内还很难实现商业化。PEMFC 在移动电源和分散式电站方面也有一定市场，但不适合大容量集中型电厂。

1.2.3.3 磷酸燃料电池(PAFC)

磷酸燃料电池是目前发展得最为成熟的燃料电池，已经实现了一定规模的商品化。PAFC 采用 100％的磷酸作为电解液，其具有稳定性好和腐蚀性低的特点。此外，室温时磷酸是固态，熔化温度 42 ℃，这样方便电极的制备和电堆的组装。使用时磷酸依靠毛细管作用力保持在由少量聚四氟乙烯(PTFE)和碳化硅(SiC)粉末组成的隔膜的毛细孔中。隔膜的厚度一般为 100～200 μm，这个厚度既可以满足低电阻损耗的要求，同时也有足够的机械强度可防止反应气体从一极向另一极的渗透。阴极和阳极均为气扩散电极，分别附着在隔膜两侧，构成三明治结构。为了使磷酸电解质具有足够高的电导率，磷酸燃料电池的工作温度一般在 200 ℃左右。在这样的温度下，仍然需要高活性的 Pt 作为电催化剂。但是在此温度下，CO 对 Pt 的中毒已经不象 PEMFC 那样严重。所以，作为燃料的重整气中 CO 的浓度上限可以提高到 1％(体积分数)，这样就显著降低了燃料的制备成本，简化了燃料的制备和净化装置。这也是使得 PAFC 能够最早的实现商业化的原因之一。PAFC 较高的工作温度使得其余热具有一定的利用价值，可以用于工厂、办公楼、居民住宅的取暖和热水供应的热源，因此，PAFC 非常适合用做分散式固定电站。其发电效率可达 40％～50％，如果采用热电联供，系统总效率可高达 70％。和其他燃料电池相比，磷酸燃料电池制作成本低，技术成熟，已经有多个千瓦和兆瓦级的 PAFC 电站在运行。影响 PAFC 大规模使用的主要原因一是由于磷酸电解质对电池材料的腐蚀导致其使用寿命难以超过 40 000 h，二是 PAFC 电站的运行发电成本比网电价格要高很多，无明显商业运行优势。

1.2.3.4 熔融碳酸盐燃料电池(MCFC)

熔融碳酸盐燃料电池是一种中高温燃料电池，其电解质为 $Li_2CO_3-Na_2CO_3$ 或者 $Li_2CO_3-K_2CO_3$ 的混合物熔盐，浸在用 $LiAlO_2$ 制成的多孔隔膜中，高温时呈熔融状态，对碳酸根离子(MCFC 的导电离子)具有很好的传导作用。MCFC 的工作温度在 600～650 ℃。与低温燃料电池相比，高温燃料电池具有明显的优势：① 在较高温度下，氢气的氧化反应和氧气的还原反应活性足够高，不需要使用贵金属 Pt 等作为电催化剂，所以，MCFC 阳极催化剂通常采用

Ni－Cr、Ni－Al合金，阴极催化剂则普遍采用NiO，这样降低电池成本；② 可以直接使用甲烷或一氧化碳等作为燃料，使其在电池内部进行重整（内重整）而转化为反应物氢气，从而简化系统；③ MCFC产生的高温余热具有更高的利用价值，可以将其回收用于蒸汽轮机实现联合发电，提高发电效率。与另一种高温燃料电池——固体氧化物燃料电池相比，MCFC的工作温度较低，对材料的要求也较低，可以使用相对廉价的金属材料。此外，电极、电解质隔膜、双极板的制作技术简单，密封和组装技术的难度也较小，易于大容量发电机组的组装，且造价较低。MCFC的缺点是阳极产生的二氧化碳必须循环到阴极，因此，需要一个循环系统。熔融碳酸盐具有腐蚀性和挥发性，因此，比SOFC寿命短，此外，熔融碳酸盐的联合发电效率也低于SOFC。MCFC的启动时间较长，不适合作为备用电源和频繁启停的车用电源。它的理想用途在于分散式电站和集中型大规模电厂。熔融碳酸盐燃料电池目前正处于商品化前的示范运行阶段，美国能源研究公司的2 MW示范电厂于1996年开始运行并累计发电250万度电。日本也正在开展1 MW MCFC实验电厂工作。为实现MCFC的商品化，还需要在电堆寿命、电堆性能、系统可靠性以及发电成本等多方面继续努力。

1.2.3.5 固体氧化物燃料电池(SOFC)

固体氧化物燃料电池与PEMFC类似，也是一种全固体燃料电池。电解质为固态致密无孔的复合氧化物，最常用的是氧化钇（Y_2O_3）掺杂的氧化锆（ZrO_2），简写为YSZ。这样的电解质材料在高温（800～1 000 ℃）下具有很好的氧离子传导性。ZrO_2本身不具有导离子性，掺入约10%的Y_2O_3后，晶格中的部分Zr^{4+}被Y^{3+}取代，形成O^{2-}空穴，在电位差和浓度差的驱动下氧离子可以在陶瓷材料中迁移。固体氧化物燃料电池在工作时，氧气在阴极被还原成氧离子，通过电解质中氧离子空穴传导作用运动到阳极，氢气在阳极被氧化，结合氧离子生成水。SOFC的阳极为多孔Ni－YSZ，阴极材料广泛采用的是掺锶的锰酸镧。阳极和阴极都制作成多孔电极，将阴极、电解质和阳极三层烧结在一起构成三合一电池组件。由于SOFC为全固体结构，因此，外形具有很大的灵活性，可以制成管式、平板式和瓦楞式等。与液态电解质燃料电池（AFC、PAFC、MCFC）相比，SOFC不存在电解质挥发和电池材料腐蚀问题，因而电池的使用寿命较长，目前已经可以达到连续工作70 000 h的水平。SOFC的工作温度要比MCFC还高，因此，甲烷和一氧化碳（CO）可以直接作为燃料而无需外重整，利用余热的联合发电效率更高。SOFC的缺点是由于工作温度很高，带来了一系列材料、密封和结构上的问题，比如电极的烧结、电解质与电极之间的界面化学扩散、热膨胀系数不同的材料之间的匹配、双极板材料的稳定性、电池的密封等。这些缺点在一定程度上制约着SOFC的发展，成为其技术突破的关键方面。与MCFC一样，SOFC主要应用在于分散式电站和集中型大规模电厂。

这五大类燃料电池有各自的优势、也有各自的缺点，他们有自己特长的应用领域，目前其技术水平各不相同，存在的问题也不同。表1－3为五种燃料电池性能的综合比较。

表 1-3 五种燃料电池的综合比较

电池种类	碱 性 (AFC)	质子交换膜 (PEMFC)	磷 酸 (PAFC)	熔融碳酸盐 (MCFC)	固体氧化物 (SOFC)
电解质类型	KOH	全氟磺酸膜	H_3PO_4	$Li_2CO_3-K_2CO_3$	$Y_2O_3-ZrO_2$
导电离子	OH^-	H^+	H^+	CO_3^{2-}	O^{2-}
阳极反应	$H_2+2OH^-\rightarrow 2H_2O+2e^-$	$H_2\rightarrow 2H^++2e^-$	$H_2\rightarrow 2H^++2e^-$	$H_2+CO_3^{2-}\rightarrow H_2O+CO_2+2e^-$	$H_2+O^{2-}\rightarrow H_2O+2e^-$ $CO+O^{2-}\rightarrow CO_2+2e^-$
阴极反应	$\frac{1}{2}O_2+H_2O+2e^-\rightarrow 2OH^-$	$\frac{1}{2}O_2+2H^++2e^-\rightarrow 2H_2O$	$\frac{1}{2}O_2+2H^++2e^-\rightarrow 2H_2O$	$\frac{1}{2}O_2+CO_2+2e^-\rightarrow CO_3^{2-}$	$\frac{1}{2}O_2+2e^-\rightarrow O^{2-}$
阳极催化剂	Ni 或 Pt/C	Pt/C	Pt/C	Ni(含 Cr、Al)	金属(Ni、Zr)
阴极催化剂	Ag 或 Pt/C	Pt/C、铂黑	Pt/C	NiO	掺锶的 $LaMnO_4$
操作温度	65～220 ℃	室温～80 ℃	180～200 ℃	约 650 ℃	500～1 000 ℃
操作压力	<0.5 MPa	<0.5 MPa	<0.8 MPa	<1 MPa	常压
燃 料	精炼氢气、电解副产氢气	氢气、天然气、甲醇、汽油	天然气、甲醇、轻油	天然气、甲醇、石油、煤	天然气、甲醇、石油、煤
系统电效率	50%～60%	40%	40%	50%	50%
特 性	1. 需使用高纯度氢气作为燃料；2. 低腐蚀性及低温，较易选择材料	1. 功率密度高，体积小，质量轻；2. 低腐蚀性及低温，较易选择材料	1. 进气中 CO 会导致触媒中毒；2. 废气可予利用	1. 不受进气 CO 影响；2. 反应时需循环使用 CO_2；3. 废热可利用	1. 不受进气 CO 影响；2. 高温反应，不需依赖触媒的特殊作用；3. 废气可利用
优 点	1. 启动快；2. 室温常压下工作	1. 可用空气做氧化剂；2. 固体电解质；3. 室温工作；4. 启动迅速	1. 对 CO_2 不敏感；2. 成本相对较低	1. 可用空气做氧化剂；2. 可用天然气或甲烷做燃料	1. 可用空气做氧化剂；2. 可用天然气或甲烷做燃气
缺 点	1. 需以纯氧做氧化剂；2. 成本高	1. 对 CO 非常敏感；2. 反应物需要加湿	1. 对 CO 敏感；2. 启动慢；3. 成本高	工作温度较高	工作温度过高
应 用	宇宙飞船、潜艇 AIP 系统	分布式电站、交通工具电源、移动电源	热电联供电厂、分布式电站	热电联供电厂、分布式电站	热电联供电厂、分布式电站、交通工具电源、移动电源

1.2.3.6 其他类型的燃料电池

以上五大类燃料电池基本上都是以氢气为燃料。然而自然界中并不存在氢气这种燃料，因此，要使这些燃料电池技术得到应用，首先必须解决制取氢气的问题。目前，氢气基本上是从化石燃料中提取，比如将天然气、石油炼制产物（液化气、汽油、柴油等）、醇类、煤等经过转换（重整、水气转换）和提纯净化后获得。这些转换和净化处理过程造成一定的能量损失，这些最后都要算到燃料电池的成本和效率中。有了氢气之后，它的存储、运输、携带等也是问题。特别是对于作为移动式电源和车船等交通运输工具动力的燃料电池来说，往往成为其未来推广应用的难题。因此，寻找替代燃料就成了燃料电池发展的一个重要方向。于是，出现了一些其他类型的不依赖氢气为燃料的燃料电池。比如，以醇类（甲醇、乙醇、异丙醇等）直接作为燃料的直接醇燃料电池 DAFC（Direct Alcohol Fuel Cell），以甲酸为燃料的直接甲酸燃料电池 DFAFC（Direct Formic Acid Fuel Cell），以固体碳（如煤）为燃料的直接碳燃料电池 DCFC（Direct Carbon Fuel Cell），以硼氢化物直接作为燃料的直接硼氢化物燃料电池 DBFC（Direct Borohydride Fuel Cell），以生物质和微生物为燃料的生物燃料电池 BFC（Biofuel cell）和微生物燃料电池 MFC（Microbial Fuel Cell），以金属为燃料的金属半燃料电池 MSFC（Metal Semi Fuel Cell）等。本书后续章节将对这些类型的燃料电池给以详细介绍。

氢氧燃料电池发电时，氢气和氧气被转化为水，水可以通过电解在重新转化为氢气和氧气，如果将电解水系统和氢氧燃料电池系统集成起来，则可实现燃料电池燃料的再生和循环使用。这就是可再生燃料电池 RFC（Regenerative Fuel Cell）的概念。理想的可再生燃料电池是一个可再生能源的闭合循环发电系统，即利用风能、太阳能、地热能等可再生能源产生电能，通过水电解器将水分解成氢气和氧气，提供给燃料电池发电和供热，反应生成的水在电解器中重新被电解为氢气和氧气，循环返回到燃料中。严格意义上讲，RFC 仅是一个特殊的燃料电池系统，而不是一种燃料电池类型。可再生燃料电池系统包括利用可再生能源的发电装置（太阳能电池、风力发电机等）、水电解装置、氢气和氧气的存储和运输装置、氢氧燃料电池等。可再生燃料电池有独立式、整合式与可逆式 3 种，独立式 RFC 系统中电解装置和燃料电池各自是完全独立的，只是反应物和产物通过管道相连；整合式 RFC 系统中电解电极和燃料电池的电极组装在一起，但是电解反应和电池反应是分别在不同的电极上进行的；可逆式 RFC 采用双功能电极，同一电极既可以作为电池电极输出电能，也可以在外加电场的作用下作为电解电极使用。可逆式 RFC 由于将电池反应与电解反应集成到同一电极上进行，体系能量密度较高，比较受青睐，但双功能电极的性能和寿命是关键技术。RFC 的主要用途应该是和太阳能电池或风力发电站配合起到二次电池的储能作用。

1.3 燃料电池系统

燃料电池的作用是将燃料的化学能转化成电能，并最终能够为负载提供所需的电力。要达到这一目的，仅仅只有一个燃料电池是不够的，通常需要将若干个单燃料电池组合成燃料电池堆，再与一整套附属装置一起，构成一个复杂的燃料电池系统来完成。这些附属装置来完成一系列任务，包括燃料的存储、加工处理、燃料和氧化剂连续稳定的向电池内部输送、电池输出电能的转换和功率调节、电池产生的热量管理、整个系统各部分的监控等。通常这些附属装置在整个系统中占据很大空间，是系统成本的重要构成部分，而且这些附属装置还要消耗电能，这就导致燃料电池系统体积大、成本高、效率下降。因此，必须结合燃料电池的应用目标来考虑燃料电池系统的设计。当作为移动或便携式电源使用且对能量密度要求高时，必须简化附属部件。在作为固定式发电装置且对能量效率和可靠性要求高时，则需要选择经济高效的附属装置。

燃料电池系统一般由 5 个子系统构成，分别是：① 燃料子系统（燃料的存储、处理、输送）；② 燃料电池子系统（燃料电池堆）；③ 热管理子系统（冷却、余热回收）；④ 电力转换子系统（直流交流转换、调整和稳定电压）；⑤ 电池自动监控系统。各系统之间的关系如图 1－7 所示。下面就主要子系统做简单介绍。

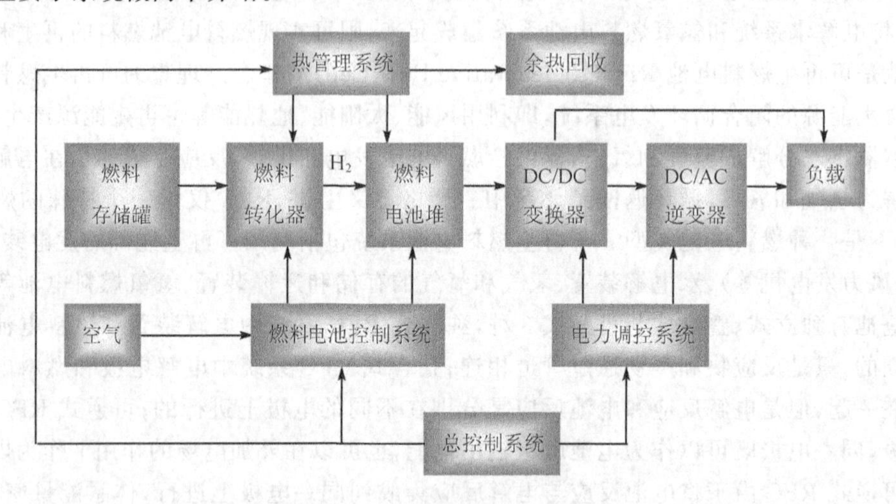

图 1－7 燃料电池发电系统框图

1.3.1 燃料电池堆

以氢氧燃料电池为例，其单电池的工作电压通常在 0.6～0.7 V，这是一个最佳的电压范围，在此范围内，燃料电池的输出功率接近它的最大值，而且电效率基本合适(约45%)。但是，在实际应用中所需要的电压往往高于单电池的工作电压，通常是几伏特到几百伏特。因此，为了满足实际需要的高电压，通常将多个单电池串联起来，构成一个电池堆。电池堆的电压为各个单电池电压的总和。图1-8为燃料电池堆及其组合示意图。

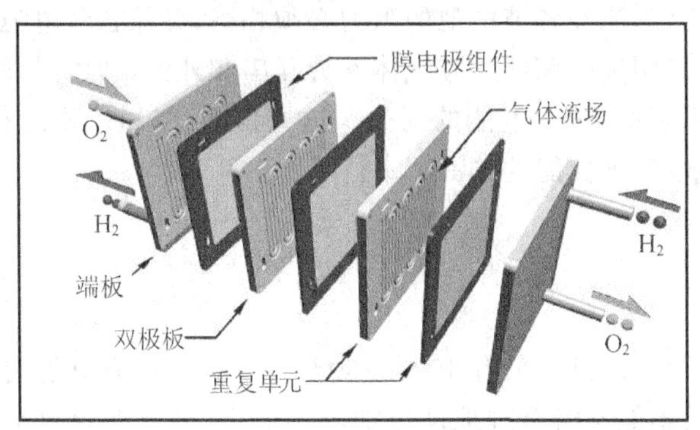

图1-8 燃料电池堆及其组合示意图

燃料电池的串联是通过“双极板”来实现的，双极板的一侧是某一单电池的阳极，另一侧是相邻单电池的阴极(一板两极，故称双极板)。利用若干个双极板把每一个单电池的“阳极-电解质-阴极”的三明治结构(膜电极组件)堆叠起来，两端各加一个端板分别作为阳极和阴极板，就形成了一个电池堆。双极板是燃料电池堆中非常重要的部件，同时担负多项任务：① 双极板具有输送反应气体的功能，两侧加工有不同形式的气体通道(流场)，以确保反应气体均匀分布在整个电极中，因此，必须具有较好的加工性能；② 双极板具有收集电流的功能，因此，必须是良好的电子导体；③ 双极板具有隔离燃料与氧化剂的作用，因此不能透气；④ 双极板具有支撑作用，强度必须足够高。此外，双极板必须质量轻，尽可能薄，以减小电池堆的质量和体积；双极板必须是热的良好导体，以利于反应热的散放和保证电池堆的温度均匀；双极板必须在电池的工作环境(酸或碱)下稳定耐腐蚀。双极板的材料依据燃料电池的种类(电解质和工作温度)不同而不同。碱性燃料电池可以采用镍板或高密度无孔石墨板；质子交换膜燃料电池采用无孔石墨板或复合碳板，复合碳板是将高分子树脂和石墨粉混合压铸而成的；磷酸燃料电池采用复合碳板或不绣钢板；熔融碳酸盐燃料电池使用不锈钢板或镍合金板；固体氧化物燃料电池则采用镍铬合金或$La_xCa_{1-x}CrO_3$。

燃料电池堆的大小取决于用户需要，可根据用户的使用要求(电压和电流)及电池性能来确定单电池的电极面积和串联数目。电极面积决定燃料电池堆工作电流的大小，串联数目决定了燃料电池堆的工作电压的高低。以PEMFC为例，某用户需要一个输出功率为500 W、工作电压为24 V的电池堆。按目前PEMFC的性能水平，选取典型工作电流密度500 mA·cm^{-2}和单电池工作电压0.7 V为设计参考点，则输出电压为24 V的燃料电池堆需要

24 V/0.7 V≈35个单电池串联而成。500 W、24 V的燃料电池堆的输出电流为500 W/24 V≈21 A。因此,电极的有效面积应为21 A/0.5 A·cm^{-2}≈42 cm^2。根据上述设计,满足用户要求的电池堆应由35节单电池串联组成,其电极面积应为42 cm^2。

燃料电池堆的设计在满足电压和功率等要求下,还必须满足一些其他要求,比如反应气体在电池堆中各节单电池间的分配必须均匀,流经各节电池的阻力必须相当,确保各节电池均匀的发挥其最佳效率。另外,要确保阳极与阴极两侧的反应气体不会互串和外泄,即密封性必须好。双极板和电极组件之间的接触电阻要低,减少电能的损失。这些都与双极板、密封材料、结构设计等密切相关,往往是决定燃料电池堆性能的关键技术。

1.3.2 热管理系统

燃料电池的电效率不可能达到百分之百,目前只有40%~60%。没有转化为电能的能量以热量的形式释放出来。如果这些热量不能及时合理地从电池堆中取出,则可能导致整个燃料电池堆出现过热现象,或者是电池堆内不同部位出现较大的温度差。这些对燃料电池堆的平稳运行是不利的。另外,从提高能量的综合利用率考虑,释放出的热量可加以回收利用。因此,热管理子系统在燃料电池系统中有重要作用。燃料电池堆的取热冷却方式取决于燃料电池的类型及规模尺寸。小型低温燃料电池(如PEMFC)通常采用"被动"冷却方式,即通过自然对流来冷却,热量往往不进行回收利用。中高温燃料电池(如PAFC、MCFC和SOFC)和大型低温燃料电池(如PEMFC)采用"主动"冷却方式,回收利用余热。

低功率小型便携式PEMFC系统(如<100 W)通常不需专门的冷却设备,只是通过对电池堆的结构进行精心的热量传递设计,利用周围环境空气的自然对流,来达到电池堆内外的热量平衡,实现既能够维持电池堆的反应温度又不至于过热的目的。较大低温型PEMFC系统和中温PAFC系统通常需要强制空气对流(风冷)或利用冷却液进行换热来保持电池温度。这就需要一些辅助设备如鼓风机或泵来使气流或液体流经冷却管道。这些辅助设备将消耗一部分燃料电池所产生的电能。车用燃料电池系统由于空间的限制,通常采用主动液体循环冷却,因为液体的热容量远远大于气体的热容量,从而可以减小系统的体积,但往往会增加系统的复杂性。高温燃料电池,如MCFC和SOFC,由于工作温度高,对过热不是很敏感,冷却问题不是很重要。但是,高温燃料电池产生的热量利用价值高,可以用它来对燃料和氧化剂进行预热,为燃料的预处理(碳氢化合物的水气转换或重整制氢等)提供热量。剩余的热量还可用来推动蒸汽机发电,从而提高燃料电池系统的电效率。

1.3.3 电力调节和转换系统

燃料电池的电力调节和转换系统的任务通常有两个方面:一是对电力进行调节,即保证燃料电池系统输出一个确切稳定的电压;二是对电力进行转换,即将燃料电池输出的直流电转化为交流电。几乎所有的燃料电池都要进行电力调节;对燃料电池电站和车用燃料电池系统,电力转换也是必要的。因为集中燃料电池电站输出的电力需要并入交流电网,分散式燃料电池电站需要给工厂、医院、办公楼、居民生活区中的交流设备提供电力,汽车上经常使用的是比直流电机效率更高的交流电机。对于用作小型便携式电子设备(笔记本、摄像机等)电源的燃料电池系统,可以直接使用直流电,无须转换。电力调节和转换系统是必要的,也是有代价的。它会使燃料电池系统的效率降低 5% ~20%,使燃料电池系统的造价增加 10%~15%。

(1) 电力调节

实际应用中,大多数情况下都要求供电系统能够在长时间内提供稳定的电压。然而,燃料电池的输出电压往往是不稳定的,很大程度上取决于电池温度、反应气体压力和流速等工作条件。最主要的是当负载的变化加剧时,电压会大幅度的改变。另外,即使燃料电池堆在设计时考虑到了用户对电压的要求,但设计电压也往往达不到用户特定应用的准确要求。为了解决这些问题,使得燃料电池系统能够输出固定的、稳定的直流电压,需要在电池堆和用户负载之间使用 DC/DC 变换调节器(DC/DC converter),它可以将一定范围内变化的输入电压(燃料电池堆电压)转化成某一固定且稳定的输出电压。这种转换需要消耗一部分功率。通常将 DC/DC 变换器的输出功率与输入功率的比值定义为其变换效率。一般 DC/DC 变换器的效率能够高于 85%。利用 DC/DC 变换器可以提高电压也可以降低电压,通常用来提高电压。输出电压的提高是以输出电流的降低为代价。比如一个效率为 90%的 DC/DC 变换器,当将 10 V 输入电压(电流 20 A)升高到 20 V 时,输出电流下降到 9 A。

(2) 电力转化

燃料电池输出的是直流电。如果燃料电池系统的用户是交流电用户或者要将燃料电池产生的电力并入交流电网(比如燃料电池发电站),则需要将燃料电池堆的直流电转换成交流电。这一转换过程通常由 DC/AC 变换器来完成,因此,需要在电池堆和交流用户或电网之间装配 DC/AC 变换器。目前,DC/AC 变换器的效率通常能够达到 85%以上。

1.3.4　控制系统

燃料电池系统的负载经常发生变化,特别是车辆用的燃料电池,要频繁的启动、停止、变速,导致负载变化非常大。因此,必须对燃料电池系统的各个部分进行实时监控,并根据负载变化情况不断进行跟踪调整,这就是控制子系统。控制子系统对燃料电池系统的其他子系统中的关键控制参数进行检测、调整和控制,以确保燃料电池系统稳定可靠的运行。同时这一系统还包括燃料电池系统的启动程序、停车程序、故障检测程序等。控制系统由多种传感元件(如温度、压力传感器)、执行元件(如电磁阀、空压阀)和执行控制的计算机程序等构成。控制系统最终可以实现燃料电池系统的全自动运行。图 1-9 为燃料电池系统控制流程及主要控制项目示意图。

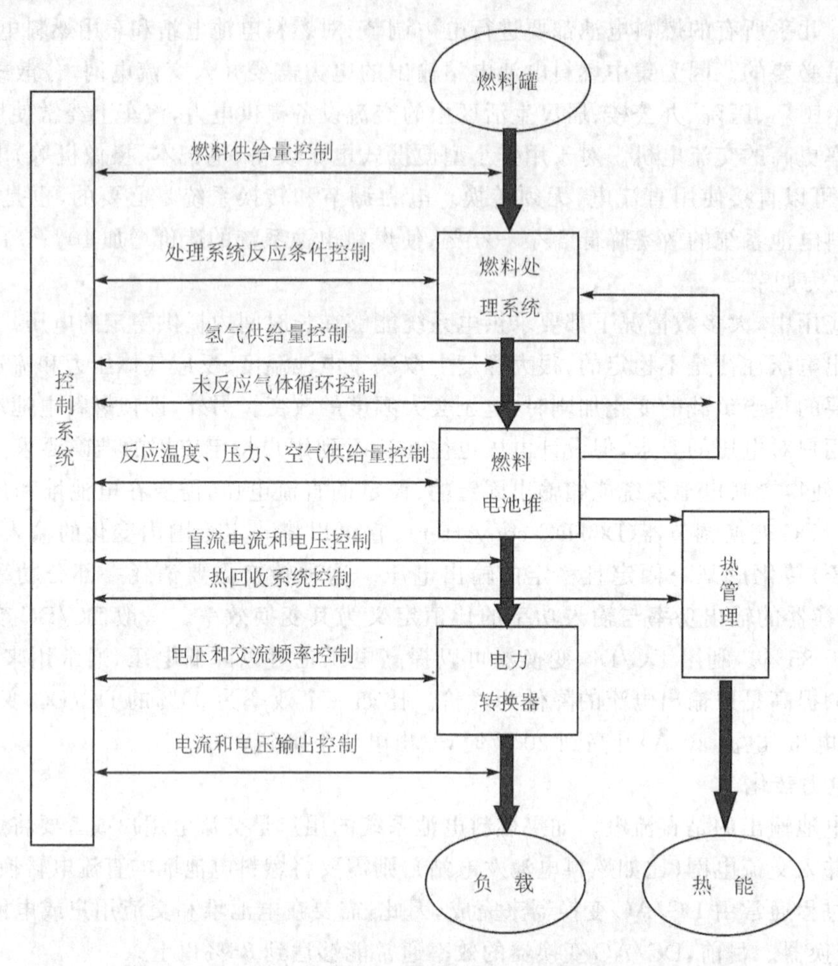

图 1-9 燃料电池系统控制流程及主要控制项目示意图

1.4 燃料电池的应用

在能源资源不足以及生态环境恶化日益显现的形势下，为建设资源节约型和环境友好型社会，实现可持续发展，世界上许多国家的政府部门纷纷将燃料电池技术列为国家重点研发项目，例如，美国的"展望 21 世纪"(Vision 21)、"自由车"(FreedomCAR)、"自由燃料"(Freedom Fuel)，日本的"新日光计划"(New Sunshine Program)，以及欧洲的"焦耳计划"(JOULE)，我国的"863 燃料电池汽车"和"氢能 973"等。高等院校和研究院所纷纷加入到燃料电池的研究中，企业界也积极注入巨资开发燃料电池技术。在北美，欧洲和日本等国家，燃料电池发电站正以快速步伐迈入商业规模应用的阶段,各种发电容量的燃料电池发电站相继建成并进行示范运转。燃料电池将有可能继火力发电、水力发电、核能发电后成为第四代发电方式。这种新型发电方式可以有效地节省能源并大规模的降低空气污染。燃料电池汽车的发展更是引人注目,各种零排放(zero emission)燃料电池示范样车纷纷亮相,向人们展示这种新技术的魅力和前景。如前所述,燃料电池的规模可以从几瓦级到兆瓦级,因此其应用范围非常广泛,可以用作固定发电站、运输工具动力、便携式电子仪器设备电源。下面就将其在这些方面的应用情况加以简要说明。

1.4.1 固定发电站

燃料电池发电系统采用模块化设计、规模调节方便、效率高、噪声低、并可热电联供,因而可作为中型分散型发电站,建在用户附近直接供电和供热,也可作为大型集中型发电厂,并网发电。五大类燃料电池中,除了 AFC 之外,其他几类都可作为不同发电容量的固定发电站。

(1) 磷酸燃料电池电站

日本富士电子公司已经商业化了 50 kW 和 100 kW 的 PAFC 发电系统,并售出 100 多套,使用表明稳定可靠。图 1-10 为日本富士电子 100 kW 磷酸燃料电池电站。美国联合技术集团 UTC(United Technologies Corporation)开发了 200 kW 的 PC25™型 PAFC 发电站。到 2003 年,在全世界已经销售了约 260 台,主要作为写字楼、购物中心、医院、宾馆、工厂等地方提供电和热的现场型电力系统。运转情况表明,发电效率可达 40%,热电联供时总的能量利用效率可达 80%。其中一个发电站已经完成了 50 000 h 运行,最长的连续不停车的运行记录

图 1-10 日本富士电子 100 kW 磷酸燃料电池电站

达 9 500 h，实际可能比这更长，因为要实行规定的维护才停止的。据估计 PC25™的寿命克达 5～7 年，所用燃料可以是氢气、天然气、丙烷、丁烷、沼气等。PC25™的废气排放远低于美国最为严格苛刻的排放标准，它可以在－32～＋49 ℃的环境下正常运转。图 1－11 为安装在美国阿拉斯加的 UTC 200 kW PC25™磷酸燃料电池电站。

图 1－11 安装在美国阿拉斯加的 UTC 200 kW PC25™磷酸燃料电池电站

(2) 质子交换膜燃料电池电站

Plug Power 是美国最大的质子交换膜燃料电池公司，早在 1997 年时即成功地开发出全世界第一个以汽油为燃料的 PEMFC 发电机组。2002 年，Plug Power 公司开始供应发电容量为 7 kW 的 GE HomeGen 7000 型 PEMFC 发电站，它足够提供一个家庭的用电需求。其电效率 30％，热电联合效率 70％，以天然气或液化气为燃料。GE HomeGen 7000 采用分布式系统的专利设计，即使少数电池堆出现了故障，整个发电系统仍然能够正常运转，因此，运行稳定可靠。加拿大巴拉德动力系统公司于 1999 年开发出了发电容量为 250 kW 的 PEMFC 发电系统，这个发电量可提供 50～60 个家庭使用。巴拉德动力系统公司已经先后在加拿大、德国、瑞士及日本等地安装了数部机组进行示范运转发电。其中，第一部 250 kW PEMFC 发电机组于 1999 年开始安装在美国克雷恩市海军装备中心，发电效率可以达到 40％。图 1－12 所示为安装在柏林的 250 kW PEMFC 电站。

(3) 熔融碳酸盐燃料电池电站

世界上最著名的 MCFC 电站的开发公司，是坐落于美国康涅狄格州的燃料电池能源(FuelCell Energy)公司，它的前身是 Energy Research Corporation (ERC)，曾于 1996 年在美国加州圣克拉拉建造了第一座兆瓦级(2 MW)的 MCFC 示范发电站。FuelCell Energy 公司的 MCFC 所使用的燃料气体可以是天然气、甲醇、乙醇等，这些燃料可以直接输送到电池中，在

图 1-12　巴拉德动力公司安装在柏林的 250 kW PEMFC 电站

电池内部进行重整，不需要单独设置燃料重整器，其注册商标为 Direct Fuel Cell™，DFC®。目前进行商品化前测试的 MCFC 产品有 DFC300、DFC1500 和 DFC3000 三种型号，其标称容量分别为 300 kW、1.4 MW、2.8 MW 三款，发电效率均在 47%左右。从 2002 年开始，FuelCell Energy 已经在美国多个地方建设了 MCFC 示范电站，服务于大学、宾馆、水处理厂等。其中多个安装在废气排放标准最为严格的美国加州。图 1-13 为安装在美国加州 Santa Rita 监狱的 DFC1500 型 MCFC 电站，其实际发电效率到 47%，热电联供效率达 80%，功率 1 MW。SO_x、NO_x、CO_2 等废气排放指标远低于加州标准，被称为 Ultra-clean 电力。

图 1-13　安装在美国加州 Santa Rita 监狱的 DFC1500 型 MCFC 电站

德国 Daimler - Chrysler 公司下属的 MTU - CFC - Solutions 公司在 FuelCell Energy 的 MCFC 技术基础上，成功开发出了 250 kW 的高度集成的 MCFC 发电系统，它将电池堆和所有其他的热组件集成合并到一个容器内，称为“Hot Module”。目前技术已经成熟，并已安装了十几台。第一台安装在德国 Bielefeld 运行时间已经超过 6 000 h，电效率 48%。图 1 - 14 为安装在德国 Magdeburg 一所医院的 MTU Hot Module MCFC 电站。

图 1 - 14 安装在德国 Magdeburg 的 MTU Hot Module MCFC 电站

(4) 固体氧化物燃料电池电站

西门子西屋(Siemens - Westinghouse)公司是管式 SOFC 技术的开拓者和领航者。它已经设计、制造和测试了十多套完整的固体氧化物燃料电池电站系统。图 1 - 15 所示为西门子西屋公司在荷兰安装的 SOFC 示范发电站，它可以提供 110 kW 的电力和 64 kW 的热能，平均发电效率达到 46%，总计运行时间已经超过了 14 000 h。由于管式固态氧化物燃料电池适合在高压下运转，因此，可以和燃汽轮机或蒸汽轮机结合而形成 SOFC/GT 复合发电技术，这种复合发电技术的系统发电效率可高达 70%，是发电效率最高的装置。西门子西屋公司所开发的 SOFC/GT 复合发电技术是将管式 SOFC 连接在燃汽轮机的前缘，以燃汽轮机带动压缩机将压缩空气送进燃料电池，然后再利用燃料电池出口的废热将新鲜空气回热升温后再送进燃汽轮机，这样，可以有效提高燃汽轮机的发电效率。因此，整个 SOFC/GT 复合发电系统可以同时从高效率的燃料电池与燃汽轮机获得电能。西门子西屋公司已于 2000 年 5 月在美国加州大学安装了全世界第一部 SOFC/GT 复合发电站，系统发电功率为 220 kW，目前发电效率为 58%，预计随着技术的进步，其电效率将可达到 70%左右。

图1-15 西门子西屋公司安装在荷兰的SOFC示范发电站

1.4.2 运输工具动力

目前的机车几乎都是采用内燃机来驱动，其能量转换效率大约30%左右，从燃料到车轮的效率(well-to-wheel efficiency)只有约15%。使用燃料电池系统作为汽车的动力，能量转换效率可达50%左右，well-to-wheel效率可达25%左右，这个效率比起传统内燃机高出许多。此外，燃料电池系统的废气排放更是远远低于传统内燃机，而且噪声低。因此，从20世纪80年代开始，在全世界掀起了一股发展洁净而高效率燃料电池电动车的热潮。大汽车公司都开始高度重视燃料电池电动车的研发。燃料电池驱动的火车、公共汽车、家用轿车、摩托车、自行车、叉车、潜艇、水下运载器的示范原型(Prototype)车纷纷亮相。近十几年来，燃料电池汽车的研发有了很大的发展。

目前作为交通运输动力的燃料电池其发展焦点集中在PEMFC的身上，这是因为PEMFC具备了低温快速启动、无电解液腐蚀溢漏问题等运输动力所必须具备的特点。1993年，巴拉德动力系统公司组装了一部120 kW的PEMFC公共汽车，以高压氢气为燃料，行驶速度95 $km \cdot h^{-1}$，行程达400 km。紧接着在1995年又组装了200 kW的PEMFC公共汽车。测试表明，燃料电池为动力的公共汽车的最高时速和爬坡能力均与柴油发动机公共汽车相当，而加速性能还优于柴油发动机。巴拉德动力系统公司与各大汽车制造商合作，已经向北美和欧洲等多个城市提供了数十部燃料电池公共汽车。图1-16为运行在温哥华的巴拉德公司的PEMFC公交车。我国科技部也投入了几个亿的巨资开发燃料电池公交客车。在清华大学、中科院大连化物所和上海神力公司等多家单位的联合攻关下，成功地开发出了具有自主知识产权的质子交换膜燃料电池公交车，并在2008年奥运会期间在北京公交线路上进行了示范运行，还为男女马拉松赛提供全程保障服务。

燃料电池轿车的发展近十年来更加迅速。通用汽车公司和戴姆勒-克莱斯勒公司首先开

图 1-16 巴拉德公司制造的运行在温哥华的 PEMFC 公交车

展燃料电池轿车的研究，丰田、本田等汽车公司紧随其后，其他汽车公司也陆续加入到燃料电池轿车研究的行列。各公司不断推出新型原型车，技术也日益接近实用化。戴姆勒-克莱斯勒公司推出的第五代燃料电池轿车 NECAR5 于 2002 年进行了横穿美国大陆的长途测试。从加州三番市著名的金门大桥出发，历时 15 天到达美国首都华盛顿，行程 5 203 km，创造了第一个燃料电池轿车的行驶里程记录。其车载燃料为甲醇，经车载重整器转化为 H_2 和 CO_2 的混合气体后，供给 PEMFC 作为燃料。NECAR5 的综合性能可以满足实际应用的要求，但其造价昂贵，其中甲醇重整器占据了约一半的成本。2003 年开始戴姆勒-克莱斯勒又开发了新一代以压缩氢气为燃料的燃料电池轿车 F-Cell 号，并向美国、德国、日本、新加坡提供了 60 多辆。美国通用汽车公司于 2000 年悉尼奥运会上展示了其以液态氢为燃料的 HydroGen1 型燃料电池轿车，并作为马拉松比赛的引导车。2004 年对其以压缩氢气为燃料的改进型 HydroGen3 燃料电池轿车进行了横贯欧洲大陆的长途马拉松测试。从欧洲最北部的城市挪威的哈默菲斯特出发，穿越 14 个国家，到达欧洲最西端的葡萄牙罗卡角，形成 9 696 km，历时 38 天，平均每天行程 500 km。全程温差高达 40 ℃，经历了严寒的阿尔卑斯山气候和潮湿的地中海气候。这一活动打破了戴姆勒-克莱斯勒 NECAR5 的记录。日本丰田公司和本田公司也相继研发了 FCHV 系列和 FCX 系列燃料电池轿车，均使用 PEMFC，使用的车载燃料包括汽油和甲醇（重整）、金属氢化物、压缩氢气等。最新一代均采用压缩氢气为燃料，并与电池或超级电容器组合成混合动力汽车。我国也自主研发了燃料电池轿车，比如同济大学和上海神力科技有限公司联合研制的“超越 3 号”，具有一定的技术水平，但其性能与国外相比还存在很大差距。图 1-17 为戴姆勒-克莱斯勒公司的 NECAR5、通用汽车公司的 HydroGen2、丰田公司的 FCH-4V 和本田公司 FCX 燃料电池轿车。

燃料电池作为水下运载工具动力的研究也取得了突破。2002 年，世界上第一艘质子交换膜燃料电池潜艇在德国基尔港下水测试。这是一艘 212A 型常规潜艇，由德国著名的哈德威造船公司建造，采用西门子公司的 PEMFC 作为燃料电池动力系统，潜艇命名为 U31（图 1-18）。

(a) 戴姆勒-克莱斯勒的NECAR5

(b) 通用汽车的HydroGen3

(c) 丰田的FCH-4V

(d) 本田的FCX

图 1-17　几种燃料电池轿车

图 1-18　U31 燃料电池潜艇及其搭载的西门子公司的 PEMFC

潜艇长 55.9 m,宽 7 m,吃水 6 m;水上排水量 1 450 t,水下排水量 1 830 t;水面最大航速 12 kn,水下最大航速 21 kn,自持力 49 天,编制 27 人。U31 配备两套动力系统,一套为燃料电池动力系统,一套为常规的柴电动力系统。燃料电池动力系统由 9 组质子交换膜燃料电池、14 t 液氧贮罐和 1.7 t 气态氢贮罐三部分组成。输出的直流电直接驱动电动机,带动桨轴来推进潜艇航行。9 组燃料电池的总功率为 306 kW。单使用燃料电池航行时，最高航速为 8 kn，多数是在 4.5 kn 下航行，可续航 1 250 n mile，潜航时间 278 h，燃料电池同时还可提供 11 kW 的生活用电。传统的柴-电动力潜艇在水下潜航 2～3 天后，就必须为电池补充电能，很容易被反潜航空兵发现。另外，反潜战中，敌手就会根据柴-电潜艇反复充电的这一特点，设置防潜封锁区，使潜艇一次充电后无法通过封锁区的纵深。燃料电池潜艇有足够的能量，不需充电，可容易突破敌方设置的封锁。假若与反潜兵力相遇时，U31 也有足够的电能与之周旋。2005 年 U31 开始在德国海军服役。

日本海陆科学与技术中心(Agency for Marine - Earth Science and Technology)于 2003 年成功测试了世界上第一艘燃料电池作为动力系统的长航程自主无人潜航器 Urashima (图 1-19)，其长 10 m，宽 2.5 m，高 2.4 m，重 10 t。最大下潜深度为 3 500 m。巡航速度为 3 kn，最高航速 4 kn。在 2005 年的测试中，达到了潜航 317 km 的创纪录航程。Urashima 所用的燃料电池动力系统是由三菱重工研制的质子交换膜燃料电池。Urashima 的超长航程和极深下潜深度可使其到达人类无法到达的地方(比如去海底火山，北冰洋顶端)采集海水样品，进行各种海洋生态和温室效应的研究。

图 1-19 日本 Urashima 号燃料电池驱动自制无人潜航器

挪威国防研究部(FFI)于 1998 年研制出了 Al - H_2O_2 半燃料电池系统，并成功搭载在 Hugin 3000 型 AUV 上。电池由 28 根铝阳极，夹在两排碳纤维瓶刷式阴极之间构成一个电池组，这样的 6 个电池组串联起来形成整个电池。再加上电解质循环系统，过氧化氢存储袋和注入泵，排气系统，电池控制电器，以及 DC/DC 转换器和 NiCd 缓冲电池，就构成了完整的电源系统。整个动力系统干重约 500 kg，总容量 50 kWh，最大功率 1.2 kW，质量能量密度为 100 $Wh \cdot kg^{-1}$，电池输出电压为 9 V，经 DC/DC 转换器后，输出电压为 30 V。这种电池系统可供排水量 2.4 m^3，干重 1.4 t 的 AUV 在 4 kn 的航速下续航时间达 60 h，之后更换电解质和补充过氧化氢，AUV 可再次下水，连续两次下潜(工作 120 h)后更换阳极铝。更换过程可在

1 h内完成。电池直接与海水接触,从而省去了抗压容器。因此作为AUV电源,这一系统在安全性、充电时间、能量密度等方面优于锂离子电池系统。

用燃料电池驱动的舰船、飞机、火车、卡车、叉车、摩托车、自行车等也都在研发测试中。燃料电池基本上可以用于驱动海陆空各种形式的运输工具,可以作为主动力系统,也可作为辅助动力系统,或者备用电源。

1.4.3 便携式电源

当今世界已经进入了便携式电子产品爆炸式发展的时代。各种各样的便携式电子产品纷纷进入人们的日常生活。手机、数码照相机、数码摄像机、笔记本电脑、游戏机、电动玩具等几乎成了人们生活的必备品,它们都要依赖便携式电源工作。因此,对便携式电源的需求史无前例地迫切。人们对便携式电源的要求是体积和质量尽量小,而提供的电能要尽可能多,持续使用时间尽量长。目前作为便携式电源的主要是一次和二次锂离子电池,其中锂离子电池是主流。然而,随着便携式电子产品功能的日益复杂化,传统电池发展已经越来越跟不上电子产品的需求。因此,人们开始将目光转移到了燃料电池上。燃料电池的能量密度可数倍于锂离子电池,而且可采用加注燃料的方式对电池进行"充电"。因此,其持续工作时间长而"充电"时间极短。如果能够克服技术及成本上的问题,将会成为新一代移动电源。

(1) 后备及应急电源

加拿大巴拉德公司从2001年开始相继推出了一系列不同型号的质子交换膜燃料电池备用电源,如Nexa™、AirGen™等。其最新一代命名为Mark1020 ACS™,采用最新的开放式阴极和自加湿式膜电极组件,因此,系统更加简单、可靠,制造成本也显著下降。其发电容量可根据用户需要从300 W到5 000 W。1.6 kW系统重10.6 kg,长宽高为112 mm×405 mm×280 mm,工作环境温度从−10~55 ℃,启动时间只需20 s,使用寿命4 000 h,最大开-关循环次数可达2 500次,以氢气为燃料。它可以作为无线通讯站以及军用通讯系统的后备电源。图1-20为Mark1020 ACS™燃料电池后备电源。

(2) 军用便携电源

军事现代化的标志之一就是大量便携电子设备在野外战场的广泛使用。为了减轻士兵携带的电子装备的质量,延长电子装备的使用时间,需要高能量密度和快速充电的便携式电源。燃料电池能量密度大和通过加注燃料快速"充电"的特点吸引了各国军方的注意。美欧等军事强国纷纷资助军用便携式燃料电池的研发。德国Smart Fuel Cell公司最近开发出了一款便携式军用直接甲醇燃料电池Jenny600S。输出功率25 W,质量只有1.3 kg,长宽高分别为252 mm×171 mm×74 mm,可瞬间启动。采用这种燃料电池作为士兵随身装备电源可将装备质量减少80%,将士兵执行任务的时间延长若干天。一个350 mL的甲醇燃料盒可供燃料电池在25 W功率下连续工作16 h,输出400 Wh的电能,而其质量只有360 g。这种燃料

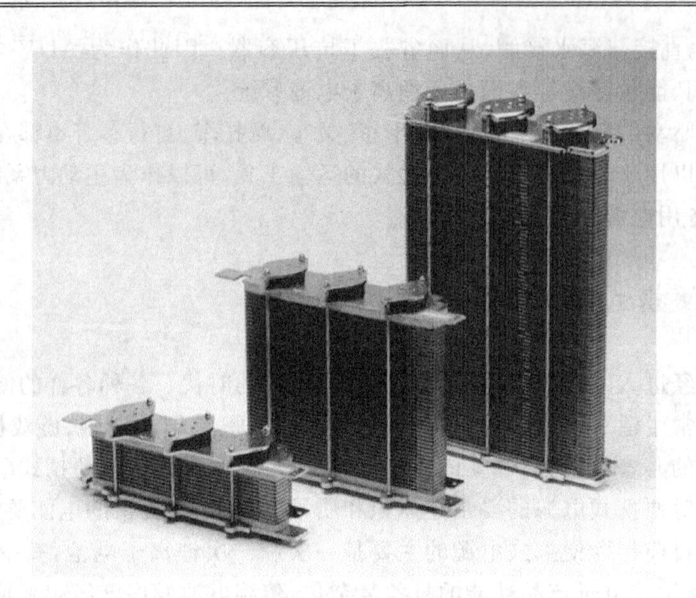

图 1-20 Mark1020 ACS™燃料电池后备电源

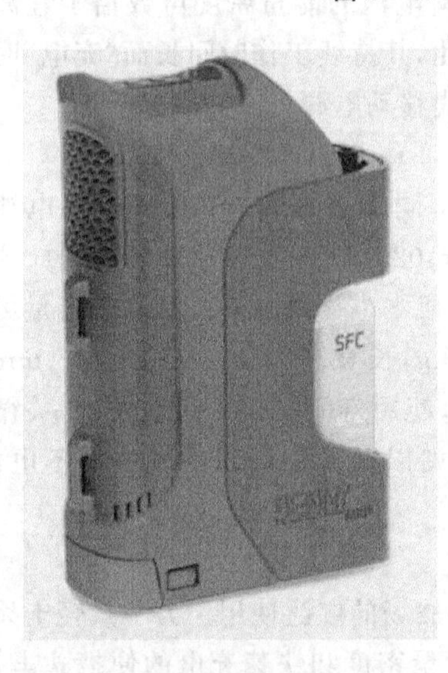

图 1-21 Smart Fuel Cell 的 Jenny600S 直接甲醇燃料电池

电池还可用于无人维护的军事通讯系统。图 1-21 为 Smart Fuel Cell 开发的作为军用便携式电源的 Jenny600S 直接甲醇燃料电池。Smart Fuel Cell 公司还开发了 600 W、900 W、1 200 W 和1 600 W 四个级别的 EFOY 系列直接甲醇燃料电池房车电源，并在 2008 年得到了一份 10 000 台的订单，从而成为世界上售出燃料电池最多的公司。

(3) 笔记本电脑、手机等便携电子产品电源

笔记本电脑、掌上电脑(PDA)、手机、数码照相机、数码摄像机、手持 GPS 等便携式电子产品具有巨大的市场。连续使用时间的长短是这些电子产品性能好坏的一个重要指标之一。目前这些电子产品大多数均采用锂离子电池作为电源。然而锂离子电池的能量密度提升空间已经不大。因此，各大电子产品制造商瞄准了燃料电池。东芝、松下、NEC、索尼、三星等相继有多款燃料电池笔记本电脑、手机、数码相机等展示产品推出。作为这些便携式电子产品的电源，燃料电池主要使用直接甲醇燃料电池，通常采用高浓度、甚至 100%的甲醇为燃料。这样可大大缩小燃料盒的体积，提高电源的体积能量密度。在这一领域领先的研发公司除上述的各大电子产品制造商外，还有美国的 MTI Micro 和 Medis Technologies 等。2008 年在美国亚特兰

大举办的 Small Fuel Cell 展示会上，索尼、三星、MTI 等都展示了其最新一代的便携式燃料电池电源，它们用于笔记本电脑、手机等，在技术和产品性能上均达到了相当的水平。比如，索尼公司展示一外形尺寸为 50 mm×30 mm×20 mm 左右的燃料电池系统，使用浓度为 99%的甲醇燃料，其输出功率 1 W 左右。采用此燃料电池系统作为电源的手机，使用 10 mL 甲醇，可以收看 14 h 手机电视。每使用 1 mL 甲醇，燃料电池可提供的能量为 1.1 Wh。其关键技术在于该公司开发的采用了富勒烯的电解质膜以及新型铂类催化剂材料的 MEA，因此功率密度高且甲醇渗透少。美国 MTI Micro Fuel Cell 展出了由直接甲醇型燃料电池和锂离子充电电池构成的混合电池为电源的便携式 GPS 试制品。该电源系统可以驱动 GPS 工作约 60 h。与采用 4 节 5 号干电池时相比，可确保 3 倍的运转时间。同时还展出了燃料电池数码相机和燃料电池手机。Medis Technologies 展示了采用氢硼化物为燃料的直接硼氢化物燃料电池外置充电器“24 - 7 Power Pack”，额定功率为 1 W，可以快速地为手机等充电。

1.5　能源、环境与燃料电池

1.5.1　能源的概况

能源是人类赖以生存和发展的重要物质基础，是国民经济发展的命脉。自古以来，人类就为改善生存条件和促进社会经济的发展而不停地进行奋斗。在这一过程中，能源一直扮演着重要的角色。从世界经济发展的历史和现状来看，能源问题已成为社会经济发展中一个具有战略意义的问题，能源的消耗水平已成为衡量一个国家国民经济发展和人民生活水平的重要标志，能源问题对社会经济发展起着决定性的作用。在上世纪 50～70 年代，由于中东的廉价石油大量供应，使资本主义世界经济得到飞速发展。而 1973 年，中东战争使石油生产减少而引起资本主义世界长时间的经济危机。国际经济界提供的分析表明，由于能源短缺而造成的国民经济损失要相当于能源本身价值的 20～60 倍。1975 年，美国短缺 1.16 亿吨标准煤而使国民生产总值减少了 930 亿美元。因此，人们已经把能源比作为社会经济发展的火车头。同时能源的重要性还使大多数国家把能源的供应与国家的安全联系在一起。

人类能够获得并可以使用的能源有化石能源(如煤、石油、天然气等)、核能、水力能、生物质能、太阳能、风能、潮汐能、地热能等。其中太阳能、水力能、风能、生物质能等可以循环再生，不会因长期使用而减少，称之可再生能源。煤炭、石油、天然气等化石能源和核燃料等消耗掉后短期内无法恢复，称之为非再生能源。随着大规模地开采利用，非再生能源的储量越来越少，而且总有枯竭之时。太阳能、水力能、风能、地热能等使用时对环境无污染或污染小，称为清洁能源。化石能源(如煤炭等)和核能使用时对环境污染较大，称为非清洁能源。

1.5.2 化石能源的短缺和环境污染问题

1.5.2.1 化石能源的短缺

目前人类使用最多的能源是化石能源，包括煤炭、石油、天然气等。18 世纪蒸汽机的发明导致的工业革命促进了煤炭工业的发展，第二次世界大战后，石油和天然气开始得到广泛利用。随着社会生产力的发展和人民生活水平的提高，化石能源消耗的增长速度大大超过了人口的增长速度。1975 年，世界人口比 1925 年增加了一倍，但世界商品能源的总消耗量增加了 4.5 倍，而且，这种增长仍呈上升趋势。1987 年世界商品能源总消耗量为 100 亿吨标准煤，比 1975 年增加 70%，到 2000 年，世界商品能源总消耗量为 200 亿吨标准煤，又增加了一倍。在 20 世纪末，世界一次能源的构成是：石油占 40.5%，天然气占 24.0%，煤炭占 25.0%，核能占 8.0%，可再生能源占 2.5%。可见，化石燃料约占了世界一次能源的 90%。2006 年我国的一次能源消费结构是：石油占 20.4%，天然气占 3.0%，煤炭占 69.4%，核能、水能、风能占 7.2%，我国化石燃料约占了一次能源的 92.3%。由于化石燃料是不可再生能源，其资源有限，未来化石燃料将会变得日益紧缺。

目前我国的能源形势更为严峻。改革开放以来，随着经济的持续高速增长，对能源的需求也持续攀升。我国一次能源消费总量从 1978 年的 5.3 亿吨标准煤，上升到 2005 年的 22.2 亿吨标准煤。在石油消费方面，1978—1992 年还能实现自给自足，1993 年中国成为石油产品净进口国。从 1994—2004 年的 10 年间，我国石油消费量几乎增长了一倍。2007 年我国石油消费达 3.736 亿吨，近半依赖进口。能源需求的强劲增长已经使我国目前的能源生产供不应求，未来随着经济的进一步发展，我国能源供需矛盾会更加尖锐，能否保障充足的能源供给成为制约我国可持续发展的关键问题之一。因此节能已经成了势在必行的任务。

1.5.2.2 化石能源利用造成环境污染

化石燃料的大规模使用，已经造成了严重的环境污染，并导致气候异常。CO_2 的大量排放，造成温室效应，使全球气候变暖已经成为不争的事实。为此，一些国家联合签署了限制 CO_2 排放的京都协议书。化石能源的使用还会排放大量氮和硫的氧化物（NO_x、SO_x），它们形成酸雨，对人体健康和土壤等产生不良影响。我国的环境污染问题更是日趋严重。目前美国的 CO_2 的排放量为世界第一，而我国则紧随其后，占世界第二位，我国 SO_2 的排放量则居世界第一位。在本世纪初联合国关于环境污染的调查中，发现在世界上十个环境污染最严重的城市中，七个在中国。污染使得中国在外交、外贸方面面临巨大的环境压力。面对如此严峻的环境污染问题，“减排”任务将是十分艰巨的。

1.5.3 氢能与燃料电池

由于化石燃料的短缺及化石燃料的使用引起严重的环境污染和气候异常，现在世界各国都在采取各种措施，以应对这种情况。我国更是将“节能减排”定位国策。“节能”就是提高能源利用率，减少能源的浪费。节能技术水平是一个国家能源利用情况的综合性指标，也是一个国家总体科学技术水平的重要标志。研究表明，依靠节能可以将能源需求量降低25%～30%。目前许多国家都制订了“节能法”，大量的节能技术正在推广。我国的能源利用效率非常低，能耗很高，是世界平均水平的2倍，是发达国家的5～10倍，因此更应重视节能技术，以提高化石能源的利用率。“减排”就是通过技术革新或采用新技术、使用新能源，有效减低污染物的排放量。比如推广使用太阳能、风能、核能、生物质能等能源将是实现“减排”的有效途径。但是预计在21世纪上半叶，化石燃料仍将是世界一次能源的主体。

在寻找新能源的过程中，氢能进入了人们的视野。氢是自然界储量最丰富的元素，主要以化合物的形态存在于水中，而水是地球上最丰富的物质。如果能够从水中提取氢气，然后以其为燃料和空气中的氧气作为氧化剂，利用燃料电池来发电，那么生成的产物只有水，水可以循环利用，同时这一发电过程是零污染排放，这就是氢能的概念。因此，燃料电池在氢能时代将扮演重要的角色。可以说，正是人们对氢能时代的憧憬，才推动了燃料电池技术的快速发展。可以构想，未来人类将用水力能、风能、太阳能、潮汐能等可再生的清洁能源以及核能来发电，并用这种电力从水中制氢，将氢气燃料输送到发电厂、加氢站(就像现在的加油站)，利用燃料电池来建立发电站，来驱动汽车、火车、飞机、轮船等各种交通工具，从而消灭了一切能源污染隐患和噪声源。这就是氢能经济社会的图画。

当然，氢能时代距我们还有一段距离。实际上，氢气并不是一种能源，它只是能量的载体。自然界中不存在大量的氢气，氢气需要从水中提取，这要消耗一部分能源。氢气的清洁和可持续生产要借助风能、太阳能和生物质能等，而这些可再生能源的利用技术还很不完善，需要较长期的研究发展。另外，氢气的存储、运输问题还没有解决，供氢的网络还没形成。作为最主要的用氢技术，燃料电池还不成熟。这些技术问题的解决还要有一段时间。此外，关于氢气使用的安全和对生态影响的问题也有不同看法。比如有人认为氢的泄漏容易发生着火和爆炸，存在安全隐患；而有人持相反地观点，认为氢气着火的危险性低于目前的汽油燃料。有人认为氢的泄漏会改变气候，比如泄漏的氢会在大气形成水雾，它会像二氧化碳一样，使天气变暖。还有人认为进入大气外层的氢气可能参与光化学反应而影响臭氧层。令人鼓舞的是，麻省理工学院的Daniel G. Nocera教授最近发现了一种廉价的催化剂，可以替代贵金属Pt阳极来电解水制氢气。他们把钴和磷酸盐溶解到水溶液中，然后进行电解，钴和磷酸盐在电极周围形成了薄膜型的电催化剂，以其为阳极，在外加电压作用下，水分解为氧气和质子，氧气泡浮出水面，水中留下的质子在铂阴极上生成氢气。这种催化剂高度不稳定，电流一断就迅速分解，但是电流一接通，它们又迅速重组，从而能够保证功能上稳定。这一研究成果被美国科学(Science)杂志列为2008年十大科学进展。这一发现使得人们看到了利用太阳能等电解制氢的希望。如果能进一步找到替代阴极铂的廉价高效催化剂，人类将可实现大规模利用太阳能制氢的梦想，并迎来洁净的氢能时代。

问题与讨论

1. 什么是燃料电池？它的工作原理是什么？
2. 你能讲述一下燃料电池的发展历史吗？
3. 燃料电池与电池有什么不同之处？
4. 燃料电池有哪些特点？
5. 按所用电解质来分类的话，常见燃料电池有哪几种？它们各自的特点是什么？
6. 在常见的燃料电池中，属于高温、中温和低温燃料电池的分别是哪几种？
7. 对燃料电池双极板材料的要求有哪些？
8. 燃料电池系统通常包含哪些子系统？它们各自的作用是什么？
9. 什么决定燃料电池堆电流的大小？什么决定燃料电池堆电压的高低？
10. 某用户需要功率为7 kW、电压为55 V的AFC电池堆。某AFC开发商研制的AFC的工作电流密度420 $mA \cdot cm^{-2}$，单电池工作电压0.768 V，请问要满足用户需要，AFC电堆应由多少节单电池串联组成，其电极面积应为多大？
11. 请按燃料电池的发电容量和特性来说明燃料电池的应用领域。
12. 燃料电池在解决能源与环境问题中扮演什么样的角色，能发挥什么样的作用？
13. 请分析一下燃料电池在军事上能发挥哪些作用？

第2章　燃料电池的热力学和动力学

燃料电池是一种能量转换装置，它是利用电化学反应，将存储在燃料中的化学能直接转化为电能。在这种能量转化过程中，由于不受传统热机转换的卡诺循环限制，因而其发电效率高。燃料电池的理论效率（最大效率，热力学效率）由电池反应的热力学决定，其与温度、压力等电池的工作参数有关，还取决于反应物及产物的物理状态。电池的实际效率则与电极过程密切相关。在电池工作时，电流流经两个电极、电解质和电流输出载体（导线），从而会产生极化现象，造成电池电压小于其平衡电压，导致电池效率降低。此外，燃料电池作为一个完整的发电系统，还需要若干附属设备，比如燃料供给系统（如燃料泵，鼓风机）、温度控制系统（如循环水泵），电压调节器（如DC/DC转换器，用于调节和控制输出电压到某一稳定值以满足不同动力系统的使用要求），直流/交流转换器（将燃料电池产生的直流电转化成交流电以并入电网）等。一方面，这些部件的工作均会消耗能量；另外，燃料氢气的存储（如压缩、合成金属氢化物等）也消耗能量，降低燃料电池的实际效率。这些因素综合起来考虑，燃料电池系统的实际能量转换效率将远低于其理论效率。另一方面，燃料电池工作时释放出来的热量可以回收利用（用于供热或驱动蒸汽机实现联合发电），从而会提高燃料电池系统的综合效率。本章将首先从热力学角度讨论燃料电池的最大效率，然后从动力学角度分析造成燃料电池电压效率降低的因素，最后给出燃料电池系统综合效率的计算方法。

2.1　燃料电池的热力学

2.1.1　理论效率的计算

2.1.1.1　理论效率

燃料电池通常是在恒温恒压下工作，因此电池反应可以看做是一个恒温恒压体系，其Gibbs自由能（Gibbs free energy）变化量可以表示为

$$\Delta G = \Delta H - T\Delta S \tag{2-1}$$

式中，ΔH（焓变）为电池燃料释放出来的全部能量。当体系处于可逆条件下时，即电极及电池反应都是可逆的，本质上也就是无净电流通过时，Gibbs自由能的变化量就是系统所能做出的最大非体积功

$$\Delta G_r = -W_r \tag{2-2}$$

式中，W_r为系统最大的非体积功，对于燃料电池里所发生的电化学反应来说，这个最大的非体积功即为最大电功。因此，燃料电池的理论效率为

$$\eta_r = \frac{W_r}{-\Delta H_r} = \frac{\Delta G_r}{\Delta H_r} = 1 - T\frac{\Delta S_r}{\Delta H_r} \tag{2-3}$$

式中，η_r为燃料电池的理论效率，即热力学效率，燃料电池可能实现的最大效率。

在标准条件下(25 ℃，0.1 MPa)，氢氧燃料电池和直接甲醇燃料电池的理论效率可分别计算如下：

氢氧燃料电池反应

$$H_2(g) + \frac{1}{2}O_2(g) = H_2O(l) \tag{2-4}$$

$$\eta_r = \frac{\Delta G_r^0}{\Delta H_r^0} = \frac{-237.2\ \text{kJ/mol}}{-285.1\ \text{kJ/mol}} = 0.83 \tag{2-5}$$

直接甲醇燃料电池反应

$$CH_3OH(l) + \frac{3}{2}O_2(g) = 2H_2O(l) + CO_2(l) \tag{2-6}$$

$$\eta_r = \frac{\Delta G_r^0}{\Delta H_r^0} = \frac{-702.5\ \text{kJ/mol}}{-724.2\ \text{kJ/mol}} = 0.97 \tag{2-7}$$

通过以上的计算可以看出，燃料电池的最大效率几近100%，实际工作过程中，由于温度、压力的不同，电池的最大效率将随之发生变化。

2.1.1.2 燃料电池与热机效率的比较

目前广泛使用的将燃料的化学能转化为机械能或电能的装置是热机(thermal engine)，包括蒸汽机(turbine)和内燃机(internal combustion engine)，其能量转换方式与燃料电池不同，图2-1比较了这两种能量转换过程。

热机转换过程首先是燃烧，将燃料的化学能转换为热能，然后通过热机转换为机械能，再经发电机转换为电能。在热机转换过程中，其转换效率由卡诺(Carnot)循环控制

$$\eta = \frac{W_r}{-\Delta H} = 1 - \frac{T_2}{T_1} \tag{2-8}$$

式中，T_1和T_2为热机入口和出口的热力学温度(K)。从式中可以看出，只有$T_1 \to \infty$K或$T_2 \to$ 0 K时，$\eta \to 1$。实际操作中这样的条件是无法实现的，因此，热机转换效率不会超过50%。燃料电池通过电化学反应直接实现能量的转换，如式(2-3)可见，当电池反应过程中，体系与环境的热交换($T\Delta S_r$)很小时，转换效率趋于100%。通常情况下，燃料电池都满足这一条件。

2.1.1.3 燃料电池电动势

当燃料电池在恒温恒压可逆条件下放电时，电池电动势与Gibbs自由能(最大电功)间存

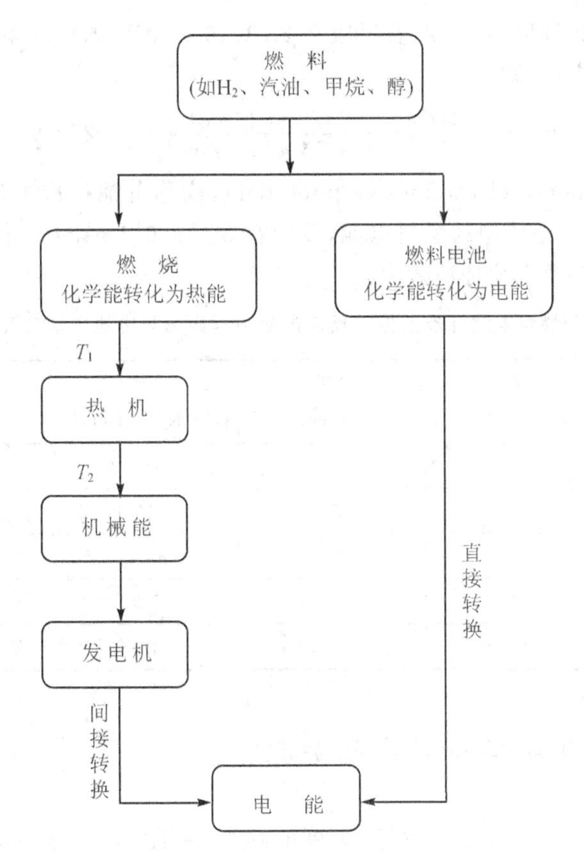

图 2-1　能量的转换过程比较

在如下关系：

$$\Delta G_r = -W_r = -nFE_r \tag{2-9}$$

式中，E_r为燃料电池的电动势(electromotive potential)，或称电池的平衡电压(equilibrium cell voltage)、电池可逆电压(reversible cell voltage)、电池的理想电压(ideal cell voltage)；F 为法拉第常数(faradays constant)，即转移 1 mol 电子所携带的电荷，$F=96\ 485\ C/mol$；n 为电池反应转移的电子数(mol)。式(2-9)是将热力学与电化学联系起来的桥梁，通过此式，可由电池反应的热力学函数(ΔG)计算电池的电化学参数(E)。

以氢氧燃料电池为例，当电解质为酸时：

阳极过程为

$$H_2 \rightarrow 2H^+ + 2e^{-1} \tag{2-10}$$

阴极过程为

$$\frac{1}{2}O_2 + 2H^+ + 2e^- \rightarrow H_2O(l) \tag{2-11}$$

反应过程中电子转移数为 $n=2$，若反应在 25 ℃，0.1 MPa 的标准条件下进行，Gibbs 自由能可由热力学数据表查得，则

$$E_r^\circ = \frac{-\Delta G_r^\circ}{nF} = \frac{237.2\ \text{kJ/mol}}{2 \times 96\,485\ \text{C/mol}} = 1.229\ \text{V} \tag{2-12}$$

E_r° 为标准电动势（standard electromotive potential），或称电池标准电压（standard cell voltage）。表 2-1 列出了几个典型的燃料电池，反应在 25 ℃，0.1 MPa 标准条件下进行的热力学函数与标准电池电动势及电池理论效率。

表 2-1 在典型燃料电池标准条件下反应的热力学数据与电池电动势及电池理论效率

反 应	ΔH° /(kJ·mol^{-1})	ΔG° /(kJ·mol^{-1})	ΔS° /(J·K^{-1}·mol^{-1})	n	E°/V	η_r/%
$H_2+\frac{1}{2}O_2 \rightarrow H_2O(l)$	−285.1	−237.2	−163.2	2	1.23	83
$H_2+\frac{1}{2}O_2 \rightarrow H_2O(g)$	−246.2	−228.6	−44.4	2	1.19	94
$C+\frac{1}{2}O_2 \rightarrow CO$	−110.5	−137.3	89.5	2	0.71	124
$C+O_2 \rightarrow CO_2$	−393.5	−394.4	2.9	4	1.02	100
$CO+\frac{1}{2}O_2 \rightarrow CO_2$	−282.9	−257.1	−86.6	2	1.33	91

2.1.2 电池电动势与温度的关系

电池反应的 Gibbs 自由能变量 ΔG 是温度的函数，当电池的工作温度变化时，由式(2-9)可知，电池的电动势将随之而改变。电池反应在任意温度 T 下进行时的 Gibbs 自由能变量 ΔG_T 可由该温度下反应的焓变 ΔH_T 和熵变 ΔS_T 计算（式 2-1）。

电池中发生的反应可以用如下通式表示：

$$n_A A + n_B B = n_C C + n_D D \tag{2-13}$$

即 n_A(mol)的反应物 A 与 n_B(mol)的反应物 B 反应产生 n_C(mol)的产物 C 与 n_D(mol)的产物 D。根据热力学定律，电池反应在温度 T 下进行时，反应的焓变、熵变和温度之间存在如下关系：

$$\Delta H_T = \sum n_i \Delta_f H^\circ_{298.15\ \text{K},i} + \int_{298.15\ \text{K}}^{T} \sum n_i C_{p,i} \mathrm{d}T \tag{2-14}$$

$$\Delta S_T = \sum n_i S^\circ_{298.15\ \text{K},i} + \int_{298.15\ \text{K}}^{T} \frac{\sum n_i C_{p,i}}{T} \mathrm{d}T \tag{2-15}$$

式中，n_i (i=A、B、C、D)对反应物为负，对产物为正；$\Delta_f H^\circ_{298.15\ \text{K},i}$ 和 $S^\circ_{298.15\ \text{K},i}$ 分别为各组分的标准生成焓和标准熵，可由热力学数据表获得；$C_{p,i}$ 为组分 i 的等压热容，其与温度间的关系可表示为

$$C_{pi}=a_i+b_iT+C_iT^2 \quad 或 \quad C_{pi}=a_i+b_i+C_iT^{-2} \tag{2-16}$$

式中的常数 a、b、c 和 c' 可由热力学数据表查到，因此由式(2－14)到(2－16)及(2－1)结合热力学数据表可计算出任意温度 T 下电池反应的 Gibbs 自由能变化量，进而可计算出不同工作温度下燃料电池的电动势及其理论效率。表 2－2 为氢氧燃料电池在不同工作温度下的电动势及理论效率。表 2－3 给出了几种类型的燃料电池在其典型工作温度下的电池电动势。

表 2－2　氢氧燃料电池的 Gibbs 自由能与电池电动势及理论效率

水的状态	温度/℃	ΔG°/kJ · mol^{-1}	电动势 E°/V	理论效率/%
液　体	25	−237.2	1.23	83
液　体	80	−228.2	1.18	80
气　体	100	−225.2	1.17	79
气　体	200	−220.4	1.14	77
气　体	400	−210.3	1.09	74
气　体	600	−199.6	1.04	70
气　体	800	−188.6	0.98	66
气　体	1 000	−177.4	0.92	62

表 2－3　几种类型燃料电池的典型工作温度与电势

燃料电池种类	PEMFC	PAFC	MCFC	SOFC
典型工作温度/℃	80	205	650	1 100
电势 E_r/V	1.18	1.14	1.03	0.91

2.1.3　电池电动势与压力的关系

以上讨论了电池电动势随电池工作温度变化之间的关系，同样，工作压力的改变，也会导致电池电动势的变化，这可从以下的分析中看出。

电池反应式(2－13)中每一组分均有对应的活度，分别以 a_A、a_B、a_C 和 a_D 表示。根据热力学原理，在等温可逆条件下进行的化学反应的 Gibbs 自由能变化量与参与反应的各物质的活度间存在如下关系式

$$\Delta G=\Delta G^\circ+RT\ln\left[\frac{a_C^{n_C}\,a_D^{n_D}}{a_A^{n_A}\,a_B^{n_B}}\right] \tag{2-17}$$

将式(2－9)代入上式，则得电池的可逆电动势为

$$E_r = E_r^\circ - \frac{RT}{nF}\ln\left[\frac{a_C^{n_C} a_D^{n_D}}{a_A^{n_A} a_B^{n_B}}\right] \tag{2-18}$$

式(2-18)即为能斯特方程(Nernst equation),它提供了电化学反应(电池反应和电极反应)的电势与参与反应的各组分的活度、温度和标准电势间的关系。从式中可以看出电势随反应物活度的提高而增加,随产物活度的增加而降低。

燃料电池的反应物(燃料和氧化剂)通常以气态形式参与电化学反应,假设反应气体属于理想气体,则活度等于实际分压与标准压力的比值

$$a_i = \frac{p^i}{p^\circ} \tag{2-19}$$

将式(2-19)代入式(2-18),可得电势与各组分的分压力之间的关系

$$E_r = E_r^\circ - \frac{RT}{nF}\ln\left[\frac{p_C^{n_C} p_D^{n_D}}{p_A^{n_A} p_B^{n_B}}(p^\circ)^{(-\sum n_i)}\right] \tag{2-20}$$

上式中压力均为各物质的分压。如果燃料电池的阴极和阳极压力相同(p),则各组分的分压可以表示为各组分的摩尔分数与总压的乘积

$$p_i = x_i p \tag{2-21}$$

将式(2-21)代入式(2-20),如果以标准大气压(atm)或者巴(bar)作为压力的单位,$p^\circ=1$,整理可得

$$E_r = E_r^\circ - \frac{RT}{nF}\ln\left[\frac{x_C^{n_C} x_D^{n_D}}{x_A^{n_A} x_B^{n_B}}\right] - \frac{RT}{nF}\ln p^{\sum n_i} \tag{2-22}$$

根据上式,当燃料气体与氧化剂组成不变而燃料电池的工作压力由 p_1 改变到 p_2 时,则电池电压变化为

$$\Delta E_r = \frac{RT}{nF}\ln\left(\frac{p_2}{p_1}\right)^{-\sum n_i} \tag{2-23}$$

下面以电池反应式 $2H_2(g)+O_2(g)=2H_2O(g)$ 为例,说明几种常见压力变化情形对燃料电池电动势的影响。

1) 假设氢气的分压从 $p(H_2)_1$ 改变到 $p(H_2)_2$,而阴极氧化剂没有改变,则燃料电池电动势的变化量为

$$\Delta E_r = \frac{RT}{2F}\ln\left[\frac{p(H_2)_2}{p(H_2)_1}\right] \tag{2-24}$$

这种情况在实际中是可能发生的,因为供给燃料电池的氢气可以是100%的纯氢(比如AFC),也可以是燃气重整后的混合气体(H_2 和 CO_2)(比如PAFC),显然,从式(2-24)可见,采用纯混合气将会降低电池的电动势。

2) 假设阳极燃料气体压力及阴极水蒸气分压不变,氧气的分压从 $p(O_2)_1$ 改变到 $p(O_2)_2$,则燃料电池电动势的变化量为

$$\Delta E_r = \frac{RT}{4F}\ln\left[\frac{p(O_2)_2}{p(O_2)_1}\right] \quad (2-25)$$

根据式(2-25)，在标准状态下，当阴极采用纯氧气代替空气时，电池电压可增加约10 mV。

$$\Delta E_r = \frac{RT}{4F}\ln\left[\frac{p(O_2)_2}{p(O_2)_1}\right] = \frac{8.314\times 298.15}{4\times 96\,485}\ln\left(\frac{1.0}{0.21}\right) = 10.02\ \text{mV} \quad (2-26)$$

3）假设电池的工作温度为1 000 ℃（如SOFC），则电池电动势随工作压力的改变量为

$$\Delta E_r = \frac{RT}{nF}\ln\left(\frac{p_2}{p_1}\right)^{-\sum n_i} = \frac{RT}{4F}\ln\left(\frac{p_2}{p_1}\right) = 0.027\ \ln\left(\frac{p_2}{p_1}\right) \quad (2-27)$$

这个式子可以很好地和实验数据相吻合。但是对于较低压力下工作的燃料电池，计算结果则与实验数据有偏差，这是由于压力不是仅仅对电极电位产生影响，更重要的是，提高压力促进了气体在多孔电极中的传导，改变了传质效率。表2-4给出了常见燃料电池反应及其对应的能斯特方程式。

表2-4　四种常见燃料电池反应及其对应的能斯特方程式

燃料电池类型	燃料电池反应式	Nernst方程式
PEMFC、PAFC	$H_2+\frac{1}{2}O_2\rightarrow H_2O$	$E_r=E_r^\circ+\left(\frac{RT}{2F}\right)\ln\left(\frac{p_{H_2}p_{O_2}^{\frac{1}{2}}}{p_{H_2O}}\right)$
MCFC	$H_2+\frac{1}{2}O_2+CO_2(c)\rightarrow H_2O+CO_2(a)$	$E_r=E_r^\circ+\left(\frac{RT}{2F}\right)\ln\left[\frac{p_{H_2}p_{O_2}^{\frac{1}{2}}(p_{CO_2})_c}{p_{H_2O}(p_{CO_2})_a}\right]$
MCFC、SOFC	$CO+\frac{1}{2}O_2\rightarrow CO_2$	$E_r=E_r^\circ+\left(\frac{RT}{2F}\right)\ln\left(\frac{p_{CO}}{p_{CO_2}}\right)+\left(\frac{RT}{2F}\right)\ln(p_{O_2}^{\frac{1}{2}})$
SOFC	$CH_4+2O_2\rightarrow 2H_2O+CO_2$	$E_r=E_r^\circ+\left(\frac{RT}{8F}\right)\ln\left(\frac{p_{CH_4}p_{O_2}^2}{p_{H_2O}^2 p_{CO_2}}\right)$

注：表中，a——阳极；p——气体分压；R——气体常数；c——阴极；T——热力学温度；E_r——电池电势。

2.2　电极过程动力学

热力学讨论的是电极处于平衡状态时的情况，给出的是电极反应处于可逆状态下的信息，由热力学函数计算所得的燃料电池的电动势是其所具有的理论上可以获得的最大电势（极限值），这一电势只能在电极上没有电流通过的情况下才能够达到。实际上，燃料电池作为一种发电装置，工作时必须有电能的输出才有意义，也就是说燃料电池工作时必然要有电流流经电极和电解质，当有电流通过时，在电池的内部会发生一系列的物理和化学过程，可以简单归纳为：

➢ 反应物（如，燃料氢气、天然气、甲醇，氧化剂空气或氧气）通过对流（convection）与扩散

(diffusion)到达电极表面；

- 反应物在电极表面发生吸附(adsorption)、表面反应(surface reaction)和脱附(desorption)；
- 反应产物通过对流与扩散离开电极表面；
- 离子在两电极间的电解质中迁移(migration)。

以上每一过程都或多或少的存在着阻力，为了使电极反应能够持续不断地进行和离子不断迁移以保证燃料电池不断地输出电功，就必须消耗燃料电池自身的能量去克服这些阻力。因此，电池的电压就会低于其理论平衡电压，电池的效率自然就会低于其最大效率。这种效率的降低必须控制到最小，因此应首先找出引起电压下降的原因，进而找出解决的办法。燃料电池的动力学就是研究这方面的问题。从动力学的角度来说，电压的下降就是电池发生了极化(polarization)现象，即电池电压偏离平衡电压。根据产生的原因，极化可以分为如下3种：① 活化极化(activation polarization)；② 浓度极化(concentration polarization)；③ 欧姆极化(ohmic polarization)。下面就分别来讨论电池内部发生的这些极化现象。

2.2.1 极化与过电势

电极上无电流通过且电极过程处于平衡时的电势称为平衡电极电势 φ_{eq}，当有电流流过电极而致使电极过程偏离平衡时，则电极电势偏离平衡值，此时的电势为实际电势 φ。这种电势偏离平衡电势的现象称为电极极化，定量表示极化程度大小的量就是过电势(overpotential)，通常用 η 表示

$$\eta = |\varphi - \varphi_{eq}| \tag{2-28}$$

当阳极上发生极化时，电极电势向正方向移动，$\varphi > \varphi_{eq}$；当阴极上发生极化时，电极电势向负方向移动，$\varphi < \varphi_{eq}$；因此阳极和阴极的实际电势分别为：

阳极(负极)

$$\varphi_a = \varphi_{eq,a} + \eta_a \tag{2-29}$$

阴极(正极)

$$\varphi_c = \varphi_{eq,c} - \eta_c \tag{2-30}$$

电池的实际电压是正负两极电势差与两极间电阻导致的电压降之差(式2-31)，显然电极极化程度即 η 的大小决定了电池的实际输出电压的大小，过电势越大，电阻越大，则电池电压越小。这二者之间的关系可用图2-2来描述。

$$E = |\varphi_c - \varphi_a| - IR = (\varphi_{eq,c} - \varphi_{eq,a}) - (\eta_c + \eta_a) - IR = E_r - (\eta_c + \eta_a) - IR \tag{2-31}$$

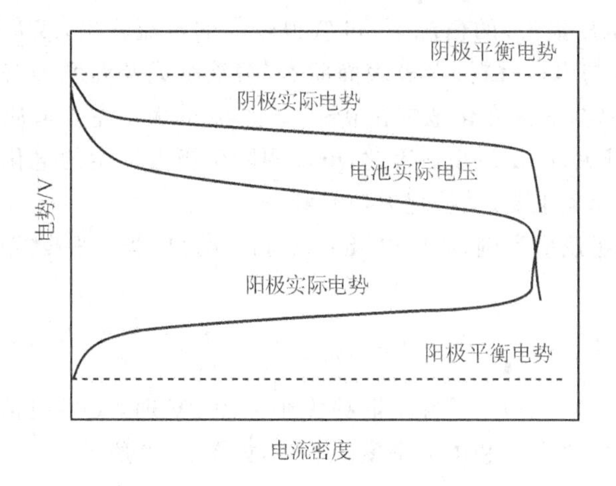

图2-2 电极与电池的极化曲线

2.2.2 活化过电势

2.2.2.1 活化极化与Tafel方程

要使电极表面上某一电化学反应以有实际意义的速率进行，即输出满足需要的电流，就必须克服反应的阻力（活化能垒），这就是所谓的活化能。因此，活化极化直接与电化学反应速率有关，故又称之为电化学极化（electrochemical polarization）。对于某一反应来说，活化过电势的大小与电极的催化活性密切相关。

活化过电势（η_{act}）和电流密度（j）间的关系可用Tafel经验公式（式2-32，亦称Tafel方程）来表示。式中a和b为经验常数，b通常称为Tafel斜率。此经验方程的理论形式由Butler和Volmer推导出，以阴极反应为例，如式(2-33)所示，称为Butler-Volmer方程。比较式(2-32)和(2-33)可得a和b的表达式(2-34)和(2-35)。式中α为传递系数，j_0为交换电流密度。

$$\eta_{act} = a + b\ln j \tag{2-32}$$

$$\eta_c = -\frac{RT}{\alpha nF}\ln j_0 + \frac{RT}{\alpha nF}\ln j \tag{2-33}$$

$$a = -\frac{RT}{\alpha nF}\ln j_0 \tag{2-34}$$

$$b = \frac{RT}{\alpha nF} \tag{2-35}$$

根据式(2-32)，常数a相当于单位电流密度时的过电势，其值越小则极化越小。即在较小的过电势(较小的电压损失)的情况下,可获得较大的电流输出,或者说在同样的输出电流下,电压损失越小。a 与电极材料、电极表面状态、溶液组成及温度等有关。据式(2-34),对于某一电极反应,n 一定,α 的变化范围在 0~1 之间,a 的大小主要取决于交换电流密度 j_0 的大小,交换电流密度越大,则 a 越小。因此,电池阴阳两极上发生的电化学反应的交换电流密度对电池性能的好坏至关重要,其值越大越有利。

以氧气还原的阴极反应为例,假定电极上只有活化过电势。根据式(2-30)和(2-33),氧阴极电极的电势

$$\varphi_c = \varphi_{eq,c} - b_c \ln\left(\frac{j}{j_0}\right) \tag{2-36}$$

式中,Tafel 斜率 $b_c = RT/(4\alpha F)$。当 b_c 取典型值 0.06 V 时,交换电流密度 $j_0 = 100, 1.00, 0.01\ \mathrm{mA \cdot cm^{-2}}$ 时的电极电势和电流密度的关系,如图 2-3 所示。

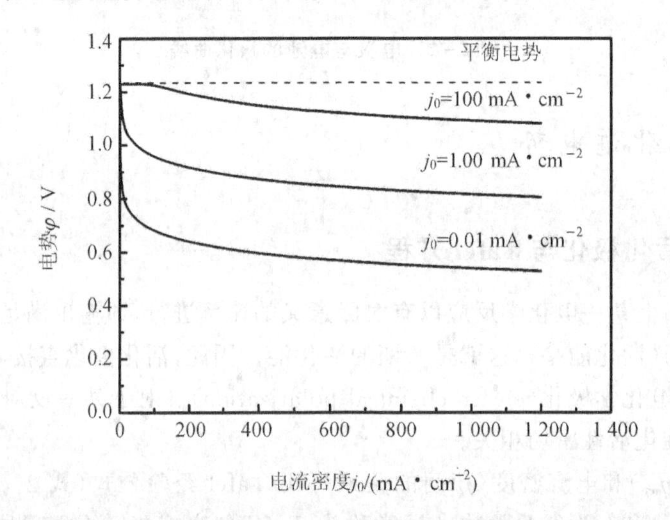

图 2-3 仅有活化极化时氧还原反应的电极电势与交换电流密度的关系

图 2-3 清楚地显示出交换电流密度的重要性。交换电流密度越大,产生同样电流时的电势就越高,过电势就越小,相应电池电压就越高(图 2-2)。若交换电流密度 $j_0 = 100\ \mathrm{mA \cdot cm^{-2}}$ 时,则流过电极的电流密度大于 $j = 100\ \mathrm{mA \cdot cm^{-2}}$ 时才会产生电势将。若交换电流密度 $j_0 = 1.00\ \mathrm{mA \cdot cm^{-2}}$ 时,流过电极的电流密度 $j = 100\ \mathrm{mA \cdot cm^{-2}}$ 时电势降低到了 0.95 V,即需要 0.28 V 的过电势来推动反应的进行。

交换电流密度 j_0 可通过实验测定。首先测定 Tafel 曲线,将电流密度较高时的直线部分延长,延长线在 $\lg j$ 轴上的截距即为交换电流密度的对数值 $\lg j_0$。表 2-5 给出了 25 ℃下几种光滑金属电极氢电极的交换电流密度 j_0。

从表 2-5 中可以清楚地看出电极材料对交换电流密度的影响。交换电流密度的大小表示电极材料催化性能的好坏。显然,不同电极材料的催化性能存在显著的差别。Pd 对氢的催

化活性最高，其次是 Pt，而 Pb 则比 Pd 低了 10 个数量级。Pt 由于具有良好的催化活性和化学稳定性，所以目前 PEMFC、AFC 和 PAFC 均用其为阳极催化剂。同样，不同材料的氧电极的交换电流密度差别也很大。通常氧电极的交换电流密度远低于氢电极。即便使用活性高的 Pt 为催化剂，氧电极的交换电流密度也只有 10^{-5} mA・cm^{-2}，比氢电极的数值低了约 5 个数量级。所以，对于氢氧燃料电池，阳极的过电势要比阴极的过电势低很多，电池的极化主要发生在阴极。

表 2-5　酸性电解质中不同金属电极氢电极的交换电流密度

金属种类	Pb	Zn	Ag	Ni	Pt	Pd
$j_0/(mA \cdot cm^{-2})$	2.5×10^{-10}	3.0×10^{-8}	4.0×10^{-4}	6.0×10^{-3}	0.5	4

以上讨论了 Tafel 常数 a 和交换电流密度对活化过电势和电流密度间关系的影响。下面来分析 Tafel 斜率 b 对活化过电势和电流密度间关系的影响。图 2-4 所示是具有不同交换电流密度 j_0 和 Tafel 斜率 b 的反应的 Tafel 曲线。如图所示，Tafel 斜率越大，则活化过电势越大，反应速率越慢。当电流密度增大 10 倍时，若 Tafel 斜率 b=120 mV，则活化过电势就增加 100 mV，若 Tafel 斜率 b 只有 60 mV，则活化过电势仅增加 60 mV。显而易见，降低 Tafel 斜率 b 是降低活化过电势的重要途径，这有赖于电极催化剂的研究。

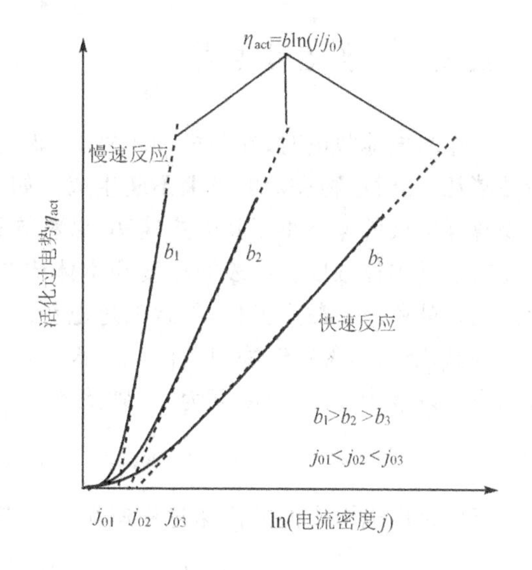

图 2-4　活化过电势与交换电流密度的关系

由式(2-30)和(2-36)可得阴极活化过电势与电流密度间关系式

$$\eta_{act,c}=b_c\ln\left(\frac{j}{j_{0,c}}\right) \tag{2-37}$$

同理，阳极活化过电势与电流密度间关系式为

$$\eta_{act,a}=b_a\ln\left(\frac{j}{j_{0,a}}\right) \tag{2-38}$$

燃料电池的总活化过电势(η_{act})等于阳极过电势($\eta_{act,a}$)与阴极过电势($\eta_{act,c}$)之和

$$\eta_{act}=\eta_{act,a}+\eta_{act,a}=b_a\ln\left(\frac{j}{j_{0,a}}\right)+b_c\ln\left(\frac{j}{j_{0,c}}\right) \tag{2-39}$$

2.2.2.2　减少活化极化的途径

提高交换电流密度和减小 Tafel 斜率可有效地减少活化极化，从而提高电池的电压效率。

特别是对于多电子多步骤的复杂电极反应，比如氧气电化学还原、甲醇的电化学氧化等，提高反应速率、降低活化过电势尤其重要，因为这些电极反应往往是影响电池性能的主要部分。基于对以上影响交换电流密度因素的分析，通常有如下方法来提高交换电流密度，减少电极活化极化对电池性能的影响。

① 使用高活性、大比表面的电催化剂。

② 提高电池的工作温度。

③ 增加反应物的浓度。

受到电池工作条件的限制，特别是低温燃料电池，如 PEMFC、DMFC，提高温度和浓度对电池性能的改善是有限的。因此，研制高活性大比表面的电极催化剂就显得尤为重要，电催化剂的研究在低温燃料电池的研究中占很大比重。

2.2.3 浓差过电势

当燃料电池放电时，在阳极和阴极上，燃料和氧化剂分别发生电化学氧化和还原反应而不断被消耗，同时产物在两电极上不断生成。如果反应物输送到电极的速率小于其消耗速率，或产物离开电极的速率小于其生成速率，必将导致电极表面上反应物浓度低于其本体浓度，产物浓度高于其本体浓度。即表面浓度和本体浓度之间就会形成浓度差。由这种浓度上的差异引起的极化就称之为浓度极化，导致的过电势即为浓差过电势 η_{conc}。

为简化讨论，忽略产物引起的浓度极化，只考虑反应物扩散缓慢引起的浓度极化。假设反应物表面浓度为 c_s，本体浓度为 c_b，则浓差过电势与浓度间的关系为

$$\eta_{conc} = |\varphi - \varphi_{eq}| = \frac{RT}{nF}\ln\frac{c_b}{c_s} \tag{2-40}$$

反应物向电极表面的传递过程遵循 Fick 第一定律，即：

$$\frac{j}{nF} = D\left[\frac{\partial c(x,t)}{\partial x}\right]_{x=0} \approx D\frac{c_b - c_s}{\delta} \tag{2-41}$$

式中，D 为反应物的扩散系数，δ 为电极表面反应物扩散层厚度。

当电极电势远远偏离其平衡值（阳极电势远高于其平衡电势或阴极电势远低于其平衡电势）时，电极反应的推动力足够大，电极反应足够快，反应物一旦到达电极表面立刻就被反应掉，此时反应物在电极表面上的浓度 $c_s=0$，这一条件下的电极反应产生的电流密度达到极限值，称为极限电流密度 j_L。

$$\frac{j_L}{nF} = D\frac{c_b}{\delta} \tag{2-42}$$

从式(2-42)可知，极限电流密度 j_L 与扩散系数和本体浓度成正比，与扩散层厚度成反比。升高温度可以增大扩散系数，提高反应物流速可以减小扩散层厚度。因此，可通过提高反应温度、增加反应物流速、增大反应物浓度来提高极限电流。

由式(2-41)和(2-42)可得

$$\frac{c_s}{c_b}=1-\frac{j}{j_L} \tag{2-43}$$

由式(2-43)代入(2-40)可得

$$\eta_{conc}=-\frac{RT}{nF}\ln\left(1-\frac{j}{j_L}\right)=\frac{RT}{nF}\ln\left(\frac{j_L}{j_L-j}\right) \tag{2-44}$$

令：$B=\dfrac{RT}{nF}$，则

$$\eta_{conc}=B\ln\left(\frac{j_L}{j_L-j}\right) \tag{2-45}$$

式(2-45)为浓差过电势与电流密度间的关系。从式中可以看出，随着电流密度的增大，浓差极化程度增加。当 $j \ll j_L$ 时，浓差极化不明显；当 j 接近于 j_L 时，浓差过电势急剧上升。

在燃料电池放电时，只要电池的工作电流密度达到两个电极中的任意一个的极限电流密度，则整个电池的电压将急速下降直至零，无论另一个电极的极限电流密度为何值，整个电池的浓差过电势也可用式(2-45)表示。假设电池中只有浓度极化造成电压损失时，电池的输出电压可表示为

$$E=E_r-\eta_{conc}=E_r-B\ln\left(\frac{j_L}{j_L-j}\right) \tag{2-46}$$

图 2-5 为浓差极化时燃料电池的电压-电流曲线。图中曲线在下面条件下获得：假设电池的平衡电压 $E_r=1.2$ V，常数 $B=0.026$（即 $T=300$ K，$n=1$），极限电流密度分别固定在

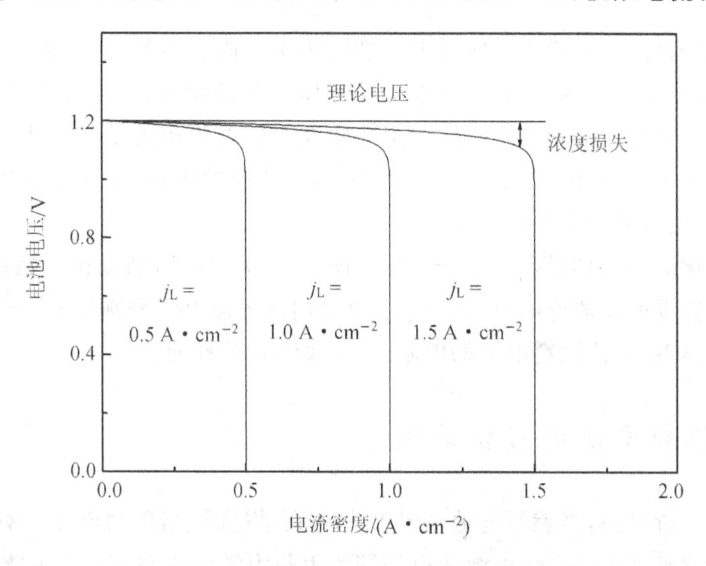

图 2-5 浓差极化对燃料电池性能的影响

j_L=0.5 A·cm^{-2}、1.0 A·cm^{-2}、1.5 A·cm^{-2}。从图中可以清楚地看出,浓差极化只在大电流密度下(接近极限电流密度时)才显著影响燃料电池的性能。尽管浓差极化的影响主要发生在大电流密度下,但是它的影响是骤变式的。当明显的浓差极化出现时,即表明燃料电池的实际可输出电流接近上限。

在燃料电池的设计过程中,必须尽可能增大极限电流密度、避免电池过早进入浓差极化控制区。可以从优化电极结构和运行参数(比如提高工作温度、增加反应物浓度、增大反应物流速)等方面来提高极限电流密度。

2.2.4 欧姆过电势

当燃料电池工作时,电子要流过电极、集流体等电子导体,离子要在两电极间的电解质(离子导体)中运动。电子和离子的流动都会受到阻力(通称电阻),从而导致一个电压降,即欧姆过电势 η_{ohm}。由于电子导体和离子导体都遵守欧姆定律,因此,欧姆过电势 η_{ohm} 可以表示为

$$\eta_{ohm} = iR_{\Omega} = jR_{ASR} \tag{2-47}$$

式中,i 为通过燃料电池的电流;R_{Ω}为燃料电池的总电阻,包括电子导体电阻、离子导体电阻以及接触电阻等。由于燃料电池产生的电流要流经所有导体,故总电阻即是各部分电阻的简单加和(串联)。j 为通过燃料电池的电流密度(A·cm^{-2}),R_{ASR}为面积比电阻(Ω·cm^2),它等于燃料电池的面积乘以欧姆电阻

$$R_{ASR} = A_{fuel\ cell} \times R_{\Omega} \tag{2-48}$$

欧姆过电势严格意义来说应该叫做电池的欧姆电压降。显然,它的存在会增加电池的电压损失,降低电池的电压效率,特别是在电池的工作电流较大时。因此,降低欧姆损失也是燃料电池研发的一个重要方面。电解质的电阻通常在燃料电池中占主导作用,故减少欧姆极化通常从离子导体入手,采取的措施包括减小阴阳两电极间的距离(减小电解质厚度,缩短离子传导距离)和提高电解质的电导率。

只有欧姆极化时,电池电压 $E=E_r-iR_{\Omega}$。图 2-6 为只有欧姆极化时燃料电池的电压-电流曲线。曲线在假设电池理论电压为 1.2 V,电池内部的总电阻分别为 0.05 Ω、0.1 Ω、0.5 Ω 的条件下获得。显然,降低燃料电池的电阻,可显著改善其性能。

2.2.5 燃料电池的极化曲线

通过热力学分析可知,当燃料电池中没有净电流通过时,阴阳两电极均处于平衡态,此时亦无浓度极化和欧姆极化,因此,电池的电压即为由热力学函数 Gibbs 自由能变化决定的平衡电动势 E_r,它等于阴极与阳极的平衡电极电势之差。E_r是燃料电池可能达到的最大电压。

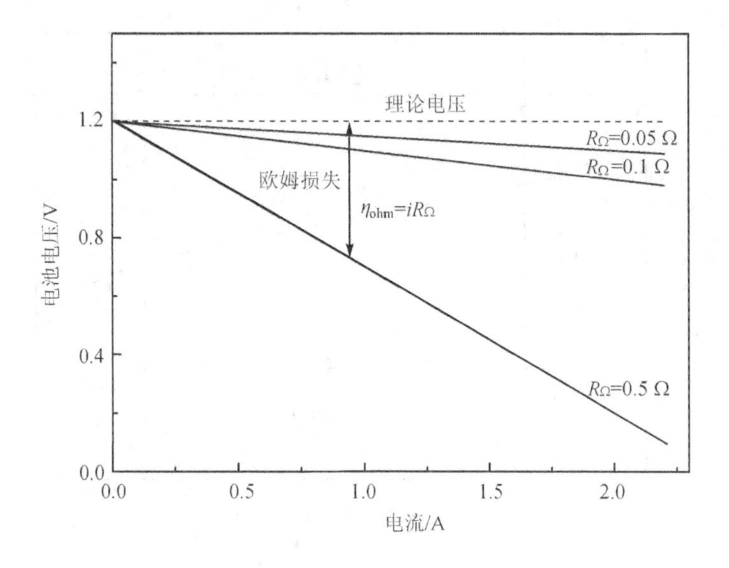

图 2-6　欧姆极化对燃料电池性能的影响

$$E_r = -\frac{\Delta G_r}{nF} = \varphi_{eq,c} - \varphi_{eq,a} \tag{2-49}$$

通过动力学分析可知，当燃料电池输出电流对外做功时，将会产生活化极化、浓度极化和欧姆极化，从而导致电池的实际输出电压 E 要低于其热力学平衡电压 E_r。各种极化导致的电压损耗具有叠加性，因此，燃料电池的实际输出电压为

$$E = E_r - (\eta_{act} + \eta_{conc} + \eta_{ohm}) \tag{2-50}$$

将式(2-39)、(2-46)、(2-47)代入式(2-50)，则得到燃料电池的电流密度-电压($j-E$)极化曲线的数学表达式

$$E = E_r - \left[b_a \ln\left(\frac{j}{j_{0,a}}\right) + b_c \ln\left(\frac{j}{j_{0,c}}\right)\right] - B\ln\left(\frac{j_L}{j_L - j}\right) - jR_{ASR} \tag{2-51}$$

图 2-7 所示为基于式(2-50)的燃料电池的典型极化曲线。纵坐标为燃料电池的输出电压，横坐标为燃料电池输出的电流密度。极化曲线可以看作是由 3 个特征区域组成。在低电流密度区，电压损失主要由活化极化(电极反应动力学)引起，表现为电池电压随电流密度增加迅速下降(对数变化)。在中电流密度区，电压损失主要来自欧姆极化(电荷传输)，表现为电压随电流密度增加直线下降(线性变化)。当电流密度继续增加而达到极限电流时，则电池电压急速下降(对数变化)，这一电压骤降中主要是由浓度极化引起(质量传输)。图 2-7 直观显示出，任何极化的发生都将导致电池性能的下降。因此，燃料电池研发的重点之一就是尽量降低活化过电势、浓差过电势及欧姆过电势，使得电池的实际输出电压尽可能靠近热力学理论平衡电压。

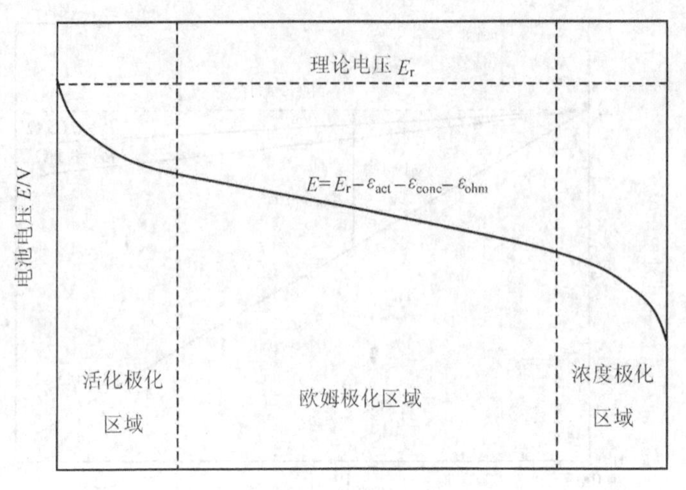

图 2-7 燃料电池的典型极化曲线

2.3 燃料电池效率

燃料电池作为一种能量转换装置,其实际效率的高低是人们最为关注的问题。从前面的热力学分析可以知道,燃料电池可能实现的最大效率(理论效率)为

$$\eta_r = \frac{\Delta G_r}{\Delta H_r} \tag{2-52}$$

即燃料电池进行可逆电化学反应时,可以用于做电功的最大能量(ΔG_r)占电池反应所能释放出的全部能量(ΔH_r)的分数。然而,燃料电池在实际工作中,存在很多不可逆因素,因此,燃料电池的实际效率总是要比可逆的热力学理想效率低。导致燃料电池实际效率低于理论效率的原因主要有两个方面:① 由于各种极化导致的电压损失;② 由于燃料利用不充分导致的燃料利用损失。下面具体讨论这两种损失并最终给出燃料电池的实际效率。

2.3.1 燃料电池的实际效率

(1) 燃料电池的电压效率

在 2.2.5 小节的讨论中(式 2-50、2-51 及图 2-7),可以清楚地看到,在燃料电池的实际工作过程中,存在着活化极化、浓度极化及欧姆极化。这些极化现象产生的过电势导致电池的实际输出电压低于其理论平衡电压,即极化导致电压损失。电功 $W=ZFE$,电压损失即意味着输出电能的损失。将燃料电池的实际输出电压(E)与热力学可逆电压(E_r)的比值定义为燃料电池的电压效率($\eta_{voltage}$),也称为电化学效率。

$$\eta_{voltage}=\frac{E}{E_r} \tag{2-53}$$

从式(2-51)和图2-7可知,燃料电池的工作电压依赖于电池的输出电流,电流负载越高,电压越低。因此,燃料电池在低负载下效率较高。这与内燃机正好相反,内燃机通常是在最大负载时效率最高。

(2) 燃料利用率

并非供给燃料电池的所有燃料全部参与电化学反应。有些燃料可能参与了其他反应而没有产生电功,比如直接甲醇燃料电池中,甲醇透过质子交换膜渗透到阴极,在阴极发生氧化反应或直接随空气排出。有些燃料可能只是从电池中简单流过而完全没有参与电化学氧化反应。在这种情况下,提供给燃料电池的燃料并未得到全部利用。将那部分真正产生电流的燃料与提供给燃料电池的总燃料之比定义为燃料利用率η_{fuel}。

$$\eta_{fuel}=\frac{i/nF}{v_{fuel}} \tag{2-54}$$

式中,i为燃料电池产生的电流;v_{fuel}为提供燃料的速率(mol·s^{-1})。一般的燃料电池,燃料的一次循环利用率不可能达到100%,因为气体燃料的压力或液体燃料的浓度下降到一定程度后,浓度极化加剧,电池难以稳定工作。通常采用燃料循环的方式,或者通过特殊的电池设计来提高燃料利用率。

考虑到动力学损耗和燃料利用率损耗,燃料电池的实际效率可以表示为:

$$\eta=(\eta_r)\times(\eta_{voltage})\times(\eta_{fuel})=\left(\frac{\Delta G_r}{\Delta H_r}\right)\times\left(\frac{E}{E_r}\right)\times\left(\frac{i/nF}{v_{fuel}}\right) \tag{2-55}$$

燃料电池研发的重要目标之一就是提高燃料电池的实际工作效率。从以上对燃料电池实际效率分析可知,提高燃料电池的实际效率可以从热力学、动力学和燃料利用率等方面着手。对电极结构进行优化、增加电极反应面积、研发高活性电催化剂等都可有效降低活化过电势,提高燃料利用率。通过提高电解质的离子电导率、减小电解质隔膜的厚度、增加电池内部各导电元件的导电性和接触性可实现降低欧姆过电势。选择适宜的工作温度、工作压力、改变燃料气体的组成、降低燃料气体的杂质等,都有助于提高可逆电压,从热力学角度提高效率。

2.3.2　燃料电池系统的实际效率

燃料电池作为一种发电装置,它的最终目标是在合适的时间为合适的场所提供合适的电力。为了达到这个目的,燃料电池要与一整套附属设备一起构成一个完整的燃料电池发电系统。在这个系统中,燃料电池(堆)是核心,通过它将燃料的化学能转化成电能,其他装置来完成一系列的辅助功能,比如,将燃料和氧化剂连续地供应到电池中(泵、压缩机、鼓风机等)、稳定和调整燃料电池的输出电压(直流电稳(变)压器,DC/DC converter)、将直流电转换成交流电(逆变器,DC/AC inverter)满足交流用户需要、稳定电池的工作温度(换热器、风扇、热量回收系统)、对燃料电池进行监控(控制器)等。因此,作为一个完整的发电系统,其实际效率不仅与燃料电池自身的效率有关,还取决于所有附属设备的效率。只有当整个系统实际效率高,才能体现出燃料电池高效的优势。

当仅使用燃料电池系统输出的电能,而不利用其产生的热能时,燃料电池系统效率通常用发电效率(electricity efficiency)表示,一般可表示为

$$\eta_{sys}=\frac{itE_{cell}-W_{loss}}{|\Delta H|} \tag{2-56}$$

式中,itE_{cell}为燃料电池输出的电能,W_{loss}包括了所有辅助设备所消耗的电能,ΔH为反应掉的燃料释放的全部化学能。显然,辅助系统对电能的消耗降低了整个燃料电池发电系统的实际电效率。燃料电池本身的电效率在低负载下较高,在高负载下较低,其他辅助设备通常正好相反,在低负载下效率较低,而在高负载下效率较高。因此,整个燃料电池系统的总电效率大致维持不变。这有别于包括热机在内的其他大部分能量转换系统,它们在低负载工作时,往往效率较低。

对于中高温燃料电池,比如 PAFC、MCFC、SOFC 等,它们在发电过程中同时会产生可观的余热,如果将这些余热加以回收利用,则可提高燃料电池系统的能量转换效率,如果这些余热可进一步转换成电能,则可提高发电效率,比如用 SOFC 产生的高温余热驱动蒸汽机发电。考虑到余热回收利用时燃料电池系统的效率通常称为热电合并效率(combined heat and power efficiency)η_{CHP},可以表示为

$$\eta_{CHP}=\frac{itE_{cell}-W_{loss}+Q_{recovered}}{|\Delta H|} \tag{2-57}$$

目前,燃料电池的电压效率$\eta_{voltage}$为50%~80%,燃料电池的电效率η为40%~70%,燃料电池系统的发电效率η_{sys}为35%~65%,燃料电池系统的热电合并效率η_{CHP}为60%~80%。随着燃料电池及附属设备的技术进步,燃料电池系统的效率将会进一步提高。

问题与讨论

1. 为什么燃料电池的发电效率要高于传统热机(蒸汽机、内燃机)的发电效率?
2. 燃料电池的热力学效率能否大于1,为什么?
3. 什么是燃料电池的可逆电压?影响燃料电池可逆电压的因素有哪些?
4. 试用电池反应的能斯特方程来说明工作温度和工作压力是怎样影响电池可逆电压的。
5. 以纯氧气替代空气作为阴极氧化剂和以重整气体(氢气和二氧化碳混合气)替代纯氢气作为燃料分别会怎样影响燃料电池的可逆电压?
6. 什么是极化?什么是过电势?

7. 造成燃料电池极化的因素有哪些？它们分别是如何影响燃料电池的工作性能的？采取哪些措施可以减少这些极化。

8. 请绘制出典型的燃料电池的极化曲线，并说明其特征。

9. 什么是燃料电池的电压效率？影响其大小的因素有哪些？如何提高电压效率？

10. 为什么燃料电池的实际效率通常远低于其热力学效率？如何提高燃料电池的实际效率？

11. 造成燃料电池系统的实际效率低于燃料电池实际效率的原因是什么？

12. 某质子交换膜燃料电池所使用的质子交换膜的电导率为 $0.10\ \Omega^{-1} \cdot cm^{-1}$，电极面积为 $10\ cm^2$，电池中电极、集流体、导线等电子导体的电阻为 $0.005\ \Omega$。计算当质子交换膜的厚度分别为 $50\ \mu m$ 和 $100\ \mu m$ 时，燃料电池在 $1\ A \cdot cm^{-2}$ 的电流密度下的欧姆极化过电势 η_{ohmic}。

13. 如何提高燃料电池的极限电流密度？

第3章　质子交换膜燃料电池

3.1　发展简史

质子交换膜燃料电池 PEMFC(Proton Exchange Membrane Fuel Cell)是研究和开发时间最长的一种燃料电池。早在1960年,美国首先将通用电气公司开发的质子交换膜燃料电池用于航天飞行方面——双子星座的动力源。但该电池采用的聚苯乙烯磺酸膜,在电池工作过程中发生降解,不但导致电池寿命缩短,而且污染电池生成水,宇航员不能饮用。之后经过研究,在20世纪70年代,美国杜邦公司研制并生产了具有高质子电导率、较好化学稳定性和机械性能的全氟磺酸膜,商品名为 Nafion 膜。通用电器公司采用杜邦公司的全氟磺酸膜,延长了电池寿命,解决了电池生成水的污染问题,并用小电池在生物卫星上进行了搭载实验。但1968年,在美国航天飞机使用的电源竞争中它让位于碱性燃料电池(AFC)。这一竞争失利使质子交换膜燃料电池在太空中的应用搁置了20年,导致 PEMFC 的研究长时间处于低谷。1968年到1984年,除了美国洛斯阿拉莫斯(Los Alamos)国家实验室开展了一点工作外,其他的研究工作基本处于停滞状态。

20世纪80年代中期,由于电池材料和制备技术取得突破性进展,使 PEMFC 的性能大幅度提高,实用化前景较为看好,从而又掀起了 PEMFC 的研发热潮。1983年在加拿大国防部资助下,Ballard 动力系统公司也进行了质子交换膜燃料电池的研究。在加拿大、美国等国科学家联合努力下,PEMFC 取得了突破性的进展。到1993年,研制成了以高压氢为燃料,空气中氧为氧化剂的 PEMFC 作动力源的公共汽车。该种 PEMFC 电动车的输出功率为120 kW,电动机输出功率为80 kW,行驶距离为160 km。在1997年,Ballard 公司把研制成功的 PEMFC 公共汽车以每辆150万美元的价格卖给了加拿大温哥华市和美国芝加哥市,进行示范运行,每辆车准乘62人。后来,Ballard 公司筹资3.2亿美元,建成了世界上第一个燃料电池厂,在2001年正式投产。

Ballard 的工作在世界范围内引起了研制 PEMFC 汽车的热潮,许多汽车公司相继开发燃料电池汽车。1997年,戴姆勒克莱斯勒公司开发了以重整甲醇为燃料的 PEMFC 电动车,输出功率50 kW,行驶里程400 km(如图3-1所示)。1999年,德国尼奥普兰汽车公司开发出车长8 m 的 PEMFC 公共汽车。在2000年的悉尼奥运会上,美国通用汽车公司开发的纯氢作燃料的 PEMFC 电动车做马拉松竞技的先导车(如图3-2所示)。该车功率为55 kW,最高时速可达到140 $km \cdot h^{-1}$,连续行驶里程为400 km。2000年11月,在美国的加利福尼亚州,戴姆勒-克莱斯勒公司、福特公司和本田公司等进行了世界性的 PEMFC 燃料电池车的公路示范运

图 3-1　戴姆勒-克莱斯勒公司的甲醇重整燃料电池车"Necar 5"

图 3-2　2000 年悉尼奥运会上使用的燃料电池先导车

行试验。2002 年,日本丰田公司展示了车长 10 m 的 PEMFC 电动大客车,瑞典的斯堪尼亚汽车公司开发了 PEMFC 公共汽车。另外,日本本田公司也在进行燃料电池车的研制工作,他们开发了 FCX-V 型混合燃料电池车。该车采用压缩氢气作为燃料,与超级电容器联合供电,解决了单独使用氢气作为燃料时存在的启动时间长的问题,该车性能可与汽油车相媲美(如图

3－3所示）。2002 年 3 月福特公司发表了加拿大巴拉德公司 35 MPa 高压氢型混合燃料电池车（如图 3－4 所示），该车预计在 2004 年商业化。在一些国家，PEMFC 电动车开始进行商业化试运行，例如，冰岛首都雷克雅未克开始运行氢做燃料的 PEMFC 公共汽车，而且设立了加

图 3－3 本田混合型燃料电池车“FCX－V4”

图 3－4 美国福特公司发布的 Ford(Focus FCV)

氢站。联邦快递公司与通用汽车公司在日本进行"通用氢动三号"PEMFC 燃料电池车的商用试验，该车是首次在日本获得商用许可的 PEMFC 电动车。它采用液氢作为燃料。

PEMFC 不但可用做燃料电池汽车的动力源，而且还可用于分散式的供电、供热源及便携式电源。这些应用都与现实生活息息相关。因此，世界上在研究电动车用 PEMFC 的同时，还在发展数十瓦到千瓦级的中小型的 PEMFC 移动电源。例如，美国氢动力公司研制成了中小型的 PEMFC，用于笔记本电脑(35 W)、摄像机(35 W)、残疾人车(200 W)。美国普拉格公司研制了 7 kW 的家用 PEMFC 发电系统。美国派瑞公司研制成了 5 kW 的水下机器人动力源的 PEMFC。我国大连新源动力公司研制了自行车用的 PEMFC 动力源。

我国对 PEMFC 的研制十分重视，从"九五"就开始资助这方面的研究。1999 年，由清华大学和北京世纪富原公司合作研制的我国第一辆 PEMFC 电动车在北京国际电动车展览会上展出。2000 年，中科院大连化学物理所和东风汽车制造厂等也合作研制了 PEMFC 样车。特别在"十五"期间，"863"计划设立重大专项资助 PEMFC 电动车的研制，国家总投资近 10 亿元，加上地方和企业配套资金合计约 24 亿元。同济大学、上海神力公司和上海汽车工业集团公司等单位承担 PEMFC 轿车的研发任务；清华大学、中国科学院大连化学物理所和北京客车总厂等单位研发 PEMFC 电动客车，总经费在 1.2 亿元左右。2002 年，北京绿能公司与多家单位合作研制成功 3 辆小、中型燃料电池电动汽车。2004 年同济大学和上海神力公司等单位已研制成"超越一号"PEMFC 电动车，其性能达到国际上第三代 PEMFC 电动车的水平。在 2008 年北京奥运会期间，由同济大学和上海神力公司等单位联合生产的 PEMFC 电动车会小批量、示范性地行驶在北京街头。到 2010 年世博会期间，预计 20 辆燃料电池公交车、300 辆燃料电池出租车及一批燃料电池场地车和邮政车将投入运行。届时，上海将建成 5 座加氢站来满足这些车辆对氢燃料的需求。

在所有的这些应用当中，最引人注目的是，由欧洲最现代化的造船公司——霍瓦兹德意志造船公司(HDW)研制建造的世界第一艘全新的燃料电池驱动的潜艇 U31"克拉西号"，该艇已交付德国海军使用。"U31"号 212A 型潜艇是目前世界上第一艘装备燃料电池的不依赖空气动力装置(AIP)的潜艇。该艇在 2003 年 4 月 7 日在德国基尔港进行了首次下水试航，并已于 2004 年 10 月交付德国海军使用。"U31"号属于 212A 型常规动力潜艇，潜艇长度为 55.9 m，宽度为 7 m，吃水 6 m；水上排水量为 1 450 t，水下排水量为 1 830 t；续航力为 8 000 n mile；最大下潜深度是 200 m；自持力能够达到 49 天；动力装置采用燃料电池动力系统和柴电动力系统联合的方式，其中 1 台为 16V396 型增压高速柴油机，功率达到 3 120 kW，单轴；该潜艇配备有 6 具 533 mm 鱼雷发射管武器装备，另有 12 枚 DMZA4 型鱼雷或 24 枚水雷；装备有先进的 DBQS-40 型声纳或 MOA3070 型声纳。这种潜艇最大的特点在于其驱动力来自于燃料电池，所以噪声低，在巡航时不易被发现，因而获得高度重视。其示意图如图 3-5 所示。

日本也不甘落后，2005 年 6 月 30 日，日本机器人公司——斯比西斯公司(Speecys)在东京展示了世界第一款以燃料电池为动力的机器人(如图 3-6 所示)。这台机器人高度为 50 cm，

图 3-5 “U31”号潜艇

图 3-6 日本展示的首款燃料电池机器人“Speecys-FC”

质量是 4.2 kg,内部装有一个氢气罐。该机器人配备有 5 个燃料电池组,双臂各有 2 个,后背有 1 个。燃料电池以电池盒形式使用,更换方便、容易。这款机器人预计售价 262 万日元(约合 2.4 万美元)。

3.2　工作原理

用氢气做燃料的 PEMFC 单体电池的原理示意图,如图 3-7 所示。单体电池主要由氢气气室、阳极,质子交换膜、阴极和氧气气室组成,其结构示意图,如图 3-8 所示。

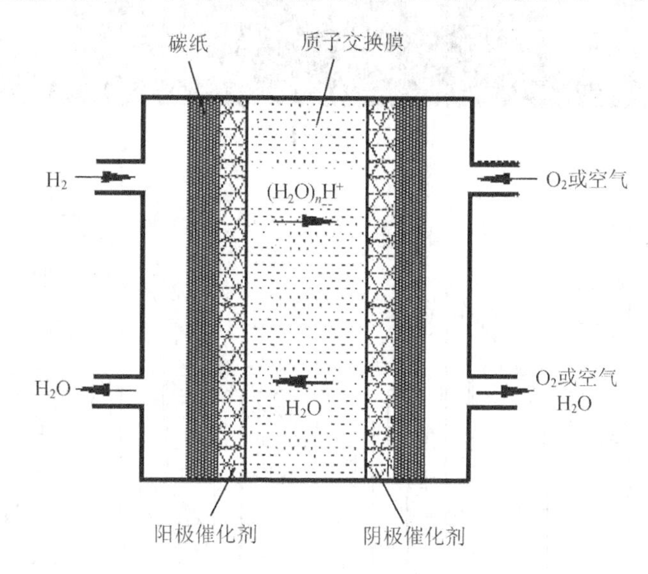

图 3-7　PEMFC 的原理示意图

质子交换膜将电池分割成两部分——阴极和阳极。阴极和阳极均采用多孔扩散电极,气体扩散电极具有双层结构,即由扩散层和反应(催化)层组成。催化层主要是催化燃料的氧化反应和氧化剂的还原反应。通过热压将阴极、阳极与质子交换膜复合在一起,形成膜电极集合体 MEA(Membrane and Electrode Assembly)。在电池工作过程中,分别向阳极和阴极供应氢气和氧气。

PEMFC 一般用氢气做燃料。氢气进入气室,到达阳极后,在阳极催化剂作用下,失去 2 个电子,氧化成 H^+:

$$H_2 \rightarrow 2H^+ + 2e^- \tag{3-1}$$

生成的氢离子 H^+ 以水合的形式通过质子交换膜到达阴极,电子通过外电路对负载做功后到达阴极,实现导电,还原生成水。

氧气进入气室到达阴极,在阴极催化剂的作用下,氧化剂与到达阴极的 H^+ 和电子结合生

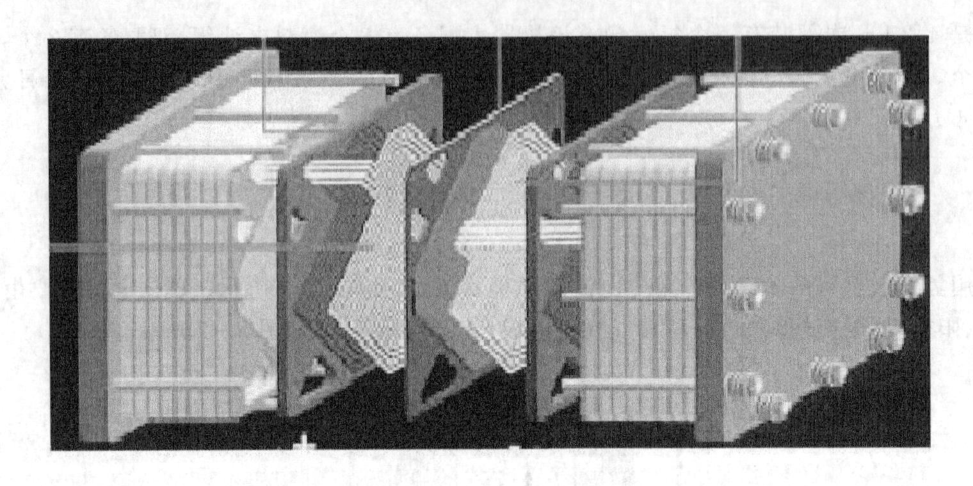

(a)

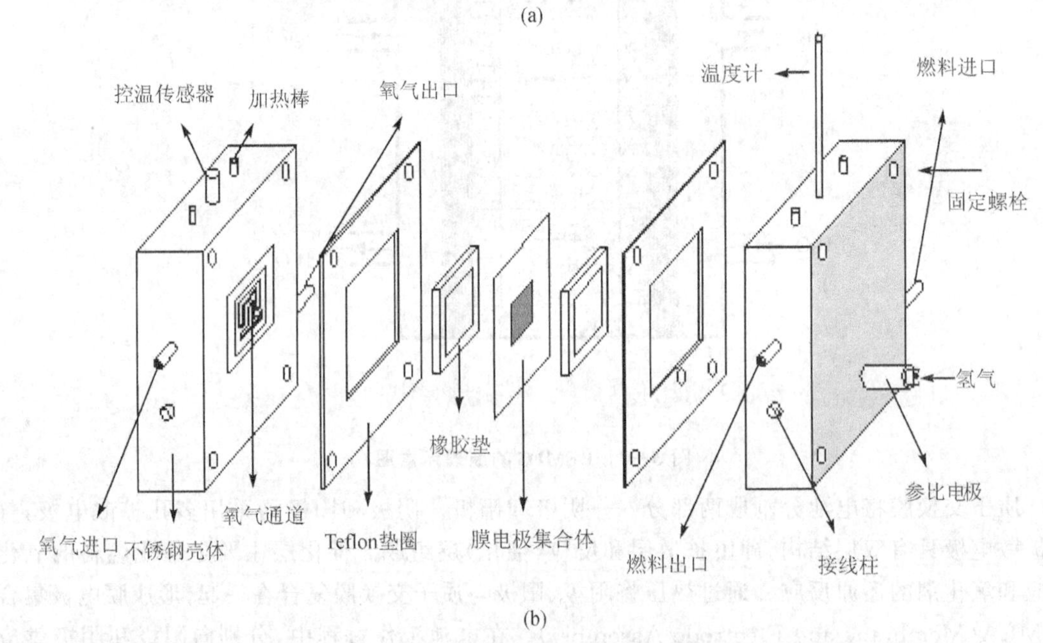

(b)

图 3-8 质子交换膜燃料电池的结构

成水，生成的水随尾气排出。其反应式为

$$\frac{1}{2}O_2 + 2H^+ + 2e^- \rightarrow H_2O \tag{3-2}$$

总反应为

$$\frac{1}{2}O_2 + H_2 \rightarrow H_2O \tag{3-3}$$

PEMFC 在标准状态下的理论电压为

$$E^{\circ} = -\Delta G^{\circ}/nF = 1.14\ \text{V} \tag{3-4}$$

3.3 特　点

目前，PEMFC 主要以磺酸型质子交换膜为固体电解质，无电解质腐蚀问题，其特点是工作温度低(70～80 ℃)，可在室温下快速启动。PEMFC 在固定电站、电动车、军用特种电源、可移动电源等方面都有广阔的应用前景，尤其是电动车的最佳驱动电源。PEMFC 与其他能源相比具有以下特点：

① 能量转化效率高。直接将化学能转化为电能，不通过热机过程，不受卡诺循环的限制。因此，燃料电池的能量转换效率要比热机和火力发电的能量转换效率高得多。到目前为止，汽轮机或柴油机的效率最大值仅为 40%～50%；而燃料电池的能量转换效率在 90%以上。在实际应用时，考虑到综合利用能量，其效率可望在 80%以上。

② 环境友好，可实现"低排放"或"零排放"，是环保型能源。对于氢氧燃料电池而言，其反应产物只有水，避免了火力发电时因排放大量废渣而造成的固体废弃物污染。

③ 运行噪声低，可靠性高。热机在工作时存在活塞发动机的机械传动部分造成的噪声污染；而 PEMFC 则不存在这些问题，其操作环境要安静得多。

④ 维护方便。PEMFC 内部构造简单，电池模块呈现自然的"积木化"结构，使得电池组的组装和维护都非常方便，也很容易实现"免维护"设计。

⑤ 发电效率受负荷变化影响很小，非常适于分散型发电装置(作为主机组)，也适于电网的"调峰"发电机组(作为辅机组)。

⑥ 所用燃料易得。氢气是一种可再生的能源资源，可通过石油、天然气、甲醇、甲烷等进行重整等方法制得。甲醇等小分子醇类来源丰富，价格低廉，在常温常压下是液体，易于运输储存。

3.4 膜电极组件

PEMFC 的核心部件为膜电极集合体。将阳极、质子交换膜与阴极结合成三明治结构的单一组件称为膜电极集合体 MEA(Membrane Electrode Assembly)。制备工艺的不同使得电池的性能有很大的不同。国内外都致力于优化 MEA 的制备工艺，在提高电池性能的同时，以求减少电极催化剂的载量，简化制备工艺及装置，从而降低成本。因为成本高是阻碍电池商品化的一个很重要的因素，为了使燃料电池实现商品化则必须降低电池的成本，如降低铂的载量；降低 MEA 的制作成本和简化制造工艺；与此同时还要提高电池的性能。

膜电极集合体的结构示意图，如图 3-9 所示。膜电极集合体通常由 5 层组成：阴极扩散层、阴极催化剂层、质子交换膜、阳极催化剂层、阳极扩散层。

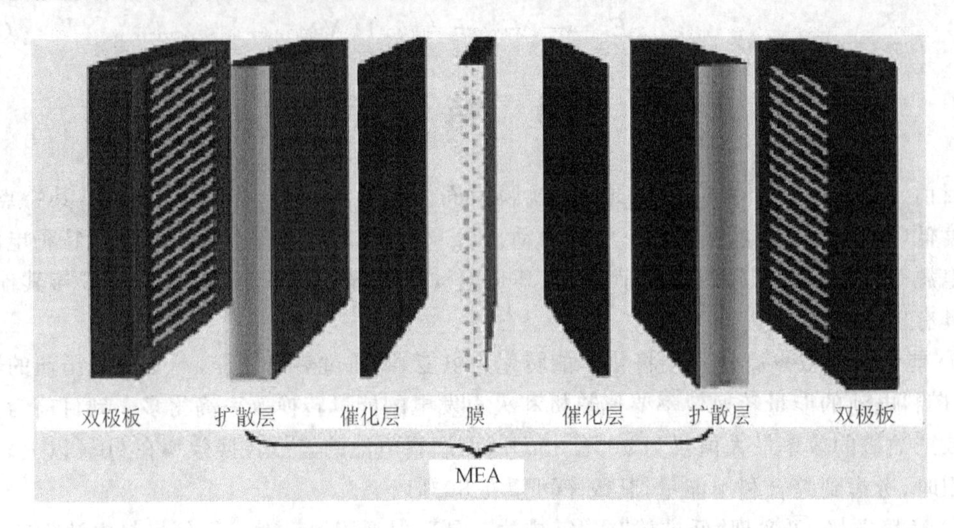

图 3-9 单体电池壳体及膜电极集合体

扩散层不仅是反应物质扩散的场所，也起着支撑催化层的作用。催化层与扩散层的接触电阻应尽量小；否则会因为整个电池的内阻增大，而不利于电池的放电。另外，扩散层直接与双极板流场接触，因此对扩散层的强度要有一定的要求，尤其是采用蛇行流场时，其要求相对于多孔体和网状流场来说要高一些。

下面介绍一下构成质子交换膜燃料电池的关键材料与元器件，即电极催化剂、质子交换膜、双极板和流场，并介绍一下膜电极集合体的制备方法和工艺。

3.5 电极催化剂

催化剂是电极中最主要的部分，电催化剂的功能是加速电极与电解质界面上的电化学反应或降低反应的活化能，使反应更容易进行。在 PEMFC 中，催化剂的主要功能是促进氢气的氧化和氧气的还原。

3.5.1 对催化剂的要求

一种催化剂要具有好的催化性能，必须具备以下几个条件：

(1) 要有高的电催化活性

催化剂要对氢气氧化反应和氧气还原反应都具有较高的催化活性，而且还要对反应过程中存在的副反应具有较好的抑制作用。如对于阳极反应产生的中间产物具有较好的抗中毒能力，对于阴极反应具有较好的抗甲醇氧化的功能。一般来说，在各种金属元素中，无论是对于氢气的氧化，还是对于氧气的还原，Pt的电催化活性都最高。

(2) 要有高的电催化稳定性

催化剂的稳定性取决于其化学稳定性和抗中毒能力。化学稳定性好是指其在电解质溶液中不腐蚀。抗中毒能力是指催化剂不易被一些物质毒化。如当氢气中含有CO时，它会强烈地吸附在Pt催化剂的表面而使Pt催化剂毒化。此时，必须在Pt催化剂中加入Ru等第二或第三种组分，以提高Pt催化剂的抗中毒能力。

(3) 要有大的比表面积

电催化活性一般与催化剂的比表面积有关。一般来说，比表面积大，电催化活性也高。

(4) 要有适当的载体

催化剂的比表面积要大，其粒子一定要小，而且分散性要好。用适当的载体就能够达到这样的效果。常用的载体有活性炭，炭黑等，它们的比表面积大、导电性好。近年来，纳米炭管、导电聚合物、WC等也被广泛研究；它们能与催化剂发生某种作用，而使催化剂性能进一步提高。

(5) 要有好的导电性

因为氢或氧在催化剂上反应后的电子要通过催化剂传导，因此，催化剂必须具有较高的导电率。

3.5.2 催化剂的选择

阳极催化剂主要是催化氢气的氧化，阴极催化剂主要是催化氧气的还原。一般情况下，阴、阳极催化剂都使用炭载铂催化剂(Pt/C)。

3.5.2.1 阳极催化剂

对于阳极氢气的氧化，最早期曾经采用镍、钯作为催化剂，后来使用Pt黑作为催化剂。但是由于Pt黑的粒度较大，分散度较低，导致Pt的利用率低。现在多采用Pt/C作为阳极反应的催化剂。

由于目前所使用的阳极燃料氢气除了一小部分由电解水制备外，大多数的氢气常采用煤炭、天然气、石油、有机小分子等热分解制备，其中常含有一定量的CO；而CO能很强地吸附在Pt上，使Pt催化剂中毒。研究发现，当氢气中CO的体积分数为10^{-5}时，电极的有效反应面积仅为纯氢的53%；而当CO的体积分数为10^{-4}时，电极的有效反应面积降低到纯氢的16%的水平。另外，在热解氢气中也会含CO_2。而CO_2也能影响电极的性能，这可能是CO_2在氢气氛中会还原成CO而导致催化剂中毒所引起的。

要解决CO的中毒问题，首先，要降低氢气中的CO含量，即要把氢气中的CO分离出去，使 CO 的体积分数尽量控制在 10^{-5} 以下的水平。其次,要采用有效措施提高质子交换膜燃料电池对 CO 的容忍度。如采用渗氧法(oxygen bleed technique),即在阳极燃料气体中注入空气/氧气,使吸附在 Pt 表面的 CO 氧化成 CO_2,这样能够在一定程度上避免 CO 毒化。另外,还可以在燃料气体增湿器中加入少量的过氧化氢,也可以起到类似渗氧法的效果。最后,必须研究抗 CO 中毒的催化剂。研究表明,Pt 基复合催化剂有较好的抗 CO 中毒的性能。研究过的 Pt 基复合催化剂有很多,如 Pt-Ru、Pt-Sn、Pt-Mo、Pt-Cr、Pt-Mn、Pt-Pd、Pt-Ir 等。第二种元素的作用主要是降低 CO 在 Pt 上的吸附强度,使其容易氧化为 CO_2,提高催化剂抗 CO 中毒的能力。如在 Pt-Ru 催化剂上,吸附 CO 的氧化电位要比在纯 Pt 催化剂上降低约 200 mV,这样,Pt-Ru 催化剂能促进吸附 CO 的氧化。在上述这些催化剂中,Pt-Ru 催化剂的性能最好,而且尤以 Pt 与 Ru 的质量比为 1∶1时得到的催化剂性能最佳。例如,在 PEMFC 中用 Pt/C 做催化剂,工作温度为 80℃,电流密度为 500 mA·cm^{-2},使用含 80%氢、20%CO_2 和 CO 的体积分数为 10^{-5} 时,电池的输出电压比用纯氢时下降了 50 mV。而在用 Pt-Ru/C 做催化剂时,即使 CO 的体积分数高达 10^{-4},电池的输出电压比用纯氢时只下降了 35 mV。

3.5.2.2 阴极催化剂

在 PEMFC 中,电池的极化主要来自氧电极,因此,必须提高阴极催化剂的性能。阴极一般采用 Pt 催化剂,因为在所有的元素中,Pt 对氧还原的电催化性能最好。在 20 世纪 70 年代末发现,用过渡金属与 Pt 的复合催化剂对氧还原的电催化活性要明显高于 Pt 催化剂。在此后的几十年中,发现许多二元和三元的 Pt 与过渡金属的合金催化剂,如 Pt-Co、Pt-Fe、Pt-Cr、Pt-Ni、Pt-Ti、Pt-Mn、Pt-Cu、Pt-V、Pt-Cr-Co、Pt-Fe-Cr、Pt-Fe-Mn、Pt-Fe-Co、Pt-Fe-Ni、Pt-Fe-Cu、Pt-Cr-Cu、Pt-Co-Ga 等对氧还原的电催化活性都不同程度地高于 Pt 催化剂。另外,还发现一些 Pt 与过渡金属氧化物的复合催化剂,如 Pt-WO_3、Pt-TiO_2、Pt-Cu-MO_x 等对氧还原也有很高的电催化活性。

这些 Pt 基复合催化剂对氧还原的电催化性能要好于 Pt 催化剂的机理比较复杂,因为氧还原机理比较复杂。现在,一般认为氧有两条还原途径。一是氧分子在催化剂表面双位吸附,并解离成氧原子,然后与 H^+ 反应,生成水;另一种途径是氧在 Pt 催化剂表面单位吸附,即氧分子垂直吸附于催化剂表面,形成过氧化氢阴离子(HO_2^-),然后被进一步还原成水,或与 H^+ 反应生成过氧化氢。

氧分子在催化剂表面形成双位吸附与催化剂表面活性位结构有很大关系。一种观点认为只有当催化剂表面活性位间距与氧分子键长接近时才易于产生双位吸附,在 Pt 和过渡金属(M)形成的 Pt-M/C 催化剂时,Pt 与 M 的合金化能导致 Pt 晶格收缩,Pt-Pt 距离减小有利于氧分子的双位吸附和解离。另一种观点认为 M 的加入会改变催化剂表层 Pt 的电子结构,增加了 Pt 的 d 空位而增加了两个相邻 Pt 原子与吸附氧分子的相互作用,促进了氧分子的双位吸附和解离。

3.5.3 催化剂的制备

制备催化剂的方法很多。制备方法比较简单、能规模生产、且制得催化剂的性能较好的有以下几种：

(1) 普通液相还原法

液相还原法是一种使用较多的制备 Pt/C 和 Pt-Ru/C 催化剂的方法。将催化剂前驱体 H_2PtCl_6溶解后，与活性炭载体混合，再加入还原剂，如 $NaBH_4$、甲醛、柠檬酸钠、甲酸钠、肼等，使 Pt 还原、沉积到活性炭上，洗涤、干燥后，就可得到催化剂。用不同的还原剂，得到的催化剂结构和性能会有很大的差别。这种方法的优点是方法简便；缺点是制得的催化剂分散性比较差，金属粒子的平均粒径较大；对于多组分的复合催化剂，还会产生各组分分布不均匀的问题。

其典型的制备步骤如下：① 将碳载体(Vulcan XC-72)超声分散在水或水与乙醇(异丙醇)的混合溶液中，配成悬浮液，长时间进行搅拌，并加热至 80 ℃；② 缓慢滴加一定量的 H_2PtCl_6溶液，然后再加入 $RuCl_3$溶液，将溶液煮沸，并保持一定时间；③ 缓慢滴加过量的还原剂溶液进行还原，继续煮沸 1 h；④ 长时间进行搅拌，过滤，在 80 ℃的真空干燥箱中烘干 12 h，取出，即制得 Pt-Ru/C 催化剂。一般，Pt-Ru/C 催化剂中金属颗粒的尺寸在 2～5 nm。

(2) 溶胶-凝胶法

将催化剂前驱体在有机溶剂中还原制备成溶胶后，再吸附在活性炭上，可以得到分散性较好、均一度较高的催化剂。该方法由 Bonnemann 首次报道。他们用 $PtCl_2$ 和一种特殊的有机还原剂在有机溶剂中发生反应制备 Pt 溶胶；然后把活性炭载体与 Pt 溶胶混合均匀，洗涤、干燥后，就得到 Pt/C 催化剂。用这方法曾制备过 Pt-Ru、Pd-Au、Pt-Ru-Sn、Pt-Ru-Mo、Pt-Ru-W 等一系列多元金属溶胶；制得的催化剂中金属粒子的平均粒径较小，在 1.7 nm 左右。但这种制备溶胶的过程极为复杂，条件苛刻，原料价格高，仅仅适用于实验室研究，而且用这种方法获得的催化剂往往含有一些杂质。最近，一些研究组在多元醇、乙醇或甲醇体系中制备高性能催化剂，制备过程大大简化。

(3) 固相反应方法

由于固相体系中粒子之间相互碰撞的几率较低，反应生成的金属粒子的平均粒径较小，结晶度较低，因此，制得的催化剂的电催化性能较好。例如，在固相条件下，用 H_2PtCl_6 和聚甲醛及活性炭合成的 Pt/C 催化剂中的 Pt 粒子的平均粒径在 3 nm 左右，而用一般的液相还原法制得的 Pt/C 催化剂中 Pt 粒子的平均粒径在 8 nm 左右；因此，催化剂的电催化活性比用液相反应法制得的 Pt/C 催化剂好很多。

(4) 预沉淀法

为了要得到金属粒子较小的催化剂，可采用预沉淀法来制备。例如，把 H_2PtCl_6 水溶液和活性炭混合均匀，然后在不断搅拌下加入氨盐，由于 NH_4PtCl_6不溶于水而均匀地沉积到活性炭上，用还原剂还原后，便得到 Pt 粒子较小的 Pt/C 催化剂。

(5) 浸渍还原法

浸渍还原法也是制备 Pt/C 催化剂的常用方法。该方法是将载体在一定的溶剂（如水，乙醇等）中超声分散均匀，再加入一定量贵金属前驱体，如一定浓度的氯铂酸（$H_2PtCl_6 \cdot 6H_2O$），根据还原剂的种类将溶液的 pH 值调节至酸性或碱性，并在一定的温度下，加入过量的还原剂（HCHO、HCOONa、Na_2SO_3或者 NH_2NH_2、$NaBH_4$），反应一段时间，再经过过滤、洗涤、干燥等步骤，即可得到所需要的 Pt/C 电催化剂。这样制得的催化剂，金属粒径一般较小，约为几个纳米。采用该法时，制备条件（如溶剂、pH 值、反应温度等）是影响催化剂性能的关键因素，因此要严格进行控制。周振华等人发展了调变的多元醇制备工艺。他们直接以还原剂乙二醇作为氯铂酸的溶剂，并逐滴加入经超声分散的乙二醇碳浆，采用氢氧化钠调节溶液的 pH 值至碱性，并加热升温至 130 ℃，回流反应 3 h，最后经过滤、洗涤、干燥等过程制备得到 Pt/C 催化剂。可以通过控制体系中的水含量来控制 Pt 粒径的大小，能够实现在一定范围内粒径可控，避免了甲醛、甲醇等有毒试剂，对环境友好。肖成建等人研究了还原温度、还原剂、pH 和甲醛用量等工艺条件对改进的浸渍还原法制备得到的 Pt/C 催化剂性能的影响。图 3－10 为采用该法制备得到的 Pt/C 催化剂的 TEM 图。

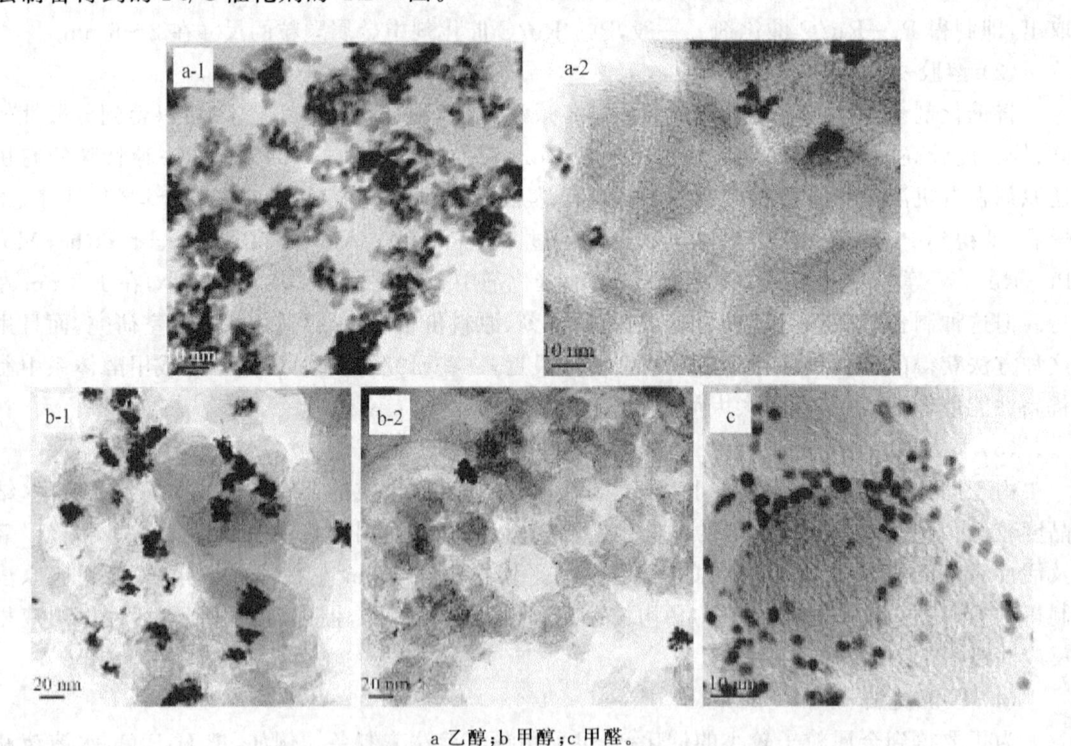

a 乙醇；b 甲醇；c 甲醛。

图 3－10 不同还原剂制备的 Pt/C 催化剂的 TEM 图

图3-10中30～50 nm的浅色颗粒为碳载体炭黑Vulcan XC-72，而黑色颗粒为Pt金属粒子。从图3-10中可以看出，以甲醛作为还原剂时，Pt粒子在碳载体上分布得比较均匀，基本上没有团聚现象发生，平均粒径在2.7 nm左右。而以甲醇或乙醇作为还原剂时，得到的Pt颗粒在碳载体上分布不均，部分Pt粒子发生了聚集，而且有些部分聚集现象很严重。可能是不同还原剂还原能力不同，也可能是甲醇或乙醇的加入破坏了炭黑和溶剂的相溶性。

(6) 胶体法

胶体法是在特定的溶剂中，利用一定的还原剂将催化剂的前驱体(可以为多组分)，还原为金属胶体，并均匀稳定地分散在溶剂中，然后将载体用溶剂分散成浆液(slurry)，使金属吸附或沉积到碳上，制备出碳载金属催化剂；或合成特定的贵金属氧化物胶体，然后还原贵金属氧化物，同时吸附于碳载体上制备催化剂。

例如，Petrow等将氯铂酸制备成$Na_6[Pt(SO_3)_4]$胶体，然后通过离子交换，将$Na_6[Pt(SO_3)_4]$中的钠离子交换成氢离子，并在空气中加热煮沸，将多余的亚硫酸根离子释放掉，之后在一定温度下进行干燥，制备得到Pt的氧化物黑色胶体，将该胶体再次分散到水或者其他溶剂中，这样可以很容易担载于炭黑载体上，催化剂中的Pt颗粒一般为1.5～2.5 nm。Watanabe等也采用这种方法制备了Pt-Ru/C双组分催化剂。采用这种方法制备的Pt基复合催化剂粒径分散均匀，并且由于预先置换去除氯离子，能够有效避免催化剂中微量氯离子引起的催化活性损失；但是操作过程比较复杂。

3.5.4 催化剂的结构和表征

3.5.4.1 影响催化剂性能的结构因素

对于同一种催化剂，如Pt/C催化剂，影响其性能的主要因素是其结构因素。主要的结构因素有以下几种：

(1) 金属粒子的平均粒径

从理论上讲，为了提高电流密度，必须增加催化剂的比表面积，即要减小Pt粒子的大小。但也不是Pt粒子越小越好；因为Pt粒子太小，Pt粒子会不稳定。研究表明，在Pt粒子的粒径尺寸为3 nm时，Pt催化剂的质量比活性最高。

(2) 金属粒子的晶体性质

催化剂中的金属粒子的晶体性质也与催化剂的性能有关。影响催化剂性能的晶体性质有两个方面：一是晶体结构，因为在不同的晶面上，催化剂的催化活性不同，一般认为在(111)，(100)晶面上，Pt原子的催化活性较高，不同晶体，(111)和(100)晶面的暴露程度不同，导致不同晶体结构的催化剂催化活性不同。二是结晶度，催化剂中金属粒子的结晶度对催化剂的性能有很大影响，一般来说，结晶度低，电催化性能好。

(3) 金属粒子的表面粗糙度

金属粒子的表面粗糙度对催化剂的性能也有一定的影响,因为随着粗糙度增加,表面缺陷增多,处在表面缺陷点的原子往往比一般的表面原子对氢气有更强的解离吸附的能力,能极大地提高催化剂的催化活性。

3.5.4.2 催化剂结构表征方法

① 用透射电子显微镜技术观察催化剂中金属粒子的形态,可了解金属粒子的分散性,计算出平均粒径和粒径分布。

② 从催化剂的 X 射线衍射谱,可得到催化剂中金属粒子的晶型,计算出金属粒子的平均粒径和相对结晶度。

③ 用在硫酸溶液中的循环伏安法曲线测量氢解离吸脱附峰面积来测量催化剂的电化学活性比表面积。

3.6 电极的结构

3.6.1 电极的种类、组成和制备方法

一般可以将 PEMFC 的电极分为厚层憎水电极、薄层亲水电极和超薄催化层电极 3 种类型。无论电极是哪一种类型,均为气体扩散电极,它一般由扩散层和催化层组成。扩散层主要起支撑作用,并为反应气体的扩散和水的排出以及电子的流通提供通道,而且起到收集电流的作用。催化层是反应物进行电化学反应的场所。

电极的制备方法大致可以分为两种:一种是将催化层直接制备到电解质膜上,形成所谓的催化剂覆盖的膜 CCM(Catalyst - Coated Membrane),然后将 CCM 与扩散层组合形成膜电极,其制备流程如图 3 - 11 所示;另外一种是将催化层与扩散层结合在一起形成气体扩散电极,然后将气体扩散电极与电解质膜一起热压,制备得到膜电极。

3.6.2 扩散层

3.6.2.1 扩散层的功能

(1) 支撑催化层

为了要支撑催化层,扩散层一定要有一定的强度,而且催化层和扩散层的接触电阻要小。另外,扩散层要有较好的防水性,因此,一定要进行疏水处理。而且要有好的化学稳定性。

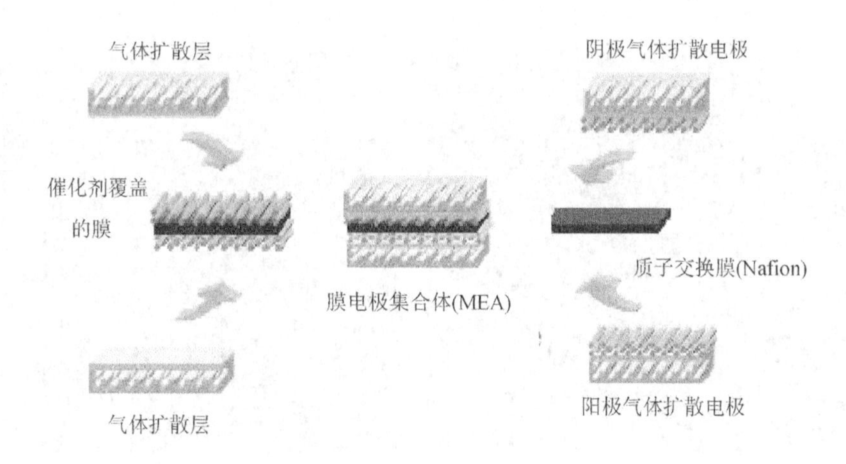

图 3-11　电极制备过程示意图

(2) 使气体反应物通过扩散层扩散到催化层

为了有利于气体的扩散,扩散层应有较高的孔隙率。

(3) 传递由催化层产生的电流

扩散层要传出由氢气在催化层上氧化所产生的电子和传递给阴极催化层氧气还原所需要的电子,因此,扩散层必须是良导体。

3.6.2.2　对气体扩散层材料的要求

气体扩散层材料必须满足以下要求:① 均匀的多孔质结构,透气性能好;② 电阻率低,电子传导能力强;③ 结构紧密且表面平整,减小接触电阻,提高导电性能;④ 具有一定的机械强度,适当的刚性与柔性,利于电极的制作,提供长期操作条件下电极结构的稳定性;⑤ 适当的亲水/憎水平衡,防止过多的水份阻塞孔隙而导致气体透过性能下降;⑥ 具有化学稳定性和热稳定性;⑦ 制造成本低,性能价格比高。

目前,用做气体扩散层的材料主要有:① 碳纤维纸。碳纤维纸是较广泛应用于 PEMFC 中气体扩散层的材料。这种材料的优点是:具有均匀的多孔质薄层结构;具有优异的导电性、化学稳定性和热稳定性。通常碳纤维可选用聚丙烯腈基、沥青基、纤维素基碳纤维中的一种,纤维直径最好是 5～20 μm,短切长度最好是 5～20 mm。目前,国内主要使用的是日本 TORAY 司、德国 SGL 技术公司、加拿大 Ballard 公司或是 Etek 公司生产的碳纤维纸。图 3-12 中,(a)为未经过疏水处理碳纸的 SEM 图,(b)为经过疏水处理碳纸的 SEM 图。图 3-13 为加拿大巴拉德公司开发出的用做扩散层的碳纸材料 AvCarb Grade-P50T,该纸的厚度在 108～172 μm。② 碳纤维编织布。由于碳纤维纸脆性大,缺乏柔性,在制备电极的过程中易被损坏,因此,在 PEMFC 电极中使用较多的气体扩散层材料还有碳纤维编织布。碳纤维编织布的优点是具有弯曲性能,还有一定的抗压性能。例如,美国生产的“AvCarb. RTM”碳纤维布(见图

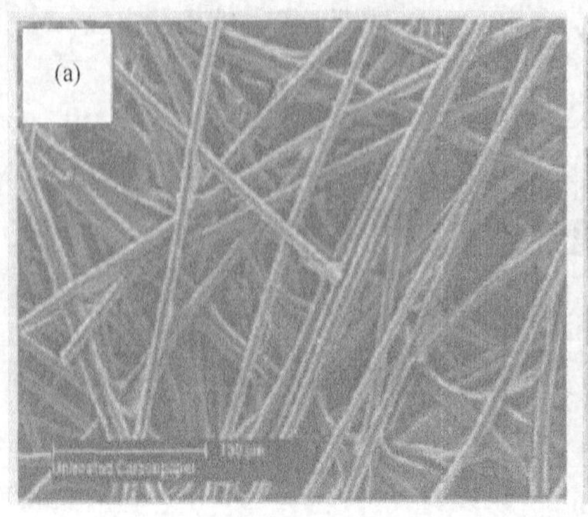

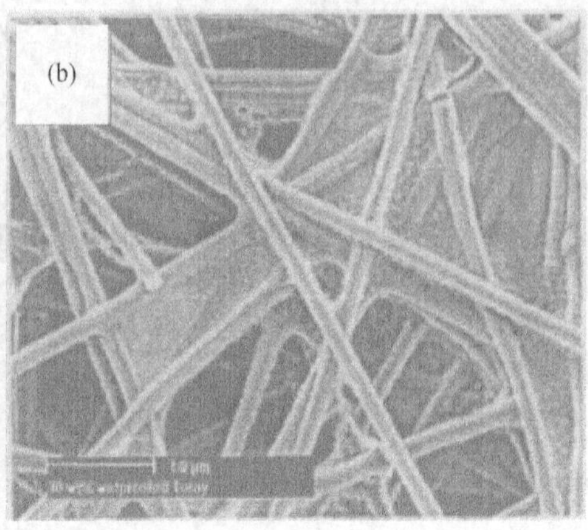

a 未疏水处理；b 疏水处理。

图 3-12 燃料电池用碳纸的 SEM 图

图 3-13 Ballard 公司 AvCarb Grade-P50T 碳纸

3-14)，厚度在 0.1～1.0 mm 之间。③ 无纺布。由于碳纤维纸缺乏柔性，而碳纤维编织布又缺乏稳定性，因此，有人研制了碳纤维无纺布。碳纤维无纺布具有如下的优点：具备一定的机械强度，高的柔性和尺寸稳定性等。适合做这种无纺布的纤维包括碳纤维、玻璃纤维、陶瓷纤维或者含有机聚合物的纤维。这些有机聚合物可以是聚丙烯、聚酯、聚对苯二甲酸乙二醇酯、聚亚苯基硫或聚醚酮等。纤维直径为 0.2～50 μm，长度为 0.5～150 mm，通过熔喷或造纸工艺制成无纺布。④ 炭黑纸。炭黑纸是由炭粉和聚合物粘结剂均匀分散后，经过热压成型而形成表面平整的片材，其中聚合物与炭粉的质量比在 20:80～45:55 之间。炭粉可选用活性炭、炭黑、乙炔黑或其混合物；聚合物可选择氟树脂，如 PTFE、聚偏 1、1 -二氟乙烯等。氟树脂同时还可以作为炭黑纸的憎水处理剂，从而简化了后面的憎水处理工艺，降低了成本。

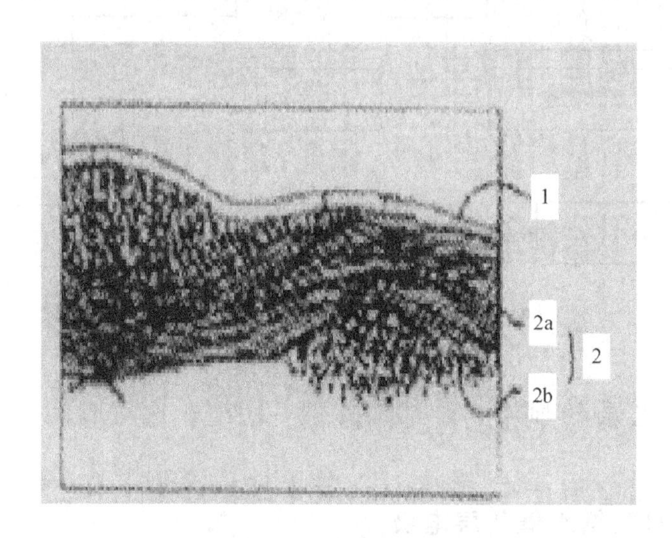

1 憎水涂层；2 碳纤维编织布；2a 经纱；2b 纬纱。

图 3 - 14 碳纤维编织布纤维照片

3.6.2.3 扩散层的制备

鉴于上述扩散层的功能，在扩散层内必需形成两种通道，憎水的反应气体通道和亲水的液态水传递通道。目前，扩散层的材料一般为石墨化的碳纸或碳布。考虑到强度的问题，其厚度一般在 100～300 μm。为了要增加碳纸或碳布的憎水性，必须把碳纸或碳布浸入 PTFE 乳液中，使其载上 50%左右的 PTFE，然后在 340 ℃左右热处理，使 PTFE 乳液中的表面活性剂分解，同时使 PTFE 均匀分散。图 3 - 15 为北京有色金属研究总院乔永进和北京理工大学庞志成等制备的憎水基底的工艺流程。

毛宗强在其燃料电池一书中提到，经过憎水处理的碳纸或碳布可以直接使用，但是往往其表面凹凸不平，会影响实际使用时的性能，所以还需要经过后续处理。通常是在其表面涂覆一层炭粉进行整平处理，这样做的目的有两个，一个是为了消除表面的凹凸不平；另外一个目的是在碳纸或碳布表面再构建一个炭粉扩散薄层，以使气体进行均匀扩散。炭粉可以选用乙炔炭黑，将其与 PTFE 乳液进行混合，得到一定比例的溶液，并对其进行超声震荡，以便分散得更为均匀，之后将混合溶液均匀涂覆在碳纸或碳布的表面，最后在 330～370 ℃进行热处理，即可得到扩散层。

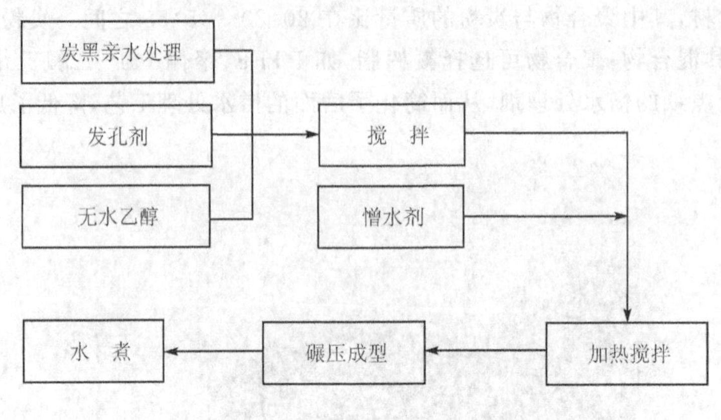

图 3-15　憎水基底的制作工艺流程图

3.6.3　催化层的制备

3.6.3.1　厚层、憎水催化层电极

催化剂粉末一般与一定量的 PTFE 混合使用,因为 PTFE 有较好的粘结性,能很好地固定催化剂粉末。另外,PTFE 还有较好的防水性,这主要是电极需要一定的防水性,以使电极形成很好的气、固、液三相界面。这样气体反应物容易扩散通过催化剂表面的液膜,到达催化剂表面,进行电化学反应。这样的电极一般称为气体扩散电极。

厚层、憎水催化层电极的制备方法如下:将 Pt/C 催化剂和 PTFE 乳液在醇的水溶液中混合均匀,调成墨水状,然后将其均匀涂布在扩散层上,之后在 340 ℃左右热处理,使 PTFE 乳液中的表面活性剂分解,并使 PTFE 均匀分散,使催化层有较好的憎水性。然后把 0.25% Nafion 溶液喷到催化层表面,由于 Nafion 树脂中含有亲水基团,它很容易扩散进入催化层中,吸附在炭上,在 Pt/C 催化剂上形成 H^+ 导电网络。得到的电极催化层的厚度为 30~50 μm,其中,PTFE 的质量分数一般在 20%左右,氧电极的 Pt 担载量一般为 0.3~0.5 mg·cm^{-2},氢电极的 Pt 担载量一般为 0.1~0.3 mg·cm^{-2},Nafion 树脂的担载量一般为 0.6~1.25 mg·cm^{-2}。宋树琴提出传统的制备工艺流程如图 3-16 所示,采用这种方法制备的憎水电极结构示意图,如图 3-17 所示。

另外,也有把 Pt/C 催化剂、PTFE 乳液、Nafion 溶液直接配成墨水状乳液,制备催化层。但制备得到的电极性能不太好,因为同时加入 Nafion 树脂后,电极不能在 340 ℃左右热处理,以除去 PTFE 乳液中的表面活性剂,导致催化层的防水性不好。另外,Nafion 树脂不能很好地吸附到炭上,从而不能形成 H^+ 导电网络。

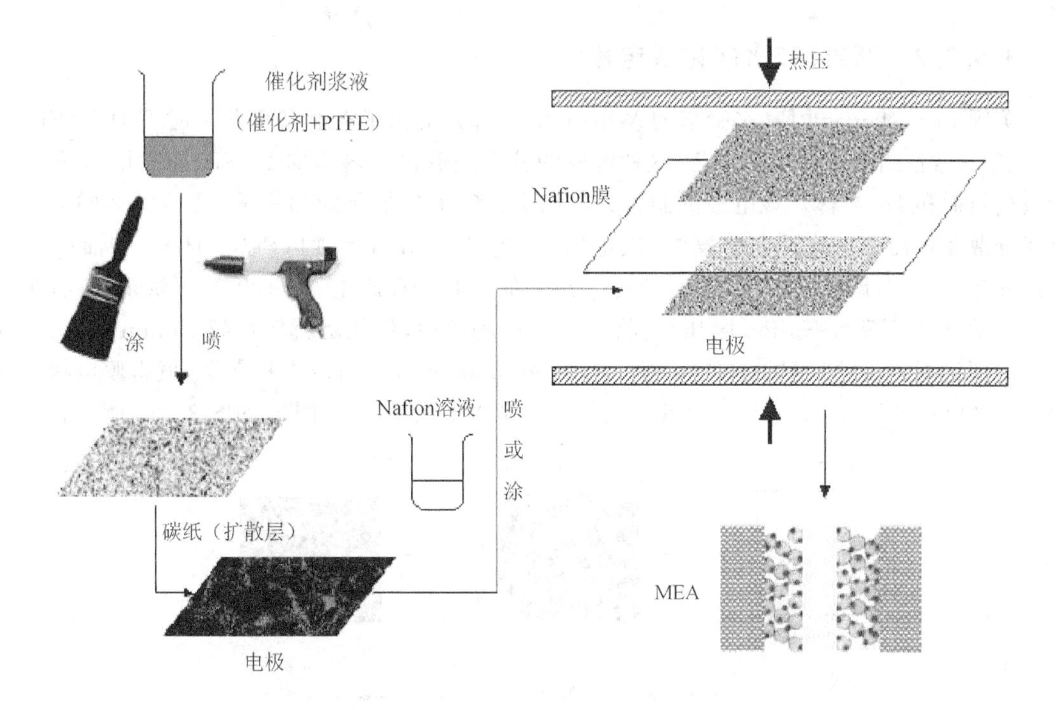

图 3-16　常规电极制备工艺流程图

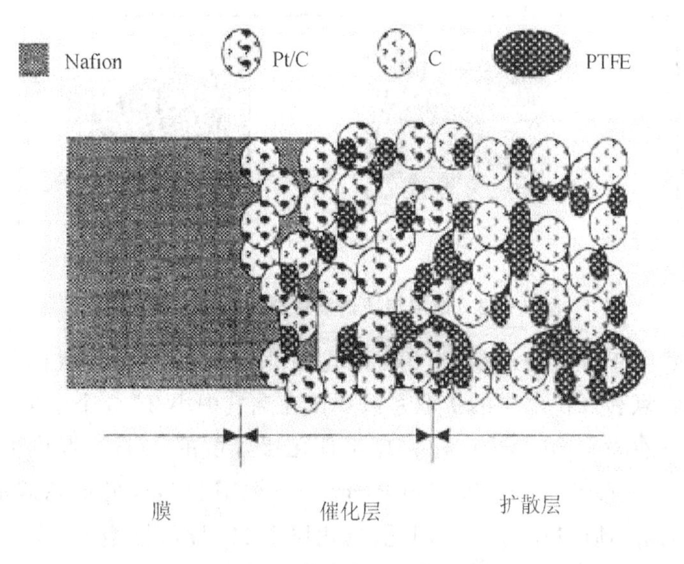

图 3-17　憎水电极结构示意图

3.6.3.2 薄层、亲水催化层电极

美国 Las Alamos 国家实验室的 Wilson 等人首先提出了在制备催化层时不加 PTFE，而由 Nafion 做粘结剂的催化层工艺，这种电极的特点是催化层内不加 PTFE，而只用 Nafion 树脂做粘结剂和 H^+ 导体。该电极的制备方法如下：将 Pt/C 催化剂和质量分数为 5% 的 Nafion 溶液分散在甘油和水的混合溶液中（质量比为 Pt/C∶Nafion＝3∶1；Pt/C∶H_2O∶甘油＝1∶5∶20），并超声振荡，调成墨水状，然后将其均匀涂布在 PTFE 膜上，在 130 ℃下烘干，再将带有催化层的 PTFE 膜与 Nafion 膜压合，将 PTFE 膜剥离后，催化层就转移到 Nafion 膜上，形成所谓的催化剂覆盖的膜 CCM(Catalyst - Coated Membrane)，再压上扩散层，就得膜电极。其制备工艺流程如图 3－18 所示，制备得到的薄层亲水电极结构示意图，如图 3－19 所示。

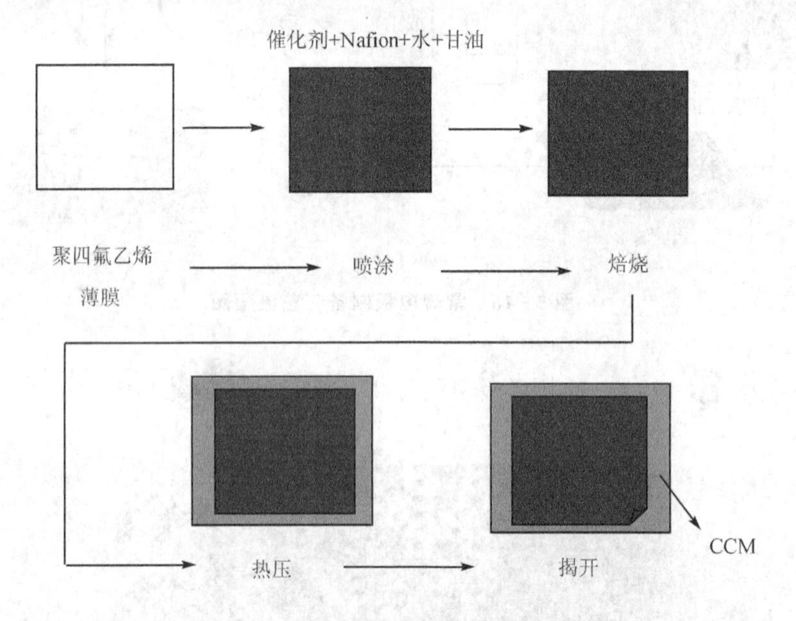

图 3－18 薄层转压法制备电极过程示意图

在该种电极中，由于没有憎水剂 PTFE，催化层没有憎水性，反应气体只能通过水扩散到达催化剂上，而溶解氧和氢在水中的扩散系数要比在空气中小 2～3 个数量级，因此，这种亲水催化层只能很薄，一般为 5 μm，只有厚层、疏水催化层厚度的 1/10。厚度薄会大大减少催化剂的用量，Pt 担载量一般在 0.05～0.1 mg・cm^{-2}。催化层中，Nafion 树脂的含量较大，Pt/C 催化剂和 Nafion 树脂的质量比为 3∶1，因此，催化层中 H^+ 导电性增加，基本上与 Nafion 膜的相同。

这种制备工艺由于在制备过程中只加入 Nafion，不加入 PTFE，而 Nafion 单体不具有 Nafion 膜的热塑性，所以在焙烧过程中不能形成 Nafion 膜的交联网状结构，导致形成的薄层催

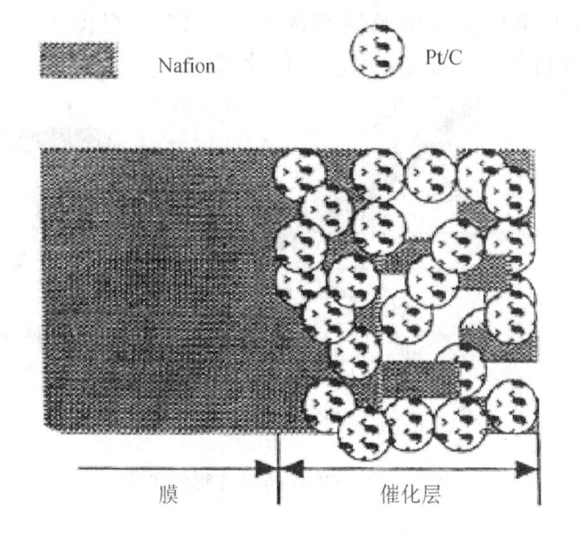

图 3-19　薄层亲水电极结构示意图

化剂不牢固。所以采用这种方法制备的电极重现性差，而且电极寿命短。

Wilson 在转压型亲水电极的基础上，发明了一种直接作用于质子交换膜上的催化层制备方法。这种方法是将催化剂和离子导电聚合物以溶液浆料的状态直接喷洒在膜的表面或以混合干粉的状态分散在膜的表面，再经过滚压与膜结合制得。其制备工艺如图 3-20 所示。

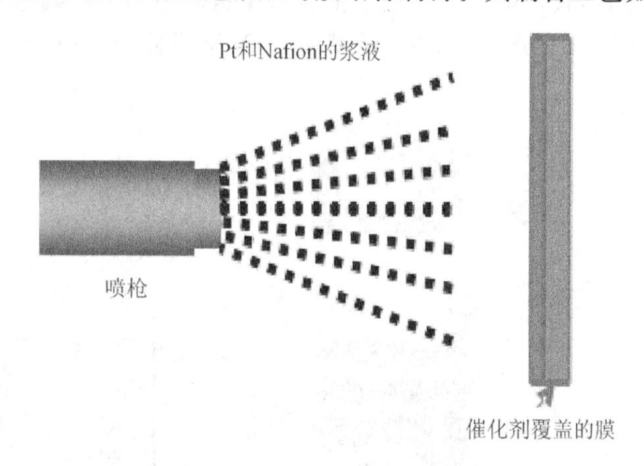

图 3-20　CCM 湿法制备工艺

Wilson 发明的方法涉及到溶剂的挥发，属于湿法制备工艺，采用这种方法，电极的制备周期长，而且还会对环境造成一定的污染，德国的 Gulzow 等人发明了干法制备膜电极集合体的技术（如图 3-21 所示），这种方法的制备工艺是：① 将碳粉与 PTFE 进行混合，然后将混合物喷射到碳布上，得到疏水层；② 将催化剂（担载型或非担载型）与 PTFE 进行混合，将混合物喷射到疏水层上;③ 将两片电极夹在电解质膜两边,在 160 ℃温度下进行滚压,即可得到膜电极。采用这种方法可以制得 5～50 μm 厚度的催化层。

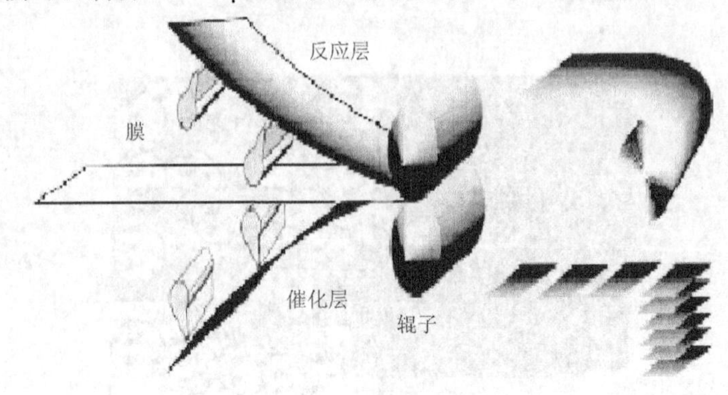

图 3-21 CCM 的干法制备工艺

3.6.3.3 超薄催化层电极

(1) 溅射沉积型电极

超薄催化层一般用真空溅射法制备。将 Pt 采用真空溅射沉积技术在扩散层上沉积一层 Pt 层就得到超薄催化层电极。该电极的催化层厚度小于 1 μm,一般在十几纳米左右,Pt 担载量只有 0.1 $mg \cdot cm^{-2}$,但其性能与厚层憎水催化层电极相近(Pt 担载量为 0.4 $mg \cdot cm^{-2}$)。后来,有人对这一技术进行了进一步研究,使溅射的 Pt 层降低到 5 nm 以下,典型的电极结构如图 3-22 所示。

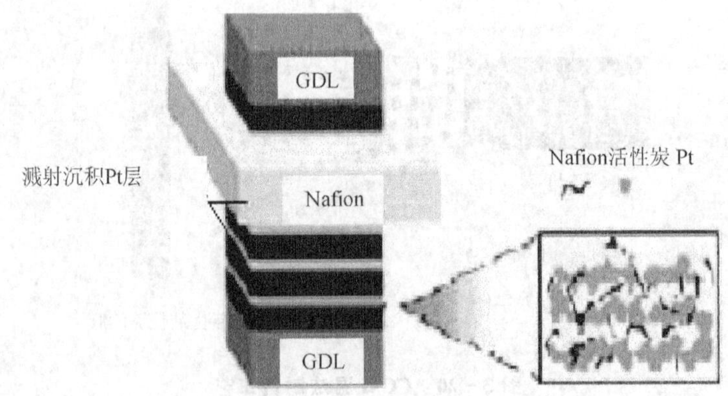

图 3-22 多层溅射沉积型电极

(2) 超薄定向纳米催化电极

在基底材料上定向生长碳纳米管或纳米碳须也成为制备超薄层电极的一种趋势。这种方法是利用溅射、化学气相沉积等方法将催化剂直接制备到定向生长的纳米结构的碳材料表面,然后将这种催化层转移到膜表面，形成电极。这种电极具有厚度小于 1 μm，Pt 的催化活性高（约为传统电极的 6 倍），不需要添加额外的离子导电聚合物的优点。其结构示意图如图 3 - 23 所示。

图 3 - 23　定向生长碳纳米管上溅射沉积 Pt/Ru

3.6.3.4　双层催化层电极

由于 CO 能强烈地吸附在 Pt 上，而使 Pt 催化剂中毒。因此，在使用含 CO 的氢气做燃料时，必须要使用 Pt - Ru 催化剂。考虑到氢气的扩散速度要快于 CO，而且 CO 在 Pt - Ru/C 催化剂上的吸附又强于氢气。鉴于上述情况，设计了双层催化层电极。其中，Pt - Ru/C 催化层靠近扩散层，而 Pt/C 催化层靠近 Nafion 膜。即在 Pt - Ru/C 层进行氢气的电化学氧化的同时，使燃料气体中含有的微量 CO 进行氧化，而在 Pt/C 层，利用 Pt/C 电催化剂对氢气氧化的高催化活性和氢气的高扩散速率，使氢电极性能得到提高。在用纯氢做燃料时，这种双层催化层电极的性能与单 Pt/C 催化层电极相似，但在使用含 CO 的氢气做燃料时，这种双层催化层电极的性能要优于单 Pt - Ru/C 催化层电极。

3.7　质子交换膜

3.7.1　质子交换膜的功能

质子交换膜是 PEMFC 的核心部件。它是一种绝缘体，作为隔膜，把阴、阳两极分开，防止电池短路，也防止氢气与氧气直接接触。它是一种质子导体，它能把氢在阳极氧化生成的 H^+ 输送至阴极，提供阴极反应所需要的 H^+，并使电池形成电回路。因此，质子交换膜最主要的性能是要有好的质子导电性。

全氟磺酸型膜由碳氟主链和带有磺酸基团的醚支链组成，具有高的电导率和化学稳定性，是 PEMFC 最适用的电解质之一。目前，广泛应用的是美国 Dupont 公司生产的 Nafion 系列膜，还有 Dow 化学公司生产的 Dow 膜、日本 Asahi 公司的 Aciplex 膜、Asahi Glass 公司的 Flemion 膜和氯碱工程公司的 C 膜等。商品化的全氟磺酸系列膜有 Du Pont 公司开发的 Nafion 膜，DOW 公司开发的 DOW 膜等，其在 DMFC 中使用时的优缺点跟其特定的组成及结构有关。

全氟磺酸膜的结构和聚四氟乙烯（PTFE）较相似，Nafion 膜与 DOW 膜的结构式如下所示：

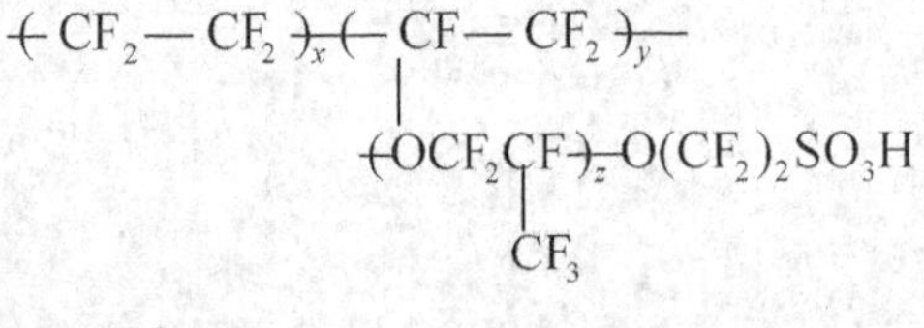

$$\left[CF_2-CF_2\right]_x\left[CF(O(CF_2CF(CF_3)O)_z(CF_2)_2SO_3H)-CF_2\right]_y$$

$$\begin{array}{l} -\!\!(CF_2-CF_2)_x\!\!-\!\!(CF-CF_2)_y\!\!- \\ \qquad\qquad\qquad\;\; | \\ \qquad\qquad\quad -\!\!(OCF_2CF)_z\!\!-O(CF_2)_2SO_3H \\ \qquad\qquad\qquad\qquad\;\; | \\ \qquad\qquad\qquad\qquad CF_3 \end{array}$$

Nafion 膜 $x=6\sim10, y=z=1$

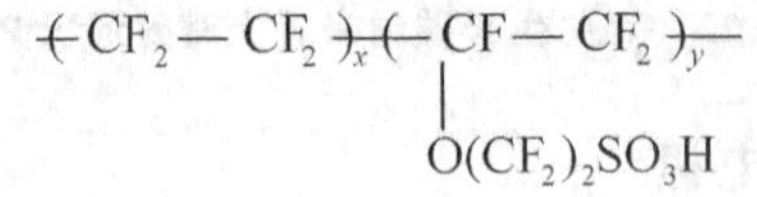

$$\begin{array}{l} -\!\!(CF_2-CF_2)_x\!\!-\!\!(CF-CF_2)_y\!\!- \\ \qquad\qquad\qquad\;\; | \\ \qquad\qquad\quad O(CF_2)_2SO_3H \end{array}$$

DOW 膜，$x=3\sim10, y=1$

从以上两式可以看出，Nafion 膜与 DOW 膜的结构是相似的，只是 Nafion 膜侧链的基团比 DOW 膜的长。采用 DOW 膜作为质子交换膜燃料电池的电解质膜时，电池性能明显优于用 Nafion 膜的电池，但是由于 DOW 膜的树脂单体合成比 Nafion 膜的复杂，使得 DOW 膜的价格要明显高于 Nafion 膜。这类膜具有高化学稳定性、热稳定性和很长使用寿命（如 Nafion 膜大于 10 000 h，DOW 膜大于 50 000 h）的原因是其碳-氟键有很高的键能（$4.85\times10^5\ J\cdot mol^{-1}$）以及氟原子半径较大（$6.4\times10^{-11}\ m$）等因素，形成对聚合物碳-碳主链的保护，使其能抗拒强酸、强氧化剂的腐蚀与降解，以及热的冲击。也正因为全氟结构的合成难度大导致了其价格昂贵，如 Nafion 膜时价约 800 美元/m^2，DOW 膜的价格则约是其 3 倍。

3.7.2 Nafion 膜的性能

Nafion 膜是 PEMFC 中最常使用的质子交换膜，它是一种全氟磺酸膜，其外貌类似于包装食物用的半透明塑料膜。图 3－24 为 Nafion 膜的结构图。

实际上，Nafion 是一系列不同厚度的聚全氟磺酸膜的总称，根据其厚度的不同，Nafion 膜

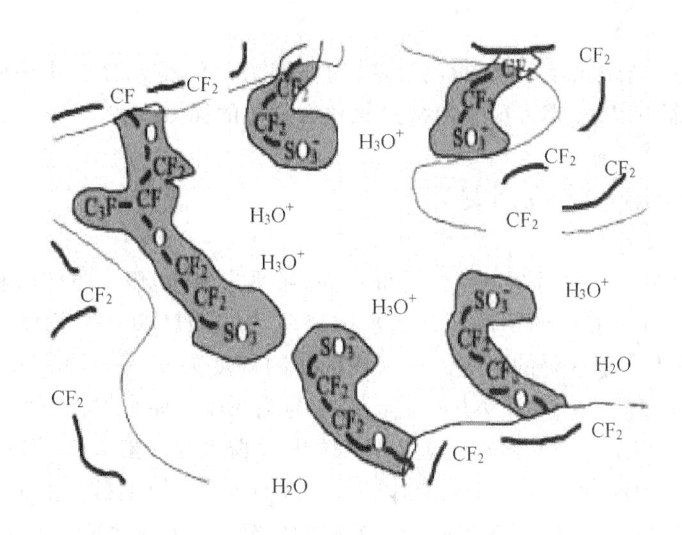

图 3-24　Nafion 膜结构图

分别以 Nafion-115,Nafion-117,Nafion-119 等命名,具体见表 3-1。

表 3-1　杜邦 Nafion 膜厚度与质量(23 ℃,RH50%)

型　号	厚度/μm	干膜单位面积质量/(g·m⁻²)
Nafion-111	25.4	50
Nafion-112	51	100
Nafion-1135,Nafion-1035	89	190
Nafion-115,Nafion-105	127	250
Nafion-117	183	360

Nafion 膜有很好的质子导电性,但发现 H^+ 在 Nafion 膜内的迁移必须伴随着水的迁移,一个 H^+ 的迁移一般要伴随 0.6 个水分子的迁移,这种膜在缺水的情况下,H^+ 的传导性将显著下降。所以保持膜的适度湿润性非常重要。但电池内含水过多不利于气体反应物扩散到催化剂上,也会使电池性能降低。因此,PEMFC 的水含量控制是一个很重要的问题。另外,水中含其他离子,如 Na、Ni、Cr、Fe 等也会使 Nafion 膜的 H^+ 迁移率降低,所以要注意电池中管道材料的防腐性,以免带入较多的无机离子。

对于质子交换膜的另一个重要的要求是有好的机械强度和柔韧性。干的 Nafion 膜有很好的机械强度,但当其含水量增加时,机械强度会降低,因此,从这个方面来看,也必须控制 PEMFC 的水含量。

虽然质子交换膜的厚度越薄越有利于减小电池的内阻和提高 H^+ 的迁移速率,但膜太薄,氢气和氧气易透过膜,气体的透过率与膜的厚度成反比,因此,Nafion 膜的厚度要在一定的范围内。

Nafion 膜的另一个优点是有好的化学稳定性，因为氧的还原会产生中间产物，H_2O_2，它有很强的氧化性，而 Nafion 膜有很好的抗过氧化氢氧化的能力。

3.7.3 Nafion 膜的问题

Nafion 膜也存在一定的问题。首先是价格高，每平方米 Nafion 膜的价格在 500～800 美元。其次，H^+ 在 Nafion 膜内的扩散要伴随水的移动，因为 H^+ 以水合离子的形式存在，这使膜内水量的控制成为一个重要的问题。当膜内的相对湿度为 30%时，Nafion 膜的 H^+ 导电率严重下降，当相对湿度为 15%时，Nafion 膜已经成为绝缘体。而且，这也使 PEMFC 的操作温度不能超过 100 ℃(高温下失水严重引起电导率的显著降低)，一般在 80 ℃左右。更麻烦的是由于膜内必须有水，因此，如电池处于 0 ℃以下，膜内的水会结冰而破坏膜的结构，这个问题至今还没有很好的解决办法。因而新型质子交换膜的研究成为目前 PEMFC 研究的热点。

3.7.4 Nafion 膜的改进

3.7.4.1 Nafion 膜本身的改性

(1) 以多孔 PTFE 膜为基底的 Nafion 膜

该种膜是把孔径为 0.2～0.5 μm 的多孔 PTFE 膜浸在 Nafion 树脂溶液中，在加温下，使 Nafion 树脂进入 PTFE 膜的微孔中，形成多孔 PTFE 膜为基底的 Nafion 膜。首先，由于 PTFE 膜有好的机械强度和尺寸的稳定性，因此，Nafion 树脂的用量大大减少，从而降低了成本，因为 PTFE 的价格远低于 Nafion 树脂。其次，这种膜可以做得很薄，厚度为 5～50 μm，因此膜的质子电导率要大于 Nafion 膜，从而提高了电池的性能。

(2) 部分氟化质子交换膜

由于 Nafion 膜的成本太高，而且全氟磺酸膜在氟化过程中会对环境产生污染，因此，科学工作者开始研究用部分氟化膜和非氟膜来代替全氟磺酸膜。例如，用巴拉德(Barllard)公司研制的部分氟化质子交换膜组装的 PEMFC 单体电池在运行 14 000 h 后，性能仍然稳定，说明这种膜可用于 PEMFC 电池堆。

(3) 有机/无机复合 Nafion 膜

1) Nafion/MMT 复合膜

Jung 等利用蒙脱土(MMT)和改性蒙脱土(m－MMT)与 Nafion 树脂混合制成纳米复合膜，复合膜的热稳定性能和 Nafion 膜相比没有大的改变，而对于甲醇的阻隔性能有很大程度的改善，而且阻醇性能随着复合膜中 MMT 和 m－MMT 的含量增加而增加，但是电导率却下降了。

2) Nafion/Zeolite复合膜

Tricoli等将沸石作为填充剂加人Nafion膜中，以增加Nafion膜的离子选择性，并让质子自由移动，而不让甲醇分子透过复合膜。他们选择价格相对较低和稳定性较好的菱沸石和斜发沸石作为填充剂。SEM和EDX研究发现，复合膜的结构均一，菱沸石和斜发沸石均匀地分布在Nafion膜中。

3) Nafion/MO_2(M=Si，Ti)复合膜

Nafion膜的导电过程必须在有水存在的条件下才能够实现，因此，在水含量较低或者温度高于100 ℃时，电导率会明显下降，因而在一定程度上限制了Nafion膜的应用。为了克服湿度限制，可在Nafion膜中加入二氧化硅(SiO_2)粉末或含硅物质制成的Nafion/SiO_2复合质子交换膜，或者加入二氧化钛(TiO_2)粉末或含钛物质制成的Nafion/TiO_2复合膜。这种复合膜可在高于100 ℃的条件下工作，而且能够改善复合膜的甲醇阻隔性能，并对保持Nafion膜中的水分起到了良好的作用，因此成为研究的热点。Nafion/MO_2复合质子交换膜的制备主要有两种方法：① 直接将Nafion与MO_2混合。② 利用溶胶-凝胶法制备Nafion/无机氧化物纳米复合膜。

Shao等人采用直接混合法制备了复合膜，其论文发表在Solid State Ionics期刊上。他们研究了Nafion/SiO_2、Nafion/WO_3、Nafion/TiO_2和Nafion/SiO_2/PWA复合膜的制备方法。将PWA与SiO_2以3∶7的质量比混合配成水溶液，然后将其超声分散30 min，过滤，在室温下干燥，将得到的固体物质用玛瑙研钵进行研磨，再在50 ℃下烘干2 h，得到SiO_2/PWA粉末待用。然后将适量的质量分数为5%的Nafion溶液分别与SiO_2、TiO_2、WO_3、SiO_2/PWA(SiO_2等加入的物质在混合物中的质量分数为10%)进行混合，并超声分散30 min，将这些溶液分别放在玻璃容器中，在70 ℃下加热30 min，得到复合膜。它们的扫描电镜图，如图3-25所示。

在较高温度下，Nafion/WO_3、Nafion/SiO_2、Nafion/SiO_2/PWA复合膜的质子导电性接近于Nafion-115膜，而Nafion/TiO_2复合膜即使在高温下其质子电导率仍然较低。在PEMFC中，110 ℃，70%湿度的操作条件下，它们的性能要优于Nafion膜，其性能依下述顺序降低：Nfion/SiO_2/PWA＞Nafion/SiO_2＞ Nafion/WO_3＞ Nafion/TiO_2。

另外，Tian等人采用溶胶-凝胶法制备了Nafion/SiO_2复合膜。其制备方法如下：先将Nafion膜分别在质量分数为5%的H_2O_2溶液，0.5 mol·dm^{-3} H_2SO_4溶液中分别煮沸处理1 h，并用去离子水冲洗2～3遍。将处理好的Nafion膜放在体积比为1∶3的异丙醇和水的混合溶液中浸泡3 h(室温下)。然后将膨胀的Nafion膜浸泡在70 ℃的$Ti(OC_4H_9)_4$的异丙醇溶液中3～4 h，这一过程是水解过程。将膜取出，分别用异丙醇和丙酮洗涤，然后用80～85 ℃的热水冲洗3遍。之后将膜在80 ℃的温度下保持24 h，以便在膜内部形成稠密的氧化钛网络结构。复合膜的性能与$Ti(OC_4H_9)_4$的浓度相关，实验测试得到，$Ti(OC_4H_9)_4$在异丙醇中的最佳浓度为0.002 5 mol·dm^{-3}。采用这种方法制备得到的Nafion/SiO_2复合膜的EDS(Energy

Dispersive Spectra)图，如图 3－26 所示(图中的白点为 Ti)。

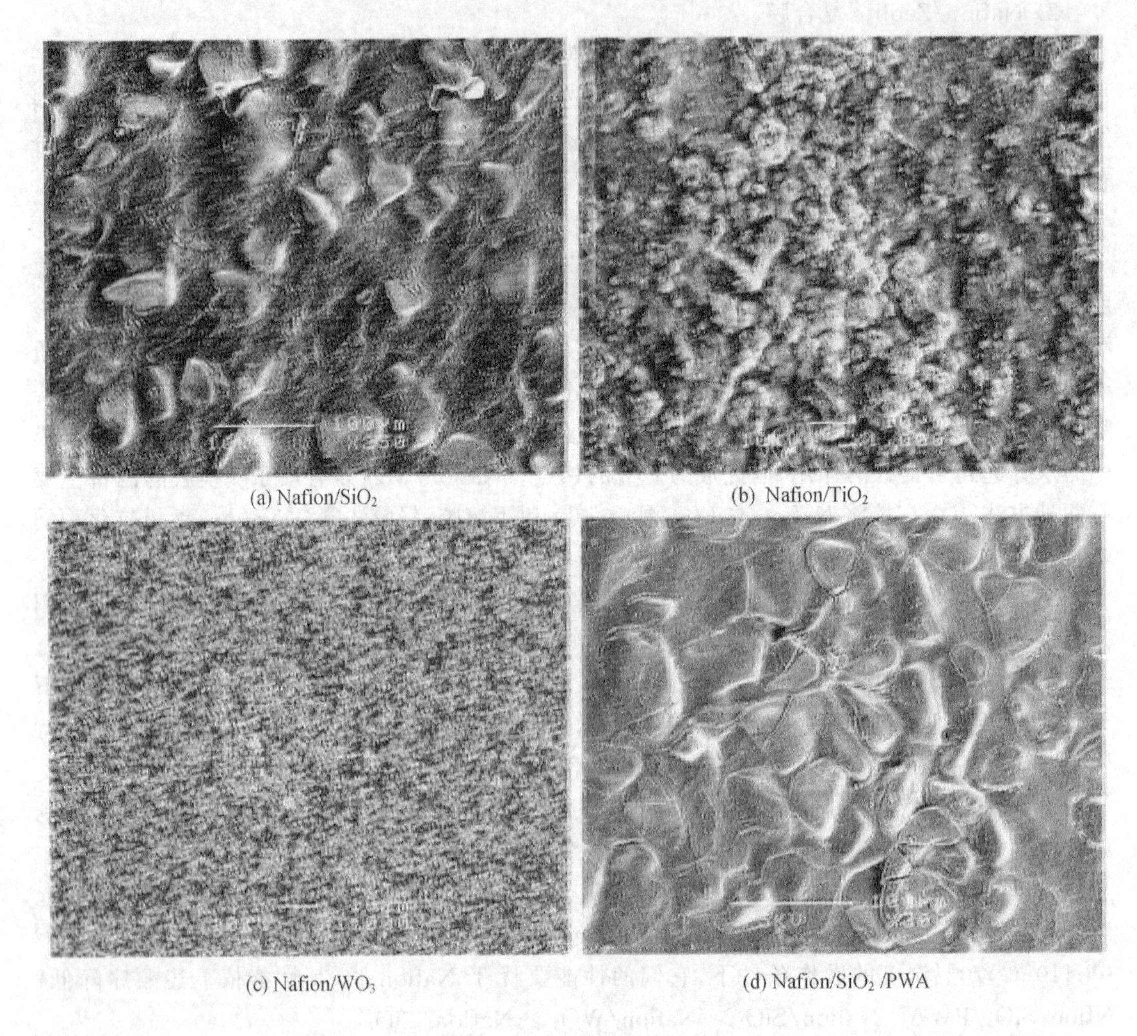

(a) $Nafion/SiO_2$ (b) $Nafion/TiO_2$

(c) $Nafion/WO_3$ (d) $Nafion/SiO_2/PWA$

图 3－25 复合膜的 SEM 图

4) Nafion 共混膜

① Nafion/PVDF 共混膜

有些研究者试图将 Nafion 与阻醇性能较好的各类聚合物共混，希望得到在保持较高导电性能的同时也有较好甲醇阻隔性能的共混膜。李磊等将高阻醇性能的非导电聚合物聚偏氟乙烯(PVDF)与有较强质子导电能力的 Nafion 以及磺化聚苯乙烯共混制备了 PVDF/Nafion 以及 PVDF/PSSA 共混膜。

图 3-26　Ti 在 Nafion1135/TiO_2 复合膜中的分布(EDS)

② Nafion/PVA 共混膜

吴洪等制备了聚乙烯醇(PVA)与 Nafion 共混形成的 PVA/Nafion 共混膜,并研究了共混膜的阻醇和质子导电性能。结果表明,PVA 的加入使膜的阻醇效果较 Nafion 商品膜有很大的提高,而且在一定配比下,共混膜的阻醇性能出现了最优值。

3.7.4.2　替代膜

(1) PBI 膜

PBI 膜即聚苯并咪唑膜,它是目前研究得较为成熟的一种膜。其分子结构如图 3-27 所示。

PBI 膜是一种碱性高分子膜,和 Nafion 膜相比,其优点如下:① 200 ℃左右时,PBI 膜有良好的质子导电性;② 质子渗透 PBI 膜时,几乎不需要携带水,这使其在较高的温度和较低的气体增温过程中,不会产生脱水的副作用;③ PBI 膜具有较低的甲醇渗透率;④ PBI 膜的商业价格相对 Nafion 膜要便宜;⑤ PBI 膜的分子量约是 Nafion 膜分子量的 1 000 倍,这样就可以大大降低膜的厚度以提高电流密度,而不会因为厚度减小明显增加甲醇的渗透。

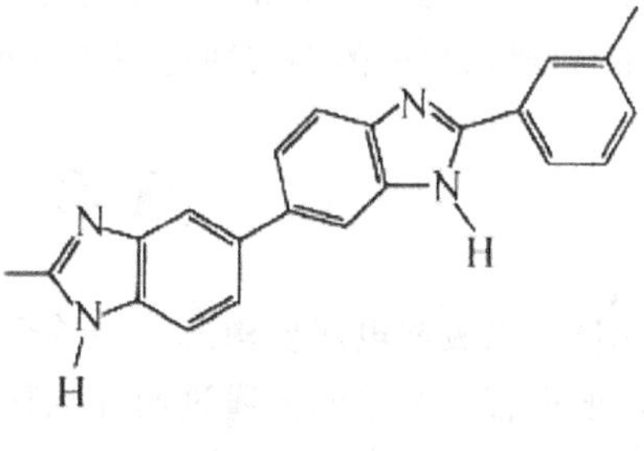

图 3-27　PBI 膜的分子结构

PBI 膜也有不足之处，一是找不到足够活泼的应用于阳极的催化剂；另一方面是电池的使用温度范围过窄，一般只可以在 200 ℃左右使用。

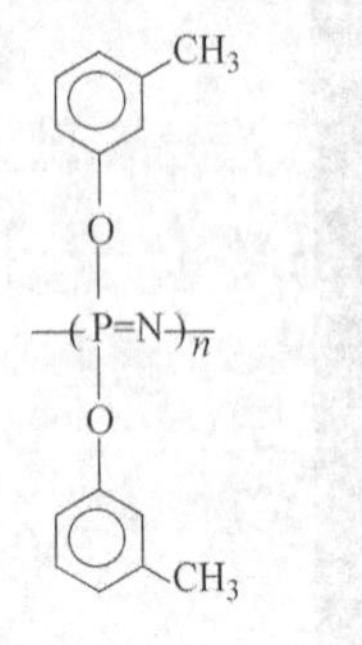

图 3-28 POP 膜的分子结构

(2) POP 膜

POP 膜(聚磷氮烯或聚磷腈)的分子结构如图 3-28 所示。POP 膜是一种分子相互交联的结构，这种结构使它具有良好的机械稳定性和热稳定性。另外，这种交联结构限制了聚合物的溶胀，使甲醇分子的渗透率大大低于 Nafion 膜。而且 POP 膜的质子导电性良好，这主要是由于磺化后分子侧链苯环上带有的 SO^{3-} 可以结合 H^+ 的缘故。但是，由于 POP 膜的内部也形成类似于 Nafion 膜的胶束通道，使它的导电性远不如 Nafion 膜。

(3) 共聚物膜

将 Nafion 与 VDF - HFP((vinylidene fluoride)- hexafluoroprop - ylene 偏氟乙烯-六氟丙烯)的共聚物膜作为 DMFC 的电解质，能够在一定程度上降低甲醇的渗透率。当 VDF - HFP 在共聚物中所占的比例较小时，Nafion 膜内部仍可以保持胶束网络结构，VDF - HFP 分散于胶束及通道周围的骨架之中；当 VDF - HFP 在共聚物中所占的比例增加时，Nafion 内部的胶束网络结构被破坏，VDF - HFP 成为连续相，而 Nafion 成为分散相，甲醇的渗透随之减小以至完全无法透过。

(4) 离子交联聚合物膜

离子交联聚合物膜主要包括：① PSU—SO_3H 和 PSU—NH_2 通过—SO_3H 与—NH_2 交联形成的共聚物膜；② PEEK—SO_3H 和 PSU—NH_2 通过—SO_3H 与—NH_2 交联形成的共聚物膜；③ PEEK—SO_3H 与 PBI 的共聚物膜；④ PSU—SO_3H 与 PBI 的共聚物膜。这些离子交联聚合物膜以离子键或共价键在膜内部形成交联结构，与内部无交联的 Nafion 膜比较起来，它们可以更有效地阻隔甲醇分子的渗透。在相同条件下，甲醇在由 PSU—SO_3H 和 PSU—NH_2 形成的共聚物膜中的渗透率比在 Nafion 膜中降低了 3 个数量级。

3.8 双极板和流场

阴极、阳极和电解质构成一个单个燃料电池，其工作电压约 0.7 V。为了获得实际需要的电压，须将若干个单电池通过起导电作用的隔板串连起来成为电池堆。此隔板的一侧与前一个燃料电池的阳极侧接触，另一侧与后一个燃料电池的阴极侧接触，因此叫做双极板，如图 3-29 所示。

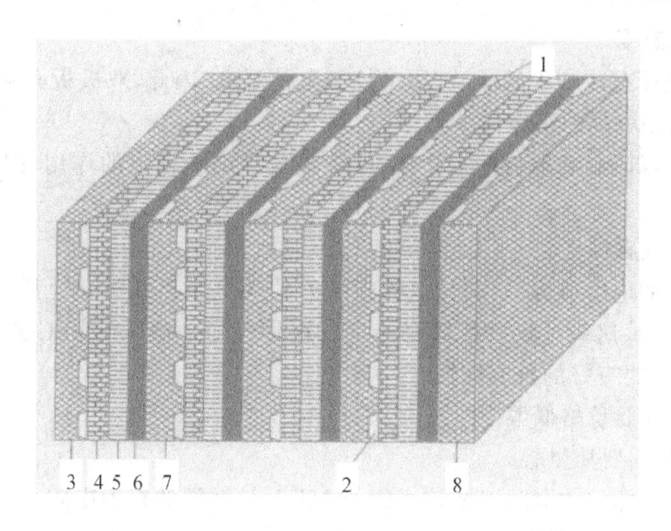

1 氧气供应;2 氢气供应;3 阳极板;4 阳极;5 电解质;6 阴极;7 双极板;8 阴极板。

图3-29 4个燃料电池组成的电池堆示意图

3.8.1 双极板的功能和要求

双极板又称集流板、隔板,是电池的核心部件之一。PEMFC的气室主要是由双极板构成。每个双极板的两面形成两个气室,一面是氢气室,另一面是氧气室。双极板的中间是冷却管道。双极板有多种功能,它的主要作用是分隔反应气体并通过流场将反应气体导入燃料电池、收集并传导电流和支撑膜电极,同时还承担整个燃料电池系统的散热和排水功能。因此,对它也有多种要求。

(1) 提供气体通道

双极板必须具有合适的流场结构,而且能提供气体通道,使反应气体在气室内均匀分布和流动,并带出电池中生成的水气。

(2) 分开氢气和氧气

由于双极板要分开氢气和氧气,因此,要求双极板板必须有阻气功能,不能采用多孔材料。如果必须采用,则要采取措施堵孔。

(3) 容易加工成型

(4) 价格低廉

(5) 集电流作用

单体电池通过双极板实现电连接,因此双极板必须有好的导电性。必须采用电的良导体,另外,双极板还必须是热的良导体,以保证电池组的温度均匀分布和排热方案的实施。

(6) 控制电池温度

双极板中间设计有冷却水的通道,用来控制电池温度,因此,双极板必须是热的良导体。

(7) 支撑隔膜和电极的组合体

双极板还起支撑隔膜和电极的组合体、保持电池堆结构稳定的作用,因此,双极板材料必须具有一定的强度。

(8) 要有好的抗腐蚀性

因为 PEMFC 的电解质为酸,而且双极板所处的环境还存在氧化介质(如阴极燃料氧气)和还原介质(如氢气),这些对双极板都有一定的腐蚀性。一般,PEMFC 要运行上万小时,因此,双极板材料一定要有好的抗腐蚀性。

(9) 双极板材料要价格低廉

(10) 双极板材料要质量轻

(11) 较低的面电阻、体电阻以及较小的与 MEA 扩散层的接触电阻

(12) 具有较高的机械强度

3.8.2 双极板的材料

双极板作为 PEMFC 的关键组件之一,其性能优劣直接影响电池的输出功率和使用寿命。目前,PEMFC 中广泛使用的双极板材料有石墨板、金属板和复合双极板 3 种类型。详细分类见图 3-30。

3.8.2.1 石墨双极板

无孔石墨双极板和注塑石墨双极板是石墨双极板中的两大类。无孔石墨双极板一般由碳粉或石墨粉与可石墨化的树脂制备。无孔石墨双极板的优点是,在燃料电池环境中具有化学稳定性好、电导率高和阻气性好等优点;但该种石墨双极板也存在一定的缺点,石墨化加工周期长,流场加工困难,这些使该种双极板的制造成本高,价格昂贵,因此其使用受到一定的限制。而注塑石墨双极板则采用石墨粉或碳粉与树脂(酚醛树脂、环氧树脂等)、导电胶黏剂成型再经石墨化而成。成型方法可以采用注塑、浆注等。在双极板加工过程中,可直接在双极板表面加工流场,与机加工相比具有成本低、周期短等优点。但成型之后,还必须对双极板进行石墨化处理,额外的工序又使生产成本有所增加。另外,注塑石墨双极板还存在另外一个缺点,树脂在石墨化过程中会发生收缩导致石墨板发生变形,因此在该种石墨双极板的加工过程中,必须要有严格控温的步骤。对于加工工艺的要求也非常严格。

(1) 无孔石墨双极板

石墨材料是较早开发并应用到双极板的一种传统材料,较早开发的双极板一般采用无孔石墨,并经机械加工沟槽,将石墨粉与树脂混合压实后,2 500 ℃加热石墨化后,经切割和研

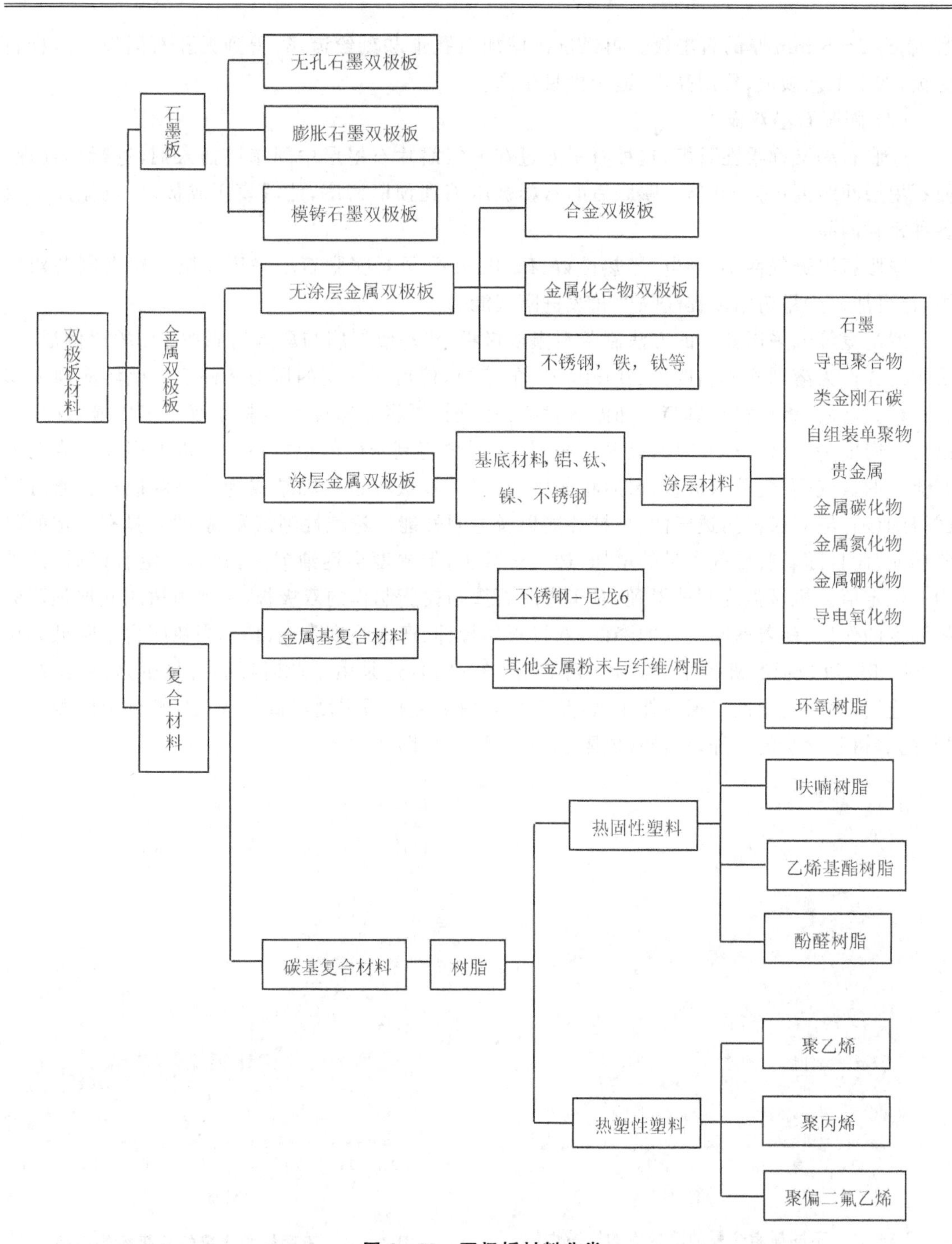

图 3-30　双极板材料分类

磨，制得 2～5 mm 厚的石墨板。再经过机械加工孔道和刻绘流场，得到无孔石墨板。这种石墨板，加工工艺烦琐，费用高，不适于批量生产。

(2) 膨胀石墨双极板

膨胀石墨又称柔性石墨，这种石墨通过在天然鳞片石墨层中间掺进插入剂，进行热处理，使石墨层间距离扩大 80 倍。膨胀后的石墨被压缩到预期密度，然后模压成板，可机械加工成各种密封制品。

膨胀石墨透气性小，导电、导热性好，Barllard 公司对膨胀石墨采用冲压方法来制备双极板，也可加入少量树脂以提高强度和改进阻气能力。

罗晓宽等人采用如下的方法制备石墨双极板：将环氧树脂与酚醛树脂按 1∶2的比例混合，采用乙醇作为溶剂配成粘度为 20 mPa·s 的溶液，然后在一定的压力条件下将此溶液灌入膨胀石墨。之后，将板材在烘箱中加温蒸发除去溶剂；再将低密度的板材用滚压机压薄，这样可以得到密度为 1.2 $g\cdot cm^{-3}$ 的高密度板材，之后再将高密度的板材在油压机上用模具成型为有流场的氢气、空气单双极板；最后将氢气、空气单双极板进行粘结成为一块双极板。通过测试得到该石墨双极板的透气性、机械性能以及电阻性能。透气性测试发现，树脂具有一定的阻气功能，而且随着胶黏剂含量的增加，透气量减少，但幅度会逐渐减少，到达一定量以后，几乎为一恒定值。机械强度测试得到，对于膨胀石墨与树脂制作的双极板，主要由树脂起加强双极板强度的作用，随着树脂含量的降低，双极板的拉伸、弯曲强度降低，特别当树脂含量降低到小于 28%时，双极板的机械性能急剧下降(见图 3-31)，这是由于此时树脂含量少，致使其纤维不能连续，然而石墨的机械性能很低，从而导致双极板机械强度降低。从双极板的电阻测试得到，随着树脂含量的增加，双极板电阻也随之增加，见图 3-32。

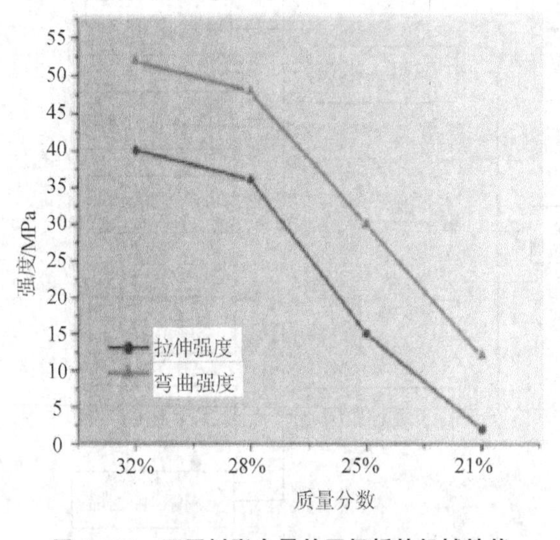

图 3-31 不同树脂含量的双极板的机械性能

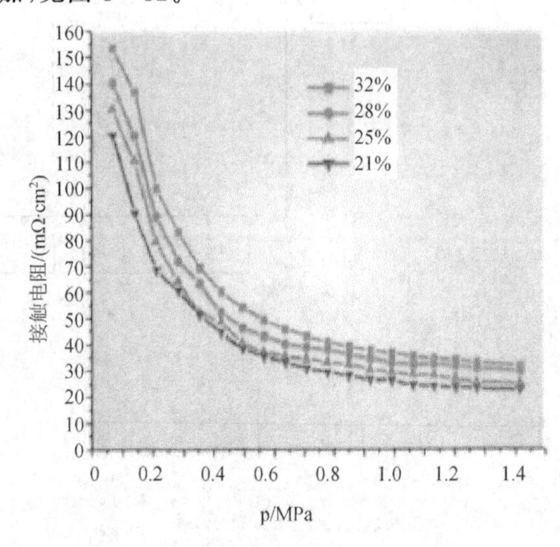

图 3-32 不同树脂含量的双极板的电阻

(3) 模铸石墨双极板

模铸石墨双极板是将石墨粉与树脂混合后,在一定温度下冲压成型。这种石墨双极板未石墨化,电阻较大。但由于采用模铸成型,加工价格较低,而且适于规模生产。

3.8.2.2　金属双极板

与石墨双极板相比,金属双极板具有导电、导热性好,致密,不透气,而且加工性能好的优点。用金属材料做双极板,易于批量生产,金属双极板可以通过机械加工的方法,加工成各种流场,也有采用冲压的方法来加工流场。因此,可用薄金属板采用冲压技术制备双极板。但金属双极板具有易腐蚀的缺点,金属板腐蚀产生的金属离子进入电池内后,可能使催化剂中毒,降低质子交换膜的 H^+ 导电率。金属板腐蚀也可能在金属板表面形成钝化膜,引起导电性降低而降低电池性能。因此,一般使用耐腐蚀性好的材料,如不锈钢、钛、镍等材料。也可以在金属双极板表面镀上贵金属或其氧化物导电性较好的金属,进行防腐处理。另外,金属双极板与电极扩散层间的接触电阻较大,因此,一般要在金属双极板上镀上 Au 等导电性好的金属。目前,世界各国金属双极板材料的研究主要集中在以下几方面:

(1) 合金双极板

合金双极板主要是利用合金中的铬、铝、镍等元素来加强材料的耐腐蚀和抗氧化等性能,这类双极板的密度一般较大。

关于这方面的研究主要集中在不锈钢和铁基合金双极板、镍基合金双极板方面。

① 关于不锈钢双极板材料方面的研究为,316(18%Cr,12%Ni)、310(25%Cr,20%Ni)和904L(20%Cr,25%Ni)这三种材料的不锈钢双极板性能研究。Davies 等人的接触电阻实验和 3 000 h 的耐腐蚀实验表明,耐蚀性,904L>310>316,而且双极板表面的接触电阻和双极板的耐蚀性能与双极板表面的钝化膜性质有关,而合金的组成则决定了钝化膜的性质。随着合金中 Cr、Ni 含量的增加,钝化膜的厚度减小、接触电阻减小,耐腐蚀性增加。我国中科院大连化学物理研究所也采用 310# 和 316# 等不锈钢进行了类似的实验,得出了相同的结论。而荷兰学者 Makkus 等则将合金元素加入到不同型号的不锈钢中,制备得到不同合金元素含量的不锈钢双极板。采用这种方法制备得到的双极板材料除具有较好的腐蚀性能之外,其接触电阻也比较低,可与石墨双极板媲美,但随着腐蚀程度的增加,阳极溶解问题加重,导致这种双极板持久性降低。而且,不锈钢双极板材料还存在氢脆、间隙腐蚀等问题,并且会在材料表面形成一层 1～10 nm 厚的不溶性氧化物钝化膜,降低了材料的电导率,这些问题的存在,限制了这类双极板材料的应用。

② 关于铁基合金双极板和镍基合金双极板方面的研究,这方面内容的研究主要是 Hornung 等人对含有 Cr、Mo、N 等元素,并有较高的 Ni 含量的铁基合金双极板和镍基合金双极板的耐蚀性的研究。实验表明两者的性能相当,但是在接触电阻实验中,铁基合金双极板的接触电阻明显高于镍基合金双极板,且都低于镀金的金属双极。

(2) 金属化合物双极板

采用金属化合物作为双极板材料主要是利用其导电、耐腐蚀、抗氧化的特性。具备上述优点的金属化合物有 TiN、TiC、TiCN 和 CrN 等。

这方面的研究工作主要集中在用 TiC 粉末制作双极板、用 Ti 制作双极板以及镀金铝板性能等方面的内容。

有专利叙述了采用模压方法制备以 TiC 为主要材料的双极板的加工制造方法。制备过程为:将 TiC 粉末和适宜的添加剂混合,然后在加热、加压条件下将混合物压入模中制成双极板。所需的条件为,温度:175～190 ℃(最佳的温度是 190 ℃);压力:10 000～40 000 psi(最适合的压力为 30 000 psi)。添加剂组成为聚砜、聚二乙烯氟化物树脂、聚乙烯、聚丙烯、聚酰胺、聚乙醚酮、聚亚苯的硫化物、聚苯甲基咪唑。采用这种方法制备的双极板腐蚀电流很低而且随工作电压变化很小,在工作电位范围内具有长期的热稳定性和良好的机械特性,而其电导率可达到普通石墨的 5 倍。

Hentall 等人采用 Ti 为材料制作双极板。这种方法是通过高温下在钛板表面注入氮离子使双极板表面形成 TiN 保护层而达到耐腐蚀抗氧化的目的。其加工过程为:首先采用扩散黏结的方法将 Ti 金属薄片(以电火花腐蚀方法得到)热压在一起(热压温度在 600 ℃以上,须在真空下进行,以防止材料变脆),实现对复杂流场的加工(见图 3-33)。所谓扩散黏结的方法就是在高温高压下通过金属的蠕变而使金属结合在一起的加工方法。扩散黏结工艺完成后还要将金属表面进行整平,然后进行氮离子注入。经测试研究得到,这种双极板表现出了良好的表面接触特性和耐腐蚀性,但其加工技术存在一定的难度,在一定程度上制约了它的发展。

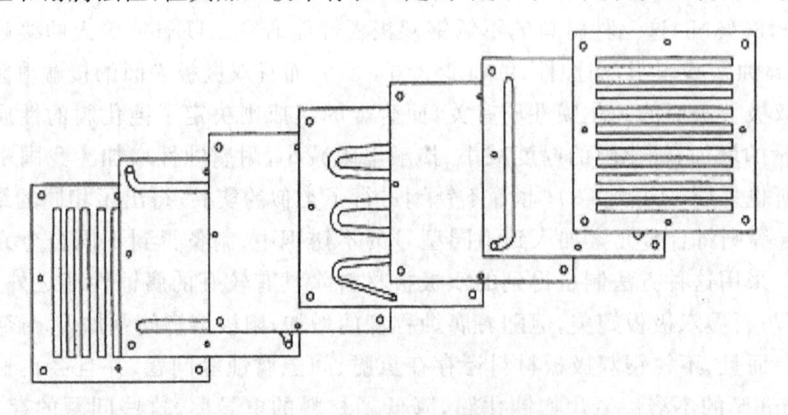

图 3-33 钛箔双极板结构示意图

关于镀金铝板性能的研究,Hentall 等人也做出了突出的成绩。其镀金工艺是在溶液中完成的。其性能测试发现,铝板的性能在初期时和石墨板的性能相当(在 0.5 V 时电流密度为 1.2 A·cm^{-2}),但是铝板的性能很快就发生了急剧下降(在 0.5 V 时电流密度下降为 60 mA·cm^{-2})。而开路电压还可以测试到,说明金属没有穿透膜。分析其原因,认为铝板表面的部分金脱落嵌入到膜中,造成了质子交换膜的污染,另外,铝板化学稳定性的降低也是铝板性能下降的原因。因此,镀层和基体材料结合性的强弱是决定金属双极板是否具有实用性的影响因素。

(3) 金属双极板表面改性

金属双极板虽然具有很多优点,如导电导热性能优良、气密性好、易于成型加工等。但金属材料也存在一个致密性的缺点,耐腐蚀性能差,不能满足燃料电池长期稳定运行的需要。另外,金属表面会发生钝化,形成绝缘氧化层,增大了双极板和膜电极扩散层间的接触电阻,而且金属双极板的阳离子浸析会导致质子交换膜性能的下降。为防止金属板表面产生腐蚀而造成的电池输出功率降低,可以采用耐腐蚀金属或新型合金作为双极板材料,但更好的办法是对金属板进行表面改性。

表面改性的方法主要有电镀、化学镀、物理气相沉积(PVD)、化学气相沉积(CVD)和喷射模塑等工艺。

1) 表面涂层技术

① 电沉积贵金属镀层技术

采用纯贵金属双极板,成本较高,实用受到限制,因此,发展了镀覆技术,既可以发挥贵金属的优势,又能够降低成本。

关于这方面的研究主要是在不锈钢板和钛板表面电镀一层金属。如在316L不锈钢表面电镀一层薄金,可以避免双极板表面氧化膜的生成及镍的分解。经过1 000 h的运行测试,发现电压没有明显衰减,说明电池内阻没有发生变化,MEA没有受到严重污染。另外,可以在钛板表面电镀一层2.5 μm的薄金层制备双极板,该双极板组装的电池在40 ℃、50 ℃、60 ℃条件下运行,性能测试发现经镀金改性的钛双极板的性能要优于未经改性的钛双极板。对钛板表面镀覆铂层,性能也明显得到了改善。

② 气相沉积金属化合物薄膜技术

通过物理气相沉积(PVD)、化学气相沉积(CVD)、等离子喷涂、溅射等手段在金属表面形成过渡金属碳化物、氮化物和硼化物等膜层,被认为是一种非常有发展前途的薄层金属板改性方法。因为,沉积的化合物膜层不仅具有良好的耐蚀性,还具有优良的导电性。

例如,Wang,Northwood采用物理气相沉积方法在316L不锈钢表面沉积一层厚度约为15 μm的TiN膜层。在模拟PEMFC阳极环境测试时发现,经表面改性后的不锈钢板腐蚀电流密度较未处理过的不锈钢板明显减小,即耐蚀性要好于未改性的不锈钢。而且在电池中的性能测试也发现表面具有TiN薄膜的不锈钢板的活性要好于未改性的不锈钢板。还可以采用IrO_2改性钛双极板,其性能和石墨板相当。

③ 电化学合成高分子薄膜技术

导电高分子的发现,使得人们开辟出了在双极板表面沉积一层高分子薄膜的新技术。研究较多的导电高分子为聚苯胺,黄乃宝采用电化学方法分别在420、304、321、316L不锈钢上合成一层聚苯胺膜,并进行了电导率测试及单电池试验。试验结果表明,在 PEMFC 环境中,聚苯胺膜化学性质稳定,其存在没有影响到电池的性能;在不同型号的不锈钢基底上聚苯胺膜的电导率没有显著差别。但是到目前为止,采用聚苯胺膜进行改性得到的双极板的性能还不能满足 PEMFC 双极板的需要,尚需进行改进。

④ 多层复合薄膜技术

由于有些镀层和基体之间的结合力较差,为了解决这个问题,在镀层和基体之间加上一个过渡层。例如,在铝或钛基体材料上,采用 PVD 或 CVD 的方法先镀上一层合金涂层,然后在其上再镀一层 TiN 涂层。采用双涂层的结构是因为 TiN 涂层膜的致密性不够,会产生小孔腐蚀,因此需要合金涂层来保护因 TiN 的小孔缺陷而暴露出的基体材料。采用磁电管喷射法的制造过程为:用两支功率为 0.6 kW 的喷枪以每秒 15~18 Å 的速度将不锈钢材料喷射到铝板上形成厚度为 10 μm 的保护膜,氩保护气的压力 4 000~6 000 mmHg(0.53~0.80 MPa)。然后将 TiN 材料以每秒 2 Å 的速度喷射到合金涂层上形成厚度为 300 nm 的膜即得复合薄膜。还可通过溅射镀膜工艺在 SS304L 不锈钢表面分别沉积 TiN 及 Cr 膜,再在 TiN 及 Cr 膜上溅射沉积 Au 层。采用这种方法改性后的不锈钢耐腐蚀性能与镀金钛板性能相当,但其成本要高于镀金钛板。

2) 表面化学热处理技术

将 Ni-50Cr 合金在高纯度氮气气氛中加热至 1 100 ℃并保持 2 h,并随加热炉冷却,可以使合金增重 2.3 $mg \cdot cm^{-2}$。测试分析得到,采用这种热处理方法可以在合金表面生成厚约 1 μm 的半连续 CrN 层,CrN 层下为厚 3~5 μm 的 Cr_2N 层。而且经过改性处理后的 Ni-50Cr 合金接触电阻要小于 Ni-50Cr 合金及 316L 不锈钢。

对于不锈钢也可以采用这种方法进行处理,Wang 等对 349TM 及 AISI446 不锈钢采用上述方法进行氮化处理,并保温 2~7 h。经过改性处理后,不锈钢板接触电阻明显变小,双极板的耐腐蚀性也得到提高。

3) 机械包覆技术

包覆技术是指以一种或多种金属板包裹在基体金属板表面的技术。如 K · Scott Weil 通过碾压的方法在厚 450 μm 的 430SS 不锈钢表面包覆厚 50 μm 的铌薄板,其总厚度为 0.5 mm。相比于 Ni-Gr 合金而言,其接触电阻要小很多。而且在 PEMFC 运行环境中测试得到,其化学稳定性较好。

金属表面的涂层材料概括起来如表 3-2 所列。

3.8.2.3 复合双极板

为了避免金属双极板和石墨双极板的缺点,现在大多数采用复合双极板。一般是把金属作为双极板内部的分隔板,石墨作为外面的流场板。但在加工时,要注意金属板和石墨板之间的电接触。复合双极板主要可以分为以下三类:

表 3-2　金属双极板表面的涂层材料

涂层类型	涂层材料	表面处理工艺	基底材料
导电聚合物涂层	导电聚合物	电化学沉积	SS304L 不锈钢
金涂层	金	电镀	钛
碳化硅涂层	碳化硅,金	辉光放电沉积,气相沉积	不锈钢
石墨箔涂层	石墨	喷涂,压制	铝
石墨粉涂层	石墨	物理气相沉积	铝
氧化铅涂层	底层为铅,表层为氧化铅	物理气相沉积,溅射	不锈钢
不锈钢涂层	不锈钢	物理气相沉积,化学气相沉积	铝,不锈钢,钛
氮化钛涂层	钛	物理气相沉积	SS410L 不锈钢
氮化铬涂层	铬	低温等离子体氮化	SS304L 不锈钢
氧化锡掺杂铟涂层	铟锡氧化物	电子束蒸发	不锈钢
类金刚石结构碳涂层	类金刚石结构碳	电化学方法	
氮化钛涂层	氮化钛	射频二极管溅射	钛,镍
有机单体聚合物膜涂层	有机自组装单体聚合物	物理气相沉积	

(1) 碳/碳复合双极板

碳-碳复合材料的优点是:电导率较高、热导率较高、质量轻、耐高温、强度较高、高度耐腐蚀和耐化学性以及对膜电极集合体无污染等优点,但是该种双极板的制作过程比较复杂,需要高温条件,所以价格较高。

近年来,新兴一种碳石墨材料前驱体——中间相碳微球(mesocarbon microbeads, MCMB),这种材料已经成为制备高性能碳石墨材料的热点材料。中间相碳微球的外观呈现规则的球状,它是由聚合的稠环芳烃、C、H 以及杂原子构成。尺寸一般为 1～100 μm,分子量为 400～3 000。

倪红军等采用中间相碳微球和碳纤维为原料,以水为分散剂,采用球磨共混的方式,以凝胶注模新型工艺来制备碳-碳复合材料双极板。先将所制浆料注入带有气体流道的双极板模具中,在 60～80 ℃下进行凝胶化反应,脱模得到带有气体流道的碳-碳双极板素坯,并将素坯在 90 ℃下干燥,之后在 1 400 ℃以上进行真空石墨化烧结,即可得到碳/碳复合双极板。

骆兵等以中间相碳微球为基,以导电炭黑和碳纤维作为增强相,采用凝胶注模新工艺制作了碳/碳复合材料双极板。采用这种方法制作的双极板性能稳定,而且制作成本与国外进口的材料相比,价格明显降低,仅为进口双极板价格的 40%。

Emanuelson 等将炭化热固性酚醛树脂与高纯石墨按等质量混合,注塑成型,经炭化、石墨化过程,制得 3.8 mm 厚的碳/碳复合双极板。该复合双极板的电阻率为 0.011 Ω·cm,密度为 1.88 g·cm^{-3}，承受强度可达 27.6 MPa。

Grasso 等将长度为 1.6～20.0 μm 的碳纤维加入到由 150 目的炭粉(26%)酚醛树脂(34%)和乙醇溶剂(40%)组成的混合物中，充分搅拌，在 63 ℃、6.9 MPa 下进行烘干、压制成型，经炭化、石墨化，最后得到 0.7 mm 厚的双极板。其密度为 1.73 g·cm^{-3}，电阻率为 0.027 Ω·cm。

(2) 聚合物/填料复合双极板

这种复合双极板是将导电填料、树脂(如酚醛树脂、环氧树脂、乙烯基酯树脂等)和导电胶进行混合，并选择合适的模具，然后将混合物放置于模具中，采用聚合物的熔融温度和一定压力，并通过模压、注塑等工艺，可以制备出聚合物/填料复合双极板。这种材料具有和石墨相近的耐腐蚀性能，而且采用这种方法制备双极板，能够降低双极板的生产成本，可以大批量生产，具有商业化的可能。

1) 聚合物/石墨复合双极板

Lawrance 采用平均粒径为 44 μm 的石墨作为导电物质，颗粒平均粒径为 5 μm、团聚体尺寸为 45 mm 的聚偏氟乙烯粉末作为黏结剂，采用先干混后模压的方法制备得到了聚偏氟乙烯/石墨复合双极板。

Tucker 等人将石墨、热缩性树脂以及玻璃或碳纤维混合，采用湿法铺层工艺制备片状材料，然后进行模压以把这些片状材料压合在一起来制备复合材料双极板，其工艺如图 3-34 所示。其中石墨、玻璃纤维和聚对苯二甲酸乙二醇酯(PET)质量分数分别为 50%、10%和 40%，其电导率可以达到 100 S·cm^{-1}。

Wilson 等人也对这种复合双极板材料进行了研究。他们的制备方法是分别选用热固性乙烯基酯树脂作为黏结剂，石墨(80～325 目)作为导电材料，并加入引发剂、促进剂和脱模剂，然后采用压力为 21 MPa、温度为 100 ℃，固化时间为 15 min 进行固化，最后在 100 ℃下交联 1 h，即可制备得到高填料负载量的乙烯基酯树脂/石墨复合双极板。该复合双极板的密度能够达到 1.66 g·cm^{-3}，电导率超过 200 S·cm^{-1}，弯曲强度能够达到 31.4 MPa。

Kuan 等人也采用石墨制备了复合双极板。他们是把石墨和乙烯基树脂以及其他添加剂混合，采用模压工艺进行制备。模压温度为 140 ℃，时间为 5 min。双极板的性能与石墨含量相关，当石墨的质量分数为 75%时，复合材料双极板的性能与纯石墨双极板相近，它们的输出功率相当。

李建新等以改性酚醛树脂、天然鳞片石墨、炭黑等为主要原料，采用模压热固化二步法制备质子交换膜燃料电池用石墨/酚醛树脂复合材料双极板。他们的制备方法为：将改性酚醛树脂和导电骨料按设计的配比进行均匀混合，然后称取 25 g 混合料放置于模具当中，加压达到 200 MPa，并保持压力，然后卸压脱模。将所得样品进行热固化处理，自然冷却至室温即制得石墨/酚醛树脂复合双极板试样。作者考察了树脂含量对复合双极板的抗折强度的影响，见图 3-35。从图 3-35 可见，复合双极板的抗折强度随着树脂含量的增大而增大，这主要是由

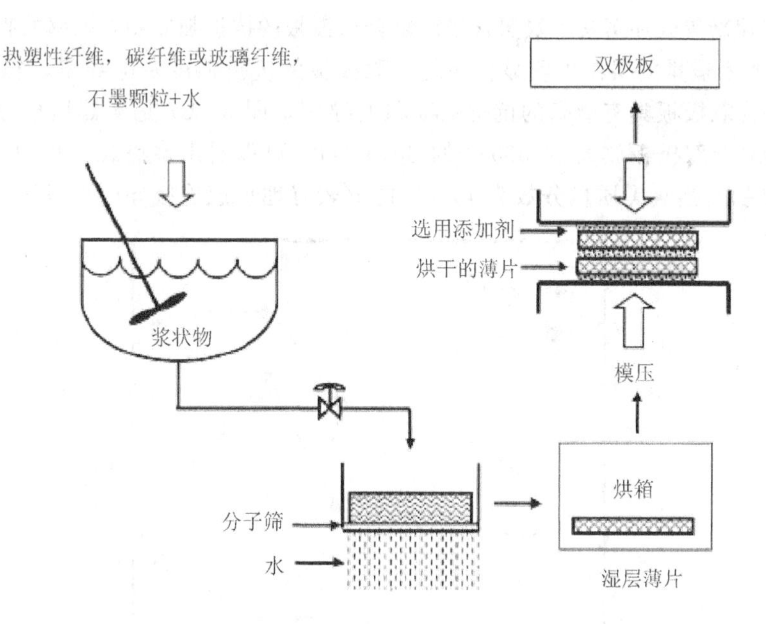

图 3-34　湿法铺层制备复合材料双极板过程示意图

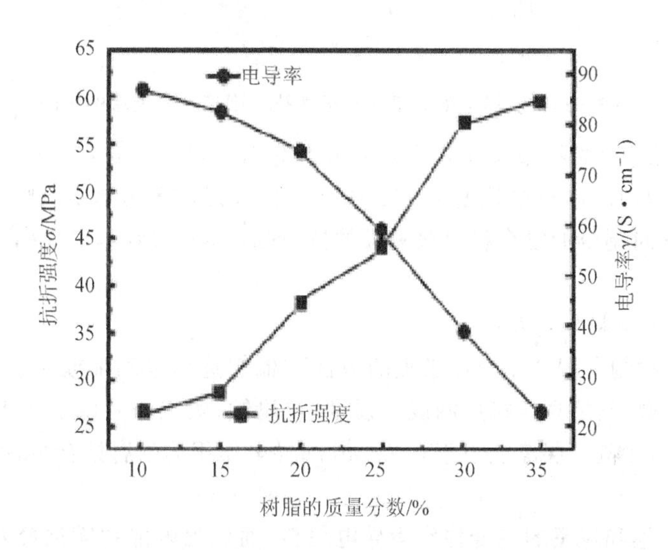

图 3-35　树脂含量对复合双极板抗折强度及导电率的影响

于树脂含量越高，石墨表面被树脂包覆得越充分，石墨与树脂的界面结合力越强。

从图 3-35 中，也可以看出，石墨/酚醛树脂复合双极板的电导率随树脂含量的提高而显著下降。酚醛树脂是一种绝缘材料，树脂含量越多，导电填料的含量就越少，则石墨导电网络的密度减小，载流子的迁移就会变得困难。

另外，李建新等人还考察了炭黑含量对复合双极板的抗折强度和导电率的影响，见图 3－36。在混合料中加入适量的炭黑可明显提高复合双极板的抗折强度及电导率，当炭黑的质量分数为 4%时，复合双极板具有最高的抗折强度和电导率。图 3－37 是炭黑质量分数分别为 0%、2%和 4%的复合双极板放大 30 000 倍的 SEM 照片，可以看出炭黑粒子均匀分布在石墨颗粒表面及树脂层中，当炭黑质量分数为 4%时，能够较好地形成连接导电骨料的三维导电网络。

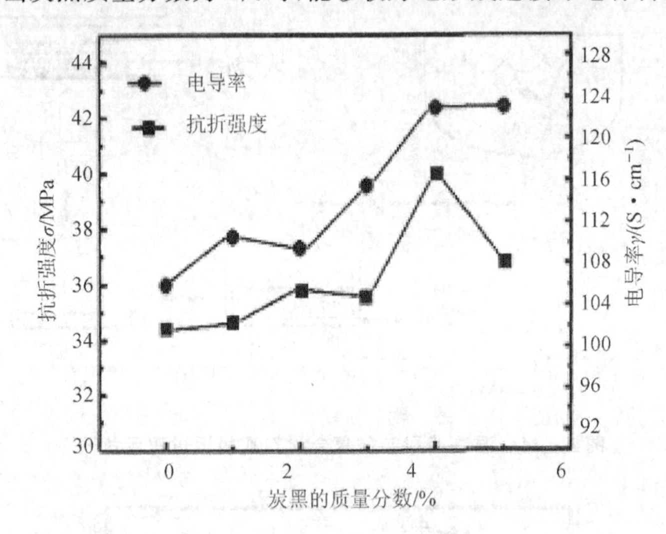

图 3－36 炭黑含量对复合双极板抗折强度及导电率的影响

作者还考察了溶剂比、石墨粒度以及成型压力等因素对复合材料双极板性能的影响。得出当树脂质量分数为 15%，石墨粒度为 150～200 目，炭黑质量分数为 4%，溶剂比为 1.0，成型压力为 200 MPa 时制得的复合材料双极板的抗折强度＞38 MPa，电导率＞126 $S \cdot cm^{-1}$，密度＞1.85 $g \cdot cm^{-3}$。

2）聚合物/其他填料复合双极板

曾宪林提出一种制备塑料复合双极板的方法。他们选用聚乙烯或聚氯乙烯等耐温树脂，采用注塑机一次成型，然后高压挤压制成高强度、抗腐蚀、耐工作温度 50～130 ℃的塑料双极板，并在双极板表面镀覆一层厚度小于 0.2 mm 起导电作用的耐腐蚀合金，即得到这种复合双极板。

Mighri 等将石墨和炭黑的混合物作为导电填料，而以聚丙烯和磺化聚丙烯树脂作为黏结剂，以制备得到高强度的复合材料。复合材料的电阻率为 0.1 Ω·cm。

Laconti 等采用碳化钛作为导电填料，并以聚砜、聚乙烯和聚丙烯等作为黏结剂，采用模压工艺制备得到了聚合物/碳化钛复合双极板。这种复合双极板的导电性和耐腐蚀性能都较好，而且电导率达到了普通石墨的 5 倍。在实际使用时，双极板材料具有耐热性，机械强度也较好。

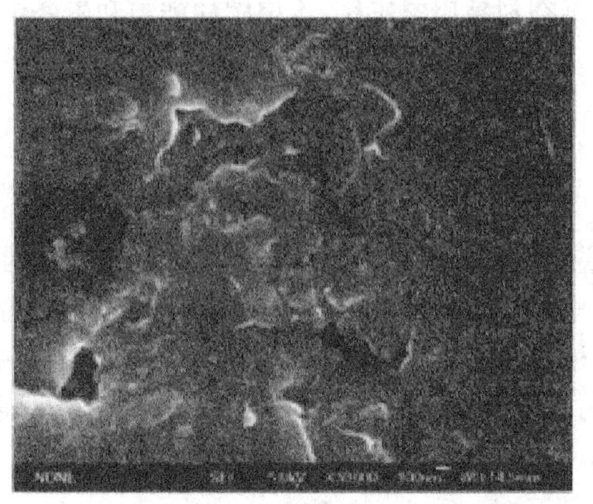

(a) 0%

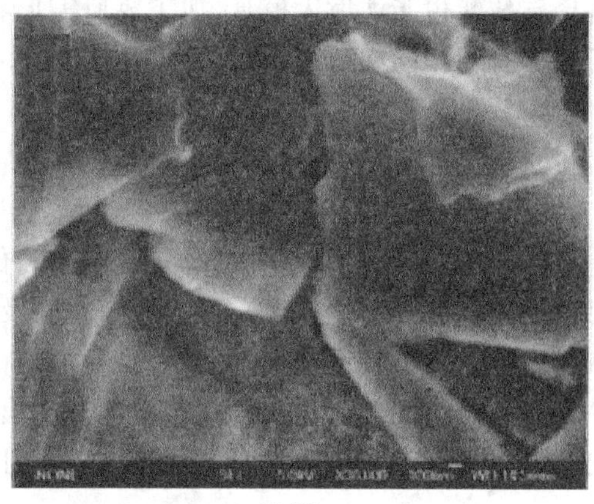

(b) 2%

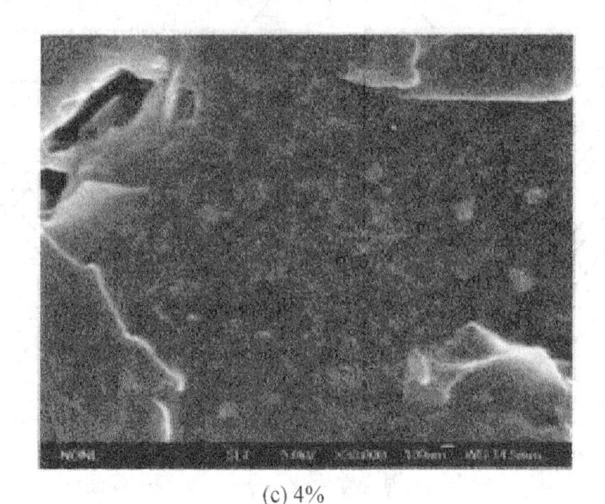

(c) 4%

图 3 - 37　不同质量分数的炭黑复合双极板的 SEM 图

(3) 金属基复合双极板

金属基复合双极板是采用薄金属板或其他导电材料作为分隔板,以塑料、聚砜和碳酸脂等材料制作边框,并采用导电胶将边框和金属板进行黏结,而采用金属板、石墨油毡等作为流场板。

金属基复合双极板耐蚀性较好,而且质量比较轻,强度也高,但是,这种双极板具有结构复杂的缺点。

Los Alamos 实验室以不锈钢为基底,采用多步骤工艺制备了复合双极板。他们的具体制备步骤是,首先,采用剪切和冲压的方法制备不锈钢,然后制备石墨板,把石墨和树脂机械混合,并采用传统的冲压或注塑方法进行成型,放在烘箱中烘干;然后,采用丝网印刷技术把导电黏合剂加到石墨板上,并采用热压工艺将石墨板和不锈钢粘结在一起;最后,加工聚碳酸脂板,将聚碳酸酯树脂注射入模具，加工成所需形状，用黏合剂采用冷压法，将聚碳酸酯板和不锈钢/石墨集合体粘结在一起。

3.8.3 流 场

流场的功能是引导反应气流动方向，确保反应气均匀分配到电极各处。合理的流场结构，可以使电极各处都能获得充足的反应物并及时把电池生成水排出，保证电池具有较好的性能和稳定性。双极板结构示意图如图 3-38 所示。极板的两表面均刻有导气通道(流场)。其中一侧导气通道的首末端分别连着燃料气进出孔，另一侧导气通道的首末段分别连着氧气的进出孔，4 个通气孔分别位于双极板的 4 个角上。这里，密封圈的作用是防止反应气体的泄漏。

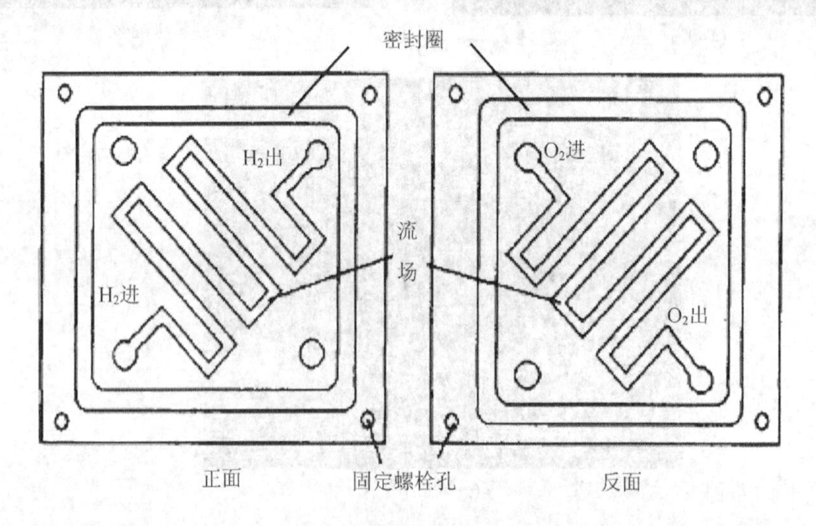

图 3-38 双极板结构示意图

在 PEMFC 中，研究过的流场的种类较多，如点状流场、网状流场、多通道流场、蛇形流场、交错型流场、交指流场、螺旋流场、平行流场、平行蛇形流场和平行沟槽流场等，如图 3-39 所示。

蛇形流场的结构是应用最多和研究最多的流场形式，这种流场结构有单通道和多通道之分。蛇形流场中，燃料和氧化剂都是在气室中流过电极表面，然后扩散进入电极内部的催化层中，反应产物也是从催化层内部扩散到气室中，传质速度由扩散控制，所以速率比较低。它的优点是能快速的将燃料电池生成的水排出，从而能够避免水对流道的堵塞。但是，对于面积比较大的极板，这种流场形式会因流道过长而引起压降较大和电流密度分布不均匀。

而在交错型流场结构的电池中，反应物和产物在电极上的传入和传出由扩散控制转变为强制对流控制，因此传质速率比较快，所以电池性能比较好，特别是在大电流放电时，差别更明

(a) 蛇形流场　(b) 平行流场　(c) 平行蛇形流场

(d) 交指流场　(e) 螺旋流场　(f) 网络流场

(g) 点状流场　(h) 复合型流场　(i) 多通道蛇型流场

图 3－39　各种流场示意图

显。最重要的是交错型流场的结构容易带走阳极生成的产物 CO_2 和阴极产生的水，使阳极反应不因形成的 CO_2 气泡而受影响，也有利于阴极的排水。

平行流场的结构设计能够得到比较均匀的电流密度分布。但是在这种流场设计中，水容易发生聚集而造成流道的阻塞。另外，如果设计不合理还会导致部分流道的流体流量小甚至不流动，从而使得由于浓差极化的影响而使电池的性能降低。

交指流场又称为不连续流场，这种流场设计能够提高电池的功率密度。反应物能够比较充分地通过流道，并具有较好的排水能力，但是，同时由于扩散层的阻力较大，会使流场的压力降增大，而且容易发生短路或者沟流的情况。

螺旋形流道同样具有较强的排水能力，而且，由于螺旋形流道在进口和出口处具有交错流场安排，所以使得物质分布更为均匀。

点状流场的流场网络可以任意形状的点销排列而成，销的形状为圆柱体或立方体，反应气体从这些销形成的沟槽里流过。这种流场使反应的气压降很小，但是由于反应气体倾向于从阻力较小的通道流过，导致反应气体在流道中分布不均匀。

复合型流场是由 Cavalca 等设计的。整个流场被分成几个独立的部分，有各自的进气口和出气口，每一部分又分成相互平行的一系列沟道，它兼有点状流场、直线型流场和蛇形流场的优点，是目前流场发展的主要方向。

3.9 电池组系统

3.9.1 氢 源

对氢源总的要求是储氢系统要安全、容量大、成本低、使用方便。目前，对于 PEMFC 电动车的车用氢源，有 3 种方案：

(1) 高压氢做氢源

在一开始，一般都用高压氢做车用燃料电池的氢源。用高压氢的优点是压力容器容易制造、制备压缩氢的技术简单、成本较低，但对车用的氢源，一般要求储氢量要达 5%～7%，否则，汽车在加氢后，只能开很短的路程。但采用高压储氢方法储氢，质量储氢密度很低，压力在 100 kg 左右的高压钢瓶，只有 1%左右。而且，高压氢还有安全性问题。2004 年，在日本的电动车展览会上，展出了压力为 500 kg 和 700 kg 的高压储氢瓶做氢源的 PEMFC 电动车样车。虽然其储氢量已经达到了 5%～7%，但它的危险性更大，而且要把氢压到 500～700 kg 的高压，要消耗大量的能量，因此，氢燃料的价格较高，所以还是不能实际使用。

(2) 车用高温裂解制氢装置做氢源

这种方法是用车载的甲醇、汽油或天然气高温裂解制氢装置来作为氢源。美国通用汽车公司、加拿大巴德公司、日本东京汽车公司已经研制成车载甲醇裂解制氢装置。但这种车载制氢技术有一些问题比较难解决，首先，用裂解方法制得的氢气含 CO，即使经过分离，但会有少量 CO，而 CO 能使目前使用的 PEMFC 的阳极 Pt 催化剂中毒；其次，这种技术需要较高的温度，如作为车载的制氢设备，要一直保持高温，也有很大的难度。所以，这种技术很难得到实际的使用，美国基本上已放弃了这个途径。

(3) 储氢材料储氢做氢源

一般都会想起用储氢材料来储存氢作为汽车用 PEMFC 的氢源。用储氢材料储氢有较多的优点，如充放循环寿命长；储放的可逆性好；成本较低；不需要高压容器和隔热容器；安全性好，没有爆炸危险等。但对于交通工具的氢源，则要求较大的储氢密度。目前美国能源部定的指标：氢在储氢材料中的质量分数不低于 6.5%，体积密度不低于 62 kg・m^{-3}。但目前储氢材料的储氢质量分数一般在 2%左右，如稀土系合金的储氢质量分数在 1.4%～1.6%之间；钛系合金在质量分数为 1.6%～2.0%之间，镁系合金在质量分数为 3.6%～7.6%之间。有的材料，如镁合金虽然能够储 3%以上的氢，但储氢和放氢过程不可逆，放氢时需要较高的温度，而且放氢速度慢。

近年来，曾有大量的研究集中在纳米碳管储氢方面。主要是早期有人报道纳米碳管储氢量可高达 10%，用电化学方法使纳米碳管储氢的储氢量可高达 14%，石墨纳米纤维的储氢量甚至认为可高达 67%。但最近的研究表明上述结果有问题，现在比较公认的纳米碳管储氢量只有 1%。因此，用储氢材料的方法来解决 PEMFC 电动汽车氢源的问题还需要进一步的深入研究。

3.9.2　氧　源

PEMFC 中的氧化剂可以是纯氧或空气中的氧。用纯氧的优点是电池性能好，缺点是需要氧源，如高压氧钢瓶。另外，会给水控制带来一定困难，因为在 PEMFC 中，一般用阴极原料气较快流动来排水，但用纯氧就不能这样。用空气中的氧作氧化剂有利于排水，也不必用氧源，其缺点是电池性能要比纯氧差。用空气中的氧做氧化剂可分为 2 种方式。第一种是用常压空气，其优点是普通风机供空气时，能耗低，而且，普通风机价格低，使用方便。其缺点是电池的性能较低，这一方面是由压力低，含氧量低引起的。另外，压力低，可能使电池内氧气分布不太均匀。第二种是用高压空气，其优点是能够使电池的性能提高，但空压机的价格较高，能耗较大。

3.9.3　电池组的水管理

1. 水管理的原因

水管理在质子交换膜燃料电池中是十分重要的。电池中的水是由于两个方面产生的：一方面是增湿带入一部分水；另一方面是反应生成的水。水在 PEMFC 中是以气态和液态存在。水过多或过少都会为 PEMFC 的性能带来负面的影响。由于 PEMFC 中使用的 Nafion 膜的 H^+ 扩散一定需要水的伴随，Nafion 膜的 H^+ 电导率与膜内含水量成一定的比例关系，如膜内没有水分，Nafion 膜就不能传导 H^+，因此，电池就不能工作。另外，氧在阴极上还原生成水，如不把生成的水排出，电池内含水过多后，会淹没电极，阻塞电极或气体扩散层的孔洞，使氢气和氧气都不能扩散到电极上，电池也不能正常工作。因此，PEMFC 正常工作的一个重要条件就是要控制好电池内的水分，湿度要适宜。而且，电池内的水含量要均匀，局部的水分过多或过少，也会影响电池的性能。

2. 水管理的方式

实际上，PEMFC电堆一般容易干燥。因为在氢电极一面，水会随 H^+ 迁移而迁移到氧电极一面。而在氧电极一面，用空气中氧做氧化剂时，空气的流量较大，因此，会把氧电极一面吹干。所以，在PEMFC堆中，一般都采用增湿的方式来控制水。常用的增湿方式可分为外增湿方式和内增湿方式。

(1) 外增湿方式

① 鼓泡法

将反应气体通过水温可控的鼓泡器进行增湿，称为鼓泡法。这种方法一般适用于实验室使用，而不适用于实际的电池系统。

② 喷射法

将水喷射到反应气中来使反应气增湿，称为喷射法。这种方法需要加压泵和阀门等，这些设备要消耗能量，但该技术比较成熟，一般在大型PEMFC堆上广泛使用。

③ 自吸法

该法在电极的扩散层中，加入灯芯，这些灯芯浸在水中，将水直接吸入Nafion膜内。这种方法可实现膜湿度的自我调节，缺点是灯芯的使用增加了电池的密封难度，因此，现在较少使用。

(2) 内增湿方式

有许多内增湿方式。较好的一种内增湿方式是让空气和氢气呈逆向流动排列，各干燥的反应气在进入电池后从膜中吸收水分，而膜要从电池的潮湿反应气中吸收水分，在电池组内部形成水循环，从而使安全操作成为可能。

3.9.4 电池组的热管理

PEMFC的能量转化效率在40%～50%，因此，大约有一半的能量将转化为热。为了保持电池的恒温运行，并避免电池堆在高电流密度工作时有可能造成局部过热，必须要进行热管理。PEMFC的热管理是指对电池温度的控制。温度较低时，电池存在较为明显的活化极化，而且质子交换膜的阻抗也较大，另一方面，如果温度较高，会使水的蒸发速度加快，这样会使反应气体带走过量的水而使质子交换膜脱水，使膜的性能变差，引起电池性能下降。因此，要求以Nafion膜作为质子交换膜的PEMFC的工作温度要低于100 ℃，通常为80 ℃。

目前，普遍采用的热管理技术是在双极板中设置冷却通道，将电池运行时产生的热量及时排出，使PEMFC在恒温下工作，以保持稳定的性能。对冷却剂也有一定的要求，如冷却剂必须不导电、不腐蚀和能防冻。一般使用的冷却剂是水，也有在水中加入乙二醇，以使水不易结冰。用水做冷却剂，对水质要求较高，以防止腐蚀发生。水中的重金属离子含量要低于百万分之一,氧的含量要在十亿分之一。

一般使用的冷却方式是采用冷却水循环方式,这种方式比较方便,但要消耗较多的动力。这种方法被称为利用水的显热,要在 PEMFC 电池组内加置排热板。冷却液可以采用水或者水与乙二醇的混合液。

另外一种冷却方式是利用液体的蒸发来控制温度,被称为利用液体的潜热。因为液体蒸发的潜热较大,所以,这种方法被认为是较有利的排热方式。在电池中,潜热冷却是利用电池组内部的水分的蒸发潜热来冷却,这种方式效率高,是一种新的冷却方式。但是,由于 PEMFC 工作温度一般在 100 ℃以下,因此不能用冷却水的潜热冷却,可以采用乙醇等低沸点的液体的潜热来排热。

3.10　PEMFC 商业化的问题

PEMFC 的主要用途是作为汽车用的动力源。加拿大 Ballard 公司在 20 世纪 90 年代就研制成了 PEMFC 作为动力源燃料电池的汽车,并出售过多辆样车。随后,许多汽车公司也先后研制成各种各样的样车,并很早就宣称 PEMFC 电动车即将商业化,但直到现在,PEMFC 还没有商业化。Ballard 公司已经陷入即将破产的危险。PEMFC 至今还没有商品化的主要原因如下:

1. 价格问题

PEMFC 的高价格严重地影响了 PEMFC 的商业化进程。美国能源部认为,汽车用 PEMFC 的最终价格达到 50～100 美元/kW。才能有竞争能力,因为现在内燃机的价格为 50 美元/kW 左右,因此美国能源部认为,只有当 PEMFC 的价格低到 100 美元/kW 左右时,PEMFC 才能商业化。而现在 PEMFC 的价格在 800 美元/kW 左右。在现在技术基础上,即使 PEMFC 的产量为每年 50 万台,其价格也要在 300 美元/kW。另外,除了 PEMFC 电动车本身造价高的原因外,其使用时所需要的燃料氢气价格高也致使其运行成本远高于燃油汽车,这进一步妨碍了 PEMFC 的商业化。

2. 氢源问题

目前,氢源也是 PEMFC 商业化的一个问题。做氢源的办法有许多,但考虑得较多的有 3 种办法。一是高压钢瓶储氢,这种方法危险性较大,而且储氢量较少;二是甲醇等的高温热解制氢,这种方法的缺点是产生的氢气内会含能使 Pt 催化剂中毒的 CO,而且当反应在高温进行时,不利于间歇工作;三是用储氢材料做氢源,其可逆储氢量较低,只有 2%左右。

3. 低温性能问题

PEMFC 内含水,在 0 ℃以下会结冰而电池不能启动。这个问题解决比较困难,目前还没有很好的解决办法。

4. 贵金属资源问题

PEMFC大规模使用后,会有作为催化剂的贵金属的资源匮乏问题。

5. 大气污染物二氧化硫等的影响

PEMFC用空气中氧做氧化剂,但大气中的污染物,如二氧化硫等进入电池后会使Pt催化剂慢慢中毒,这也是必须解决的问题。

6. 运行寿命问题

汽车用电池的目标寿命为5 000 h,家用的PEMFC的目标寿命则为40 000 h。目前,实验室内运行的PEMFC寿命可达10 000 h。但还远远达不到家用的PEMFC的目标寿命。表面上看来,现在PEMFC的寿命已经达到对汽车使用寿命的要求,但实际上,由于汽车经常发生启动、停车及负载变化,PEMFC在汽车上的运行寿命一般只有2 000 h左右。特别是我国,目前研制的车用PEMFC的寿命只有1 000 h左右,达不到车用的要求。

由于PEMFC存在的这些关键问题还没有解决,因此,虽然许多公司曾宣称PEMFC电动车将在21世纪初,如2004年就能商品化,但是由于上述问题至今还没有解决,因此PEMFC电动车的商品化至今还没有实现。只有在通过较长的时间努力,克服上述的一些问题,PEMFC电动车的商品化才有可能。

问题与讨论

1. 质子交换膜燃料电池单体电池由哪几部分组成?

2. 质子交换膜燃料电池具有哪些特点?

3. 膜电极集合体(MEA)由哪5层组成?

4. 对于质子交换膜燃料电池的催化剂有哪些要求?

5. 气体扩散电极中的扩散层有哪些功能?对于气体扩散层的材料有哪些要求?目前制备气体扩散层的基底材料有哪些?

6. 气体扩散层憎水基底的制作工艺流程比较有代表性的为北京有色金属研究总院乔永进和北京理工大学庞志成所采用的方法,他们的憎水基底制作流程是什么?

7. 简述厚层、憎水催化层电极的制备方法。

8. 美国Las Alamos国家实验室的Wilson等人提出的薄层、亲水催化层电极的具体制备工艺是什么?这种制备工艺由于不使用PTFE,所以具有一定的缺点,其缺点是什么?

9. 干法制备薄层亲水催化层电极的具体工艺流程是什么?

10. 什么是双层催化层电极?

11. 质子交换膜的功能是什么?

12. 目前质子交换膜燃料电池最广泛使用的质子交换膜是什么?并画出其结构式。

13. Nafion膜具有什么问题?对其本身的改性包括哪3种?其中的有机/无机复合膜包

括哪几种？

14. 在质子交换膜燃料电池中双极板具有哪些功能？

15. 无孔石墨双极板具有哪些优点和缺点？

16. 聚合物/填料复合双极板是怎样制作的？

17. 与石墨双极板和复合材料双极板相比，金属双极板具有哪些优点和缺点？

18. 为什么要对质子交换膜燃料电池进行水管理？水管理有哪几种方式？

19. 为什么要对质子交换膜燃料电池进行热管理？目前普遍采用的热管理技术是什么？

20. 质子交换膜燃料电池还没有商品化的原因是什么？

第 4 章　直接醇类燃料电池

4.1　直接醇类燃料电池的基本概念

直接醇类燃料电池 DAFC(Direct Alcohol Fuel Cell)与 PEMFC 相近,只是不用氢做燃料,而是直接用醇类和其他有机分子做燃料。其中,研究得最多的是用甲醇直接做燃料的直接甲醇燃料电池 DMFC(Direct Methanol Fuel Cell)。因此在本章中,主要以 DMFC 为例,介绍 DAFC 的工作原理、电池结构、阳极和阴极催化剂、质子交换膜等方面的情况。

4.1.1　工作原理

DMFC 的工作原理如下：

阳极反应

$$CH_3OH + H_2O \rightarrow CO_2 + 6H^+ + 6e^- \tag{4-1}$$

阴极反应

$$\frac{3}{2}O_2 + 6H^+ + 6e^- \rightarrow 3H_2O \tag{4-2}$$

总的反应

$$CH_3OH + \frac{3}{2}O_2 \rightarrow CO_2 + 2H_2O \tag{4-3}$$

原理上,当阳极电位高于 0.046 V(vs. RHE)时,甲醇的电氧化反应应自发进行;同样,当阴极电位等于或略低于 1.23 V 时,氧气还原反应也应自发进行。然而由于电池内阻引起的电阻增加以及活化过程引起的损失,使得 DMFC 实际输出电压远小于理想电池标准电压。

表 4-1 列出了 DMFC 中反应物、产物和总反应的 ΔH°_{298} 和 ΔG°值,并由此可计算出 DMFC 在标准状态下的理论电压和理论能量转换效率。

DMFC 在标准状态下的理论电压

$$E^\circ = -\Delta G^\circ / nF = 1.21\ \text{V} \tag{4-4}$$

式中,F 为法拉第常数,n 为反应的电子转移数。

DMFC 在标准状态下的理论能量转换效率：

$$\varepsilon = -\Delta G^\circ / \Delta H^\circ_{298} = 0.970 \tag{4-5}$$

由上述的数据可以看出,DMFC 在标准状态下的理论电压和理论能量转换效率都很高,基本上与 PEMFC 相近，但由于在实际使用时电极极化和电池内阻引起欧姆损失，DMFC 的输出电压和能量转换效率都要远小于标准状态下的理论电压和理论能量转换效率。

表 4－1　DMFC 中反应物、产物和总反应的 ΔH°_{298} 和 ΔG°

反应物或产物	$\Delta H^\circ_{298}/(\text{kJ}\cdot\text{mol}^{-1})$	$\Delta G^\circ/(\text{kJ}\cdot\text{mol}^{-1})$
$CH_3OH(l)$	−239.1	−166.7
$\frac{3}{2}O_2(g)$	0	0
$CO_2(g)$	−393.51	−394.36
$2H_2O(l)$	2×(−285.83)	2×(−237.16)
反应总值	−726.07	−702.02

4.1.2　基本结构

DMFC 的结构基本由 PEMFC 转化而来，与 PEMFC 很相似，主要由阴极、阳极、质子交换膜、流场板及双极板等组成（见图 4－1）。工作时，甲醇被输送到阳极室，在阳极上被氧化为 CO_2，同时产生 6 个电子和 6 个质子。电子经外电路由阳极到达阴极，而质子经质子交换膜由阳极到达阴极。氧气在阴极上还原时，与到达阴极的质子和电子结合生成 H_2O；电子通过外电路做功，构成电回路。

DMFC 的阴极是典型的多孔气体扩散电极，与 PEMFC 中的阴极相似，一般由扩散层和催化层组成。扩散层的作用在于支撑催化层、收集电流，并为电化学反应提供电子、气体和构成排水通道。它一般由碳纸或碳布制成，厚度约为 0.20～0.30 mm。为了要增加扩散层的防水性，碳纸或碳布一般要经过憎水处理，即将碳纸或碳布浸在聚四氟乙烯乳液中，取出后在 330 ℃下焙烧，以除去聚四氟乙烯乳液中的表面活性剂，同时使聚四氟乙烯均匀地分布在碳纸或碳布上，以得到良好的憎水效果。现在已有商品化的经过聚四氟乙烯憎水处理的碳纸。催化层主要由催化剂、聚四氟乙烯和 Nafion 按一定比例组成。聚四氟乙烯主要起黏结和防水作用。Nafion 主要起增加质子的扩散作用。阴极的一般制备方法是把催化层的 3 种组分先分散在乙醇中，搅拌、超声混合均匀后，才能涂布到经憎水处理过的碳纸或碳布上，热压后制成阴极。电极制成后，一般在丙酮中浸泡或进行热处理，以除去聚四氟乙烯乳液中的表面活性剂，保证电极有良好的疏水性。也有只将催化剂和聚四氟乙烯乳液分散在乙醇中，搅拌、超声混合均匀后，才能涂布到经憎水处理过的碳纸或碳布上，热压后制成阴极。上述的阴极制备工艺只是大概的步骤，按使用要求的不同，详细的工艺过程还可作一定的变化。

阳极的结构和制备工艺基本上与阴极相似，但由于在 DMFC 中，一般用液体做燃料，因此，其疏水性并不必要像阴极那样好，只要气态的反应产物 CO_2 易溢出即可。因此，催化层中

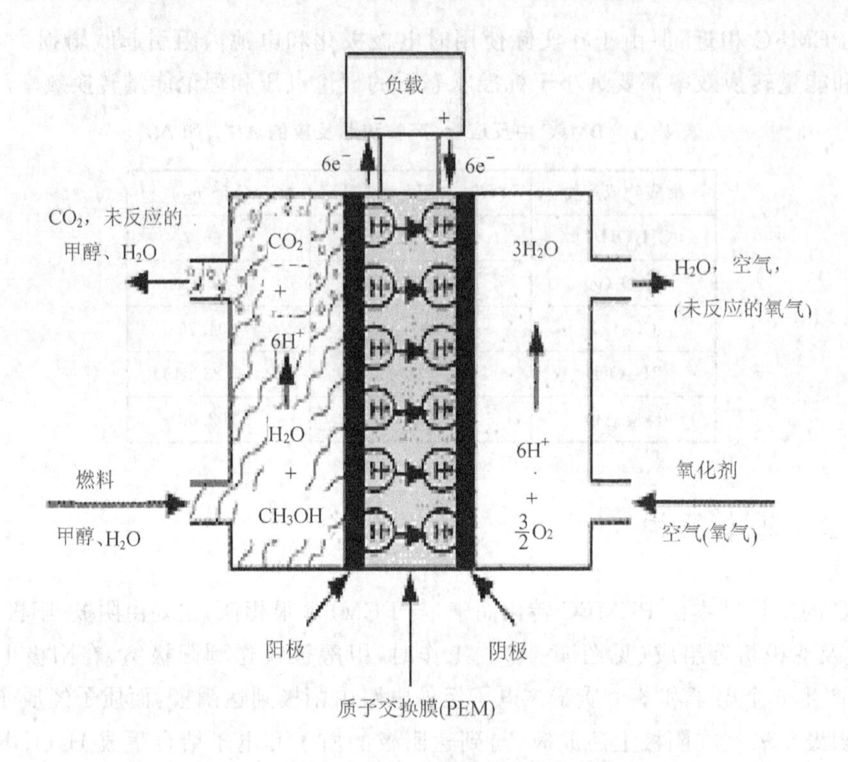

图 4-1 DMFC 单体电池的基本结构示意图

聚四氟乙烯的含量可比阴极催化层中少一些。

质子交换膜的作用是将燃料和氧化剂分开，并允许质子通过，不允许电子通过。以前，在DMFC 中常用的质子交换膜是 Nafion 膜，但由于在研究中发现这种在 PEMFC 中性能很好的膜在 DMFC 中还存在一定问题，因此，对在 DMFC 中使用的质子交换膜，还在不断地改进中。这方面的情况在后面作详细的介绍。

与在 PEMFC 中的情况相似，为了使阴极、阳极和质子交换膜之间有很好的接触，形成很好的质子通道，在 DMFC 中，阴极、阳极和质子交换膜一般被热压在一起，形成电极-隔膜-电极的三合一组件，一般用 MEA(membrane electrode assembly)表示。从大的方面来分，MEA 的制备工艺可分为两大类。第一类是在制备好的阴极和阳极的催化层一侧喷上一定量的 Nafion 溶液，在 60～80 ℃烘干后，将阴极和阳极分别放在 Nafion 膜两侧，电极的催化层一侧面向质子交换膜。然后，在 130～135 ℃和一定压力下，热压 60～90 s 后，就得 MEA。另一类制备方法是把阳极和阴极催化剂直接喷涂到 Nafion 膜上，然后与扩散层热压在一起，形成 MEA。当然，如果所用的质子交换膜不是 Nafion 膜，MEA 的制备工艺也可能会有相应的改变。

与 PEMFC 相似，流场板的结构决定反应物与生成物在流场内的流动状态，因此流场板也是燃料电池的关键部件之一。流场板的作用主要是使燃料与氧化剂在阳极和阴极室内均匀分布,以保证电流的均匀分布和避免局部过热。与PEMFC不同,在DMFC中的燃料一般是液体,而产物是气体,因此,在设计阳极流场板时,要充分考虑液体的流动和产生的气体逸出的性质。在PEMFC中,研究过的流场板的种类较多,如有点状流场板、网状流场板、多通道流场板、蛇形流场板和交错型流场板等。目前,在DMFC中最常用的是蛇形流场板。但在蛇形流场板结构的电池中,发现阳极产生的CO_2气泡可能会把流道堵住,如用网型流场板,发生这种问题的可能性小。另外,对采用蛇形流场板和交错型流场板做双极板的DMFC的比较发现,当电池在100 ℃和130 ℃下,用气态甲醇做燃料时,发现蛇形流场板的优点是甲醇对Nafion膜的渗透率比较低,因此,甲醇的利用率比较高。而交错型流场板能提高燃料和氧化剂的传输速率,因此大功率放电时的性能好。例如,在用氧和空气做氧化剂时,在130 ℃下,具有交错型流场板结构的DMFC的最大功率密度可分别达到450 $mW \cdot cm^{-2}$和290 $mW \cdot cm^{-2}$,而相应的蛇形流场板结构的DMFC的最大功率密度只有400 $mW \cdot cm^{-2}$和190 $mW \cdot cm^{-2}$。造成这种差别的主要原因是蛇形流场板的结构使燃料和氧化剂都是在气室中流过电极表面,然后扩散进入电极内部的催化层中,反应产物也是从催化层内部扩散到气室中,传质速度由扩散控制而比较低。而在交错型流场板结构的电池中,反应物和产物在电极上的传入和传出由扩散控制转变为强制对流控制,因此传质速度比较高,所以电池性能比较好,特别在大电流放电时,差别更明显。最重要的是交错型流场的结构容易带走阳极形成的CO_2和阴极产生的水,使阳极反应不因形成的CO_2气泡而受影响,也有利于阴极的排水。交错型流场板唯一的缺点是甲醇的透过率较高。

DMFC的双极板也基本上与在PEMFC中相似。第一,它必须分隔燃料和氧化剂,因此双极板必须具有阻气和阻液功能,不能用多孔的透气和透液的材料。第二,它有导电流的作用,必须是电的良导体。第三,它必须有好的化学和电化学稳定性,以保证电池能长时间运行。第四,它必须是热的良导体,以确保电池能很好地散热和电池组内的温度比较一致,没有局部过热的现象。第五,它应有较低的质量密度,以使电池有较高的质量功率密度等。在有的PEMFC中,双极板与流场板是结合在一起的,有的是分开的。由于目前研制的DMFC的功率比较小,一般采用双极板与流场板结合在一起的结构。关于双极板和流场板的材料,基本上与PEMFC相似,石墨、不锈钢、表面改性的金属板及薄金属板与有孔薄碳板组成的复合型双极板等。

在PEMFC中,一般在双极板中设置冷却通道,将电池运行时产生的热量及时排出,使PEMFC在恒温下工作,以保持稳定的性能。但目前研制的DMFC的功率较小,即使不采用冷却的装置,在长期运行时,电池温度也不会太高,能稳定运行。

由于DMFC一般使用液体甲醇燃料,其优点是易制成小型便携式的小型电池。但对于小型便携式的DMFC,如使用循环泵等辅助设备是不合适的。但如仍使用PEMFC的结构,燃料和氧化剂的循环是必不可少的。为了解决这个问题,可以采用在一张质子交换膜上,压上多对阴极和阳极,利用串联的方式组成电池堆,而阳极的燃料室和阴极的氧化剂室都只有一个,因此燃料和氧化剂就不用循环。在阴极表面覆盖防水透气的聚四氟乙烯膜,使空气中的氧源源不断地扩散进入阴极催化层,而产生的水可挥发到空气中。在燃料用完后,只要在阳极室内加入新的燃料就可继续工作。这种设计就可避免使用任何其他的辅助设备,而像一般的一次或二次电池那样工作。

4.1.3 优 点

DMFC 具有燃料电池的一般优点。

(1) 能量转换效率高

由于燃料电池直接将化学能转变为电能,中间未经燃烧过程,即燃料电池不是一种热机,因此不受卡诺循环的限制,可以获得更高的能量转化效率。可逆理想状态下燃料电池的转化效率 η_T 为:

$$\eta_T = \frac{\Delta G}{\Delta H} \times 100\%$$

理论上,燃料电池的能量转化效率可达 80%～100%。实际应用中,由于阴、阳极电化学极化、浓差极化和电池内欧姆极化的存在以及热量损失等,燃料电池的能量转化效率为 40%～60%,但仍然大大高于内燃机的能量转化效率。

(2) 环境污染低

环境污染低是燃料电池第二个最突出的优点。化石燃料的使用对大气造成了严重污染。这些污染废气中含有大量的 CO_2、NO_x、SO_x、挥发性的有机化合物和粉尘。对用氢作燃料的 PEMFC,其反应产物为水,没有污染。而对用天然气或甲醇做燃料的 MCFC、SOFC 和 DMFC 来说,其反应产物为水和 CO_2,因此,对环境的污染大大低于化石燃料。另外,由于燃料电池系统中没有转动部件(如汽轮机,发电机等),因此噪声污染也非常小。

(3) 使用安全可靠,操作简单,灵活性大

燃料电池的效率与负载无关,发电装置组件化,设计、制造、组装和维修都十分方便,因此安全可靠。由于结构比较简单,辅助设备少,可在任何需要用电的地方发电,既可大功率集中供电,也可小功率分散或移动供电,灵活性较大。

(4) 负荷应答速度快,运行质量高

燃料电池可应付负载的快速变动,如应付高峰负载的特性优良,在数秒钟以内就可以从最低功率变换到额定功率。

DMFC 除了燃料电池的一般优点外,还有它自己独特的优点。这主要是因为 DMFC 使用液体燃料。液体燃料的储运和使用安全方便,电池的结构简单、体积小,容易制成小型电池,所以 DMFC 可作为便携式电源。预计其将在小型家用电器、传感器、摄像机、笔记本计算机、手

机以及军事移动性仪器等领域具有广泛的应用前景。目前，燃料电池商业化的一个主要问题是价格问题，而小型燃料电池对价格有较好的忍受能力；因此，在各种燃料电池中，DMFC 很可能优先商业化。

4.2　直接甲醇燃料电池的研发概况

4.2.1　受到重视的原因

早在 1961 年，美国的爱里斯·伽尔穆公司就研制成输出功率为 600 W 的 DMFC 堆，用 H_2O_2 做氧化剂，电解液为碱性。1965 年，荷兰 ESSO 公司研制成功 132 W 的 DMFC，空气为氧化剂，硫酸溶液为电解液。但在那时，这方面的研究并没有受到重视，研制的单位较少，研究进展也比较缓慢。一直到 20 世纪 90 年代，由于 PEMFC 商业化进程中遇到氢源的问题，加上与 PEMFC 相比，DMFC 具有结构简单、体积小、比能量高、维修方便、燃料的储运和使用安全方便等优点，人们开始认识到，DMFC 可作为便携式电源和电动车电源，预计其将在各种领域获得广泛的应用。因此，许多国家和公司开始对 DMFC 产生了巨大热情，对发展 DMFC 给予了较大的科技投入，并取得了较大的进展。

4.2.2　发展概况

甲醇具有来源丰富，价格低廉，在常温常压下是液体，易于运输储存，能量密度高 ($6.09\ kWh \cdot kg^{-1}$)、分子结构简单，无较难裂解 C—C 键，电化学活性高，能保持较高能量转换效率的优点。

1993 年美国吉讷公司研制成功的 DMFC 单体电池在 60 ℃下，用氧做氧化剂，工作电压为 0.535 V 时的输出电流密度达到 $100\ mA \cdot cm^{-2}$。1996 年，美国 Las Alamos 国家实验室研制成功甲醇蒸汽-空气 DMFC 单体电池。该电池在 130 ℃下工作时，在 0.5 V 下可以输出 $370\ mA \cdot cm^{-2}$ 的电流密度。同年，德国西门子公司研制成功使用甲醇蒸汽-氧气的 DMFC 单体电池，在 140 ℃下工作时，在 0.5 V 下输出电流密度可达到 $400\ mA \cdot cm^{-2}$。1999 年，美国喷气推进实验室组装成 150 W 的 DMFC 电池堆，在 90 ℃、0.3 V 下输出的电流密度可达到 $500\ mA \cdot cm^{-2}$。德国太阳能和氢能研究中心研制了室温下工作的 DMFC，电池功率密度为 $9\ mW \cdot cm^{-2}$，工作寿命已达到 10 000 h。德国斯马特燃料电池公司在 2004 年宣布，该公司已经向数百家特定客户出售了平均输出功率为 25 W，质量为 1.1 kg 的 DMFC，可作为内置于笔记本计算机中的电源，连续工作 8～10 h。日本东芝公司在 2003 年宣布开发出笔记本计算机用的小型 DMFC，电池平均输出功率为 14 W 左右，最大输出功率为 24 W 左右，电压为

12 V。东芝公司还开发成功了小型 DMFC,体积只有 140 cm^3,质量为 130 g,平均功率为 1 W,主要面向手机等产品,计划 2005 年以前投产。日本汤浅公司在 2001 年宣布成功开发了小型 DMFC 电源系统,采用 3%甲醇溶液作为燃料的 100 W 和 300 W 两种规格 DMFC 将推向市场。韩国三星高技术研究院开发成功了可内置于手机使用的 DMFC,功率密度平均为 32 $mW \cdot cm^{-2}$。美国 MTI 公司与哈里斯公司在 2003 年展示了共同开发的军用便携式收音机用 DMFC,电池的平均输出功率为 5 W,最大输出功率为 25 W。目前,作为车用动力源的 DMFC 的研制还比较少,因为初步的计算表明,工作温度在 100 ℃以下,以甲醇和空气做燃料和氧化剂时,只有当功率密度达到 200～300 $mW \cdot cm^{-2}$时,DMFC 才有可能成为车载动力电源。第一辆 DMFC 电动汽车样车已由克莱斯勒公司设在德国乌尔姆的研发中心研制成功。该车最高车速 35 $km \cdot h^{-1}$;但续驶里程有限,只有 15 km。2003 年,雅马哈发动机公司宣布成功试制成了 DMFC 摩托车,DMFC 的功率为 500 W,质量为 20 kg,间歇运转时间已达到 1 000 h。

2004 年 6 月 24 日,日本东芝公司对外公布已经开发成功世界最小的 DMFC(如图 4-2)。这种电池只有拇指大小,尺寸为 22 mm(宽)×56 mm(高)×9.1 mm(厚),质量只有 8.5 g,只须向电池注入 2 mL 的浓缩甲醇,电池便可供电大约 2 h 以上。

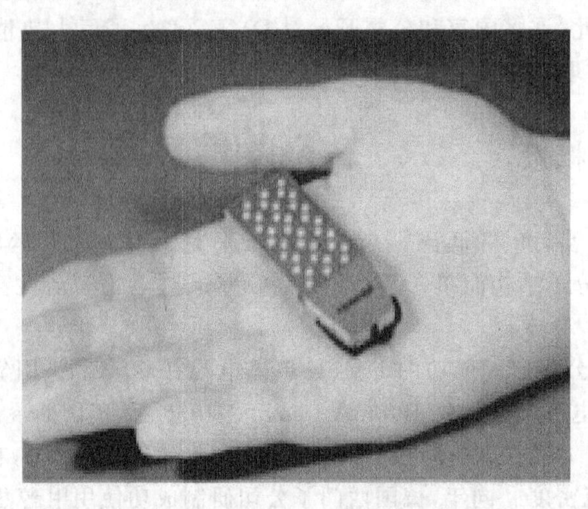

图 4-2 世界最小的甲醇燃料电池

同年,诺基亚手机制造商研制了 100 台使用直接甲醇燃料电池作为电源的蓝牙耳机(如图 4-3 所示)。在使用时,只须在蓝牙耳机的一侧注入 2 mL 浓度 100%的甲醇燃料即可使用。这种耳机的通话时间可以保持在 10.5 h,待机时间大约为 84 h。

2005 年,日本电信运营商 KDDI 在东京举行的国际燃料电池博览会上,展示了由日立公司开发的燃料电池手机及其使用的甲醇燃料电池。据悉,这种燃料电池手机的待机时间有望是目前锂离子电池手机的两倍左右。而由摩托罗拉公司与美国洛杉矶阿拉蒙国立研究所共同

图 4-3 诺基亚试制的直接甲醇燃料电池蓝牙耳机

研制成功的直接甲醇型燃料电池驱动的移动电话能够使用 1 个月以上,其尺寸:底面边长为 2.5 cm,厚度为 2.5 mm。

目前,我国也有很多单位在开展 DMFC 研究工作。中科院长春应用化学研究所在 20 世纪 90 年代初,率先在国内开展了 DMFC 的研究工作,已制备成百瓦级的 DMFC 样机(见图 4-4)。进行这方面工作的还有中国科学院大连化学物理所、清华大学、中山大学、武汉大学、厦门大学、上海交通大学、南京师范大学、哈尔滨工业大学、天津大学、山东理工大学、华中科技大学、华南理工大学等。

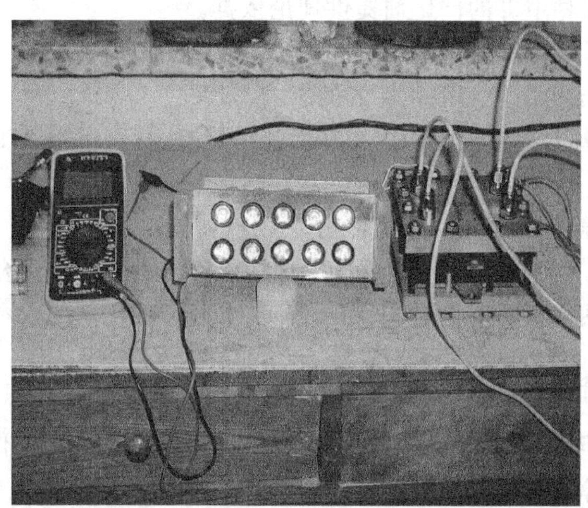

图 4-4 中国科学院长春应用化学研究所研制的百瓦级的 DMFC 样机

在DMFC研发过程中，逐步发现DMFC存在3个主要问题。第一，过去在DMFC中，常用的阳极催化剂是Pt，它对作为燃料的醇类和有机小分子氧化的电催化活性较低，而且还易被氧化的中间物种（如CO）毒化。因此，研究对醇类和有机小分子氧化具有高的电催化活性和抗氧化中间物种毒化的阳极催化剂是一个重要的课题。第二，目前在DMFC中，一般使用的质子交换膜是Nafion膜；而甲醇很容易透过Nafion膜，透过率高达40%，这不但浪费了燃料，而且透过的甲醇会在阴极上氧化，使阴极产生混合电位，降低电池性能。所以研制低甲醇透过率的隔膜和对透过的甲醇的氧化具有较低电催化活性或者完全没有催化活性的阴极催化剂也是一个重要的研究课题。第三，甲醇做燃料虽然有很多优点，但它存在有毒，易挥发，易透过Nafion膜等问题；因此，阳极替代燃料的研究也比较受到关注。

鉴于上述情况，近年来，一方面针对DMFC的这些问题进行研究；另一方面，寻找甲醇替代燃料，企图发现性能比甲醇好的其他燃料。

4.3 直接甲醇燃料电池性能的改进

4.3.1 阳极催化剂性能的改进

4.3.1.1 改进阳极催化剂性能的主要途径

目前，对DMFC中的阳极催化剂的改进主要集中在以下几个方面：

① 研究甲醇电催化氧化机理和使催化剂中毒的原因，这能为制备具有高的电催化活性和抗甲醇解离吸附中间物种中毒的催化剂提供理论依据。

② 研究催化剂组分对催化性能的影响。

③ 研究催化剂的结构因素对催化性能的影响。

④ 研究催化剂制备方法对催化剂结构和性能的影响，探索可用于工业化制备高性能催化剂的方法。

⑤ 研究催化剂的载体对催化性能的影响。

⑥ 非Pt系电催化剂研究，主要希望用价格低廉、资源丰富的非贵金属催化剂来代替价格较高、资源较少的Pt系贵金属催化剂，以利于降低DMFC催化剂的成本。

4.3.1.2 甲醇电氧化的机理

早在20世纪60年代，人们就从实用化的角度开始对甲醇在Pt催化剂作用下的电氧化进行了深入的研究。甲醇的氧化反应要经过几个中间步骤。在不同的电解质中，甲醇的氧化反应的机理会有所不同。一般认为在酸性电解质中，甲醇首先在Pt电极上发生多步解离吸附：

$$2Pt + CH_3OH \rightarrow Pt—CH_2OH_{ads} + Pt—H \quad (4-6)$$

$$2Pt + Pt—CH_2OH_{ads} \rightarrow Pt_2—CHOH_{ads} + Pt—H \quad (4-7)$$

$$2Pt + Pt_2—CHOH_{ads} \rightarrow Pt_3—COH_{ads} + Pt—H \quad (4-8)$$

在上述的反应中，反应式(4-8)的反应速度最快，其次是反应式(4-6)和式(4-7)；Pt_3—COH_{ads}是甲醇氧化的中间物种，—COH_{ads}是主要的吸附物质。

解离吸附中产生的 Pt—H 较易分解

$$Pt—H \rightarrow Pt + H^+ + e^- \quad (4-9)$$

现场红外光谱研究表明，在缺少活性氧时，Pt_3—COH_{ads}会发生分解，生成线性吸附的 CO (βCO_{ads})和桥式吸附的 CO(αCO_{ads})。其反应式为

$$Pt_3—COH_{ads} \rightarrow Pt—CO_{ads}—Pt + Pt + H^+ + e^- \rightarrow Pt—CO_{ads} + 2Pt + H^+ + e^- \quad (4-10)$$

它们会强烈吸附在 Pt 催化剂表面，使 Pt 催化剂中毒。相对来说，在 Pt 表面上 βCO_{ads}的氧化电位要比 αCO_{ads}的氧化电位正 200 mV 左右，不易氧化，表明 βCO_{ads}在 Pt 表面的吸附要强于 αCO_{ads}，因此，βCO_{ads}比 αCO_{ads}更容易使 Pt 催化剂中毒。

研究表明，当有活性含氧物种，如—OH_{ads}存在时，Pt_3—COH_{ads}等中间物种不会转化为 αCO_{ads}和 βCO_{ads}而使 Pt 催化剂毒化。活性含氧物种生成反应如下：

$$M + H_2O \rightarrow M—OH_{ads} + H^+ + e^- \quad (4-11)$$

其中的 M 可以是 Pt 或其他金属，如 Ru、Sn 等。活性含氧物种氧化甲醇氧化中间产物过程如下：

$$Pt—(CH_2OH)_{ads} + M—OH_{ads} \rightarrow HCHO + Pt + M + H_2O \quad (4-12)$$

$$Pt—(CHOH)_{ads} + M—OH_{ads} \rightarrow HCOOH + Pt + M + H_2O \quad (4-13)$$

$$Pt—(COH)_{ads} + M—OH_{ads} \rightarrow CO_2 + Pt + M + 2H^+ + 2e^- \quad (4-14)$$

$$Pt—(CO)_{ads} + M—OH_{ads} \rightarrow CO_2 + Pt + M + H^+ + e^- \quad (4-15)$$

H_2O 在 Pt 上发生解离吸附，形成 Pt—OH_{ads}。然后，形成的 Pt—OH_{ads}和甲醇解离吸附的中间物种生成 CO_2。但在较负的电位下 0.6 V(vs. NHE)，Pt 不易形成 Pt—OH_{ads}，因此，Pt 或 Pt/C 催化剂易中毒。反应式(4-12)主要发生在 Pt 的活性位置上，反应式(4-13)发生在 Pt 或其他金属原子上，反应式(4-14)发生在 Pt 和其他金属原子之间。反应式(4-12)和式(4-13)生成的最终产物是 HCHO 和 HCOOH，反应式(4-14)和式(4-15)生成的最终产物是 CO_2。将甲醇完全氧化相应转移的电子数也较多，电流效率较高，因此应该尽量避免反应式(4-12)和式(4-13)的发生。由于毒化电极的物种为线性吸附的 CO 物种，因此除去线性吸附的 CO 物种的反应式(4-15)能否有效进行，即成为关键。上述机理为选择甲醇氧化催化剂提供了一定的依据。可以看到，解离吸附产生的中间产物除了线性吸附的 CO 外，其他的均易于被氧化，因此，线性吸附的 CO 为中毒物种。

考虑到上述的情况，人们想到在 Pt 催化剂中引入容易吸附含氧物种的金属，如 Ru、Sn、W

等，或是引入带有富氧基团的金属氧化物，如 WO_3 等后，这些引入的金属或金属氧化物在较负的电位下能以较快的速率提供活性含氧物种，如—OH_{ads}，可使 Pt 催化剂不易中毒。

另外，通过在 Pt 表面修饰 Ru、Sn、W 等其他金属原子形成合金、掺入金属氧化物等方法，还可改变 Pt 的表面电子状态、使解离吸附产生的 CO_{ads} 与 Pt 表面的 d－π 反馈键减弱，降低 CO_{ads} 在 Pt 表面的吸附强度，而使吸附的 CO_{ads} 容易氧化，从而降低 Pt 中毒的可能性。

其次，CO 在 Pt 上的吸附强度和吸附量随温度升高而明显降低，因此，适当提高电池工作温度，就能明显提高电池的性能。

4.3.1.3 对阳极催化剂的要求

一般来说，评价 FC 阳极催化剂的主要技术指标有 3 个，即电催化活性、稳定性和导电性。

(1) 高的电催化活性

由 Tafel 方程可知，电极过电位 η 的表示为

$$\eta = \frac{RT}{(1-\beta)F}\ln\frac{i}{i_0} \tag{4-16}$$

式中，i 为净电流密度，与电极反应速度有直接关系；i_0 为交换电流密度，对于一定浓度、组成与温度的溶液和金属电极组成的体系，i_0 是一个特性常量。电化学理论研究表明，当电极过电位为零，即电极处于可逆或平衡状态时，评价电催化剂的标准实际上就是电极催化剂上的交换电流密度 i_0。i_0 越高，电催化剂本征活性越高。对于某一给定的电催化剂，可通过测量不同温度下的电流密度 i，利用 Tafel 方程做出 $\ln i - 1/T$ 曲线，求出活化能。从理论上讲，Tafel 区域（活化控制区）活化能越低，电催化剂的活性越高。

(2) 好的稳定性

在燃料电池中，要求电催化剂在其特定的工作环境中具有良好的稳定性，其应具有一定的耐受腐蚀及抗氧化能力、抗 CO 等的中毒及快速恢复能力等，也就是要求电催化剂要有相当长的工作寿命。

(3) 好的导电性

在多孔电极中的电催化剂必须是反应物及反应产物的电荷转移反应活性位，并作为电子传输途径将电子送至集流体，所以电催化剂必须具有良好的导电性。

4.3.1.4 阳极催化剂种类

(1) 单元金属催化剂

Pt 最先被用做氢及有机小分子电催化氧化反应的催化剂，也是目前最有效的甲醇电催化氧化的单元金属电催化剂。铂系元素的其他金属，如 Au、Ag、Os、Ir、Ru、Rh、Pd 等也表现出了一定的电催化活性。Landgrebe 等人研究了酸性介质中甲醇在一系列的单元金属电催化剂上的氧化的活性顺序为 Os＞Ir，Ru＞Pt＞Rh＞Pd。Parson 等人研究了甲酸在 Rh、Pd、Ir 电极

上的氧化。一些研究者研究了甲醛在 Pt、Au 等电极上的氧化。各种非 Pt 合金如 Pd－Au 以及在 Ir 表面用 Cu、Ag、Bi、Cd、Hg、Tl、Re、Pb 等修饰后作为电极对上述有机小分子的电催化剂进行研究，都没有取得令人满意的结果。

有机小分子对催化剂的结构也很敏感，多晶和单晶金属催化剂的活性明显不同。对于同种金属的不同晶面的敏感程度也存在差异，通常在多晶电极上要出现几个氧化峰，这是因为甲醇在多晶电极不同晶面上同时发生氧化的结果。在酸性介质中，铂的不同晶面对于甲醇的氧化的活性顺序是(110)＞ (100)＞ (111)；进一步的研究表明，毒化的程度与活性顺序相反，即(111)晶面抗中毒能力很强，(110)晶面最容易被毒化。以上结果是由于反应物分子及中间产物在不同晶面上的吸附强度不同所致。

研究表明，反应物或其中间体在电催化剂的表面进行有效的化学吸附是电催化过程分子活化的前提。化学吸附有缔合吸附和解离吸附两种类型。对于缔合吸附，被吸附物种的双键在电催化剂表面形成两个单键。在解离吸附过程中，被吸附物分子先发生解离，然后再发生吸附。有机小分子如甲醇，在贵金属表面经历解离吸附过程。从分子活化的角度考虑，化学吸附的强度对有机小分子的氧化是至关重要的，化学吸附的强度太高会导致反应产物不容易从催化剂表面移走，从而封闭了一些活性位，阻碍了反应物的进一步吸附。反之，吸附太弱，会导致反应速率的降低。因此，只有合适的化学吸附强度，才能导致最有效的电催化反应发生。实质上，化学吸附是一种配位过程，从键合理论考虑，过渡金属催化剂的活性是与其 d 电子及空的 d 轨道特性密切相关的。由于过渡金属的原子结构中都含有空的 d 轨道和未成对的 d 电子，反应物分子的电子与催化剂的空的 d 轨道和未成对的 d 电子相互作用，发生吸附，进而达到活化的目的，因此有效的催化剂大都是过渡金属。

虽然 Pt 是氢及有机小分子氧化的电催化活性较好的催化剂，但 Pt 会被甲醇等氧化的中间产物，如吸附的 CO(CO_{ad})毒化。另外，Pt 对甲醇等氧化的电催化活性还不太高，因此，应研究复合催化剂，以提高对甲醇等氧化的电催化活性和抗甲醇中毒能力。

(2) Pt 基复合催化剂

目前，为了提高对甲醇等氧化的电催化活性和抗甲醇中毒能力。研究较多的复合催化剂是 Pt 基二元或多元金属催化剂。目前研究过的用于酸性介质中甲醇氧化的二元合金催化剂有 Pt－Ru、Pt－Sn、Pt－Rh、Pt－Pd、Pt－Re 等。在这些合金催化剂中催化活性最高的是 Pt－Ru 合金，在许多 DMFC 的样机中，一般都用 Pt－Ru/C 催化剂作阳极催化剂。有文献报道，甲醇在 Pt 表面的氧化发生电位为 0.2～0.25 V 之间，在低于 0.5 V 时，纯 Pt 表面是不会形成活性含氧物种的。与 Pt 相比，Ru 能在低于 0.2～0.3 V 的电位下吸附含氧物种，而 Pt－Ru 合金在电位为 0.25 V 时即可形成含氧物种，因此有利于甲醇解离吸附中间体的氧化。对 CO_{ads}氧化的研究表明，当 Pt 和 Ru 的原子比为 1∶1时，CO_{ads}氧化的速率最大，但此时甲醇氧化活性并非最高，而是 Pt 和 Ru 原子比约为 9∶1时最好。这是由于甲醇的解离吸附主要发生在 Pt 上，增加表面 Ru 的含量虽然加速了 CO 的氧化，但由于 Pt 含量的减少，使甲醇的解离吸附变得不利。由以上的双途径机理可以看出，当Ru的含量不断增加时，反应的速控步骤就会从CO_{ads}的氧化变成了甲醇的解离吸附。

Pt－Sn催化剂也是研究得较多的Pt基复合催化剂。一般认为Pt－Sn复合催化剂对甲醇氧化的电催化活性和抗甲醇氧化中间物种（如CO_{ads}）毒化的性能及机理与Pt－Ru复合催化剂相近。但研究发现，Pt－Ru催化剂只能促进βCO_{ads}的氧化或Pt－Ru上只有βCO_{ads}存在。而Pt－Sn复合催化剂只能促进αCO_{ads}的氧化，使αCO_{ads}氧化峰的峰电位向负方向移动；但βCO_{ads}氧化峰的峰电位不变。另外，Pt－Sn复合催化剂对甲醇解离吸附所形成的CO_{ads}的催化活性很低，而对溶解形式的CO催化活性很高。这可能是因为溶解的CO在Pt－Sn复合催化剂表面上形成αCO_{ads}，而甲醇解离吸附所形成的是βCO_{ads}。因此，有人认为Pt－Sn对CO氧化有很好的促进作用，而不是一种很好的甲醇氧化的电催化剂。在对Pt－Sn电催化剂的研究中，发现电极的制备方法对电极的催化性能有很大的影响。有文献报道，以合金形式存在的Pt－Sn催化剂不具有催化甲醇氧化的作用；而以非合金化形式存在的Pt－Sn催化剂对甲醇氧化却具有很强的电催化作用。

Pt－Mo复合催化剂也是一种研究得较多的Pt基复合催化剂。文献报道，对含CO的氢的电催化活性要明显高于Pt－Ru复合催化剂；而对甲醇氧化的电催化活性却要比Pt－Ru复合催化剂低，但要高于Pt催化剂。当Pt－Mo/C催化剂中Pt和Mo的原子比为4时，它对甲醇氧化的电催化活性和抗毒化性能最佳。Pt－Mo复合催化剂对于抗甲醇氧化中间物种毒化的机理与Pt－Ru复合催化剂相似。Pt－Ru中的Ru可形成Ru—OH_{ads}，而Mo可形成Mo—$O(OH)_2$，它们都可促进吸附甲醇氧化中间物种的氧化。

虽然在双组分体系中，Pt－Ru合金的催化活性最高；但是在此基础上添加另外一种或几种组分来进一步改善其活性表面相的吸附性质也是一种合理思路。因此人们将合金催化剂的研究拓展到了三元和四元合金体系。目前对三元合金体系的研究主要集中在Pt－Ru－Os、Pt－Ru－W、Pt－Ru－Mo、Pt－Ru－Sn和Pt－Ru－Au等。量子化学计算表明甲醇解离吸附和H_2O解离吸附在Os上都很容易进行，即Os同时具有Pt和Ru两种金属的功能。但Os对甲醇解离吸附的能力不如Pt，而H_2O在Os上的解离吸附作用弱于在Ru上的。Pt－Ru－Os三元复合催化剂对甲醇氧化的电催化性能要优于Pt－Ru二元复合催化剂。当Pt、Ru、Os的原子比为65∶25∶10时，催化剂对甲醇氧化的电催化性能最好。多元Pt基复合催化剂能提高对甲醇氧化的电催化性能，其机理基本上与Pt基二元复合催化剂相似。无论引入哪一种金属，都是从能否改变Pt的表面电子状态、容易吸附含氧物种或带有富氧基团、促进Pt—H的分解，腾空Pt活性位从而加速甲醇在Pt上的解离吸附等方面去考虑的。

较早就有金属氧化物能提高Pt对甲醇氧化的电催化性能的报道。Hammnett等人评价了通过化学还原方法制得的Pt黑和金属氧化物，如Ti、Zr、Nb、Ta和W等的氧化物复合催化剂对甲醇的电催化氧化活性，结果表明金属氧化物对Pt催化氧化甲醇的行为有较大的影响。IVB族的金属氧化物，如TiO_2和ZrO_2对Pt催化活性的影响是相似的，在低电位区氧化物起促进作用，在高电位区氧化物起阻碍作用。VB族的金属氧化物，如 Nb_2O_5 和 Ta_2O_5 在所用电位范围内对甲醇电氧化都会起到促进作用。VIB族的金属氧化物如 WO_3 也起促进作用。Shukla等人指出 WO_3 的存在对Pt电极催化甲醇的氧化反应起促进作用。金属及金属氧化物所起的活化作用可以从Pt表面的电子状态和金属氧化物所提供的活性含氧物种来解释。

上述的金属和金属氧化物催化剂都是由金属以及金属氧化物机械混合而得到的，尽管对于有机小分子的电催化氧化性能有所提高，但是性能还远远达不到实际应用的要求。这主要是由于Pt与金属氧化物对有机小分子的催化协同作用还不是很强。最近几年，Tseung研究小组通过使 WO_3 和Pt及Pt－Ru共沉积的方法制备电催化剂，用于甲醇、甲酸及CO的电催化氧化研究。他们发现共沉积所制备的Pt/金属氧化物复合催化剂对甲醇、甲酸及CO的电催化氧化呈现了很高的催化活性。如对甲醇在酸性介质中氧化的电催化活性比Pt高出20多倍。他们通过现场红外反射光谱研究发现该复合催化剂对甲醇氧化的抗中毒能力要比Pt好。这主要是用共沉积方法制备的复合催化剂中Pt和氧化物的分散度大大提高；另一方面是由于Pt和氧化物的协同作用的结果。在Tseung和Shukla等人工作的基础上，Arico等人通过液相化学还原的方法制备了Pt－Ru－Sn－W四元催化剂，其中Pt以金属形式存在，Ru－Sn－W则以氧化物的形式存在。这样的复合催化剂对甲醇在酸性介质中的氧化呈现了很高的催化活性。Niedrach和Weinstock评价了一些氧化物作为催化剂对于碳氢化合物和CO阳极氧化的性能，发现 MoO_2、MoO_3、$CoMoO_4$ 及一系列含W的氧化物对于CO阳极氧化有较高的活性。

以导电聚合物作为Pt催化剂载体的复合催化剂催化氢气以及有机小分子的阳极氧化反应的研究也有报道。例如，Napporn小组通过分析红外反射光谱发现，分散在聚苯胺载体上的Pt电极的毒化效应要小于纯Pt电极上的。聚苯胺也是研究关于甲醇电催化氧化复合催化剂中常用的导电聚合物。它是一种纤维状材料，具有高表面粗糙度，可以使催化剂较好地分散在上面。Lima等研究了三元复合催化剂聚苯胺/Pt－Ru－X(X代表Au、Co、Cu、Fe、Mo、Ni、Sn、W)对甲醇的电催化氧化性能的影响，发现聚苯胺/Pt－Ru－Mo在电位低于500 mV(vs. NHE)时对甲醇的氧化表现出最高的电催化活性。该复合催化剂在此电位范围内的甲醇氧化电流密度是聚苯胺/Pt－Ru复合催化剂的10倍，而且在电位低于550 mV范围内稳定性较好。聚吡咯也是一种较好的导电聚合物。Strike发现聚吡咯－Pt对于甲醇的电催化氧化表现出较高的催化活性，而且与纯Pt或镀Pt的金电极相比具有更好的抗中毒能力。聚吡咯－Pt复合催化剂对于甲醇电氧化的高催化活性可能是由于金属与聚合物之间的强相互作用，也可能是由于导电聚合物膜对表面介体偶的稳定作用。

(3) 其他类型的催化剂

用Pt基金属或金属氧化物复合催化剂存在的问题之一就是表面生成的氧化物导电性低，含稀土元素的钙钛矿型 ABO_3 氧化物导电性能较好，表面富氧，对甲醇及其中间产物的氧化有一定的活性。在 ABO_3 氧化物中，A＝Sr、Ce、Sm、Pb、La等，B＝Co、Pi、Pd、Ru等。在酸性介质中，被研究过的这类催化剂有 $SrRu_{0.5}Pt_{0.5}O_3$、$SrPd_{0.5}Ru_{0.5}O_3$、$SrPdO_3$、$SmCoO_3$、$SrRuO_3$、

$La_{0.8}Ce_{0.2}CoO_3$等体系。

也有一些非 Pt 基催化剂的报道，如 WCNi 和 NiZr 合金对甲醇的电化学氧化也表现出一定的活性，并且在酸性介质中有一定的稳定性。

过渡金属卟啉类化合物作为 CO 电催化氧化的催化剂也有过一些研究，如 Baar 等人研究发现负载在活性炭上的 Rh、Ir 卟啉化合物在酸性介质中对 CO 电催化氧化有很好的活性。

4.3.1.5 阳极催化剂性能的改进

(1) 从催化剂组分来提高催化剂性能

Pt 催化剂为 DMFC 中常用的阳极催化剂，为了提高 Pt 催化剂对甲醇氧化的电催化活性和抗甲醇中毒的能力，对 Pt 基复合催化剂进行了大量的研究。在研究过的众多 Pt 基复合催化剂中，Pt－Ru/C 催化剂是目前研究最为成熟、应用最为广泛的 DMFC 的阳极催化剂。这主要是由于 Pt－Ru/C 催化剂对甲醇氧化有很好的电催化活性和抗毒化的作用。Ru 的加入有两个方面的作用。一方面，Ru 的加入会影响着 Pt 的 d 电子状态，从而减弱了 Pt 和 CO 之间的相互作用。另一方面，Ru 易与水形成活性含氧物种，它会促进甲醇解离吸附的中间物种在 Pt 表面的氧化，从而提高了 Pt 对甲醇氧化的电催化活性和抗中毒性能。以前一般认为在 Pt－Ru/C催化剂中，由于 Ru 以 RuO_x的形式存在而提高了 Pt－Ru/C 催化剂对甲醇氧化的电催化活性和抗中毒能力。后来发现，在 Pt－Ru/C 催化剂中，真正起助催化作用的是 RuO_xH_y，因为 RuO_xH_y既能传导电子，也能传导质子(无水 RuO_2和 Ru 不能同时具有这两种能力)，同时还能提供丰富的含氧物种。Pt－Ru 复合催化剂的电催化性能随催化剂中 Pt－Ru 合金化程度增加而增加。例如，用高温技术可以制备完全合金化多元金属复合催化剂。用这种方法制得 Pt 和 Ru 的原子比为 1:1的 Pt－Ru 合金催化剂，在这种催化剂上，观察不到 CO_{ads}吸收峰。而当 Pt－Ru 合金中 Pt 和 Ru 的原子比约为 8:2时，可以观察到明显的 CO_{ads}吸收峰，这清楚地表明 Pt－Ru 合金化程度是一个很重要的因素。

其他研究过的 Pt基二元复合催化剂有 Pt－Sn、Pt－Mo、Pt－Cr、Pt－Mn、Pt－Pd、Pt－Ir、Pt－Ag、Pt－Rh 等。它们对甲醇氧化的电催化性能一般都要稍差于 Pt－Ru 催化剂。如 Pt－Sn复合催化剂对甲醇氧化的电催化性能和抗 CO_{ads}中毒性能及机理都与 Pt－Ru 复合催化剂相近。但研究表明，在 Pt－Ru 复合催化剂上，βCO_{ads}的氧化电位要比在纯 Pt 催化剂上降低约 200 mV，与 αCO_{ads}的氧化电位相近，这说明 Pt－Ru 催化剂能促进 βCO_{ads}的氧化。而 Pt－Sn 复合催化剂只能促进 αCO_{ads}的氧化，使 αCO_{ads}氧化峰的峰电位向负方向移动，但 βCO_{ads}氧化峰的峰电位不变。因此，Pt－Sn 复合催化剂对甲醇氧化的电催化活性要比 Pt－Ru 复合催化剂低，但要高于 Pt 催化剂。当 Pt－Mo/C 催化剂中 Pt 和 Mo 的原子比为 4:1时，它对甲醇氧化的电催化活性和抗毒化性能最佳。

另外，也有很多关于 Pt 基三元、四元复合催化剂的报道。例如 Pt－Ru－Os 三元复合催化剂对甲醇氧化的电催化性能要优于 Pt－Ru 二元复合催化剂。当 Pt、Ru、Os 的原子比为

65:25:10时,催化剂对甲醇氧化的电催化性能最好。其他研究过的Pt基三元复合催化剂有Pt-Ru-Sn、Pt-Ru-Au、Pt-Ru-W等。

最近的研究发现,一些稀土离子,如Sm^{3+}、Eu^{3+}、Ho^{3+}等吸附在Pt/C催化剂上,它们也能明显地提高Pt/C催化剂对甲醇氧化的电催化性能,其原因是由于稀土离子一般易与H_2O发生配位作用,使稀土离子成为含有活性含氧物种的配合物的缘故。

通过对甲醇氧化催化机理的分析可知,Pt对甲醇氧化具有很高的电催化活性,但在缺少活性含氧物种时,Pt易被强吸附在表面的CO所毒化。因此,人们开始考虑用含氧丰富的高导电性和高催化活性的ABO_3型金属氧化物为甲醇氧化的阳极催化剂。研究过的ABO_3型金属氧化物中的A晶格位置上的金属有Sr、Ce、Pb、La,B晶格位置上的金属有Co、Pt、Pd、Ru等。为了提高这类氧化物的电催化活性,也有用复合型的ABO_3型金属氧化物,即在A和B晶格位置上都有两种不同的金属。这类催化剂的优点是对甲醇氧化有较高的电催化活性,而且不发生中毒的现象,因此,值得进行进一步研究。

(2) 从催化剂结构来提高催化剂性能

1) 影响阳极催化剂性能的结构因素

① 金属粒子的平均粒径

从理论上讲,为了提高表观电流密度,必须增加催化剂的比表面积,即要减小Pt粒子的大小。以前,一般认为催化剂的粒子越小越好。但Attwood等人采用了一系列方法来制备铂炭催化剂,比较了用不同方法制备的Pt粒子的平均粒径不同的Pt/C催化剂对甲醇氧化的电催化性能后发现,当Pt粒子的平均粒经在3 nm左右时的电催化性能最好。这清楚地表明,Pt粒子不是越小越好。这是由于在Pt/C催化剂表面存在的$Pt_3—COH_{ads}$与$Pt—OH_{ads}$之间的反应能促进甲醇的电催化氧化反应。因此,在反应过程中,Pt/C催化剂表面必须存在足够数量和合适比例的$—COH_{ads}$和$—OH_{ads}$基团这是很重要的。研究表明,Pt粒子的大小对$—COH_{ads}$和$—OH_{ads}$基团覆盖度有较大的影响。Pt粒子越小, Pt粒子越不稳定,越易氧化,$—OH_{ads}$基团覆盖度越大,这会抑制甲醇的解离吸附,因此,并不是Pt粒子的粒径越小,Pt/C催化剂的电催化性能越好。

② 金属粒子的晶体性质

催化剂中的金属粒子的晶体性质也与催化剂的性能有关。例如,Pt的不同晶面对甲醇和甲酸的电催化活性不同。在(100)、(110)晶面以及阶梯晶面上,甲醇和甲酸比较容易发生解离吸附,而(111)晶面上则不容易进行,这可能是晶面距不同造成的。另外,催化剂中金属粒子的结晶度对催化剂的性能有很大影响,一般来说,结晶度低,催化性能好。

③ 金属粒子的表面粗糙度

金属粒子的表面粗糙度对催化剂性能也有一定影响,因为随着粗糙度增加,表面缺陷增多,处在表面缺陷点的原子往往比一般的表面原子对甲醇有更强的解离吸附的能力,能极大地提高催化剂的催化活性。光滑的和多孔粗糙的Pt-Ru催化剂在甲醇溶液中的电化学行为的比较表明，粗糙的 Pt－Ru 催化剂的电催化性能比较稳定，而光滑 Pt－Ru 催化剂却显示出持续的活性降低。

2）催化剂的制备方法

催化剂的制备方法会对催化剂的结构产生较大的影响，而催化剂的结构对催化剂的性能会产生较大的影响，因此，近年来，对 DMFC 阳极催化剂的制备方法也进行了大量的研究。下面介绍一些研究过的、比较有特色的催化剂制备方法。

① 普通液相还原法

将催化剂前驱体溶解后，与活性炭载体混合，再加入还原剂，如 $NaBH_4$、甲醛、柠檬酸钠、甲酸钠、肼等，使 Pt 还原、沉积到活性炭上，洗涤、干燥后，就可得到催化剂。最典型的有以 $NaBH_4$ 做还原剂的 Brown 法和以肼作为还原剂的 Kaffer 法等。用不同的还原剂，得到的催化剂结构、其性能会有很大的差别。这种方法的优点是方法简便，缺点是制得的催化剂的分散性差，金属粒子的平均粒径较大。对多组分的复合催化剂，各组分常会发生分布不均匀的问题。

② 电化学沉积法

用电化学方法，如循环伏安、方波扫描、恒电位、欠电位沉积等将将催化剂前驱体还原，得到催化剂。例如，利用计时电流和计时库仑法还原含有 Pt 离子和 Ru 离子的混合溶液，发现 Pt、Ru 形成了合金。但是如何将多元金属均匀地沉积在活性炭上以及共沉积过程中各组分金属含量的控制是一个较难解决的问题。用不同的电化学方法制得的催化剂的结构和性能会有较大的区别。该方法的优点是方法比较简单。其缺点是一般适用于制备小量的催化剂样品，而大量制备时，会产生不均匀性问题，特别在制备多元金属催化剂时，该问题比较突出。另外，该方法一般适用于制备无载体催化剂，而不太适用于制备炭载催化剂。

③ 气相还原法

将催化剂前驱体溶液与载体混合均匀后，干燥，氢气高温还原可制得催化剂。例如，将 $Pt(NH_3)_4(NO_3)_2$ 和 $Ru(NH_3)_6Cl_3$ 负载在载体上，以 H_2 作为还原剂，400 ℃下还原 4 h，得到的 Pt－Ru 粒子的平均粒径为 2.5～3.0 nm 的 Pt－Ru/C 催化剂。当先在 O_2 气氛中热处理 1 h 后，再在同样条件下 H_2 还原，获得的金属粒子的平均粒径大小在 1.0～1.5 nm 之间。该方法较适用于制备合金化程度比较高的二元或多元催化剂。但一般来说，由于进行较高温度的处理，催化剂的粒子较大。

④ 凝胶-溶胶法

将催化剂前驱体在有机溶剂中还原制备成溶胶后，再吸附在活性炭上，可以得到分散性较好、均一度较高的催化剂。该方法由 Bonnemann 首次报道，他们用 $PtCl_2$ 和一种特殊的有机还原剂在有机溶剂中发生反应制备 Pt 溶胶。用这方法曾制备过 Pt－Ru、Pd－Au、Pt－Ru－Sn、Pt－Ru－Mo、Pt－Ru－W 等一系列多元金属溶胶，制得的催化剂中金属粒子的平均粒径较小，在 1.7 nm 左右。但这种制备溶胶的过程极为复杂，条件苛刻，原料价格高，仅仅适用于实验室研究，而且用这种方法获得的催化剂往往含有一些杂质。最近，一些研究组在多元醇、乙醇或甲醇体系中制备高性能催化剂，制备过程大大简化。如果用水体系和价廉的无机还原剂，也可以获得催化剂溶胶，但水解的过程很难控制，较难形成溶胶，并在陈化的过程中，如何控制胶体粒子的大小和保持胶体粒子的稳定性，也需要进一步的研究。

⑤ 气相沉积法

在真空条件下将金属气化后，负载在载体上，就可得到金属催化剂。这种方法制得的催化剂中金属粒子的平均粒径较小，可在 2 nm 左右。

如果采用低温气相沉积方法，必须采用挥发性的金属盐类，如 Pt 的乙酰丙酮化物。这类盐很容易分解，可以在较低的温度下获得高分散性的 Pt/C 催化剂。在制备过程中，首先将挥发性金属盐挥发，然后在滚动床中与已加热到金属盐的分解温度的活性炭接触，从而使得金属盐在活性炭表面发生分解，制得炭载金属催化剂。

⑥ 高温合金化法

这种制备方法适用于制备多元金属催化剂。它的最大优点是利用氩弧熔技术在高温下熔解多元金属，分散、冷却后，得到的多元金属复合催化剂的合金化程度很高，因而其电催化性能优异。如用氩弧熔得到的单相 Pt－Ru－Os 三元合金催化剂，在 90 ℃、0.4 V 下，对甲醇电催化氧化的电流密度可高达到 340 $mA \cdot cm^{-2}$。分析用该技术制得的 Pt－Ru 催化剂，发现 Pt 和 Ru 原子已形成均相的合金。

⑦ 固相反应方法

由于固相体系中粒子之间相互碰撞的几率较低，反应生成的金属粒子的平均粒径较小，结晶度较低，因此，制得的催化剂的电催化性能较好。例如，在固相条件下，用 H_2PtCl_6 和聚甲醛及活性炭合成的 Pt/C 催化剂中的 Pt 粒子的平均粒径在 3.8 nm 左右，而用一般的液相还原法制得的 Pt/C 催化剂中 Pt 粒子的平均粒径在 8 nm 左右，因此，对甲醇氧化的电催化活性也比用液相反应制得的 Pt/C 催化剂好很多。

⑧ 羰基簇合物法

先把金属制备成羰基簇合物，并沉积到活性炭上，然后在适当的温度下用氢进行还原，可得到平均粒径较小的金属粒子。如要制备二元金属复合催化剂，可先合成二元羰基簇合物，然后还原，得到的催化剂中的两种金属之间分散性比较好。但该制备方法操作过程比较复杂。

⑨ 预沉淀法

为了要制得金属粒子较小的催化剂，可用预沉淀法来制备。例如，把 H_2PtCl_6 水溶液和活性炭混合均匀，然后在不断搅拌下加入氨盐，由于 NH_4PtCl_6 不溶于水而均匀地沉积到活性炭上，用还原剂还原后，得到 Pt 粒子较小的 Pt/C 催化剂，因此，它对甲醇氧化有很好的电催化活性。

⑩ 离子液体法

该方法用室温离子液体做溶剂，先把 Pt、Ru 等催化剂的化合物溶解在离子液体中，并加入活性炭载体混合均匀，然后通氢气使Pt、Ru等还原和沉积到活性炭上。由于离子液体的性质，使金属粒子不易聚集，平均粒径在3 nm左右，因此电催化性能很好。另外，离子液体能循环使用，成本较低，而且基本上没有污染。

⑪ 喷雾热解法

喷雾热解法制备催化剂步骤是把催化剂前驱体喷成雾状，并加热分解得催化剂。中国科学院长春应用化学研究所燃料电池研究组发现，通过调节添加剂种类、前驱体浓度等，可控制Pt-Ru/C催化剂中催化剂粒子粒径。另外，用这种方法制备的双元金属催化剂的合金化程度较高。

⑫ 离子交换法

离子交换法是利用碳载体表面的缺陷来制备高分散性催化剂的方法。碳载体表面存在各种不同结构和类型的缺陷。缺陷处的碳原子可以和一些官能团，如羧基、酚基等结合，而这些表面基团又能够与溶液中的离子进行交换，如含Pt的离子，之后再采用还原气氛如H_2进行还原，从而制备得到所需催化剂。

催化剂制备的方法很多，如微波合成法、插层化合物法等。由于有些方法工艺复杂，一般不易在实际的生产中应用。

4.3.1.6 催化剂载体对催化剂性能的影响

DMFC的阳极催化剂一般适用有载体的催化剂，因为载体一般表面积大，催化剂在载体上分散比较均匀，因此，平均粒径较小，电催化活性和稳定性都能得到提高。

已研究过的载体有石墨、炭黑、活性炭、分子筛、纳米碳管(CNTs)、碳纤维、导电高分子和Nafion膜等。其中研究得最多的载体为活性炭，Pt/C催化剂对甲醇氧化的电催化活性和稳定性都比纯Pt黑好。例如，纯Pt黑催化剂在含Pt量高达35 $mg \cdot cm^{-2}$时，其对甲醇氧化的电催化活性才能与含Pt量为0.2 $mg \cdot cm^{-2}$的Pt/C催化剂相似。首先，这是由于活性炭的加入，增加了Pt的比表面积。其次，Pt与活性炭之间的相互作用也影响了Pt的催化活性。原来认为活性炭是一种惰性材料，仅起增加Pt表面积的作用。但后来发现，Pt/C催化剂的电催化活性有一部分应归结于Pt和活性炭之间的相互作用，这种相互作用与碳的预处理条件、催化剂的制备方法等密切相关。特别是活性炭的表面基团对Pt/C催化剂的电催化活性有较大的影响。如活性炭表面的含氧基团与Pt之间会发生配位作用，使Pt粒子在活性炭表面的迁移和聚集现象明显减小，从而增加了Pt金属粒子的分散度。但另一方面，这种配位作用改变了Pt金属粒子的表面电子状态，减少了催化剂中Pt^0的含量，因此会降低催化剂对甲醇氧化的电催化活性。不同的表面功能基团对催化剂的电催化活性会有不同的影响，如含氮基团的存在会提高催化剂对甲醇氧化的电催化活性。

近年来，由于CNTs拥有纳米级管腔结构、较高的比表面积及良好的导电性能等特点，因此它在作为催化剂载体方面可能有良好的应用前景，CNTs作为Pt的载体的研究已成了一个热门课题。最近的研究表明，用化学方法把 Pt 沉积在 CNTs 上后，得到的 Pt/CNTs 催化剂对甲醇氧化的电催化活性优于 Pt/C 催化剂。特别是把 CNTs 用不同方法，如用 H_2O_2 或 HNO_3 等对 CNTs 进行预处理后，制得的催化剂的电催化性能有很大提高。一般来说，这种预处理会使 CNTs 切断和开口，增加了 CNTs 表面积。其次，处理后的 CNTs 表面的含氧基团增加。有的研究表明，Pt 在处理过的 CNTs 上具有(111)晶面定向。这些因素会使 Pt 均匀地、以(111)晶面定向沉积在切断和开口的 CNTs 上，因而增加了 Pt 的电催化活性。图 4－5 为孙景玉等人采用水热合成法制备的 PtRu/MWCNTs 和 PtRu/C 催化剂的透射电镜照片。从图中可以看到，MWCNTs 和 Vulcan XC－72 表面担载了较多颗粒分布均匀的 PtRu 合金粒子，而且在 MWCNTs 表面的粒子更小些，粒径约为 3～5 nm。粒子尺寸较小，而且分布较均匀是因为，水热反应的均匀性避免了液相中温度和浓度分布得不均匀，使得金属纳米粒子的成核和生长有一个几乎相同的环境。同时硝酸处理后的 CNTs 表面具有的有机基团增强了金属粒子的吸附点，而且抑制了金属粒子之间的团聚。

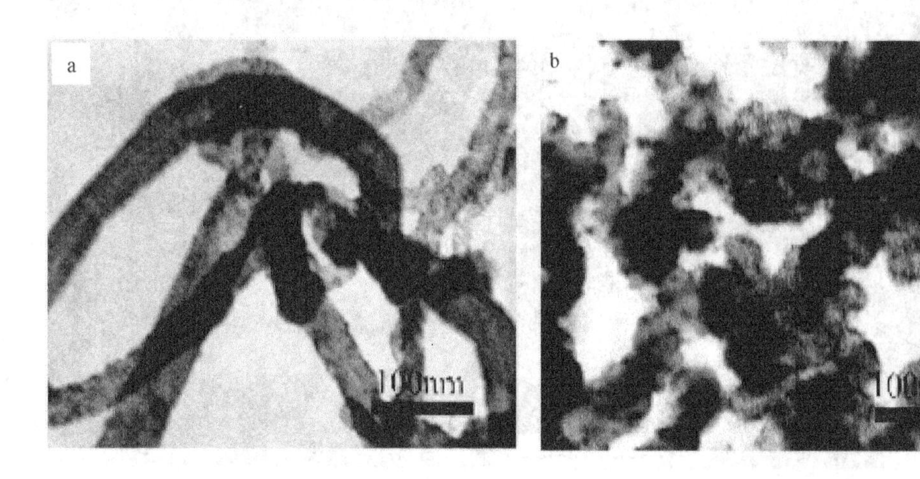

图 4－5　水热合成 PtRu/MWCNTs(a)和 PtRu/C(b)催化剂的透射电镜照片

用聚合物作为 Pt 的载体也显示出很好的结果。例如，用等离子溅射技术将 Pt 黑微粒直接分散到 Nafion 膜上，当粒子大小为 5 nm 时，催化剂的电催化活性远高于商品化的 E－TEK 的 Pt/C 催化剂。这主要是由于这种催化剂催化层很薄，降低了物质的传输阻力和电极的电阻，从而提高了 Pt 的利用率。用导电聚合物，如聚苯胺、聚吡咯、聚噻吩等做载体时，一方面能够提高 Pt 的分散度，另一方面 Pt 与导电聚合物的协同效应能显著提高 Pt 对甲醇氧化的电催化性能。Niu 等人采用循环伏安法(扫描速度为 50 $mV \cdot s^{-1}$，电位区间范围为－0.2～0.9 V (vs. SCE)，扫描次数 13 次)，在 0.1 $mol \cdot dm^{-3}$苯胺＋0.5 $mol \cdot dm^{-3}$ H_2SO_4溶液中，在 Pt 电极上沉积形成聚苯胺膜，膜的厚度约为 2.25 μm。之后在 3 $mmol \cdot dm^{-3}$ H_2PtCl_6＋0.5 $mol \cdot dm^{-3}$ H_2SO_4溶液中采用循环伏安法(－0.1～0.8 V 或者－0.25～0.65 V，50 $mV \cdot s^{-1}$，循环 25 次)或者恒电势极化法(−0.1～−0.25 V,900 s)将 Pt 微粒分散到聚苯胺膜中。图 4-6(a)和(b)为形成的聚苯胺膜再经过循环伏安法处理(0.5 mol·dm^{-3} H_2SO_4溶液,−0.1～0.8 V,循环 25 次)和恒电势极化法(−0.25 V,900 s)处理后的表面。

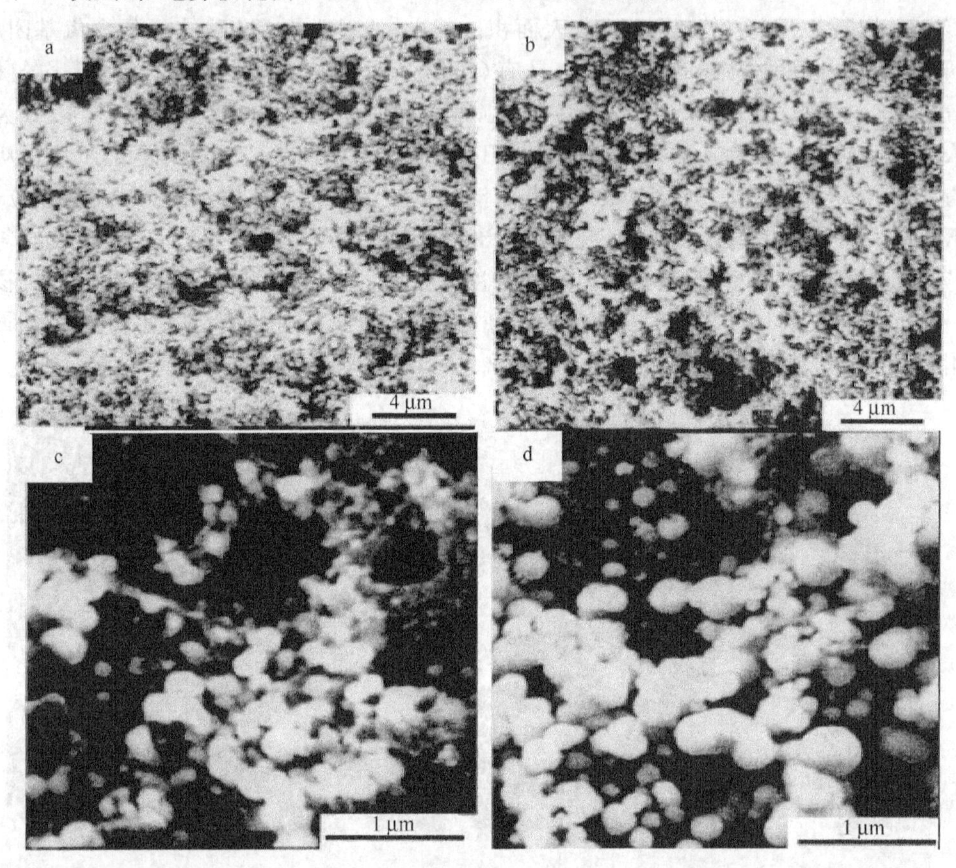

a 将聚苯胺膜采用循环伏安法(−0.1～0.8 V,循环 25 次)处理后的表面;b 将聚苯胺膜采用恒电势极化法(−0.25 V,900 s)处理后的表面;c 采用循环伏安法(−0.1～0.8 V,循环 25 次)在聚苯胺膜中沉积 Pt 粒子后的表面;d 采用恒电势极化法(−0.25 V,900 s)在聚苯胺膜中沉积 Pt 粒子后的表面。

图 4-6 SEM 图

从图 4-6(a)和(b)中可以看出聚苯胺具有疏松、纤维状的结构。纤维状的结构,经过处理后膜结构没有太大的区别。图 4-6(c)和(d)为采用循环伏安法(−0.1～0.8 V,循环 25 次)和恒电势极化法(−0.25 V,900 s),在聚苯胺中沉积 Pt 粒子的 SEM 图。从图中可以看出,Pt 粒子已经沉积到聚苯胺中,图中的白色区域可能就是沉积的 Pt 粒子。Pt 粒子呈现球状,尺寸为 0.1～0.4 μm,而且大部分在聚苯胺表面分散得都较为均匀,但是也有一部分出现了聚集现象。不同的极化方法对 Pt 粒子的尺寸、数量、真实表面积都有一定的影响。通过对甲醇电氧化催化活性的测试发现，以聚苯胺为载体的Pt催化剂的催化活性与Pt载量和Pt的真实面积相关。图4-7为以聚苯胺为载体的Pt催化剂催化甲醇氧化的循环伏安图。从图中可以看出，这4种电极都具有催化甲醇氧化的功能。在－0.25 V下恒电势极化900 s得到的电极的电催化活性最高。

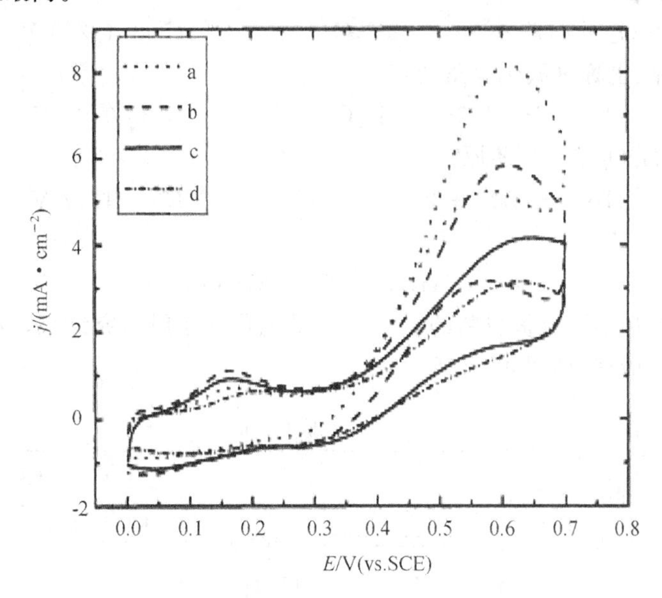

a 恒电势极化(－0.25 V)900 s；b 恒电势极化(－0.1 V)900 s；c 循环伏安扫描25圈，电位区间(－0.25～－0.65 V)；d 循环伏安扫描25圈，电位区间(－0.1～－0.8 V)。

图4-7　以聚苯胺为载体的Pt催化剂在0.5 mol · dm^{-3} CH_3OH＋0.5 mol · dm^{-3} H_2SO_4 溶液中的循环伏安曲线扫描速度为5 mV · s^{-1}

唐浩林等人，采用Nafion修饰Pt，然后将其沉积在CNTs上，作为质子交换膜燃料电池的催化剂。制备得到的Pt颗粒的尺寸为3 nm左右，颗粒分散性较好。而且Pt颗粒已经成功地沉积到CNTs上，但是一些颗粒有轻微的聚集倾向，可能是由于修饰到Pt颗粒表面的Nafion聚合物的缠绕引起的。从Pt-Nafion/CNTs作为催化剂得到的单电池放电曲线得到，当Pt载量为0.1 mg · cm^{-2}时，电池的最高输出功率可以达到2.8 W · mg^{-1}，和传统Pt/C催化剂的1.6 W · mg^{-1}的输出功率来比较，相对较高。

4.3.2　阴极催化剂性能的改进

4.3.2.1　氧的电化学还原机理

氧的电化学还原是一个多电子反应，包含多个基元步骤，形成各种平行-连续反应组合。

20世纪60年代，旋转环盘电极(RRDE)的应用促进了氧还原动力学的研究。目前已经提出的氧还原机理有几十种，但本质上都归结为两类反应路径，一类是直接四电子还原，另一类是两电子还原(仅讨论在酸性溶液中的情况)：

① 直接4电子还原

$$O_2 + 4H^+ + 4e^- \rightarrow 2H_2O \qquad E^\circ = 1.229\ V \tag{4-17}$$

② 两电子还原(也称过氧化氢路径)

$$O_2 + 2H^+ + 2e^- \rightarrow H_2O_2 \qquad E^\circ = 0.67\ V \tag{4-18}$$

随后，生成的 H_2O_2 进一步还原

$$H_2O_2 + 2H^+ + 2e^- \rightarrow 2H_2O \qquad E^\circ = 1.77\ V \tag{4-19}$$

或分解

$$2H_2O_2 \rightarrow O_2 + 2H_2O \tag{4-20}$$

根据对 O_2 在各种不同电极材料的RRDE上的电化学还原研究结果，Wroblowa提出了更普遍的 O_2 还原反应历程，如图4-8所示。

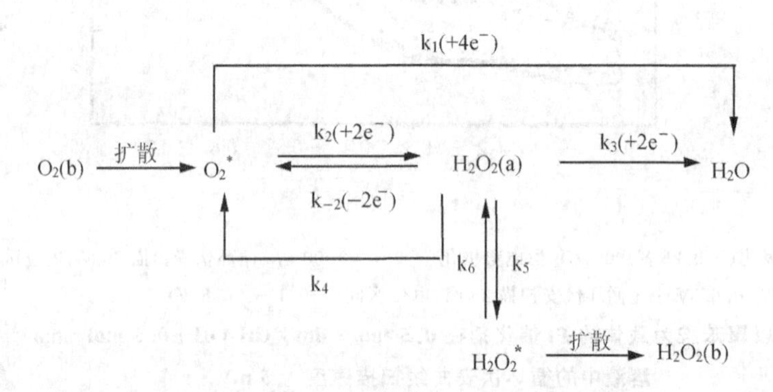

图4-8 O_2 还原反应的Wroblowa历程

图中符号b、*、和a分别代表本体、电极附近和吸附物种。k_i 和 k_{-i} 分别指第 i 步的正、逆反应速率常数。如果反应(4-18)随后的反应(4-19)能够完全进行，则两电子反应与4电子反应的结果相同，都生成 H_2O。但两电子还原的效率受吸附的 $H_2O_2(a)$、电极附近的 $H_2O_2^*$ 以及 H_2O_2 还原速率之间的平衡关系所控制，如果 H_2O_2 在进入溶液之前被还原，则与4电子还原没有差别。另外，由于 H_2O_2 是强氧化剂，因此它会对催化剂、载体和电池的隔膜等起损害作用。

对于没有催化剂催化下的氧还原，Anderson等人提出了以下的单电子模型(aq表示水溶液，g表示气相)，

$$O_2 + H^+ + e^- = HOO\cdot(aq) \tag{4-21}$$

$$HOO\cdot(aq) + H^+(aq) + e^- = H_2O_2(aq) \tag{4-22}$$

$$H_2O_2(aq) + H^+(aq) + e^- = HO\cdot(g) + H_2O(l) \tag{4-23}$$

$$HO\cdot(g) + H^+(aq) + e^- = H_2O(l) \tag{4-24}$$

并通过计算得到了氧气还原成水各个步骤的反应活化能，且各步的反应活化能具有如下的顺序：$E_{(4-23)} > E_{(4-21)} > E_{(4-22)} > E_{(4-24)}$，也就是说在没有催化剂存在情况下，$H_2O_2$的分解步骤成为决速步骤。在有利于过氧化氢分解的催化剂存在情况下，才能够提高氧还原反应速率，这时，反应(4-21)成为决速步。

关于氧还原机理普遍被接受的说法为，O_2获得第一个电子的步骤，即，$O_2 + e^- = O_2^-$，是整个还原反应的控制步骤。荷兰 Koper 研究小组得到一些关于氧还原过程动力学的结论：造成这一反应过程的活化能来自两个方面，一方面来自内 Helmholtz 面的电子转移，另一方面来自外 Helmholtz 面由O_2转变为O_2^-后，周围溶剂水分子的重排。它们的活化能分别为 10 $kJ\cdot mol^{-1}$和 85 $kJ\cdot mol^{-1}$，后者远远大于前者。这或许就是改进氧还原催化剂而收效甚微的原因。催化剂本身只能对发生于内 Helmholtz 面的电子转移过程产生影响，而不能对真正阻碍氧还原的周围溶剂水分子的重排产生影响。O_2转变为O_2^-后，溶剂H_2O分子从O_2周围的随机排列转为在O_2^-周围H_2O分子偶极子的正端指向O_2^-的定向排列，这一过程需要较大的活化能。

Pt 是最常用的氧还原催化剂。一般认为，O_2在 Pt 上的还原为连续两电子路径，但迄今为止，对其机理仍没有定论。如在酸性溶液中，对氧还原的第一步反应有两种观点，Damjanovic 等认为，第一步是向O_2分子的电子转移，该步为决速步，伴随或跟随有一个向O_2的快速质子转移。Yeager 等认为，第一步可能为O_2分子的化学解离吸附，同时伴有质子转移。Marković 等认为第一种解释比较合理。

4.3.2.2　阴极催化剂的主要研究方向

Pt/C 催化剂是目前 DMFC 中主要使用的阴极催化剂。但由于 Pt 对甲醇也有较好的电催化活性，因此透过 Nafion 膜到达阴极的甲醇会在阴极催化剂上发生氧化，使阴极产生混合电位，并会毒化 Pt 阴极催化剂，从而大大降低 Pt 催化剂对氧还原的电催化活性。研究发现，在含 0.1 $mol\cdot dm^{-3}$甲醇的硫酸溶液中，氧在 Pt/C 催化剂上的还原电位要比在不含甲醇的硫酸溶液中负移约 0.3 V，这将严重的影响电池的性能。因此，DMFC 阴极催化剂的研究方向主要是在保持阴极催化剂对氧还原的电催化活性的同时，要降低对甲醇氧化的电催化活性。但是以前对阴极电催化剂的研究主要集中在提高活性和降低成本两个方面。直到 20 世纪 90 年代，由于 DMFC 技术的飞速发展，“甲醇透过”问题日益突出，并成为影响 DMFC 性能的一个主要因素。解决该问题的方法之一是研制只对氧还原有活性而对甲醇氧化无活性的所谓“耐甲醇”阴极电催化剂。因此，DMFC 阴极电催化剂的研制除了要提高活性、稳定性和降低成本以外，还必须考虑催化剂的耐甲醇性能。

(1) Pt 催化剂

Pt/C 是目前 DMFC 主要使用的阴极电催化剂，研究结果表明，Pt 对氧的还原显示出较高的催化剂活性和稳定性。

20 世纪 60 年代初期，主要使用 Pt 黑作为燃料电池阴极电催化剂，但它易烧结，并且用量大，利用率低。后来，Johnson Matthey 为 Shell 提供了 Adams Pt，它是一种松散的、分散均匀的 Pt 催化剂，不易烧结，但用量仍然较大。当时 Pt 黑催化剂的最大比表面积仅为 20 $m^2 \cdot g^{-1}$，Pt 载量至少为 4 $mg \cdot cm^{-2}$。到 70 年代初期，通过将 Pt 载到高比表面积的活性炭上，使 Pt 的粒径由 100～200 Å 降低到 30 Å，Pt 的有效比表面积提高到 100 $m^2 \cdot g^{-1}$以上，大大提高了 Pt 的利用率，降低了 Pt 载量。其中公认较好的活性炭载体为美国 Cabot 公司的 Vulcan XC－72 活性炭，它的比表面积约 250 $m^2 \cdot g^{-1}$，而且含氧量低，电导率高，抗腐蚀能力强，并且能够有效地通过静电作用吸附 Pt 微粒。但由于 Pt 对甲醇也有较好的电催化活性，因此透过 Nafion 膜到达阴极的甲醇会在阴极上氧化，使阴极产生混合电位，并会毒化 Pt 催化剂，从而大大降低 Pt 催化剂对氧还原的电催化活性。因此，阴极催化剂的研究主要集中在如何得到对氧还原有高的电催化活性和对甲醇氧化有低的电催化活性的催化剂方面。

虽然将 Pt 分散到活性炭上，增大了 Pt 的比表面积和利用率，降低了成本，但大量研究表明，Pt 对 O_2还原的催化活性与 Pt 的粒径有关，因此不能通过无限制地降低 Pt 的粒径来增大 Pt 的分散性和比表面积。Kinoshita 研究了 Pt 粒径对 Pt/C 催化 O_2还原性能的影响。他认为质量比活性在 Pt 的平均粒径为 3～5 nm 达到最大值。Sattler 等人认为当晶粒尺寸小于 3.5 nm 时，Pt 的催化活性随之降低是因为如此小的晶粒通过与炭的相互作用或是离解氧的双位吸附，使 Pt 丧失了一些金属特性。Kinoshita 认为具有立方-八角结构的 Pt 粒子(111)、(100)晶面的含量与 Pt/C 的活性相关。在 3.5 nm 附近质量比活性最高是因为此时 Pt 原子(100)、(111)晶面含量最高(由平均粒径变化导致表面配位数变化得到)。在酸性电解质中，O_2在 Pt/C 上的还原是结构敏感反应，比活性随粒径增大而升高。Markovic 等对在酸性电解质中 Pt 单晶电极上氧还原动力学的研究结果也进一步证明了 Kinoshita 的分析和结论。Schmidt 研究了不同阴离子(ClO_4^-、HSO_4^-、Cl^-)存在下，氧还原反应在单晶和多晶 Pt 上的反应速率，发现其按着(ClO_4^-)＞(HSO_4^-)＞(Cl^-)的顺序减小。而且无论是单晶还是多晶，只要在形成 H_2O_2时存在 Cl^- 吸附，都会使具有不同催化行为的 Pt(111)和 Pt(100)表层的固液界面发生重叠，导致催化活性的降低。所以在 FC 的电极制备过程中应该避免 Cl^- 的出现。

尽管 Pt 对氧还原已经具有较高的活性和稳定性，但是 Pt 的价格昂贵，资源有限，因此，要实现燃料电池的商业化，还必须进一步降低 Pt 载量，并且提高催化性能。而且以炭为载体的 Pt/C 催化剂若不进行高温热处理，应用时很容易发生 Pt 的流失，而高温热处理时，则容易发生烧结，导致 Pt 表面积的减小，从而降低催化剂的活性。因此，在酸性溶液中，Pt 基复合催化剂已逐渐取代了纯 Pt 催化剂，这样不仅提高了 Pt 的利用率，还降低了电极成本，成为今后发展的方向。

(2) Pt基复合催化剂

在20世纪70年代末发现,过渡金属与Pt的复合催化剂对氧还原的电催化活性要明显高于Pt催化剂。在此后的几十年中,发现许多二元和三元的Pt与过渡金属的合金催化剂,如Pt-Co、Pt-Fe、Pt-Cr、Pt-Ni、Pt-Ti、Pt-Mn、Pt-Cu、Pt-V、Pt-Cr-Co、Pt-Fe-Cr、Pt-Fe-Mn、Pt-Fe-Co、Pt-Fe-Ni、Pt-Fe-Cu、Pt-Cr-Cu、Pt-Co-Ga等对氧还原的电催化活性都要不同程度地高于Pt催化剂。另外,也发现,一些Pt与过渡金属氧化物的复合催化剂,如Pt-WO_3、Pt-TiO_2、Pt-Cu-MO_x等对氧还原也有很高的电催化活性。

基于以前对氧还原反应机理的研究,关于合金催化剂催化氧还原的机制以及合金元素在催化剂中具体起到的作用还不是很清楚,大致形成了以下几种解释:

1) 最小原子间距理论

Jalan和Taylor等人认为,在氧还原反应过程中,速度控制步骤是氧气吸附在合金催化剂的表面,形成中间体M—$HO_{2(ads)}$,然后O—O键发生破裂。中间体M—$HO_{2(ads)}$的键能受Pt原子之间的最小原子间距的影响最大,O—O键发生破裂的位置间距在整体的反应速率中起着关键作用,而且存在一个最佳的位置间距,在该间距时中间产物的离解将优先于吸附的发生。而纯Pt催化剂表面的Pt原子间的距离不是最佳间距,外来原子的引入可以使Pt原子间的最小距离降低,达到或接近于最佳间距。也就是说,合金元素的引入使Pt原子的间距更有利于O_2的离解吸附,使催化剂对氧还原的电催化活性升高。

2) 雷尼效应

在测试合金催化剂$Pt_{0.65}Cr_{0.35}$和$Pt_{0.2}Cr_{0.8}$催化氧还原反应的活性时发现,虽然催化剂对氧还原反应的活性有所提高,却同时发生了合金中的Cr的损失现象,对一系列Pt-Cr合金催化剂的表面测试也证明了这一点。为此,Mark等人提出了表面粗糙效应,也就是雷尼效应,即合金催化剂中第二元素的损失使催化剂表面变得粗糙,使得有效元素Pt的比表面积增大,对提高催化剂催化氧还原反应的活性起了一定作用。Watanabe等人也提出了一个类似的解释:在溶剂中,第二元素溶解脱落,这样,催化剂粒子的粗糙度增加而提高了催化剂的比表面积,从而提高了活性。

3) 电子结构理论

Mukerjee等人从实验结果中得到,在质子交换膜燃料电池的工作环境中,在合金催化剂与质子交换膜的界面处,催化剂的催化活性要比Pt/C催化剂提高2～3倍。这可以用合金催化剂中都有面心立方的Pt_3M的超晶格的存在来解释。在这些超晶格表面,合金元素的含量要比催化剂主体的含量高很多。因此,尽管合金催化剂的颗粒尺寸比纯Pt的要大,并且因此导致了Pt表面的减少,但是合金催化剂的比活性还是比纯Pt的高得多。Toda等人提出了电子结构改变的理论。该理论认为,氧的吸附是反应速率的决定步骤。这种吸附类型包括了氧气的π轨道和催化剂层Pt原子的空轨道,或者是双层Pt原子中空的dxz和dyz轨道之间的横向作用。由于合金的作用导致了表层Pt中d空穴的增加,并使金属与氧之间的作用增强。

这种作用会导致更多氧的吸附和O—O键的减弱，加速了氧分子间键的断裂，而且（或者）在电解质中O与H^+之间形成新的化学键。

在DMFC中，由于存在甲醇透过Nafion膜的问题，因此，这类催化剂耐甲醇的性能是研究重点。例如，发现$Pt_{70}Ni_{30}$在含甲醇的H_2SO_4溶液中，不但对氧还原的电催化活性要比Pt高很多，而且也表现出很好的耐甲醇的性能，即$Pt_{70}Ni_{30}$催化剂对甲醇氧化的电催化性能较差。Pr-Cr合金催化剂对氧还原的电催化活性要比Pt高，而对甲醇的电催化活性要比Pt低很多。另外，Pt-TiO_x/C催化剂也具有很好的耐甲醇特性。

一般来说，如Pt基复合催化剂中添加的金属对甲醇氧化没有或有较低的电催化活性，这种Pt基复合催化剂的耐甲醇的性能都比较好。例如，一些杂多酸，如磷钨酸对甲醇氧化具有较低的电催化活性，因此，如活性炭载Pt和磷钨酸复合催化剂对氧还原的电催化活性比Pt/C催化剂要高，而且这种催化剂还有很好的抗甲醇能力，其原因是磷钨酸有富氧能力，因此，使催化剂对氧还原的电催化活性有所提高，另一方面，磷钨酸的分子结构比较大，它还有阻止甲醇扩散的作用，使甲醇不易到达Pt粒子表面，因而显示出较好的抗甲醇能力。

(3) 过渡金属大环化合物催化剂

过渡金属大环化合物，特别过渡金属的卟啉和酞菁化合物对氧还原有很好的电催化活性，特别是经过高温，如800 ℃左右热解处理过的化合物，其电催化活性和稳定性都较好。这类催化剂如在DMFC中使用，有一个突出的优点，就是它们对甲醇氧化几乎没有电催化活性，因此有很好的耐甲醇的特性。

1) 发展简史

Appleby估算，如果到2010年，有5 000万辆汽车使用PEMFC，则Pt的需要量将为此前Pt开采总量的5倍。然而地球上的Pt资源极其有限，而且只能在几百毫伏的过电位下才能产生有意义的电流密度，限制了其在工业生产中的应用。因此寻找非Pt催化剂具有非常重要的长远意义。过渡金属大环化合物（以下简称大环化合物）是一类研究时间较长的非Pt氧还原电催化剂，它的活性较高，耐甲醇能力强，但长程稳定性较差。

1964年，Jasinski首次研究了酞菁钴（CoPc）对氧还原的电催化作用，标志着一类新型非Pt燃料电池阴极催化剂的发现。随后，人们广泛研究了具有不同中心金属、不同配体的大环化合物对氧还原的催化行为，特别是在过渡金属的卟啉和酞菁化合物对氧还原的电催化活性方面进行了较多的报道。1976年，Jahnke等发现，高温处理含炭物质上的过渡金属大环化合物可以使其对氧的电化学还原的活性、稳定性和选择性得到大幅度的提高，这极大地推动了该类催化剂向实用化方向的发展。20世纪70和80年代成为大环化合物催化剂研究的高潮时期。1986年，Holze等首次研究了有机小分子对大环化合物催化氧还原性能的影响。90年代以后，由于长程稳定性较差的问题一直没有得到彻底解决，使得对此类催化剂的研究逐渐减少。90年代中后期，随着DMFC向商业化方向的发展，“甲醇透过”问题越来越突出，因此有关使用大环化合物作为DMFC耐甲醇阴极电催化剂的研究又逐渐开展起来。

2）大环化合物的类型

① 单　体

几种主要的大环化合物的分子结构如图 4－9 所示。

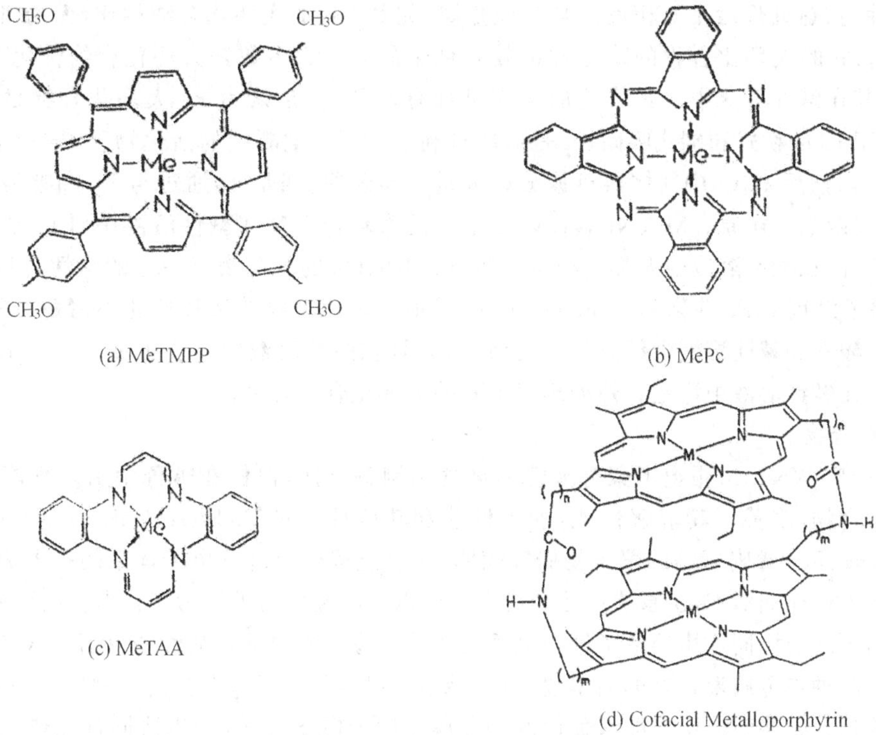

(a) MeTMPP

(b) MePc

(c) MeTAA

(d) Cofacial Metalloporphyrin

图 4－9　过渡金属大环化合物结构图

金属酞菁和金属卟啉由于具有高的共轭结构和化学稳定性，而对分子氧还原表现出良好的电催化活性，成为近几年氧还原电催化剂的主要研究方向。酞菁环内有空穴，穴的直径大小为 0.27 nm，可以容纳 Fe、Cu、Co、Al、Ni、Ca、Na、Mg、Zn 等金属元素，环本身是一个具有 18 个 π 电子的大 π 体系，其上电子密度的分布相当均匀，以致于分子中的 4 个苯环很少变形，而且各碳—氢键间的长度几乎相等，酞菁的大 π 体系是其具有本征导电性的基本条件，中心的两个氢原子可以被不同的金属离子取代，并与 2 个 N 原子形成共价键，另 2 个 N 原子再以配位键与金属离子形成十分稳定的络合物。酞菁周边的 4 个苯环上有 16 个氢原子，它们可以被许多原子或基团所取代，从而得到很多的衍生物。

大量研究表明，以 Fe、Co 为中心的大环化合物对 O_2 还原的电催化活性最高，因此围绕它们的研究也最多。金属酞菁类化合物氧还原催化活性与中心金属离子的关系为：Fe^{2+} 的金属酞菁催化活性>Co^{2+}的金属酞菁催化活性>Mn^{2+}的金属酞菁催化活性>Ni^{2+}、Cu^{2+}的金属酞菁催化活性>$2H^+$的金属酞菁催化活性，酞菁铁通过四电子途径催化氧还原生成水，而酞菁钴通过过氧化物途径催化氧还原反应，氧分子只能得到两个电子生成H_2O_2。取代基对酞菁钴的活性影响较小，但对机理影响较大。与Fe相比，Co的酞菁配合物活性低，但卟啉配合物的活性高，热处理后正好相反。与其他金属(尤其Fe)的大环化合物相比，无论热处理前后$Fe—O_2^-$，Co的大环化合物的稳定性都较其他金属高。大多数铁大环化合物催化O_2还原为H_2O，尤其在碱性溶液中。其可能的反应机理有四种，一是认为Fe大环化合物易形成二聚体，有利于O_2的桥式和端式吸附；二是形成有利于O—O键断裂的活化物种$Fe—O_2^-$；三是先生成H_2O_2，然后H_2O_2中间体再迅速分解或进一步还原；四是O_2通过与Fe和吡咯环上的N成键，实现四电子还原。Mn、Ni、Cu、V、Cr、Zn的大环化合物在碱性溶液中对O_2还原的催化活性较低，而在酸性溶液中大都不稳定。Pt、Pd、Rh、Os的配合物有一定的活性，但都低于Fe和Co，除了发现PtPc催化O_2生成H_2O_2外，其他大环化合物的选择性还不清楚。Ru的大环化合物在酸性和碱性溶液中都有较好的活性，并且在酸性溶液中主要生成H_2O。Mo的大环化合物仅在碱性溶液中稳定。热处理对Mn的大环化合物有害。

② 聚合物

1983年，Woehrle报道了聚合酞菁的概念和制备方法，他们在酞菁中引入官能团并将酞菁制成聚合物，改善了其溶解性能，加工性能和功能性。对CoTAA、CoPc、FePc、CoTAPP、Co-啼咐碱、Fe-啼咐碱等的聚合物研究表明，聚合过程会通过π电子体系的扩大和导电性的提高而增大催化剂对O_2还原的活性和稳定性。以不同金属离子作为聚合酞菁的中心离子，这种不同离子间的协同作用导致了聚合酞菁在催化反应过程中催化活性的提高。这种协同作用不能通过两种单金属聚合物的简单混合而达到，这可能是由于只有在同一种聚合物中，聚合双金属酞菁化合物共轭体系才能够促使两种金属之间的电子传递，产生协同催化作用。这是除了热处理以外，实现催化剂高稳定性的又一种有效方法。

③ 双核卟啉

对双金属卟啉的研究主要是九十年代Anson等进行的，研究了面-面双Co卟啉等对O_2还原的催化作用。当两个Co卟啉环之间用一对四原子的酰胺桥连接时，Co之间的距离为4～6 Å，该距离正好适合O_2分子进入空腔，O_2通过反式同时与两个Co^{2+}作用，经过四电子路径直接还原为H_2O。但此类催化剂制备复杂，稳定性较差。该工作的意义在于证明了面-面双Co卟啉分子有两个活性位，并且活性位之间有一定距离。

虽然一些大环化合物对O_2还原的催化活性已经与Pt相当，但由于在大环化合物催化氧还原的过程中会产生不同程度的H_2O_2，它们具有较高的氧化性，并且随着反应时间的延长而不断聚集，将严重腐蚀大环化合物和载体，破坏催化剂的结构，因此大环化合物催化剂的稳定性较差，阻碍了其向实用化方向的进一步发展。此外，大环化合物的活性也较Pt及其合金催化剂低。因此，如何提高大环化合物的长程稳定性和内在活性是该类催化剂的未来发展方向。

3）影响催化活性的因素

大环化合物对氧还原的催化活性受许多因素的影响。

① 中心金属的影响

研究表明，氧分子还原过程中存在单键的旋转，而氧分子之间的三键阻碍了这一过程的出现。大环化合物为克服这种障碍提供了一个低能量的路线，氧分子中的 p 轨道与平行于大环化合物中金属离子的 d 轨道发生相互作用，使得在氧分子和金属离子之间出现电荷的转移，促使氧分子发生还原反应。Veen 等提出了以下大环化合物催化 O_2 还原的机理。

$$Me^{III} + e^{-} \Leftrightarrow Me^{II} \tag{4-25}$$

$$Me^{II} + O_2 \xrightarrow{K_1} Me^{III}—O_2H \tag{4-26}$$

$$Me^{III}—O_2H + e^{-} \xrightarrow{K_2} \text{intermidates} \tag{4-27}$$

中心金属是大环化合物的活性中心，决定 O_2 的还原机理，如 Co 酞菁和卟啉催化 O_2 通过两电子路径还原为 H_2O_2，而相应的 Fe 大环化合物则催化 O_2 通过四电子路径还原为 H_2O。含有 Os，Cr 等金属的大环化合物活性很低是因为中心金属发生不可逆氧化，在反应条件下不能被及时还原的缘故。因此，中心金属是决定大环化合物对氧还原的电催化活性的很重要的因素。

② 配　体

配体通过 π 接受电子能力来影响中心金属的电子云密度，从而影响催化剂的活性。如在酸性溶液中，具有下列配体的大环化合物的电催化活性依次下降，二苯并四氮杂轮烯＞四苯基卟啉＞酞菁；当 Fe 为中心金属时，$N_4 > N_2O_2 > N_2S_2 > O_4 > S_4$。

在大环化合物的配体上可以引入许多取代基，取代基可以改变配体的吸、供电性和共轭性，从而影响到金属酞菁化合物的氧化还原电位。当取代基为吸电子基团时，金属还原电位正移，当为斥电子基团时，还原电位负移。但是，由于取代基位于配体的最外层，因此对活性的影响较小。只有当配体和中心金属都相同时，取代基的影响才会显示出来。如对于 Co 酞菁化合物，活性顺序为 $CoPc(NH_2)_4 > CoPc > CoPcCl_4$。

③ 其他因素

大环化合物的制备方法、溶液的 pH 值、载体的类型等也对活性有影响。

4）大环化合物的热处理

热处理能够改善大环化合物的活性和稳定性以及选择性的发现，是大环化合物催化剂发展进程中的一个里程碑。热处理温度一般为 450～1 000 ℃，保护气氛为 N_2 或 Ar 等，热处理时间和保护气氛对催化剂性能影响很小。如把 Pt 和过渡金属大环化合物共沉淀在活性炭上，然后在 700 ℃左右热处理，得到炭载 Pt 和过渡金属大环化合物热解产物的复合催化剂。这种复合催化剂对氧还原的电催化活性比 Pt/C 催化剂还要好，而对甲醇氧化的电催化活性要大大低于 Pt/C 催化剂。虽然对热处理大环化合物催化剂的研究已有 20 余年，但关于热处理后催化剂活性位的归属，即活性和稳定性改善的原因还不十分清楚。到目前为止，主要有以下 4 种模型解释：

① 改善了大环化合物的分散状况

在热处理初期，大环化合物的升华和重新吸附或由物理吸附向化学吸附的转变，能够改善配合物的分散程度或配合物与载体的键合作用，从而提高催化剂的活性。对于单分子吸附的大环化合物不发生重分散。但该模式没有解释催化剂稳定性提高的原因。

② 大环化合物发生聚合

只有在大环化合物没有负载到载体上时，才能够发生聚合作用，结果产生完全不同的催化剂。聚合物的最高活性出现于较低的热处理温度。其质量比活性低于热处理的负载催化剂。

③ 形成含金属的物种

热处理后形成粒径小的金属颗粒或金属氮化物（但不是 MeN_4）。不过在酸性介质中，这些物种会迅速溶解。石墨层的保护虽然避免了金属粒子的溶解，但也阻碍了 O_2 的吸附。在富氮载体上的重新吸附不能解释稳定性提高的原因。

④ 形成含 MeN_4 单元的化合物

该观点被广泛接受，也与大多数光谱信息相符，它是迄今为止唯一能够同时解释活性和稳定性变化的观点。

近年来，随着各种先进的物理和化学表征手段的应用，使得对大环化合物的结构随热处理温度的变化有了进一步的认识。发现在热处理温度小于 400 ℃时，大环化合物的结构没有破坏；当热处理温度在 500～800 ℃范围，存在各种大环化合物的碎片，如 MeN_4 碎片等，并且在高于 600 ℃时，开始出现金属原子簇，此时催化剂的活性最高；当热处理温度在 800～1 100 ℃范围内，主要为以金属原子簇形式存在的物质，并且大部分被石墨层覆盖。

随着人们对热处理大环化合物催化剂活性位认识的逐步深入，一些研究人员试图通过更加便宜的原料和简便的方法来合成与热处理大环化合物性能相当的催化剂，以进一步降低成本。已经进行的研究表明，获得替代催化剂必须具备以下条件：

- 化合物中要含有过渡金属 Fe、Co 或 Ni，来源于过渡金属盐或氢氧化物；
- 要含有 N，来源于含 N 固体与金属前驱体的共吸附、炭载体上修饰含 N 基团，或在反应器中，引入含 N 气体；
- 含有 C，来源于前驱体的热解或作为载体的活性炭；
- 高温热处理（800 ℃或更高）。

以上是获得活性物种的必要条件，但活性的高低还依赖于具体的制备方法。

(4) 过渡金属原子簇合物催化剂

1) 发展简史

过渡金属原子簇合物也称 Chevrel 相催化剂，是在 20 世纪 80 年代中期发现的。近年来，由于其对氧还原具有良好的电催化活性和耐甲醇性，因此开始受到人们的青睐，是继过渡金属大环化合物以后，又发展起来的一类重要的燃料电池非Pt阴极电催化剂。

1986年，Alonso－Vante等首次将晶格中含有过渡金属簇合物的半导体作为O_2还原电催化剂。发现在酸性介质中，O_2在半导体簇合物$(Mo,Ru)_6Se_8$上第一个电子转移是速率决定步骤，O_2主要通过四电子路径进行还原，只有3%～4%的氧通过H_2O_2路径还原。$Mo_{4.2}Ru_{1.8}Se_8$的活性只比目前最好的FC阴极Pt/C电催化剂低30%～40%，但价格仅约为铂的4%。该发现开辟了非Pt氧还原电催化剂研究的一个新领域。其后，由于Alonso－Vante等用金属羰基化合物和相应的硫属元素以低温合成方法合成了过渡金属簇合物催化剂，进一步促进了该类催化剂的发展。此外，还发现它们具有良好的耐甲醇性能，逐渐成为DMFC阴极催化剂的一个重要组成部分。目前，开展该项研究的主要有德国Hahn－Meiner研究所的Tributsch小组，以及后来的英国Newcastle大学、墨西哥的Solorza－Feria小组、法国的Poitiers大学等。

2）催化机理

过渡金属簇合物催化剂主要为$Mo_{6-x}M_xX_8$（X＝Se、Te、SeO、S等，M＝Os、Re、Rh、Ru等），其结构图如图4－10所示。

这类化合物可以分为二元化合物（Mo_6X_8，X为S、Se、Te）、三元物（$M_xMo_6X_8$，M为额外插入的过渡金属离子）和假二元物（$Mo_{6-x}M_xX_8$，即Mo被另外一种过渡金属元素部分取代）。这类晶体结构可以描述为一个八面体的钼簇周围环绕着八个组成立方形的碲原子，由于很高的电子离域作用，导致了其具有很高的电子导电性。每个晶簇单元的电子数目随着在晶格缺陷中插入其他的金属阳离子或者随着Mo被另外的高价过渡金属（如Ru）部分取代而改变。这时，电子的重新定位将会影响到对价键的填充方式，进而导致化合物的晶体结构的显著变化。

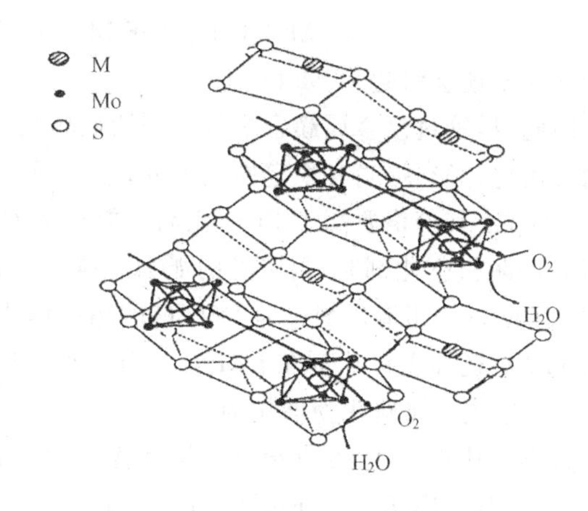

图4－10 $(Mo,Ru)_6Se_8$的分子结构图

这样，催化剂的物理性质和电化学性质（例如电催化活性）就可以简单地由晶簇单元的电子数目进行控制。

对该类催化剂催化氧还原机理的研究表明，① Mo、Ru及其氧化物对O_2还原都没有催化活性，即簇合物中过渡金属的协同作用决定催化活性，而非单独的元素起作用。如Ru取代Mo得到的八面体样品$Mo_{4.2}Ru_{1.8}Se_8$对O_2还原的催化活性大大优于非取代Mo八面体样品Mo_6Se_8。② 该类催化剂对O_2还原具有较高活性的原因之一是簇合物有较多的弱态d态电子，如$Mo_{4.2}Ru_{1.8}Se_8$约含24个弱态d态电子。③ 簇合物为O_2和O_2还原中间体提供相邻的键合位置，并且簇内原子间键距起重要作用，如$Mo_{4.2}Ru_{1.8}Se_8$的同一原子簇中原子间最小键

距 $d_1 = 2.710$ Å，有利于 O_2 的键合以及随后在簇内原子间形成桥式结构。④ 在 O_2 与簇合物间的电子转移过程中，该类簇合物能够改变自身体积和成键距离以有利于 O_2 的四电子还原。

进一步的研究表明，O_2 分子可能首先与簇合物的特定过渡金属原子相作用，然后再实现与同一原子簇内两个相邻过渡金属原子的桥式键合。因此，第一步的反应产物不是 O^{2-}，而是还原 O_2 与过渡金属簇合物的化学键合。然后，过渡金属间的键距 d_1 增大，促进—O—O—键的断裂，释放出 OH^- 离子。该机理以簇合物中价电子的标准数和簇合物中金属-金属键距的关系为基础。有关 O_2 在簇合物上还原的动力学和能量方面的理论结果还需要进一步的实验证据，另外也要考虑其他反应的可能性。

稳定性研究表明，簇合物中掺杂进去的客体金属使簇合物的弱态 d 态电子增加，这不仅提高了簇合物催化 O_2 还原的活性，而且提高了稳定性。但是客体金属在催化反应中会部分释放出来，形成氧化物，产生混合电位，并且这些氧化物主要催化 O_2 还原为 H_2O_2。以三元簇合物 $M_xMo_6S_8$ 为例，可能存在金属的释放和表面氧化：

$$MMo_6S_8 \rightarrow M^{n+} + Mo_6S_8 + ne^- \tag{4-28}$$

$$M^{n+} + H_2O \rightarrow MO_x + (2x - n)e^- + 2xH^+ \tag{4-29}$$

部分 Mo_6S_8 还会氧化为 MoO_3。

因此，尽管过渡金属簇合物催化剂活性较高，但其稳定性仍然较差，所以，要实现该类催化剂的实用化，必须提高其稳定性。另外，这类催化剂一般在 1 200 ℃左右通过单质元素的固相反应来制备，其价格要高于 Pt 催化剂。但这类催化剂对甲醇氧化没有电催化活性，因此，作为 DMFC 的阴极催化剂时，耐甲醇的能力较强。过渡金属簇合物催化剂、N_4 金属大环化合物催化剂和 Chevrel 相催化剂作为 DMFC 的阴极催化剂都具有良好的抗甲醇中毒性能，这使基于非贵金属氧还原电催化剂在 DMFC 中使用时，初始性能几乎都要高于 Pt 基催化剂。

(5) 过渡金属硫化物催化剂

这类催化剂是在 20 世纪末在研制含 S 的 Cheverl 相催化剂时发现的，目前已经研究过的有 $Mo_xRu_yS_z$，$Rh_xRu_yS_z$，$Re_xRu_yS_z$ 等。其中炭载 MRu_5S_5（M 为 Rh 或 Re）对氧还原的电催化活性最好，并且对甲醇氧化没有电催化活性。目前，该类催化剂对氧还原的电催化活性不很高，氧在该类催化剂上的还原机理尚不清楚。

(6) 过渡金属羰基化合物催化剂

过渡金属羰基化合物是另一类型的新型氧还原催化剂，研究始于 20 世纪末。1999 年，在 1,2-二氯代苯中合成了炭载无定型 Mo-Os-Se 羰基簇合物催化剂，并发现该催化剂在酸性溶液中对氧还原有较好的电催化活性。现在已经研究过的该类催化剂有 $W_x(CO)_n$ 和 $Mo_xRu_ySe_z$-$(CO)_n$ 等。氧在该类催化剂上还原一般经过四电子的历程。目前，对这类催化剂的耐甲醇性研究还未进行。

(7) Pd 基复合催化剂

一般认为，Pd 是除了 Pt 之外对氧还原的电催化活性最高的金属催化剂；另外，在酸性条件下，Pd 对甲醇氧化没有电催化活性，因此，Pd 基复合催化剂的研究主要是进一步提高 Pd 对氧还原的电催化性能。

已经研究过的 Pd 基复合催化剂可分为三类，第一类是 Pd 和其他金属的二元复合催化剂，如 Pd－Pt、Pd－Au、Pd－Co、Pd－Fe 和 Pd－Ni 等。

Pd－Pt 催化剂对氧还原的电催化性能要好于 Pt 催化剂，但由于 Pt 对甲醇氧化有电催化活性，因此，该复合催化剂的抗甲醇能力很差。

Wang 等人采用有机胶体法制备了 Pd_2Co/C 和 Pd_4Co_2Ir/C 催化剂。为了确定催化剂的结构和粒子尺寸，他们采用 ShimadzuXD－3A（Japan）对催化剂进行了表征。其 XRD 图谱如图 4－11 所示。

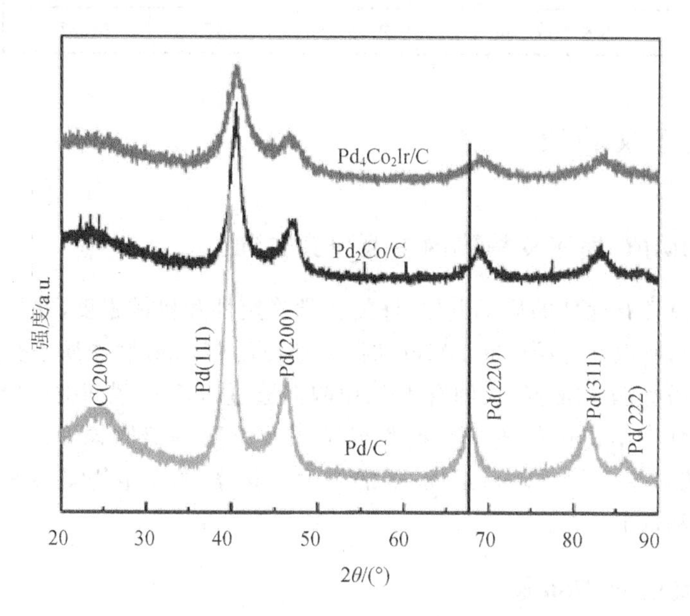

图 4－11　Pt/C，Pd_2Co/C 和 Pd_4Co_2Ir/C 催化剂的 XRD 谱图

从图中可以看出，第一个峰是 Vulcan XC－72 的特征峰，其他 5 个分别对应于 2θ 为 40°，47°，68°，83°和 86°的峰代表的是 Pd(111)，Pd(200)，Pd(220)，Pd(311)，Pd(222)特征面。该谱图中的宽峰代表的是 Pd_4Co_2Ir 和 Pd_2Co 合金峰。并采用 Debye－Scherrer 公式计算粒子尺寸。

$$B_{2\theta} = \frac{0.94\lambda}{L\cos\theta}$$

其中：$B_{2\theta}$为半峰宽；λ 为入射波长；θ 为衍射角；L 为粒径。

计算得到的粒子尺寸如表 4－2 所列。

三元复合催化剂有 Pd－Co－Au、Pd－Al－Co 等。第三类为 Pd 和金属氧化物的复合催化剂,如 Pd－MoO_3。由于 Pd 基复合催化剂对氧的电催化活性确实比 Pd 催化剂高,甚至比 Pt 催化剂还要高,而对甲醇氧化几乎没有催化活性,因此 Pd 基复合催化剂是很好的 Pt 催化剂的替代品。

表 4－2 Pt/C,Pd_2Co/C 和 Pd_4Co_2Ir/C 的结构及粒子尺寸

催化剂	Pd/C	Pd_2Co/C	Pd_4Co_2Ir/C
从 EDX 得到的组成	—	$Pd_2Co_{0.9}$	$Pd_4Co_{1.9}Ir_{0.1}$
从 XRD 得到的粒子尺寸/nm	4.8	4.3	3.5
键长/nm	0.276 9	0.272 4	0.273 9
晶格参数/nm	0.391 6	0.385 3	0.387 2

4.3.3 质子交换膜

4.3.3.1 DMFC 质子交换膜的主要研究方向

由于 Nafion 膜具有优良的质子电导,好的化学稳定性和机械强度,并且已经非常成功地应用于 PEMFC 中,所以在开始研究 DMFC 时,大都使用 Nafion 膜作质子交换膜。但不久就发现,甲醇很容易透过 Nafion 膜,大约有 40%甲醇会透过 Nafion 膜而被浪费掉。所以研制低甲醇透过率的 DMFC 中使用的质子交换膜成了一个重要的研究课题。一般来说,用作为 DMFC 的质子交换膜应有好的热稳定性、低的甲醇渗透率、好的化学稳定性、高的质子电导率、好的机械强度和低的价格。

4.3.3.2 改性 Nafion 膜

改性 Nafion 膜主要有两种类型。第一种类型是在 Nafion 膜的微孔中沉积上纳米粒子,如 Pd、杂多酸、SiO_2、ZrO_2 等,以降低甲醇渗透率。其中用 Pd 和杂多酸不但能降低甲醇渗透率,而且它们也能传导质子,因此,不会降低膜的质子电导率。而 SiO_2、ZrO_2 等无机粒子有较好的吸水性,它们能增加 Nafion 膜的含水量,由于 Nafion 膜内质子的迁移必须陪随水的迁移,因此,它们不但能降低甲醇渗透率,也能减少膜的质子电导率的降低。也可把两类纳米粒子,如 Pd 和 SiO_2 混合使用,发挥各自的优点。

第二种类型的改性 Nafion 膜用聚四氟乙烯多孔膜做基底膜,在其空中填充 Nafion 膜。由于聚四氟乙烯基底膜有很好的化学稳定性和机械强度,填充在基底膜孔中的 Nafion 膜不易溶胀而有利于抑制甲醇的渗透。这类复合膜的最高电导率可以接近 Nafion 膜而甲醇渗透率远低于 Nafion 膜,甲醇渗透率和质子电导率可通过改变基底膜的孔率和孔径来调节。

4.3.3.3　新型质子交换膜

由于 Nafion 膜易透过甲醇,除了对 Nafion 膜进行改性外,还研究了许多新型的质子交换膜,如聚苯并咪唑膜、聚乙烯醇膜、聚丙烯膜、聚醚醚酮膜、聚砜膜、酚酞型聚醚砜膜、乙烯-四氟乙烯共聚膜等。由于结构的原因,这些膜的甲醇渗透率都低于 Nafion 膜,但这些膜都没有质子导电性,所以用不同方法对它们进行质子化处理。

质子化处理的一种方法是与磷酸等形成复合膜。如聚苯并咪唑膜具有极好的化学和热稳定性及一定的机械柔韧性。用磷酸与聚苯并咪唑形成的复合膜则具有较好的质子导电能力,其阻醇性远好于 Nafion 膜,甲醇透过率是 Nafion 膜的 1/10。特别是这种复合膜能耐 200 ℃左右的高温,因此,可使 DMFC 在较高的温度下工作。这种复合膜的缺点主要是由于磷酸与 PBI 不是共价键合,因此,如在液相甲醇和水的体系中工作时,磷酸会慢慢从膜上扩散下来,而使膜的质子电导率渐渐降低。

把质子导电基团接枝到聚合物膜上,就能解决质子导电基团的稳定性问题。如在聚乙烯醇膜上接枝上磷钨酸,该接枝膜有很好的质子导电率,但这种膜的甲醇渗透率不太低,这是由于聚乙烯醇膜在水中容易溶胀引起的。另一种方法是将聚合物膜进行磺化处理,使聚合物膜具有质子导电性。如磺化程度最佳的聚醚醚酮膜的质子电导率高于 Nafion 膜,而其甲醇渗透率低于 Nafion 膜,用磺化程度为 39%～47%的 SPEEK 膜制成的 DMFC 的性能优于 Nafion-115 膜的电池性能。有些聚合物膜由于结构的原因,不能直接接枝上磺酸基团,如聚丙烯膜等。因此,先把聚丙烯膜作为接枝基底膜。在 γ 射线照射下将苯乙烯接入基底膜上,随后将膜浸入硫酸中磺化,在苯环中引入亲水磺酸基官能团,以保证膜具有一定的吸水量和质子导电率。当接枝程度合适时,接枝膜的质子导电率高于 Nafion 膜,对甲醇的渗透性小于 Nafion 膜。

也有把具有很好质子电导性的聚合物与阻醇性能很好的非质子电导性聚合物的共混膜来作为 DMFC 中的质子交换膜。如把具有很好质子电导性的聚苯乙烯磺酸与聚偏氟乙烯共混后,得到的混合膜的质子电导率比纯的聚偏氟乙烯膜有明显增加,但比 Nafion 膜要低 2 个数量级。不过,它的甲醇渗透率比 Nafion 膜低了 2～3 个数量级。研究过的共混膜还有聚乙烯醇与聚苯乙烯磺酸、聚醚砜与磺化聚砜等体系。

4.4　甲醇替代燃料的研究

4.4.1　研究甲醇替代燃料的原因

在 DAFC 发展初期,主要研究的燃料是甲醇,因为甲醇只含一个碳原子,不含 C—C 健,易被氧化,加上能量密度高,价格便宜和来源丰富,被认为是最好的燃料。但逐渐发现DMFC存在一些重要的问题。因此,人们在继续致力于解决DMFC的问题的同时,也把目光投向寻求比较合适的甲醇替代燃料。目前已研究过的甲醇替代燃料有乙醇、乙二醇、丙醇、2-丙醇、1-甲氧基-2-丙醇、丁醇、2-丁醇、异丁醇、叔丁醇、二甲醚、二甲氧基甲烷、三甲氧基甲烷、甲酸、甲醛、草酸、二甲基草酸等,它们的某些物性数据如表4-3所列。这些替代燃料的毒性和对Nafion膜的渗透率均比甲醇低。但这些甲醇替代燃料的氧化的性能大多比甲醇差,同样易被氧化的中间产物,CO毒化。

表4-3 直接液体进样燃料电池可能燃料的某些物性数据

燃 料	分子式	n	水中的溶解度(20 ℃,1 bar/(g·cm^{-3}))
甲醇	CH_3OH	6	∞
乙醇	C_2H_5OH	12	∞
异丙醇	2—C_3H_8OH	18	∞
乙二醇	CH_2OHCH_2OH	10	∞
甲酸	HCOOH	2	∞
二甲醚(DME)	CH_3OCH_3	12	0.76
二甲氧基甲烷(DMM)	$CH_3OCH_2CH_3O$	16	0.33
原甲酸三甲酯(TMM)	$CH(OCH_3)_3$	20	在水中分解
三氧杂环己烷	$(CH_2O)_3$	12	18 ℃时17.2 g;25 ℃时21.2 g

注:n为1分子物质完全氧化转移的电子数。

4.4.2 直接甲酸燃料电池

4.4.2.1 直接甲酸燃料电池的优越性

近年来逐步发现,甲酸是有希望替代甲醇的液体燃料之一。与DMFC相比,直接甲酸燃料电池DFAFC(Drect Formic Acid Fuel Cell)有很多优点。

① 甲酸无毒,美国食品与药物监督局允许甲酸可做食品添加剂。

② 甲酸不易燃,存储和运输安全方便。

③ 甲酸的电化学氧化性能要比甲醇好,用甲酸做燃料时,在标准状态下的理论开路电位为1.45 V,高于甲醇。

④ 虽然甲酸的能量密度较低,为1 740 Wh·kg^{-1},不到甲醇的1/3,但甲酸的最佳工作浓度为10 mol·dm^{-3},在20 mol·dm^{-3}浓度下也能工作,而甲醇的最佳工作浓度只有2 mol·

dm^{-3}因此，DFAFC 的能量密度比 DMFC 高。

⑤ 由于甲酸的最佳工作浓度在 10 mol・dm^{-3}，因此，冰点较低，所以 DFAFC 的低温工作性能好。

⑥ 甲酸是一种电解质，有利于增加阳极室内溶液的质子电导率。

⑦ 由于质子交换膜中的磺酸基团与甲酸阴离子间有排斥作用，因此，甲酸对 Nafion 膜的渗透率比甲醇要低一个数量级。

⑧ 由于甲酸氧化的活化能比甲醇低，因此，温度对甲酸氧化性能的影响较小，所以，DFAFC 的低温性能要好于 DMFC。

⑨ 甲酸的电化学氧化可通过双途径进行。即直接反应途径与 CO 途径。

直接反应途径：首先甲酸在催化剂电极上失去一个电子和一个 H^+，形成的中间产物吸附在催化剂上。

$$HCOOH \rightarrow COOH_{ads} + H^+ + e^- \tag{4-30}$$

吸附较弱的 $COOH_{ad}$会很快进一步氧化成 CO_2

$$COOH_{ads} \rightarrow CO_2 + H^+ + e^- \tag{4-31}$$

总的反应为：

$$HCOOH \rightarrow CO_2 + 2H^+ + 2e^- \tag{4-32}$$

CO 反应途径的反应历程如下。

$$HCOOH \rightarrow COOH_{ads} + H^+ + e^- \tag{4-33}$$

$$HCOOH + COOH_{ads} \rightarrow :C(OH)_2 + CO_2 + H^+ + e^- \tag{4-34}$$

$$:C(OH)_2 \rightarrow CO_2 + 2H^+ + 2e^- \tag{4-35}$$

总的反应为：

$$2HCOOH \rightarrow 2CO_2 + 4H^+ + 2e^- \tag{4-36}$$

由于直接反应途径没有 CO 中间产物的步骤，不会使催化剂中毒，而且提高了整个反应的转化速率。因此，直接反应途径是最期望的途径。

在 Pd 催化剂上，甲酸主要通过直接反应途径氧化，甲酸在 Pd/C 催化剂上的氧化峰峰电位在 0.1 V(vs. SCE)左右。而甲醇在 Pt/C 或 Pt－Ru/C 催化剂上的氧化峰峰电位在 0.5 V (vs. SCE)左右，因此，甲酸的电化学氧化性能要比甲醇好很多。

4.4.2.2　甲酸做替代燃料还存在的问题

虽然与 DMFC 相比，DFAFC 有很多的优点，但还存在一个主要的问题。虽然 Pd 对甲酸氧化具有高的电催化活性，但其稳定性却比较差。其确切的原因还不太清楚，可能是 Pd 容易氧化而失活；也可能是 Pd 容易吸附溶液中的一些阴离子，如 Cl^- 等而中毒；也可能是甲酸有一定的腐蚀性，对催化剂起一定的腐蚀作用。

4.4.3 直接乙醇燃料电池

虽然直接甲醇燃料电池具有很多优点，而且目前也受到广泛的关注，但是直接甲醇燃料电池采用的燃料甲醇具有毒性，吸入过量会导致失明，刺激人类神经系统，而且甲醇在空气中的含量达到一定量时，会发生爆炸。因此，目前对于其他醇类的研究受到了重视，因为人们企图寻找一种可以替代甲醇的液体醇类燃料。目前研究发现，低碳烷醇，特别是 C_1—C_5 的伯醇能够在催化甲醇氧化反应的常规催化剂如 Pt/C、PtRu/C 上发生氧化反应。其中乙醇具有分子结构简单的优点，而且它能够通过农作物发酵大量生产，也可以通过生物质来进行制备，因此，来源丰富，价格低廉，所以，目前对于采用乙醇液体直接进料的燃料电池研究逐渐增多，直接以乙醇为燃料的燃料电池称为直接乙醇燃料电池 DEFC(Direct Ethanol Fuel Cell)。

直接乙醇燃料电池的工作原理与直接甲醇燃料电池相似，其工作原理图如图 4-12 所示。乙醇的水溶液或者汽化乙醇和水蒸气输送至阳极，并发生电氧化反应，生成二氧化碳和水，并释放出电子和氢离子。电子经由外电路在到达阴极前对外做功，氢离子通过电解质膜到达阴极，在阴极，由阳极传递过来的电子、氢离子和阴极燃料氧气发生反应，生成水。

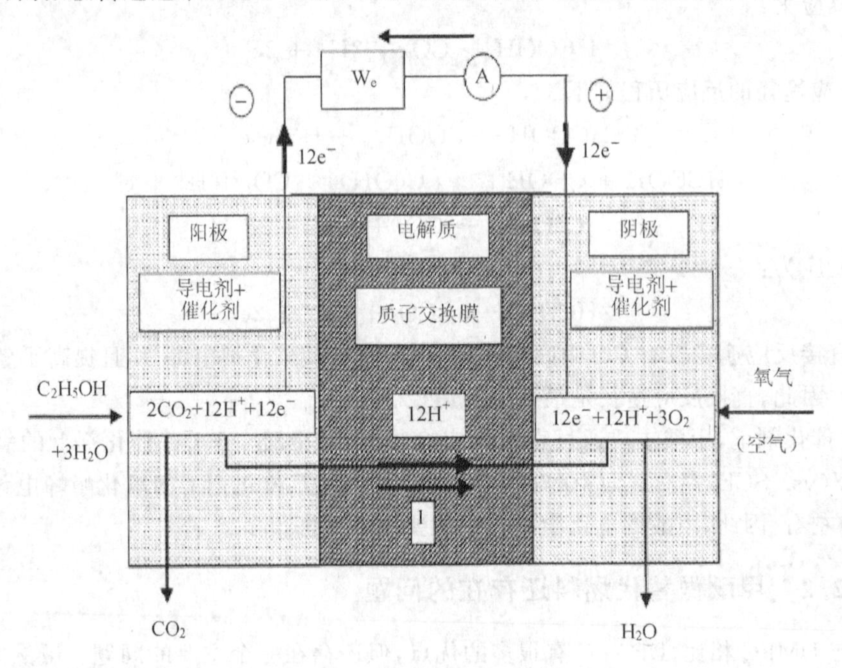

图 4-12 直接乙醇燃料电池工作原理图

其结构示意图与直接甲醇燃料电池相似，可采用如图 4-13 所示的结构进行组装。其电极反应如下。

阳极：

$$C_2H_5OH + 3H_2O \rightarrow 2CO_2 + 12H^+ + 12e^- \qquad \varphi_r = 0.087\ V \qquad (4-37)$$

阴极：

$$3O_2 + 12H^+ + 12e^- \rightarrow 6H_2O \qquad \varphi_r = 1.229\ V \qquad (4-38)$$

总反应：

$$C_2H_5OH + 3O_2 \rightarrow 3H_2O + 2CO_2 \qquad E_r = 1.145\ V \qquad (4-39)$$

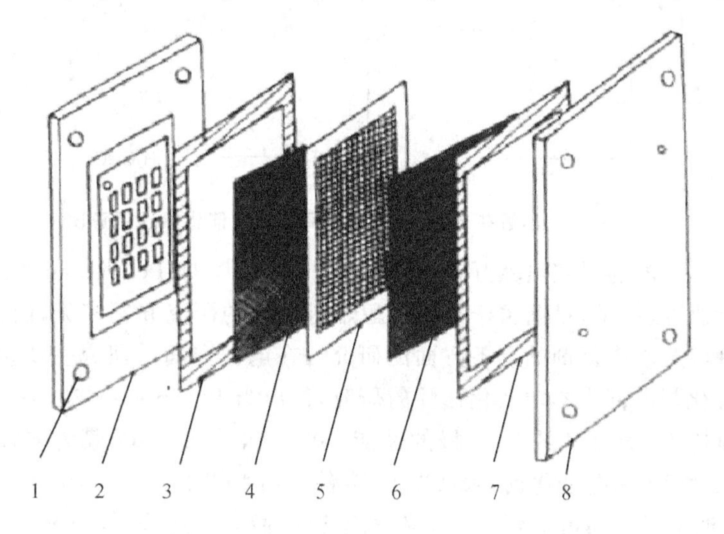

1 紧固螺丝孔；2、8 不锈钢极板；3、7 密封框；4、6 集流网；5 膜电极三合一。

图 4-13 直接乙醇燃料电池结构示意图

在上述反应过程中，通过原位光谱、气相色谱、质谱和电化学方法研究发现，在多晶铂上乙醇电氧化的主要产物是乙醛、乙酸和二氧化碳，从而提出了如下的可能氧化反应机理。

$$CH_3CH_2OH + H_2O \rightarrow CH_3COOH + 4H^+ + e^- \qquad (4-40)$$

$$CH_3CH_2OH \rightarrow CH_3CHO + 2H^+ + 2e^- \qquad (4-41)$$

$$Pt + H_2O \rightarrow Pt—OH_{ads} + H^+ + e^- \qquad (4-42)$$

$$CH_3CHO + Pt—OH_{ads} \rightarrow CH_3COOH + H^+ + e^- + Pt \qquad (4-43)$$

$$Pt + CH_3CHO \rightarrow Pt—(CO—CH_3)_{ads} + H^+ + e^- \qquad (4-44)$$

$$Pt + Pt—(CO—CH_3)_{ads} \rightarrow Pt—(CO)_{ads} + Pt—(CH_3)_{ads} \qquad (4-45)$$

$$2Pt + H_2O \rightarrow Pt—OH_{ads} + Pt—H_{ads} \qquad (4-46)$$

$$Pt—(CH_3)_{ads} + Pt—H_{ads} \rightarrow CH_4 + 2Pt \qquad (4-47)$$

$$Pt—(CO)_{ads} + Pt—OH_{ads} \rightarrow CO_2 + 2Pt + H^+ + e^- \qquad (4-48)$$

反应式(4-40)发生在较高的电极电位区间 $E>0.8$ V(vs. RHE)，在该电位区间，水分子被活化形成含氧物种，乙醇被氧化生成乙酸；反应式(4-41)主要发生在较低电极电位区间 E<0.6 V(vs. RHE)，而在中间电势区间范围内，游离的水吸附在 Pt 电极上，生成 Pt—OH_{ads}，所以乙醛被氧化为乙酸。而反应式(4-44)～反应式(4-48)则表明在乙醇发生氧化的过程中还会生成 CO 毒化物种以及中间产物 CO_2 和 CH_4。整个反应过程可以用图 4-14 进行形象的表示。

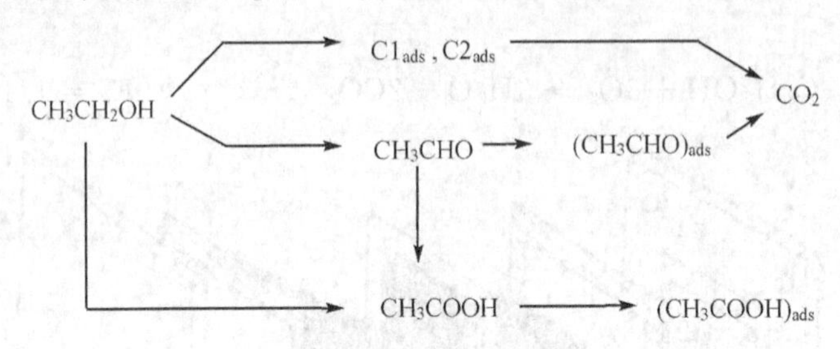

图 4-14 乙醇在光滑 Pt 电极上氧化的电催化机理示意图

直接乙醇燃料电池的研究虽然开始于 20 世纪 90 年代，即 Pessleman 小组关于直接乙醇燃料电池原型的研究，但是，目前关于直接乙醇燃料电池的研究并不多见，而且多集中在乙醇电化学氧化机理以及电催化剂的制备方面的研究。在电池方面的研究主要包括 Delime 对于 PtRu 和 PtSn 催化剂电催化乙醇氧化活性的研究，得出当 Pt/Sn=80/20(原子比)时，PtSn 催化剂的性能明显优于 PtRu 和纯 Pt 电极的性能。并以 Nafion-117 膜为电解质膜，阳极分别采用 PtSn、PtRu 和 Pt 为电催化剂，阴极以 Pt 为催化剂组装了电池，其中尤以 PtSn 催化剂最好，在 90℃时电池电压最高可达到 550 mV，功率密度最大可达到 33 $mW \cdot cm^{-2}$；Aricò 等人以质量分数为 5%的 Nafion 溶液和质量分数为 3%的硅胶制备成 80 μm 厚的复合膜作为电解质膜，阳极和阴极分别以 PtRu/C(Pt/Ru=1/1 原子比)和 Pt/C 为催化剂，在 145 ℃时，电池的最大功率密度达到 110 $mW \cdot cm^{-2}$；Wang 等人用聚苯并咪唑(PBI)膜为电解质膜，考察了不同燃料(甲醇、乙醇、1-丙醇和异丙醇水溶液)对于电池性能的影响。其中，乙醇与甲醇的电化学活性相似，因此，乙醇最有希望成为甲醇的替代燃料。另外，中国科学院大连化学物理研究所的工作也比较有代表性，它们考察了电池温度、氧气压力、乙醇浓度及流量等对电池性能的影响，并考察了不同催化剂乙醇氧化的活性，它们的活性顺序为：PtSn/C>PtRu/C> PtW/C >PtPd/C>Pt/C。

日本马自达与美国福特汽车公司联合开发了以乙醇做燃料的电池车 Premacy-FC-EV (如图 4-15)。该车是在小型轿车 Premacy 的基础上开发出来的，这辆车可乘坐 5 人，引擎的输出功率为 65 kW，已开始在日本国内进行公路越野试验。

直接乙醇燃料电池的研究之所以还处于起步阶段，离商业化还有较大的距离，是因为，①乙醇是 C_2 分子，其 C—C 键断裂并完全氧化成 CO_2 的过程发生 12 个电子转移，反应过程极为复杂，并且会有大量的中间产物生成，给研究工作带来了极大的困难；② 乙醇氧化的中间产物吸附在催化剂表面造成催化剂中毒也是直接乙醇燃料电池所面临的问题；③ Nafion 膜在乙醇

图 4－15　Premacy－FC－EV 乙醇燃料电池车

水溶液中的溶胀系数变大，即 Nafion 膜发生膨胀，会使催化层与电解质膜的剥离现象十分严重，导致电池性能显著下降；④ 乙醇会从阳极通过电解质膜渗透到阴极，渗透到达阴极的乙醇分子会占据 Pt 的活性位，使 Pt 的活性面积下降，而且会在阴极形成混合电位，降低阴极性能，同时使燃料的利用率下降，虽然由于乙醇的分子较大并且和水分子存在耦合作用，其渗透率较甲醇小，但是由于乙醇渗透所产生的这些问题也必须要考虑。因此，直接乙醇燃料电池要想获得突破性的发展，必须在新型电催化剂、新型耐高温、导质子率高的电解质膜上取得较大的进展。

4.5　直接醇类燃料电池的商业化前景

近年来，DAFC 的研制工作进展很快，不少单位已研制成不同类型的 DAFC 的样机，只要解决了目前 DAFC 中存在的关键问题，DAFC 就可进入商业化的前期阶段。

对于 PEMFC 来说，它的技术基本上已经成熟，除了氢源和寿命问题外，进入商业化主要问题是 PEMFC 的价格问题。目前，PEMFC 的价格在 600～800 美元/kW，这主要是由于双极板的加工费和 Nafion 膜价格高而引起的。而且从目前情况来看，PEMFC 的价格在短期内不可能大幅度下降。专家们估计，在目前的技术基础上，即使 PEMFC 的年产量为 50 万台，其价格也要在 300 美元/kW 左右。由于现在汽车用内燃机的价格一般 50 美元/kW 左右，因此，美国能源部认为，除非 PEMFC 的价格降低到 100 美元/kW 左右，PEMFC 电动车是很难商业化的。

目前 DAFC 的性能与 PEMFC 有较大的差距，因此，在近期内要用它来代替 PEMFC 作为电动车的动力源似乎不太可能。但由于 DAFC 作为小功率、便携式的电源有较多的优点，加上价格对小功率燃料电池商业化的影响程度相对来说比较小。据估计，只要 DAFC 的价格达到 300 美元/kW 左右，就可在小功率的应用场合与其他化学电源相竞争。估计在以后的几年中，DAFC 的研制将会有很大的进展，小功率、便携式的 DAFC 很可能会较早地商业化。

问题与讨论

1. 什么叫直接醇类燃料电池？其基本结构大致可以分为几部分？

2. 直接甲醇燃料电池的多孔气体扩散电极由哪几部分组成？起支撑催化层、收集电流作用的是哪一层？为了增加其防水性，应该怎样处理？

3. 直接甲醇燃料电池的催化层由什么构成？各部分都有什么作用？

4. 什么叫 MEA？其制备方法分为哪几大类？

5. 流场板起到什么作用？其种类有哪些？

6. 直接甲醇燃料电池中双极板有哪些作用？一般是采用双极板和流场板结合的形式，还是分开的形式？

7. 直接甲醇燃料电池具有哪些优点？

8. 现在，直接醇类燃料电池的研发非常受到重视，其受重视的原因是什么？

9. 试分别举出直接甲醇燃料电池在耳机和手机方面实际应用的一个例子。

10. 直接甲醇燃料电池存在哪些问题？

11. 对直接甲醇燃料电池阳极催化剂改性可以采取哪些途径？

12. 直接甲醇燃料电池中，Pt 催化剂中毒是制约电池性能提高的一个主要因素，一般认为线性吸附 CO 是毒化物种，为了降低 CO 的毒化作用，人们进行了大量研究，提出了两种解决方法，分别是什么？

13. 对于直接甲醇燃料电池阳极催化剂有哪些要求？其性能的改进可以从哪些方面进行？

14. 到目前为止，直接甲醇燃料电池阳极催化剂大致可以分为哪 3 种？

15. 影响催化剂性能的结构因素有哪些？

16. 在本书中，对于阳极催化剂的制备方法进行了总结，大致可以分为 12 种，写出这 12 种方法的名称，并简述各种方法的制备过程。

17. 在直接甲醇燃料电池阴极催化剂中，由于大环化合物具有较好的耐甲醇氧化功能，而被认为是一种较有发展趋势的阴极催化剂，影响大环化合物催化活性的因素有哪些？

18. 对于大环化合物进行热处理被认为是提高其催化氧还原活性的一种有效方法，那么是什么原因使其催化活性和稳定性都得到了提高呢？

19. 对应用于直接甲醇燃料电池中的质子交换膜有哪些要求？

20. 由于 Nafion 膜应用在直接甲醇燃料电池中时，存在甲醇透过的问题，解决这种问题的其中一个途径是对 Nafion 膜进行改性，到目前为止，这种改性方法大致可以归结为哪两类？

21. 直接甲酸燃料电池有哪些优越性？采用甲酸做替代燃料还存在的主要问题是什么？

22. 直接乙醇燃料电池目前为止还不能商业化的原因有哪些？

第5章　碱性燃料电池

碱性燃料电池 AFC(Alkaline Fuel Cell),是最早开发和获得成功应用的一类燃料电池。AFC 技术是在 1902 年提出的,但是由于当时研究水平有限,使得该类燃料电池在当时并没有商业化。直到 20 世纪 40 至 50 年代,剑桥大学的弗朗西斯·托马斯·培根(Bacon,1904—1992)完成了碱性燃料电池的研究。他采用碱性 KOH 溶液替代了自 Grove 时代一直使用的腐蚀性较强的酸性电解质溶液,并根据 Schmid 提出的多孔结构气体扩散电极的概念开发出了双孔电极。这种扩散电极增加了电极的反应界面。他对装置进行了改进,从而制造出了世界上第一个碱性燃料电池。这种电池又被称作培根电池。1959 年,培根发明了 5 kW 的碱性燃料电池,创造出了能够实际工作的燃料电池。

此外,美国阿利-查理莫斯公司(Allis - Chalmers Company)和联合碳化物公司(Union Carbide Company)分别将碱性燃料电池应用于农场拖拉机和移动雷达系统以及民用电动自行车上。到 20 世纪 60 年代,为了促进太空科技的发展,美国宇航局(NASA)开始资助燃料电池的研究计划。小巧而长寿的碱性燃料电池开发成功,并在阿波罗登月飞船上得到应用,表明碱性燃料电池已达到了实用化的水平,从而掀起了全世界第一波研究燃料电池的高潮。到了 20 世纪 60 年代以后,碱性燃料电池陆续应用到叉车、小型货车、公共汽车和潜艇等方面。

碱性燃料电池具有如下特点:

① 能量转换效率高。在碱性燃料电池中,氧气发生还原反应的动力学条件要优于碱性溶液中的,所以氧还原反应的活化过电压小,其工作电压可以高达 0.875 V,其电能转换效率可达 60%～70%。

② 电池系统成本低。碱性燃料电池中使用的电解质为氢氧化钾,其价格很低,所以其电解质成本要低于任何一种电解质。另外,碱性燃料电池的电极可以采用非贵金属材料制成,其电极成本要比其他类型燃料电池的成本低很多。

③ 电池启动速度快,工作温度范围宽,可在低于 0 ℃下工作。

但是,由于碱性燃料电池采用碱性电解质,会和 CO_2 反应生成溶解度较小的碳酸钾、碳酸钠等碳酸盐,会使溶液电导率下降;另外,沉淀还可能堵塞多孔电极的孔隙,使电池的性能恶化。这使得碱性燃料电池的发展和应用受到了限制。

5.1　工作原理

顾名思义,碱性燃料电池采用碱性物质作为电解质溶液,一般采用 KOH 或 NaOH 水溶液,在电解质内部传输的导电离子为 OH^- 离子。比较典型的电解质溶液是质量分数为 35%～

50%的 KOH 溶液,可以在较低温度(<120 ℃)时使用。而当温度较高,如 200 ℃时,可以采用高质量分数(85%)的 KOH。在碱性电解质中,氧化还原反应比在酸性电解质中容易。采用氢气作为燃料,纯氧或者脱除二氧化碳的空气作为氧化剂。一般以 Pt-Pd/C、Pt/C、Ni 等对氢具有较好催化活性的电催化剂制备的多孔气体扩散电极作为氢电极,而采用对氧的电化学还原具有较好催化活性的 Pt/C、Ag 等作为催化剂制备的多孔气体扩散电极作为氧电极。电池工作原理图如图 5-1 所示。图 5-2 所示为单体电池的测试图。

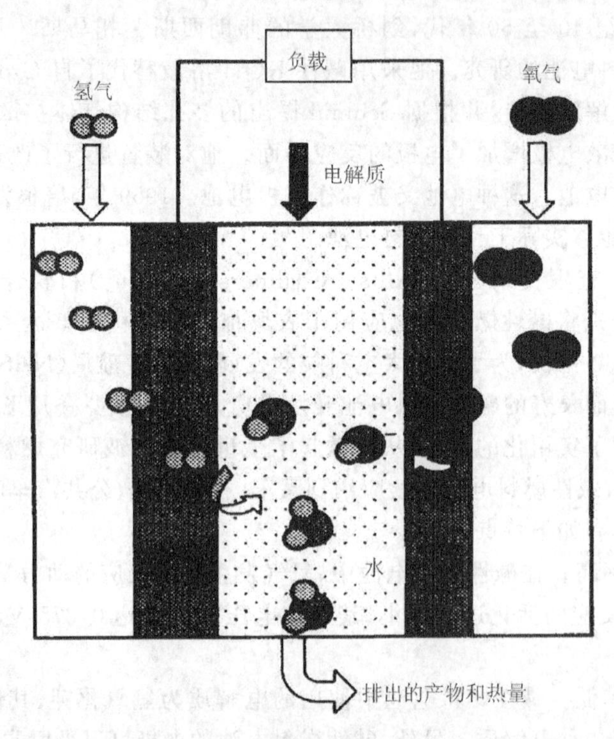

图 5-1　碱性燃料电池工作原理

氢气进入气室到达阳极后,在阳极催化剂作用下,失去 2 个电子,与 OH^- 结合生成 H_2O,电池阳极反应如下:

$$H_2 + 2OH^- \rightarrow 2H_2O + O_2 \qquad (\varphi^0 = -0.828\ V) \tag{5-1}$$

氧气进入气室到达阴极后,在阴极催化剂作用下,得到 2 个电子还原,生成 OH^-。其阴极反应为

$$\frac{1}{2}O_2 + H_2O + 2e^- \rightarrow 2OH^- \qquad (\varphi^0 = 0.401\ V) \tag{5-2}$$

OH^- 通过隔膜到达阳极。其总反应为

$$\frac{1}{2}O_2 + H_2 \rightarrow H_2O \tag{5-3}$$

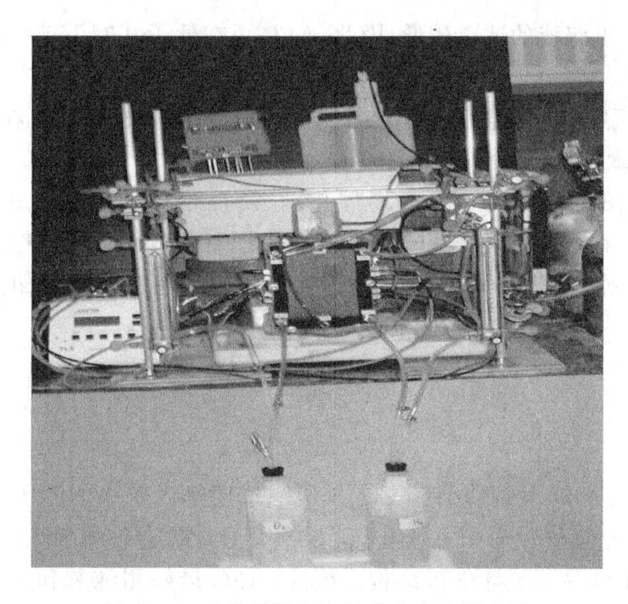

图 5－2　碱性燃料电池的单体电池测试图

在 25 ℃下的理论电动势：

$$E = 0.401 - (-0.828) = 1.229\ \text{V}$$

实际上由于反应的不可逆性，开路电压一般在 1.1 V 以下。

为了保持电池连续工作，除了保持氢和氧的连续供给外，还要连续排热和排水。由于水在阳极上生成，因此，一般从阳极排水。

碱性燃料电池的工作条件为：温度在 60～80 ℃；电池的工作压力应在 0.4～0.5 MPa 范围内。

5.2　优缺点

5.2.1　优　点

1. 工作性能好

一般来说，氧的还原反应要比氢氧化难以进行，因此，电池性能的提高主要依靠氧还原性能的提高。由于氧在碱性溶液中的还原性能要远好于酸性溶液中的，因此，AFC 的性能一般要好于使用酸性电解质的 PAFC 和 PEMFC。

2. 低温工作性能好

由于在碱性电解液中，氢的电氧化和氧的电还原性能都较好，因此，AFC 的低温工作性能好。加上浓的KOH电解液的冰点较低,因此,AFC可在低于0 ℃下工作。

3. 启动容易

由于AFC工作温度低,低温工作性能好,因此,电池启动快,而且可在常温下启动。

4. 电池系统成本低

在AFC中,阴、阳极都可用非贵金属催化剂,所以催化剂的成本相对较低。电解质为KOH,其价格很低。而在其他燃料电池,如PEMFC中,电解质是Nafion膜,它的价格特别高。另外,AFC的工作温度低,电解液的腐蚀性相对较弱,所以对电池组成材料的要求较低,选择面宽,材料便宜。因此,AFC的成本较低。

5.2.2 缺 点

由于AFC用的KOH电解质会和CO_2反应生成溶解度较小的K_2CO_3,会使电池性能下降。特别是当K_2CO_3的质量分数一旦达到30%以上,就会使电池性能急剧下降。而且,K_2CO_3易于在电极中结晶而破坏电极结构。因此,AFC最好用纯氢和纯氧,这样运行成本较高,只能在一些特殊的情况下,如在宇宙飞船等方面使用。如要用有机物热解得到的氢和空气中的氧作为燃料,必须加上除CO装置,或经常更换电解液,这就使系统复杂化。由于AFC工作温度低,它产生的热不易利用;因此,虽然对地面民用AFC也进行了不少研究,但现在基本上已经停止了地面民用AFC的开发和应用。

5.3 基本结构

AFC单体电池主要由氢气气室、阳极和电解质、阴极及氧气气室组成。AFC电堆是由一定大小的电极、一定的单电池层集在一起,用端板夹住或者使全体黏合在一起组成的。

5.3.1 燃料和氧化剂

5.3.1.1 燃 料

AFC一般用纯氢做燃料,但AFC在地面使用,存在纯氢价格高,氢源的储氢量低等问题;而用有机物热解制氢做燃料,由于其中会含CO而带来不少问题。在这样情况下,人们考虑了用液体燃料来代替氢,因为液体燃料的储存和运输比较方便、安全。研究过的液体燃料有肼、液氨、甲醇和烃类。

肼(也称为联胺),极易在阳极上发生分解:

$$N_2H_4 \rightarrow N_2 + 2H_2 \tag{5-4}$$

由此可见，肼实际上是作为氢源使用的。但是，由于肼的分解反应和制得的氢中含较多的氮，因此，用肼做燃料的 AFC 性能也不太好。肼曾经在 20 世纪 50、60 年代盛行过，当时主要应用在英、法、德、美的防御计划中，作为军用电源使用。但是由于联胺的剧毒性和高昂的价格，使得它的应用到 20 世纪 70 年代就中止了。这种燃料电池也基本停止了研究。

另外，也有人对氨一空气燃料电池进行了研究。它的理想阳极反应为

$$4N_3 + 3O_2 \rightarrow 2N_2 + 6H_2O \tag{5-5}$$

按照这个反应，氨生成的有效氢比例较大，但是实际上由于氨反应产生的氮原子不容易互相结合形成氮气，反而会在电极上形成某种氮化物而导致电极催化剂中毒，发生如下的反应：

$$2NH_3 + 6OH^- \rightarrow N_2 + 6H_2O + 6e^- \tag{5-6}$$

5.3.1.2　氧化剂

AFC 的氧化剂既可以是空气，也可以是氧气。例如，美国国际燃料电池公司和德国的西门子公司所开发的 AFC 主要采用纯氧作为氧化剂，而比利时电化学能源公司主要采用空气作为氧化剂。在一定电压下，用空气做氧化剂的 AFC 输出电流密度要比用纯氧的低 50%。最大的问题是空气中含 CO_2 等杂质，虽然通过预处理除去了 CO_2，但是还有一些其他杂质，如 SO_2 等存在；这些杂质对于电池的影响也是不利的。

5.3.2　电　极

5.3.2.1　电极结构

由于电极必须是气体扩散电极，因此，一般由三个部分组成。第一是为扩散层，它与气体接触。因此，首先要求它有较大的孔径，一般大于 30 μm，以利于气体的扩散；其次，还要具有较好的憎水性，其憎水性用加入 PTFE 形成；最后，是要具有好的导电性，因此，扩散层的主体材料一般是多孔金属粉，常用的是烧结镍粉、Raney 镍等，Raney 镍是由镍铝复合物中溶出铝得到的。第二是催化层，它是将催化剂和 PTFE 混合得到，这样使催化层也有一定的防水性。PTFE 的质量比一般是催化剂的 30%～50%。第三是集流体，一般是由镍网制成，它不易在 KOH 中腐蚀，而且又有较好的导电性。

5.3.2.2　对催化剂的要求

催化剂性能的好坏对于电池性能的优劣有着很重要的影响。因此，对催化剂有如下要求：

- 具有良好的导电性或使用导电性良好的载体。
- 具有电化学稳定性，在电催化反应过程中，催化剂不会因电化学反应而过早失活。
- 必要的催化活性和选择性。要能促进主反应的进行，同时也能抑制有害的副反应发生。

5.3.2.3 阳极催化剂

(1) 贵金属催化剂

氢分子分解为氢原子过程所需的能量较大,约为 320 kJ·mol^{-1},所以只有一些对氢原子亲和力较大而且吸附氢原子的吸附热大于 160 kJ·mol^{-1}的电极才能与氢原子发生吸附。能够满足这些条件的电极多为金属电极,如 Pt、Pb、Fe、Ni 等。所以,人们虽然研究出了很多非贵金属催化剂;但是到目前为止,性能最好的仍然是贵金属催化剂。这些催化剂的催化性能远远超过了非贵金属催化剂。虽然非贵金属催化剂存在着价格上的优势;但是,就性能来考虑,贵金属催化剂还是存在着不可替代的优点。而且电池的性能和贵金属催化剂的用量相关。早期,人们采用高负载量的贵金属催化剂作为碱性燃料电池的阳极,如国际燃料电池公司(IEC)采用的阳极材料为 10 mg·cm^{-2}的贵金属(80%Pt,20%Pd)。现在,人们考虑到电池的成本问题,或者开发出了新的载体材料,使催化剂载量降低到了原来的 1/20~1/100。因此,在航天用的 AFC 中,一般都用贵金属催化剂。

由于这些贵金属催化剂价格昂贵,现在已经开发和研究了许多复合催化剂以降低电池成本。

(2) 合金或多金属催化剂

在研制地面使用的 AFC 时,一般不使用纯氢和纯氧做燃料和氧化剂,因此要考虑进一步提高催化剂的电催化活性、提高催化剂的抗毒化能力和降低贵金属催化剂的用量。一般用 Pt 基二元和三元复合催化剂来达到上述的要求。研究过的 Pt 基复合催化剂有 Pt-Ag、Pt-Rh、Pt-Pd、Pt-Ni、Pt-Bi、Pt-La、Pt-Ru、Ir-Pt-Au、Pt-Pd-Ni、Pt-Co-W、Pt-Co-Mo、Pt-Ni-W、Pt-Mn-W、Pt-Ru-Nb 等二元以及三元合金催化剂。

例如,东北大学的顾军等人研究了 Pd、Ni、Bi、La 对 Pt/C 催化剂的影响。他们采用共沉淀法制备催化剂,即将 Pt、Pd、Ni、Bi、La 的硝酸盐溶液与活性炭(颗粒直径约为 10 cm 左右)混合在一起,预先高速搅拌 0.5 h,以甲醛和 KOH 的混合溶液作为还原剂。制备过程分为 3 个阶段。首先将还原剂以不同的滴加速度滴入悬浮液中进行还原;还原之后,再继续搅拌 1 h,过滤、洗涤,最后烘干,得到合金催化剂。将催化剂粉末和 PTFE 混合,辊压成薄膜,制得催化剂层。将硫酸钠和 PTFE 乳液混合,辊压成透气膜,并以不锈钢网作为集流层。将这三部分在 10 MPa 下压制成氢电极。测试了电极的电化学性能。实验发现制备得到的合金催化剂以 Pt-Pd/C 性能最好,其次是 Pt-Ni/C 催化剂,而 Pt/C 催化剂性能最差。通过扫描电镜观察发现,Pt/C 催化剂的颗粒最大,而且分散性很差,而 Pt/C 的电化学比表面积较小;Pt-Pd/C 和 Pt-Ni/C 催化剂分散较好,而且粒子尺寸较小,使得二者的有效表面积较大。这可能是造成它们催化性能存在差异的原因。该作者提出,从催化剂成本来考虑,应优先考虑 Pt-Ni/C。另外,在该篇文献中,作者还制备了 Pt-Ni-La/C 催化剂,并考察了其电化学性能。发现,La 的加入,使催化剂 Pt-Ni/C 的性能提高、原因主要是使 Pt-Ni/C 催化剂的分散性更好,从而提高了Pt-Ni/C催化剂的有效表面积,增加了反应的活性数目,提高了氢电极的氧化性能。

另外,对在H_2中有CO存在的情况下,为了避免或减少催化剂中毒情况,Pt-Ru/C催化剂的研究日益增多。何志斌等人对该类催化剂的研究进行了评述。合金催化剂中Ru的作用是使CO的氧化电势降低,而且Pt-Ru合金与水的结合能较大,产生的OH活化能较小,有利于氢的氧化。所以,在CO存在的情况下,Pt-Ru/C催化剂的性能要高于纯Pt催化剂。而若以纯H_2为燃料,则Pt催化剂的活性要高于Pt-Ru/C催化剂。

Lee等发现,Pt-Sn/C催化剂的抗CO水平与Pt-Ru/C比较相近,但是Pt-Sn/C催化剂的稳定温度低于85 ℃。当高于该温度时,催化剂变得不稳定,而且工作时,电极电位不能超过600 mV;若高于该电位,合金会发生烧结现象。Mukerjee等人研究了Pt-Mo/C催化剂的活性,并与Pt/C、Pt-Ru/C催化剂做了比较。该催化剂的活性与Pt/Mo的原子比相关,当该比值为3∶1时,催化剂的活性最高,要高于Pt/C和Pt-Ru/C催化剂。

侯中军等人对几种三组分催化剂进行了研究。发现Pt-Co-W/C、Pt-Co-Mo/C、Pt-Ni-W/C、Pt-Mn-W/C、Pt-Ru-Nb/C等都具有较佳的耐CO毒化的性能。

(3) 镍基催化剂

碱性燃料电池由于在室温下操作,不需要加湿系统,而且电催化剂和电解质的成本较低,使其具有在商业化燃料电池中应用的巨大优势。但是,为了扩大其应用范围,应该进一步降低催化剂成本,因此,碱性燃料电池催化剂的另一发展方向,就是采用镍或者其合金Raney镍作为阳极催化剂。最早使用的是Raney镍。所谓Raney镍就是先将Ni与Al按1∶1的质量比配成合金,再用饱和KOH溶液将Al溶解后形成的多孔结构(Raney金属通常是由一种活泼的金属如镍,和一种不活泼的金属如铝,混合得到类似合金的混合物,然后将这种混合物用强碱处理,把铝熔化掉,就可以得到一种表面积很大的多孔材料。这个过程不需要使用烧结镍粉,可以通过改变两种金属的量来控制孔径的大小)。其活性强,在空气中容易着火。为了保证电极的透液阻气性,应该将镍电极做成两层,使其在液体侧形成一个润湿的多孔结构,在气体侧有更多的微孔,即近气侧的孔径大于30 μm,而近液侧的孔径小于16 μm,电极厚度约为1.6 mm,以利于吸收电解液。不过为了使气液界面处在合适的位置,需要严格地控制气体与电解质间的压力差;控制合宜,就可有效地将反应区稳定在粗孔层内。在氧化H_2的反应中,如果单纯使用镍,其活性比Pt低了约3个数量级,改进的办法是加入助催化剂。

助催化剂或称助剂,是加到催化剂中的少量物质,本身没有活性或活性很小,但加入后能提高主催化剂的活性、选择性,改善催化剂的耐热性、抗毒性、机械强度和寿命等性能。根据文献报道,有人研究出了含有若干助剂的各种雷尼镍催化剂,它们相当稳定,在同样条件下,其活性是性能良好的雷尼镍催化剂的2~3倍。助催化剂可分为结构型助催化剂和电子型助催化剂。张富利等人采用Co、Cu、Bi和Cu_2O为助催化剂,制备了雷尼镍催化剂,并考察了催化剂催化氢气氧化反应的性能,发现可以使电极的放电性能得到提高。

Kinoshita 等人采用 PTFE 作为基体，在其上电镀镍作为碱性燃料电池的电极材料。他们选用的 PTFE 的粒子尺寸分别为 500 μm、350 μm 和 25 μm。PTFE 在使用之前要进行亲水处理，将 PTFE 放入质量分数为 2％的非离子型碳氢化合物表面活性剂 $C_{12}H_{25}—O—(C_2H_4O)_2—H$ 溶液中，搅拌 30 min，进行洗涤、过滤，最后在空气氛中进行干燥。再对 PTFE 进行光敏处理，即在质量分数为 2％的 $ZnCl_2$ 和体积分数为 1％的 HCl 溶液中浸泡 10 min，再进行活化处理。最后在经过处理的 PTFE 上镀镍，将 10 g PTFE 放入 1 000 cm^{-3} 镀液，即 20 g · dm^{-3} 的六水合硫酸镍中，30 g · dm^{-3} 的二水合柠檬酸钠，采用钠铵溶液（sodium ammonium solution）调节溶液的 pH 值，然后加入还原剂一水合亚磷酸钠，并控制溶液温度为 60 ℃，pH 值为 9.0，一段时间后，过滤、洗涤，最后在 70 ℃的空气氛中进行干燥。然后将其放入电池系统中进行测试。图 5－3 所示为 Ni 质量分数为 51％的 Ni－PTFE 粒子扫描电镜图，从图 5－3(a) 可以看出，Ni 均匀地覆盖在 PTFE 粒子的表面，Ni 和 PTFE 的界面也比较清楚。其导电通道是由沉积在 PFFE 表面的 Ni 粒子构成的。从其断面结构图可以估算出沉积的 Ni 层的厚度大约在 1 μm 左右。由于使用的是 25 μm 的 PTFE，所以其粒子很容易聚集，Ni 粒子就是沉积在这些聚集的 PTFE 粒子上的。这些聚集后的 PTFE 粒子尺寸大约在 100 μm 左右，减少这种聚集程度可以提高 Ni－PTFE 粒子的导电性。

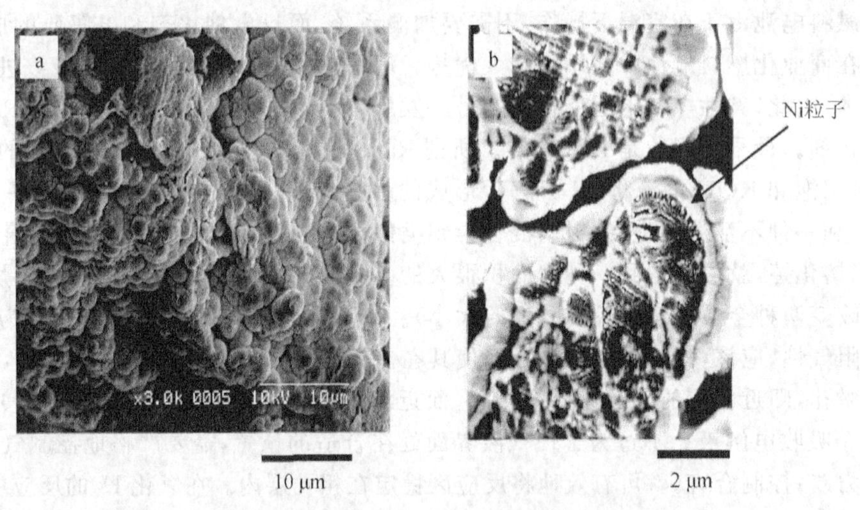

a Ni－PTFE 表面；b Ni－PTFE 粒子截面(PTFE 粒子尺寸：25 μm)。

图 5－3 Ni 质量分数为 51％的 Ni－PTFE 粒子扫描电镜图

图 5－4 是在 300 kg · cm^{-2} 下压制的 Ni－PTFE 电极烧结后的截面扫描电镜图。从图中可以看出，PTFE 粒子有部分析出，还存在粒子之间的断裂问题，即粒子和粒子之间的间距拉大了，使得电子通路断开了。这些间距在 10～50 μm。这导致了在垂直于电极表面的方向上，电导率有所下降。

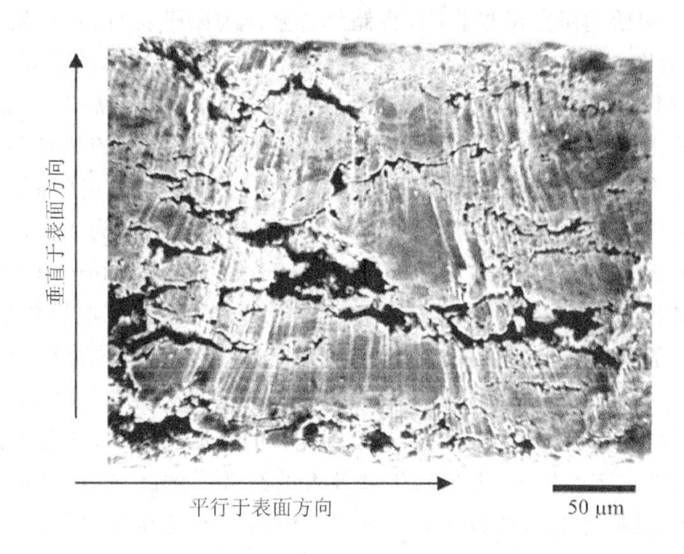

图5-4 在300 kg·cm^{-2}下压制的Ni-PTFE电极烧结后的截面扫描电镜图

表5-1列出了电导率随镍含量的变化。垂直于电极表面方向的电导率随着镍含量的增加而增加,而对于平行于电极表面方向的电导率则有一个最大值,发生在镍质量分数为42%时,这个值为5.6×10^3 S·m^{-1}。

表5-1 电导率随镍含量的变化

Ni的质量分数/%	电导率/(S·m^{-1})	
	垂直于表面方向	平行于表面方向
33	24	0.82×10^3
42	93	5.64×10^3
55	205	1.78×10^3

(4) 氢化物电催化剂

实现碱性燃料电池商业化的一个阻碍是阳极催化剂贵金属Pt的价格昂贵。因此,为了实现AFC与其他电池的竞争,必须寻找一种新的、以非贵金属催化剂作为AFC的阳极材料。AB_5型稀土储氢合金材料,在室温下具有可逆析放氢的优良性能,其作为Ni/MH电池的负极材料具有很多优点——优良的电化学性能,在碱性电解质中机械性能和化学性能稳定,原料来源丰富,价格低廉等。由于碱性燃料电池中的阳极活性材料的工作温度和压力非常接近于环境条件,其所使用的电解质是质量分数为30%~40%的KOH溶液。这些条件和Ni/MH电池的负极材料的工作条件非常接近,而且由于AB_5型稀土储氢合金材料所具有的优点,所以其可以作为AFC的阳极材料。在几十年前,一些研究小组致力于研究金属储氢合金材料作为

AFC的阳极材料。初始的研究结果表明，将储氢合金作为阳极材料，其初始活性很高；但是随着时间的延长，其活性下降很快，需要进一步提高其活性以满足实际的需要。

Chen等人对$MlNi_{3.65}Co_{0.85}Al_{0.3}Mn_{0.3}$进行了修饰，考察了修饰后的合金材料的电化学性能。采用的修饰方法有三种：① 球磨；② 球磨，然后用含有还原剂的热碱溶液进行表面处理；③ 球磨，表面处理，然后化学镀钯。球磨采用行星式高能球磨机，球磨时间为0.5 h，球磨速率为225 r/min，球磨气氛为氩气氛。合金粉末和不锈钢球的质量比为1∶20。表面处理是将合金样品浸入温度为80 ℃、含有0.01 mol・dm^{-3} KBH_4的6 mol・dm^{-3} KOH溶液中，保持3 h。化学镀Pd的镀液组成为$PdCl_2$、HCl、NH_4Cl以及氨水。应用三电极体系对几种修饰电极和未修饰电极进行了电化学测试，扫描速率为0.166 mV・s^{-1}，电位范围为－5～50 mV。得到的测试图，如图5-5所示。未处理的储氢合金具有较差的电化学性能，其电流较小，只有在较高的电势下才可检测到放电电流，在50 mA・cm^{-2}的电流密度下，其电压只有0.392 V。这主要是由于其交换电流密度较小，表观活化焓较大的缘故。球磨之后，电极性能得到了提高，在相同电流密度下，其阳极电压升高到0.533 V。电极性能提高较大的是球磨后再对其进行表面处理的合金，而性能提高最大的是再随后对其进行化学镀Pd的合金，在50 mA・cm^{-2}的电流密度下，其电压最大增加到0.866 V。

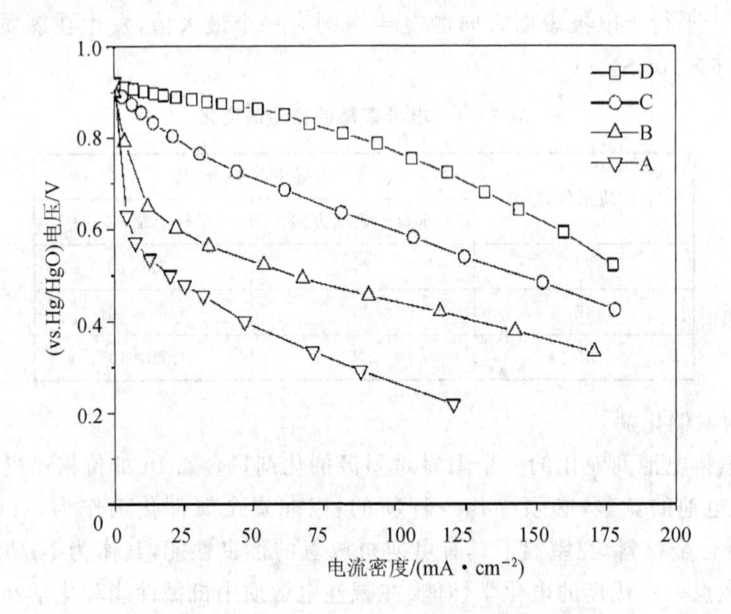

A 未处理合金；B 球磨后合金；C 球磨＋表面处理后的合金；

D 球磨＋表面处理＋化学镀Pd的合金。

图5-5 处理后和未处理合金的电极性能

Hu等人对以稀土元素为主的金属氢化物的电化学性能进行了研究。他们将这种催化剂粉化成5～30 nm的颗粒，然后将其和炭黑以及疏水介质PTEE混合在一起，并辗压制成双层气体扩散电极。测试得到该电极在55 ℃的30%KOH溶液中性质稳定，半电池实验表明，其在40～50 $mA \cdot cm^{-2}$的电流密度下可稳定运行1 600 h，电池的容量能够达到320～330 $mA \cdot h \cdot g^{-1}$。

其他研究过的非贵金属催化剂有Ni-Mn、Ni-Cr、Ni-CO、WC、NiB等。但这些催化剂的活性和寿命都不如贵金属催化剂，加上使用炭载体后，贵金属载量大幅度降低，进而降低了成本，因此，这些非贵金属催化剂很少在实际的AFC中使用。

5.3.2.4 阴极催化剂

碱性燃料电池最初使用贵金属作为阴极催化剂，其研究始于60年代，但是由于贵金属价格昂贵，资源有限，而且O_2在碱性介质中的反应速率较快，可以不使用贵金属催化剂，因此，人们一直在寻找一种可以代替贵金属的阴极催化剂，人们研究过的非贵金属催化剂有复合氧化物，金属卟啉，活性碳等。

(1) 氮化物催化剂

近年来，金属氮化物的催化性能逐渐为人们所发现，有文献报道，氮化物作为氧气在酸性介质中还原的电催化剂。他们的研究表明，由特定的制备工艺制得的氮化物的催化性能可与贵金属相媲美，被誉为"准铂催化剂"。另外，氮化物还具有磁性和一定的抗CO性，因此，氮化物也被认为是有望代替铂作为碱性燃料电池的阳极催化剂。目前，关于这方面的报道，国内还不多见。

赖渊等对炭黑采用酸处理并加入醋酸钴，再经氨气热处理改性后制备了气体扩散电极，研究了其在碱性燃料电池中对氧还原的电催化性能。先将炭黑(Vulcan XC-72R)进行预处理，放入6 $mol \cdot dm^{-3}$盐酸溶液中，去除可能存在的氯化物杂质，过滤后用大量去离子水清洗，再用65%的硝酸溶液氧化，过滤后再用大量去离子水清洗，然后在干燥箱中干燥、备用。最后在氨气气氛中和醋酸钴[$Co(Ac)_2 \cdot 4H_2O$]一起进行高温处理。得到的混合物为Co-N/C复合催化剂，在制作过程中经过超声处理步骤得到的催化剂以Co-N/C-ultra进行标记。图5-6为Co-N/C复合催化剂的XRD图，与JCPDF标准卡对照可知，复合催化剂中主要为氮化钴($Co_{5.47}N$)，其纯度较高。

图5-7为Co-N/C复合催化剂的SEM图。图中可以看到粉末有轻微的团聚现象，颗粒大小不均匀，粒径为1～5 μm，催化剂的比表面积还不够大，颗粒堆积较为紧密。

图5-8为热处理前经过超声分散步骤得到的Co-N/C-ultra复合催化剂的SEM照片。颗粒形貌相似，均为方块状，分散性较未经超声分散好，平均粒径大致相等，且分布较为均匀，使得其对氧还原的催化性能又有所提高。并通过极化曲线和交流阻抗方法对采用这些催化剂制备的气体扩散电极在空气中的性能分别进行了研究。室温时，在-0.2 V (vs. Hg/HgO)电

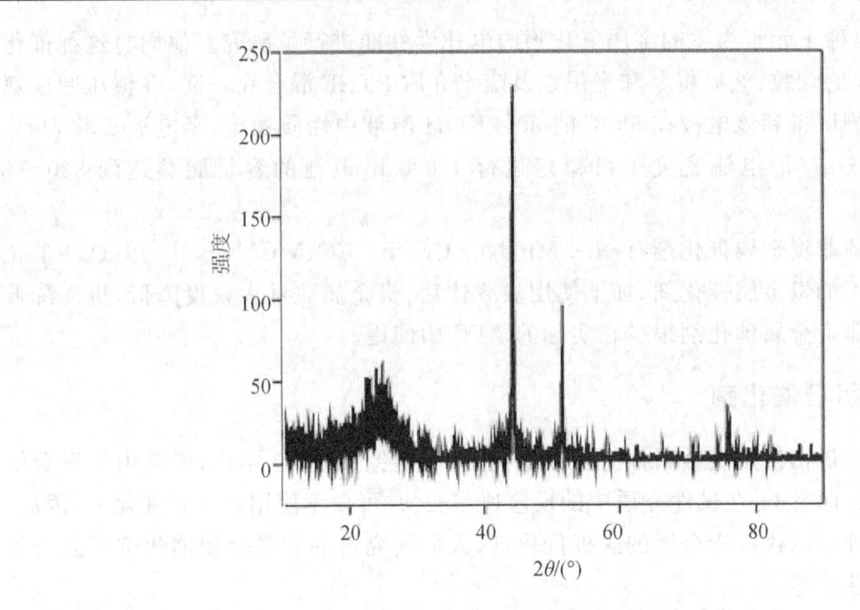

图 5-6 Co-N/C 复合催化剂的 XRD 图

图 5-7 Co-N/C 复合催化剂 SEM 图

位下，未经处理的碳电极对氧还原基本没有电流产生；用酸处理后的碳电极在空气中的电流密度提高到 57 mA·cm^{-2}，而 Co-N/C 复合电极在同样条件下电流密度可以达到 170 mA·cm^{-2}，交流阻抗显示氮化物的生成减小了氧还原反应的阻抗，增强了对氧还原反应的电催化作用。

图 5-8　Co-N/C-ultra 复合催化剂 SEM 图

(2) 银催化剂

为了解决贵金属催化剂成本高的问题,研究者们开发了一系列的催化剂,其中银催化剂是燃料电池中常用的氧电极催化剂之一。滕加伟等人研究了 Ag 作为 AFC 阴极催化剂的性能,发现电极需要较大量的 Ag 才能达到适宜性能。Lee 等人将 Ag 负载到炭黑上以降低催化剂 Ag 的用量;而且他们还制备了 Ag-Mg/C 催化剂以及相应的气体扩散电极,并测试了其对氧气还原的电催化活性。实验结果得到:Ag/C 电极中,Ag 的含量为 30%时,催化剂的活性最高。当电池运行 2 h 后,电流密度达到最大。而对于 Ag-Mg/C 催化剂来说,其 Ag/Mg 的质量比为 3∶1时,催化剂性能最佳。在 300 mV 放电,电流密度可以达到 240 $mA \cdot cm^{-2}$。

滕加伟等人考察了 Ag/C 催化剂中添加助催化剂 Ni、Bi、Hg 制成的催化剂对氧还原反应的电催化活性。催化剂制备采用化学还原法:烧杯中依次加入活性碳(通化 103#)、乙炔黑(日本)、硝酸银和助催化剂的金属硝酸盐,制成混合浆液,在搅拌条件下加入还原剂和氢氧化钾的混合溶液,反应完全后,经过滤、洗涤,于 110～120 ℃下真空干燥 2 h。实验中,采用稳态极化曲线测试催化剂的电化学性能,发现 Ag-Ni-Bi-Hg/C 催化剂对氧还原反应具有较高的催化活性,其最佳组成为 Ag50%-Ni2%-Bi3%-Hg3%-C42%。该催化剂可以在电池中稳定存在 5 200 h,无催化剂失活问题。通过 XRD 和 SEM 辅助表征发现,催化剂活性的提高主要是由于助催化剂的加入使银的结晶趋于无定形化,减小了银结晶的尺寸,增大了银的比表面积,显著提高了催化剂的活性。另外,助催化剂 Ni,Bi,Hg 可以延缓 Ag 催化剂微晶的聚结,延长 Ag 催化剂的使用寿命。

滕加伟等人还对 Ag-Ni-Bi-Hg/C 催化剂的制备条件进行了考察。考察了搅拌强度、还原剂的种类对催化剂活性的影响。甲醛作为还原剂的时候,与硼氢化钾和葡萄糖相比,制备得到的催化剂催化活性要好一些，如图 5-9 所示。用它制成的氧电极，在同等电流密度下保持了较高的稳定电位。而且与其他几种还原剂相比，甲醛价格便宜、使用方便，因此，甲醛是一种较适宜的制备氧电极银催化剂的还原剂。他们的研究还发现，提高搅拌速度对得到较高催化活性的电催化剂有利，如图 5-10 所示。

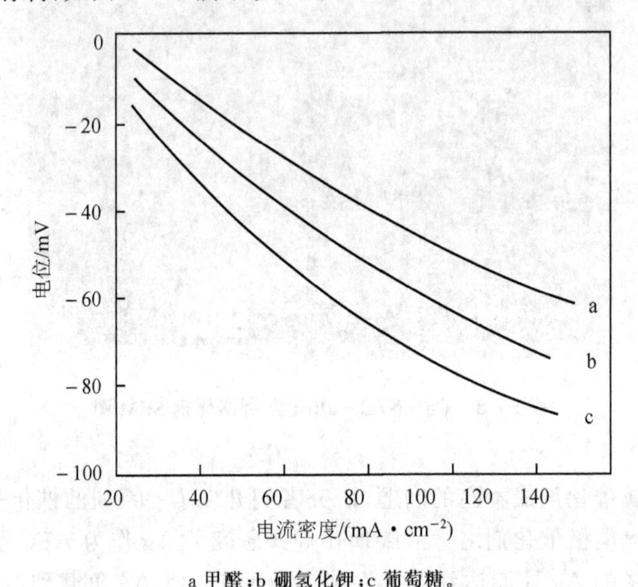

a 甲醛；b 硼氢化钾；c 葡萄糖。

图 5-9 还原剂对氧电极催化剂性能的影响

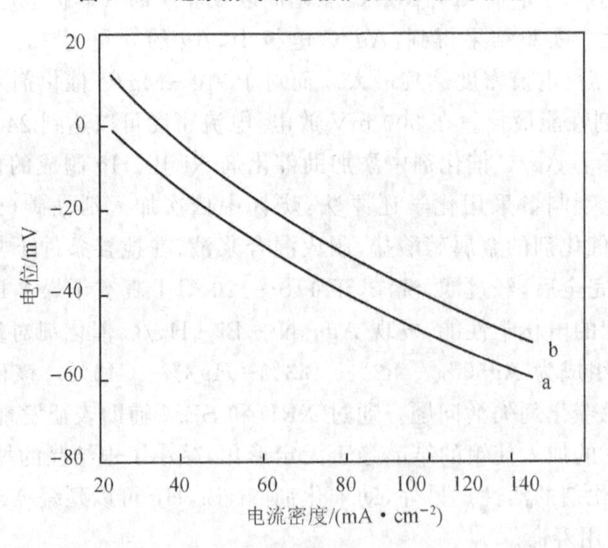

a 搅拌速度约 1 000 r·min⁻¹；b 搅拌速度约 2 000 r·min⁻¹。

图 5-10 搅拌速度对氧电极催化剂性能的影响

滕加伟等人又系统研究了助催化剂 Ni, Bi, Hg 对 Ag/C 催化剂活性的影响。Ag/C 催化剂催化氧还原反应的活性并不理想，通过助催化剂的添加试图提高催化剂的活性。通过极化曲线的测定表明助催化剂的添加，对氧电极极化曲线确实有显著的影响，各种助催化剂之间可能存在着协同效应，Ni, Bi, Hg 同时存在可以显著提高催化剂的活性。Ni, Bi, Hg 的加入有利于非晶态银的生成，银的结晶趋向于无定型化，从而在银晶粒上将产生更多的晶格缺陷，而晶格缺陷往往是催化反应的活性点；同时也说明，银晶粒尺寸减小了，催化剂将具有更大的比表面积，这一点对于气体扩散电极使用的电催化剂来说尤为重要。寿命测试表明，电极可以稳定运行 5 200 h，催化活性衰减较小。这主要是由于加入助催化剂后，助催化剂高度分散在整个催化剂体系中，可以把银颗粒从相互接触当中分隔开来，防止或延缓了催化剂微晶的聚结，从而有利于提高催化剂的稳定性，最终延长催化剂的寿命。

中国科学院大连化学物理研究所在 20 世纪 70 年代研究了 Ag 或 Ag - Au 合金作为氧电极催化剂的活性。他们采用 $AgNO_3$ 加入 NaOH 的快速沉淀法制备高分散的 AgO 催化剂。而 Ag - Au 合金的制备则是在制备好的 AgO 粉末上浸入氯金酸($HAuCl_4$)，再采用还原法将 AgO 和 $HAuCl_4$ 还原为 Ag 和 Au。在制备合金催化剂时，可以先在 AgO 粉料中加入 PTFE，这样可以提高电极的孔隙率，从而制备多孔扩散电极。

5.3.3　催化剂中毒的原因及预防办法

碱性燃料电池如果使用空气作为氧化剂，则空气中的 CO_2 会随着氧气一起进入电解质和电极，会形成碳酸盐，使电解质导电性能下降，也会导致阴极催化剂中毒。

1. 阴极催化剂中毒

(1) 生成碳酸盐，造成堵塞

空气中的 CO_2 会和碱液中的 OH^- 发生反应：

$$CO_2 + 2OH^- \rightarrow CO_3^{2-} + H_2O \tag{5-7}$$

生成的 CO_3^{2-} 会析出沉积在催化剂的微孔中，造成微孔堵塞，使催化剂活性损失，电池性能下降。另外，这个反应使电解质中载流子 OH^- 浓度降低，影响了电解质的导电性。Saleh 等对 Ag/PTFE 电极的电催化性能进行了研究，发现可以耐 CO_2 浓度到 1%，在这个浓度范围内，工作 200 h，电池的性能没有出现下降的趋势。另外，催化剂耐 CO_2 的性能和电池工作温度有关，在 25 ℃以下，CO_2 的存在会使催化剂中毒，这主要是由于碳酸钾的溶解度较低，会沉积出来，堵塞电极的微孔。

(2) 碳载体氧化

Kinoshita 认为，高活性催化剂虽然性能较好，具有较高的电位，但同时高电位也会造成碳电极的更快氧化。Appleby 等认为，CO_2 对电极的影响和电极结构有关，如果电池结构合理，CO_2 对电极性能的影响不大。Van - Den 等测试了不含 CO_2 的空气和含 0.005%CO_2 的空气给电池进料对电池性能的影响,测试时间为 6 000 h 以上,实验结果发现二种方式进料没有表现出性能和承受力的不同。这说明,催化剂的中毒并不是完全由空气中的CO_2引起的,可能还存在其他影响因素。

2. 阳极催化剂中毒

(1) 毒性金属杂质的影响

一些杂质(如 Hg、Pd)如果存在,对催化剂的毒化作用很强,因此在制备催化剂或者在燃料的净化等方面,要注意防止这些杂质的引入。因为杂质的主要来源是反应原料、化学药品和设备材料等。

(2) CO 的毒化

众所周知,阳极燃料中如果存在 CO 杂质,会对催化剂产生毒化作用。CO 会吸附在催化剂的表面,占据活性点,使催化剂的有效表面积减小,从而使催化剂对 H_2 氧化反应的催化作用减弱,造成催化剂中毒。

(3) 电解质中阴离子在催化剂表面的吸附

和 CO 对催化剂的毒化作用相似,电解液中存在的阴离子在电极表面的吸附也会造成催化剂的毒化。在电极表面吸附作用最强的阴离子为 Cl^-,其次为 SO_4^{2-},吸附作用最弱的为 ClO_4^-。

3. 防止催化剂中毒的方法

(1) 化学吸收 CO_2

由燃料气中带来的CO_2可以采用化学吸收的方法进行消除。采用钠钙进行吸收,据报道,1 kg 的钠钙可处理 1 000 m^3空气,将其CO_2含量从 0.03%降低到 0.001%,从而基本使CO_2的含量降低到 AFC 允许的范围。

这种方法原理简单,但缺点是需要不断更换吸收剂,操作比较复杂,实际应用起来比较困难。

(2) 分子筛筛选

采用多次通过分子筛的方法,也可以降低 CO_2的含量。CO_2的吸附和解析是通过温度摆动、压力摆动和气体清洗实现的。由于水优先被吸附,所以需要增加空气干燥程序,使得流化床较大,增加了能量消耗和系统再生成本。

(3) 电化学法去除 CO_2

当碳酸盐形成后,可将电池在高电流条件下短时间运行。主要目的是降低电极附近 OH^- 的浓度,增大碳酸盐的浓度,形成 H_2CO_3,然后分解,释放出 CO_2。这种方法的优点是,不需要任何辅助设备,简单易行。

(4) 使用液态氢

液态氢是一种储存氢的方式。液态氢也可以作为一种去除 CO_2的方法。Ahuja 等人提出利用液态氢除去 CO_2的方法。主要原理是:利用液态氢吸热气化的能量,采用换热器来实现对

CO_2的冷凝，从而使气态CO_2的含量降低到0.001%以下。但是由于氢往往以压缩气体而非液态的形式贮存，这种方法很少使用。

(5) 采用循环电解液

Cifrain等人提出使用循环电解液清除CO_2的方法。这种方法主要是通过更新电解液，清除溶液中的碳酸盐，使其不会在电极上析出，减弱其对电极的破坏作用，并可以向电解液中补充载流子OH^-。但是这种方法也有缺点，就是附加了电解液循环装置，增加了系统的复杂性。

(6) 改善电极制备方法

Gulzow等研究了一种新的方法用于制备电极。这种方法是将催化剂材料和PTFE粒子(粒径小于1 μm)在高速下进行混合，粒径较小的PTFE粒子会覆盖在催化剂的表面，增加其强度，同时阻碍了析出的碳酸盐对电极微孔的堵塞，减少了碳酸盐对电极的破坏。他们还对这种制备方法得到的电极性能进行了测试，在氧气中加入5%的CO_2，对电极应用在AFC当中的稳定性进行了研究，时间为3 500 h，发现CO_2对电极性能没有影响，表明这种新的制备方法确实起到了耐CO_2毒化的作用。Rahman等人将湿法和干法结合，得到了一种新的方法——过滤法。在这种方法中，当PTFE的含量为8%(质量比)，研磨时间为60 s时，得到的催化剂性能最佳。

5.3.4 电极结构及制备

5.3.4.1 双孔结构电极

在20世纪40、50年代，培根在设计燃料电池的时候，选择了成本低廉的非贵金属材料镍作为催化剂。当时镍电极由研成粉末的金属镍制成，这种电极结构是一种多孔结构。镍电极由两种不同规格的镍粉组成，而且分为两层，即粗孔层和细孔层。粗孔层孔径≥30 μm，细孔层孔径≤16 μm。粗孔层孔径约为细孔层孔径的2～3倍。粗孔层主要是在气体扩散电极一侧，而细孔层则是在电解液一侧，电解液依靠毛细力保持在细孔层中，一般不会进入孔径较大的粗孔层中而堵塞气体通道。但是在毛细力作用下，细孔层内的电解液会浸润粗孔层，形成一个弯月面，这部分电解质浸润薄膜比较薄，只有几个微米，而且越靠近扩散层越薄。电化学反应时，粗孔层中的反应气体先进入到液态电解质薄膜内，再扩散到反应点发生反应。而电子则借助于构成粗孔层和细孔层的金属骨架进行传导。离子和水在液态电解质薄膜与细孔层内的电解质中进行传递。双孔结构电极示意图如图5-11所示。对于双孔结构电极制备的工艺参数见表5-2。

可以将高活性组分引入双孔电极的粗孔层，比如将氯金酸或硝酸银溶液浸渍到双孔电极的粗孔层内，然后采用化学还原的方法把它们分别还原成金属，即可制备出粗孔层表面担载高活性组分的双孔结构电极。

表 5-2 双孔结构电极制备工艺参数

项 目	参 数	项 目	参 数
雷尼合金	Al∶Ni(质量比)=50∶50	成孔压力/MPa	372.7
粗孔层粒度/μm	6～2	烧结温度/℃	700
细孔层粒度/μm	6	烧结时间/min	30
合金比	雷尼合金∶碳酸镍(质量比)=1∶2		

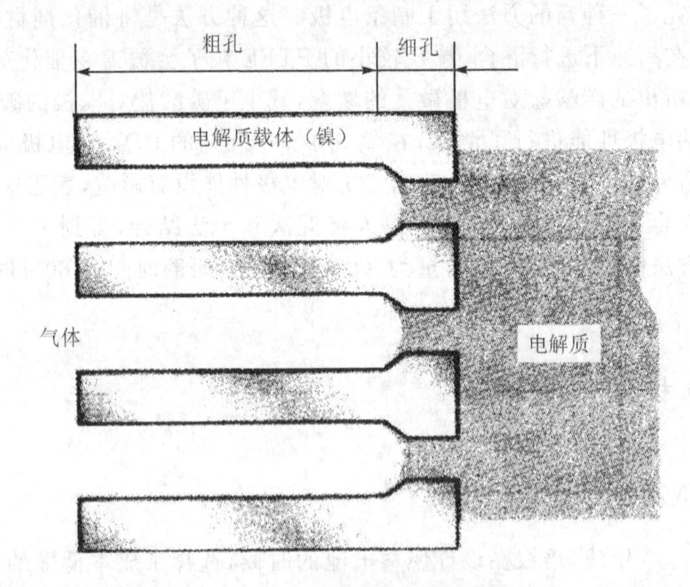

图 5-11 双孔电极结构示意图

另外,有时为了使电池具有较高的性能,需要提高三相反应界面的面积,这时可以在制备电极的过程中,先加入一些填充物,待制备完成后将填充物去除,就可以留下丰富的孔道,而这种多孔电极往往具有比其几何面积大几个数量级的真实表面积。

5.3.4.2 掺有 PTFE 疏水剂的黏结型电极

由各种碳材料构成的电催化剂,具有导电的作用,而且可以提供液相传质的通道,但是,无法提供气体通道。PTFE 是一种防水剂,把它加入催化剂中可以构成气体通道。PTFE 还可以起到黏合的作用,把分散的催化剂以及载体都牢固地结合在一起。这种由催化剂和防水剂构成的电极称之为黏合型气体扩散电极。可以将这种电极简化为气体微孔、催化剂以及液态电解质等三相交错的网络体系——由疏水剂构成的疏水网络为反应气体的进入提供了通道;由催化剂构成的能被电解质润湿的亲水网络可以为液相离子和电子的传输提供通道。这种电极的制作方式,由于成本较低,还可以应用于其他电池上,如金属-空气等电池。图 5-12 为疏水型电极的结构示意图。

中国科学院大连化学物理研究所在 20 世纪 70 年代曾采用下面的工艺制备双孔结构电极。即将一定质量的催化剂粉料(如 AgO 或 Pb－Pd/C),与一定体积的 PTFE(质量分数为 60%的 PTFE 乳液需用去离子水稀释 2～3 倍)混合,搅拌,直至 PTFE 凝胶,此时电催化剂已与 PTFE 均匀混合并成团状,倒出清液。在平板型液压机上将其滚压到所需厚度,如 0.3～0.5 mm,再与集流与支撑作用的 60 目 Ni 网压合,让 Ni 网进入电极内,最后,在 60～80 ℃烘箱内将电极烘干。有时为增加电极的防水性能,可将上述电极在 320～340 ℃焙烧 20～30 min。

图 5－13 是 Kinoshita 等人在其研究的碱性燃料电池中采用的 Ni－PTFE 电极示意图。这个电极结构是将 Ni－PTFE 在 13.2 kg·cm^{-2} 的压力下压制成 60 mm×60 mm×1 mm 的三维尺寸。这个结构采用沟渠状流道,这种流道有利于气体的流通。之后将其在 10% H_2－90% N_2气氛中,在 350 ℃下烧结 1 h,即可制得图 5－13 所示的电极。

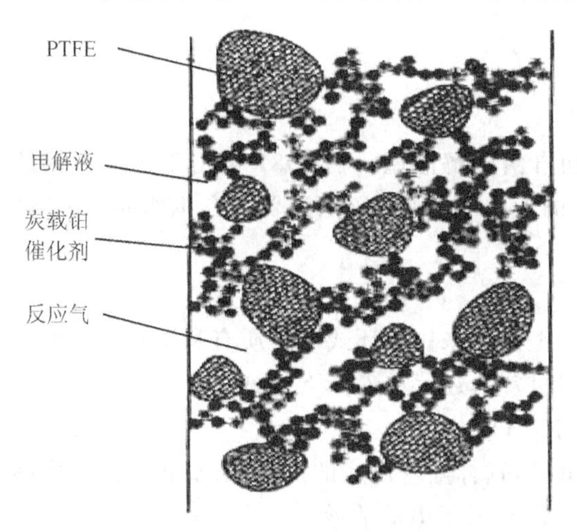

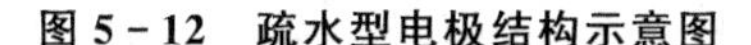
图 5－12　疏水型电极结构示意图

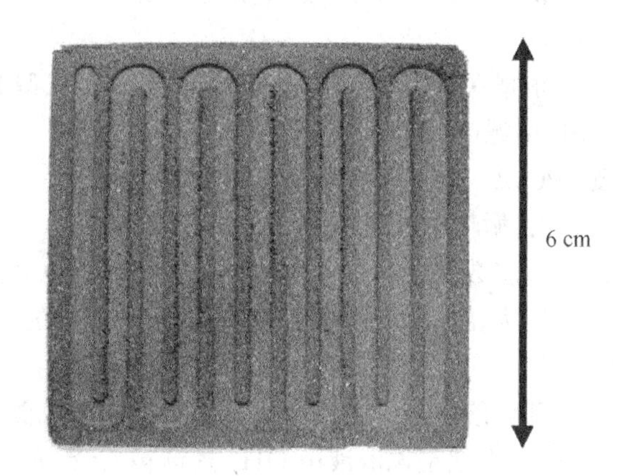

图 5－13　Ni－PTFE 电极

5.3.4.3　流化床电极结构

如果燃料气或者氧化剂中有二氧化碳存在,生成的碳酸盐会析出,从而堵塞气体扩散电极的孔道。所以,有人研究了一种新的电极结构,流化床电极。流化床是由电极颗粒和电解液混合物组成的,在反应过程中,反应气体流过流化床,电池的阴极和阳极采用隔膜分开,并有各自的集流体。那卡佳娃(Nakagawa)采用圆筒形的流化床设计方案来组装 AFC,单电池在 0.8 V 电压下放电,可以得到 1 A 的电流。霍勒晓夫斯基(Holeschovsky)研究了淹没式的流化床 AFC 电池。马祖诺也对流化床电极进行了研究。采用流化床设计方案可以不采用气体扩散电极,而且电池的成本得到了降低。这是一个新的发展方向。

5.4 电解质

5.4.1 电解质材料

AFC一般用KOH或NaOH做电解质，在电解质内部传输的导电离子为OH^-。比较典型的电解质溶液是质量分数为35%～50%的KOH溶液，可以在较低温度下使用(<120 ℃)。而当温度较高的时候(如200 ℃)，可以使用较高质量分数的电解质溶液(85%)。NaOH也可作为电解质，其优点是价格比KOH低。但是如果在反应气中有CO_2存在，会生成Na_2CO_3，其溶解度较K_2CO_3低，易堵塞电池的气体通道。因此KOH是最常用的电解质。

5.4.2 电解质使用方法

根据保持方法不同，电解质可分为担载型和自由电解液型。在1981年用于运输工具的AFC电源(PC17-C)的电解质是担载型的，在1918—1972年用于阿波罗宇宙飞船的AFC电源(PC3A-2)的电解质是自由电解液型的。

1. 循环电解质

大多数碱性燃料电池都是属于循环式电解质型的。采用循环式电解质有利于电解质的更换。因为在电池工作过程中，除了两个电极的主反应外，还存在着如下的副反应：

$$2KOH + CO_2 \rightarrow K_2CO_3 + H_2O \tag{5-8}$$

即电解质氢氧化钾和二氧化碳反应生成碳酸钾，这样随着反应的进行，氢氧化钾的浓度逐渐降低，也就是说溶液中OH^-逐渐被CO_3^{2-}所取代，降低了电池的效率。

氢氧化钾溶液被泵打入电解池中，在电解池内部循环。来自高压钢瓶的氢气在封闭循环系统中进行循环，以带走在阳极反应过程中生成的水。被氢气带走的水蒸发，然后在冷却系统中进行冷却回收。图5-14所示的系统采用的阴极氧化剂是空气而不是氧气，为了避免或减少空气中含有的CO_2对电池性能的影响，在空气进入燃料电池之前，必须使其先通过CO_2清除器和空气滤清器，以过滤空气中的二氧化碳和杂质。

电解质进行循环的优点如下：

① 循环电解质系统可作为电池系统的冷却系统，减少了附加冷却系统的成本和其引起的系统的复杂性。

② 电解质在循环过程中，可以不断地进行搅拌和混合，解决阴极周围电解质浓度过高和阳极周围电解质浓度过低的问题。

③ 电解质在循环的同时可以带走在阳极产生的水，无需附加蒸发系统。

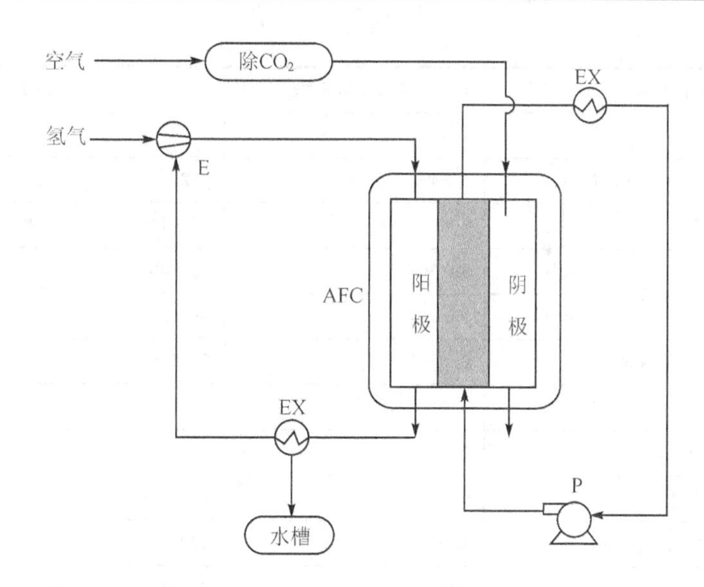

E:射流泵;EX:换热器;P:循环泵。

图5-14 循环电解质燃料电池的基本结构

④ 反应时间增加时,电解质的浓度会产生变化,这时可以泵入新鲜溶液代替旧溶液。

但是,循环电解质也存在缺点:

① 需要附加一些装置,比如泵。

② 容易产生寄生电流。

③ 附加的管路增加了电池系统泄露的可能。

④ 每一个单体电池必须有各自独立的电解质循环,否则容易短路。

带有循环电解质的碱性燃料电池曾经应用在1950年的培根碱性燃料电池中和随后的阿波罗登月飞船上。而后来的Orbiter航天飞机采用了静止电解质系统。表5-3列出了使用不同类型电解液的AFC性能比较。

表5-3 使用不同类型电解液的AFC性能比较

电解液类型			自由电解液型	担载型
用　途			阿波罗用(PC 3A-2)	运输工具用(PC 17-C)
电池要素	电极	空气极	浸渍锂的NiO双层电极	Pt-Au催化剂+Au网
		燃料极	Ni双层电极	Pt-Pd催化剂+Ag网
		面积/cm^2	365	465
	电解质		85%KOH水溶液	含32%KOH水溶液的石棉
电池构成			31个单体电池串连	并连的2组由32个单体电池串连的电堆

续表 5-3

电解液类型			自由电解液型	担载型
重量/(kg)			111.1	91.6
运转条件	气体压力/($kg \cdot cm^{-2}$)		3～4	4.2
	温度/(℃)		250	82～110
	气体纯度/(%)	氧气	99.995	99.989
		氢气	99.995	99.990
功 率	最低～最高/kW		0.6～1.4	2～12
	平均/kW		0.9	7
电压(最低～最高)/V			27～31	27.5～32.5
平均输出时的电流密度/($mA \cdot cm^{-2}$)			97	247
单电池 0.85 V 的电流密度/($mA \cdot cm^{-2}$)			150	470
寿命/h			400	2 000，保守时 5 000
起动时间/h			24	0.25
停止时间/h			17	瞬时
比重量/$kg \cdot kW^{-1}$			122.5	13.2

2. 静止电解质及载体材料

图 5-15 为静止电解质系统。

在这种系统中，将 KOH 电解质稳定在基体材料中，这种基体材料现在多用石棉隔膜。石棉隔膜具有多孔矩阵结构，强度高，抗腐蚀性好。采用纯氧作为阴极氧化剂，因为如果采用空气作为氧化剂，一旦产生碳酸盐使电解质毒化，这种电解质固定的电池系统，更换电解质溶液非常困难。为了排出阳极产生的水，氢气要进行循环。在太空船中，阳极生成的水经过净化可以作为工作人员的饮用水、烹饪和湿润船舱等。但是，这必须有一个冷却系统。在阿波罗太空飞船的冷却系统中，采用乙二醇和水的混合物作为冷却剂。这种电池堆的每一个系统中都有一个独立的电解质，因而能解决循环电解质系统中存在的所谓“短路”的问题。但是，静态电解质碱性燃料电池面临着如何管理生成水、阳极水生成、阴极水蒸发的问题。在水管理问题上，碱性燃料电池和质子交换膜燃料电池在本质上类似。而碱性燃料电池的水管理问题并不如质子交换膜燃料电池严重，因为 KOH 溶液的饱和蒸气压不像纯水那样会随着温度的升高而快速上升，也就是说，KOH 溶液的水蒸发较慢。

碱性氢氧燃料电池主要采用石棉隔膜作为电解质载体材料。饱浸碱液的石棉膜的作用主要有两方面，一方面是起到分隔作用，使氧化剂（氧气）和还原剂（氢气）分隔开，避免二者串通起反应；另一方面是为 OH^- 的传递提供通道。石棉隔膜的制备常采用类似于传统造纸的方

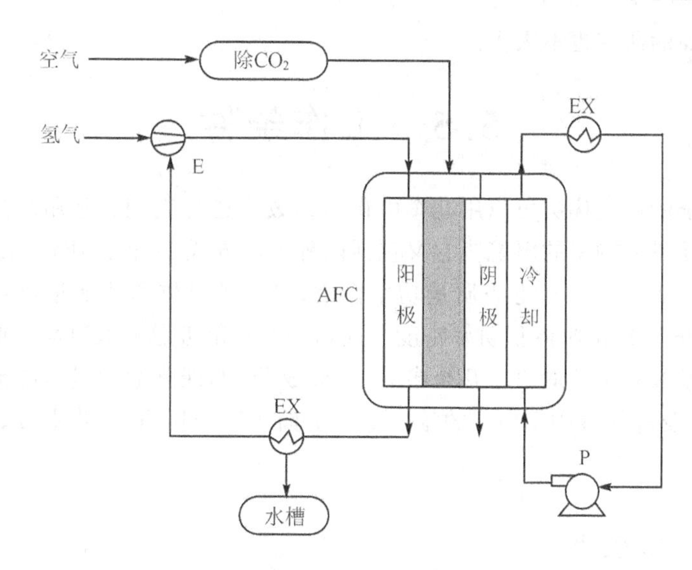

E:射流泵;EX:换热器;P:循环泵。

图 5-15　静止电解质燃料电池的基本结构

法。制备出的石棉膜为多孔结构,是电子绝缘体。石棉膜的主要成分是氧化镁和氧化硅,分子式为 $3MgO \cdot 2SiO_2 \cdot 2H_2O$。如果长期浸泡于 KOH 水溶液中,其中的酸性成分会和碱反应生成微溶性的硅酸盐(K_2SiO_3),而使石棉膜有所损失。用造纸法,采用纯特一级石棉制备的石棉膜在 48%KOH 溶液中腐蚀失重一般可以达到 10%左右。为了减少石棉膜在浓碱中的腐蚀,一般可以在石棉纤维制膜前用浓碱进行预处理(一般把石棉材料放入温度为 150 ℃的 40%KOH 溶液中,进行几次反复浸泡之后,将残余石棉用来制造隔膜材料。这种方法可以使在浸泡过程中生成的 $Mg(OH)_2$ 分布在石棉的周围,保证纤维的形态和吸水能力),或者在浓碱中加入百分之几的硅酸钾(加入硅酸钾的量和碱液 KOH 的浓度相关,40%的 KOH 中可加入浓度为 4%的 K_2SiO_3,而浓度为 60%的 KOH 溶液,则应加入 9%的 K_2SiO_3,这样可以抑制石棉的侵蚀,但是加入的 K_2SiO_3 可能会对电池的性能造成影响)。另外一种延长石棉隔膜寿命的方法就是采用其他材料来制备隔膜,如采用钛酸钾(K_2TiO_3)进行制备。钛酸钾是在高温下合成的,所以耐氧化,而且不溶于 KOH 溶液中,采用钛酸钾制备的隔膜寿命延长,大约为传统方法制备的石棉膜的 5 倍。这些方法都可在一定程度上或完全抑制石棉膜的腐蚀,减少在电池工作中因石棉膜的损失而导致的电池性能下降。

这种采用隔膜固定电解质方式的碱性燃料电池,由于系统、结构简单,因此在太空飞行器方面应用得比较广泛。然而,对于陆地使用,由于存在 CO_2 污染电解质的问题,而重新更换电解质非常困难,意味着电池的重新制造。另外,这种电池所使用的多孔隔膜-石棉对人体有害,在一些国家中已经严禁使用。解决的方法就是寻找替代材料,比如已开发出钛酸钾微孔隔膜,并已应用在美国航天飞机的碱性燃料电池中。由于碱性燃料电池的应用前景并不乐观,所以替代载体材料方面的研究也不太多。

5.5 工作条件

燃料电池系统的性能优劣可以用几个电化学参数来进行判别。常用的是比能量,即电池单位体积或单位质量所输出的电能。它又包括两种表示方式,一种是质量比能量,即单位质量电池输出的功率($kW \cdot kg^{-1}$),也叫质量功率密度;另一种是体积比能量,即单位体积电池输出的功率($kW \cdot dm^{-3}$),也叫体积功率密度。这两个参数都考虑了电池堆与辅助设备的作用。

电池的性能及其稳定性取决于几个参数:电极成分(如催化剂含量),电池的工作温度,工作压力,氧化剂以及电解液中 KOH 的浓度等。下面就工作压力,工作温度、水的影响与管理进行简单介绍。

5.5.1 工作压力

大多数的碱性燃料电池都是在高于常压的条件下工作。因为当工作压力增加时,燃料电池的开路电压(OCV)也会增加,可以从下面的式子看出。

$$\Delta V = \frac{RT}{4F}\ln\left(\frac{p_2}{p_1}\right) \tag{5-9}$$

另外,压力升高,也会使交换电流密度升高。这些会导致碱性燃料电池的性能有很大的提高。因此,大多数 AFC 都在加压下工作。如培根燃料电池,在 0.85 V 时,电流密度为 400 $mA \cdot cm^{-2}$,而在 0.8 V 时为 1 $A \cdot cm^{-2}$。另外,美国国际燃料电池公司为航天飞机轨道制造的碱性隔膜燃料电池也是在加压条件下工作的,工作压力为 0.41 MPa。

在加压条件下工作,要求使用的材料的机械强度较高。另外,由于气体是在非常高的压力下工作,要求有相应的高压装置,这些增加了电池系统的质量和成本。

另外,在高压工作下所产生的泄漏问题也是必须要注意的。泄漏除了造成气体的浪费,而且,气体会涌入电解质区,干扰电池工作,造成电池性能下降。还可能导致两种气体(氢气和氧气)混合,严重时会发生爆炸,危及安全。

5.5.2 工作温度

从电极过程动力学来看,提高电池的工作温度,可以提高电化学反应速度,还能够提高传质速率,减少浓差极化,而且能提高 OH^- 的迁移速度,减小欧姆极化,所以,电池温度升高,可以改善电池性能。

碱性燃料电池中,所使用的电解质 KOH 的低温导电率较好,因此,碱性燃料电池的工作温度大约在 70 ℃左右，如果温度降低，电池的性能也会下降，如果在室温下工作，功率会降低到 70 ℃时的一半。在较低温度时(50～60 ℃)，电池输出功率和电解质温度的增加几乎呈现线性关系。但是，如果温度再继续增加时，由于电解质中 KOH 浓度以及其他因素的影响，使得这种线性关系不再成立。电化学能源公司的研究发现，在常压空气条件下，当电解质 KOH 的浓度为 6～7 $mol \cdot dm^{-3}$ 时，电池的工作温度为 70～80 ℃时较好，当 KOH 的浓度为 8～9 $mol \cdot dm^{-3}$ 时，电池的工作温度为 90 ℃时较好。

对于应用于阿波罗登月计划的培根燃料电池来说，其工作温度为 200 ℃左右，为了防止电解质溶液的沸腾，需加大电池的压力，这样使电池结构变得较复杂。

5.5.3　氧化剂的影响

碱性燃料电池所采用的氧化剂既可以是空气，也可以是氧气。美国国际燃料电池公司(IFC)和德国的西门子公司所开发的碱性燃料电池主要采用纯氧作为氧化剂，而比利时电化学能源公司主要采用空气作为氧化剂。后者也研究了将纯氧作为电池氧化剂时的性能，发现和空气作为电池氧化剂相比，在额定电压下，可使电池性能得到提高，其电流密度能够增加 50%。

这主要是因为以空气作为氧化剂时，气体当中含有大量的惰性气体(氮气)，使得电池性能降低。另外，将空气进行预处理，虽然除去了 CO_2，但是还有一些其他杂质存在，这对于电池也是不利的。因此，碱性燃料电池中，最佳的氧化剂是氧气。

5.5.4　排　水

AFC 的排水方法有动态排水法和静态排水法两种。

1. 动态排水法

对于 AFC，水是在氢电极生成，动态排水法是将在氢电极生成的水蒸发到氢气中，然后用风机循环氢气，使水在电池外的冷凝器中冷却分离。当氢气循环速度较大时，KOH 浓度可认为基本不变，但循环泵的功耗增加而增加了电池的内耗。因此必须控制好氢气的循环速度。这种排水方法比较简单，但要消耗一定的功耗。而且泵的使用增加了电池系统的运动部件，降低了电池系统的运行可靠性。美国航天用 AFC 采用动态法排水。

2. 静态排水法

采用静态排水法排水时，在电池氢气室一侧增加一张浸了 KOH 溶液的微孔导水膜，导水膜外的水蒸气室维持负压。因此，在氢电极上产生的水蒸发到氢气中，然后被 KOH 膜吸收，再真空蒸发到水蒸气室，再靠压差扩散到电池外冷凝分离。该法只需控制水蒸气室的真空度，易于实施。而且在航天使用时，这种方法更显优越性，因为太空存在真空条件。但每个单体电池要增加一个水蒸气室,使电池结构比较复杂。

5.5.5 排 热

由于电池反应是放热反应,因此为了使电池在恒定的温度下工作,必须将产生的热排出。最方便的一个方法是在使用循环型电解液时,将热排出。另外,也有用空气循环和电解液循环两者结合来排热的。

5.5.6 电池寿命

电池的寿命主要取决于催化剂的性能和系统的稳定性。氢-氧和氢气-空气碱性燃料电池的寿命一般可以达到 5 000 h 左右。

应用在不同的场合,对电池寿命的要求也不一样,有些场合只要 5 000 h,甚至 1 000 h 的寿命就可,而有些特殊场合对于寿命的要求较高,需要 25 000 h,而电厂则要求在 40 000 h 以上。

5.6 研发和应用概况

5.6.1 空间应用领域

有关 AFC 的基础研究是在 1902 年开始的。在 20 世纪 40 至 50 年代,剑桥大学的 Bacon 完成了 AFC 的研制,制造出了世界上第一个 AFC,因此,被称作培根燃料电池。1959 年,Bacon 开发出了能实际工作的 5 kW 的 AFC。在 20 世纪 60 至 70 年代,由于载人航天飞行对高比功率、高比能量电源需求的推动,美国宇航局(NASA)开始资助燃料电池的研究计划,其中最著名的为阿波罗登月计划。在 1960—1965 年期间,美国 Pratt - Whitney 公司在 NASA 资助下,在 Bacon 研制的 AFC 的基础上,为阿波罗登月飞行开发成功了 PC3A 型 AFC。PC3A 型 AFC 的输出功率为 1.5 kW,过载功率可达 2.3 kW。54 台 AFC 已 9 次用于阿波罗登月飞行。PC3A 型 AFC 的工作温度为 220~230 ℃,工作压力为 0.33 MPa,电解质为 85%KOH,它在室温下是固态,100 ℃以上融化。该项计划的研究成功,表明 AFC 已经达到了实用化的水平,从而掀起了全世界第一波研究燃料电池的高潮。在这基础上,美国联合技术公司开发了双子星座飞船的 AFC 系统,并多次用于双子星座飞船上。该 AFC 系统首次把 45%KOH 固定在石棉膜中。工作温度为 92 ℃,工作压力为 0.40~0.44 MPa,输出功率为 7.0 kW,过载功率可达 12 kW。后来,美国国际燃料电池公司开发了第三代航天用的 AFC 系统,其输出功率为12 kW，过载功率可达16 kW，电池效率高达70%。这种石棉膜型AFC已经用于93次飞行，累计工作时间已经超过7 000 h，充分表明了这种AFC的可靠性。

欧洲空间中心从1986年开始，也研发了作为宇宙飞船候补电源系统的AFC。中国在20世纪60年代后半期开始直至20世纪70年代初，也进行了航天用AFC的研究，该任务由中国科学院长春应用化学研究所和大连化学物理研究所联合承担，所研制的AFC已经通过模拟试验，后来由于国家采用了太阳能电池系统而停止了这方面的研究。

当AFC在航天方面成功应用后，开始了地面使用AFC的开发，如美国阿利-查理莫斯公司和联合碳化物公司分别将AFC应用于农场拖拉机和移动雷达系统以及民用电动自行车上。AFC还陆续应用到叉车、小型货车、公共汽车和潜艇等方面。AFC是最早开发和获得成功应用的一类燃料电池。

5.6.2 地面应用领域

由于AFC在空间应用方面的成功，人们开始研究地面用的AFC。欧洲在这方面的研发较多，欧洲开发的AFC的性能和结构状况如表5-4所列。

表5-4 欧洲开发的AFC的性能

项 目	Siemens	ELENCO	VARTA	SORAPEC
电池结构概念	电解液循环型	电解液循环型	电解液循环型	电解液固定型
最低输出/kW	7.5	10	2	研究室阶段
燃料/氧化剂	H_2/O_2	H_2/空气	H_2/O_2	H_2/O_2
电池数	70	360	32	
		88		
重量/kg	85	150	66	—
体积/dm^3	69			—
比重量/(kg·kW^{-1})	12	22	33.3	—
电压/V	53		15	—
定额电流密度/(mA·cm^{-2})	420	150	—	—
运转温度/℃				
气体压力/bar	80	70	70	60
电极面积/cm^2	2	—	—	—
阴极催化剂	340	270	187	100
阳极催化剂	Ag	Pt/C	Ag	Au-Pd
150 mA·cm^{-2}单电池电压/V	Ni	Pt/C	Ni	Pt-Pd
能量利用效率/(%)	0.9	0.67	0.7	0.83
	61	46	—	—

续表 5-4

项　目	Siemens	ELENCO	VARTA	SORAPEC
KOH 浓度/(mol·dm^{-3})	6.7	6.6	6	6
气体侧隔膜	没有	聚四氟乙烯	没有	没有
电解液侧隔膜	石棉	没有	石棉	聚丙烯
集电方式	双极板	顶部	双极板	顶部
电池框架材料	聚砜	环氧树脂/ABS	环氧树脂	
寿命/h	3 000	5 000	3 100	

德国 Siemens 公司较早开始这方面的研究，他们从 20 世纪 60 年代就开始这方面的研究。Siemens 公司的 AFC 用催化剂，电池结构与美国的宇宙用 AFC 不同。他们的 AFC 电堆由 70 个电池组成。燃料极催化剂是含有钛的 Raney 镍，氧气极催化剂是含有镍、铋、氧化钛的银混合物。电极的电解质液侧有石棉膜，可以提高脱泡压力。从电堆中出来的电解液被送往浓缩器，除去水分再被送回电堆。它的比质量为 12.14 kg·kW^{-1}，比容积为 8.16 dm·kW^{-1}，比 PC17－C 性能更好。后来又开发出了 100 kW AFC 系统，可以用做潜水艇电源，1988 年在北海开始的实舰试验中取得了成功。另外，这个系统也是第一个使用储氢合金来储存氢气的实例。比利时 Elenco 公司在 1976 年就开始研发电动车用 AFC 电源和应急用电源。设计的额定电流密度为 150 mA·cm^{-2}，拥有年产量 2 500 kW 的制造设备，在对样机进行反复试验、改进之后，又进行了用 14 kW AFC 做动力源的电堆大篷货车的实车试验。1988 年开始，荷兰的两家公司和阿姆斯特丹市共同研发电动车的 AFC，准备应用于布鲁塞尔市公共汽车。ZeTek 公司也开发了具有各种特征的 AFC 做动力源的电动车。发现 AFC 有功率密度高、不需要重金属催化剂、能在低温下工作、室温条件下可以获得 50％的效率。ZeTek 公司开发了可以实现低成本的钴系催化剂，它的成本只有 Pt 催化剂的一半。英国电力储存公司研制了电拖车用的 AFC，它用高压钢瓶的纯氢和纯氧作为反应气体。

日本汤浅电池、日立制作所、富士电机等主要开发具有特殊用途的 AFC，计划用于通信用电源、区域用电源、潜水艇用电源等高能量密度电源。1972 年富士电机开发了 10 kW AFC，估计其寿命可以达到 7 000 h 以上。1978 年，日立制作所试制了 1 kW AFC，富士电机研制成功了 2 kW AFC。在 1978 年开始的“阳光计划”和 1981 年开始的“月光计划”的支持下，富士电机进行了利用副产氢气进行发电的委托，1984 年试制了 1 kW AFC 的电堆，运转时间为 3 000 h。1985 年试制了 7.5 kW AFC 应急电源，并进行了实地试验。1987 年试制了 3.6 kW AFC 可移动式电源。

美国通用汽车公司也研制了面包车用的 AFC 系统，功率为 32 kW，以液氧和液氢为氧化剂和燃料，车重 3 200 kg，比内燃机车重 1 倍多。

在研究地面用的 AFC 方面，一个重要的课题是如何纯化反应气，因为在地面使用时，最好使用化石燃料改质的粗制氢气，而这种氢气含有大量的 CO_2，它对 AFC 运行是不利的，因而，经济实惠的纯化法成为一个重要的研究课题。此外，在地面使用时，一般都应使用空气作氧化剂，由于空气中的 CO_2 浓度在 0.035%左右，需要通过适当的纯化法，然后再使用。目前 AFC 的性能较好，其寿命一般能达到 5 000 h。

问题与讨论

1. 碱性燃料电池具有什么特点？
2. 碱性燃料电池具有什么优点和缺点？
3. 肼(联胺)是否适宜作为碱性燃料电池的燃料？为什么？
4. 碱性燃料电池的工作条件是什么？
5. 碱性燃料电池使用的电极也是气体扩散电极，一般由哪几部分组成？
6. 对于气体扩散电极中的扩散层有哪些要求？
7. 对于碱性燃料电池的催化剂有哪些要求？
8. 碱性燃料电池中阴极催化剂中毒是导致电池性能下降的一个主要原因，是什么原因造成阴极催化剂中毒呢？
9. 一般可以将引起碱性燃料电池阳极催化剂中毒的原因分为三种，具体是哪三种(要进行相应的解释)？
10. 有哪些方法可以防止催化剂中毒？
11. 化学吸收 CO_2 的优缺点是什么？
12. 对碱性燃料电池的电解质有哪些要求？
13. 为什么不采用 NaOH 作为电解质？
14. 电解质可以采取哪几种保持方法？
15. 采用循环电解质有哪些优点和缺点？
16. 为什么采用石棉隔膜作为碱性电解质的基体材料？它能起到什么样的作用？
17. 从电极过程动力学来看，提高电池的工作温度对电池性能有什么影响？
18. 碱性燃料电池的排水方法有哪几种？什么是静态排水法？什么是动态排水法？
19. 什么是助催化剂？

第6章　磷酸燃料电池

磷酸燃料电池PAFC(Phosphoric Acid Fuel Cells),就是以磷酸为电解质的燃料电池。在阳极通以富氢并含有CO_2的气体,阴极通入空气作为氧化剂。PAFC的显著特征之一是对于CO_2具有耐受力,这使得PAFC成为世界上最早在地面上应用的燃料电池。

在碱性燃料电池一章中曾经提到,碱性燃料电池具有高效率发电的优点;但是将其应用在地面上的时候,由于CO_2所产生的毒化问题,使得它的应用受阻。这时,人们开始研究以酸作为电解质的燃料电池。由于磷酸具有较好的热、化学和电化学稳定性,高温下挥发性小,对于CO_2有独特的耐受力,故首先在燃料电池中获得了成功应用,并开展了PAFC的研究。在1977年,美国通用电气公司首先建成了兆瓦级的PAFC发电站,使得PAFC成为最早商业化的燃料电池。随后,日本等国也先后投入了研究,并建成了11 MW、50 kW、100 kW以及200 kW的发电装置。

6.1　工作原理

PAFC采用磷酸作为电解质,一般采用氢气做燃料。氢气进入气室,到达阳极后,在阳极催化剂作用下,失去2个电子,氧化成H^+。

阳极反应:

$$H_2 \rightarrow 2H^+ + 2e^- \tag{6-1}$$

H^+通过磷酸电解质到达阴极,电子通过外电路做功后到达阴极。氧气进入气室到达阴极,在阴极催化剂的作用下,与到达阴极的H^+和电子结合,还原生成水。

阴极反应:

$$\frac{1}{2}O_2 + 2H^+ + 2e^- \rightarrow H_2O \tag{6-2}$$

总反应:

$$H_2 + \frac{1}{2}O_2 = H_2O \tag{6-3}$$

其反应示意图如图6-1所示。

PAFC具有以下优点:

① 耐燃料气体及空气中CO_2,无须对气体进行除CO_2的预处理,所以系统简化,成本降低。

② 电池的工作温度在180～210 ℃之间,工作温度较温和,所以对构成电池的材料要求

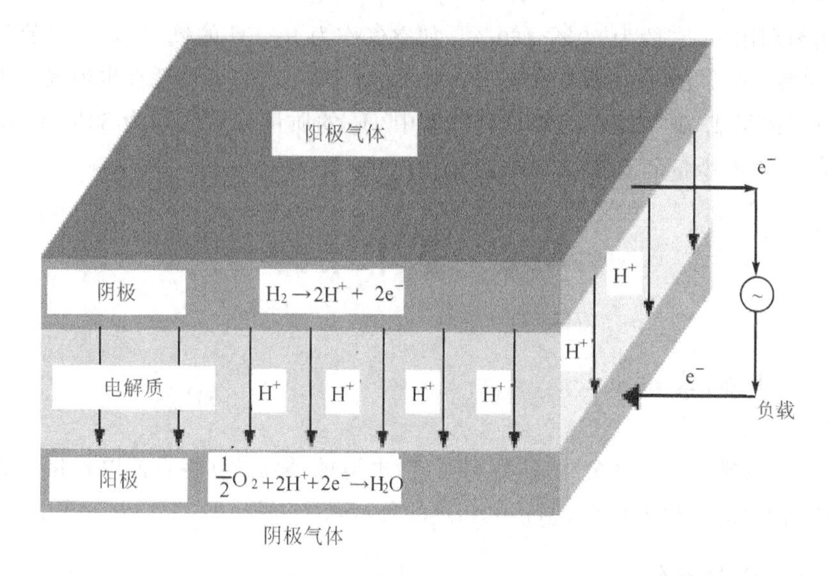

图 6-1　PAFC 反应示意图

不高。

③ PAFC 在运行时所产生的热水可利用，即可以热电联供。

④ 启动时间较短，稳定性比较好。

但是，PAFC 也存在一些缺点：

① 发电效率低，仅能达到 40%～45%。

② 由于采用酸性电解质，所以必须使用稳定性较好的贵金属催化剂，如价格昂贵的铂催化剂，因而成本较高。

③ 采用的 100%磷酸具有腐蚀作用，使得电池的寿命很难超过 40 000 h。

④ 由于采用贵金属 Pt 作为催化剂，所以为了防止 CO 对催化剂的毒化，必须对燃料气进行净化处理。

目前，PAFC 的工作条件为：

① 工作温度 180～210 ℃。工作温度的选择主要根据电解质磷酸的蒸气压、材料的耐蚀性能、电催化剂耐 CO 中毒的能力以及实际工作的要求。如果温度提高，电池的效率也会提高。

② 工作压力，对于加压工作条件下，压力一般为 0.7～0.8 MPa。一般对于大容量电池组选择加压工作；而对于小容量电池组，往往采用常压进行工作。在加压下工作，可以使反应速率加快，发电效率提高。

③ 燃料利用率，一般为 70%～80%。燃料利用率，指在电池内部转化为电能的氢气量和燃料气中氢气量的比值。

④ 氧化剂利用率，一般为50%～60%。如空气作为PAFC的氧化剂，其中的氧的质量分数为21%，50%～60%的利用率表明空气中10%～12%左右的氧消耗在电池发电中。

⑤ 反应气体组成，典型的PAFC燃料气体中H_2的质量分数大约为80%，CO_2的质量分数大约为20%，还有少量的CH_4、CO与硫化物。

6.2 基本结构

6.2.1 电池系统

PAFC系统主要由4大部分构成：燃料系统、电池堆、换流器（将直流电转化为交流电）、控制系统（控制所有部件，根据需要，调整电和热的负荷）。

6.2.1.1 燃料系统

PAFC的燃料主要是由天然气等热解得到的，它一般包括脱硫、催化重整转化和CO变换3个过程。脱硫过程是在300～400 ℃温度下，在Ni－Mo、ZnO等催化剂的催化作用下进行的。在这个过程中，含－SH基团的有机物先转化为H_2S，然后H_2S与ZnO作用，生成ZnS固体。催化重整转化过程要求有水汽存在，温度要求750～850 ℃，转化过程在Ni催化剂的催化作用下，将天然气转化为氢气和CO。CO变换过程是在温度为300 ℃左右时，采用Fe－Cr、Cu－Zn等催化剂，在催化剂的催化作用下使CO与水汽作用，生成CO_2和氢气。

6.2.1.2 电池堆系统

PAFC电池堆是由单体电池逐一堆成，堆方式与压滤机的组装大致相同。PAFC一般工作温度在200 ℃左右，为了电池组工作稳定，必须将电池组排出的热量排出或回收利用。一般散热设计是在每2～5个单体电池间加一片散热板。

按冷却剂不同，PAFC的冷却方式可分为水、空气或绝缘油冷却3种方式。

（1）水冷式

水冷式是最常用的冷却方式。冷却方式可分为沸腾冷却和强制对流冷却2种方式。沸腾冷却是用水的蒸发潜热将电堆的热带出，由于水的蒸发潜热大，冷却水用量少，而采用强制对流冷却所需水量较沸腾冷却大。用水做冷却剂时，对水质要求较高，以避免腐蚀发生。

（2）空冷式

空气做冷却剂时，由于热容量比较低，因此，所需流量较大，循环系统所需能耗也较大。用油做冷却剂时，它对材料的腐蚀性较小；但其比热比水低，因此所需流量较大。

6.2.2 单体电池

PAFC单体电池主要由氢气气室、阳极,磷酸电解隔膜、阴极和氧气气室组成,其结构示意图如图6-2所示。

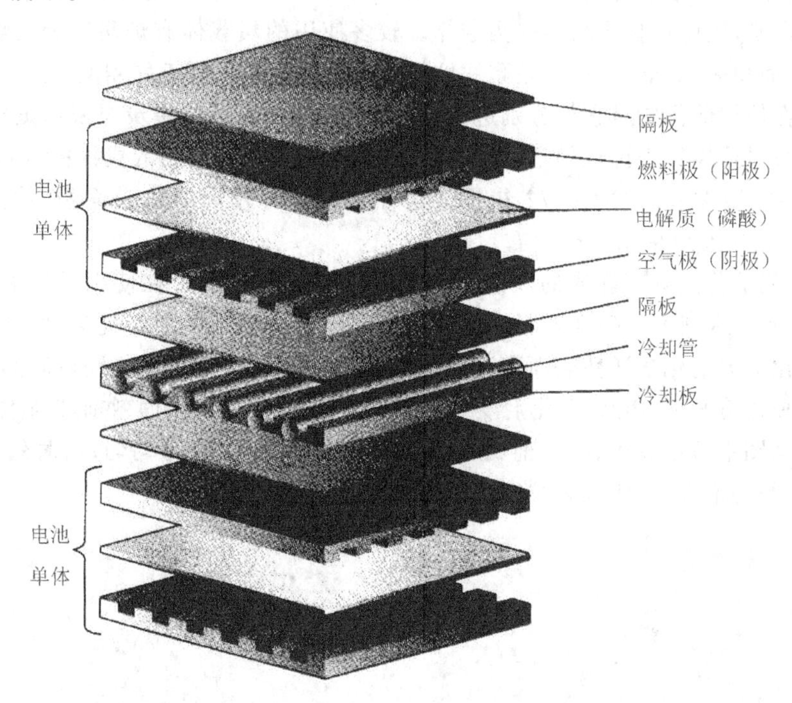

图6-2 单电池示意图

6.2.2.1 气 室

气室是由双极板构成的,它的主要作用是构成相邻2个单体电池的阳极和阴极气室,使燃料与氧化剂在阳极和阴极气室内均匀分布,以保证电流的均匀分布和避免局部过热;但要防止两极的气体相互串通。另外,要在阴极和阳极之间建立电子流通的通道。对于双极板的要求将在6.2.2.4小节中进行介绍。

6.2.2.2 电极(包括电催化剂)

(1) 电催化剂

因为贵金属催化剂催化电极反应的可逆性较好,催化活性较高,能耐燃料电池中电解质腐蚀,具有长期的化学稳定性。所以,到目前为止,PAFC所使用的阳极和阴极催化剂仍然以铂或铂合金为主。

早期PAFC所应用的催化层是将Pt黑和PTFE混合构成,因此Pt载量比较高,有时可高达9 mg·cm^{-2}。

为了减少贵金属催化剂的用量,后来有人提出将Pt沉积在载体上。考虑到炭材料有较大的表面积,能很好地分散催化剂,有较好的导电性,有较高的化学和电化学稳定性;而且炭材料价格低,来源丰富,因此选择炭材料作为载体。较多使用的炭载体有炉炭黑和乙炔炭黑两种。炉炭黑的比表面积大,导电性好;但是耐腐蚀性能差。乙炔炭黑则正好相反。这两种炭载体都有缺点,所以在使用前都要对它们分别进行一些处理。例如,将乙炔炭黑采用蒸气活化处理,增大其表面积;对炉炭黑进行热处理,增加其耐腐蚀性。目前最常用的炭材料是Cabot公司由石油生产的导电型Vulcan XC-72炭黑。这种炭黑具有较大的比表面积,约为220~250 m^2·g^{-1},平均粒径大约在30 nm左右。

虽然贵金属催化剂具有优异的性能,但是贵金属催化剂Pt/C在使用过程中也存在一些问题。如张俊喜等人研究了磷酸燃料电池催化剂在运行过程中的形态变化,发现随着运行时间的增加,催化剂的电化学活性表面积逐渐减小;而Pt/C催化剂的粒径随着时间的增加逐渐增加,在阳极极化情况下,Pt/C催化剂发生了溶解。图6-3所示为时效前和时效后催化剂的TEM照片。从图中可以看出,时效前的碳载铂粒子较小,而且分布均匀;而时效2 000 h后,催化剂粒子的粒径增大,催化剂颗粒发生了团聚。

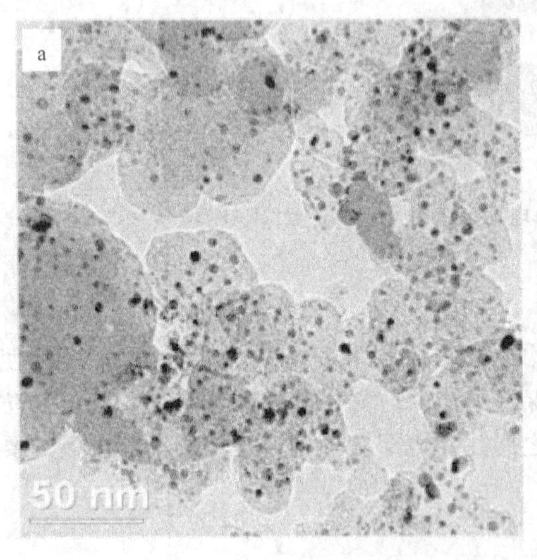

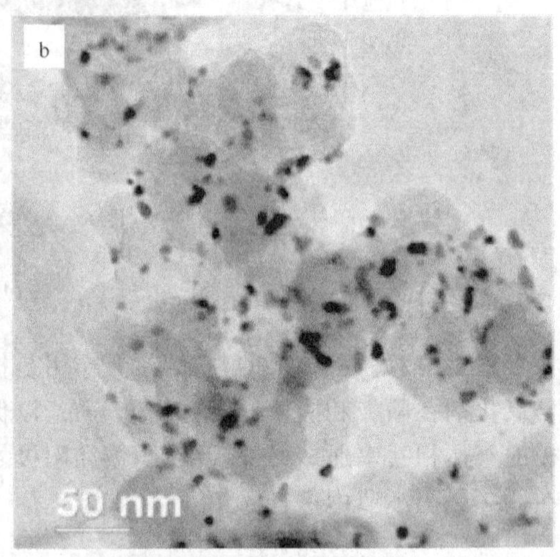

a 试验前的催化剂;b 时效2 000 h后的催化剂。

图6-3 Pt/C催化剂时效前和时效2 000 h后的TEM照片

在PAFC工作条件下,由于Pt与炭载体之间的结合力很弱,因此在长期工作过程中,Pt

粒子会在炭表面慢慢迁移和团聚，因而降低了催化剂的性能。为了防止团聚，可将 Pt/C 催化剂在 260～649 ℃下，用 CO 处理，因 CO 裂解沉积在 Pt 粒子周围的炭能起到锚定 Pt 粒子的作用而不易使 Pt 粒子迁移和团聚。

除了使用贵金属作为催化剂外，为了降低电池成本，也有人采用其他金属大环化合物催化剂来代替纯 Pt 或 Pt 合金催化剂。如 Fe、Co 的卟啉等大环化合物做阴极催化剂，比如，将 CoTMPP、CoPPY 负载在碳上后进行加热处理，测试了它们的催化活性，并与 Pt/C 催化剂进行了对比。经过研究发现，虽然这种催化剂的成本较低，但是它们的性能，特别是稳定性不好，在浓磷酸电解质条件下，只能在 100 ℃下工作，否则会出现活性下降的问题。

从 20 世纪 80 年代开始，研究者提出结合贵金属催化剂 Pt 与大环化合物的优点，制备 Pt 与过渡金属的复合催化剂。研究较多的为 Pt 与 Ni、V、Cr、Co、V、Zr、Ta 等的合金，并测试了它们作为 PAFC 阴极催化剂的电催化性能。该类催化剂能够提高氧还原反应的电催化活性，如 Pt－Ni 阴极催化剂的性能比 Pt 提高了 50%。

铂合金电催化剂常用的制备方法为金属氧化物沉淀法，在该制备方法中其反应为

$$\mathrm{Pt} + X/2\mathrm{C} + \mathrm{MO_x} \rightarrow \mathrm{Pt{-}M} + X/2\mathrm{CO_2} \tag{6-4}$$

而对于硫化物沉淀热分解法和碳化物热分解法，则首先形成 Pt 的碳化物，其反应为

$$\mathrm{Pt} + 2\mathrm{CO} \rightarrow \mathrm{Pt{-}C} + \mathrm{CO_2} \tag{6-5}$$

再经过一系列热处理形成 Pt－V－C、Pt－U－Y－C 等铂的碳化物合金电催化剂。

如衣宝廉书中提到，铂与过渡金属合金催化剂的制备方法有两种：一是在已制备好的纳米级 Pt/C 电催化剂上浸渍剂量的过渡金属盐（如硝酸盐或氯化物），再经惰性气氛下高温处理，制备铂合金电催化剂。二是将氯铂酸与过渡金属的氯化物或硝酸盐水溶液采用还原剂进行还原，使它们同时沉淀到炭载体上，再焙烧制成铂合金电催化剂。

(2) 电　极

在磷酸燃料电池的运行过程中，阳极和阴极都有气体参加反应，气体的溶解度较低，为了提高在低溶解度情况下，电极反应的电流密度，一般都将电极制成多孔结构，以增加电极的比表面积，使气体先扩散进入电极的气孔，溶入电解质，再扩散到液-固界面进行电化学反应。这种多孔结构电极，将它叫做气体扩散电极。

1) 电极结构

目前，PAFC 所使用的电极都为疏水黏结型气体扩散电极。在结构上，可以分为三层：扩散层、整平层、催化层。扩散层多为在经过疏水处理的炭布或碳纸等多孔材料上涂敷聚四氟乙烯乳液而制成。扩散层起到的主要作用是，为反应气体的扩散提供通道和收集电流，并为催化层提供支撑。为了使催化剂层和扩散层更好的结合，需在扩散层上制备一层整平层。该层一般是由活性炭（如 Vulcan XC－72）和聚四氟乙烯乳液混合组成的。催化层一般由催化剂、聚四氟乙烯乳液以及 Nafion 溶液构成的。这里聚四氟乙烯的量要适宜，量过多会使电阻增大，影响电池的性能。其结构如图 6－4 所示。

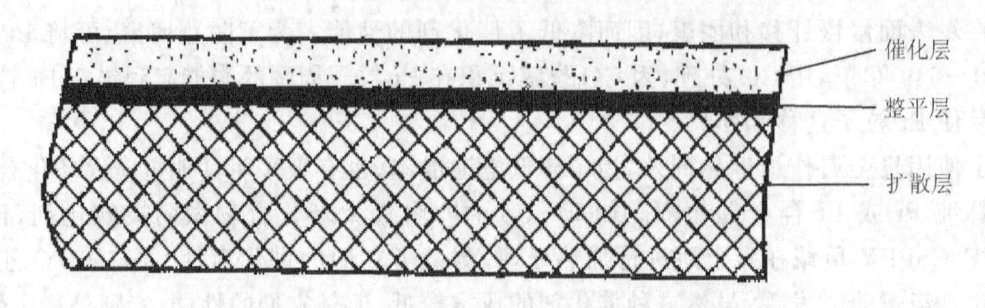

图 6-4 多孔气体扩散电极结构示意图

2）制备技术

首先，从扩散层、整平层、催化层来叙述一下 PAFC 气体扩散电极的制备方法，并举例说明。

① 扩散层。扩散层的主要作用是使反应气体扩散到催化层上，并收集催化层上产生的电流。因此，扩散层必须要有多孔性、防水性和导电性。扩散层的基体材料为碳纸，它是由炭纤维和酚醛树脂等可石墨化树脂制备成基膜，再经 2 700 ℃石墨化处理，制得孔隙率高达 80%～90%的碳纸。然后将其多次浸入质量分数为 5%～10%的 PTFE 乳液中，再经 320～340 ℃焙烧得到(焙烧的目的是去除浸渍在碳纸内的聚四氟乙烯乳液中所含的表面活性剂，并可以使聚四氟乙烯均匀地分散在碳纸纤维上，从而可得到较好地疏水效果。烘干后根据称重法可以确定碳纸中 PTFE 的含量)，其中，PTFE 质量分数控制在 30%～50%之间，孔率降到 60%左右，平均孔径为 12 μm 左右。

② 整平层。整平层的主要作用是整平扩散层表面，有利于加上催化层；另外的作用是防止催化剂进入扩散层内部，降低催化剂的利用率。在制备整平层时，一般将炭黑和 PTFE 的乳液与乙醇水溶液混合均匀后，除去上面清液，再将沉淀物涂布在扩散层上。整平层的厚度大约在 1～2 μm 左右。

③ 催化层。催化层是由催化剂和 PTFE 组成，将催化剂和 PTFE 乳液与乙醇水溶液混合均匀后，涂布在整平层表面，干燥后，将电极压实，在 320～340 ℃进行热处理，以增加电极防水性。催化层中 PTFE 的质量分数一般为 30%～50%，厚度为 30～50 μm，阴极催化层中 Pt 载量一般为 0.50 $mg \cdot cm^{-2}$，阳极催化层中 Pt 载量一般为 0.10 $mg \cdot cm^{-2}$。

大多数制备气体扩散电极的方法是将电催化剂和聚四氟乙烯的混合物处理在润湿过的支撑物上。常用的方法有滚动法、筛印法、过滤转移法、云室法、压烧结法、锥型涂盖法、热分解法和滚动热压法等。然而，不同的制备方法各有利弊。滚动法比较简单，但是，制备出的电极表面总是存在程度不一的裂缝，这样会影响电池的使用寿命；筛印法和过滤转移法稍微复杂一些，在制备过程中需要向其中加入异丙醇等有机物，而且这两种方法还不能精确控制贵金属 Pt 在催化剂中的含量；云室法和压烧结法更加复杂，它们需要采用流化床和真空装置等设备，另外，由于在制备过程中需要加热，所以催化剂很容易黏结在金属器的金属板上而损坏；而直接热分解法制备出的电极的稳定性还没有明确的结果。因此,马永林提出了一种新的制备气体扩散电极的方法。

他们的制备过程如下:把10～20 g炭黑溶于含有冰醋酸的蒸馏水中,进行搅拌,并加入溶有二乙基铵的四氯化铂溶液,然后在逐渐加入早酸溶液的同时,将混合液升温到100 ℃并保持一段时间,再冷却至室温,将浆液过滤、冲洗,然后将滤饼在烘箱中干燥16 h后,再用研磨机磨成细粉。电催化剂中Pt的质量分数为10%。将制备得到的电催化剂溶于蒸馏水中并搅拌均匀后,加入水溶性聚四氟乙烯,使它们发生絮凝作用而形成稠密的絮状物。然后将稠状物用滚动法均匀地分散到经过润湿处理的孔状碳纸表面,形成均匀的、厚度<1.0 mm的电催化剂层,并将作为衬垫物的一种无机粉状物均匀地分散在加热器的金属板上,把上述仍然潮湿的电催化剂层平铺在衬垫物上,在加热器上同时加热和加压,使电催化剂层在一定压力下尽快干燥成型,再放置在温度为350～380 ℃的加热炉中,在氮气氛下烧结15～30 min,冷却至室温并经进一步压制使获得的气体扩散电极的催化剂层厚度≤0.1 mm。所采用的电催化剂中Pt的负载量为0.5 mg·cm^{-2}。将制备得到的气体扩散电极进行电化学测试,并与美国Giner公司出产的商品气体扩散电极进行了比较,测试结果表明,用此方法制备的气体扩散电极具有更高的电化学活性。这种气体扩散电极还有一些其他的优点:制备程序比较简单,污染少——避免了添加一些有机物或表面活性剂。

这里所说的Giner公司的电池,采用的电极面积为25 cm^2,并在阴极电极上涂布着以SiC材料为主的电解质保持基体,使电解质溶液吸附在电极表面,形成阴极-电解质保持基体-阳极的电池组结构。在安装时,将其置于两块具有模槽表面的石墨板和Teflon垫圈的夹层中,将其电极表面积固定在5 cm×5 cm。同时,还要在石墨板上设计有气体的进出口和电解质溶液的蓄积槽。

Ghouse等人采用先制备活性层和催化层,然后再组成电极的制备工艺,其流程如图6-5所示。

6.2.2.3 磷酸电解质隔膜

磷酸作为燃料电池中的电解质是在1961年由埃尔默雷和塔尼尔发现的,并在20世纪70年代成为电厂发电燃料电池的首选电解质。磷酸作为电解质有很多优点:

① 由于磷酸的沸点较高,即使在200 ℃下,挥发性也很低;PAFC的工作温度较高,在180～210 ℃之间。在此温度下,燃料气体中含有的CO杂质不易使催化剂中毒,因此燃料气体中的CO质量分数可高达0.5%。另外,PAFC耐燃料气体及空气中CO_2的性能较好,不必除去。因此,PAFC对燃料的要求比较低,可利用城市天然气体、废甲醇热解气从工业废弃物中提取的低热量气体为燃料发电系统及利用。

② 由于磷酸具有热、化学和电化学稳定性好等优点,所以,PAFC可在较高的温度——180～210 ℃下工作。高温下工作使电池的性能得到提高。

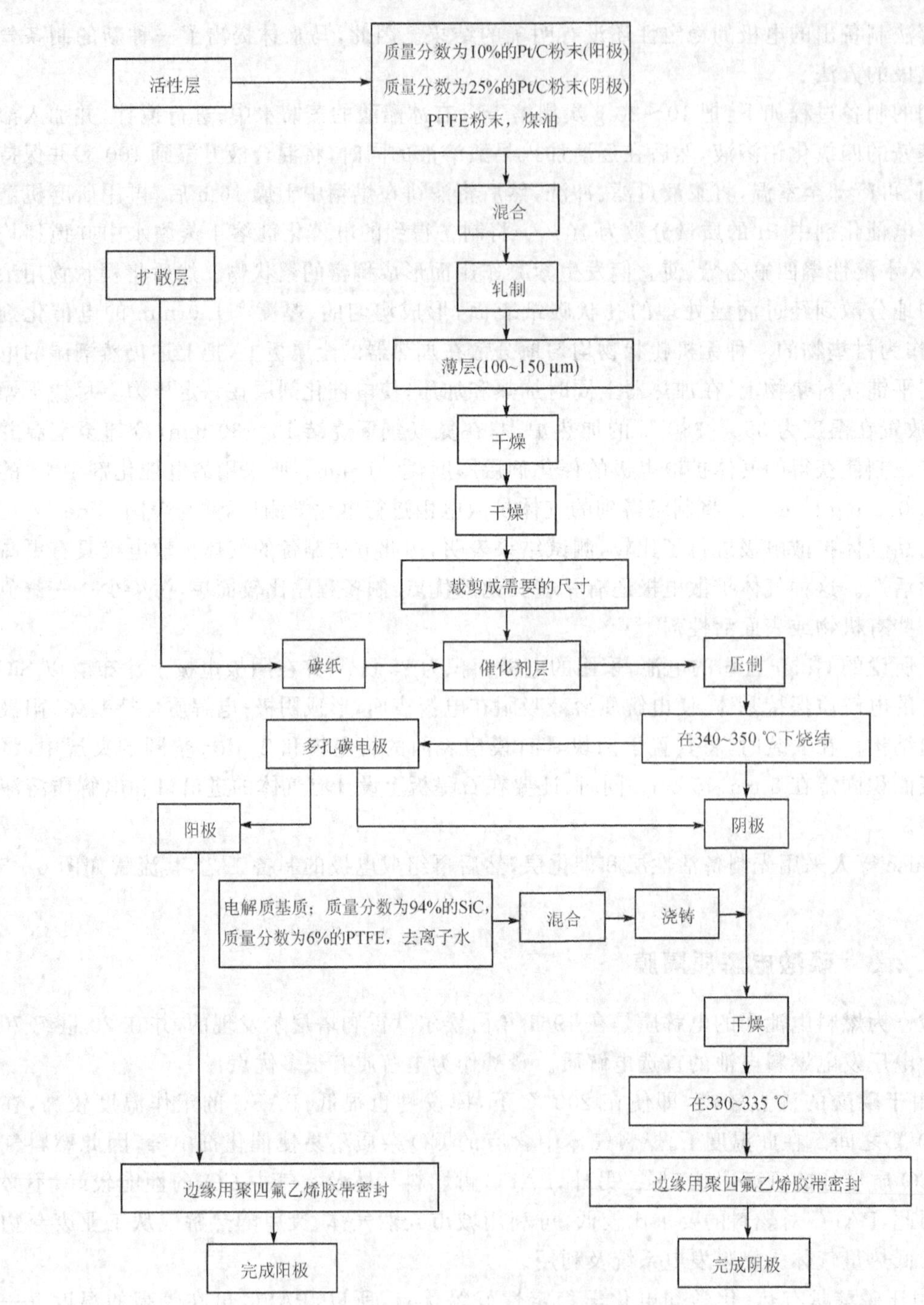

图 6-5 气体电极的制备流程

③ 由于 PAFC 工作温度较高，它的发电效率较高，可达 40%左右。而且，在运行时所产生的热可热电联用，总的能量利用效率可高达 60%。

④ PAFC 的稳定性比较好，目前，它的寿命已经达到 40 000 h。

⑤ 在酸类当中，磷酸的腐蚀速度相对比较低。

⑥ 磷酸和催化剂铂的接触角较大，大于 90°，因此，可依靠虹吸力储存在由少量 PTFE 与 SiC 组成的隔膜的毛细孔中，这样，磷酸易于保持。

磷酸的质量分数是一个重要的参数，如磷酸质量分数太高，大于 100%，质子电导率较低；而磷酸质量分数较低，小于 95%，磷酸的腐蚀性会急剧增加。因此，比较合适的磷酸质量分数为 98%～99%。为了确保磷酸质量分数维持在一定的范围，避免电池内生成的水渗透到磷酸中而导致磷酸质量分数下降，磷酸必须固定在多孔隔膜材料中，依靠毛细作用将酸吸附在其内。对隔膜的性能要求是：

① 对磷酸具有较好的毛细作用，能够使磷酸较好的保持其中。

② 不传导电子，即具有良好的绝缘性。

③ 要能防止阴极和阳极气体互相串通，即防止交叉渗透。

④ 具有较好的热传导性。

⑤ 在工作温度下具有较高的化学稳定性。

⑥ 具有要求的机械强度。

早期的隔膜主要使用经过特殊处理的石棉膜和玻璃纤维纸，但是，由于石棉和玻璃纤维中的碱性氧化物会和电解质浓磷酸发生反应，从而使电池的性能降低。经过多年的研究，现在的隔膜是由同时具有化学稳定性和电化学稳定性的 SiC 微粉和少量 PTFE 黏结组成的。这种载体可以采用 SiC 粉和 SiC 纤维并加入少量的 PTFE，用造纸法制备碳化硅隔膜。但由于碳化硅纤维难以制备、成本高，更适宜的方法是仅用 SiC 粉制备 SiC 隔膜。SiC 隔膜的功能是吸附磷酸，因此，它要有大的孔隙率，一般为 50%～60%。为了要确保磷酸优先充满 SiC 隔膜，它的平均孔径要小于电极的孔径，最大孔径应小于几个微米。

除了磷酸浓度外，影响电池性能的另一因素是磷酸在电池运行过程中的流失。磷酸流失的途径有两种。一是磷酸在高温下挥发而被反应气带走；二是被电池中的石墨双极板吸收。

虽然磷酸的蒸气压较低，但是在电池工作中难免有一些损失。当酸损失过多的时候，会引起阴极和阳极气体的交叉，使电池性能下降。这时，可以对载体内加酸，或者在开始时就在载体内储存足够的酸。现在，一般是采用在载体内储存酸和在电池运行过程中随时加酸这两种办法的结合。因为，载体内储存的酸还是有限的。

因为 PAFC 使用的电解质是 100%的磷酸，其固化温度在 42 ℃左右，当电池不运行时，电解质会产生固化，使电池体积增加。而且电池在有负载和无负载时，也会引起酸的体积变化。另外，在磷酸凝固、重新熔化的过程中会产生应力。这都会损害电池的电解质隔膜，使电池性能降低。所以，PAFC 在运行和不运行时，都要使电池的温度保持在 45 ℃之上。

6.2.2.4 双极板

双极板的功能是为气体的流通提供通道，分隔氢气和氧气，防止两极的气体相互串通，以及在阴极和阳极之间建立电子流通的通道。在磷酸燃料电池中，对双极板的要求如下：

① 具有较好的导电性。

② 在磷酸燃料电池的工作条件(浓磷酸，200 ℃左右的高温，氧化气氛以及工作电压)下的化学稳定性。

③ 电阻要够小(<1 mΩ)。

④ 足够的机械强度。

⑤ 一定的孔隙率，可以使反应气体进行扩散，为阳极提供足够的燃料(H_2)，为阴极提供足够的氧化剂(空气或 O_2)。

⑥ 具有较低的气体渗透性(0.01 $cm^2 \cdot s^{-1}$)，避免燃料和氧化剂的混合。

PAFC 所使用的双极板有平板型和沟槽型两种结构，由于 PAFC 采用的电解质是 100% 的磷酸，具有腐蚀性，而且工作温度较高，所以对于双极板的材料要求较高。初期使用的是镀金的金属双极板。在 20 世纪 60 年代后期有人研究发现采用石墨材料制作的双极板性能更好。石墨双极板的制作是将两种不同粒度的石墨粉和百分之几到百分之几十的酚醛树脂进行混合，再加入黏结剂，在一定的温度和压力下压模，再在高温下进行焙烧。这样得到的双极板的孔隙率大约在 60%～65%，孔径大约 20～40 μm。其厚度要求尽量薄一些，以便有良好的导热和导电性。这种双极板的电阻率与树脂含量有关，电阻率随树脂含量增加而增大。采用这种方法制作的双极板在 PAFC 工作环境下长时间运行会发生降解。有人提出，采用后处理的方法，但是即使将后处理温度提高到 900 ℃，双极板内未石墨化的树脂也会很快降解。后来，又将热处理温度提高到 2 700 ℃时，双极板的降解问题得到了改善，而且还能降低双极板的腐蚀速度。这种经过热处理的石墨双极板可以在工作条件下稳定运行 40 000 h 以上。但是，这种双极板的生产工艺比较复杂，因此成本较高。为了进一步提高双极板的抗腐蚀能力，延长电池使用寿命，现在也开始采用纯石墨双极板和复合双极板。复合双极板是应用多层结构设计，即用一块较薄的、不透气的石墨板将两极的气体隔开，而用另外两块带流场的石墨板提供气体流通通道。图 6-6 和图 6-7 分别为单片石墨双极板和多组件双极板的结构图。

Ghouse 等人提出，制备双极板的方法有 3 种。① lamination 法；② 浇铸法；③ 在压力下向多孔石墨板中加入树脂法。Ghouse 等采用 lamination 法制备石墨双极板。制备过程如下：首先将 30 cm×20 cm×400 μm 的石墨箔片放入两片尺寸为 30 cm×20 cm×50 μm 的聚砜醚膜之间。然后将它们放入两片尺寸为 30 cm×20 cm×5 mm 的多孔石墨片(连着氢电极的表面具有尺寸为 30 cm×1.5 cm×5 mm 的沟槽，连着空气电极的表面具有 20 cm×1.5 cm×5 mm 尺寸的沟槽)之间，再将它们放入上下由不锈钢板组成的特殊设计的固定装置之中，采用 10～20 吨的压力，在 410 ℃温度下，热处理 30 min，最后将其裁剪成尺寸为 30 cm×20 cm×

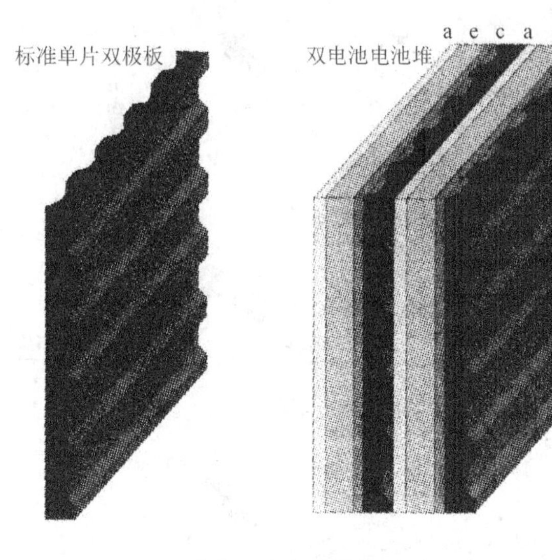

a 阳极；e 电解质隔膜；c 阴极。

图 6-6　普通单片双极板

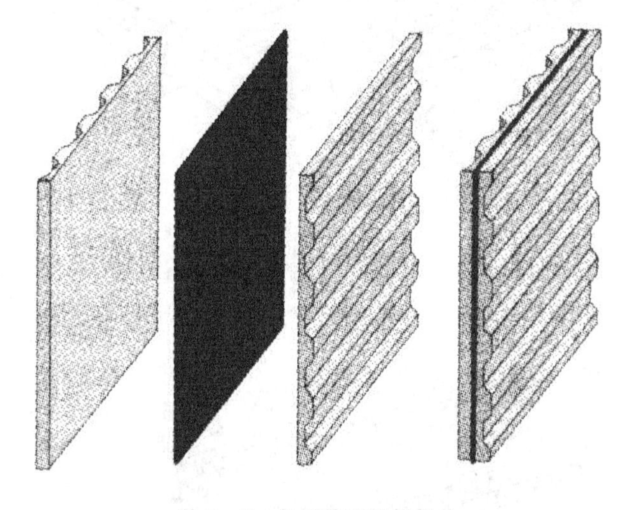

图 6-7　多组件双极板结构

0.64 cm 的片，并在片的中间位置留有 0.4 mm 厚度的石墨箔，以避免氢气和氧气的交叉混合。其所制备的石墨双极板的结构如图 6-8 所示。采用压差法对气体透过率进行了测量，其数值小于 0.01 $cm^2 \cdot s^{-1}$；采用毫欧计对其电导率进行了测量，其值为 4～14 mΩ·m。对所制备的石墨双极板在电池中的性能进行了测试，测试条件为：压力 1 bar，温度 175 ℃，阳极和阴极采用的气体分别为 H_2 和空气，测试时间 300 h，测试得到功率可以达到 0.25 kW。

Wang 等人研究了奥氏体不锈钢作为 PAFC 双极板材料的可能性。他们采用的不锈钢类

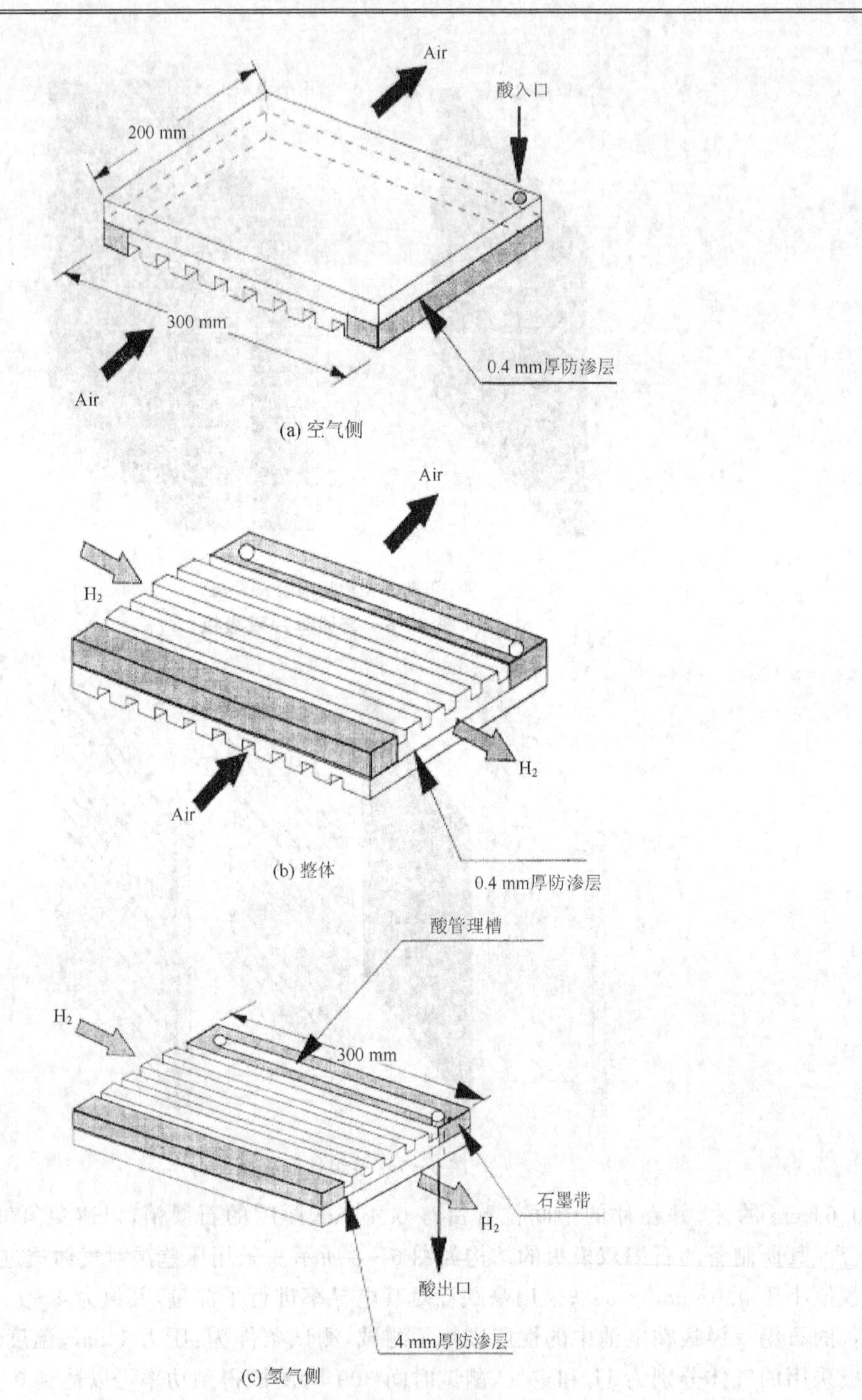

图 6-8 石墨双极板结构图

型分别为 316L,317L 和 904L,采用的电解质为 98%H_3PO_4,工作温度为 170 ℃。先将材料切割成 2.5 cm×1.3 cm 大小,然后采用 600 目的碳化硅纸对其进行打磨,再采用丙酮进行淋洗,最后在氮气氛压力下进行干燥。为了减少 170 ℃下,磷酸电解质对于不锈钢材料的腐蚀性,他们将在 120 ℃下处理 4 h,再在 165 ℃下处理 1 h 的 Duralco 4700 环氧树脂涂敷在不锈钢材料表面,发现环氧树脂的存在可以使不锈钢材料在酸性条件下稳定工作 3~5 h。但是,虽然不断通入气体,这 3 种不锈钢双极板都出现了钝化现象。分别对电极施以 0.1 V 和0.7 V的极化,极化曲线上观察得到其电流在 $mA \cdot cm^{-2}$ 的数量级。和碳复合材料进行比较,不锈钢 904L 双极板显示了较差的性能,而 316L 和 317L 则显示了较佳的性能。对电极采用 XPS 进行表征,不锈钢的外层为富铁氧化物层,而内层为富铬氧化物层,在 PAFC 工作环境下对它们进行极化测试后,铁氧化物层发生了选择性溶解,而铬氧化物层则发生了钝化,并对钝化层的厚度进行了测定,极化 3 h 之后,316L 不锈钢双极板钝化层的厚度在 PAFC 阳极和阴极环境条件下,分别为 3.8 nm 和 4.1 nm;317L 不锈钢双极板的钝化层厚度分别为 4.2 nm 和 4.6 nm;而 904L 不锈钢双极板的钝化层厚度在两种条件下均为 4.4 nm。

6.3　工作条件对其性能的影响

6.3.1　工作温度的影响

PAFC 的工作温度为 180~210 ℃。一般来说,温度提高,电池的效率也会提高。但工作温度的选择还要根据电解质磷酸的蒸气压、材料的耐蚀性能、电催化剂耐 CO 中毒的能力以及实际工作的要求等。

根据电化学热力学得到:

$$\left(\frac{\partial E_r}{\partial T}\right)_p = \frac{\Delta S}{nF} \tag{6-6}$$

对于采用氢气和氧气作为燃料和氧化剂的 PAFC 来说,ΔS 为负值。所以,从式(6-6)可以看出,随着电池工作温度的提高,电池的可逆电动势下降。可以计算出标准条件下,电池热力学可逆电动势的温度系数为$-0.27\ mV \cdot ℃^{-1}$。也就是说,电池工作温度每提高 1 ℃,电池的电动势下降 0.27 mV。

而从电极动力学角度来看,提高电池的工作温度,可以使反应气体的反应速率提高。

综合以上两方面来考虑,在中等负荷(250~300 $mA \cdot cm^{-2}$)条件下,使用纯氢作为燃料和空气中的氧作为氧化剂时,可逆电动势随温度的变化关系符合如下的经验公式:

$$\Delta E_{r,T} = b(T_2 - T_1) \tag{6-7}$$

其中,b 为一个比例系数;$\Delta E_{r,T}$ 为 T_1 和 T_2 两种不同的工作温度下的电动势差。b 和电池的工作条件有关,通过测试得到,当电池的工作温度为 180～220 ℃之间时,b 一般在 0.8～1.15。当工作温度为 190～218 ℃时,压力为 0.3～0.4 MPa,电流密度为 300 mA・cm^{-2}左右时,b 值为 1.15。随着电池电流密度降低,b 值也随着减小。当其他工作条件不变,电流密度为 100 mA・cm^{-2}时,b 值降为 1.05。

当氢气中存在有毒杂质,如 CO 和 H_2S 时,温度对电极性能的影响更大。图 6-9 为氧化剂为空气中的氧气,电流密度为 200 mA・cm^{-2},当工作温度从 180 ℃左右升高到 225 ℃左右时,使用不同燃料气体的 PAFC 的输出电压的变化。

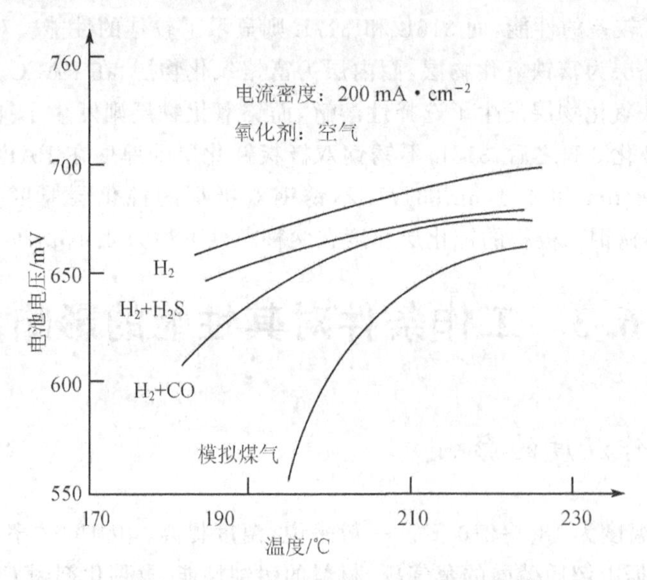

图 6-9 温度对不同燃料气体的效应

由图 6-9 可见,当燃料气体为纯氢时,输出电压只提高了 40 mV 左右。然而,当燃料气体中含有 0.000 5%CO 时,输出电压提高了 80 mV 左右。这主要因为随着温度升高,CO 在 Pt 上的吸附能力减弱,因此提高了催化剂对氢氧化的电催化性能,输出电压有了较大的提高。同样,当燃料气体中含有 0.02%H_2S 时,输出电压提高了 35 mV 左右,与纯氢的燃料气体相似,这表明 H_2S 使 Pt 催化剂中毒的温度效应不大。这是由于 H_2S 能强烈吸附在 Pt 催化剂表面,并被氧化为单质硫,覆盖在 Pt 粒子表面,使 Pt 催化剂失去对氢氧化的电催化功能。由于固态硫的覆盖强度与温度关系不大,因此,H_2S 使 Pt 催化剂中毒的温度效应不大。当燃料气体是模拟煤气时,电池输出电压提高了近 100 mV,这是由于模拟煤气里含有较多有毒气体的缘故。

虽然电池的工作温度提高有利于电池性能的改善,但是温度升高,也会给电池带来一些负面的影响。比如,温度升高,会使电池材料的腐蚀加重、Pt 催化剂烧结、磷酸挥发和降解损失严重。所以,PAFC 的工作温度不宜过高,峰值温度为 220 ℃,而电池连续工作时,温度为

210 ℃，不要超过 210 ℃，否则会对电池的寿命和性能产生不利的影响。

6.3.2　反应气压力的影响

在加压下工作，可以使反应速率加快，发电效率提高，但电池的系统比较复杂。因此，一般对于大容量电池组选择加压工作，反应气的压力一般为 0.7～0.8 MPa。而对于小容量电池组，往往采用常压进行工作。

依据能斯特方程，PAFC 的可逆电动势与压力的关系式如下：

$$E_r = E_r^\circ + \frac{RT}{2F}\ln\left(\frac{p_{H_2} p_{O_2}^{0.5}}{p_{H_2O}}\right)$$

$$= E_r^\circ + \frac{RT}{2F}\left[\ln\left(\frac{x_{H_2} x_{O_2}^{0.5}}{x_{H_2O}}\right) + \ln\left(\frac{p_{tot}}{p_{ref}}\right)^{0.5}\right] \tag{6-8}$$

式中：E——可逆电动势；

E°——标准压力下的可逆电动势；

F——法拉第常数；

p_{ref}——参考电压；

p_i——分压；

x_i——i 组分的摩尔分数。

经过推导，得出当工作总压由 p_1 变化到 p_2 时，电池可逆电动势的变化为：

$$\Delta E_{r,p} = \frac{2.3RT}{2F}\lg\frac{p_2}{p_1} \tag{6-9}$$

式中：$\Delta E_{r,p}$ 为可逆电动势变化，mV；p_1 和 p_2 分别是不同的运行压力，MPa。当 PAFC 的工作温度为 180 ℃时，电池的输出电压变化和反应气体压力提高的关系为：

$$\Delta E_p = 138\lg\frac{p_2}{p_1} \tag{6-10}$$

而当工作温度为 190 ℃，工作电流密度在 323 mA·cm^{-2}时，PAFC 输出电压变化随反应气体工作压力变化的经验公式为：

$$\Delta E_p = 146\lg\frac{p_2}{p_1} \tag{6-11}$$

而 Hirschenhofer 等人收集实验收据，得出了如下的经验公式：

$$\Delta E_p = 63.5\ln\frac{p_2}{p_1} \tag{6-12}$$

当工作温度为 177～218 ℃，压力为 0.1～1 MPa 时，这个公式和实际结果符合得很好。

增加 PAFC 工作压力，电池性能提高的原因为氧气和水的分压增加，降低了浓差极化，而且，工作压力增加可以使阴极反应气体中水的分压提高，而使磷酸电解质浓度降低，使离子的传导性能增强，降低 PAFC 的欧姆极化。

6.3.3 燃料气中杂质的影响

典型的 PAFC 燃料气体中大约含 80% H_2，20% CO_2 以及少量的 CH_4、CO 与硫化物。

1. CO 对电池性能的影响

CO 是在燃料重整过程中产生的，它能强烈吸附在 Pt 催化剂表面而使其中毒。研究发现，2 个 CO 分子会取代 1 个 H_2 分子位置。根据这个模式，在固定阳极过电位的情况下，阳极氧化电流和 CO 的覆盖率之间的关系为：

$$\frac{i_{CO}}{i_{H_2}} = (1-\theta_{CO})^2 \tag{6-13}$$

其中：i_{CO} 为有 CO 存在时的电流密度；i_{H_2} 为无 CO 存在时的电流密度；θ_{CO} 为铂电极表面 CO 的覆盖率。

当工作温度为 190 ℃时，摩尔分率的比值为 $[CO]/[H_2]=0.025$，这时，$\theta_{CO}=0.31$，计算得到 i_{CO} 为 i_{H_2} 的一半，说明有 CO 存在时，阳极氧化电流降为没有 CO 存在时的一半，即 CO 对 Pt 催化剂的毒化作用很强，对氢气氧化反应的抑制作用很大。然而，随着温度升高，CO 在 Pt 催化剂电极表面的吸附作用减弱，也就是说，CO 对 Pt 催化剂的毒化程度降低，CO 毒化而引起的电池压损失和温度的关系为：

$$\Delta E_{CO} = K(T)\{w(CO)_2 - w(CO)_1\} \tag{6-14}$$

式中：$w(CO)$——CO 的体积分数；

ΔE_{CO}——由 CO 浓度变化引起的电池输出电压的变化，mV；

$K(T)$——温度函数。

$K(T)$ 随温度变化值如表 6-1 所列。

表 6-1 Pt 催化剂载量为 0.35 mg · cm⁻² 和电流密度为 269 mA · cm⁻² 时 K(T) 随温度变化值

T/℃	163	177	190	204	218
$K(T)$	−11.1	−6.14	−2.12	−2.05	−1.30

CO 质量分数对电极性能的影响如图 6-10。由图可见，当 CO 质量分数较高时，对电极性能影响较大。在实际电池操作中，存在 CO 的最高允许质量分数，即如果 CO 质量分数超过这个最高允许的质量分数的话，对 Pt 催化剂毒化作用较大。最高允许质量分数的大小和电池的工作温度有关，在 190 ℃附近时，最高允许的质量分数为 1%，也就是说 CO 的质量分数在 1%以下时，对电池性能没有较明显的副作用。

Song 等人考察了 CO 浓度对磷酸燃料电池性能的影响。图 6-11 为电池电压损失和电流密度的关系。结果显示，当 CO 的体积分数小于 0.481%时，电池电压稍有损失，而当 CO 的体积分数大于 0.721%时，电池电压损失很大，而且随着温度降低，电池电压损失增大。

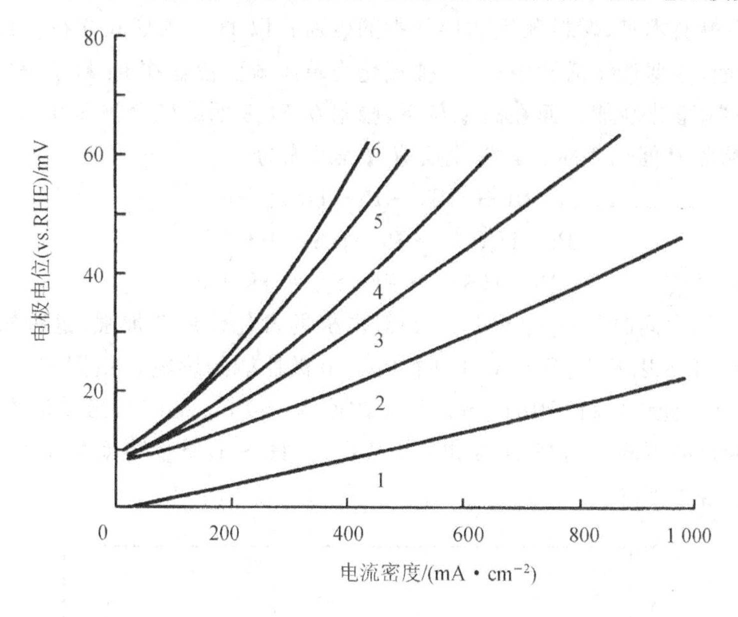

条件 180 ℃，100% H_3PO_4，催化剂 Pt 载量 0.5 mg·cm^{-2}，1—纯氢气；2～6 含 70%氢气，其中 2—30% CO_2；3—29.7% CO_2，0.3% CO；4—29% CO_2，1% CO；5—27% CO_2，3% CO；6—25% CO_2，5% CO。

图 6-10　CO 质量分数对电极性能的影响

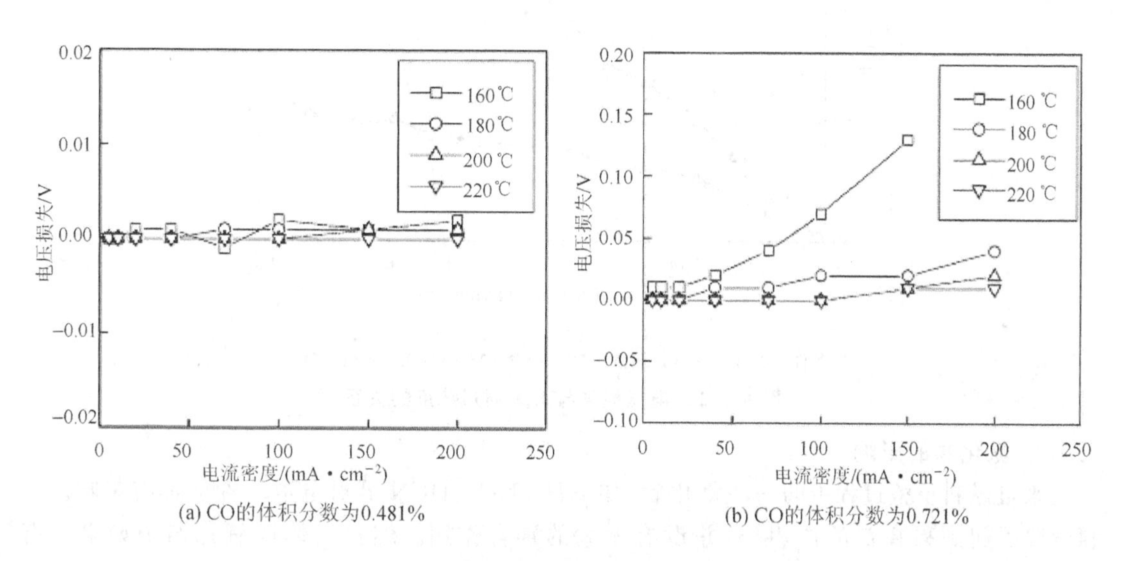

图 6-11　电池电压损失和电流密度的关系

2. 硫化物的影响

硫化物来自燃料本身，燃料蒸汽和煤气中的硫通常以 H_2S 的形式存在。H_2S 能强烈吸附在 Pt 催化剂表面，占据催化活性中心，并被氧化为单质硫而覆盖在 Pt 粒子表面，使 Pt 催化剂失去对氢氧化的电催化功能。而在高电位下，吸附在 Pt 表面的硫会被氧化为 SO_2，其脱附后，Pt 催化剂又会恢复其催化活性。其毒化反应方程推测为：

$$Pt + HS^- \rightarrow Pt—HS_{ads} + e^- \tag{6-15}$$

$$Pt—H_2S_{ads} \rightarrow Pt—HS_{ads} + H^+ + e^- \tag{6-16}$$

$$Pt—HS_{ads} \rightarrow Pt—S_{ads} + H^+ + e^- \tag{6-17}$$

而当燃料气体中同时含有 CO 时，H_2S 对电极的毒化作用会加强，这种影响叫做协同效应。图 6-12 为 H_2S 以及 H_2S 与 CO 共存时对电极性能的影响。由图 6-12 可见，当只有 H_2S 存在时，PAFC 允许燃料气中 H_2S 的质量浓度为 360 mg·m^{-3}，当质量浓度高于此值时，电极性能出现明显的下降。而当 H_2S 和 CO 共存时，H_2S 的质量浓度高于 240 mg·m^{-3}时，电池的性能就出现了下降。

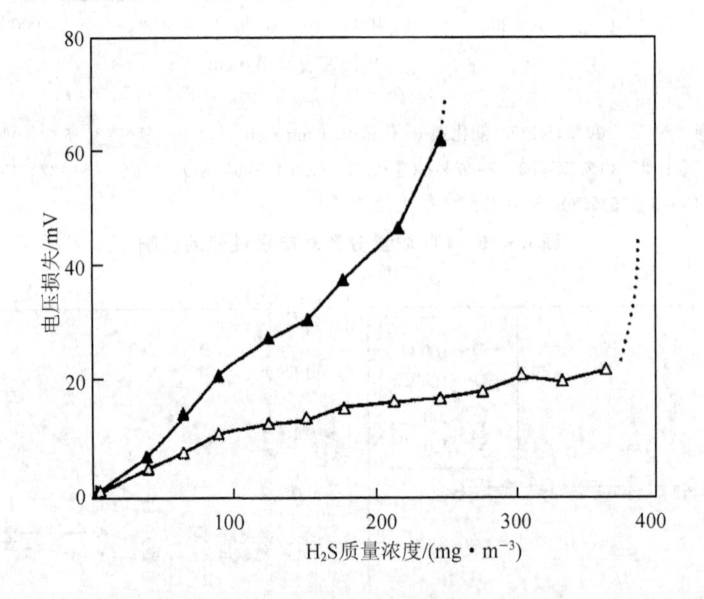

条件：200 mA·cm^{-2}；▲—H_2S 中含 10%CO；△—不含 CO。

图 6-12 电压损失与 H_2S 质量浓度的关系

3. 氮化物的影响

来自燃料重整过程中的一些氮化物，如 NH_3、NO_x、HCN 等对电池的性能都有影响。而氮气除了起到稀释剂的作用外，并没有太大的毒害作用。燃料气体或氧化剂中如果含有 NH_3，会与电解质磷酸发生反应，生成 $NH_4H_2PO_4$，这会使氧还原性能下降，从而影响电池的性能。经过研究发现，$NH_4H_2PO_4$ 的允许质量浓度为 0.2%，即 NH_3 的最大允许质量浓度为 1 mg·m^{-3}

4. 氧气剂气体组分的影响

氧化剂气体可为纯氧和空气中的氧。

随着氧气利用率的增加或反应气体入口浓度的降低，会使阴极极化增加，这主要是因为，浓差极化、能斯特损失增加，从而会使电池的性能降低。PAFC 一般用纯氧或空气中的氧作氧化剂。很明显，氧的浓度会影响电池的性能。如以含氧 21%的空气取代纯氧，在恒定电极电位条件下，极限电流密度会降低 3 倍左右。

图 6-13 为氧气利用率和阴极极化的关系曲线。从图中可以看出，阴极极化随着氧气利用率的增加而快速增加。在目前技术条件下，PAFC 的氧气利用率约为 50%左右，在这个利用率下，阴极过电位增加了 19 mV 左右。

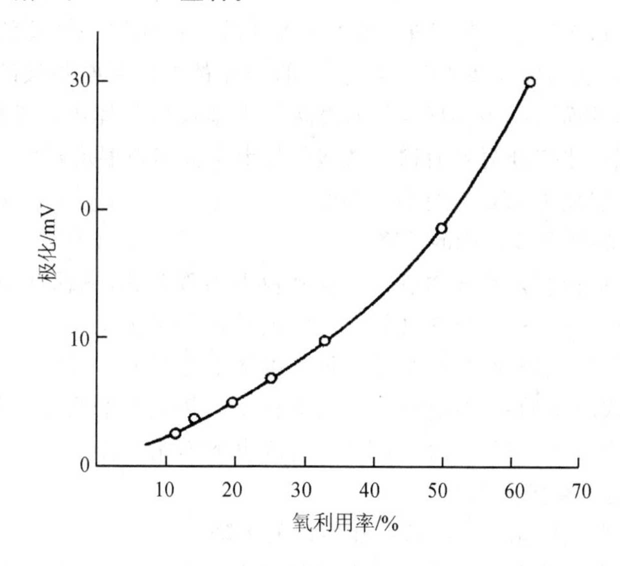

条件：0.1 MPa；190 ℃；Pt 载体，0.54 mg·cm^{-2}；100% H_3PO_4；300 mA·cm^{-2}。

图 6-13　氧利用率对阴极极化的影响

由实验得出，氧化剂利用率和阴极电位损失之间的关系为：

$$\Delta\varphi_c = 148\lg\frac{(\bar{p}_{O_2})_2}{(\bar{p}_{O_2})_1} \qquad \left(0.04 \leqslant \frac{\bar{p}_{O_2}}{\bar{p}_\tau} \leqslant 0.2\right) \qquad (6-18)$$

$$\Delta\varphi_c = 96\lg\frac{(\bar{p}_{O_2})_2}{(\bar{p}_{O_2})_1} \qquad \left(0.20 \leqslant \frac{\bar{p}_{O_2}}{\bar{p}_\tau} \leqslant 1.00\right) \qquad (6-19)$$

其中：$\bar{p}_\tau$、$\bar{p}_{O_2}$ 为系统内的平均总压、氧分压。式(6-18)适用于燃料电池使用空气为氧化剂的情况，式(6-19)适用于富氧氧化剂的情况。

6.3.4 影响寿命的因素及改进方法

1. 电池性能下降的原因

为了提高 PAFC 运行寿命,必须了解电池性能下降的原因,并提出解决办法。电池性能下降的现象可分为两类。一是电池性能急剧下降,其原因可能是磷酸不足或氢气不足;二是电池性能经过数千到数万小时后引起的缓慢下降,其原因可能是催化剂活性下降或催化剂层防水性下降。

2. 电池性能快速下降的原因判断

(1) 由于磷酸不足导致电池性能的下降及改进方法

在电池内部如果磷酸大量损失,就会导致电极间气体泄漏,电池阻抗增大,引起电池性能的急剧下降。要判断这个现象比较简单,即在加入磷酸后性能很快恢复就表明电池内磷酸不足。另外,测量电池阻抗的增加和阴极 CO_2 含量的增加都可以判断磷酸的不足。一般磷酸的损失是由于磷酸的挥发而引起的,因此,可通过降低电池反应气体出口处附近的温度,使在高温部位蒸发掉的磷酸在出口处凝聚而抑制磷酸的外泄。如出口温度降低至 170 ℃时磷酸蒸气的浓度会降低到出口温度为 220 ℃时的 1/100。

(2) 由氢气不足导致电池性能的下降

如果电池气室沟槽内存留有异物或者在双极板上出现针孔,从而在燃料极与空气极导致局部的气体泄漏,这种情况下,在燃料气的下流侧会造成局部的氢供给不足。另外,当要求增加负荷时,如燃料气体不能增加时,都会造成氢气供给量的不足。而氢气量的不足会使空气极的电位正移,当达到炭材料的腐蚀电位以上时,则在空气极侧就会发生电极中炭材料的腐蚀,情况严重时,电池输出电压甚至会变成负电压,造成电池不能运转。

3. 电池性能缓慢下降的原因判断

(1) 由催化剂电催化性能下降导致电池性能的下降

催化剂电催化性能下降的主要原因是在运行过程中,催化剂粒子会慢慢团聚,导致催化剂比表面积下降,或催化剂的脱落而引起的。特别是由于氧气电还原比氢难,因此,阴极性能更易变坏。

(2) 由催化剂层湿润导致性能下降的情况

所谓催化剂层的湿润,是指在电极催化剂层内随着时间的推移,磷酸逐渐地渗透,其结果是反应气体的供给受到阻碍,造成向催化剂输送的反应气体不足,从而导致电池性能的下降。这可以通过检测依据反应气的浓度和电池性能的关系来判断。比较简单的方法是分别用空气和纯氧作为电池的氧化剂,测定电池的电压,用二者之差来衡量气体扩散性。

6.4　发展概况

6.4.1　发展原因

AFC是较早得到应用的燃料电池。它在20世纪70年代成功地用于宇宙飞船上，这证明了燃料电池的高效和可靠性。为了提高能源的利用率，人们希望将这种高效发电的方式用于地面发电。但如将AFC在地面使用，用空气中的氧代替纯氧做氧化剂时，由于AFC使用碱作为电解液，空气中的CO_2将与碱作用而使AFC性能逐步变坏，所以不能在地面使用。因此，在20世纪70年代，世界各国都开始研究以酸作为电解质的燃料电池。由于磷酸具有较好的热、化学和电化学稳定性以及高温下挥发性小及对于CO_2的耐受力而开始研究PAFC。

6.4.2　磷酸燃料电池电站的发展概况

在20世纪60年代，美国能源部制定了发展PAFC的TARGET计划。在该计划的支持下，1967年，美国国际燃料电池公司与其他28家公司合作，组成了TARGET集团，开始研制以含20%CO_2的天然气裂解气为燃料的PAFC发电系统。第一台PAFC 4 kW的样机作为家庭发电设备运行了几个月。在1971—1973年期间，研制成了12.5 kW的PAFC发电装置，它由4个电堆组成，每个电堆由50个单体电池组成。此后，它们生产了64台PAFC发电站，分别在美国、加拿大和日本等35个地方试用。在TARGET成功的基础上，美国能源部、燃气研究所和电力研究所组织了一系列PAFC的开发计划，这些计划的共同目标是完善PAFC发电系统，使PAFC达到商业化的要求。其中，GRI-DOC计划最引人注目。在1976—1986年期间，GRI-DOC计划研制了48台40 kW的PAFC发电站，其中2台在日本东京煤气公司和大阪煤气公司进行试验，其余的在美国42个地方进行了应用试验。结果表明PAFC本体性能良好，但辅助系统有些问题，另外，发现PAFC造价太高。1989年，新成立的ONSI公司在GRI-DOC计划资助下，开始开发200 kW热电联产型PAFC发电装置，并在1990年将样机出售给日本进行了运行试验，发现其发电效率为35%，热电联产后效率达80%。此后，有53台200 kW PAFC发电装置被美国和日本的公司订购，价格从最初的50万美元降到35万美元。在这些PAFC发电装置中，有些装置的运行寿命达到了40 000 h。美国西屋公司等在美国能源部支持下，也进行了PAFC发电站的研制。他们计划在1983年开始，在日本千叶县建造4.5 MW的PAFC发电站，但在1983年由于一些不可预见的原因而拆除。

日本对PAFC的研制也很重视，由于日本只考虑用天然气的大型燃料电池发电站，美国IFC公司与日本东芝公司合作研制成了11 MW的PAFC电站，并在日本运行，为4 000户家庭供电。他们计划以5 000万美元的价格商业化。

其他国家受美国和日本对PAFC研制的启发,在20世纪80年代开始也重视PAFC发电装置的研制。但是其中的PAFC都是从日本或美国引进的。1988年,由荷兰和意大利联合组建的国际动力集团从日本富士公司购进25 kW PAFC发电装置,在荷兰进行试验,并在1990年建立了80 kW PAFC发电装置,在德国进行试验。1992年,意大利Ansaldo公司建造了1 000 kW的PAFC发电站,其中PAFC是从美国引进的。1985年,韩国电力公司从日本富士电机公司引进5.6 kW PAFC发电装置,建成发电厂。泰国也在1991年从日本富士电机公司引进550 kW PAFC发电装置,建立发电厂。中国在20世纪70年代停止了航天用的AFC研制后,没有马上转入地面用燃料电池的研究。到20世纪90年代想要开展地面用燃料电池时,发现在日本和美国,PAFC技术基本成熟,因此,中国一直没有开展PAFC的研制,但广州市引进了日本研制的PAFC发电装置,用沼气做燃料,进行了发电运行试验。

6.4.3 电动车用磷酸燃料电池的发展概况

PAFC还可作为电动车的动力源。1987年,美国能源部开始PAFC电动车的开发计划,并在1994年推出了样车,用甲醇做燃料。日本富士电机公司也研制了车用PAFC,在1998年研制成5 kW的PAFC,并用于叉式升降器上,运行效果良好。日本三洋电气公司在1992年研制成PAFC与太阳能电池结合的电动轿车。

6.5 商业化的展望

经过多年的努力,PAFC得到了很大的进展,已经进入了商业化初期的阶段,是所有燃料电池中发展最快的燃料电池,但要真正商业化,还需要做很多的努力。

6.5.1 降低成本

1. 降低生产成本

由于PAFC价格太高,因此,降低成本是PAFC开发过程中最重要的课题之一。总的来说,PAFC的成本可分为PAFC的生产成本、维持成本和翻修成本等。针对电池的生产成本,必须在削减组装工时数与PAFC材料的低廉化上下功夫。另外,如能扩大使用范围,进行批量生产也会降低成本。本身成本下降的目标暂时定为2 500美元/kW。

2. 降低维持成本

在维持成本方面,首先应考虑如何削减占其一大半的人工成本。在配置系统时需考虑其维持的简便性,可靠性,实现远距离监视以及实施预防保全措施等,这样可以有效地降低维持成本。

3. 用废物来制备燃料气源

PAFC 优点之一是对燃料气纯度的要求不高，因此可用一些污染物制备燃料气，这样不但可把污染物处理为有用的燃料，而且把它用作 PAFC，与发电系统结合起来，可进一步吸引人们对 PAFC 发电系统的重视。目前已经研究过的污染物气源如下：

(1) 啤酒工厂生物气源

从啤酒工厂产生的下水，既有用于对瓶、罐、箱槽以及管道等进行杀菌洗净的、浓度相对较低的下水，又有啤酒槽内的残渣液等浓度较高的下水。通过对这些下水的嫌气性发酵，可以把下水中的有机成分还原分解成含有如甲烷气体和二氧化碳气等的生物气。用这种方式产生的生物气，由于具有使用动力较少，较容易得到作为燃料的、以甲烷为主成分的气体等优点，因此是一种环境负荷较低的处理方法。

这种生物气含 70%甲烷、30%CO_2 和微量的硫成分，可以作为 PAFC 的燃料来利用。该供应系统的发电效率与综合效率都很高。日本札幌啤酒(千叶工厂)、麒麟啤酒(枥木工厂)以及朝日啤酒(四国工厂)等多个啤酒工厂进行过这样的试验。1998 年，札幌啤酒千叶工厂启动了以他们厂下水得到的生物气源做燃料源的 PAFC 发电站，如图 6-14 所示。如能普及 PAFC，在一年中，在日本就能削减燃料 663 千卡，从而每年节省约 3 000 万日元的成本。

图 6-14　札幌啤酒千叶工厂利用排放甲烷发电的系统

(2) 污泥消化生物气源

在横滨市，人们采用把下水处理厂的污泥集中到南北两个污泥处理中心处理的方法进行污泥处理，这是一种在卵形消化箱中进行嫌气性消化的方法，两个中心生产的生物气源量为 80 000 m^3/d，每天可发电 7 180 kWh。他们把这种生物气源用于 200 kW 的 PAFC 发电装置进行试验。这种气源在经脱硫后，PAFC 发电装置运行良好。

(3) 垃圾转化的生物气源

日本川崎制铁进行了由垃圾气体化熔融炉产生的气体作为燃料源的 PAFC 发电设备的试验。这种燃料气含 33%～35%氢和较多的 CO，因此，必须进一步进行除 CO 的处理。

鹿岛建设正在进行一项把生垃圾进行嫌气性发酵以得到生物气，并在 PAFC 上使用的试验。其每天能处理生垃圾 200 kg，生成约 40 m^3 生物气，经脱硫前处理后就可与 50 kW 的 PAFC 发电设备相连接，进行发电试验。

(4) 废甲烷的利用

在半导体工厂，半导体基板的洗净工程需要使用甲烷，但是到目前为止使用后的甲烷都是被当作废物而被燃烧处理的。把它用于 PAFC 发电装置，运行性能很好。

4. 搞好 PAFC 发电系统的热利用

搞好 PAFC 发电系统的热利用也是降低成本的一个有效方法。这样可提高能量利用效率，在日本，现在已经把 PAFC 发电系统的热广泛应用于写字楼、工厂、公寓、学校、饭店、能源中心和通信设施以及医院等场所。例如，对于面积为 8 431 m^2 的供电，PAFC 输出功率为 200 kW，该系统的发电效率为 35.2%，热回收率为 45.4%，综合效率为 80.6%。

6.5.2 提高使用寿命

经过多年的研究，目前 PAFC 电堆寿命已经达到 40 000 h，即 5 年，现在也有运行寿命达 55 000 h 的 PAFC 电堆，但要真正达到商业化，寿命必须达到 15 年，因此还必须做很大的努力。

6.5.3 缩短启动时间

目前，PAFC 电堆的启动时间太长，要几个小时，因此不适于作为快速启动装置的电源，如汽车用等移动电源。为了扩大 PAFC 的应用范围，必须降低其启动时间。

6.5.4 提高催化剂性能

由于用磷酸电解质，必须使用化学稳定性较好的贵金属催化剂，如 Pt 等，但其价格昂贵，因而成本较高。如大规模使用，还有贵金属的资源匮乏问题。因此必须进一步提高催化剂的电催化性能，降低 Pt 催化剂的用量。

总的来说，虽然 PAFC 的技术比较成熟，并进入了商业化的初期阶段。但还有上述一些较难克服的问题，商业化还是一个长期的过程。因此，近年来，各国对 PAFC 研制的投入逐渐减少，进展速度也日趋缓慢。

问题与讨论

1. 磷酸燃料电池具有哪些优点和缺点？
2. 磷酸燃料电池采取什么样的工作条件？
3. 磷酸燃料电池系统由哪几部分构成？
4. 磷酸燃料电池的冷却可以采用水冷式，它又可以分为哪几种？
5. 磷酸燃料电池单体电池由哪几部分组成？
6. 对于磷酸燃料电池所使用的双极板有哪些要求？
7. 磷酸燃料电池气体扩散电极的制备可以采用哪些方法？
8. 为什么采用磷酸作为电解质(采用磷酸作为电解质的优点)？
9. 对于电解质磷酸的浓度有什么要求？
10. 对于固定电解质磷酸的隔膜有哪些要求？
11. 电解质磷酸的流失被认为是影响电池性能的一个重要因素，磷酸的流失通过哪几种途径进行？
12. 燃料气中 NH_3 的最大允许质量浓度可以达到多少？
13. 磷酸燃料电池性能快速下降的原因有哪些？怎样进行改进？
14. 磷酸燃料电池性能缓慢下降的原因有哪些？怎样进行改进？
15. 可以采取什么措施来降低磷酸燃料电池的成本？

第7章 熔融碳酸盐燃料电池

熔融碳酸盐燃料电池 MCFC(Molten Carbonate Fuel cell)的概念最早出现于20世纪40年代。20世纪50年代,Broes等人演示了世界上第一台熔融碳酸盐燃料电池。20世纪80年代,加压工作的熔融碳酸盐燃料电池开始运行,继磷酸盐燃料电池之后基本已经进入商业化阶段。在这半个多世纪的时间内,在电极反应机理、电池材料、电池性能和制造技术等方面,均取得了巨大进展,规模不断扩大,现正处于由千瓦向兆瓦级发展阶段。熔融碳酸盐燃料电池的工作温度较高(约873~923 K),与其他的低温燃料电池相比,熔融碳酸盐燃料电池的成本和效率很有竞争力,其优点主要体现在5个方面:

第一,在熔融碳酸盐燃料电池工作的温度条件下,燃料(如天然气)的重整可在电池堆内部进行。如甲烷的重整反应可以在阳极反应室进行,重整反应所需热量由电池反应提供。这一方面降低了系统成本,另一方面又提高了效率。

第二,熔融碳酸盐燃料电池的工作温度足够产生有价值的余热,又不至于有过高的自由能损失。电池排放的余热温度高达673 K,可被用来压缩反应气体以提高电池性能,还可用于燃料的吸热重整反应,或用于锅炉供暖,使总的热效率达到80%。

第三,几乎所有燃料重整都产生CO,它可使低温燃料电池电极催化剂中毒;但可成为熔融碳酸盐燃料电池的燃料。因此熔融碳酸盐燃料电池可以使用如煤气等CO含量高的燃料气。

第四,工作温度高,电极反应活化能小,不论氢的氧化还是氧的还原,都不需要高效催化剂。与低温燃料电池需要贵金属催化剂,重整富氢燃料中的CO也需要去除相比,熔融碳酸盐燃料电池电催化剂以镍为主,不使用贵金属。

第五,可以不用水冷却,而用空气冷却,尤其适用于缺水的边远地区。

因为在高温条件下工作,致使H_2的反应活性很高。尽管提高反应温度使电池理论效率降低,但同时也降低了过电位损失,实际效率提高了。熔融碳酸盐燃料电池的缺点是:

第一,电解质的腐蚀性以及高温对电池各种材料的长期耐腐性能有十分严格的要求,电池的寿命受到一定的限制。

第二,单电池边缘的高温湿密封技术难度大,尤其是在阳极区,这里会遭受严重的腐蚀。另外,还有熔融碳酸盐的一些固有问题,如冷却导致的破裂等。

第三,电池系统中需要有CO_2的循环,将阳极析出的CO_2重新输送到阴极,这增加了系统结构上的复杂性。

因此,尽管熔融碳酸盐燃料电池在反应动力学上有明显的优势,但其高温运行带来的熔盐腐蚀和密封等问题,阻碍了它的快速发展。

在内部重整 MCFC 中，可以采用脱硫煤气或天然气为燃料。它的电池隔膜与电极均采用带铸方法制备，工艺成熟，易于大批量生产。若能成功地解决电池关键材料的腐蚀等技术难题，使电池使用寿命延长到 40 000 h，熔融碳酸盐燃料电池将会很快商品化。我国是一个产煤大国，充分利用煤炭资源做燃料来发展熔融碳酸盐燃料电池对国家的发展具有战略意义。熔融碳酸盐燃料电池除了使用煤气作为燃料外，还可以直接以固体炭为燃料，这种燃料电池也称为直接煤(炭)燃料电池(参见第 10 章直接炭燃料电池)。熔融碳酸盐燃料电池不但可减少 40%以上的 CO_2 排放，而且还可实现热电联供或联合循环发电，从而将燃料的有效利用率提高到 70%～80%。

7.1　熔融碳酸盐燃料电池的工作原理

熔融碳酸盐燃料电池采用碱金属(Li、Na、K)的碳酸盐作为电解质，电池工作温度 873～973 K。在此温度下电解质呈熔融状态，载流子为碳酸根离子。典型的电解质组成(摩尔分数)为 $x(Li_2CO_3)+x(K_2CO_3)=62\%+38\%$。熔融碳酸盐燃料电池的工作原理如图 7-1 所示。构成 MCFC 的关键材料与部件为阳极、阴极、隔膜和集流板或双极板等。MCFC 的燃料气是 H_2（也可以为 CO 等），氧化剂是 O_2。当电池工作时，阳极上的 H_2 与从阴极区通过电解质迁移过来的 CO_3^{2-} 反应，生成 CO_2 和 H_2O，同时将电子输送到外电路。阴极上 O_2 和 CO_2 与从外电路输送过来的电子结合，生成 CO_3^{2-}。熔融碳酸盐燃料电池的电化学反应如式如下：

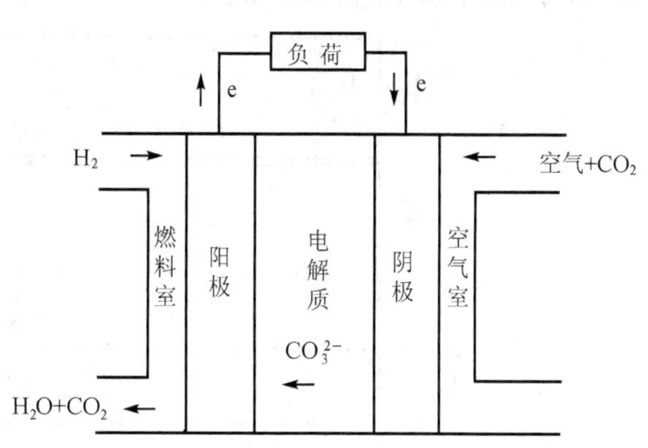

图 7-1　熔融碳酸盐燃料电池的工作原理

阴极反应

$$\frac{1}{2}O_2+CO_2+2e^- \rightarrow CO_3^{2-} \tag{7-1}$$

阳极反应

$$H_2+CO_3^{2-} \rightarrow CO_2+H_2O+2e^- \tag{7-2}$$

总反应

$$\frac{1}{2}O_2+H_2+CO_2(\text{阴极}) \rightarrow 2H_2O+CO_2(\text{阳极}) \tag{7-3}$$

由电极反应可知，熔融碳酸盐燃料电池的导电离子为 CO_3^{2-}，不论阴、阳极的反应历程如何，MCFC 的发电过程实质上就是在熔融介质中氢的阳极氧化和氧的阴极还原的过程，其净效应是生成水。从上述化学反应式可以看出，与其他类型燃料电池的区别是：在阴极 CO_2 为反应物，在阳极 CO_2 为产物，即 CO_2 从阴极向阳极转移，从而在电池工作中构成了一个循环。为确保电池稳定连续地工作，必须将在阳极产生的 CO_2 返回到阴极。通常采用的办法是将阳极室排出的尾气经燃烧消除其中的 H_2 和 CO 后进行分离除水，然后再将 CO_2 送回到阴极。

依据 Nernst 方程，MCFC 的可逆电位 E 为

$$E = E^{\circ} + \frac{RT}{2F}\ln\left(\frac{p_{H_2}p_{O_2}^{\frac{1}{2}}}{p_{H_2O}}\right) + \frac{RT}{2F}\ln\left(\frac{p_{CO_2}^{c}}{p_{CO_2}^{a}}\right) \tag{7-4}$$

式中：R 为气体常数；T 为热力学温度；F 为法拉第常数；c 代表阴极；a 代表阳极。由式(7-4)可知，若阴极、阳极的 CO_2 分压相等，则电动势 E 与 CO_2 分压无关；若不相等，阴极、阳极气室的 CO_2 分压将影响熔融碳酸盐燃料电池的电动势 E。

在实用的 MCFC 中，燃料气并不是纯的氢气，而是由天然气、甲醇、石油、石脑油、煤等转化产生的富氢燃料气。阴极氧化剂则是空气与二氧化碳的混合物，其中还含有氮气。转化器是熔融碳酸盐燃料电池系统的重要组成部分，目前有内部转化和外部转化两种方式，图 7-2 是 MCFC 内部转化的结构示意图。

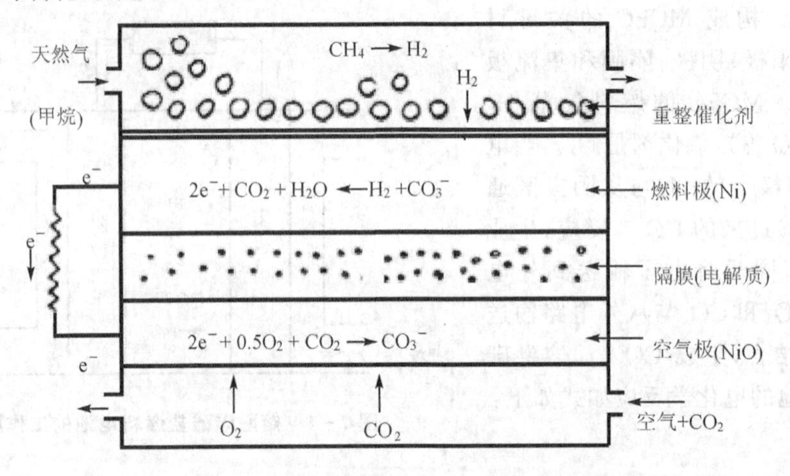

图 7-2 MCFC 内部转化的结构示意图

7.2 熔融碳酸盐燃料电池的隔膜材料

7.2.1 隔膜材料的性能

电解质隔膜是 MCFC 的重要组成部件，其中电解质被固定在隔膜载体内，它的使用也是

MCFC 的特征之一。电解质隔膜应至少具备三种功能:一是隔离阴极与阳极的电子绝缘体;二是碳酸盐电解质的载体,碳酸根离子迁移的通道;三是浸满熔盐后防止气体的渗透。因此,隔膜既是离子导体,又是阴、阳极隔板。它必须具备强度高、耐高温熔盐腐蚀、浸入熔盐电解质后能够阻挡气体通过的性能,而又具有良好的离子导电性能。其塑性可用于电池的气体密封,防止气体外泄,即所谓"湿封"。当电池的外壳为金属时,湿封是唯一的气体密封方法。隔膜,也称为载体,它是陶瓷颗粒混合物,以形成毛细网络来容纳电解质。隔膜为基质电解质提供结构,但不参加电学或电化学过程。基质的物理性质在很大程度上受隔膜控制。隔膜颗粒的尺寸、形状及分布决定孔隙率和孔隙分布,进而决定基质的电阻等性质。隔膜颗粒的物理和化学稳定性很重要,它的不稳定性将导致电解质损失及电池性能下降。隔膜一般是粗、细颗粒及纤维的混合物。其中,细颗粒提供高的孔隙率,粗粒材料用于提高抗压强度和热循环能力。早期曾采用过 MgO 作为 MCFC 的隔膜材料;但 MgO 在高温下的熔融碳酸盐中会有微量的溶解,使隔膜的强度变差。目前,几乎所有的 MCFC 使用的细颗粒材料都是偏铝酸锂,它具有很强的抗碳酸熔盐腐蚀能力。

偏铝酸锂($LiAlO_2$)有 α、β 和 γ 三种晶型,分别属于六方、单斜和四方晶系。它们的密度分别为 $3.400\ g \cdot cm^{-3}$、$2.610\ g \cdot cm^{-3}$ 和 $2.615\ g \cdot cm^{-3}$,其外形分别为棒状、针状和片状。其中 $\gamma - LiAlO_2$ 和 $\alpha - LiAlO_2$ 都可用作 MCFC 的隔膜材料,早期 $\gamma - LiAlO_2$ 用得多一些。但是由于在 MCFC 的工作温度以及熔融碳酸盐存在的情况下,$\alpha - LiAlO_2$ 和 $\beta - LiAlO_2$ 都要不可逆地转变为 $\gamma - LiAlO_2$,同时伴随着颗粒形态的变化和表面积的降低,因此现在 $\alpha - LiAlO_2$ 用得更多一些。根据 Yong - Laplace 公式,气体进入毛细管的临界压力 p 与毛细管半径 r 之间有如下关系:

$$p = \frac{2\nu\cos\theta}{r} \tag{7-5}$$

式中,ν 为电解质表面张力系数,$\nu[Li_{0.62}K_{0.38}CO_3] = 0.198\ N \cdot m^{-1}$;$\theta$ 代表电解质与隔膜体的接触角,如果完全润湿,则 $\theta = 0°$。这样,若偏铝酸锂隔膜欲耐受一个大气压的压差,其隔膜的孔径最大不得超过 3.96 μm。由于隔膜是由偏铝酸锂粉体堆积而成,因此要确保隔膜孔径不超过 3.96 μm,偏铝酸锂粉体的粒度应尽量保持细小,严格控制在一定的范围内。由于毛细管压力的影响,熔融碳酸盐电解质在电极和电解质基底的分布如图 7-3 所示。

隔膜孔内浸入的碳酸盐电解质使其具有离子导电的作用,按 Meredith - Tobias 公式,隔膜电导率 σ 与电解质电阻率 ρ_0、隔膜中所占的体积分数 φ_B 以及隔膜的空隙率 $1-\alpha$ 有关,其式为

$$\sigma = \frac{\rho_0}{(1-\varphi_B)_2} \tag{7-6}$$

式中,当××温度为 873 K 时,$x(Li_2CO_3) + x(K_2CO_3) = 62\% + 38\%$ 的电解质电阻率 ρ_0 为 $0.5767\ \Omega \cdot cm$。由式(7-6)可知,隔膜的孔隙率越大,浸入的碳酸盐电解质就越多,隔膜的电

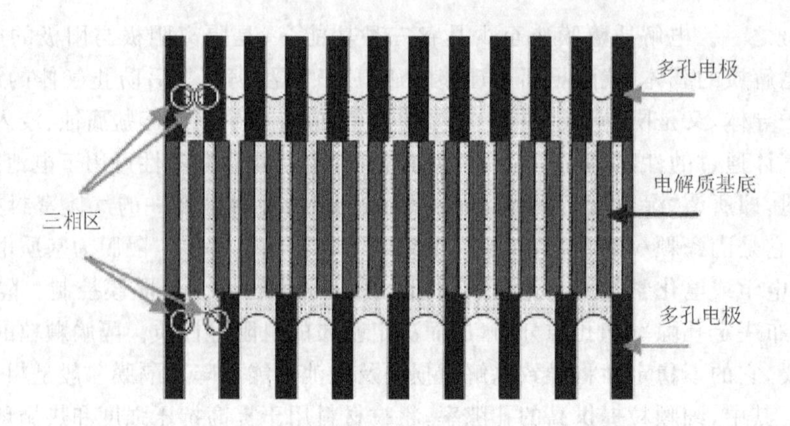

图 7-3 熔融碳酸盐电解质在电极和电解质基底的分布

阻率也就越小。考虑到一方面应能承受较大的穿透气压，另一方面还应尽量降低电阻率，隔膜应具有小的孔半径和大的孔隙率，因此孔半径和孔隙率也经常作为衡量隔膜性能的重要指标。一般，熔融碳酸盐燃料电池隔膜的厚度为 0.3～0.6 mm，孔隙率为 60%～70%，平均孔径为 0.25～0.8μm。

7.2.2 隔膜材料的制备

目前，国内外已发展了多种偏铝酸锂隔膜的制备方法，如热压法、电沉积法、真空铸法、冷热法和带铸法等。其中带铸法制备的偏铝酸锂隔膜，性能与重复性好，而且适宜大批量生产。制备时将 $LiAlO_2$ 与有机溶剂、悬浮剂、粘合剂和增塑剂等按配方形成泥釉，浇铸在一固定带上或连续运行的带上，待溶剂干后，从带上剥下 $LiAlO_2$ 薄层，将薄层中残留的溶剂、粘合剂等在低于电解质熔点温度(约 763 K)下烧掉，即得基底。电解质可在电池装配前通过浸渍进入基底的孔隙中，也可在泥釉中先加入。后者所获得的基底孔隙率更大。

7.2.3 熔融碳酸盐燃料电池的电解质

熔融碳酸盐燃料电池以摩尔分数 $x(Li_2CO_3)+x(K_2CO_3)=62\%+38\%$ 的混合物为标准电解质。这是一个低共熔混合物，熔点为 761 K，Li_2CO_3-K_2CO_3 体系还有一个低共熔混合物为 $x(Li_2CO_3)+x(K_2CO_3)=43\%+57\%$，其熔点为 773 K。20 世纪 70 年代前，大多选用 Li_2CO_3-Na_2CO_3 二元混合物或 Li/Na/K(43∶31∶26)低共熔混合物作为电解质。因为 Li/Na 体系的蒸汽压和热膨胀系数均略低于 Li/K 体系，近几年又重新得到重视。在确定电解质组成时需考虑的因素很多。其中，电解质影响电池性能的因素有电导率、气体溶解度、扩散能力、表面张力及对电催化的作用等。影响电池长期工作寿命的因素有电解质的蒸汽压和腐蚀性对基底及电极稳定性的影响，电解质与基底的热膨胀匹配，以及由离子迁移速度不同导致的电池堆两端电解质组成的变化等。另外，还需考虑其在应用中的价格。

7.3　熔融碳酸盐燃料电池的电极材料

在阴极和阳极上分别进行氧阴极还原反应和氢阳极氧化反应，由于反应温度高达650 ℃，电解质碳酸根也参加反应，这就要求电极材料要有很高的耐腐蚀性能和较高的电导率。因为阴极上氧化剂和阳极上燃料气均为混合气，尤其是阴极的空气和CO_2混合气在电极反应中浓差极化较大，因此电化学反应需要合适的气/固/液三相界面。因此，阴、阳电极必须采用特殊结构的三相多孔气体扩散电极，以利于气相传质、液相传质和电子传递过程的进行。此外，还要确保电解液在隔膜与阴极、阳极间良好的分配，增大电化学反应面积，减小电池的电阻极化与浓差极化。

7.3.1　阳极材料

MCFC的阳极催化剂最早采用银和铂；为降低成本，后来改用了导电性与电催化性能良好的镍。但镍在MCFC的工作温度与电池组装力的作用下会发生烧结和蠕变现象，因此MCFC采用了Ni－Cr或Ni－Al合金等做阳极的电催化剂。为改善合金的性能，特别是蠕变性能，常在合金中加入Co、Cr、W金属。加入质量分数为2%～10%的Cr的目的是防止烧结，但Ni－Cr阳极易发生蠕变。另外，Cr还能被电解质锂化，并消耗碳酸盐；Cr的含量减少会减少电解质的损失，但蠕变将增大。相比之下，Ni－Al阳极蠕变小，电解质损失少，蠕变降低是由于合金中生成了$LiAlO_2$。为降低成本，许多研究集中在探索Ni的替代金属，以Cu代Ni，可以提高电极抗氧化、抗渗碳的性能，也有利用复合涂层的方法开发高性能的扩散型多孔气体扩散电极的。但因Cu蠕变比Ni大，不能完全取而代之，其中Cu－Ni－Al（Ni和Al的质量分数为5%）合金有较好的抗蠕变性能。Ni、Cu中加入Al_2O_3等高熔点氧化物也可防止阳极金属的烧结。

阳极电极用带铸法制备，其制备工艺与偏铝酸锂隔膜相同。将一定粒度分布的电催化剂粉料（如碳基镍粉），用高温反应制备的偏钴酸锂（$LiCoO_2$）粉料或用高温还原法制备的镍-铬（Ni－Cr，Cr质量分数为8%）合金粉料与一定比例的粘合剂、增塑剂和分散剂混合，并用正丁醇和乙醇的混合物做溶剂，配成浆料，用带铸法制备。

熔融碳酸盐燃料电池属于高温电池，多孔气体扩散电极中无憎水基，熔融电解质在隔膜、多孔电极间的分配是依靠毛细力来实现平衡的。该平衡方程式为

$$\frac{\gamma_c \cos\theta_c}{D_c}=\frac{\gamma_e \cos\theta_e}{D_e}=\frac{\gamma_a \cos\theta_a}{D_a} \tag{7-7}$$

式中:D 为孔半径;θ 为接触角;γ 为表面张力;下标 c、e 和 a 分别代表阴极、隔膜和阳极。首先要确保电解质隔膜中充满电解液,所以它的平均孔半径 D_e 应最小;为减少阴极极化,促进阴极内氧的传质,防止阴极被电解液“淹死”,阴极的孔半径应最大;阳极的孔半径则适中即可。

在电池运行过程中,熔融电解质会发生一定的流失。熔融电解质发生流失的方式主要有阴极溶解、阳极腐蚀、集流板腐蚀、熔融电解质蒸发损失以及由于电池共用管道电解所导致的电池内部电解质迁移造成的电解质流失。在固定填充电解质的条件下,当熔融电解质流失太多时,隔膜中的大孔就无法充满电解质,这时会发生燃料气与氧化剂的互窜渗透现象,导致 MCFC 性能下降。因此,必须减少电池运行过程中的熔融电解质的流失,并研究向 MCFC 内补充添加熔融电解质的方法。为减少电解质的流失,在电池的设计上都增加了补益结构,如在电极或极板上加工制出一部分沟槽,采取在沟槽中储存电解质的方法进行补益,使熔盐流失的影响降低到最低程度。

7.3.2 阴极材料

阴极的作用是提供氧化剂,催化阴极的还原反应,提供还原反应的活性位、反应物迁移的通道以及传递阴极接受的电子。又由于 MCFC 是在高温下运行,这就要求阴极材料应是:① 电子良导体,内电阻小;② 具有优良的电催化活性;③ 易为熔融电解质润湿;④ 结构稳定,难溶解;⑤ 抗腐蚀性能强;⑥ 孔结构和孔径分布适宜,有利于传质。一般要求孔隙率为 70 %~80 %,平均孔径为 7~15 μm。

目前 MCFC 阴极一般采用多孔 NiO。它是将多孔金属镍在电池升温过程中原位氧化,并且部分被原位锂化,形成非化学计量化合物 $Li_xNi_{1-x}O$,具有电导率高(33 $\Omega^{-1}\cdot cm^{-1}$),电催化活性高和制造方便的优点。因此,NiO 被视为标准的 MCFC 阴极材料。阴极气氛一般采用空气加 CO_2 或氧气加 CO_2。在电池实际运行过程中,通常需在室温下对阴极气氛进行加湿处理。典型的阴极气氛是 15%O_2- 30CO_2%- 55%N_2+ H_2O (g)。阴极工作电位约为-50~-100 mV(相对 Au 参比电极)。当前 NiO 阴极面临的主要问题是,在电池运行过程中它可溶解于熔盐电解质中,产生的 Ni^{2+} 扩散进入电池的电解质板,并被电解质板阳极一侧渗透过来的 H_2 还原成金属 Ni 而沉积在电解质板中,这些 Ni 微粒相互连接成为 Ni 桥,最终可导致电池阴极和阳极的短路。这一过程化学反应式为

$$NiO + CO_2 = N^{+} + CO_3^{2-} \tag{7-8}$$

$$Ni^{+} + CO_3^{2-} + H_2 = Ni\downarrow + CO_2\uparrow + H_2O \tag{7-9}$$

Ni^{2+} 向阳极的迁移是通过扩散实现的。缓慢的溶解-还原沉淀过程使电池运转一定时间之后发生短路而失效。在实用操作压力(0.7~2.0 MPa)下电池寿命小于 3 500 h。同时该过程也消耗电解质,降低电池性能,成为 MCFC 技术的主要问题。NiO 的溶解机制及其溶解度与气氛中的 CO_2 分压有关,随着 CO_2 分压的增加,先后出现碱性溶解机理和酸性溶解机理。在

低 CO_2 分压条件下，NiO 发生碱性溶解；在高 CO_2 分压（$>10^4$ Pa）情况下，发生式(7-8)所示的酸性溶解，溶解度与 CO_2 分压成正比，而与气氛中的 O_2 及 $H_2O(g)$ 分压无关，并且随温度升高，溶解度趋于下降。解决这个问题主要有改善电解质的组成、NiO(Li)掺杂改性、研发新型电池结构和新型阴极材料等途径。

在 MCFC 研究中所采用的碳酸盐电解质主要有 $(Li/K)_2CO_3$ 和 $(Li/Na)_2CO_3$ 两种。O_2 在 Li/K 体系中的溶解性较高，阴极极化较弱，电池表现出较高的性能，因此该体系被普遍采用。然而 Li/K 体系中 NiO 的溶解性较高，电池性能下降较快。相对而言，Li/Na 体系碱性较强，NiO 的溶解性较低，有利于提高电池稳定性。此外，在 Li/K 或 Li/Na 体系中加入碱土金属组分也能够降低 Ni 溶解性，提高电池寿命。

为了利用 NiO 优异的电化学性能，美国 ERC 公司开发了一种新的电池结构，即在电池中置入一层阻挡膜，以抑制 NiO 的溶解及电池短路。阻挡膜的成分为 Fe、Mn、Co、Ba 和 Sr 等，其中氧化物的锂化复合物，效果较好的有 $LiFeO_2$ 和 $LiFe_5O_8$ 等化合物。阻挡膜的平均孔径为 0.3～0.4 μm。阻挡膜位于阴极和隔膜之间或隔膜中。在这种电池中，溶解的 NiO 优先在阻挡膜上沉积避免了电池短路。此类电池运转 1 000 h 之后，在阻挡膜和阳极之间未检测到镍的沉积，与未加阻挡膜的情况相比有显著区别。

寻求 NiO 替代物的工作始于 20 世纪 70 年代。固体氧化物燃料电池的阴极为钙钛矿，具有耐腐蚀、电导率高的优点，人们希望将其移植到 MCFC 中。然而钙钛矿自 80 年代末期以来不再受到重视，其原因可能有两方面。一方面，钙钛矿的组成复杂，反应机理更复杂，相关研究难度较大，对其能否满足 MCFC 阴极的要求难以获得可靠的结论；另一方面，钙钛矿的合成温度高(1 373 K 以上)，制备难度较大，阴极成型也是一个难题。

根据 NiO 易溶于酸性介质的特点，在阴极制备过程中加入 MgO、CaO、SrO 和 BaO 等碱土元素氧化物，制成碱性较强的掺杂型 NiO 多孔阴极，碱土元素的引入能够有效降低融盐中 Ni 的溶解性，因而有利于提高阴极的稳定性。其中，添加 $x=5$ %(x 表示摩尔百分数)的 MgO 具有最佳效果。La、Al、Ce、Co 等元素的掺杂也能够显著提高 NiO 阴极的性能和化学稳定性。

美国专利 US4564567 公开了一种组成为 $A_wM_xT_yO_z$ 的新型阴极材料，其中效果较好的有 $LiMg_xFe_{1-x}O_2$ 和 $Li_2Mg_xMn_{1-x}O_3$[$x/(1-x)=0.01\sim0.25$]。这些材料易于采用常规的水溶液共沉淀、空气中干燥和焙烧方式来制备。并且在熔融盐中几乎不溶，就稳定性来看是 MCFC 的理想阴极材料，但其电阻太大，限制了其应用。美国的 Thomas 等人开发了一种二维结构的阴极制备技术，构成主孔道的骨架为导电性良好但微溶于熔融电解质的金属氧化物（如 NiO、ZnO、CoO 和 CuO 等），其表面上覆盖有一薄层超细晶粒。该晶粒为导电性较差但在熔融电解质中不溶解的 Li_2MnO_3 或 $LiFeO_2$ 等化合物。不溶晶粒抑制了骨架组分的溶解，又不至于显著降低阴极的导电性，这种结构在克服溶解问题方面很有开发的价值。

$LiCoO_2$ 近年来成为新阴极材料探索的重点，人们投入了很大的精力研究其溶解性。和

NiO 相比，$LiCoO_2$的溶解度显著降低，$LiCoO_2$酸性溶解过程可用式(7-10)表示：

$$LiCoO_2 + \frac{1}{2}CO_2 = CoO + \frac{1}{4}O_2 + \frac{1}{2}Li_2CO_3 \tag{7-10}$$

由式(7-8)和(7-10)比较可以看出，以 NiO 作为阴极时，其溶解速度与 CO_2分压 p_{CO_2} 成正比；而以 $LiCoO_2$作为阴极时，阴极溶解速度与 $p_{CO_2}^{\frac{1}{2}}$ 和 $p_{O_2}^{-\frac{1}{4}}$ 成正比，因此，后者的溶解速度远远低于前者。另外，如果从电池运行的气氛总压力 p 角度考虑，NiO 阴极的溶解速度与 p 成一次线性关系，而 $LiCoO_2$阴极则是与 p 成 1/4 次方关系，这使得 $LiCoO_2$阴极在加压体系中具有很大的优势。据估计，$LiCoO_2$阴极在气体压力为 1 atm 和 7 atm 的工作环境中，其寿命分别为 150 000 h 和 90 000 h。显然，MCFC 欲大规模商品化，采用 $LiCoO_2$材料作为阴极是较好的选择。但是需要解决的另一个问题是如何提高 $LiCoO_2$的导电性能。

目前在电解质组成、新型阴极材料、电池结构改造等方面已经获得了较大进展，将几方面的优势结合在一起，或许是在较短研究周期内解决阴极短路问题的有效办法。

7.4 熔融碳酸盐燃料电池的结构

图 7-4 为熔融碳酸盐燃料电池单电池的结构图，上图为真实气体分布图，下图为结构示意图。它由隔板、波状板、集流板、电极(阳极和阴极)和充有碳酸盐电解质的隔膜组成。熔融电解质必须保持在多孔惰性基体中，它既具有离子导电的功能，又具有隔离燃料气和氧化剂的功能，在 4 kPa 或更高的压力差下，气体不会穿透。为确保电解质在隔膜、阴极和阳极间的良好匹配，电极与隔膜必须具有适宜的孔匹配率。阴极、阳极的活性物质都是气体，电化学反应需要合适的气/固/液三相界面。所以，阴极、阳电极必须采用特殊结构的三相多孔气体扩散电极，以利于气相传质、液相传质和电子传递过程的进行。

单体电池工作时输出电压为 0.6～0.8 V，电流密度约 150～200 $mA\cdot cm^{-2}$。为获得高电压，将多个单电池串联，构成电堆。相邻单电池间由金属隔板隔开，隔板起到上下单电池串联和充当气体流路的作用。熔融碳酸盐燃料电池组均按压滤机方式进行组装，在隔膜两侧分置阴极和阳极，再置双极板，周而复始进行，最终由单电池堆积成电池堆。在电池组与气体管道的连接处要注意安全密封技术，需要加入由偏铝酸锂和氧化锆制成的密封垫。当电池在高压下工作时，电池堆应安放在圆形或方形的压力容器中，使密封件两侧的压力差减至最小。两个单电池间的隔离板，既是电极集流体，又是单电池间的连接体。它把一个电池的燃料气与邻近电池的空气隔开。因此，它必须是优良的电子导体并且不透气，在电池工作温度下及熔融碳酸盐存在时，以及在燃料气和氧化剂的环境中具有十分稳定的化学性能。此外，阴阳极集流体不仅要起到电子的传递作用，还要具有适当的结构，为空气和燃料气流提供通道。氧化气体和燃料气分别进入各节电池孔道(称气体分布管)，MCFC 电池组的气体分布管有内气体分布管和外气体分布管两种。内分布管是将氧化气和燃料气的通道放在隔离板的内部，这种结构会造

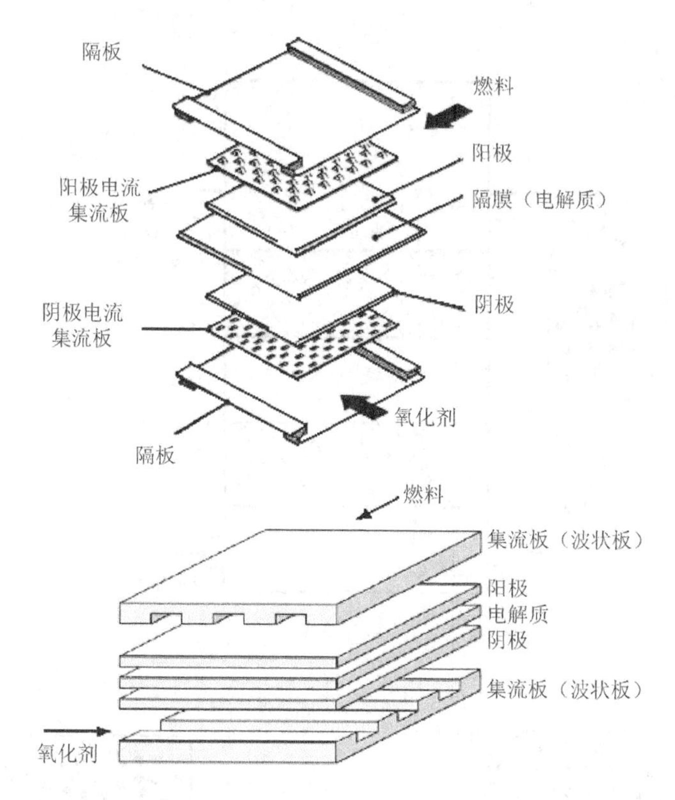

图 7-4　熔融碳酸盐燃料电池单电池的结构图(上图为真实气体分布图,下图为结构示意图)

成极板有效工作面积的减少,较适用于大面积的电池。外分布管方式是氧化气和燃料气从隔离板的外侧供给,当电池组装好后,在电池组与进气管间要加入由偏铝酸锂和氧化剂制成的密封垫。这种结构由于电池组在工作时发生形变,易导致漏气。同时,电解质在这层密封垫内还会发生迁移,改变各节电池的电解质组成。因此,近年国外逐渐倾向采用内分布管方式,并对其进行了改进。燃料气和氧化剂气体在电池内的相互流动有并流、对流和错流三种方式,大部分熔融碳酸盐燃料电池采用错流方式。

当以烃类(如天然气)为 MCFC 的燃料时,烃类经重整反应转化为 H_2与 CO,有内重整、间接内重整和外重整三种方式,如图 7-5 所示。图 7-5(a)为外重整示意图,外重整后再将由重整反应制得的 H_2与 CO 送入 MCFC,采用外重整时,因重整反应为吸热反应,只能通过各种形式的热交换或利用 MCFC 的尾气燃烧达到 MCFC 余热的综合利用,重整反应与 MCFC 电池耦合很小。图 7-5(b)为间接内重整,即将重整反应器置于 MCFC 电池组内,在每节 MCFC 单池阳极侧加置烃类重整反应器。这种结构可以做到电池余热与重整反应的紧密耦合,减少电池的排热负荷,但电池结构复杂化了。图 7-5(c)为直接内重整,或简称内重整,即重整反应在 MCFC 单电池阳极室内进行,采用这种方式不仅可做到 MCFC 余热与重整反应的紧密

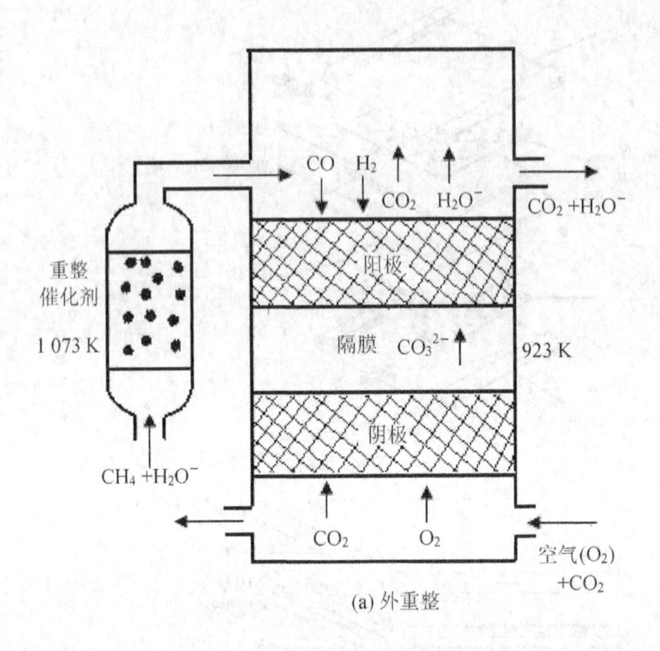

(a) 外重整

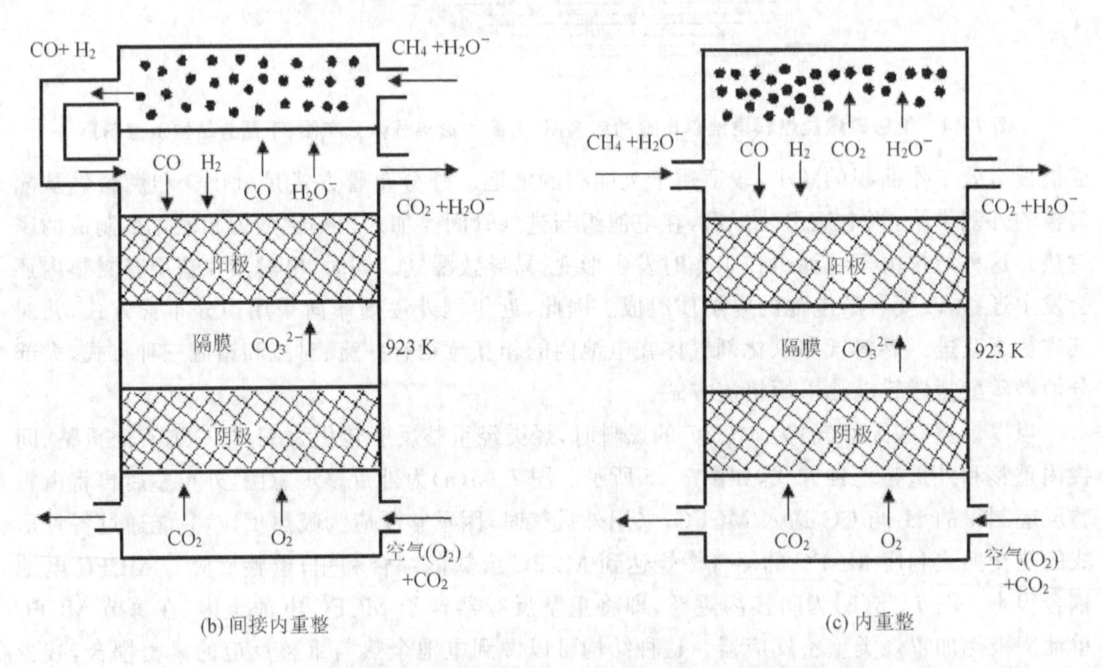

(b) 间接内重整 (c) 内重整

图 7－5 MCFC 烃类重整反应转化为 H_2 与 CO 的内重整、间接内重整和外重整示意图

耦合，减少了电池的排热负荷，而且还因为内重整反应生成的 H_2 与 CO 立即在阳极进行电化学氧化，导致烃类单程转化率的提高。但由于重整反应的催化剂置于阳极室，会受到 MCFC 电解质蒸气的影响，引起催化活性的衰减。因此必须研制抗碳酸盐盐雾的重整反应催化剂。

单独的燃料电池本体还不能工作，必须有一套包括燃料预处理系统、电能转换系统（包括电性能控制系统及安全装置）、热量管理与回收系统等辅助系统。靠这些辅助系统，燃料电池本体才能得到所需的燃料和氧化剂，并不断排出燃料电池反应所生成的水和热，安全持续地供电，图 7 - 6 为 MCFC 发电系统的组成。

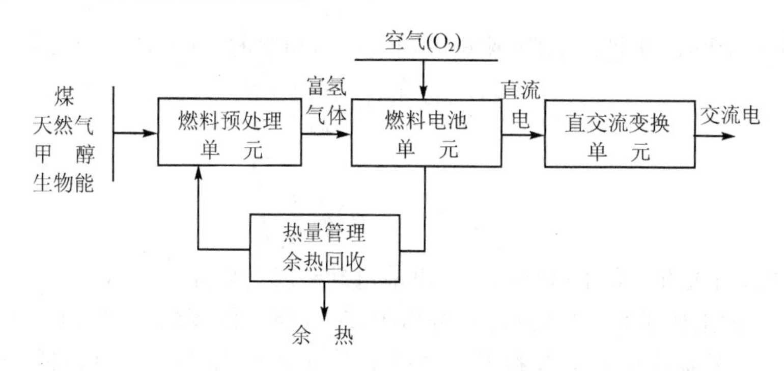

图 7 - 6　MCFC 发电系统的组成

MCFC 燃料电池可使用多种燃料，如氢气、天然气、煤气等气体燃料，原油、柴油、重油等液态燃料，甚至固体的炭和煤等也可用做 MCFC 的燃料。不同的燃料在进入 MCFC 之前须经过不同的处理过程。目前世界上正在运行的 MCFC 发电厂大多采用天然气（及煤气）作为燃料，美、日等发达国家正大力研究和开发用煤气作为 MCFC 发电系统的燃料，以取代传统的燃煤火力发电厂。

MCFC 发电系统可独立运行，也可与燃气轮机、汽轮机联合发电运行，燃料电池不能氧化所有燃料，即不能转换燃料中的全部能量，因此单独运行时其效率相对较低。实行燃料电池、燃气轮机和汽轮机联合发电运行，可提高燃料利用率和电厂综合效率（60%～80%），降低电能成本。联合运行发电厂由燃料加工系统（包括给煤装置、煤气发生器、燃气净化器和温度控制装置）、燃料电池发电系统、燃气轮机发电系统（包括燃烧器、燃气轮机、发电机组）以及汽轮机发电系统（包括余热锅炉和汽轮机、发电机组）等几部分组成。

7.5　操作条件对熔融碳酸盐燃料电池性能的影响

熔融碳酸盐燃料电池的性能除了决定于电池堆的大小、传热率、电压水平、负载和成本等相关的因素外，还取决于压力、温度、气体组成和利用率等。典型 MCFC 的运行范围是 100～200 $mA \cdot cm^{-2}$，单电池电压为 750～900 mV。

7.5.1 压力的影响

根据能斯特方程，MCFC 的可逆电动势依赖于压力的变化。当压力从 p_1 变到 p_2 时，可逆电动势的变化量 ΔV_p 可用式(7-11)表示：

$$\Delta V_p = \frac{RT}{2F}\ln\left(\frac{p_{1,a}p_{2,c}^{\frac{3}{2}}}{p_{2,a}p_{1,c}^{\frac{3}{2}}}\right) \tag{7-11}$$

式中：a、c 分别表示阳极、阴极。当阴、阳极反应室压力相等时，有式(7-12)：

$$\Delta V_p = \frac{RT}{4F}\ln\left(\frac{p_2}{p_1}\right) \tag{7-12}$$

在 650 ℃时，

$$\Delta V_p(\text{mV}) = 46\lg\left(\frac{p_2}{p_1}\right) \tag{7-13}$$

因而在 650 ℃时，当压力提高 10 倍时，可逆电池电动势就会增加 46 mV。

提高 MCFC 的工作压力，导致反应物分压提高，气体溶解度增大，传质速率增加，因而电池电动势增大。当然提高压力也有利于一些副反应的发生，如碳沉积 Boudouard 反应式(7-14)、甲烷化反应式(7-15)等。

$$2CO \rightarrow CO_2 + C \tag{7-14}$$

$$CO + 3H_2 \rightarrow CH_4 + H_2O \tag{7-15}$$

式(7-14)的碳沉积可能堵塞阳极气体通路。式(7-15)的甲烷化反应每形成 1 个甲烷分子，将消耗 3 个 H_2分子。为了提高电池的性能，应避免这些副反应的发生。在燃料中加入 H_2O 和 CO_2 可调节平衡气体组成，限制式(7-15)的甲烷化反应，增加水蒸气分压可避免式(7-14)的碳沉积反应。图 7-7 给出了 MCFC 在不同压力及气体组成时的性能，由图 7-7 可以看出，MCFC 电动势随压力和 CO_2 分压的增加而增大，参见式(7-11)，电流密度同为 160 mA·cm^{-2}，压力从 3 大气压增加到 10 大气压时，CO_2 含量高和 CO_2 含量低的两种气体的电动势变化都是 44 mV。因此 ΔV_p 是总压力的函数，气体组成对 ΔV_p 几乎无影响，总压力从 p_1 变到 p_2，电池电动势变化的经验公式可用式(7-16)表示：

$$\Delta V_p = k\lg\left(\frac{p_2}{p_1}\right) \tag{7-16}$$

式中：k 为常数，其取值与温度、电流密度有关，不同研究者给出的 k 值有所不同。在 160 mA·cm^{-2}、650 ℃时，k=76.5。

7.5.2 温度的影响

温度对 MCFC 可逆电池电动势的影响取决于很多因素，其中一个重要因素是平衡气体的

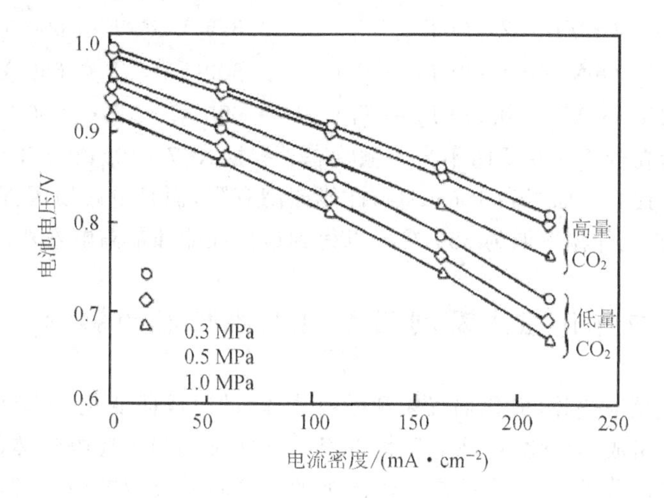

图 7-7　MCFC 在不同压力及气体组成时的性能

组成。当以重整气为燃料时，在阳极进行的水气转移反应式(7-17)是一个快速反应，并且容易达到平衡：

$$CO + 3H_2O \rightarrow CO_2 + H_2 \tag{7-17}$$

所以，CO 经常成为 H_2 的间接来源。水气转移反应的平衡常数可用式(7-18)表示：

$$K = \frac{p_{H_2} p_{CO_2}}{p_{CO} p_{H_2O}} \tag{7-18}$$

当温度升高时，平衡常数 K 随之降低，同时，E° 也随温度的提高而减小，因此电池电动势 E 也将减小，参见表 7-1 温度对阳极气体的平衡组成及可逆电动势的影响。但是在电池工作

表 7-1　温度对阳极气体的平衡组成及可逆电动势的影响

参数	800 K	900 K	1 000 K
p_{H_2}/MPa	0.066 9	0.064 9	0.064 3
p_{CO_2}/MPa	0.008 8	0.006 8	0.005 3
p_{CO}/MPa	0.010 6	0.012 6	0.014 1
p_{H_2O}/MPa	0.013 7	0.015 7	0.017 2
K	4.04	2.20	1.38
E/V	1.155	1.143	1.133

状态下，温度变化时电池电压的变化主要是由欧姆极化和电极极化造成的。在高温下极化电压减小，因此得到较高的电池电压。温度对 MCFC 电池电压的影响可用经验公式(7-19)来表示：

$$\Delta V_T(\mathrm{mV}) = 2.16(T_2 - T_1) \qquad 575\ ℃ < T < 600\ ℃ \qquad (7-19a)$$

$$\Delta V_T(\mathrm{mV}) = 1.40(T_2 - T_1) \qquad 600\ ℃ < T < 650\ ℃ \qquad (7-19b)$$

$$\Delta V_T(\mathrm{mV}) = 0.25(T_2 - T_1) \qquad 650\ ℃ < T < 700\ ℃ \qquad (7-19c)$$

大多数碳酸盐在低于 520 ℃时不为熔融状态。根据式(7-19),在 575～650 ℃之间,电池性能随温度增加而提高。而当高于 650 ℃,性能提高有限,而且电解质因挥发而损失,腐蚀性也增强了。因此,将工作温度取为 650 ℃可以得到最佳性能和最高电堆寿命。

7.5.3 反应气体组成及利用率对电池性能的影响

MCFC 电压随反应气体(氧化剂气体和燃料气体)的组成而变化。当反应物气体消耗时,相应于极化和气体组成的变化,电池电压将下降。这些影响与反应物气体的分压有关。但反应气体的分压却难以分析,这一方面是由于阳极的水气转移反应式(7-17),另一方面是由于在阴极 CO_2 和 O_2 的消耗。同时,增加反应物的利用率通常会降低电池的性能。

根据阴极的电化学反应方程式(7-1),每 1 mol O_2 消耗 2 mol CO_2,这表示当摩尔比 $[CO_2]/[O_2]=2$ 时,阴极性能最佳。随着这一比例的下降,阴极极化增加;再进一步降低,将出现极限电流;而当 CO_2 分压降为零时,将产生电解质碳酸根的分解。

随着氧化剂利用率的提高,在恒定电流密度下电池的工作电压下降,并服从式(7-20):

$$\Delta V_C(\mathrm{mV}) = 250\lg\frac{(\bar{p}_{CO_2}\bar{p}_{O_2}^{-\frac{1}{2}})_2}{(\bar{p}_{CO_2}\bar{p}_{O_2}^{-\frac{1}{2}})_1} \qquad 0.04 \leqslant (\bar{p}_{CO_2}\bar{p}_{O_2}^{-\frac{1}{2}}) \leqslant 0.11 \qquad (7-20a)$$

$$\Delta V_C(\mathrm{mV}) = 99\lg\frac{(\bar{p}_{CO_2}\bar{p}_{O_2}^{-\frac{1}{2}})_2}{(\bar{p}_{CO_2}\bar{p}_{O_2}^{-\frac{1}{2}})_1} \qquad 0.11 \leqslant (\bar{p}_{CO_2}\bar{p}_{O_2}^{-\frac{1}{2}}) \leqslant 0.38 \qquad (7-20b)$$

式中:$\bar{p}_{CO_2}$ 和 $\bar{p}_{O_2}$ 代表阴极侧平均的 CO_2 与 O_2 分压,即电池进口与出口处 CO_2 与 O_2 分压的平均值,下角标 1 与 2 代表两种不同的氧化剂的利用率,方程前面的系数则根据对具体电池或电池组的实验测定,上述方程中的值仅供参考。

对于阳极,因为同时存在水气转移反应和蒸汽重整反应,而且可视这两个反应均处在平衡态,依据燃料的组成和上述两个反应,计算平衡时燃料气的组成,并依据式(7-13)计算 MCFC 的电动势。表 7-2 给出了 650 ℃时 5 种不同气体组成时的开路电压测量值、考虑水气转移反应平衡和甲烷蒸汽重整反应平衡后的计算值。计算值与测量值十分吻合,说明阳极电动势是摩尔比 $[H_2]/[H_2O]\cdot[CO_2]$ 的函数,当该比例增大时,电动势升高。燃料利用率的变化对电压的影响可用式(7-21)表示:

$$\Delta V_a(\mathrm{mV}) = 173\lg\frac{(\bar{p}_{H_2}/\bar{p}_{CO_2}\bar{p}_{H_2})_2}{(\bar{p}_{H_2}/\bar{p}_{CO_2}\bar{p}_{H_2})_1} \qquad (7-21)$$

式中符号的意义与阴极式(7-20)相同。

表 7-2　650 ℃时燃料气体组成对阳极电位的影响

燃料气	H_2的摩尔分数	H_2O的摩尔分数	CO的摩尔分数	CO_2的摩尔分数	CH_4的摩尔分数	N_2的摩尔分数	$-E/(mV)$[a]
干燥气体 1(53 ℃)	0.80	—	—	0.20	—	—	1 116[b]
干燥气体 2(71 ℃)	0.74	—	—	0.26	—	—	1 071[b]
干燥气体 3(71 ℃)	0.213	—	0.193	0.104	0.011	0.479	1 062[b]
干燥气体 4(60 ℃)	0.402	—	—	0.399	—	0.199	1 030[b]
干燥气体 5(60 ℃)	0.202	—	—	0.196	—	0.602	1 040[b]
水气转移平衡 1(53 ℃)	0.591	0.237	0.096	0.076	—	—	1 122[c]
水气转移平衡 2(71 ℃)	0.439	0.385	0.065	0.112	—	—	1 075[c]
水气转移平衡 3(71 ℃)	0.215	0.250	0.062	0.141	0.008	0.326	1 054[c]
水气转移平衡 4(60 ℃)	0.231	0.288	0.093	0.228	—	0.160	1 032[c]
水气转移平衡 5(60 ℃)	0.128	0.230	0.035	0.123	—	0.484	1 042[c]
水气重整双平衡 1(53 ℃)	0.555	0.267	0.082	0.077	0.020	—	1 113[c]
水气重整双平衡 2(71 ℃)	0.428	0.394	0.062	0.112	0.005	—	1 073[c]
水气重整双平衡 3(71 ℃)	0.230	0.241	0.067	0.138	0.001	0.322	1 059[c]
水气重整双平衡 4(60 ℃)	0.227	0.290	0.092	0.229	0.001	0.161	1 031[c]
水气重整双平衡 5(60 ℃)	0.127	0.230	0.035	0.123	0.000 1	0.485	1 042[c]

a：阴极气体$[CO_2]/[O_2]=2(67\%CO_2,33\%O_2)$；

b：实测阳极电位；

c：根据气体平衡组成计算的阳极电位；

d：水气重整双平衡是指水气转移反应平衡和甲烷蒸汽重整反应平衡。

对熔融碳酸盐燃料电池而言，提高氧化剂或燃料的利用率，均会导致电池性能下降，但反应气利用率过低将增加电池系统的内耗，综合两方面因素，一般氧化剂的利用率控制在50%左右，而燃料的利用率控制在75%～85%。

7.5.4　燃料中杂质的影响

预期煤气将是MCFC的主要原料，而煤以及煤的衍生燃料也含有相当数量的杂质，煤衍生燃料中杂质对MCFC性能可能产生的影响可参见表7-3。主要的是MCFC对这些杂质的耐受浓度水平的高低，要既不影响电池性能，又不影响电池寿命。已经确认，燃料中的硫化物，即使只有几个$mg\cdot m^{-3}$，对MCFC也是有害的。影响MCFC对硫的耐受能力的因素包括温度、压力、气体的组成、电池元件、系统运行(循环、排气、气体净化)等。影响电池性能的硫化物主要是 H_2S。H_2S 在镍催化剂表面发生化学吸附,可堵塞电化学反应活性中心;堵塞水气转移反应活性中心,阻碍水气转移反应;燃烧后变成 SO_2,会与电解质中碳酸根反应。为保证其长期运行(40 000 h),燃料气体中硫的质量浓度(以 H_2S 计)应低于 0.01 mg·m^{-3},如果定期除硫,硫化物的质量浓度可放宽到 1 mg·m^{-3}。

卤化物会严重腐蚀阴极室材料,对 MCFC 的影响是破坏性的。少量的含氮化合物,如 NH_3、HCN,对 MCFC 无影响。阳极气体燃烧产生 NO_x 将在阴极与电解质反应生成硝酸盐。固体颗粒物对 MCFC 的影响主要是堵塞气体通路或覆盖阳极表面。燃料气体中粒径大于 3 μm的固体颗粒质量浓度一般应低于 100 mg·m^{-3}。燃料中 AsH_3 的质量浓度低于 3 mg·m^{-3}时,对 MCFC 性能无影响。但质量浓度达到 27 mg·m^{-3}时,影响显著。微量金属,如 Pb、Cd、Hg 和 Sn,其影响主要是在电极表面的沉积,或与电解质反应。

表 7-3 煤衍生燃料中杂质对 MCFC 性能可能产生的影响

杂质类型	杂 质	可能产生的影响
颗粒物	煤粉,灰尘	堵塞气体通道
硫化物	H_2S, COS, CS_2, C_4H_4S	电压损失;通过 SO_2 与电解质反应
卤化物	HCl, HF, HBr, $SnCl_2$	腐蚀;与电解质反应
含氮化合物	NH_3, HCN, N_2	通过 NO_x 与电解质反应
痕量金属	As, Pb, Hg, Cd, Sn Zn, H_2Se, H_2Te, AsH_3	沉积到电极表面;与电解质反应
碳氢化合物	C_6H_6, $C_{10}H_8$, $C_{14}H_{10}$	碳沉积

7.5.5 电流密度和运行时间的影响

为了降低成本,MCFC 电堆应当工作在较高的电流密度。但由于欧姆极化、电化学极化和浓差极化都随电流密度而增加,导致 MCFC 的电压下降。在当前应用的电流密度范围内,电压下降主要是由于线性欧姆损失,如式(7-22):

$$\Delta V_J(\text{mA}) = -1.21\Delta J \qquad 50 < J < 150 \tag{7-22a}$$

$$\Delta V_J(\text{mA}) = -1.76\Delta J \qquad 150 < J < 200 \tag{7-22b}$$

式中:J 为电池工作电流密度 mA·cm^{-2}。随着 J 的增大,欧姆极化线性增大。为此应当采取措施减小欧姆阻抗,如提高集流电板和电极的导电性,减小电解质板厚度等。

在 20 000 h 内,腐蚀造成的阻抗增加是极化电压增加的主要原因;而在 20 000 h 后,电解质板孔隙结构变化引起阻抗增加,导致电池性能下降。MCFC 电堆寿命下降往往是由于电解质损失、NiO 溶解或 Ni 沉积引起短路造成的,电池堆的耐久性是 MCFC 商业化进程中的一个关键因素。

7.6　熔融碳酸盐燃料电池的应用与发展现状

7.6.1　熔融碳酸盐燃料电池的应用

由于 MCFC 采用液体电解质，比较容易建造，成本也比较低，近年来发展迅速。除了高的能量效率外，其副产的高温气体，也可以得到有效的利用。熔融碳酸盐燃料电池是很有前途的新能源，目前世界各国，尤其是美国、日本和德国都投入巨资开发 MCFC。MCFC 的开发者认为天然气将是商业系统的燃料，但在日本和欧洲人们对煤的气化发电更感兴趣。其他的燃料如水分解气、垃圾场气、生物废气、石油冶炼的剩气和甲醇均可用于 MCFC 发电工程。

一般认为最可能大量应用的 MCFC 系统的容量为 100 kW～10 MW，1 MW 以下的发电多采用天然气重整发电，1 MW 以上的发电将主要采用燃料电池、燃气轮机和汽轮机联合循环发电。在美国和欧洲，主要商业市场在 250 kW～3 MW 容量。其中商业自发电和辅助发电应用的容量是 250～3 000 kW，工业自发电和辅助发电的容量为 1～10 MW，大的工业和分布发电的容量大于 10 MW。通常认为，250 kW 以下的市场将主要是质子交换膜燃料电池、汽油机、汽轮机和蒸汽轮机中心电站。理论上 250 kW 将是 MCFCs 发电最低容量，但在商业化早期，较经济的最小容量为 500 kW。

发电能力在 50 kW 左右的小型熔融碳酸盐燃料电池电站可用于地面通讯、气象台站等；发电能力为 200～500 kW 的中型熔融碳酸盐燃料电池电站可用于水面舰船、机车、医院、海岛和边防的热电联供；而发电能力在 1 000 kW 以上的大型熔融碳酸盐燃料电池电站可与热机构成联合循环发电，作为区域性供电电站，可与市电并网。我国是储煤和产煤大国，及时重点开发 MCFC 燃料电池，将改变我国电力事业的落后状况，降低环境污染，产生巨大的直接经济效益和社会效益，对推动国民经济的发展带来不可估量的作用。

7.6.2　熔融碳酸盐燃料电池的发展现状

表 7 - 4 给出了 MCFC 组件技术发展的概况。20 世纪 60 年代中期，大多数电极材料是贵金属。但很快发展成以镍基合金做阳极、氧化镍做阴极。从 70 年代中期开始，电极材料及电解质结构（熔融碳酸盐/$LiAlO_2$）基本保持不变。80 年代的一个主要进步是电解质隔膜的制造技术。在过去的 30 年时间里，单个电池的性能由 10 mW · cm^{-2} 提高到大于 150 mW · cm^{-2}。电池堆的性能和寿命都有了显著的提高。图 7 - 8 所示为 MCFC 单电池性能的发展情况。

表 7-4 MCFC 组件技术发展的概况

组 件	1965 年前后	1975 年前后	现 状
阳极	Pt，Pd，Ni	Ni-10Cr	Ni-Cr、Ni-Al、Ni-Al-Cr；3～6 μm 孔径；45%～70%起始孔隙率；0.20～5 mm 厚；0.1～1 m^2/g
阴极	Ag_2O、锂化 NiO	锂化 NiO	锂化 NiO-MgO；7～15 μm 孔径；70%～80%起始孔隙率；60%～65%锂化、氧化后；0.5～1 mm 厚；0.5 m^2/g
电解质载体	MgO	α-、β-、γ-$LiAlO_2$ 混合物；10～20 m^2/g；1.8 mm 厚	γ-$LiAlO_2$，α-$LiAlO_2$；0.1～12 m^2/g；0.5～1 mm 厚
电解质（摩尔分数）	52 Li-48 Na；43.5 Li-31.5 Na-25 K；"电极糊"	62 Li-38 K；热压"瓦"；1.8 mm 厚	62 Li-38 K；60 Li-40 Na；51 Li-48 Na；带铸；0.5～1 mm 厚

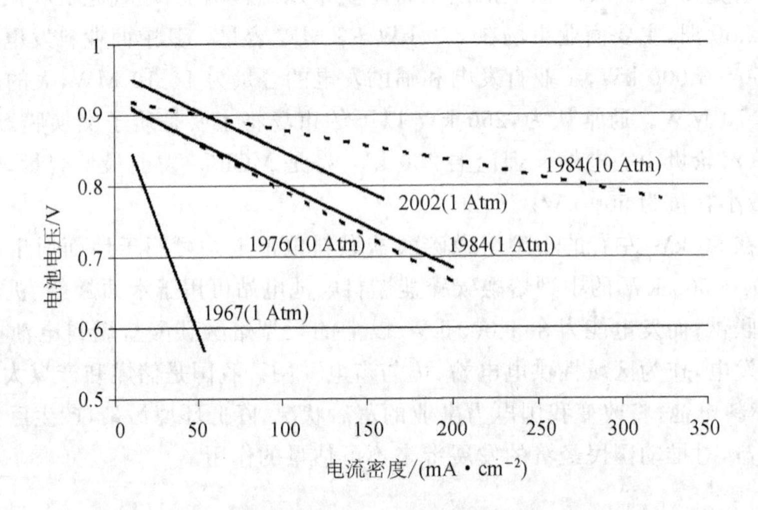

图 7-8 MCFC 单电池性能的发展情况

MCFC 在 20 世纪 50 年代初作为大规模民用发电装置引起了世界范围内的重视，之后发展很快，到了 20 世纪 80 年代，MCFC 被作为第二代地面用的燃料电池，成为近期实现兆瓦级燃料电池电厂的主要研究目标。现在 MCFC 的研究在国外已经进入早期商业化阶段，主要集中在美国、日本、西欧等国家。目前最大的 MCFC 发电装置是在 1994 年开始在美国 Santa Clara 城建造的 2 MW 的示范电站，该电站由 16 个 125 kW 的电堆组成，发电效率为 44%，它的建成为大规模 MCFC 电站提供了有益的经验。美国 DOE 的 MCFC 计划到 2010 年，燃用天然气的 250 kW～20 MW MCFC 分散电源达到商业化，100 MW 以上 MCFC 的中心电站也进入商业化;2020年,100 MW以上燃煤MCFC中心发电站预计将进入商业化。MCFC技术目标是运行温度为650 ℃,发电效率达到60%(LHV,低位热值),组成联合循环的发电效率为70%(LHV),热电联产的热效率达到85%(LHV)以上。德国的MTU Friedrichshafen公司已经建成了一种内重整型的MCFC堆发电装置,该电池堆是由300个交叉流型的单电池组成,其发电功率为250 kW,总发电效率超过了50%。德国还研制出一种使用污水废气为燃料的1 kW的MCFC发电系统,这种技术使污水废气成为100%的可回收利用资源。日本有关MCFC的研究是从1981年开始的,通过自主开发并与美国合作。1987年10 kW MCFC开发成功,1993年100 kW加压型MCFC开发成功,1997年开发出1 MW先导型MCFC发电厂,并投入运行。MCFC已被列为日本"新阳光计划"的一个重点,于2000年完成了1 MW级的MCFC电站实验。发展目标是2010年实现燃用天然气的10~50 MW分布式MCFC发电机组的商业化,并进行100 MW以上燃用天然气的MCFC联合循环发电机组的示范,2010年后,实现煤气化MCFC联合循环发电,并逐步替代常规火电厂。荷兰、意大利、西班牙等国也分别完成了10 kW、100 kW、280 kW级MCFC电堆的开发。国内研究MCFC的主要机构有中科院大连化物所、长春应用化学研究所、上海交通大学等单位。大连化物所从1993年开始对MCFC进行研究,并实现了单电池发电,其电池电流密度100 $mA\cdot cm^{-2}$,燃料利用率达到80%。上海交通大学已经研制成功千瓦级的MCFC,并实验发电,现在正在进行10 kW和50 kW MCFC电堆的研究。

MCFC(当然还包括SOFC高温燃料电池)还具有另外一个独特的优点,高品位的余热使得它可以和其他动力装置组成各种混合装置系统,从而大幅度地提高装置整体效率。在各种混合装置系统中,和燃气轮机组成混合装置是其最佳选择。第一,燃气轮机技术已经比较完善;第二,其污染物排放指标很低可以满足环保方面的要求;第三,随着微型燃气轮机(MGT)的出现以及模块化燃料电池技术的成熟,这两种系统的参数相容,组成混合循环具有一定的可行性;第四,天然气、汽油、柴油、酒精和从煤、生物质、工业废料、城市垃圾中提取的合成气等均可作为燃料;此外,分布式供能可以降低供能风险。人们对MCFC与燃气轮机组成的混合动力系统进行了大量研究。最早成功开发出混合动力系统的是美国Westinghouse科技中心等,他们在1995年开发出了220 kW的混合动力系统。日本在2002年启动了一个MCFC-GT项目,该项目使用了330 kW的MCFC和40 kW的GT,燃料电池运行压力为0.24 MPa,所得系统发电效率为55%。The National Energ Technology Laboratory (NETL)承担的20 MW混合动力系统一定程度上代表了世界燃料电池——燃气轮机混合动力系统的发展水平和方向,项目要达到的目标是:到2010年混合动力系统的转换效率达到70%以上,分布式发电的成本比现在低10%~20%;到2015年混合动力系统的转换效率达到80%以上。美国能源部国家能源技术实验室(NETL)认为在燃料电池/燃气轮机混合装置仿真方面的技术挑战是:进一步认识燃料电池/燃气轮机的动态相互影响;研究热和电负荷的动态管理方法;减小混合装置中燃料电池与燃气轮机的互相影响;研究变负荷的控制策略。实现手段是:发展动态计算模型，以助于认识并弄清关于系统集成的问题；利用动态模型为发展实验方法提供方向；设计并建造燃料电池/燃气轮机的混合装置的实验系统，能够检查潜在的恶化的动态工况；进行性能实验，发现问题，检验解决方法。作为目前世界上最高效、清洁发电方式之一的高温燃料电池-燃气轮机组成混合动力系统已经呈现出诱人的发展前景，它将成为未来分布式电源系统的一种重要形式。

7.6.3 熔融碳酸盐燃料电池商业化的障碍

大多数日本、美国和欧洲的 MCFC 开发者认为能源的价格是当前 MCFC 商业化的主要非技术性障碍，当前能源的价格太低，使得开发更高效的能源吸引力不大，随着化石能源储量的减少，能源价格的上涨，将使 MCFC 发电系统越来越有吸引力。另外，部分国家对环境污染控制的重视不够或政策不力也是一个重要因素。

基本成本、运行和维护成本将是 MCFC 早期市场化的主要技术性障碍。一般认为系统配置成本应小于 1 000 美元/kW，安装成本小于 1 500 美元/kW、运行和维护成本小于 0.02 美元/(kW · h)才具有竞争力。MCFC 发电系统的现阶段电堆和系统的工程价格，目前开发者提供的系统和电堆配置价格为 1 250～1 470 美元/kW ，安装成本约 2 100 美元/kW、运行和维护成本约 0.035 7 美元/(kW · h)。

MCFC 电堆的寿命也是影响 MCFC 商业化的一个重要因素。一般认为，商用的 MCFC 电堆的寿命至少应为 40 000 h，其中 8 000 h 是以 80%的负载连续运行，整个电站的可用寿命应达到 25 年。阴极溶解、阳极蠕变、高温腐蚀和电解质损失是影响 MCFC 寿命的主要因素。

问题与讨论

1. 熔融碳酸盐燃料电池有什么优点和不足？
2. 说明 MCFC 的工作原理，并给出电极反应和电池总反应。
3. 讨论 MCFC 隔膜材料的发展历程。
4. 熔融碳酸盐燃料电池主要有哪些阳极材料？
5. MCFC 的阴极材料有哪些要求？
6. 论述操作条件对熔融碳酸盐燃料电池性能的影响。
7. 讨论熔融碳酸盐燃料电池今后的发展方向和应用前景。

第8章　固体氧化物燃料电池

19世纪末Nernst发现了固态氧离子导体。1935年Schottky发表论文指出，Nernst发现的这种物质可以被用来作为燃料电池的固体电解质。Baur和Preis在1937年首次演示了以固态氧离子导体作为电解质的燃料电池，从此固体氧化物燃料电池SOFC(Solid Oxide Fuel Cell)开始了它的发展历程。在经历了碱性燃料电池(AFC)，磷酸燃料电池(PAFC)，熔融碳酸盐燃料电池(MCFC)后，固体氧化物燃料电池终于在20世纪80年代迅速地发展起来了。在各类燃料电池中，固体氧化物燃料电池具有独特的优点，在大、中、小型发电站，移动式、便携式电源，以及军事、航空航天等领域有着广阔的应用前景。固体氧化物燃料电池的优点主要表现在以下几个方面：

① 固体氧化物燃料电池的燃料范围广泛，不仅可以用H_2、CO等做燃料，而且可以直接用天然气、煤气化气和其他碳氢化合物(如甲醇、乙醇，甚至汽油、柴油等高碳链的液体燃料等)做燃料。

② 由于固体氧化物燃料电池使用中以高温下成为氧离子导体的陶瓷(氧化锆系等)为电解质，因此不会出现电解质的蒸发和析出，避免了像熔融碳酸盐燃料电池那样(MCFC)使用液态电解质会带来腐蚀和电解质流失等问题。

③ 固体氧化物燃料电池能量的综合利用效率高，是目前以碳氢化合物为燃料的燃料电池中发电效率较高的一种，其一次发电效率可高达65%以上；若余热加以利用与燃气轮机联合循环，总的发电效率可达85%以上。

④ 由于在中高温的条件下工作，固体氧化物燃料电池的电极反应过程相当迅速，并且可以承受较高浓度的硫化物和CO的毒害，因此对电极的要求大大降低，也无须采用贵金属电极，因而降低了成本。

⑤ 抗毒性好，以干氢、湿氢、一氧化碳(CO)或它们的混合物为燃料时都能很好地工作，而且高的工作温度在一定程度上降低了催化剂中毒的可能性，燃料的纯度要求不高，使SOFC在使用诸如柴油，甚至煤油等高碳链烃操作方面极具吸引力，以天然气为燃料的电厂则完全可以免去脱硫系统。

此外，固体氧化物燃料电池使用具有电催化作用的阳极可以在发电同时生产化学品，如制成燃料电池反应器等。更重要的是，因为具有效率高、功率密度大、结构简单、寿命长等优点，固体氧化物燃料电池可用于替代大型火电。火力发电只有机组的规模足够大才能获得令人满意的效率，但装有巨型机组的发电厂又受各种条件的限制不能直接贴近用户，因此只好集中发电，由电网输送给用户。但是机组大了，其发电的灵活性又不能适应户户的需要，电网随用户的用电负荷变化有时呈现为高峰，有时则呈现为低谷。传统的火力发电站的燃烧能量有近

70%要消耗在锅炉和汽轮发电机这些庞大的设备上,燃烧时还会排放大量的有害物质。而使用固体氧化物燃料电池发电,是将燃料的化学能直接转换为电能,不需要进行燃烧,没有转动部件,理论上能量转换率为100%,装置无论大小实际发电效率可达40%~60%,可以实现直接进入用户,实现热电联产联用,没有输电输热损失,综合能源效率可达85%。又由于固体氧化物燃料为全固态结构,体积小,所以非常适合模块化设计和放大,容量可大可小,非常灵活。因此,固体氧化物燃料电池被称为是继水力、火力、核能之后第四代发电装置。煤电占我国发电量的75%左右,煤电不仅效率低,而且会排放大量的污染物。SOFC除了使用天然气和煤气等作为燃料外,还可以直接以固体炭为燃料。这种燃料电池也称为直接煤(炭)燃料电池。国际能源界预测,燃料电池是21世纪最有吸引力的发电方法之一。我国人均能源资源贫乏,在目前电网由主要缺少电量转变为主要缺少系统备用容量、调峰能力、电网建设滞后和传统的发电方式污染严重的情况下,研究和开发微型化燃料电池发电具有重要意义。这种发电方式与传统的大型机组、大电网相结合将带来巨大的经济效益。

2003年9月,法国、瑞士输往意大利的高压电网线路出现故障,导致意大利发生大面积停电,意大利南部等地区停电长达12 h以上,严重影响了居民生活,并造成巨大财产损失。2006年11月,西欧多国由于德国关闭一条高压输电线路而发生严重停电事故,约1 000万人受到影响。2008年2月,我国南方电网供电范围因冻雨冰雪灾害累计停电影响90个县市,南方电网累计因冰灾故障停运线路6 767条,同时累计冰灾造成变电站停运831座。因此国家级或地区级大电网的安全性运行应引起注意,除了自然灾害和非人为因素以外,国际恐怖主义、民族分裂主义和宗教极端主义等恶势力的活动还很猖獗,大电网有可能是被袭击的对象;如果发生战争,大电网也是军事打击的首选目标之一。以固体氧化物燃料电池和熔融碳酸盐燃料电池为基础的小型发电站,由于是模块化设计,可将大电网转变为小电网、微型电网,甚至是一家一户或者一个单位一个电站,既可供电、供热水和取暖,又可减弱大电网被恐怖袭击和军事打击的危害。所以以固体氧化物燃料电池和熔融碳酸盐燃料电池为基础的高温燃料电池,不但具有能源意义和环境意义,还具有国家安全和军事意义。

8.1 固体氧化物燃料电池的工作原理

固体氧化物燃料电池(SOFC)是一种把燃料(如氢气和甲烷)和氧化剂(如氧气)中的化学能直接转变为电能的全固体组件能量转换装置。与常规电池不同,它的燃料和氧化剂储存在电池的外部,当工作(输出电流并做功)时,需要不间断地向电池内输入燃料和氧化剂,并同时排出反应产物。SOFC单体电池是由阴极(氧化剂电极)、电解质和阳极(燃料电极)组成的三合一结构。单体电池通过连接板串联形成电池堆,电池堆可以单独或经串、并联后向外供电。阴极、电解质、阳极、连接板和密封材料是SOFC电池堆的主要组成部分。其工作原理如图8-1所示。燃料电池在运行过程中,在阳极和阴极分别送入还原、氧化气体后,氧气(空气)在多孔的阴极上发生还原反应，生成氧负离子(O^{2-})：

$$O_2(g)+4e^- \rightarrow 2O^{2-} \tag{8-1}$$

对于氧离子导体的电解质，在电极两侧氧浓度差驱动力的作用下，通过电解质中的氧离子(O^{2-})的跃迁，迁移到阳极上与阳极燃料 C_nH_{2n+2}(当然阳极燃料也可为 H_2 和 CO 等)反应，生成 H_2O 和 CO_2。

燃料为 H_2 时：

$$O^{2-}+H_2 \rightarrow H_2O+2e^- \tag{8-2}$$

燃料为 CO 时：

$$O^{2-}+CO \rightarrow CO_2+2e^- \tag{8-3}$$

燃料为 C_nH_{2n+2} 时：

$$C_nH_{2n+2}+(3n+1)O^{2-} \rightarrow nCO_2+(n+1)H_2O+(6n+2)e^- \tag{8-4}$$

阳极反应失去的电子通过外电路负载输出电能而流回到阴极，这样化学能就转变成电能。如果燃料电池的开路电压为 E°；阴极氧分压为 $p^\circ_{(c)}$，阳极的分压为 $p^\circ_{(a)}$；电化学反应的自由能设为 ΔG°，它们的关系可以表示为：

$$E^\circ=-\frac{\Delta G^\circ}{nF}=\frac{RT}{nF}\ln\left(\frac{p^\circ_{(c)}}{p^\circ_{(a)}}\right) \tag{8-5}$$

式中：c 代表阴极；a 代表阳极；R 为气体常数；T 为热力学温度；F 为法拉第常数；n 为氧的电子物质的量。

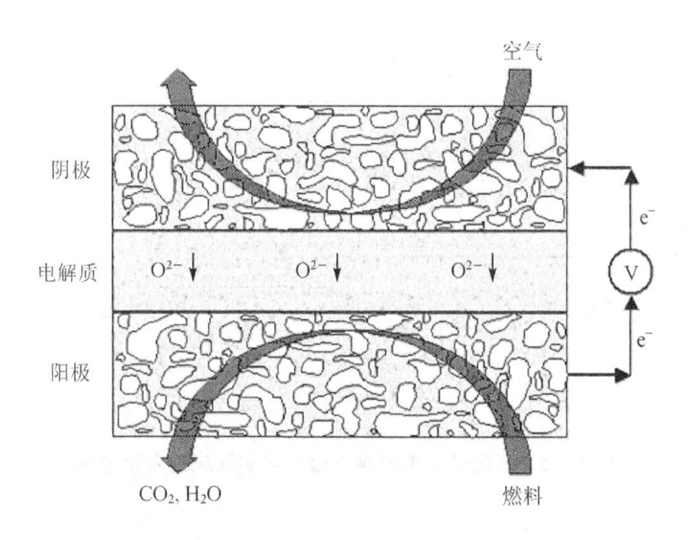

图 8－1　固体氧化物燃料电池工作原理示意图

固体氧化物燃料电池除了氧离子(O^{2-})导电的电解质外，还有质子型(H^+)导电的电解质。根据电解质导电离子的不同，可以将固体氧化物燃料电池分为氧离子(O^{2-})导电电解质燃料电池和质子(H^+)导电电解质燃料电池两类。图 8-2 和图 8-3 分别给出了氧离子(O^{2-})导电燃料电池和质子(H^+)导电燃料电池的电化学反应过程，它们可以分别看成是氧浓差电池和氢浓差电池。二者的主要区别是生成水的位置不一样,氧离子导电燃料电池在燃料一侧生成水;而质子导电燃料电池在氧气一侧生成水。此外,质子(H^+)导电燃料电池只能用氢气作为燃料，而氧离子导电燃料电池还可以用其他气体(如碳氢化合物等)作为燃料。目前,对固体氧化物燃料电池的电解质来讲,广泛发展的仍是氧离子(O^{2-})导电的电解质燃料电池,对于质子(H^+)型燃料电池的研究还局限于基础材料、电导机理等方面的实验室研究,通常所说的固体氧化物燃料电池的电解质,指的是氧离子(O^{2-})导电的电解质。

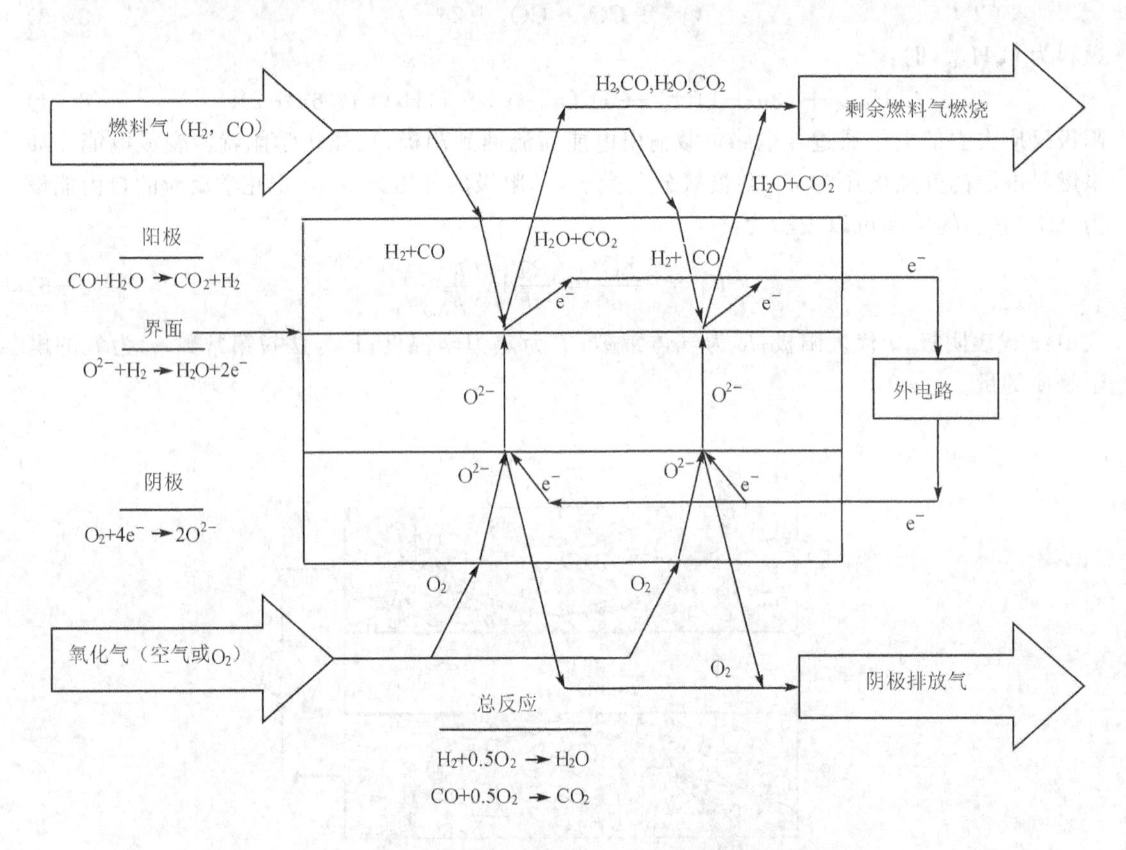

图 8-2 氧离子导电燃料电池电化学反应过程示意图

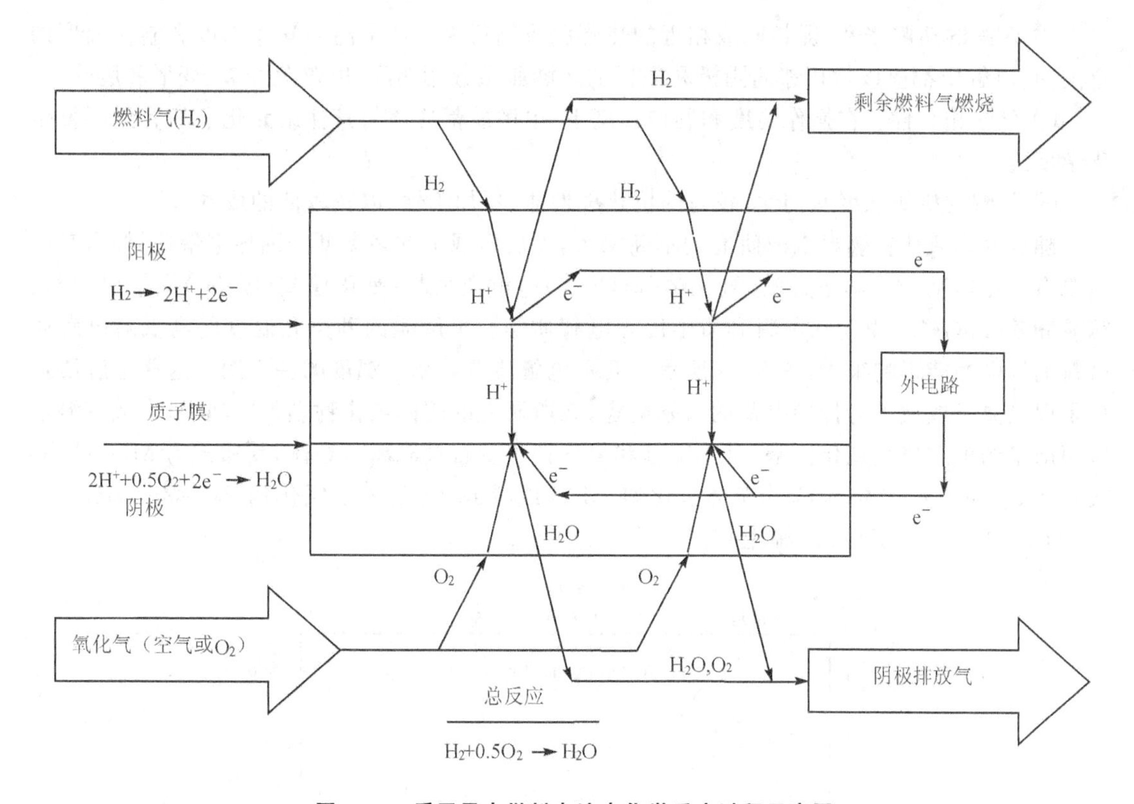

图 8-3　质子导电燃料电池电化学反应过程示意图

8.2　固体氧化物燃料电池的电解质材料

固体电解质是固体氧化物燃料电池最核心的部分。固体电解质的电导率、稳定性、热膨胀系数、致密化温度等性能不但直接影响电池的工作温度及转换效率，还决定了所需要的与之相匹配的电极材料及其制备技术的选择。电解质主要作用是在电极之间传导离子，而一种好的电解质材料必须具有以下的条件：

① 高的离子电导率（在 1 000 ℃大于 0.1 $S \cdot cm^{-1}$）和低的电子电导率（在 1 000 ℃小于 10^{-3} $S \cdot cm^{-1}$）。在氧化和还原双重气氛中，电解质都要有足够高的离子电导率和低得可以忽略的电子电导率，并且在较长的时间内稳定。

② 良好的致密性。为防止氧气和燃料气的相互渗漏，发生直接燃烧反应，电解质应该致密，从室温到操作温度下，都不允许燃料气和氧气渗漏。

③ 良好的稳定性。在氧化和还原气氛中，从室温到工作温度的范围内，电解质必须化学稳定、晶型稳定和外形尺寸稳定。

④ 匹配的热膨胀性，即相同或相近的热膨胀收缩行为。从室温到操作温度和制作温度的范围内，电解质都应该与相邻的阴极和阳极的热膨胀系数相匹配，以避免开裂、变形和脱落。

⑤ 化学相容性。在操作温度和制作温度下，电解质都应该与其他组元化学相容而不发生化学反应。

⑥ 足够的机械强度和韧性，较高的抗热震性能、易加工性，以及较低的成本等。

随着固体氧化物燃料电池研究的不断深入，先后出现了许多类型的固体电解质材料，其中主要有氧化锆基(ZrO_2)电解质、氧化铈基(CeO_2)电解质材料；氧化铋基(Bi_2O_3)电解质材料、镓酸镧基($LaGaO_3$)电解质材料和质子传导电解质等。电解质的种类和温度的高低对电解质材料的导电性能影响很大，图 8-4 所示是几种电解质电导率与温度的关系图。这些电解质材料是以氧离子或质子为传导电荷的氧基陶瓷，在所研究的固体氧化物燃料电池中，多数有潜在应用前景的电解质是氧化锆基、氧化铈基和氧化铋等萤石型氧离子导体，其通式为 $MO_2-M'O$ 或者 $MO_2-M''O_3$，其中 MO_2 为基体氧化物，$M'O$ 或者 $M''O_3$ 是掺杂氧化物[M=Zr，Hf，Ce；M'=Ca；M''= Sc，Y，Ln (稀土)]。

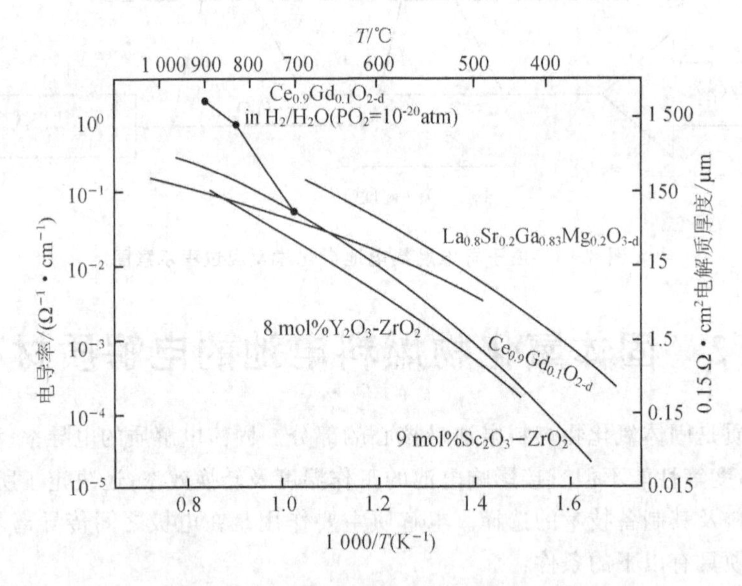

图 8-4 温度与电解质电导率的关系图

8.2.1 氧化锆基(ZrO_2)电解质

氧化锆(ZrO_2)是一种用途广泛的氧化物陶瓷，具有优良的化学稳定性，可以抵抗各种熔体侵蚀，同时还具有高温导电性和高的氧离子电导性，可以用做氧敏感传感器和氧浓差电池等。常温下纯 ZrO_2 属单斜晶系 M(monoclinic)，1 100 ℃不可逆地转变为四方晶体 T(tetragonal)结构，在 2 370 ℃下进一步转变为立方 C(cubic)萤石结构，立方相是高温稳定相，熔点是 2 715 ℃。图 8-5 所示是萤石的结构图。单斜和四方之间的相变引起很大的体积变化(5%～7%)，易导致基体的开裂。因此，纯 ZrO_2 难以制成坚实致密的陶瓷。

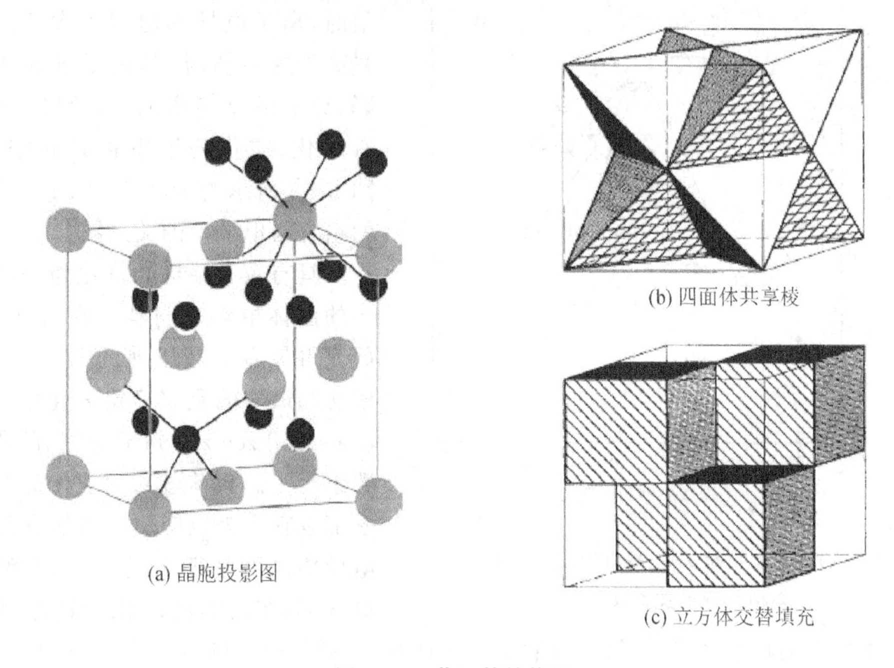

(a) 晶胞投影图　(b) 四面体共享棱　(c) 立方体交替填充

图 8-5　萤石的结构图

萤石结构是由 $Ca^{2+}(Zr^{4+})$ 等阳离子形成的面心立方排列，$F^{-}(O^{2-})$ 等阴离子占据所有的四面体间隙，并存在大量的八面体空位。每一个阴离子都是四面体配位；每一个阳离子都被八个阴离子包围，形成一个六面体配位，如图 8-5(a)所示。每个四面体所有的棱都与其他的四面体共享，如图 8-5(b)所示。萤石结构也可看成由 $CaF_8(ZrO_2)$ 立方体组成，其棱与相邻的立方体共享，如图 8-5(c)所示，立方体交替着填充，但在一些固溶体中，这些空的立方体可能会被填充。

纯的氧化锆由于离子电导率很低，在氧化锆中掺入一定量二价($M'O$)或三价($M''O_3$)金属氧化物后，可以形成稳定的立方萤石结构氧化锆，避免了相变的发生。形成上述萤石型稳定结构的阳离子的半径下限值为 $r_{M^{4+}}/r_{O^{2-}}=0.732$，而 $r_{Zr^{4+}}/r_{O^{2-}}=0.79/1.32=0.598$，故不能满足上述条件，因此不能形成立方萤石结构，所以纯氧化锆室温下是单斜相。通过在 ZrO_2 基体中掺杂一些二价和三价的金属氧化物，可以保持其完全稳定的立方萤石结构。当掺入二价($M'O$)或三价($M''O_3$)金属氧化物后，二价 M' 离子或三价 M'' 离子取代了部分 Zr^{4+}，同时为保持电中性平衡，产生一定量氧空位，形成了室温下稳定的立方萤石结构氧化锆。掺杂后，ZrO_2 中产生了较多的氧空位，在材料中形成缺陷，氧离子通过这些空位来实现离子导电。稳定

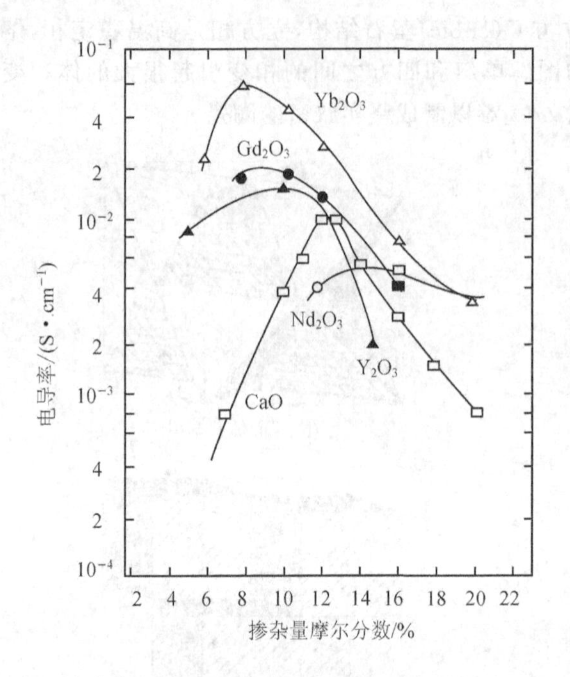

图 8-6 800 ℃时 ZrO_2 基电解质的组分与电导率的关系图

ZrO_2 的离子电导率与掺杂 M′O 或者 M″O_3 氧化物的化学成分及其含量有关。对于某种掺杂氧化物而言，掺杂达到某一值时，离子电导率出现极大值。若掺杂量高于这一值时，其离子电导率反而下降，导电活化能增加。这可能为缺陷的有序化、空位的聚集和静电作用所致。图 8-6 所示为 800 ℃时 ZrO_2 基电解质的组分与电导率的关系图。

具有萤石结构的氧化物是研究得最多的固体电解质材料。在这些材料中，研究得最多和最成熟的，也是应用得最成功和最多的是钇稳定氧化锆 YSZ(yttria stabilized zirconia)，对它的研究已有数十年了。目前进入商业化的 SOFC 几乎都以它作为电解质。虽然它的氧离子电导率也不是很大；但它几乎没有电子电导率，在高温的氧化和还原条件下有很好的长期化学和物理稳定性、易于烧制成薄膜或其他不同形状以满足不同的电池设计要求、好的机械强度和相对较低的价格等是其不可多得的优越之处。YSZ 电解质的主要缺点是氧离子电导率偏低，以它作为电解质的 SOFC 通常需要在较高温度(1 173～1 273 K)下操作。在这样高的温度下操作会导致燃料电池其他组件材料性能的下降以及在电池烧制上的困难。此外 YSZ 材料的力学性能表现一般，并且会随着温度的升高有明显衰减，这对于它作为电解质自支撑的平板式 SOFC 工业化应用有一定限制。

在 SOFC 制作和工作环境中 YSZ 表现出的高稳定性和与其他组元间良好的相容性是其应用的基础。YSZ 是目前研究和使用得最多的电解质材料。在 $ZrO_2-Y_2O_3$ 体系中，Y_2O_3 的摩尔分数在 0%～3%的范围内，只存在有单斜 ZrO_2 固溶体；当 Y_2O_3 的摩尔分数在 3%以上时，立方 ZrO_2 固溶体含量逐渐增加，直到 Y_2O_3 的摩尔分数为 8%才得到完全稳定的简单面心立方晶型固溶体，Y_2O_3 的摩尔分数在 8%～55%整个范围内都属于这一晶型。在 $ZrO_2-Y_2O_3$ 系统中，随着 Y_2O_3 掺杂摩尔分数的增加，氧空位也在增加，这有利于电导率提高；但是每个氧空位的离子电导率却随掺杂摩尔分数而呈现下降的变化趋势，即随掺杂摩尔分数增加，氧空位活性受到限制。上述两方面的综合作用就使掺杂 Y_2O_3 的摩尔分数为 8%～9%表现出最大电导率。在 YSZ 中加入 Al_2O_3 会影响 YSZ 基体材料烧结性能、电性能、力学性能和微观结构。Al_2O_3 的掺杂量对 YSZ 的断裂强度和断裂韧度影响很大，少量的掺杂(Al_2O_3 摩尔分数＜

0.6%)能有效地提高 YSZ 的致密性,并能轻微地提高电导率;但过量地掺杂 Al_2O_3,其性能反而降低。在 YSZ 中 Al_2O_3 主要作用于晶界处,改善了晶界条件,使得 YSZ 中原来明显的晶界变得模糊。这一方面有助于烧结,提高了基体的致密度和强度;另一方面,也降低了晶界电阻,在晶粒内阻基本不变或略有下降时,实现了 3%(质量分数) Al_2O_3 - YSZ 复合体系电导率的提高,表现出比纯 YSZ 更好的电性能。图 8-7 为扫描电镜图。

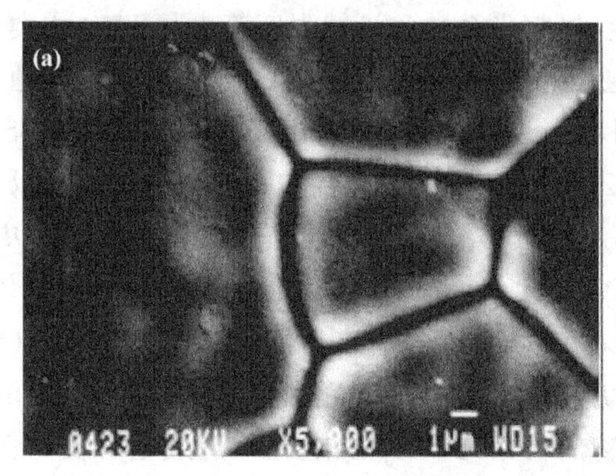

(a) 8YSZ

(b) 8YSZ和质量分数为3%的Al_2O_3

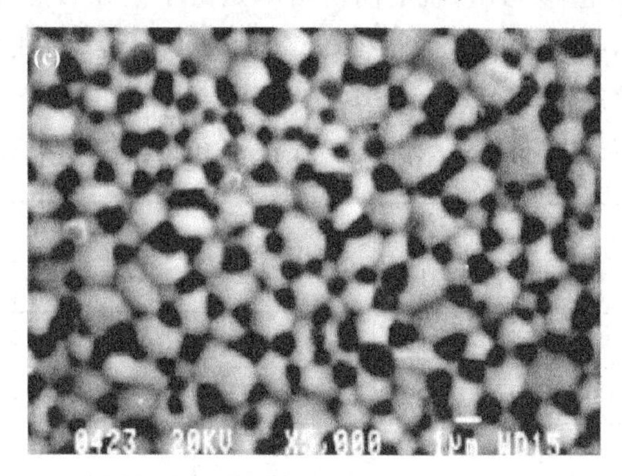

(c) 8YSZ和质量分数为20%的Al_2O_3

图 8-7 扫描电镜图

为了提高 YSZ 电解质的氧离子电导率,有人提出用镱(ytterbia)或钪(scandia)替代钇作为掺杂剂,得到的钪稳定氧化锆(SSZ)和镱稳定氧化锆(YBSZ)。SSZ 和 YBSZ 与 YSZ 陶瓷电解质一样,钪和镱的含量需在一定范围内才能使它们显示单一的相。在 YSZ 系统中,当 YSZ 中氧化钇的含量处于它在氧化锆中的溶解度的最低极限值时,它有最高的氧离子电导率,原因是带正电荷的氧空穴和取代锆离子的带负电荷的钇离子间的相互作用以及因锆离子和钇离子半径不同而引起的立方晶相的畸变。而在 SSZ 系统中,氧化钪在氧化锆中的溶解度在 1 273 K 时的最低值与氧化钇一样,摩尔分数均为 8%,但它的最大氧离子电导率不仅仅出现在其溶解度为最低值时，而且在较高溶解度时(摩尔分数为12%)也显示有很高的氧离子电导率。在锆基氧离子导体中SSZ的离子电导率是最大的，摩尔分数为11% Sc_2O_3的氧化锆11SSZ有最高的氧离子电导率，温度为1 273 K时达到0.3 S·cm^{-1}。原因可能是钪离子的离子半径与钇离子不同，更接近于锆离子的半径，因此钪离子替代晶格中的锆离子后引起的晶格畸变不严重，以至于不会对氧离子空穴的移动产生明显的影响。虽然SSZ有比YSZ高得多的氧化物离子电导率，其他重要性质如高温化学和物理稳定性、热膨胀系数和机械强度等也与YSZ相类似；但在SOFC中并不常用，主要原因是其长期稳定性仍不如YSZ好。对SSZ的稳定性问题，添加第二掺杂组分如氧化铝能提高立方相结构的稳定性。表8-1列出了YSZ、SSZ和SSZ-Al_2O_3的电化学及机械性能，在1 000 ℃时，8SSZ及11SSZ离子电导均为8YSZ的两倍以上，而且其他机械性能及热膨胀性能相近，故它们有可能作为SOFC的电解质材料。在SSZ中加入Al_2O_3后可以显著提高其机械性能，其抗弯曲强度大约可提高22%；但是其离子电导率却下降了12.5%。虽然ZrO_2-Sc_2O_3及ZrO_2-Sc_2O_3-Al_2O_3在理论上有可能替代YSZ作为SOFC电解质材料在中温(约800 ℃)下操作，但目前仍有两个重要的问题未能解决。其一，是电导率随操作时间的增长降低较快；其二，是钪化合物的价格远高于钇化合物，造成电解质材料成本太高，难以大规模使用。应该指出，钪的高价格不是由于它在自然界的储量少的原因，而是由于它的应用尚未被开发，导致它的生产量很小。这个问题随其应用的开发，产量的增加，有可能得到解决，不过这需要时间。

表8-1 YSZ、SSZ和SSZ-Al_2O_3的电化学及机械性能

材 料	电导率 σ/(S·cm^{-1})		弯曲强度 /(MPa)	韧性 /(MPa·m$^{0.5}$)	硬度Hv /(kg·mm^2)	热膨胀系数 /(×10^{-6}K^{-1})	相结构
	1 000 ℃	800 ℃					
8YSZ	0.16	0.03	279	1.3	1 204	10.5	立方
8SSZ	0.38	0.13	275	2.4	1 165	10.7	立方
8SSZ20A	0.14	—	414	2.5	—	9.8	立方
11SSZ	0.32	0.12	255	1.8	1 070	10.0	菱形
11SSZ1A	0.26	—	250	—	—	—	立方
11SSZ10A	0.28	—	340	—	—	—	立方
11SSZ20A	0.15	—	365	214	1 460	10.1	立方

8.2.2 氧化铈基(CeO_2)电解质

纯氧化铈(CeO_2)从室温至熔点都是立方萤石结构，n-型半导体，依赖于小极化子迁移导电，离子电导可以忽略。在温度和氧压力变化时，可以形成具有氧缺位型结构的$CeO_{2-\delta}$。

CeO_2中Ce^{4+}半径很大，可以与很多物质形成固溶体，当掺入二价或三价氧化物后，在高温下表现出高的氧离子电导和低的电导活化能，使其可以用做 SOFC 电解质材料，特别适合直接用甲烷气的 SOFC 中。CeO_2有可能成为 SOFC 电解质材料的优点如下：

① 纯的CeO_2本身就具有稳定的萤石结构，不像ZrO_2需要加稳定剂。

② CeO_2的工作温度为 500～700 ℃，远远低于 YSZ 的工作温度。

③ CeO_2有比 YSZ 更高的离子电导率和较低的电导活化能。

因为纯CeO_2的导电是混合型导电，材料的总电导率较低，且氧离子电导率低于电子电导率。而作为固体氧化物燃料电池的电解质要求其具有尽可能高的离子电导率，和尽可能小的电子电导率。为了满足这一要求，人们常常在纯CeO_2中掺杂其他低价金属氧化物。CeO_2中的掺杂物有很多种，主要是稀土和碱土金属。对于碱土金属氧化物掺杂的CeO_2材料，CaO 和 SrO 掺杂的CeO_2电导率提高得比较多，而 MgO、BaO 掺杂则无明显变化，表 8-2 为 1 000 ℃下碱土金属掺杂CeO_2基电解质的电导率。在$CeO_2-Ln_2O_3$中(Ln = La、Nd、Sm、Eu、Gd、Dy、Ho、Er、Yb、Y、Sc)除$CeO_2-Sc_2O_3$不形成固溶体，其他稀土金属氧化物与CeO_2皆形成萤石型立方固溶体。在稀土氧化物掺杂的CeO_2中，钆和钐掺杂的氧化铈材料的离子的电导率最高，被确认为是很好的电解质材料，图 8-8 为 800 ℃时氧化铈的离子电导率与掺杂稀土金属粒子半径的关系图。与稳定的氧化锆相比，掺杂CeO_2中Ce^{4+}向Ce^{3+}的转变表现出对低氧分压的依赖性。CeO_2陶瓷在较低氧分压或还原性气氛下，部分Ce^{4+}被还原成Ce^{3+}而产生部分电子电导，形成离子电导和电子电导的混合导体。由于电子电导的存在，会在电池内部形成短路，损失了电池的部分电动势，限制了它在 SOFC 中的应用。因此若要选用CeO_2作为 SOFC 的电解质材料，必须设法减小还原性气氛下材料产生的电子电导，但又不能减小离子电导。解决这个问题的办法有以下几种：

表 8-2　1 000 ℃下碱土金属掺杂CeO_2基电解质的电导率

掺杂氧化物	组成摩尔分数/(%)	电导率/(10^2 S·cm^{-1})	活化能/(kJ·mol^{-1})
BeO	15	0.65	97
MgO	15	1.4	58
CaO	15	2.5	73
SrO	15	6.7	58
BaO	10	0.49	58

① 在保持萤石型结构范围内添加三价或二价金属氧化物，金属氧化物和CeO_2形成置换式固溶体，增加了氧空位浓度，限制CeO_2在还原气氛中还原，从而抑制电子电导的产生。如引入 3% (摩尔分数)Gd_2O_3 + Pr_2O_3形成$Ce_{0.8}Gd_{0.17}Pr_{0.03}O_{2-\delta}$，在保证离子电导率不变的情况下，材料抗还原能力提高两个数量级。

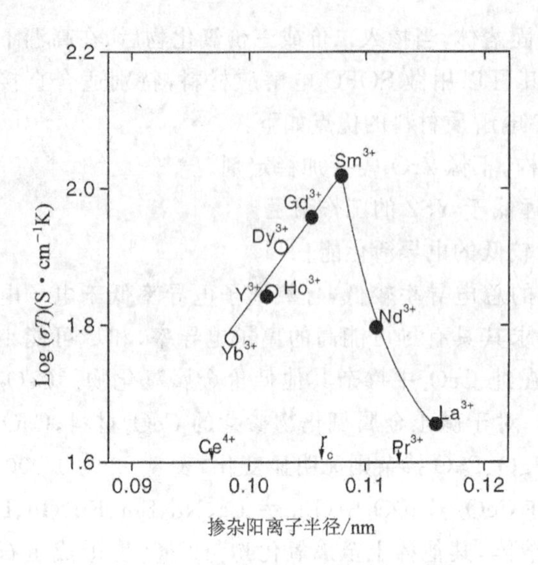

图 8-8　800 ℃时氧化铈的离子电导率与掺杂稀土金属粒子半径的关系图

② 通过使用薄膜技术，制得纳米结构的陶瓷薄膜 CeO_2 材料。这是因为纳米结构材料中的高浓度缺陷为离子通过纳米尺寸相界的传导和扩散提供了活性空位，加速了离子的传导，增大了离子电导率，大量晶界和晶相的存在还抑制了电子电导的产生。与块状电解质相比，CeO_2 基薄膜电解质有许多的优点。例如：热化学稳定性很高（特别是在还原性气氛中有很高的稳定性），氧离子电导率高（并且没有明显的电子电导出现），薄膜电解质构成的 SOFC 可获得更高的功率密度，还可以降低工作温度。

③ 采用在 CeO_2 固溶体外包裹一层稳定的离子导电薄膜如 YSZ（2 μm 厚）的方法，也可以限制其还原。氧化铈和 YSZ 可以形成有限固溶，其固溶量随温度下降而减少，用 Sm 掺杂 CeO_2 与 YSZ 形成复合电解质，在保持 YSZ 高开路电压的情况下，实现了 $V-I$ 曲线的缓慢衰减。

在氧化铈基电解质中，被研究得最多也是最有希望商业化的是 CGO，即氧化钆掺杂的氧化铈。CGO 通常指 $Ce_{0.9}Gd_{0.1}O_{1.95}$（CGO10）和 $Ce_{0.8}Gd_{0.2}O_{1.9}$（CGO20）两种。掺杂的氧化铈在中温区有比氧化锆基高的离子电导率；但随温度的提高，其电子电导率也随之增加，使电池的开路电压下降。从这一角度考虑，电池的操作温度应不高于 873 K，在 773 K 左右为好。在这样低的温度下，电极反应动力学会受到很大影响，导致性能大幅度下降。因此，为了使氧化铈基电解质能达到实际使用，一是要开发在 773 K 时有很高电极性能的电极材料与其相匹配；二是应通过掺杂组分和组成、微结构和接口组成结构的优化来大幅度降低电解质的电子电导率，以便使它能在较高温度下操作。

8.2.3　氧化铋基（Bi_2O_3）电解质

萤石结构的 $\delta-Bi_2O_3$ 含 25％的氧离子空位，因此具有很高的离子电导率。在熔点附近，电导率可达 0.1 S·cm^{-1}，因此近年来对其研究受到越来越多的重视。$\delta-Bi_2O_3$ 具有极高离子导电能力的原因有两方面，首先，是由于 Bi^{3+} 离子具有易于极化的孤对电子；其次，是因为 Bi 原子和 O 原子之间的键能较低，因此提高了晶格中氧空位的迁移率。高离子电导率相 $\delta-Bi_2O_3$ 仅存在于很窄的温度范围（730～825 ℃）。纯铋氧化物在冷却到低于 973 K 时，其结构

由立方的 δ-相转变为单斜的 α-相，相变产生的体积变化，会导致材料的断裂和严重的性能老化。为应用 Bi_2O_3 必须将高温的 δ 相稳定到低温区。大量的研究表明，具有高离子电导率的 δ-Bi_2O_3 可以通过掺杂二价（如 Ca、Sr）、三价（如 Y、La）、四价（如 Te）、五价（如 Nb）或六价（如 W、Mo）金属的氧化物稳定到低温区域。但是，这些掺杂铋氧化物显示低的氧离子电导率，而且在低于 873 K 时会发生氧次晶格的有序-畸变的转化，这会导致电导率的进一步下降。在能稳定 Bi_2O_3 的萤石结构的潜在掺杂剂中，镧系掺杂剂镝（Dy）和钨（W）有很高的极化能力，因此，Dy 和 W 掺杂的 Bi_2O_3 畸变阴离子晶格有最大的稳定性。在能稳定立方相的掺杂剂浓度范围内，只有在最低 W 或 Dy 掺杂浓度时才有最高的电导率，其组成是 $(BiO_{1.5})_{0.88}(WO_3)_{0.12}$ $(BiO_{1.5})_{0.715}(DyO_{1.5})_{0.285}$。W 和 Dy 双掺杂的氧化铋（DyWSB）电解质的电导率与温度的关系如图 8-9 所示。图 8-9 中还给出了被认为有高电导率的 20% Er 掺杂的 δ-Bi_2O_3（20ESB）电解质的电导率。从图 8-9 中可以看出，总掺杂剂含量为 11%～13% 的铋氧化物电解质（10Dy3WSB，8Dy4WSB，6Dy5WSB）的电导率要高于总掺杂剂含量为 17% 的铋氧化物电解质（12Dy5WSB，9Dy8WSB，5Dy12WSB）。

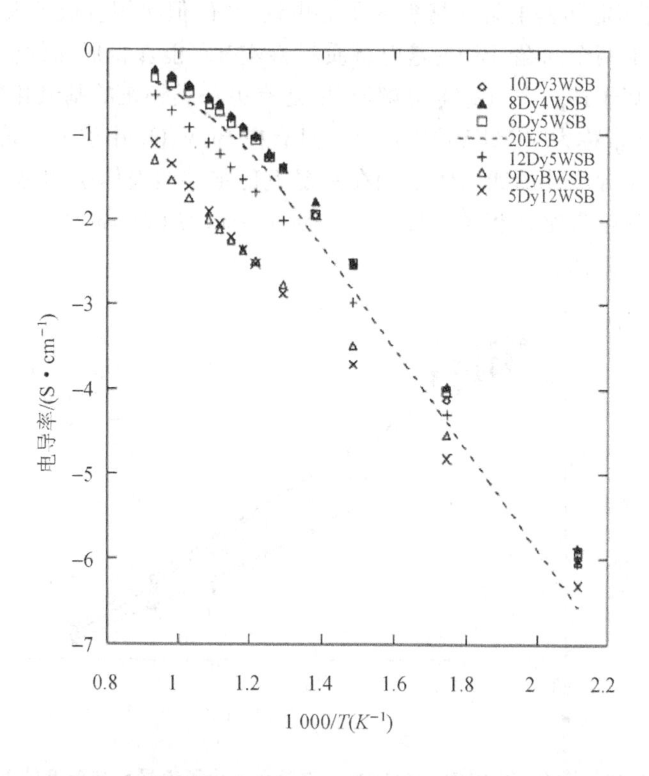

图 8-9　W 和 Dy 双掺杂的氧化铋（DyWSB）电解质的电导率与温度的关系图

Bi_2O_3电解质材料具有以下优点：

① 立方 Bi_2O_3在中温具有很高的离子电导率，在相同温度下其电导率比 ZrO_2电解质高 2 个数量级。

② 与 ZrO_2电解质相比，Bi_2O_3与电极之间的界面电阻更小，氧的吸附和扩散直接发生在电解质表面，而不是像 ZrO_2电解质那样发生在电极表面。其结果是不仅界面电阻很低，而且对电极材料的依赖性减弱，因此，传统使用的混合氧化物电极可用金属替代。

③ Bi_2O_3基电解质材料的晶界效应不影响其体电导率，这是此种材料的一个显著的优点。

Bi_2O_3基电解质材料未被普遍应用于 SOFC，主要是因为其存在着以下两个致命的缺点：

① Bi_2O_3基电解质材料在低氧分压下极易被还原。虽然报道的临界氧分压值不尽相同，但在 SOFC 燃料侧，氧分压值肯定低于临界值，会导致 Bi_2O_3的还原，还原出的细小金属铋使燃料侧"变黑"。

② 掺杂稳定的 Bi_2O_3基电解质材料退火后，会有立方-菱方相变出现，在低于 700 ℃时呈热力学不稳定状态，而菱方相导电性能很差。因此，对低于 700 ℃，且运行时间超过几百小时的 SOFC 来说，虽然 Bi_2O_3基电解质材料离子导电性很好，但实用价值不大。

只有解决了以上两个问题，Bi_2O_3基电解质材料才有可能获得成功的应用。

除了稀土金属离子掺杂 $\delta-Bi_2O_3$电解质外，还有另一类铋钒酸基氧化物离子导体，这就是掺杂的 $Bi_4V_2O_{11}$，通常称为 BIMEVOX 材料。只有在 $Bi_4V_2O_{11}$中引入二价、三价、四价和五价掺杂剂才能使高离子导电性的四面体 γ 相在室温下稳定。四面体 γ 相是极好的氧离子导体，这与钒酸层结构的氧空穴密切相关。图 8-10 所示是掺 Gd 时 $Bi_4V_{2-x}Gd_xO_{11-x}$电解质的离子电导率与温度的关系图。

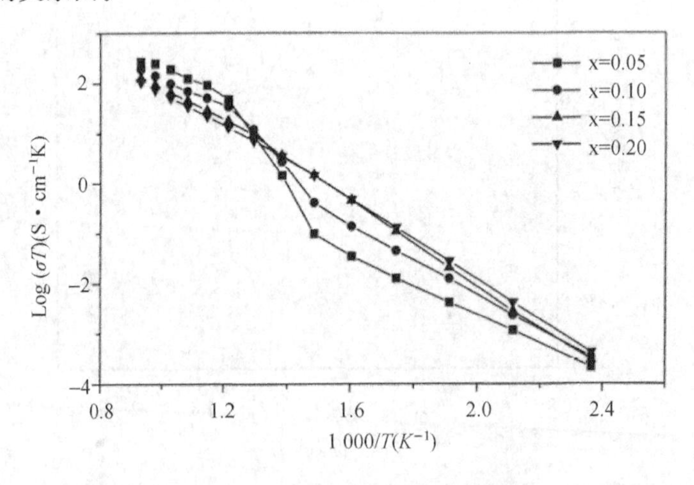

图 8-10 掺 Gd 时 $Bi_4V_{2-x}Gd_xO_{11-x}$电解质的离子电导率与温度的关系图

8.2.4　钙钛矿基($LaGaO_3$)电解质

氧化锆基(ZrO_2)、氧化铈基(CeO_2)和氧化铋基(Bi_2O_3)等电解质材料都是具有萤石结构的。钙钛矿型结构(ABO_3)氧化物材料($A=M^{2+}$或M^{3+};$B=M^{4+}$或M^{3+})是近些年来人们发现电导率较高的一种电解质材料;而在钙钛矿结构ABO_3型氧化物中,研究较多的,或者说综合性能最好的当属镓酸镧基($LaGaO_3$)钙钛矿型复合氧化物。这是因为钙钛矿结构的$LaGaO_3$基材料在较大的氧分压($1.013\times10^{-12}\sim1.013\times10^{-8}$ Pa)范围内具有良好的离子导电性,电子电导可以忽略不计。理想的钙钛矿型氧化物为简单立方结构,其通式为ABO_3,A和B均为阳离子,总的电荷数为+6,其晶胞结构图如图8-11所示。A离子为离子半径较大的阳离子,处于由12个氧所构成的十四面体的中心,占据立方晶胞的顶点;氧负离子在立方晶胞6个面的面心位置;而B离子一般为具有较小离子半径的阳离子,处于由6个氧离子构成的八面体中心,占据立方晶胞的中心点。钙钛矿型结构(ABO_3)氧化物不仅具有稳定的晶体结构,而且对A位和B位离子半径变化有着较强的容忍性,并可通过A或B位被低价金属离子掺杂,在结构中引入大量的氧空位,从而出现氧离子传导,成为氧离子导体。然而这种结构的氧化物在高氧分压条件下会产生电子空穴导电,使离子迁移数降低,对电池的输出特性不利,所以这种材料的性能还有待于进一步提高。

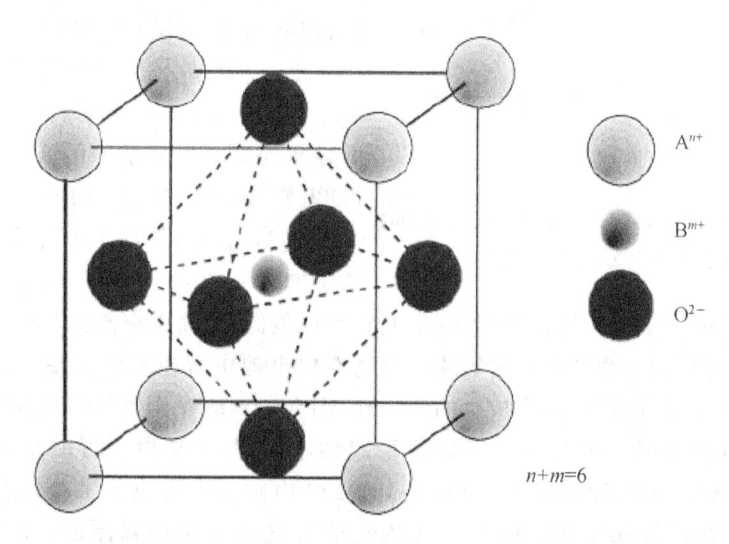

图8-11　钙钛矿型(ABO_3)氧化物材料的晶胞结构图

在钙钛矿结构中,A位的La^{3+}可以被Ca^{2+},Sr^{2+},Ba^{2+}等取代,B位的Ga^{3+}可以被Mg^{2+},Fe^{2+}等取代,为维持电中性,就会形成氧空位,从而大幅度地增加离子电导率。镓酸镧基电解质的电导率高于氧化锆基和氧化铈基电解质的电导率,仅低于氧化铋基电解质的电导率。

$LaGaO_3$基材料多采用A、B位双重掺杂，A位掺杂钙、锶、钡等，其电导增加顺序为Sr＞Ba＞Ca，B位掺杂镁、铝、铟、钪、镥等，其中钪、镁的掺杂效果最好，A、B位掺杂量x均为10%～30%。由于氧化铋基电解质和氧化铈基电解质在低氧分压时呈n-型半导体也就是说会显示有电子电导率的存在，氧离子电导率不够稳定。相反，Sr和Mg离子掺杂镓酸镧电解质$La_{0.8}Sr_{0.2}Ga_{0.8}Mg_{0.2}O_{3-\delta}$(LSGM8282)不仅显示出高的氧离子电导率，则具有相当高的热稳定性，其电导率还在较宽的氧分压范围内不受氧分压的影响。但在氧分压为10^{-5}～1大气压范围内，电导率随氧分压稍有增加，这说明在高氧分压下晶体结构中出现空穴电导。为抑制这类空穴电导，可掺加少量镧系金属离子，掺加镧系金属离子的$(La_{0.9}Nd_{0.1})_{0.8}Sr_{0.2}Ga_{0.8}Mg_{0.2}O_{3-\delta}$在氧分压从一个大气压到$10^{-21}$个大气压和温度在1 000～1 300 K的范围内显示几乎是纯的氧离子电导率。

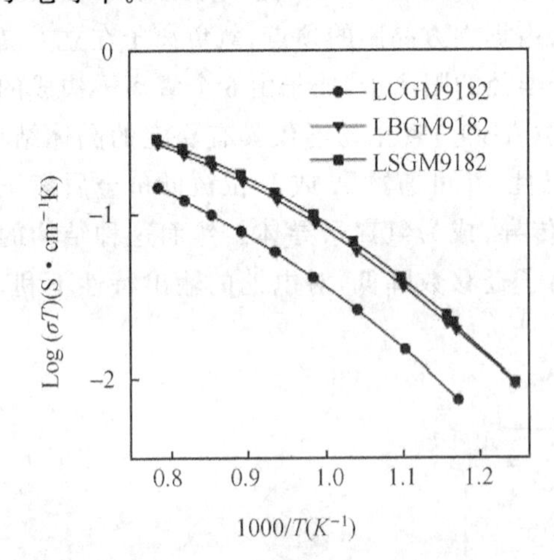

图8-12 $La_{0.9}M_{0.1}Ga_{0.8}Mg_{0.2}O_{32.85}$(M=Ca、Sr、Ba)电解质的总电导率与温度的关系

在镓酸镧基电解质中除了LSGM8282外，研究得较多的还有LSGM9182($La_{0.9}Sr_{0.1}Ga_{0.8}Mg_{0.2}O_{3-\delta}$)和LBGM9182($La_{0.9}Ba_{0.1}Ga_{0.8}Mg_{0.2}O_{3-\delta}$)。这是由于$LaGaO_3$基材料中，虽然$La_{0.8}Sr_{0.2}Ga_{0.8}Mg_{0.2}O_3$(LSGM8282)具有最高的氧离子电导率，但在SOFC环境下，$La_{0.9}Sr_{0.1}Ga_{0.8}Mg_{0.2}O_3$(LSGM9182)的电学性能最好，在氧分压范围(1.013×10^{-12}～1.013×10^{-8} Pa)内基本为纯离子导体。$La_{0.9}M_{0.1}Ga_{0.8}Mg_{0.2}O_{32.85}$(M=Ca、Sr、Ba)电解质的总电导率与温度的关系如图8-12。从图8-12可以看到，不管是LBGM9182还是LSGM9182，它们的氧离子电导率很高(后者要稍高于前者)，都高于$La_{0.9}M_{0.1}Ga_{0.8}Mg_{0.2}O_{32.85}$(LCGM9182)的电导率。另外，它们的电子电导率也很低，应该说它们具有作为燃料电池固体电解质的潜力。但是，一个高性能的固体氧化物燃料电池电解质不仅需要有高的氧离子电导率和低的电子电导率，而且应具有极高的稳定性，即在苛刻的操作条件和大的氧活度梯度下能长时间运行。现已发现LBGM9182等的热稳定性不够好，主要原因可能是其热膨胀系数太大。与YSZ电解质一样，LSGM9182和LSGM9182电解质在有痕量水蒸气存在时会增加其表面反应速率，在高温如1 273 K下含水蒸气的氢气氛下长期暴露后，LBGM9182和LSGM9182电解质表面有缺镓的现象，而且在电解质LSGM9182表面发生有新相如$La(OH)_3$、$LaSrGaO_4$等生成。新相的生成是由于镓组分以Ga_2O形式从表面蒸发所致，而铂(作为电极)的存在会增强Ga从固体电解质中的流失(原因可能是Pt-Ga合金的生成)。影响镓从掺杂镓酸镧中蒸发的因素有温度、氧分压和电解质组成等，但主要原因是掺杂阳离子的种类和它的量。Sr 的加入极大地加速 Ga 的蒸发，因此 LSGM8282 电解质中的镓的流失要大于 LSGM9182，而 Mg 添加可减缓掺杂 Sr 的增强效应。因此，对高于 1 173 K 的高温区，掺杂 $LaGaO_3$不能作为 SOFC 的电解质，因为掺杂 Sr 会增加 Ga 的流失，而掺杂 Mg 不能有效降低 Ga 的流失。而在中温区（大约 1 073 K），如果 Sr 的掺杂量足够小而 Mg 的掺杂量又足够大，不仅可有效减小 Ga 的流失而且能增强氧化物离子电导率，则掺杂 $LaGaO_3$可用做还原气氛下的电解质。作为 SOFC 的电解质，强力推荐阳极气氛保持尽可能高的氧分压。对低于 973 K 的低温区，掺杂多少量的掺杂剂对 Ga 组分的蒸发都不会有实质性的影响，LSGM9182 作为 SOFC 的电解质是毫无问题的。

$LaGaO_3$基材料是最有希望成为中温 SOFC 的电解质材料之一，除了在 SOFC 工作条件下的长期稳定性有待进一步研究外，它还有以下几个问题有待解决。

① 高温下与传统阳极材料的相容性较差，$LaGaO_3$基材料容易与电极材料 Ni 发生反应，这会降低电池输出功率，为解决这个问题，可以用不和 Ni 反应的氧化铈在电解质和电极间做缓冲层。

② 由于组成相对复杂，使用传统的气相沉积方法或与阳极共烧结的方法制备 LSGM 薄膜困难。

③ $LaGaO_3$型氧化物又受限于 Ga 资源的有限性，因此成本问题也可能会制约这种材料的广泛应用。

8.2.5　六方磷灰石基[$M_{10}(TO_4)_6O_2$]电解质

与氧空位传导的立方型萤石和钙钛矿等氧化物不同，1995 年 Nakayama 等人发现了以间隙氧传导为主的新型氧离子导体材料，这就是具有六方结构的氧基磷灰石。它最引人注目的特性是在相对较低的温度下（低于 600 ℃）具有比钇稳定氧化锆（YSZ）还要高的电导率，并且在很宽的氧分压范围内其氧离子迁移数仍接近 1。氧基磷灰石 OA（oxyapatite）是指一大类化学通式为 $M_{10-x}(TO_4)_6O_{2\pm y}$的同晶化合物，其中 M 为 Li^+、Na^+、K^+、Ca^{2+}、Sr^{2+}、Pb^{2+}和镧系等金属离子；(TO_4)为(PO_4)、(SiO_4)、(VO_4)、(AsO_4)和(GeO_4)等阴离子基团。按配比不同，OA 可分为化学计量（M＝10，O＝2）和非化学计量（M＜10 或 O≠2）两类，而非化学计量 OA 又分为阳离子空位（M＜10）、氧离子空位（O＜2）和过量氧离子（O＞2）三类。氧基磷灰石通常为六方晶系，阴离子基团(TO_4)采取准密集堆积的方式构成 OA 的骨架结构，形成两种孔道。第一个孔道在 c_3轴上，被 4 个 M 阳离子占有，称为 M1 点；第二个孔道在第一个孔道的边缘，被 6 个 M 阳离子占有，称为 M2 点。M2 阳离子位于以六重轴为中心的两个等边三角形的顶点上，两个三角形互为旋转 60°交错排列，O^{2-} 位于六重轴上，即等边三角形的中心。图 8－13(a) 为 $La_{9.67}(SiO_4)_6O_{2.5}$晶体结构的 c 轴视图，M1 阳离子有 9 个氧原子配体，它们是 3 个 O(1)、3 个 O(2)和 3 个 O(3)原子，由于 M1 和 O(3)的距离相对较大，M1 也可以看作六配体。而

M2 阳离子有 7 个配体，它们分别是 4 个 O(3)、1 个 O(1)、1 个 O(2)和 1 个 O(4)。这样 OA 可以看作由两部分组成，一部分由 TO_4 和 MO_9 多面体组成，另一部分由 TO_4 和 MO_7 多面体组成，这两部分一起组成了 OA 的 M1 和 M2 孔道。对于过量氧 OA 和阳离子空位 OA，除了 O(1)、O(2)、O(3)和 O(4)外还存在着 O(5)原子，由于 O(5)处于 O(4)孔道的边缘，其他原子的间隙，O(5)也称为间隙氧，图 8-13(b)为间隙氧的位置示意图，因为 O(4)和 O(5)均不属于任何 TO_4，又都在 M2 孔道内，所以 O(4)和 O(5)在 M2 孔道内容易沿着 c 轴方向移动。

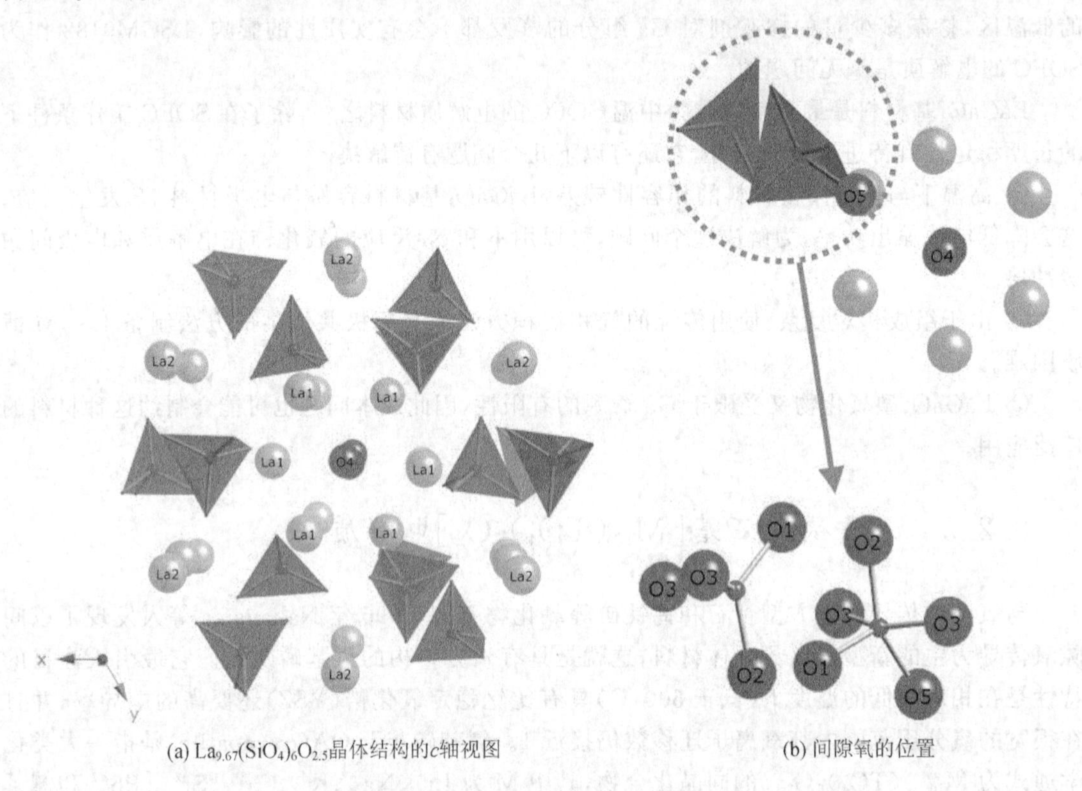

(a) $La_{9.67}(SiO_4)_6O_{2.5}$晶体结构的$c$轴视图 (b) 间隙氧的位置

图 8-13 $La_{9.67}(SiO_4)_6O_{2.5}$ 晶体结构的 c 轴视图和间隙氧的位置

氧基磷灰石的导电性具有下列特征：

① 离子导电性。氧离子是主要的电荷载体，而电子、空穴和质子都不是主要的电荷载体。

② 一维导电性。OA 在 c 轴方向特有的孔道结构决定了其一维导电性，显示了各向异性导电性质，平行于 c 轴方向的电导率要比垂直于 c 轴方向的电导率大一个数量级左右。

③ 自由氧导电。在化学计量以及氧离子空位型 OA 中，自由氧 O(4)是主要的电荷载体，少量的 O(4)空位有利于氧离子的迁移。

④ 间隙氧导电。在过量氧和阳离子空位 OA 中，间隙氧 O(5)是主要的电荷载体，少量的空位有利于间隙氧 O(5)的迁移。

Sansom 等人对比研究了 O(5)导电的 $La_{9.33}(SiO_4)_6O_2$ 和 O(4)导电的 $La_8Sr_2(SiO_4)_6O_2$ 的电导率和活化能。由于前者的阳离子缺陷导致其结构扭曲，约有 10%的 O(4)变为间隙氧 O(5)，致使电导率比后者提高了三个数量级，而活化能从 1.14 eV 降低到 0.65 eV。Saiful 等人以原子模拟技术研究了 $La_8Sr_2Si_6O_{26}$ 和 $La_{9.33}Si_6O_{26}$ 的导电机理，他们认为 $La_8Sr_2Si_6O_{26}$ 是自由氧导电机理，传导路线位于 c 轴的中心，是一条直线，图 8－14(a)为自由氧空位沿着 c 轴孔道的直线传导路径，所计算的活化能为 1.26 eV；而 $La_{9.33}Si_6O_{26}$ 为间隙氧导电机理，阳离子缺陷使晶体结构扭曲，产生部分间隙氧，传导路线类似于正弦曲线，图 8－14 (b)为间隙氧沿着平行于 c 轴孔道的非直线(正弦曲线)传导路径，所计算的活化能为 0.56 eV，活化能的模拟计算值与 Sansom 等人的实验值相近。

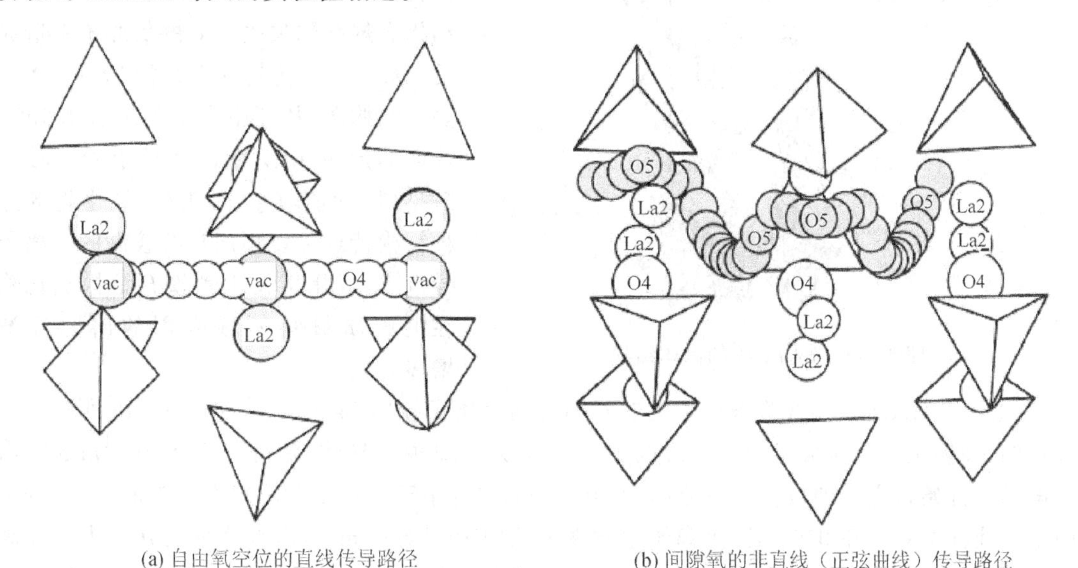

图 8－14　自由氧空位的直线传导路径和间隙氧的非直线(正弦曲线)传导路径

OA 离子导体中研究最多的是 La－Si 磷灰石，其具有较高的电导率，另外，钒、锗、以及硅中分别掺杂锗和铝的 OA 也有报道。从研究结果来看，化学计量 OA 和氧离子空位 OA 的传导电荷均为 O(4)，由于电导率低，研究其导电性能的报道较少。阳离子空位使部分 O(4)变为 O(5)，大大提高了电导率，其传导电荷为 O(4)和 O(5)共存。在过量氧 OA 中，由于 O(4)的位置被占满，传导电荷主要为间隙氧 O(5)，O(5)比 O(4)更容易迁移，因而过量氧 OA 有更高的电导率。氧基磷灰石的稳定性还有待提高，其在高于 600 ℃时电导率并不比钇稳定氧化锆(YSZ)高，因此这类电解质与实际应用还有一定的差距。影响氧基磷灰石电导率的因素主要还有 T 的掺杂、间隙氧的数量、阳离子空位的数量和原子半径的大小等，这类材料的研究方向应该为有间隙氧、阳离子空位和进行 T 掺杂的 $Ln_{10-a}(SiO_4)_{6-b}(TO_4)_bO_{2+\delta}$(T＝Ga、Al 和 V 等，Ln＝La 等稀土元素)型磷灰石。

8.2.6 钙铁石结构($A_2B_2O_5$)电解质

$A_2B_2O_5$(钙铁石)结构是 ABO_3(钙钛矿)结构最重要的变体之一。这种结构具有钙钛矿结构的一些基本特征,同时由于氧空位的程度很大,所以结构上的变化也较大,它是在钙钛矿的三维结构中有规则的除去一部分氧原子,形成共角连接的 BO_6 八面体层与同样共角连接的 BO_4 四面体层交替排列的结构。换句话说,钙铁石结构是钙钛矿结构有规则的失去 1/6 的氧原子链造成的。图 8-15 为钙铁石结构 $Ba_2In_2O_5$ 的晶体结构图,从图中可清楚地看出 InO_6 八面体层及 InO_4 四面体层沿着 c 轴交替排列。$A_2B_2O_5$(钙铁石)氧化物的这种结构特点可以预期具有较高的氧离子导电率,近几年关于钙铁石结构氧化物在电解质材料领域应用的研究逐渐增多。

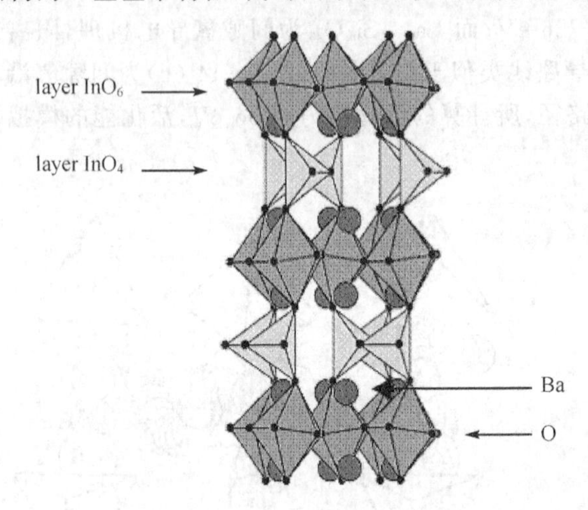

图 8-15 $Ba_2In_2O_5$ 的晶体结构

1990 年 Goodenough 等报道了钙铁石结构的氧离子导体 $Ba_2In_2O_5$,如图 8-16 所示。结果表明,当测试氧分压大于 10^{-3} atm 时 $Ba_2In_2O_5$ 为 p 型电子导体;氧分压小于 10^{-3} atm 时离子电导率开始占主导地位。在氧分压为 10^{-6} atm,温度小于 900 ℃时材料电导率的 Arrhenius 曲线呈线性关系。在 900 ℃附近离子电导率突跃到 10^{-1} S·cm^{-1},电导率的突跃是由于在高温下氧空位的有序状态和无序状态的转换。为了消除在 850~900 ℃之间氧空位的有序状态与无序状态的转换及在更低温度下形成稳定无序状态,用 Ce^{4+} 部分取代 $Ba_2In_2O_5$ 中的 In 原子。当取代 12.5%时,不连续的电导率数据消失了,但活化能的变化仍然存在,在低于转换温度时,$Ba_2In_2O_5$ 的电导率比 Ce^{4+} 部分取代的 $Ba_2In_2O_5$ 低。在转换温度以上(大于 850 ℃),电导率较高。与 $Ba_2In_2O_5$ 有关的其他体系的研究也相继开始,如 Schwartz 等研究 $Ba_2GdIn_{1-x}Ga_xO_5$(x=0,0.2,0.4),x=0.2 和 x=0.4 时都表现出良好的离子电导率(约 5×10^{-3} S·cm^{-1}),它们的活化能都较低,E_a 分别为 0.35 eV 和 0.45 eV。这类材料被应用在氢-氧燃料电池中,被证实使用数天没有分解和老化的迹象。

另外,一种钙铁石结构的氧离子导体是 $Ca_2Cr_2O_5$,其晶体结构与 $Ca_2Fe_2O_5$ 相同,但电导率不是很高(900 ℃ 为 10^{-3} S·cm^{-1})。相关氧分压电导率研究结果表明,材料主要为氧离子导电。氧分压在 10^{-2} atm 以下时,电导率增大,表现为 n 型电子导体。此材料在 1 000 ℃以下氧空位没有表现出任何的有序状态和无序状态的转换迹象,而在 1 000 ℃以上则不稳定。

表 8-3 为 1995 年以前的一些 $A_2B_2O_5$ 结构氧化物在不同温度下的电导率数值，可以看出它们的电导率都较小，氧离子导电起主导作用，为良好的离子导体。1995 年以后对 $A_2B_2O_5$ 结构氧离子导体的研究主要集中在金属阳离子掺杂的 $Ba_2In_2O_5$ 氧化物。2001 年 Katsuyoshi Kakinuma 等研究了 $(Ba_{1-x}La_x)_2In_2O_{5+x}$ 体系氧化物，从图 8-17 可知，掺杂后的 $Ba_2In_2O_5$ 表现出高的氧离子电导率。当 $x \geqslant 0.2$ 时，随着 x 的增大，体系中氧含量增加，氧空位无序形态加强，电导率随温度的升高而线性增加。由图 8-18 可知，当 $x \geqslant 0.12$ 时，$(Ba_{1-x}La_x)_2In_2O_{5+x}$ 体系氧化物的电导率在相同温度下随着 x 的增大而增大，在 800 ℃、$x = 0.6$ 时，离子电导率为 0.042 S·cm^{-1}，与 Ca 掺杂的 CeO_2 和 YSZ 的电导率相近。这表明在 $(Ba_{1-x}La_x)_2In_2O_{5+x}$ 体系中氧离子电导率受可移动的氧离子浓度控制。

表 8-3　部分 $A_2B_2O_5$ 结构氧化物的电导率

化合物	温度/℃	电导率/(S·cm^{-1})	化合物	温度/℃	电导率/(S·cm^{-1})
$Ba_2In_2O_5$	700	5×10^{-3}	Sr_2ScAlO_5	700	1×10^{-5}
	950	1×10^{-1}	$Sr_2Sc_{1.3}Al_{0.7}O_5$	700	1×10^{-3}
$Ba_2GdIn_{0.8}Ga_{0.2}O_5$	600	5×10^{-3}	$Sr_2Sc_{0.8}Y_{0.2}AlO_5$	700	1×10^{-4}
$Ba_2GdIn_{0.6}Ga_{0.4}O_5$	600	5×10^{-3}	$Sr_{1.8}Ba_{0.2}ScAlO_5$	700	1×10^{-4}
$Ca_2Cr_2O_5$	700	5×10^{-3}			

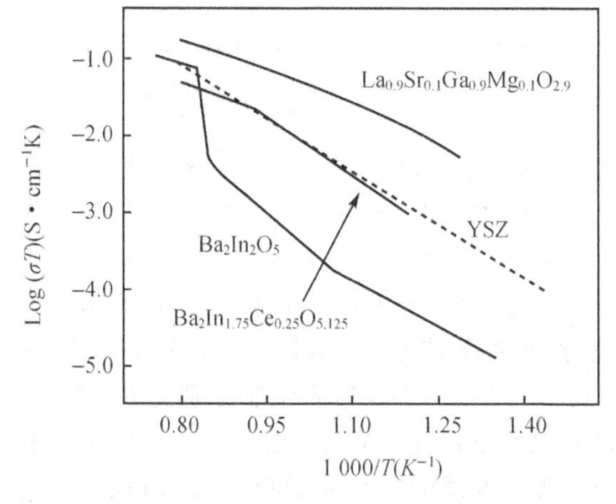

图 8-16　$La_{0.9}Sr_{0.1}Ga_{0.9}Mg_{0.1}O_{2.9}$，$Ba_2In_2O_5$，$Ba_2In_{1.75}Ce_{0.25}O_5$ 和 YSZ 电导率的 Arrhenius 曲线（$Ba_2In_2O_5$ 和 $Ba_2In_{1.75}Ce_{0.25}O_5$ 的电导率是在氧分压为 10^{-6} atm 下测得的）

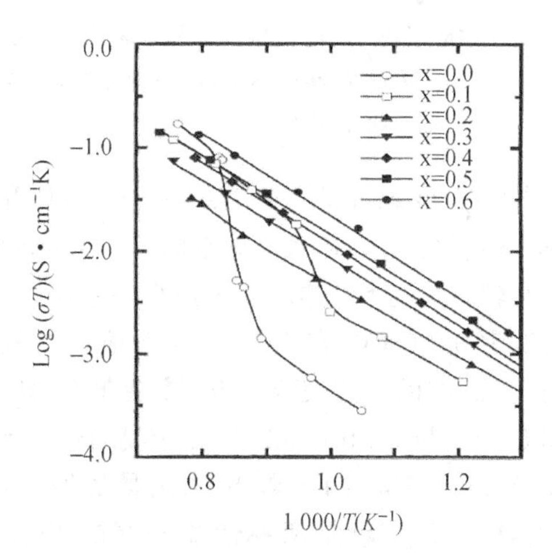

图 8-17　$(Ba_{1-x}La_x)_2In_2O_{5+x}$ 体系电导率的 Arrhenius 曲线

2002 年 Katsuyoshi Kakinuma 等又研究了$(Ba_{1-x-y}Sr_xLa_y)_2In_2O_{5+y}$体系氧化物，研究表明在氧分压 $\log[p_{O_2}(atm)]=-2.0$ 以下时，此体系的电子电导率的变化可以忽略不计，结果表明在此氧分压区域为氧离子导体。图 8－19 的 Arrhenius 曲线表明$(Ba_{1-x-y}Sr_xLa_y)_2In_2O_{5+y}$体系的电导率不随温度的变化而出现不连续的情况，说明氧空位应该是无序的排列。在 800 ℃时，$(Ba_{0.3}Sr_{0.2}La_{0.5})_2In_2O_{5.5}$表现出最有价值的氧离子电导率（0.12 S・cm^{-1}），此数值已超过 YSZ，这一实验结果对后续研究和应用有很大的意义。

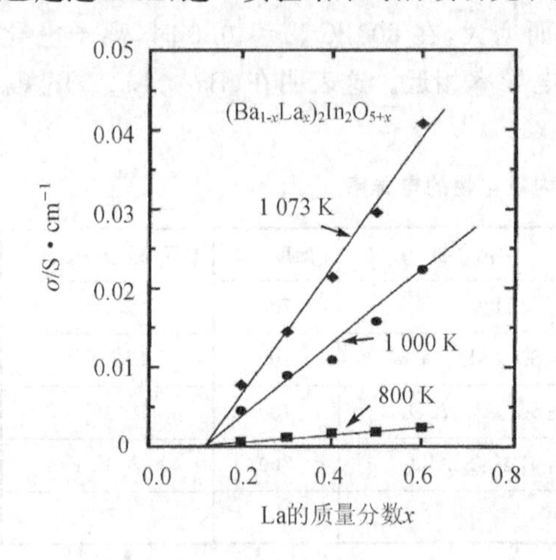

图 8－18 $(Ba_{1-x}La_x)_2In_2O_{5+x}$体系氧离子电导率的 Arrhenius 曲线（不同温度，不同 La 掺杂量）

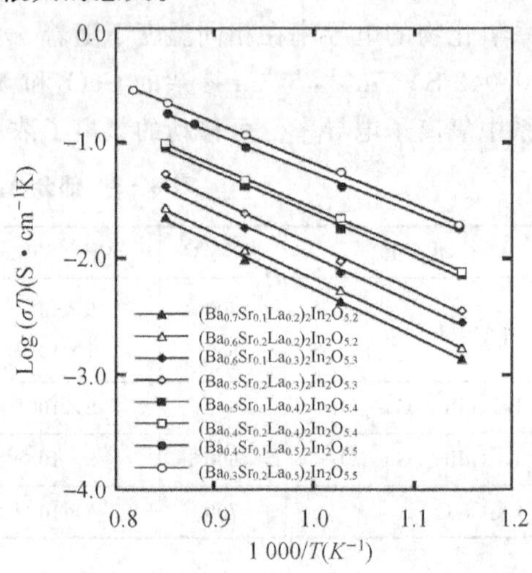

图 8－19 $(Ba_{1-x-y}Sr_xLa_y)_2In_2O_{5+y}$在 N_2 气氛下的 Arrhenius 曲线

2005 年 A. Rolle，R. N. Vannier 等研究了 $Ba_2In_{2-x}Me_xO_{5+\delta}$(Me＝V，Mo)体系，图 8－20 为 $Ba_2In_{2-x}Mo_xO_{5+\delta}$体系电导率的 Arrhenius 曲线。当 $x=0.1$ 时，在 650 ℃斜率发生变化，是由于在较高温度下结构转变为正交晶系，活化能为 0.83 eV，与未掺杂时相近。当 $x=0.5$ 时，活化能为 0.70 eV，在 650 ℃以下偏离线性关系，是由于材料中出现质子导电的影响。由图 8－20可以看出随着 Mo 掺杂量的增加，电导率逐渐减小。$Ba_2In_{2-x}V_xO_{5+\delta}$体系（见图 8－21）与 $Ba_2In_{2-x}Mo_xO_{5+\delta}$体系类似，当 $x=0.1$，0.2，0.4 时，其活化能分别为 0.87 eV，0.87 eV，0.73 eV，随着 V 掺杂量的增加，电导率也逐渐减小。$(Ba_{0.3}Sr_{0.2}La_{0.5})_2In_2O_{5.5}$和 $Ba_{0.8}La_{1.2}In_2O_{5.6}$是两种性能较好的 $Ba_2In_{2-x}V_xO_{5+\delta}$体系的电解质，800 ℃时，$(Ba_{0.3}Sr_{0.2}La_{0.5})_2In_2O_{5.5}$的电导率为 0.12 S・cm^{-1}，远大于 $Ba_{0.8}La_{1.2}In_2O_{5.6}$的电导率 0.042 S・cm^{-1}。

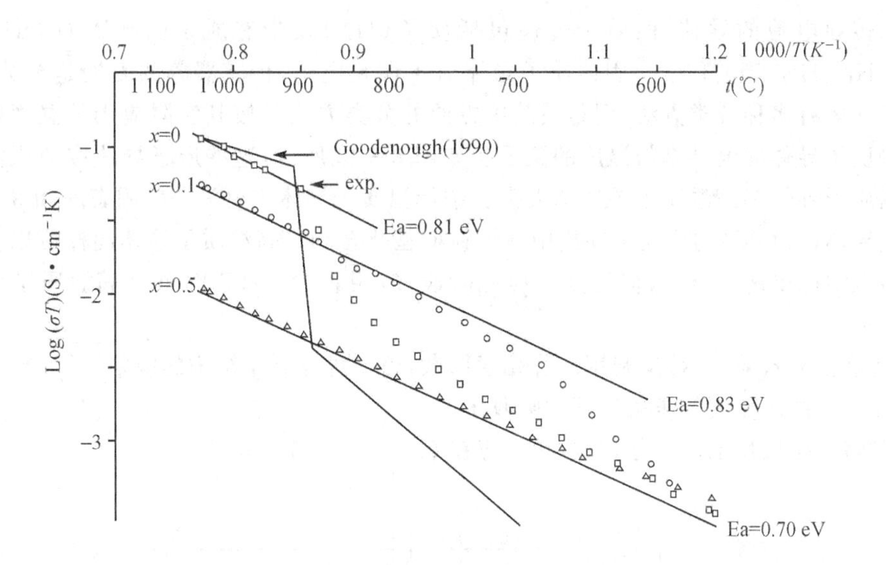

图 8-20 $Ba_2In_{2-x}Mo_xO_{5+\delta}$体系氧离子电导率的 Arrhenius 曲线

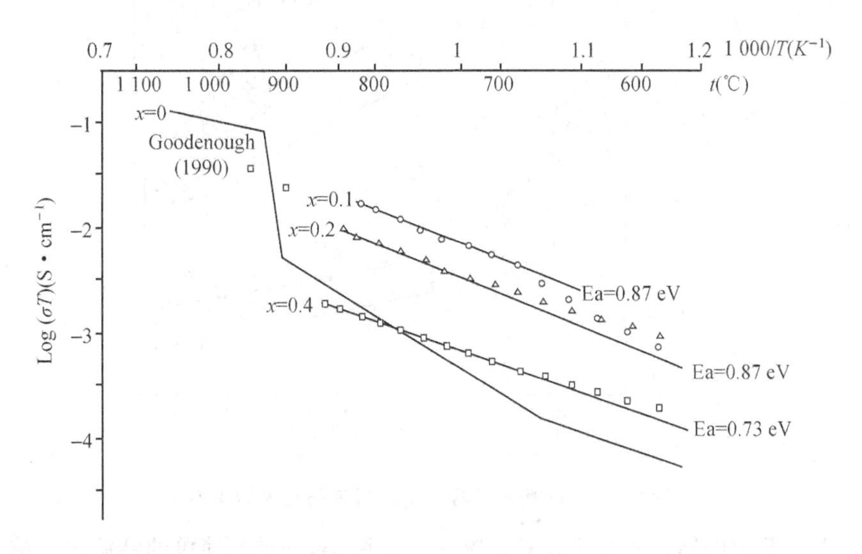

图 8-21 $Ba_2In_{2-x}V_xO_{5+\delta}$体系氧离子电导率的 Arrhenius 曲线

8.2.7 质子传导电解质

用钙钛矿型质子导体材料作为电解质制成的 SOFC 具有氧离子导体电解质材料所不具备的一些独特的优点和性能，已日益成为固体电解质研究的热点之一。质子导体是指通过质子传递来传导电流的导体，而质子传递包括质子(H^+)及带有质子的基团如OH^-、H_2O、H_3O^+、NH_4^+、HS^-等的传输。固体质子导体对于燃料电池、传感器等的发展是至关重要的。虽然质子导体有多种分类方法，但是最简单方便的分类方法是按其实际应用的温度范围来分类。一些质子导体的电导率与温度的关系参如图 8-22 所示，这些质子导体按使用温度可分为中低温质子导体和高温质子导体两大类。中低温质子导体主要为一些固态酸和β-氧化铝，高温质子导体(HTPC)的研究主要集中在钙钛矿型化合物。高温质子导体同样可以作为固体氧化燃料电池的电解质材料，但还处在研究阶段，应用较少。HTPC 作为高温质子导体有以下几个要求：

① 有晶格氧缺陷，一种是利用低价元素掺杂，另一种是利用结构的缺陷。

② 在适当的水蒸气气压条件下能吸收水。

③ 能够产生较快的质子迁移，电导率应在 0.1～0.01 $S \cdot cm^{-1}$。

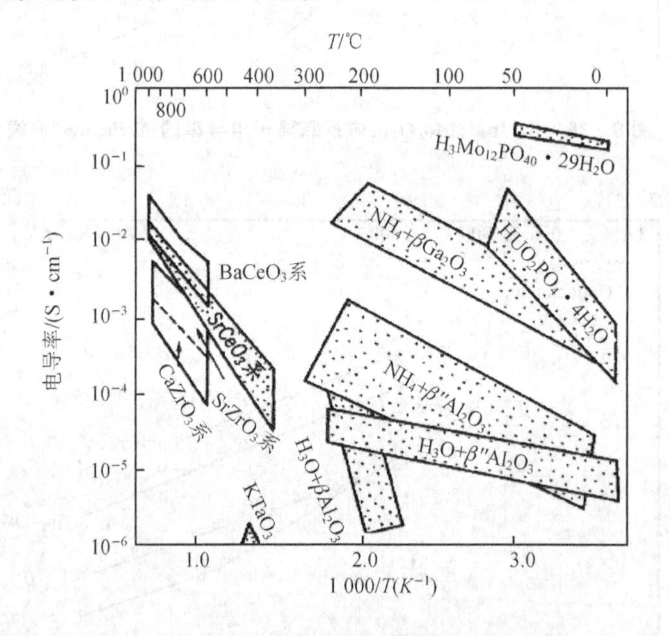

图 8-22 一些质子导体的电导率与温度的关系

能满足上述要求的钙钛矿型复合氧化物主要有两类，一类是简单的钙钛矿型结构，与钙钛矿型的氧离子导体一样，通式仍为ABO_3，在这里 A 代表+2 价阳离子，如 Ba、Ca、Sr 等，B 代表+4 价氧离子，如 Ce、Zr 等。经过低价元素 M(如三价稀土)掺杂后，产生氧缺陷，可表示为$AB_{1-x}M_xO_{3-\sigma}$；另一类是复杂型钙钛矿型结构，通式为$A_2(BC)O_6$和$A_3(BC_2)O_9$，这里 A 通常代表+2 价阳离子，B 为+3 价或+2 价，C 代表+5 价阳离子，B 与 C 偏离了化学计量比后，产生晶格氧缺陷，化学通式可以表示为$A_2(B_{1+x}C_{1-x})O_{6-\sigma}$或者$A_3(B_{1+x}C_{2-x})O_{9-\sigma}$。质子导体氧化物作为固体氧化物燃料电池的电解质有它自己的特点，主要表现在电解质的使用温度较低，氢气为燃料时，电池的燃料电极侧没有水生成。

1981 年具有高质子电导率的 $SrCeO_3$ 基钙钛矿氧化物问世，从那时起，高温质子导体的研究就广泛地开展起来了。除掺杂其他阳离子形成 $SrCe_{1-x}M_xO_{3-\delta}$（M = Sc, Y, Yb 等）固溶体外，$SrCeO_3$ 和 $BaCeO_3$ 这些最早研究的质子导体本身的电导率并不高。如果没有 H_2 或者 H_2O 这些氢源，这些固溶体仅仅是 p-型半导体。例如，以电子空穴传导的 $SrCe_{1-x}Yb_xO_{3-\delta}$（$x$= 0.05）在 800 ℃干燥空气中的电导率只有 0.01 $S \cdot cm^{-1}$，当固溶体接触氢源后，质子就会按式(8-6)和式(8-7)进入晶体结构中去。

$$H_2 + h^{\cdot} = 2H^+ \tag{8-6}$$

$$V_O^{\cdot\cdot} + H_2O = O_O^x + 2H^+ \tag{8-7}$$

式中：$h^{\cdot}$ 代表电子空穴；$V_O^{\cdot\cdot}$ 代表氧空位。式(8-6)和式(8-7)产生了质子，同时减少了电子空穴的浓度，在氢气气氛中 $SrCe_{1-x}Yb_xO_{3-\delta}$（$x$=0.05）在 800 ℃的电导率达到 0.01 $S \cdot cm^{-1}$，并且电子电导率要比质子电导率低两个数量级。图 8-23 是氢气气氛中钙钛矿型质子导体的电导率同温度的关系图，需要说明的是，在 1 000 ℃左右的高温区，氧离子传导的比重显著增大，$BaCeO_3$ 系列的钙钛矿更是如此。这是因为在较高温度下质子的浓度开始下降，导致质子传导性在较高温度有一最大值后也开始下降；当然还可能有另一种情况，那就是在较高温度下电子电导率或氧离子电导率变得太高了。因此，在这类化合物中常存在有混合离子导电，$BaCe_{1-x}Gd_{0.2}O_{3-\delta}$（$x$=0.05～0.30）在 600～1 000 ℃且没有氧的条件下，质子是主要的传导电荷；在 600 ℃时一定氧分压下，质子导电是主要的，而在 1 000 ℃时氧离子是电荷的主要载体；在 600～1 000 ℃存在有混合导电。所以有所谓的质子规则：一般情况下，低温时质子占优势，高温时氧空穴占优势。

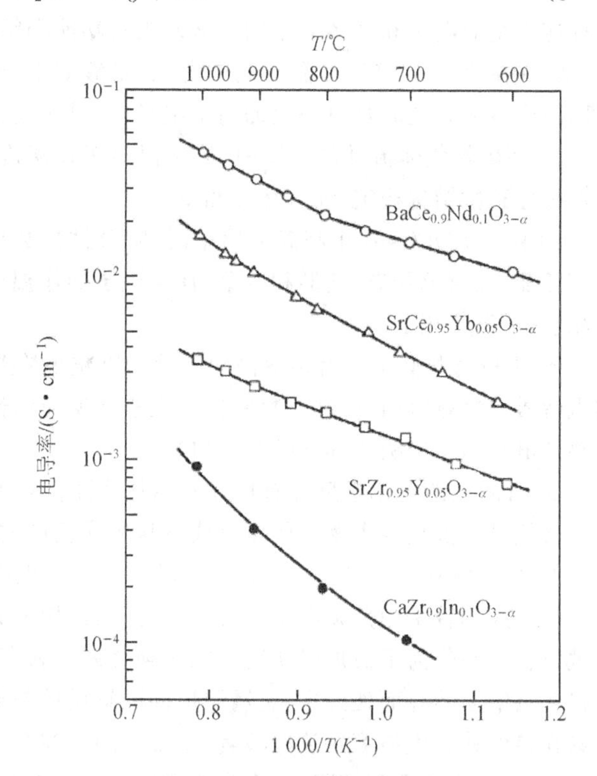

图 8-23　氢气气氛中钙钛矿型质子导体的电导率同温度的关系

8.3 固体氧化物燃料电池的电极材料

8.3.1 阳极材料

SOFC 通过阳极提供燃料气体，阳极又叫燃料极，从阴极扩散过来的氧负离子在电解质与阳极的界面处发生式(8-2)～(8-4)的电化学反应。在燃料电池运行的过程中，阳极不仅要为燃料气的电化学氧化提供反应场所，也要对燃料气的氧化反应起催化作用，同时还要起着转移反应产生的电子和气体的作用。从阳极的功能和结构考虑，阳极材料必须具备下列条件：

① 在还原气氛和工作温度范围内，有足够的电子电导率，使反应产生的电子顺利传到外回路产生电流。同时具有一定的离子电导率，以实现电极的立体化。

② 在燃料气体流动的环境中，从室温至工作温度范围内，必须保持性能稳定、化学稳定、外形尺寸和微结构稳定，无破坏性相变。

③ 由于 SOFCs 在中高温下操作，其阳极材料必须与电池的电解质等相邻材料热膨胀系数相匹配，以避免开裂、变形和脱落；在室温至操作温度内，乃至更高的制备温度范围内，化学上相容，不发生化学反应。

④ 阳极材料必须具有足够高的孔隙率以减小浓差极化电阻，良好的界面状态以减小电极和电解质的接触电阻，以利于燃料向阳极表面反应活性位的扩散，并把产生的水蒸气和其他副产物从电解质与阳极的界面处释放出来。

⑤ 对阳极的电化学反应有良好的催化活性。对于直接烃固体氧化物燃料电池而言，其阳极还必须具有催化烃类燃料的重整或直接氧化反应的能力，并且能有效避免积碳的产生。

⑥ 在阳极支撑 SOFCs 中，还要求其有一定的机械强度和韧性，易加工性和低成本性。

早先人们曾采用焦碳做阳极，而后又开始使用金属阳极材料，如 Pt、Ag 等贵金属，过渡金属铁、钴、镍等作为阳极加以研究。因为纯金属阳极不能传导 O^{2-}，燃料的电化学反应只能在阳极和电解质的界面处发生；金属阳极同电解质的热膨胀匹配性不好，多次加热冷却循环后，容易在界面处产生裂痕导致电极剥落；金属阳极在高温下易烧结、气化，不仅会降低阳极的催化活性，而且由于孔隙率降低，会影响燃料气体向三相界面扩散，增加电池的阻抗。这些都会严重影响电池的工作性能。因此，纯金属阳极都不宜为 SOFC 技术所采用。

8.3.1.1 金属陶瓷复合阳极材料

金属陶瓷复合材料是通过将具有催化活性的金属分散在电解质材料中得到的，这样既保持了金属阳极的高电子电导率和催化活性，同时又增加了材料的离子电导率，还改善了阳极与电解质热膨胀系数的不匹配性问题。金属粒子除提供阳极中电子流的通道外，还对燃料的电化学氧化反应起催化作用。复合材料中的陶瓷相主要是起结构方面的作用，保持金属颗粒的分散性和长期运行时阳极的多孔结构，还可以阻止在 SOFC 系统运行过程中由 Ni 粒子团聚而导致的阳极活性降低。由于电解质是离子导电相，可以传导 O^{2-}，从而使反应区域由电解质与阳极的界面扩展到阳极中所有的电解质、阳极和气体的三相界面，增大了电化学活性区的有效面积。图 8－24 为 Ni/YSZ 阳极的三相界面示意图，电解质、电极和气体三相中的任意一相出现问题，反应均不能进行，即如果 O^{2-} 离子不能到达发生反应的位置，如果气相燃料不能到达发生反应的位置，或如果电子不能从发生反应的位置迁出，那么这一位置的反应就不能不断地进行。

金属 Ni 因其便宜的价格及较高的稳定性，常与 YSZ 混合制成多孔的 Ni/YSZ 陶瓷，虽然 Ni/YSZ 金属陶瓷阳极材料存在着一些缺点，但就目前的研究来说，因其具有可靠的热力学稳定性和较好的电化学性能，仍被认为是以 YSZ 为电解质，氢气为燃料的 SOFC 阳极材料的首选。Ni/YSZ 的电导率很大程度上取决于 Ni 的含量，其电导率同 Ni 含量的关系曲线成 S 型，说明 Ni/YSZ 的导电机理随 Ni 含量不同而发生变化。图 8－25 为 1 000 ℃时不同温度下烧结的 Ni/YSZ 的电导率同 Ni 含量的关系曲线，这主要是因为 Ni/YSZ 金属陶瓷中存在电子导电相 Ni 和离子导电相 YSZ 两种导电机制。Ni/YSZ 的电导大小及性质由混合物中二者的比例决定，在 Ni 含量为 30％(体积分数)时存在域值。当 Ni 的含量低于 30％时，离子电导占主导；当 Ni 的含量高于 30％时，电子电导占主导，电导率增加 3 个数量级以上，但此时电导率随温度增加而下降。电池的欧姆电阻和极化电阻与阳极中 Ni 的含量也密切相关。Ni 含量越大，欧姆电阻越小，极化电阻随 Ni 的体积含量变化有一最小值，往往为 50％左右。Ni/YSZ 金属陶瓷阳极的热膨胀系数随组成不同而发生变化。随着 Ni 含量的增加，Ni/YSZ 阳极的热膨胀系数增大。但是当 Ni 的含量过大时，Ni/YSZ 金属陶瓷的热膨胀系数将比 YSZ 电解质的高。综合考虑阳极材料的各方面性能，Ni 的含量一般取 35％，这样既保持阳极层的电子电导率，又可降低其与其他电池元件的热膨胀系数失配率。除了组成外，Ni/YSZ 的粒径比会直接影响到阳极的极化和电导率。对于 Ni 含量和孔隙率都固定的阳极来说，粒径比越大，电导率就越高。粗的 YSZ 颗粒在烧结和还原 NiO 时，更容易收缩，此时产生的应力会造成微裂纹和电池性能的快速衰减。另外，从电催化活性角度考虑，使用粗的 YSZ 颗粒会减小燃料发生氧化反应的三相界面，增加极化电阻。因此一种新的微观结构被提出，即原始粉料由粗 YSZ、细 YSZ 和 NiO 颗粒构成。这种新型阳极与传统阳极相比，它的优越性主要体现在电池的长期性能上。阳极性能衰退的主要原因被认为是长期高温运行时 Ni 粒的粗化或烧结造成的三相界面和电导率的减小(图 8－24)。Ni/YSZ 除了成本低，稳定性好以外，对氢气的氧化还有很强的催化活性。但是当用甲烷等碳氢气体作为燃料时，Ni/YSZ 阳极容易发生积碳在镍的表面，堵塞了阳极的多孔结构，从而导致电池性能衰减。又由于天然气中的一些杂质特别是硫，会和 Ni 反应，使 Ni 发生硫中毒失去催化作用，因此 Ni/YSZ 不适合用来催化碳氢气体的氧化反应，也就不适合作为以碳氢气体为燃料的 SOFC 的阳极材料。通过水蒸气重整，CH_4 和 H_2O

会在高温下生成富氢气体,氢再在阳极发生电化学氧化,可以在一定程度上缓解碳氢气体带来的矛盾,但是由于甲烷的水蒸气重整是一个强吸热反应,进行内部重整时,会在电池内部造成较大的温度梯度,严重时会使电池部件发生断裂,内部重整还会引发高温时阳极材料的分层。目前人们正在积极寻找可以直接催化甲烷等碳氢气体的新型阳极材料。

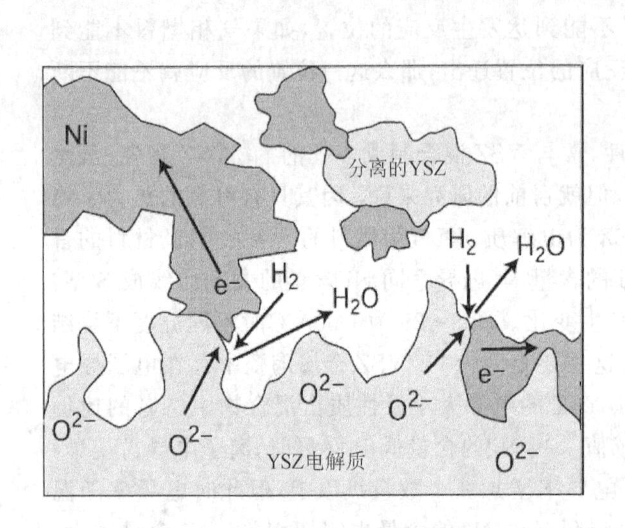

图 8－24　Ni/YSZ 阳极的三相界面示意图

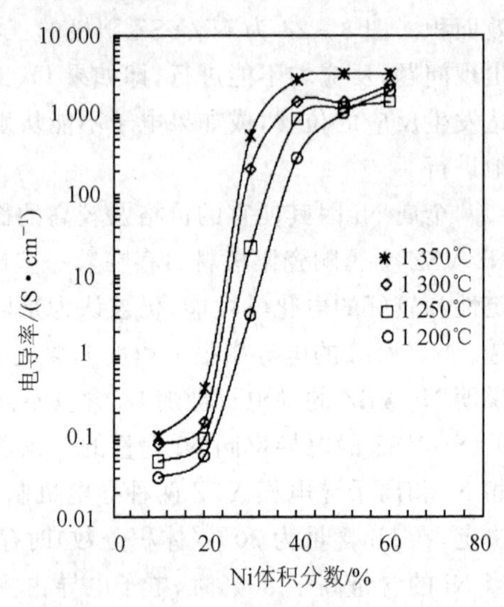

图 8－25　1 000 ℃时不同温度下烧结的 Ni/YSZ 的电导率同 Ni 含量的关系曲线

Cu 是一种惰性金属,可以在很高的氧分压下稳定存在,它没有足够的催化活性,减弱了对甲烷催化生成碳的反应,减少了阳极积碳。因此,Cu 基金属陶瓷材料得到了进一步的研究。Cu_2O 和 CuO 的熔点比较低,用 Cu_2O 和 CuO 制备 Cu/YSZ 陶瓷阳极时,烧结温度不能过高,但若采用比较低的烧结温度,又会导致阳极层与电解质层的不紧密结合。在 Cu/YSZ 中掺入另一种氧化物 CeO_2,形成 Cu/CeO_2/YSZ 阳极,可以得到更加稳定的电池性能。因为 Cu 的硫化物不稳定,Cu 基阳极对含硫的燃料气体有比传统的 Ni 基阳极更高的耐受度,再者 Cu 基阳极材料中 Cu 不充当催化剂的角色,少许的硫化也不影响电池的性能。对于含 CeO_2 的 Cu 基阳极,Ce_2O_2S 的生成可能会影响到电池性能。但这种阳极只要在 973 K 下稍微暴露在水蒸气中进行处理就可以得到恢复。另外,还可以通过改变电池工作的环境避免 Ce_2O_2S 的生成。总体说来,Cu/CeO_2/YSZ 作为 SOFC 阳极材料有其工业化的应用前景。除了 Cu 外,人们也尝试过用 Co、Ru 等其他金属来代替 Ni。

8.3.1.2　混合导体氧化物

混合导体氧化物就是离子电子混合导体的氧化物,氧离子和电子都是可以移动的,氧离子能够直接传到阳极颗粒，电子也能很快传到连接体。所以电化学反应就不需要像陶瓷阳极材料的三相界面，更不会跟金属阳极一样被局限在电解质和阳极的界面，而是在整个阳极和燃料气体的界面上发生，大大增加了电化学活性区的有效面积。混合导体氧化物也可以用来催化干燥的甲烷等碳氢气体的电化学氧化反应，氧化物没有足够的活性促使碳沉积，也不会发生硫中毒，这些都显示出其作为 SOFC 阳极材料的优势。

CeO_2被证实对干燥甲烷的氧化有很好的催化活性，掺杂和不掺杂的 CeO_2 基材料在低氧分压下都能够表现出混合导体的性能，是很有潜力的 SOFC 阳极材料。CeO_2 在许多反应，包括碳氢化合物的氧化和部分氧化中，均可以作为催化剂，同时 CeO_2 还具有阻止碳沉积和催化碳的燃烧反应的能力。因此它被研究用做以合成气、甲醇、甲烷为燃料的 SOFC 阳极材料或复合阳极材料的组成部分。通过均匀分散恒量的贵金属催化剂，如 Ru、Nb 等，参杂 CeO_2 基阳极的性能特别是低温性能将会有很大的提高。虽然 CeO_2 基氧化物阳极对甲烷的直接催化有很好的作用，但是用其组装的电池的性能却不是很理想，这主要是因为 CeO_2 基氧化物的电子电导太小。尽管如此，由于 CeO_2 能够抗碳沉积，在 SOFC 的工作环境下的结构和性能稳定，还是认为经过掺杂改性的 CeO_2 有潜力作为甲烷催化的阳极材料。

钙钛矿结构的氧化物因其能在很宽的氧分压和温度的范围内保持结构和性质稳定而受到电化学工作者的极大关注。掺杂的钙钛矿结构的氧化物均可以表现出混合导体的性能，同时对燃料的氧化具有一定的催化作用。在这类材料中，$LaCrO_3$ 基和 $SrTiO_3$ 基材料表现出了相对优越的特性，但它们目前存在的主要问题是电导率比较低，催化活性还不够理想。人们正在试图通过不同种类物质在不同位置的掺杂来改变它们的各项性能。

钨青铜型氧化物的通式为 $A_2BM_5O_{15}$（M ＝ Nb、Ta、Mo、W；A 和 B＝Ba、Na 等），其结构示意图可参见图 8－26，一个四方晶胞含有 10 个 BO_6 八面体，相互以顶角连接形式形成沿晶体纵轴并穿过整个晶体结构的五角、四角和三角间隙。作为 SOFC 阳极材料进行研究的这类化合物的组成主要为$(Ba/Sr/Ca/La)_{0.6}M_xNb_{1-x}O_{3-\delta}$（M＝Mg、Ni、Mn、Cr、Fe、In、Ti、Sn），M 为 Mg 或 In 的化合物的性能较好，是很有潜力的阳极材料，而 $Sr_{0.2}Ba_{0.4}Ti_{0.2}Nb_{0.8}O_3$ 在 930 ℃氧分压为 10^{-20} 大气压的条件下的电导率更是达到了 10 $S \cdot cm^{-1}$。但这些材料或由于氧还原速率低，或由于氧离子电导率小，或由于在高温还原气氛中的稳定性差，目前整体的综合性能还有待提高。

烧绿石型氧化物（$A_2B_2O_7$）可视为萤石型结构的衍生氧化物，即萤石结构中的配位立方体的 1/2 为配位八面体所代替，并形成一个阴离子空位，图 8－27 为烧绿石和萤石结构示意图。作为 SOFC 阳极材料进行研究的这类化合物的组成主要为 $Gd_2Ti_2O_7$，用 Ca^{2+} Gd^{3+} 可产生氧空位，提高了氧离子电导率，1 000 ℃时$(Gd_{0.98}Ca_{0.02})_2Ti_2O_7$的离子电导率约为 $10^{-2}S \cdot cm^{-1}$，Mo 的掺杂使在还原气氛中的电子离子混合电导率得到明显提高，当 x 为 0.7 和 0.5，氧分压为 10^{-20} 大气压的条件下 $Gd_2(Ti_{1-x}Mo_x)_2O_7$ 的电导率分别达到 70 $S \cdot cm^{-1}$ 和 25 $S \cdot cm^{-1}$，但这种材料只有在高温条件下某一氧分压范围内才能稳定存在。

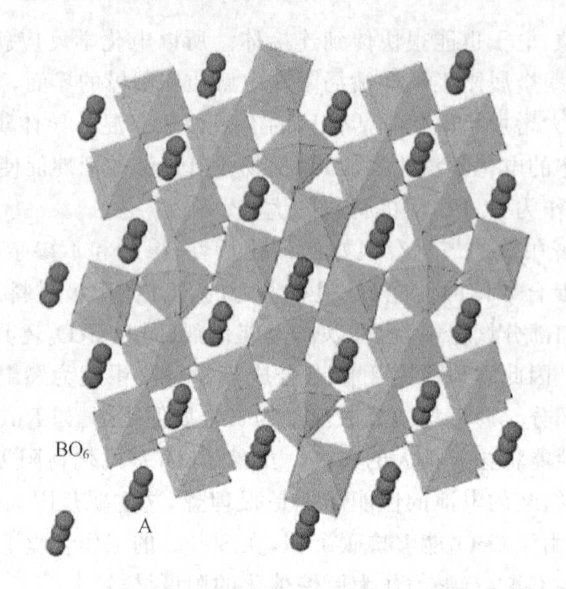

图 8-26 钨青铜型氧化物($A_2BM_5O_{15}$)的结构示意图

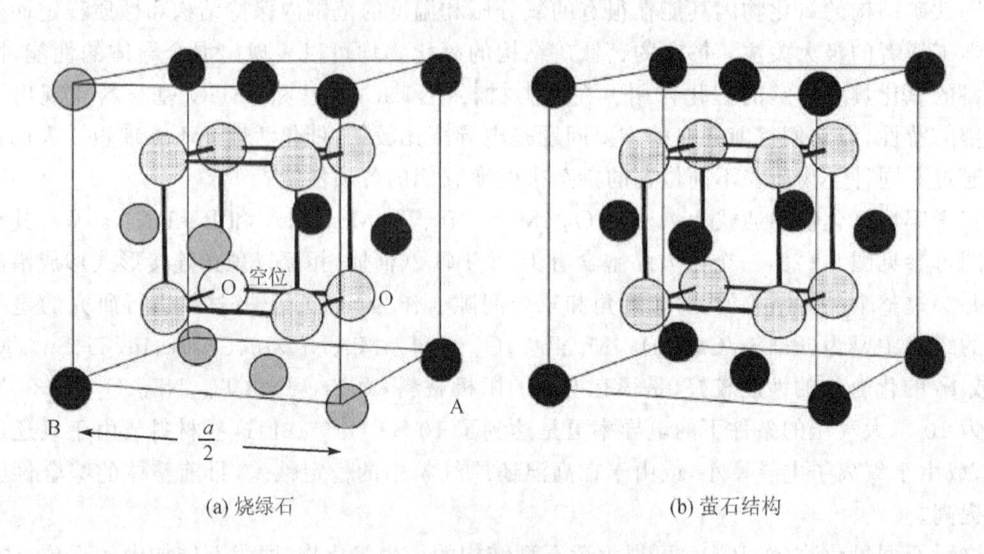

(a) 烧绿石 (b) 萤石结构

图 8-27 烧绿石和萤石结构示意图

8.3.2 阴极材料

SOFC 通过阴极提供燃料空气(氧气)氧化剂,所以阴极又叫空气极,氧气在阴极上按式(8-1)还原成氧负离子。阴极的作用是为氧化剂的电化学还原提供场所,作为阴极材料必须满足以下要求：

① 足够高的电导率。在电池工作温度的范围内，必须具有足够高的电子电导率，以降低运行过程中阴极的欧姆极化；此外阴极还必须具有一定的离子导电能力，以利于氧还原产物（氧离子）向电解质隔膜的传递。

② 化学稳定、晶型稳定、外形尺寸稳定。在氧化气氛下，从室温到 SOFC 的工作温度范围内，阴极材料必须性能稳定。

③ 与电池其他材料具有好的热匹配性。在燃料电池工作温度下，阴极不能与邻近的组元发生反应，以避免第二相形成，或引起热膨胀系数变化，使电解质电子电导率增加。与其他组元热膨胀系数相匹配，以免出现开裂、变形和脱落现象。

④ 相容性。必须在 SOFC 制备与操作温度下与电解质材料、连接材料或双极板材料与密封材料化学上相容，即在不同的材料间不能发生元素的相互扩散与化学反应。

⑤ 多孔性。必须具有足够的孔隙率，以确保反应活性位上氧气的供应。阴极的孔隙率越高，对降低在电极上的扩散影响越有利，但必须考虑电极的强度，过高的孔隙率会造成电极强度与尺寸稳定性的严重下降。

⑥ 催化活性。在 SOFC 操作温度下，对氧电化学还原反应具有足够高的催化活性，以降低阴极上电化学活化极化过电位，提高电池的输出性能。

⑦ SOFC 的阴极材料还必须满足强度高、易加工、低成本的要求。

用做阴极材料的有贵金属（如金、银、铂），掺锡 In_2O_3，掺杂 ZnO_2 和掺杂 SnO_2 等，但这些材料或价格昂贵，或热稳定性差。所以到 20 世纪 70 代后期，被开发出来的钙钛矿结构氧化物所取代。这些钙钛矿结构氧化物材料种类繁多，电子电导率的差异也很大。其中 $LaCoO_3$、$LaFeO_3$、$LaMnO_3$、$LaCrO_3$ 掺入碱土金属氧化物后（碱土金属离子取代 La），显示出极高的电子导电率。尽管 $LaCoO_3$ 有最大的电子导电率，但目前研究最多的阴极材料却是 $LaMnO_3$，图 8－28 为 $La_{1-x}Sr_xMO_3$ 电导率与温度的关系图。

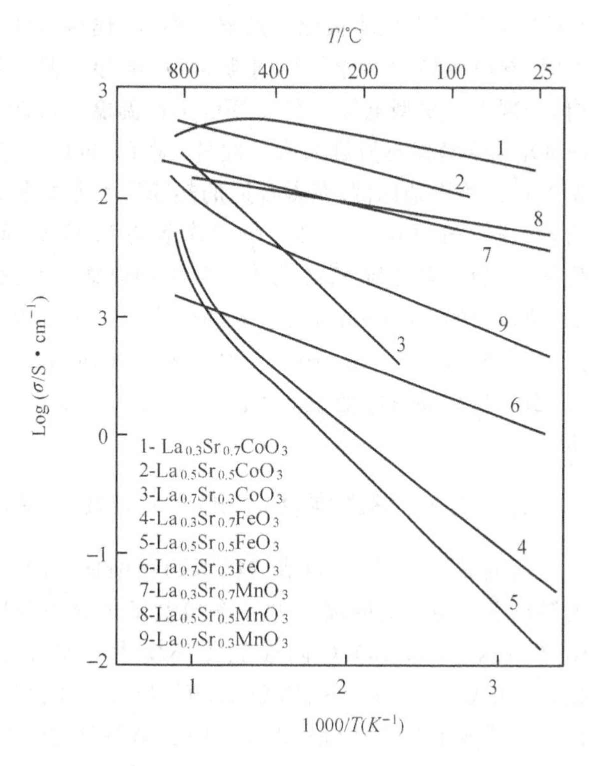

图 8－28　$La_{1-x}Sr_xMO_3$ 电导率与温度的关系图

8.3.2.1 锰酸镧及其掺杂阴极材料

钙钛矿结构锰酸镧($LaMnO_3$),是一种通过氧离子空位导电的P型半导体。高温条件下,视环境氧分压的不同,锰酸镧可以表现出氧过剩。在实际应用过程中,应降低氧过剩量的大幅度变化,以免引起材料尺寸的变化。除氧含量变化以外,锰酸镧还可以出现La的过剩和不足现象,由于La过剩时会生成第二相La_2O_3,La_2O_3很容易与水化合生成$La(OH)_3$引起材料的烧结导致$LaMnO_3$结构蜕变。由于$LaMnO_3$是靠氧离子空位而导电,当用Ca^{2+}、Sr^{2+}、Cr^{3+}、Ba^{2+}等低价阳离子代替La^{3+}时,便会形成更多氧离子空位,从而提高了$LaMnO_3$的电导率,同时,高掺杂量的$LaMnO_3$在氧化气氛下结构更加稳定。目前应用最多的掺杂物是Sr^{2+}掺杂的$La_{1-x}Sr_xMnO_3$(LSM),当$x<0.2$,温度在1 000 ℃以下时,材料的电导率随温度和含Sr量提高而增加,这是因为随着Sr^{2+}取代La^{3+}的增多,为维持电荷平衡,Mn^{4+}的含量增大,形成$Mn^{3+}-O^{2-}-Mn^{4+}$小极化子的概率增大,巡游电子增多,使得电导率增加;温度在1 000 ℃以上时,导电机理由半导体转向金属型,电导率基本不变。当$0.2<x<0.3$时,在全温度范围内,表现出金属型电导。在SOFC工作温度下(600~1 000 ℃),当$0.5<x<0.55$时$La_{1-x}Sr_xMnO_3$电导率表现为最大值。此外,对La位的掺杂也可以改变$LaMnO_3$的热膨胀系数,通过调整材料的掺杂比例,获得合适的热膨胀系数材料。综合考虑材料电导率与热膨胀系数两个因素,x一般取0.1~0.3。由于掺杂的$LaMnO_3$具有高电子电导率、高电化学活性及良好的化学稳定性,并且与YSZ固体电解质的热膨胀系数相近,在高温下与YSZ化学兼容性比较好等,使掺杂的$LaMnO_3$有着重要的研究意义。掺杂的$LaMnO_3$在较高的温度下会发生Mn的溶解,在制备$La_{1-x}Sr_xMnO_3$/YSZ复合膜时,$La_{1-x}Sr_xMnO_3$还会与YSZ发生化学反应形成$La_2Zr_2O_7$相,导致电池性能下降。因此,$La_{1-x}Sr_xMnO_3$作为SOFC的阴极材料还需要很好的研究。

8.3.2.2 钴酸镧($LaCoO_3$)及其掺杂阴极材料

与锰酸镧($LaMnO_3$)结构相似的钴酸镧($LaCoO_3$)也可以做SOFC的阴极材料。在相同的条件下,$LaCoO_3$的离子电导率和电子电导率都比较大,其混合电导率比$LaMnO_3$大5~10倍,但$LaCrO_3$在SOFC阴极氧化环境中稳定性不如$LaMnO_3$,同时$LaCoO_3$热膨系数也比$LaMnO_3$大。当$La_{1-x}Sr_xCoO_3$(LSC)与YSZ电解质匹配时,在操作温度或制备电池温度下,两者会形成绝缘相;但是LSC与中温电解质Sm/CeO_2(SDC)、$(Y_2O_3)_{0.15}(CeO_2)_{0.85}$(YDC)、$Ce_{0.8}Gd_{0.2}O_{1.9}$(CGO)的匹配效果好,如果SDC、YDC、CGO中含有杂质时,LSC和电解质同样会发生反应形成绝缘相,从而影响电池的性能。为了解决LSC材料存在的问题,人们开始研究用Fe等过渡金属掺杂取代Co的位子,即开发$Ln_{1-x}Sr_xFe_{1-y}Co_yO_{3-z}$(Ln=La, Pr, Nd, Sm和Gd)系掺杂阴极材料。该系统在600~800 ℃时,所有样品电导率高于100 $S\cdot cm^{-1}$。其中$Ln_{1-x}Sr_xFe_{1-y}Co_yO_{3-z}$(LSFC)体系阴极材料作为一种具有较高的电子、氧离子传导能力的混合导体，在相同温度下，其氧离子电导率明显高于 $La_{1-x}Sr_xMnO_3$。但此种材料的机械性能较差，有待于进一步提高。

8.3.2.3 类钙钛矿结构阴极材料

K_2NiF_4结构的类钙钛矿型(A_2BO_4)氧化物可以看作是由钙钛矿结构的 ABO_3层和岩盐结构的 AO 层沿 c 轴方向交叠而成的复合物，由于岩盐层 AO 的引入，使得 B 位过渡金属离子间的相互作用只能在 a、b 平面内进行，故具有二维特征，其结构示意图如图 8－29 所示，B 位离子是 6 配位，BO_6组成骨架结构。这类材料研究较多的是 $A_{2-x}Sr_xBO_4$ 系列化合物，其中 A 多为 La 等稀土元素，B 为 Ni、Co、Fe 和 Cu 等，同传统的钙钛矿型氧化物 LSM 和 LSFC 电极材料相比较，类钙钛矿结构的 A_2BO_4 型复合氧化物在电导率、热膨胀系数、高温化学稳定性及氧扩散系数与表面交换系数等方面表现出令人满意的结果，并且与传统的固体电解质 YSZ 和 CGO 有很好的热匹配性，这对阴极材料来讲是极为有利的。虽然这些材料在某一项或几项性能符合 SOFC 阴极材料的要求，但整体的综合性能还较差，仍处于研究发展阶段。

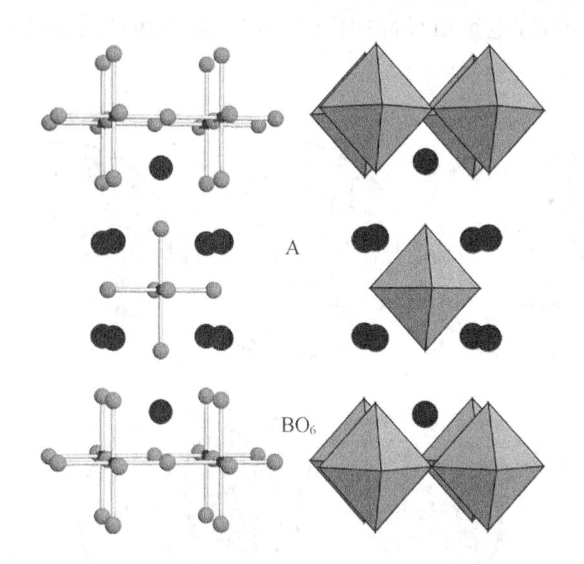

图 8－29 具有 K_2NiF_4 结构的类钙钛矿型(A_2BO_4)氧化物的结构示意图

8.3.2.4 氧气在阴极的还原机理

图 8－30 给出了氧气在阴极上的还原机理。氧分子总是先吸附到固体的表面上，经过催化或电催化形成部分还原的离子或原子态的活性物质(也称为电活性物质)。在部分还原步骤之前、之间或之后，这些电活性物质必须通过表面、界面或者电极材料的内部，到达电解质，形成电解质的氧负离子(O^{2-})。至于每一种电极材料的这些过程具体是怎样的，是在哪里发生

的，以及哪一步是速率控制步骤，现在还没有完全解释清楚。图 8 - 30 中 α、β 和 γ 分别为电子导电相、气相和离子导电相。图 8 - 30(a)为氧气掺进电子导电相内部(如果是混合导体)；图 8 - 30(b)为氧气在电子导电相表面吸附或部分还原；图 8 - 30(c)和(d)分别是 O^{2-} 和 O^{n-} 在相内和表面迁移至 α/γ 界面；图 8 - 30(e)和(f)分别是 O^{2-} 和 O^{n-} 通过 α/γ 界面的电化学电荷转移；图 8 - 30(g)是在电解质本身有活性的地方，也可能发生上述还原机理。

总之，阴极的氧还原大致有 3 条反应途径：① 氧分子吸附在阴极表面分解成氧原子，然后接受由电解质传来的电子形成氧离子。由于电解质材料的电子电导率很低，电子不易通过电解质与吸附在电解质表面的氧原子发生反应，所以，这种反应途径的贡献很低。② 氧气分子扩散到阴极表面发生吸附，然后吸附的氧分子分解成氧原子，氧原子通过电极表面扩散到电极-电解质-空气三相界面(TPB)，氧原子在 TPB 上接受电子还原成氧负离子，然后氧负离子由 TPB 界面扩散到电解质中。③ 氧分子在气相中扩散到阴极表面发生吸附，吸附的氧分子解离成氧原子，在阴极表面接受电子形成氧离子，先经表面扩散至三相界面或是电极、电解质界面再扩散到电解质，这个反应途径可以认为是三相界面的延伸，将反应的区域由电极-电解质-空气的三相界面向电极/电解质界面的内部延伸。这个途径的贡献主要取决于阴极材料的氧离子电导率。

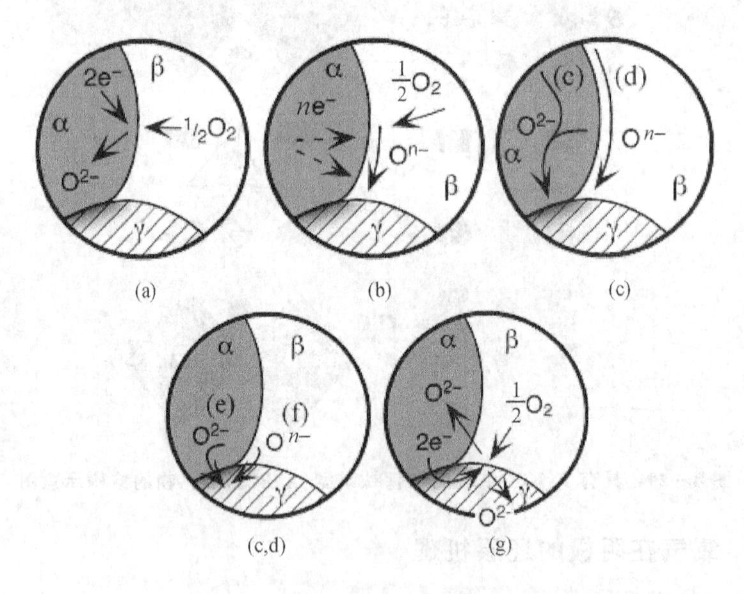

图中 α、β 和 γ 分别为电子导电相、气相和离子导电相

图 8 - 30 氧气在阴极上的还原机理

8.4　连接材料和密封材料

8.4.1　连接材料

连接体在 SOFC 中的基本功能主要分为两大方面，一方面在相邻的两个电池的电极之间(阴极和阳极之间)起着导电和导热的作用；另一方面又起到分隔相邻两个单电池的阴极中的空气(氧气)和阳极中的燃料气体(氢气)的作用。连接材料应满足以下要求：

① 近乎 100%的电子导电。对于连接体而言，在氧化和还原的气氛中，SOFC 的高温工作环境中都必须维持很高的电子导电性，以降低欧姆损失。

② 热膨胀系数应当与电解质和电极材料相匹配。从室温到工作温度范围内，连接体的热膨胀系数应和构成 SOFC 的电解质和电极材料的热膨胀系数接近为好，这样可以最大限度地降低热循环所发生的热应力。氧分压发生变化时，热膨胀系数要保持不变。

③ 稳定性。在氧化和还原的环境中，从室温至工作温度范围内，必须保持性能稳定、化学稳定、外形尺寸和微结构稳定，无破坏性相变，不能与阴、阳极材料发生相互的扩散反应。能够承受燃料气中存在的杂质的污染。

④ 相容性。在 SOFC 的工作温度和制作温度下，连接体必须与阳极材料、阴极材料以及密封材料化学上相容，即在不同的材料间不能发生元素的相互扩散与化学反应。

⑤ 气密性。从室温至工作温度范围内，氧气、氢气渗透能力低。

⑥ 机械强度特性。连接体材料在 SOFC 的工作温度下必须具有足够的高温强度和耐蠕变能力。

⑦ 经济性。从经济角度来看，连接体自身的价格和制造成本应该低一些，加工容易一些才能适合商业化的生产。

目前，对于工作在 800 ℃以上环境的 HT－SOFC 连接体材料中，主要用 $LaCrO_3$ 系列的陶瓷或用 Cr 系列合金(如 Cr－5Fe－1Y_2O_3 合金等)，而对于中温或低温 SOFC 的连接体材料，通常用铁素体不锈钢(Fe－Cr 合金)或用镍基合金来代替上述两种材料。

8.4.1.1　陶瓷连接体

在众多的 SOFC 陶瓷连接体研究材料中，具有钙钛矿结构的 $LaCrO_3$ 备受关注。这是因为 $LaCrO_3$ 不仅在阴极和阳极环境中都具有良好的导电性，其热膨胀系数和 SOFC 的其他构件的热膨胀系数相吻合，而且具有一定程度的稳定性，因而通常作为高温 SOFC 的连接体的候选材料来研究。但是 $LaCrO_3$ 也有不少弱点，一是 $LaCrO_3$ 在空气中不易烧结，难加工；二是 $LaCrO_3$ 挥发，导致其导电性能显著下降。为此，通常在 $LaCrO_3$ 中添加 Ca 或者 Sr 等碱土金属，$LaCrO_3$中添加碱土金属后，不仅在空气中烧结变为可能，而且在氧化氛围中由于生成+4价的Cr离子而使导电能力得到了提高。遗憾的是，$LaCrO_3$中添加碱土金属后，在还原氛围中由于其内部会出现大量的氧空位，导致材料的体积发生较大的变化，添加Ca时尤为严重。添加Sr时，体积畸变现象稍微弱些，如果再添加微量的Ti或者Zr，体积畸变现象则能得到更好的改善，因此在高温平板型SOFC中，主要利用含Sr的$LaCrO_3$材料。

8.4.1.2 合金连接体

合金连接体比起陶瓷连接体材料在加工性、生产成本、电导性和导热性方面具有明显的优势，但合金连接体材料在SOFC氧化氛围中在其表面生成氧化物，致使接触电阻急剧增大。由于Cr基合金在高温下能形成稳定的Cr_2O_3，所以一直被用做SOFC的连接体候选材料来开发，Cr-5Fe-1Y_2O_3合金是Cr基合金开发的典型代表。又由于热膨胀系数与SOFC的组成构件的热膨胀系数相类似，高温下的机械稳定性也好，Cr基合金开发研究主要朝着增加Cr_2O_3黏附性和降低膜生长速度的方向进行。为了达到上述的目的，在大部分的Cr基合金里以ODS（氧化物分散剂）的形式添加Y、La、Ce和Zr元素。用来做SOFC连接体的Fe合金，通常是指以Fe和Cr为基的铁素体(Ferritic)合金，适合做SOFC连接体材料的铁素体Fe-Cr合金中的Cr的含量大致在17%～26%范围内。另外，如果在Fe-Cr合金中添加Y、La、Ce、Zr和Ti等微量元素，可以有效控制合金表面Cr_2O_3的生长机制，也就是说，通过调节氧化物的构成、组织、氧化膜的黏附性和生长速度来提高耐氧化性和增加导电性。随着平板型SOFC关联技术的迅速发展，用合金材料来替代陶瓷连接体材料的可能性在逐步提高，由于合金连接体材料在加工和经济性方面的优越性，因而它将会促进SOFC的实用化进程。

8.4.2 密封材料

密封材料在单电池与连接板之间形成密封，使燃料气体和空气(或氧气)各行其道。由于固体氧化物燃料电池在较高的温度下工作，电池堆在工作时密封胶接触氧化性和还原性气体，并且密封材料与电池堆的其他部件相结合，因此密封材料的热膨胀性能不仅要与电池的其他部件相配合，还要有良好的热稳定性和化学稳定性，普通的无机密封胶已经不能满足固体氧化物燃料电池对密封材料的要求，它必须满足以下要求：

① 密封材料必须是电子和离子绝缘相。

② 必须与所连接的材料有相近的热膨胀系数。在SOFC工作温度范围内，氧分压变化时，热膨胀系数要保持不变。

③ 在氧化和还原双重气氛中，从室温到工作温度范围内，密封材料必须化学性质稳定，与被连接的材料间无新相生成。

④ 密封材料应该形成气密垫层，不能有燃料和氧气的渗漏。密封材料与阴阳极材料之间

润湿性低，防止密封材料在工作温度下渗入电极，恶化电极性能。

⑤ 从室温到工作温度范围内，密封材料与其他材料应具有良好的黏结性能。

⑥ 易加工、低成本。

国内外对板式 SOFC 密封材料及密封方法进行过很多研究，硬密封是指密封材料与 SOFC 组件间进行硬连接、封接后密封材料不能产生塑性变形的密封方式，是国内外广泛采用的 SOFC 封接方法。玻璃及玻璃陶瓷是板式 SOFC 普遍采用的密封材料，受到广泛的重视。商业硅酸盐玻璃 AF45($SiO_2-B_2O_3-BaO_2-Al_2O_3-As_2O_3$) 已经成功地被应用于固体氧化物燃料电池堆，在 950～1 000 ℃高温时，该玻璃在 H_2/H_2O 和 O_2/N_2 气氛下有气孔产生。从软化温度和结晶过程角度考虑，硅酸盐 $CaO-Al_2O_3-SiO_2$ 体系的密封玻璃可以作为固体氧化物燃料电池的密封材料。硼酸盐玻璃 $SrO-B_2O_3-Al_2O_3-La_2O_3-SiO_2$ 等、磷酸盐玻璃 $MgO-Al_2O_3-P_2O_5$ 等也有作为密封材料的报道，但也都存在诸如稳定性较差等缺点。与通常的玻璃密封胶相比，云母压缩密封不采用粘接剂与电池相连接的方式，对所有电池组件的热膨胀性能方面的要求就会降低甚至消除。但云母作为密封材料的其他性能如长期稳定性等还需要进一步研究。

过去成本一直被认为是 SOFC 产业化的最主要的障碍，工业界发现密封也是 SOFC 产业化的主要障碍之一。由于密封材料需要承受高温、氧化及还原气氛以及与不同材料间化学相容等苛刻要求，板式 SOFC 的密封尚面临许多挑战。从 SOFC 密封材料的发展历史及研究现状来看，必须在以下几方面取得突破，才有可能满足 SOFC 长期稳定运行。对密封材料的要求：一是探索新型结构。探索 SOFC 电池堆结构新型设计，以减少需要密封的面积，探索密封的新型结构，如通过梯度、复合等结构设计来缓解热应力等。二是开发新材料。当前用于密封的玻璃、玻璃陶瓷、金属、层状云母等都存在各自的不足，因此研究界将会不断探索可用于 SOFC 密封的新材料体系，比如尝试将更多的材料用于 SOFC 密封，寻找性能更好的层状无机化合物，将玻璃、玻璃陶瓷、金属、金属氧化物进行复合形成复合密封材料等。三是关注化学相容性及高温热稳定性。由于已经认识到热稳定性差及高温反应对 SOFC 长期稳定的危害，密封材料的高温热稳定性及其与其他材料的化学相容性将会受到普遍关注。四是密封玻璃的定量设计。玻璃及玻璃陶瓷廉价易得，仍将是 SOFC 密封的主要材料。由于密封玻璃需满足化学相容性、热膨胀系数、黏度、热稳定性等多个目标，因而密封玻璃组成一般较为复杂，加之玻璃组成对上述性质的影响往往呈现相反的趋势，采用以往基于经验的设计方法不但进程缓慢，也很难兼顾上述个目标，必须发展密封玻璃的定量设计方法，才有可能获得最佳组成。

8.5　固体氧化物燃料电池的结构与组成

单体 SOFC 主要由电解质、阳极或燃料极、阴极或空气极和连接体或双极分离器组成，电解质是电池核心，电解质性能直接决定电池工作温度和性能。目前大量应用于 SOFC 的电解质是 YSZ，阳极材料是 Ni 粉弥散在 YSZ 中的金属陶瓷，$La_xSr_{1-x}MnO_3$是首选的阴极材料，钙钛矿结构的铬酸镧($LaCrO_3$)常用做连接体材料。固体氧化物燃料电池的关键技术之一就是SOFC 的结构设计。对于结构性能，要求紧凑，且紧密性相当高，电池组必须有足够的机械强度、成本和使用价格要求适中。当前 SOFC 的结构设计主要有管状 SOFC、平板状 SOFC、整体式 SOFC 和分段式 SOFC 等，其区别主要在于电池内部功耗损失程度，燃料通道与氧化剂通道之间的密封形式，电池组中单电池之间的电路连接方式。从实用性来说，SOFC 单元结构的组件形式主要采用管状设计和平板状设计。

8.5.1 管式结构 SOFC

管式结构 SOFC 是最早发展的一种形式，单电池由一端封闭、一端开口的管子构成，如图 8－31 管式结构固体氧化物燃料电池所示。最内层是多孔支撑管，由里向外依次是阴极、电解质和阳极薄膜。氧气从管芯输入，燃料气通过管子外壁供给。单电池通过阴、阳极间连接形成电池堆，如图 8－32 管式结构固体氧化物燃料电池组单电池间的连接所示，阳极与连接体相接形成串联，阳极与阳极相接形成并联结构。6 个串联单电池为一组，3 组并联在一起形成一个基本单元，8 个基本单元即 144 个单电池形成电池堆，发电功率约 3 kW，4 个上述结构连接在一起可望达到 200 kW。在操作时，氧化剂(空气或氧气)通过位于电池管内的陶瓷喷射管引入到电池封闭端附近的喷射口，燃料由电池管外部封闭端流向电池管开口端，在燃料流过电极表面时被电化学氧化的同时产生电力。经过电化学反应后的氧化剂从电池管的开口端流出，与已有部分消耗的燃料气在后燃烧器中混合并燃烧。一般情况下，在电化学反应中燃料的利用率为 50%～90%。没有利用的燃料一部分可再循环到燃料流中，其余的被燃烧以预热新鲜

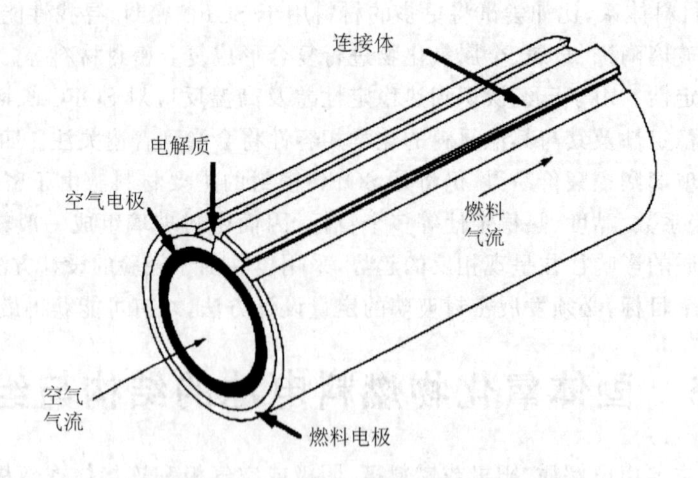

图 8－31 管式结构固体氧化物燃料电池

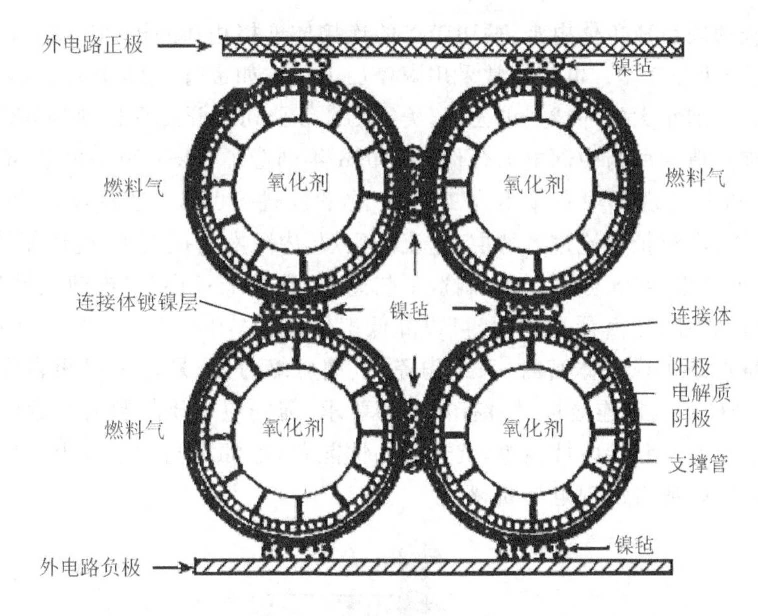

图 8-32　管式结构固体氧化物燃料电池组单电池间的连接

空气和燃料气。从燃料电池出来的废气的温度与操作条件有关，一般在 873～1 173 K。Siemens Westinghouse 公司的管式设计 100 kW SOFC 在荷兰已运行了远超过 14 000 h，而 25 kW 的 SOFC 在日本也运行了 13 194 h 以上。德国准备安装 320 kW 联动发电系统，建成 1 MW 的发电系统。日本三菱重工长崎造船所、九州电力公司和东陶公司、德国海德堡中央研究所等也进行了千瓦级管状结构 SOFC 发电试验。管状结构 SOFC 是目前较成熟的一种形式，管状结构电池堆单体电池自由度大，不易开裂；采用多孔陶瓷作为支撑体，结构坚固；材料的膨胀系数要求相对较低；单电池间的连接体处在还原气氛，可以使用廉价的金属材料作为电流收集体；电池组装相对简单，易组装成大功率的电池堆；当某个单电池损坏时，只需切断该单电池氧化气体的送气通道，不会影响电池堆的工作；不用高温密封，容易连接。但是，电流要流经管状阴极和阳极内对壁，路径长，由于材料电导率低，内阻欧姆损失大，电流密度低；支撑管质量和体积大，能量密度低；支撑管厚，气体扩散通过此管变成速率控制步骤；必须采用电化学气相沉积(EVD)工艺制备电解质和电极层，EVD 技术限制了材料中的掺杂元素的类型；制造工艺复杂，生产成本高。

8.5.2　平板式结构 SOFC

平板式结构 SOFC 近几年才引起了人们的关注，这种几何形状的简单设计使其制作工艺大为简化。平板式设计的 SOFC 的电池组件几乎都是薄的平板，其结构组成如图 8-33，阳极、电解质、阴极薄膜组成单体电池，两边带槽的连接体连接相邻阴极和阳极，并在两侧提供气体通道，同时隔开两种气体。电池通常采用陶瓷加工技术如带铸、涂浆烧结、筛网印刷、等离子喷洒等技术烧制。加拿大的环球热电公司，美国 GE 等公司在开发平板型 SOFC 上取得进展；日本三菱重工神户造船所与中部电力合作，于 1996 年创造了 5 kW 级平板型 SOFC 模块成功运行的先例，2000 年实现了功率输出为 15 kW 的平板式 SOFC。平板式结构 SOFC 电池堆中，电池串联连接，电流依次流过各薄层，电流流程短，内阻欧姆损失小，电池能量密度高；结构灵活，气体流通方式多；组元分开制备，制造工艺简单，造价低；所有的电池组件都可以分别制备，电池质量容易控制；电解质薄膜化，可以降低工作温度(700～800 ℃)，从而可采用金属连接体。目前的难点是实现气体密封，采用陶瓷-玻璃压缩封闭，易造成层间裂纹；连接处电阻高，损失大。SOFC 对双极连接板材料有很高的要求，需同电解质材料有相近的热膨胀系数、良好的抗高温氧化性能和导电性能等；抗热循环性能差；电池组间的连接也比较困难，有可能产生很大的欧姆电阻或者出现电池断裂。

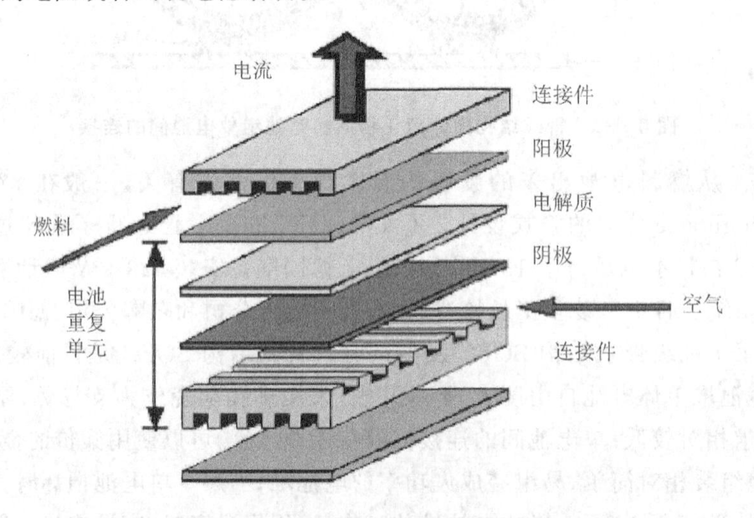

图 8-33 平板式结构固体氧化物燃料电池

8.6 单室固体氧化物燃料电池

单室固体氧化物燃料电池 SC-SOFC(single chamber - solid oxide fuel cell)是一种全新结构的燃料电池。即其阴阳极同时暴露在同一气室中。利用其阳极、阴极对燃料、氧化气催化活性的不同，在阳极、阴极上产生不同的电极电位，从而形成电池的电动势。这一概念最早由 Eyraud 提出，随后 Gool 和 Lousi 进行了相关领域的研究，然而直到 1990 年 Dyer 使用氢和空气混合气在 Al_2O_3 固体薄膜单室电中产生了 1 V 的电势，才引起人们的关注。

8.6.1　单室固体氧化物燃料电池的特点

与传统的 SOFC 相比,SC - SOFC 有如下几个突出特点：① 启动迅速。由于阴阳极采用相同的气氛,所以电池系统不需要采用密封剂。这样一来,传统 SOFC 中由于密封剂跟燃料电池组件之间膨胀系数不匹配的问题就不存在了,这使得 SC - SOFC 能够胜任快速的启动。② 结构简单。由于采用单室结构,电池反应器只需一路气源,从而使电池结构相对简单。③ 电池的阴阳极可以在电解质的同一面上,电解质也可以是多孔的,从而使电池的制备工艺简化。④ 可以利用单室燃料电池反应的特点,在产生电能的同时还可以生产增值化工产品如合成气。⑤ 燃料电池堆的构型也可以大大简化,可以避免使用双极板。⑥ 由于采用燃料-氧混合气,电极表面的积碳行为无论在热力学上还是动力学上都将显著降低。因此,SC - SOFC 具有很高的研究价值和广泛的应用前景。

8.6.2　单室固体氧化物燃料电池的结构与组成

单室固体氧化物燃料电池主要由阳极,阴极电解质三部分组成。电池性能的好坏一定程度上取决于这三个组成部分每一环节的有机的设计调配与结合。单室固体氧化物燃料电池的结构,按阴阳极相对于电解质的位置来分,分为 A 型(双面型)和 B 型(单面型)。即 A 型为阴阳极在电解质两侧,B 型则为同侧。按支撑体类型来分,分为阳极支撑型和电解质支撑型两类。由于阳极支撑型能够获得较好的性能，且电解质趋于薄膜化,所以研究中大多使用阳极支撑型 SC - SOFC。还有一种不常见的结构,称之为 C 型，其特点为电解质是多孔结构的,单电池之间串联构成电池组。图 8 - 34 为单室燃料电池的结构示意图。

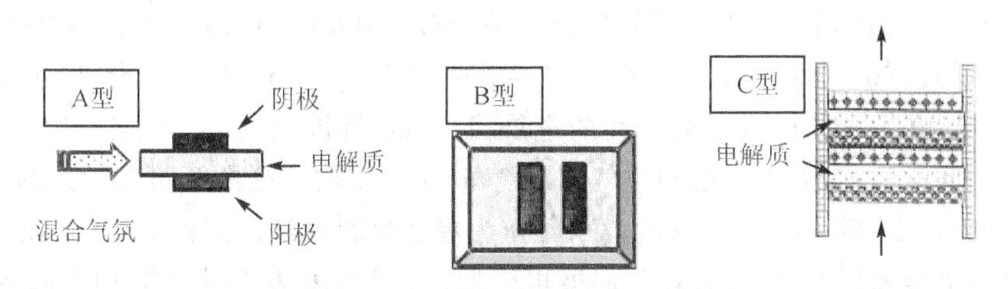

图 8 - 34　单室燃料电池的结构示意图

8.6.3　单室固体氧化物燃料电池的工作原理

SC - SOFC 是利用其阳极、阴极对燃料、氧化气催化活性的不同而产生电势差进行工作的。这就要求阳极材料对燃料具有较高的电氧化催化活性，高电导,抗积炭能力,而阴极材料对氧具有较高的还原活性，对燃料不敏感，高电导，抗积炭能力。所以对于单室燃料电池，燃料气(一般为碳氢化合物或氢气)和空气(氧气)同在一气室中，反应机理较为复杂。Riess、Asano、Hibino 等人都相继对反应机理做了相应研究。

当通入燃料-空气混合气时，氧在阴极一侧被电催化还原成 O^{2-} 与电子空穴，O^{2-} 经电解质层扩散到阳极；同时混合气在阳极表面催化剂的作用下被部分氧化生成合成气，进而在电极催化剂的作用下与阴极扩散过来的 O^{2-} 进行电化学反应生成 H_2O、CO_2 和电子，电子从外电路向阴极传输，并在阴极表面与电子空穴结合形成回路。图 8－35 为单室燃料电池的工作原理示意图。Jasinski 等人利用阻抗谱对 SC－SOFC 的工作机理进行了尝试性的研究。通过改变阳极组分发现低频和高频的半圆分别对应阳极和阴极过电位。目前关于 SC－SOFC 的研究尚处于起步阶段，由于单气室反应复杂，涉及电化学催化、完全氧化、部分氧化及燃料气的重整反应，且经常伴随着副反应的发生，所以还需要进行系统研究。

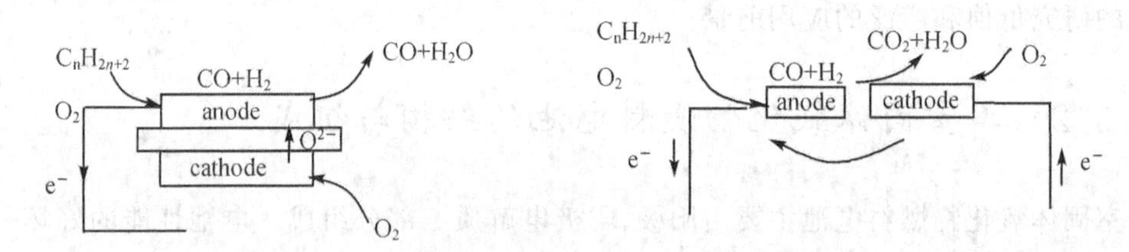

图 8－35 单室燃料电池的工作原理示意图

8.6.4 单室固体氧化物燃料电池的研究现状

1993 年，Hibino 和 Iwahara 首先将单室燃料电池的概念引入 SOFC。他们使用 YSZ 为电解质，Ni－YSZ (或 Pt)做阳极，Au 做阴极。在 SC－SOFC 中，通入甲烷和空气的混合气(CH_4∶O_2＝2∶1)，950 ℃时产生的开路电压大约为 350 mV，最大功率密度为 2.36 mW·cm^{-2}。1999 年，SC－SOFC 有了突破性的进展，Hibino 将传统的 Ni|YSZ|LSM 应用于单室燃料电池。在此电池中，通入甲烷和空气的混合气，950 ℃时产生的开路电压大约为 795 mV，最大功率密度为 121 W·cm^{-1}。这就意味着作为单室燃料电池的阴极 LSM 要比 Au 好很多，这样可避免用贵金属作为电极、且操作温度可降低。目前阳极材料广泛采用金属 Ni 与电解质材料，如 YSZ、SDC($Ce_{0.8}Sm_{0.2}O_{1.9}$)或 GDC($Ce_{0.8}Gd_{0.2}O_{1.9}$)组成的金属-陶瓷复合材料。

8.6.4.1 Ni－YSZ 体系

Suzuki 等人首先研究了 Ni＋YSZ | YSZ | LSCF 阳极支撑型 SC－SOFC 在 CH_4 和空气混合气氛下的性能。其中通过旋涂法制备的电解质层厚度为 1～2 mm。这种电池 750 ℃时开路电压达到 0.8 V 以上，最大短路电流密度和功率密度分别为 0.55 A·cm^{-2} 和 120 mW·cm^{-2}。

研究发现混合气的流速对电池性能也有很大的影响，增大流速会加快两电极间的气体转换，降低气体在电极上扩散产生的过电位。Napporn 等人研究了 Ni＋YSZ | YSZ | LSM 体系在 CH_4和空气混合气氛下的性能。他们对比了阳极支撑和电解质支撑的单室燃料电池的性能。结果表明电解质支撑的电池在 800 ℃时功率密度为 85 mW・cm^{-2}；而阳极支撑的电池显示出明显的性能优势，800 ℃功率密度达到 360 mW・cm^{-2}，由此表明同样材料制备的电池，其结构对性能有重要影响。一般来讲阳极支撑电池的电解质厚度可趋于薄膜化，如此电子经过电解质层的时间缩短，传递速度加快，单位时间内有效功率密度有所增加。Bertrand Morel 等采用电解质支撑的 45％NiO ＋ 55％ YSZ|YSZ|LSM（阴极添加功能层 50％ YSZ ＋ 50％ LSM），通入体积比 CH_4∶H_2＝1.0～2.0，混合气流速 450 sccm，在 700 ℃进行测试。当 CH_4∶H_2＝1.0 时，随着温度的增加，电池表现出较好的性能，OCV 为 954 mV。2006 年苏文辉等研究 Ni＋YSZ|YSZ|LSM 及 Ni＋YSZ|YSZ|LSM＋SDC，结果显示后者有更好的性能。750 ℃通入混合气 CH_4∶O_2＝2∶1，电池最大功率密度达到 404 mW・cm^{-2}，大约是前者的 4 倍；总极化电阻 1.6 Ω・cm^2，比前者（4.2 Ω・cm^2）小很多。他们认为注入 SDC 纳米粒子可以增大电化学活性区域，使电池性能有所改进。可见对电极进行修饰，例如添加功能层，对电池性能也有很大的改善。苏文辉等还设计了一种新型单室燃料电池，由 4 个阳极支撑的电池 Ni-YSZ|YSZ|LSM 构成的星形电池组。通入甲烷和空气混合气以后，在 750℃的最大输出功率 421 mW（总有效面积为 1 cm^2），可以使一个 USB 风扇稳定运转。电池组是迈向实际应用的一个成功实例。

8.6.4.2 Ni-SDC 体系

Hibino 等人尝试采用掺杂 CeO_2基电解质来降低单室燃料电池的操作温度。在氧化气氛中，掺杂 CeO_2基电解质比 YSZ 有更高的氧离子导电性，但是在还原气氛中则变成 n 型半导体，造成这种电池的 OCV 结果低于理论值。显然这种掺杂的电解质不适合应用于高温单室电池。随后的研究发现降低操作温度可以显著提高 CeO_2基电解质的化学稳定性，预示着这种电解质在燃料电池条件下是可以被使用的。Hibino 等人构造了 A 型和 B 型两种电池。其中 A 型采用 0.15 mm 厚的 $Ce_{0.8}Sm_{0.2}O_{1.9}$（SDC）做电解质，Ni-SDC 为阳极，$Sm_{0.5}Sr_{0.5}CoO_3$（SSC）为阴极。通入甲烷和空气的混合气（CH_4∶O_2＝1∶1），500 ℃时 OCV 为 900 mV，最大功率密度为 400 mW・cm^{-2}。同样组成的材料制备成 B 型电池，SDC 电解质厚度为 2 mm，两电极间距为 0.5 mm，在相同测试条件下得到的 OCV 为 800 mV，最大功率密度为 75 mW・cm^{-2}。低于 500 ℃或 500 ℃氧气气氛下，甲烷不能在 Ni-SDC 阳极上发生部分氧化催化反应。但是在阳极添加少量的 Pd（0.145 mg・cm^{-2}）会很明显的促进这个反应，生成 H_2和 CO，得到的 OCV 为 900 mV，且产生极微小的极化电阻，在 550 ℃，500 ℃，450 ℃的最大功率密度分别为 644 mW・cm^{-2}，467 mW・cm^{-2}，269 mW・cm^{-2}。Tomita 等人在 NiO/SDC 阳极中掺杂少量的 Pd 和 Ru 等贵金属催化剂，约 15 mm 厚的 GDC 做电解质，进一步降低了电池的工作温

度。他们分别使用 CH_4、C_2H_6、C_3H_8 和 C_4H_{10} 做燃料进行比较，结果表明使用 C_4H_{10} 时开路电压可以稳定在 900 mV 附近，在 200 ℃和 300 ℃的功率密度达到了 44 mW・cm^{-2} 和 176 mW cm^{-2}。综上可见，在中低温下要得到高性能的电池的方法之一是在阳极侧添加各种不同的贵金属，这样可以有效地抑制碳沉积。Hibino[25] 研究了阳极支撑的电池 Ni－SDC|GDC|SSC。他们研究了二甲醚，乙醇或丁醇和空气的混合气对于电池性能的影响。研究发现相对于丁醇燃料气来说，通入二甲醚和乙醇的电池性能弱一些，这主要是由于二甲醚和乙醇在阴阳极两侧催化差别较小。在阳极表面加入 Ru/SDC/Ni 和 Cu/Zn/Al 催化层后分别通入二甲醚，乙醇，电池性能有很大改善。最大功率密度分别为 64 mW・cm^{-2} 和 117 mW・cm^{-2}。Shao 研究了阳极支撑 NiO＋SDC|SDC|BSCF＋SDC，考察了还原方式对性能的影响。他们分别考察了甲烷和空气的混合气原位还原，纯甲烷原位还原，以及 H_2 原位还原。这些还原方法均告失败，因为尽管纯的甲烷能还原 NiO，但是这种方式会使阳极产生严重的积碳现象，污染了电池；而高温环境下甲烷和空气混合气氛会导致 BSCF 相发生还原，形成 Co，Fe，BaO/Ba(OH)2・xH_2O 以及 SrO/(Sr(OH)2・xH_2O。采用 H_2 原位还原会导致阴阳极同时被还原，结果电池的最大功率密度只有 350 mW・cm^{-2}，开路电压大约 0.7 V。最理想的还原方式为非原位还原，即在未加入阴极前先通 H_2 还原阳极，然后阴极在 N_2 气氛下烧结制备。这样就可以保证阳极被还原的同时不会影响阴极。这种燃料电池在 600 ℃功率密度为 570 mW・cm^{-2}，主要的极化电阻来自电解质。

8.6.4.3 Ni－GDC 体系

Hibino 研究了 Ni＋25％GDC|YSZ|LSM＋15％MnO_2，他们在电池中通入甲烷和空气的混合气，950 ℃开路电压达到 833 mV，最大功率密度为 162 mW・cm^{-2}。Buergler 改进了 Ni－GDC|GDC|SSC 单室燃料电池。他们在阳极加入 0.11％ Pd 助剂，有效的促进了甲烷在阳极材料上的部分氧化，此时的开路电压和功率密度大小也和气体流速有关（500～700 ℃，260 ml・min^{-1} 和 1 120 ml・min^{-1}）。无论流速高低，OCV 都有所增加，但功率密度则不同。在较低的流速，功率密度才有所增加，而较高的流速，功率密度则降低。Buergler 等向 Ni－GDC|CGO|SSC 电池的电解质 CGO 中添加 Co，结果发现 Co 的添加增加了电池的 OCV，但只是在低流速混合气流量下才提高电池的最大功率。他们认为这是由于 Co 的多价阳离子有可能改变反应的途径但不改变电池反应，同时也影响氧在电极和电解质界面上的吸附，具体的机理需进一步的研究。

表 8－4 列出了现有的部分单室固体氧化物燃料电池的性能。单室燃料电池研究发展趋势有三点：一是降温，由高温转向中低温；二是改变电池结构，电解质支撑转向阳极支撑；三是优化燃料气比例，流速以及阴阳极的结构（催化层修饰电极）。

单室燃料电池产生的尾气直接排放大气，会污染环境。采用微型热交换反应器，将其转化为 CO_2 和 H_2O，产生的余热可以加热进料气，一方面实现了保护环境的目的，另一方面提高了燃料利用率,是一个非常值得研究的方向。根据单室燃料电池的特性,可以在制备电能的同时合成增值的化工产品如合成气,这是 SC - SOFC 一个非常有前途的努力方向。基于单室燃料电池的机理与优点,还可应用于电动汽车的能源,比亚迪公司研究的双模电动汽车就是燃料电池的成功实例。可以预见,通过使工作气体循环利用,提高燃料利用率,寻找具有较高的选择催化性能的电极材料等工作可以使 SC - SOFC 具有较好的应用前景。

表 8 - 4 单室固体氧化物燃料电池的性能

电池组成	测试条件	电池性能
Ni+YSZ|YSZ|Au	CH_4+Air 950 ℃	OCV=350 mV,2.36 mW·cm^{-2}
Ni|YSZ|LSM	CH_4+Air 950 ℃	OCV=795 mV,121 mW·cm^{-2}
Ni -质量分数为 25 GDC|YSZ|LSM+质量分数为 15 MnO_2	CH_4+Air 950 ℃	833 mV, 162 mW·cm^{-2}
Ni+YSZ|YSZ|LSCF	CH_4+Air 750 ℃	OCV>0.8 V,120 mW·cm^{-2}
Ni+YSZ|YSZ(多孔)|LSCF	CH_4+Air 606 ℃	780 mV 660 mW·cm^{-2}
Ni+YSZ|YSZ|LSM	CH_4+Air 800 ℃	OCV=1 050 mV, 260 mW·cm^{-2}
Ni+YSZ|SDC|LSCF+SDC	650 ℃	210 mW·cm^{-2}
Ni+10%SDC|SDC|SSC	C_2H_6+Air 500 ℃	OCV=0.91 V,403 mW·cm^{-2}
Ni+SDC|SDC|SSC	C_2H_6+Air 450 ℃	101 mW·cm^{-2}
Ni+SDC|SDC|LSCF+SSC	C_3H_8+Air 650 ℃	OCV>0.8 V,210 mW·cm^{-2}
Ni+SDC|SDC|BSCF+SDC	C_3H_8+Air 500 ℃	OCV=0.73 V, 480 mW·cm^{-2}
Ni+SDC|SDC|SSC+SDC	C_3H_8+Air 650 ℃	210 mW·cm^{-2}
Ni+60%SDC|SDC|BSCF+30%SDC	C_3H_8+Air 500 ℃	440 mW·cm^{-2}
Ni - SDC|LSGM|SSC	CH_4+Air 600~800 ℃	OCV>900 mV, 270 mW·cm^{-2}
Ni - SDC|LSGM|SSC	C_2H_6+Air 450~600 ℃	OCV>900 mV,101 mW·cm^{-2}
Ni - SDC|SDC|SSC	C_2H_6+Air 500 ℃	403 mW·cm^{-2}
Ni - SDC|SDC|SSC	C_2H_6+Air 450 ℃	101 mW·cm^{-2}
Ni+GDC|LSGM|SSC	CH_4+Air 450 ℃	101 mW·cm^{-2}
Ni - GDC|YSZ(Mn)|LSM+MnO_2	CH_4+Air 950 ℃	213 mW·cm^{-2}
Ni + GDC + Pd|CGO+Co|SSC	600 ℃	468 mW·cm^{-2}

8.7 固体氧化物燃料电池的发展现状与应用

8.7.1 固体氧化物燃料电池的发展现状

固体氧化物燃料电池以 1899 年 Nernst 发明了固体氧化物电解质而起步，1937 年 Baur 和 Preis 制造了第一个在 1 000℃下运行的陶瓷燃料电池。1962 年美国的 Weissbart · J 和 Ruka 首次用甲烷作燃料，为 SOFC 的发展奠定了基础。20 世纪 70 年代出现了石油危机后，世界各国都想寻求一种新的能源来代替石油，这给 SOFC 的研究创造了蓬勃发展的机会。以美国西屋电气公司(Westinghouse Electric Company)为代表，研制了管状结构的 SOFC，用挤出成型方法制备多孔氧化铝或复合氧化锆支撑管，然后采用电化学气相沉积方法制备厚度在几十到 100 μm 的电解质薄膜和电极薄膜。1987 年，该公司在日本安装的 25 kW 级发电和余热供暖 SOFC 系统，到 1997 年 3 月成功运行了约 13 000 h。1997 年，西门子西屋公司(Siemens Westinghouse Electric Company)在荷兰安装了第一组 100 kW 管状 SOFC 系统，截止到 2000 年底关闭，累计工作了 16 612 h，能量效率为 46%。2002 年 5 月，西门子西屋公司又与加州大学合作，在加州安装了第一套 220 kW SOFC 与气体涡轮机联动发电系统，目前获得的能量转化效率为 58%，预测有望达到 70%。接下来准备在德国安装 320 kW 联动发电系统，建成 1 MW 的发电系统。日本三菱重工长崎造船所、九州电力公司和东陶公司、德国海德堡中央研究所等也进行了千瓦级管状结构 SOFC 发电试验。管式 SOFC 组件技术发展的概况可参见表 8－5。

表 8－5 SOFC 组件技术发展的概况

组 件	1965 年前后	1975 年前后	目 前
阳极	多孔 Pt	Ni－ZrO_2	电化学气相沉积法制备 Ni－YSZ； 20%～40%孔隙率；约 150 μm 厚
阴极	多孔 Pt	用掺杂 In_2O_3 的 SnO 涂于氧化镨稳定的 ZrO_2 表面	用挤压、烧结法制备掺镧锰酸盐； 30%～40%孔隙率；约 2 mm 厚
电解质	0.5 mm 厚的 YSZ	YSZ	电化学气相沉积法制备 Y_2O_3摩尔分数为 8% 的 YSZ； 30～40 μm 厚
连接件	Pt	掺锰铬酸钴	等离子喷涂制备掺镧铬酸盐； 约 3 100 μm 厚

加拿大的环球热电公司(Global Thermo electric Inc.)、美国 GE(前身为 Honeywell International)等公司在开发平板型 SOFC 上取得进展,目前正在对千瓦级模块进行试运行。日本工业技术院电子技术综合研究所从 1974 年开始研究 SOFC,1984 年进行了 500 W 发电试验,最大输出功率为 1.2 kW,日本新阳光计划中,以产业技术综合开发机构(NEDO)为首,从 1989 年开始开发基础制造技术,并对数百千瓦级发电机组进行测试。1992 年开始,富士电机综合研究所和三洋电机在共同研究开发数千瓦级平板型模块的基础上,组织了 7 个研究机构,共同开发高性能、长寿命的 SOFC 材料及其基础技术。三菱重工神户造船所与中部电力合作,于 1996 年创造了 5 kW 级平板型 SOFC 模块成功运行的先例;1998 年获得最大的功率密度 0.35 $W \cdot cm^{-2}$(正常为 0.15～0.2 $W \cdot cm^{-2}$),2000 年,实现了功率输出为 15 kW 的平板式 SOFC,连续运行 1 000 h 无衰减。德国西门子公司 1995 年开发出 10 kW 级(利用氧,若用空气则为 5 kW)的平板型 SOFC,1996 年又推出 7.2 kW 级模块(利用的氧化剂是空气)。德国尤利希研究中心(Researcher CenterJuelich)等也获得了数千瓦级的功率输出。瑞士 Sulzer Technology Corp. 积极开发家庭用 SOFC,目前已经开发出 1 kW 级模块。英国的"先进燃料电池计划"开始于 1992—1993 年,该计划后来又并入英国"新能源和可再生能源计划"。同时,以英、法、荷等国家的大学和国立研究所为中心的研究机构,正在积极研究开发中、低温型 SOFC 电池材料。为推动 SOFC 发展,欧共体 1994 年建立了"欧洲十年,燃料电池研究发展和演示规划"项目,目的是集中力量,加速推动 SOFC 的商业化。在汽车应用领域,SOFC 发展也很活跃。奔驰汽车制造公司 1996 年对 2.2 kW 级模块试运行达 6 000 h。2001 年,由 BMW 与 Delphi Automo2tive System Corporation 合作研制的第一辆由 SOFC 作为辅助电源系统(Auxiliary Power Unit,APU)的汽车在慕尼黑问世,作为第一代 SOFC/APU 系统,其功率为 3 kW,电压输出为 21 V,其燃料消耗比传统汽车降低 46%;第二代目标是 5 kW SOFC 系统,预计尺寸为 500 mm×500 mm×250 mm,电压输出为 42 V。在国外快速发展的势态下,我国从 20 世纪 60 年代中期开始了燃料电池的研究,以中国科学院上海硅酸盐研究所、中国科学院大连化学物理研究所、中国科学技术大学、吉林大学、清华大学、中国矿业大学(北京校区)等单位为代表,相继开展了固体氧化物燃料电池研究,研究工作主要集中在有关 SOFC 构件材料方面,并取得了一些研究成果和专利。

由于 SOFC 的操作温度过高(1 000 ℃),纯氢为燃料的 SOFC 其组件材料的选择具有很大的局限性。以纯氢为燃料在中温(500～800 ℃)下操作的 SOFC 具有很多优势。首先昂贵的 $LaCrO_3$层间介质可以用传统的合金代替,而且平板式 SOFC 在气密物质的选择方面也有更大的余地。但同时中温操作环境对 SOFC 单元内部各个组件的材质提出了新的要求。对于电解质的选择有很多的限制,不仅要求有高的离子传导率和低的电子传导率,而且要求在氧化还原气氛中保持稳定,具有良好的机械和热力学性能,以及易于压制成薄层等。对于中温 SOFC 电解质的研究结果表明,很有前途的是掺有 CeO_2 的碱土或稀土氧化物,如$(CeO_2)_{0.8}(Gd_2O_3)_{0.2}$。

因为使用以氢为燃料的SOFC存在如气体的运输及安全问题等很多限制条件，所以使用碳氢化合物为燃料的SOFC目前也成为研究开发的热点。此类型的SOFC分为碳氢化合物间接氧化的SOFC和碳氢化合物直接氧化的SOFC。碳氢化合物间接氧化可以解决氢燃料SOFC的许多问题，但是其电池系统结构复杂且各段反应温度也不一致，而且预转化过程的存在也限制了整个系统达到最大效率，而将碳氢化合物直接转化为电能的碳氢化合物直接氧化SOFC具有更大的优势。美国于2005年开发一种新的固体氧化物燃料电池，在用碳氢化合物异辛烷做燃料时能源转换率可达50%。

8.7.2 固体氧化物燃料电池的应用

作为新一代高效洁净能源的固体氧化物燃料电池是一种新型发电装置，其高效率、无污染、全固态结构和对多种燃料气体的广泛适应性等，是其广泛应用的基础。不同功率的SOFC有不同的应用市场，对于1～10 W的低功率小型SOFC，可用于边远地区以替代电池，在这些区域，电池的更换或充电的成本要高于燃料电池。对于100 W～1 kW的SOFC，可用于军事领域，军队携带的通信电源或各种武器装备电源要求质量轻，便于携带，而普通电池组的质量大，寿命短；这个级别的SOFC也可应用于游艇、野营等休闲领域，作为导航系统和计算机等的电源。功率在1～10 kW之内的小型SOFC，特别适合家庭用电需要，或运输车辆的辅助电源，国外很多家公司都看好这一市场，正在积极开发。此外开发功率为1～3 kW小型燃料电池，还可用于电器设备，将燃料电池生产的直流电直接供给计算机或空调器等，以避免通过换流器产生的损耗。用于交通工具也是人们探索的目标，对固体氧化物燃料电池而言，其关键是如何降低电池启动时间。SOFC被认为是最有效率和万能的发电系统，特别是作为分散的电站。SOFC可用于发电、热电联供、交通、空间宇航和其他许多领域，被称为21世纪的绿色能源，正引起世界各国科学家的广泛兴趣。目前世界许多国家纷纷瞄准了21世纪的市场，或引进或联合开发SOFC。SOFC可用天然气做燃料，特别适合用于大型发电厂。热电站中电能-热能耦合设备可同时提供电能和可利用热，比单独生产这两种能量节省燃料15%～30%。

广大的科研工作者经过近半个世纪的不断探索，在高温SOFC技术开发中已取得较好的成绩，但是还存在着许多关键性的问题有待于解决，集中表现为：① 制备既薄又致密的电解质，目前还存在一些问题；② 由于热膨胀系数存在较大差异，在电池运行过程中会产生应力，将导致SOFC性能下降；③ 仍不能确定氧的吸附、离解、氧离子在表面或者在阴极体内传输中的哪一步是速率控制步骤，因此很难有针对性地提出改进结构的整体方案；④ 开发和研制新型的高离子电导率的固体电解质还要做很多工作。随着这些问题的解决，清洁、高效的SOFC一定会有一个广泛的市场前景和发展空间。

问题与讨论

1．固体氧化物燃料电池有什么优点和不足？
2．说明 SOFC 的工作原理，并给出电极反应和电池总反应。
3．SOFC 的电解质材料需要满足什么条件？
4．讨论 SOFC 主要有哪些类电解质材料？各类电解质材料有什么特点？
5．SOFC 的阳极材料需要满足什么条件？主要有哪些阳极材料？
6．SOFC 的阴极材料需要满足什么条件？主要有哪些阴极材料？
7．SOFC 的连接材料需要满足什么条件？主要有哪些连接材料？
8．SOFC 的密封材料需要满足什么条件？主要有哪些密封材料？
9．SOFC 的结构主要有哪几种？各有什么特点？
10．单室固体氧化物燃料电池有什么特点？其阳极材料主要有哪几种？
11．讨论固体氧化物燃料电池今后的发展方向和应用前景。

第9章　金属半燃料电池

9.1　概　述

9.1.1　金属半燃料电池的工作原理

金属半燃料电池MSFC(metal semi fuel cell)是指兼具燃料电池和电池特征的一种能量转化装置。电池的特征是还原剂(如Zn、Cd等)和氧化剂(如MnO_2,AgO等)分别制成负极和正极材料置于电池壳体内,放电时这些电极活性材料发生电化学氧化还原反应而不断被消耗,待其消耗殆尽时,电池则停止放电(失效),即电池的电极在放电时被消耗,电池所能释放出的能量存储在其内部。燃料电池的两个电极在电池放电过程中无损耗,其仅充当电极反应催化剂的角色,提供电极反应发生的场所;还原剂(燃料,如H_2、甲醇、甲烷等)和氧化剂(空气中的O_2)储存在燃料电池外部,可以连续地供应到电池中。因此,只要燃料供给不断,则燃料电池就可以连续不断地发电。金属半燃料电池的阳极具有电池的特征,即阳极(燃料,如Al、Mg等)在电池放电过程中被消耗;阴极具有燃料电池的特征,即氧化剂(如O_2、H_2O_2等)从外部连续地输送到阴极,阴极本身不消耗。因此,将这种介于电池和燃料电池之间的电化学能量转换装置称为"半"燃料电池。图9-1所示为空气阴极的金属半燃料电池示意图。

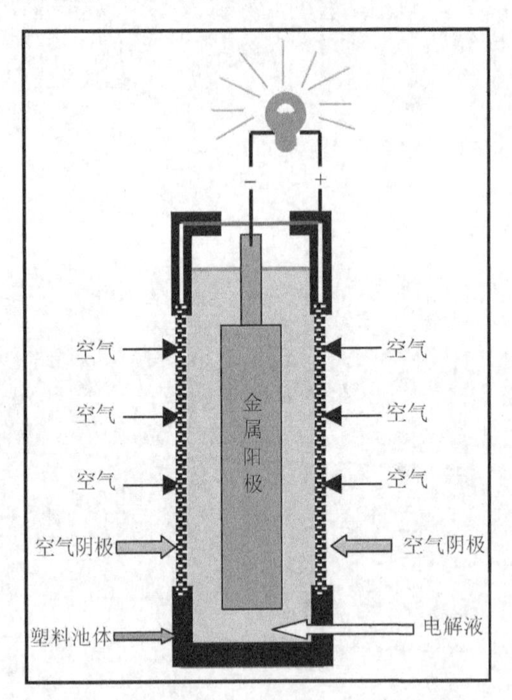

图9-1　空气阴极的金属半燃料电池示意图

金属半燃料电池的阳极材料通常是电化学氧化活性高(还原电势更负)、能量密度大的活泼金属,如Zn、Al和Mg。氧化剂可以是取自工作环境的氧气(如空气或海水中的氧气)、过氧化氢、次氯酸钠溶液等。电解质通常是中性或碱性水溶液,这是因为Zn、Al、Mg等金属在酸性介质中无法稳定存在。对于Zn、Al

为阳极、空气中的O_2为还原剂的金属半燃料电池，采用碱性电解质更为有利。因为从动力学角度来看，Zn、Al的电化学氧化反应和O_2电化学还原反应在碱性介质中进行均要优于在中性介质中进行。但是，碱性电解质会吸收空气中的CO_2而在阴极上形成碳酸盐沉淀，长时期工作会导致阴极性能下降。这是一个两难的问题。以Mg为阳极时，多采用中性电解质，如NaCl或海水。因为Mg在碱性溶液中表面易形成较致密$Mg(OH)_2$钝化膜，降低其放电速率；而在含氯离子的中性溶液中，表面膜易破碎脱落，有利大电流放电。由于多采用水溶液电解质，因此金属半燃料电池的工作温度通常在室温上下。

金属半燃料电池放电时，阳极金属发生电化学氧化反应而溶解，氧化剂在阴极上发生电化学还原反应。以Al为阳极、O_2为氧化剂、NaOH水溶液为电解质的半燃料电池为例，其电化学工作原理可以简单表示为：

阳极反应

$$Al + 4OH^- \rightarrow Al(OH)_4^- + 3e^- \tag{9-1}$$

阴极反应

$$O_2 + 2H_2O + 4e^- \rightarrow 4OH^- \tag{9-2}$$

电池反应

$$4Al + 3O_2 + 6H_2O \rightarrow 4Al(OH)_4^- + 8OH^- \tag{9-3}$$

具体到不同的阳极材料、还原剂、电解质，电极反应和电池反应各不相同，在下面涉及具体的电池时再加以介绍。

9.1.2 金属半燃料电池的特点

不同的金属半燃料电池有着不同特点，这里只讨论具有共性的特点，后续结合具体的电池来介绍其各自的优缺点。

金属半燃料电池和燃料电池相比，其突出的特点是燃料的能量密度高，阳极反应的动力学快，不需要催化剂，电池电压高，放电电压平稳，制备工艺技术要求较低，结构相对简单，运行较安全可靠。表9-1列举了几种可能作为阳极的金属的相关数据。

从表9-1中可以看出，常用的金属Al和Mg的质量能量密度与甲醇(6.1 $kWh \cdot kg^{-1}$)相当，但其体积能量密度远高于甲醇(4.8 $kWh \cdot L^{-1}$)。在许多应用场合下(比如作为电动车动力)，体积能量密度往往更被看重，此时就显示出金属半燃料电池的优点。由于Al、Mg等金属阳极具有较负的电极电势，因此金属半燃料电池的理论电压也显著高于以氢气、甲醇等为燃料的燃料电池。但是由于金属阳极比氢电极活泼，在水溶液电解质中其析氢副反应很难完全避免，这在很大程度上导致此优点在实际应用中大打折扣。比如铝-空气半燃料电池的实际电压约在1.1～1.4 V。虽然金属燃料具有能量密度高、反应动力学快的优点，但在燃料补充方面不如气体燃料(H_2)和液体燃料(甲醇)方便。通过特殊的电池结构设计，可以实现机械式更换金属阳极(称之为机械充电)或者将金属以小颗粒的形式连续加注。

表 9-1 几种阳极金属的性质

金属阳极	电极电势 /V(vs. RHE)	原子价态变化	电化学当量 /($Ah \cdot g^{-1}$)	质量能量密度 /($kWh \cdot kg^{-1}$)	体积能量密度 /($kWh \cdot L^{-1}$)	电池理论电压 /V
Li	−2.22	1	3.86	13.0	7.1	3.45
Ca	−2.18	2	1.34	4.6	7.1	3.41
Mg	−1.86	2	2.20	6.8	11.8	3.09
Al	−1.47	3	2.98	8.1	21.9	2.70
Zn	−0.42	2	0.82	1.3	9.2	1.65
Fe	−0.05	2	0.96	1.2	9.4	1.28

注：1. RHE 为相同电解液中的可逆氢参比电极；

2. 电池理论电压＝氧气阴极电势(1.23/V(vs. RHE))－金属阳极电势。

如果不进行燃料补充，采用一次性的工作方式，则金属半燃料电池就相当于电池。和电池相比，金属半燃料电池的能量密度更高。比如目前的锌-空气电池的实际质量和体积能量密度分别大于 200 $Wh \cdot kg^{-1}$ 和 600 $Wh \cdot L^{-1}$，高于锂离子电池的 150 $Wh \cdot kg^{-1}$ 和 350 $Wh \cdot L^{-1}$。铝-空气电池的实际质量能量密度则高达 350 $Wh \cdot kg^{-1}$，约是铅酸电池的 7 倍、镍氢电池的 5 倍、锂离子电池的 2 倍。因此，金属-空气电池在移动电源领域的应用一直备受关注。

9.1.3 金属半燃料电池的分类

金属半燃料电池的结构各异，种类繁多。

(1) 按阴极氧化剂(及其来源)可分为金属-空气半燃料电池、金属-过氧化氢半燃料电池、金属-海水溶解氧半燃料电池。

① 金属-空气半燃料电池：阳极(燃料)为金属，连续输送到阴极的氧化剂为来自空气中的氧气。这类半燃料电池阴极是开放式的，必须工作在空气环境中，即在陆地上使用。

② 金属-过氧化氢半燃料电池：阳极(燃料)为金属，阴极氧化剂为液态过氧化氢，通过剂量泵连续加入到电池的阴极室。这类半燃料电池不依赖空气提供氧化剂，可以工作在无氧环境，比如作为水下电源。

③ 金属-海水溶解氧半燃料电池：阳极(燃料)为金属，采用海水中溶解的氧气作为氧化剂，通过海水的流动将氧气输送到阴极，海水同时充当电解质。这类电池结构是完全开放式的，必须工作在海洋环境中。

(2) 按阳极所用金属材料，可以分为锌半燃料电池、铝半燃料电池、镁半燃料电池、钙半燃料电池、锂半燃料电池等。

(3) 按工作方式,可分为一次性工作式、机械充电式、阳极燃料连续供给式。

① 一次性工作式:金属阳极和电解液封装在电池体内,无法更换或补充。和一次性电池的结构类似。

② 机械充电式:金属阳极和电解液可以通过机械的方式更换。电池可以半连续式工作,类似二次电池。

③ 阳极燃料连续供给式:将金属阳极做成微小颗粒,存储于电池外部,利用电解液的流动将燃料携入电池的阳极室,实现燃料的连续供给。严格意义上讲,此类工作方式的金属半燃料电池属于金属燃料电池。

(4) 按电解质溶液的使用方式,可分为电解液固定式和电解液循环式。

(5) 按电解质类型可分为中性和碱性半燃料电池。

9.1.4 金属半燃料电池的应用

金属半燃料电池和电池相比,其能量密度大、使用寿命和干存时间长、机械充电时间短;和燃料电池相比,其结构简单,放电电压平稳、成本低。因而金属半燃料电池的应用范围非常广泛。

1. 电动运输工具的牵引电源

金属空气电池可作为电动汽车、电动自行车、电动摩托车、高尔夫球车、机场通勤车、邮局专用车、公园旅游车、小型游船、电动轮椅、仓储叉车、剪草机等的动力电源。美国 Electric Fuel Corporation 研制的碱性锌-空气半燃料电池已在公交巴士上进行了成功的试运行,其能量密度达 200 $Wh\cdot kg^{-1}$。一次加料后巴士可运行 110 英里。美国 Powerzinc 公司研制了系列锌-空气半燃料电池,同时具有大功率、高能量、体积小和质量轻的优点,在有限的空间内能为电动助动车和摩托车同时提供大功率和高能量,使电动车不但能获得较好的加速和爬坡性能,而且可达到很长的连续行驶里程。

2. 备用和应急电源

加拿大 Alupower Inc 研制的碱性铝-空气半燃料电池与铅酸蓄电池连用作为应急备用电源,可大大延长电源的工作时间。其质量能量密度和体积能量密度分别达 250 $Wh\cdot kg^{-1}$ 和 150 $Wh\cdot L^{-1}$。一次加料放电时间可长达 36 h。其质量和体积分别只有铅酸蓄电池的十分之一和七分之一。碱性铝-空气半燃料电池在军事上可作为野外作战通信设备电源的即时充电装置。

3. 便携式仪器设备电源

金属半燃料电池可作为小型移动电子仪器设备,如笔记本计算机、数码像机、游戏机、手机等的电源。Trimol 集团开发的笔记本计算机用铝-空气半燃料电池能连续工作 12~24 h,而锂离子电池只能用 2~4 h。其铝-空气手机电池可待机 30 天,通话累计时间 24 h,一次连续通话2～3 h,其容量可达小型锂离子电池的10倍以上。

4. 水下电源

金属半燃料电池是一种极佳的水下电源,可以作为自主水下机器人、长程鱼雷、水声通信设备、海洋监测仪、海洋导航仪、自控海底油气开采设备,海底地震监测仪、航标灯等的电源,在海洋开发和海防方面发挥重要作用。挪威研制的铝-过氧化氢半燃料电池已成功用于 Hugin 3000 型自主水下机器人。由6个单电池串联组成的整个电源系统的总容量达 50 kW·h,最大功率为1.2 kW,质量能量密度为100 $W\cdot h\cdot kg^{-1}$,可供排水量2.4 m^3,净质量1.4 t的自主水下机器人在4 kn的航速下续航60 h,其综合性能明显优于锂离子电池。金属-海水溶解氧半燃料电池由于其能量密度极高、结构十分简单、造价低廉、安全可靠、干存时间无限长等特点,可很好地满足长期在海下工作的小功率电子仪器设备对电源的特殊需求。挪威 Kongsberg 研制了系列镁-海水溶解氧半燃料电池,可以在完全无需维护的条件下持续工作若干年。

9.2 金属半燃料电池阳极材料

金属半燃料电池的性能取决于金属阳极的放电性能、阴极催化剂的活性及电极结构、电解质溶液的电导率以及电池的结构设计等。本节介绍金属半燃料电池常用的金属阳极材料。阴极、电解液等影响与电池的种类和结构密切相关,本书将结合具体类型的电池来穿插介绍。

9.2.1 锌阳极

锌在地壳中的丰度为7.6×10^{-7},在元素丰度中占25位。单质锌是一种银白而略带蓝灰色的金属,为六方紧密堆积晶体结构,熔点为419.5 ℃,20 ℃时的密度为7.142 $g\cdot cm^{-3}$,是热和电的良好导体。锌的电阻率为$5.916\times10^{-6}\ \Omega\cdot cm$,几乎是最好的导体银的4倍。锌原子的核外电子结构为$3d^{10}4s^2$,故易失去最外层电子而表现出非常高的活泼性。在碱性条件下的标准电极电势为－1.216 V,由于具有平衡电势低、质量和体积能量密度高、资源丰富、相对廉价以及无环境污染等优点,被广泛用做一次和二次电池的阳极材料。如锌锰电池、锌银电池、锌汞电池和锌镍电池等。

9.2.1.1 锌阳极的电化学反应

锌半燃料电池通常采用碱性电解液,在碱性条件下,锌的阳极反应为

$$Zn + 2OH^- \rightarrow Zn(OH)_2 + 2e^- \quad (9-4)$$

$$Zn(OH)_2 + 2OH^- \rightarrow Zn(OH)_4^{2-} \quad (9-5)$$

当反应生成的$Zn(OH)_4^{2-}$的浓度增大时,将进一步发生分解反应而形成固体沉积物。形成的固体沉积物与电解质的浓度有关,当碱液浓度低于6 $mol\cdot L^{-1}$,形成的沉积物是

$Zn(OH)_2$，其反应式为

$$Zn(OH)_4^{2-} \rightarrow Zn(OH)_2 \downarrow + 2OH^- \quad (9-6)$$

当碱液浓度高于 8 mol·L^{-1}，则形成 ZnO 沉积物，其反应式为

$$Zn(OH)_4^{2-} \rightarrow ZnO \downarrow + 2OH^- + H_2O \quad (9-7)$$

在发生电化学氧化反应而放电的同时，往往伴随有化学溶解的析氢腐蚀副反应，这一寄生反应导致锌的利用率下降，其反应式为

$$Zn + 2OH^- + 2H_2O \rightarrow Zn(OH)_4^{2-} + H_2 \uparrow \quad (9-8)$$

由于放电过程中生成的 $Zn(OH)_2$ 和 ZnO 在碱中有较大的溶解度，加之锌电极在碱性溶液中的腐蚀又较弱，因此锌电极可以制成粉末、微粒状，以增大其反应面积，提高输出电流。

9.2.1.2 锌阳极的钝化和自放电

锌作为金属半燃料电池阳极（燃料），存在两个主要问题，一是表面钝化；二是自放电腐蚀析氢。

(1) 锌电极的表面钝化

钝化是由放电过程中生成的 $Zn(OH)_2$ 或 ZnO 固体产物沉积附着在电极表面，阻碍了反应物 OH^- 和产物 $Zn(OH)_4^{2-}$ 的扩散所导致的。钝化现象的发生会显著增加阳极的过电势，降低电池的输出电压或电池电流密度，严重时可导致电池的失效。钝化机理可解释为：在阳极氧化（放电）过程中，表面锌原子首先失去电子生成表面吸附的 $Zn(OH)_2$；其随后与溶液中的 OH^- 发生反应生成可溶的 $Zn(OH)_4^{2-}$；随着反应的进行，电极表面附近溶液中 $Zn(OH)_4^{2-}$ 的浓度逐渐升高，OH^- 的浓度逐渐降低。当 $Zn(OH)_4^{2-}$ 的浓度超过其饱和溶解度时，将分解产生 $Zn(OH)_2$ 或 ZnO 沉淀，并沉积附着在电极表面形成沉积层。沉淀层厚度和致密度随反应的进行不断增加，使得 OH^- 和 $Zn(OH)_4^{2-}$ 的扩散阻力逐渐增大。当沉淀层最后形成致密的氧化膜而彻底隔离了锌与电解质溶液的接触时，放电将终止。高速放电是锌半燃料电池的一个优点，因此必须设法防止钝化，以达到大电流放电时不降低电池的性能。根据上述钝化机理，为了抑制锌电极的钝化，应该从两个方面着手：一是采取措施增加 $Zn(OH)_4^{2-}$ 的溶解度，抑制其分解形成固体沉积物反应的发生；二是采取措施抑制电极表面固体沉积层的形成和致密化，或使沉积层疏松并使其加速脱落。

(2) 锌电极的自放电腐蚀析氢

由于金属锌的电极电势负，化学活泼性高，在电解质溶液中会不可避免地发生自放电腐蚀析氢反应[式(9-8)]。这一寄生的副反应消耗锌，但不输出电能，因此导致锌电极的实际利用率低于其理论值；同时释放出的氢气使电池结构复杂，并增加安全隐患。

(3) 提高锌电极性能的方法

锌作为半燃料电池的阳极时，通常以锌膏或锌浆的形式使用，即将锌粉与多种添加剂和电解液一起调制成膏状或浆状做成电极。提高电极性能的方法主要是使用添加剂。添加剂可分

为电极添加剂和电解液添加剂两种。电极添加剂可以是将多种金属元素添加到锌粉中，通过共熔制成锌合金(直接添加方式)，或是使添加剂通过置换作用沉积于锌粉表面(表面处理方式)，这种添加方式可解决在合金制造过程中由于元素偏析引起的表面微观不均匀性；电解液添加剂则是在电解液中加入适量的添加剂。无论是电极添加剂还是电解液添加剂，通常都是从如下几个方面来减小钝化或抑制自放电腐蚀析氢，从而达到改善电极性能的目的。① 提高电极析氢超电势，抑制锌电极自放电腐蚀；② 与 ZnO 共沉积，增大电极导电性，获得均匀的电流密度分布，提高电极内部极化的均匀性；③ 改善电极表面的润湿性；④ 保障电极的多孔结构，增加电极的真实面积，提升钝化电流密度；⑤ 与电极放电产物作用，避免电极活性物质的流失。

电极添加剂可分为有汞齐化体系和无汞体系。有汞体系主要是 Hg 或 HgO，是早期使用最为广泛和有效的电极添加剂。它们可与锌形成一层汞齐附着于锌电极表面，提高电极析氢超电势，有效地抑制氢气的析出，同时改善电极的导电性，从而增加电极利用率。汞系添加剂剧毒，污染环境，而且加剧锌电极上活性物质的重聚，已逐渐被淘汰。用于替代汞系添加剂的物质，主要是 Ca、Pb、Bi、Al、Sn、In、Tl 和 Cd 等金属及其氧化物或氢氧化物。这些添加剂的作用主要有如下解释：① 若以还原态金属形式存在，则它们可为锌沉积提供理想晶核，同时它们通过与锌形成表面合金相，抑制氢气析出；② 它们与 ZnO 等共沉积，可以提高电极的导电性和极化率，使电流密度均匀分布，提高电极内部极化的均匀性；③ 对于金属氢氧化物添加剂，如 $Ca(OH)_2$、$Ba(OH)_2$ 和 $Mg(OH)_2$ 等，它们的作用主要是与锌电极放电产物形成微溶物或自身难溶，从而避免锌电极活性物质的流失，同时改善电极的润湿性。比如在强碱性条件下，$Ca(OH)_2$ 和锌酸盐能形成结构为 $Ca(OH)_2 \cdot 2Zn(OH)_2 \cdot 2H_2O$ 微溶复合物。

电解液添加剂可分为无机缓蚀剂体系和有机缓蚀剂体系。前者的作用机理与电极添加剂基本相同，特点是不影响锌放电，使电池工作电压有所提高。常见的无机缓蚀剂有 ZnO、MgO、CaO、TiO_2、氟化物、硼酸盐、磷酸盐、硅酸盐等。有机缓蚀剂体系主要是表面活性剂。它们主要是通过吸附在电极表面的活性中心，影响锌电极的沉积行为，增加电极表面的润湿性，提高电极的析氢超电势，从而对锌电极的阳极行为产生影响。季铵盐、聚乙烯醇、乙醇胺、烷苯基磺酸盐、脂肪酸盐、羧甲基淀粉和双乙醛淀粉等高链淀粉类、聚氧乙烯硫脲、聚氧乙烯氟化物、安息香酸及其衍生物类、有机磷、有机硅、吡啶衍生物等均可作为缓蚀剂。比如十二烷基苯磺酸钠(SDBS)添加到 KOH 电解液中，可明显改变电极表面吸附状态，影响放电产物的沉积层结构，使其形成疏松、纵横交错的网状结构，大大提高锌电极放电容量。其作用机理如下：首先，SDBS 具有亲水和憎水基团，SDBS 加入到电解质水溶液体系中后，为了使体系的能量最低，SDBS 的憎水基团将排除电极表面的水分子层，而以憎水部分朝向电极表面，亲水部分保留在溶液中的方式吸附在电极表面。这样占据电极表面的不仅是水分子，还有较大的 SDBS 分子。由于 SDBS 带负电荷，对溶液中带负电荷的 OH^- 具有一定的排斥作用，使得 OH^- 更难以接近电极表面。这样，$Zn(OH)_2$ 或 ZnO 只能在远离电极表面的位置沉淀，从而有助于形成疏松、多孔沉积层，延缓了锌电极的钝化。此外，由于 SDBS 的吸附，使得电极表面电流分布均匀化，提高表面利用率。

9.2.2　铝阳极

铝是地球上最丰富的金属元素，约占地壳总质量的 7.45%，是银白色的轻金属。铝的熔点是 660.37 ℃，沸点是 2 494 ℃，在 20 ℃时固体密度为 $2.7\ g\cdot cm^{-3}$。铝具有良好的加工性能和导电性。在热力学温度 50 K 以下的电阻率小于铜和银。铝的外层电子构型为 $3s^2 3p^1$，易失去 3 个电子成为带 3 个正电荷的阳离子。铝在中性和碱性水溶液中的标准电极电势分别为 −1.67 V 和 −2.35 V 式(9-9)和式(9-10)。铝的这些特征表明，理论上讲它是一种优秀的电池阳极材料，其某些性能优于锌和锂，比如铝的电化学氧化涉及 3 个电子，多于 Zn 的 2 个和 Li 的 1 个电子；铝的质量能量密度 $2.98\ A\cdot h\cdot g^{-1}$，接近锂 $3.86\ A\cdot h\cdot g^{-1}$，优于锌 $0.82\ A\cdot h\cdot g^{-1}$；铝的体积能量密度 $8.04\ A\cdot h\cdot cm^{-3}$ 优于锂 $2.06\ A\cdot h\cdot cm^{-3}$ 和锌 $5.85\ A\cdot h\cdot cm^{-3}$；金属铝的价格相对低廉。

虽然铝作为电池的阳极材料有其独特的优点，但是在实际应用中也存在着一些不容忽视的问题，主要表现在以下两个方面：① 铝与氧之间有很强的亲和力，表面易生成一层致密的氧化物构成的钝化膜，使铝的氧化变得困难，负极出现很大的电化学极化，导致电极电势达不到应有的理论电极电位，同时还造成放电时的电压滞后现象；② 铝为典型的两性金属，活泼性较高，氧化膜一旦被破坏就会迅速发生自放电腐蚀，损失电化学容量的同时放出大量氢气，降低了电极的利用率，并影响电池正常工作。

9.2.2.1　铝阳极的电化学反应

铝半燃料电池可以采用中性电解液（如，海水）或碱性电解液（如，NaOH）。在中性和碱性电解液中，铝的阳极反应分别为

中性电解液

$$Al + 3OH^- \rightarrow Al(OH)_3 + 3e^- \tag{9-9}$$

碱性电解液

$$Al + 4OH^- \rightarrow Al(OH)_4^- + 3e^- \tag{9-10}$$

在碱性电解质中，随放电过程的进行，电极附近 OH^- 不断被消耗，浓度逐渐减小（贫化）；而铝酸盐离子则逐渐富集，最终导致铝酸盐过饱和，发生分解反应，产生沉淀，并重新释放出 OH^-。其反应式为

$$Al(OH)_4^- \rightarrow Al(OH)_3 + OH^- \tag{9-11}$$

铝在电解质溶液中也会发生自放电腐蚀反应，析出氢气。其反应式为

$$2Al + 6H_2O + 2OH^- \rightarrow 2Al(OH)_4^- + 3H_2 \tag{9-12}$$

$$2Al + 6H_2O \rightarrow 2Al(OH)_3 + 3H_2 \quad (9-13)$$

铝还会与半燃料电池的氧化剂(如 O_2、H_2O_2等)发生化学氧化反应。

$$2Al + \frac{3}{2}O_2 + 2OH^- + 3H_2O = 2Al(OH)_4^- \quad (9-14)$$

$$2Al + 3H_2O_2 + 2OH^- = 2Al(OH)_4^- \quad (9-15)$$

这些副反应均是放热反应,一方面降低了燃料的利用率;另一方面还会导致电池温度升高。

由于铝在中性溶液中的腐蚀速度比在碱溶液中的腐蚀速度小得多,因此电极寿命较长,利用率较高。不过中性介质中铝电极(和氧电极)的反应动力学比较差,并且中性盐溶液的离子电导率也不如碱溶液高,因此使用中性盐溶液的铝半燃料电池通常功率密度较小。要获得大的输出功率的铝半燃料电池,则必须使用碱性电解质。

9.2.2.2 铝阳极的钝化和自放电

同锌一样,铝作为金属半燃料电池阳极燃料的主要问题也是表面钝化和自放电腐蚀析氢。

从铝阳极的特征可以看出,铝表面的钝化层是决定铝负极性能的关键因素,钝化层太厚则会降低铝的放电速率,电化学极化增大;钝化层太薄则铝容易发生自放电腐蚀,导致容量损失。因此对铝电极的研究主要致力于活化铝电极并提高电极的抗腐蚀性能。通常采用两种办法:① 向铝中添加一些微量合金元素(电极添加剂)使铝合金化,利用元素掺杂来改变电极表面钝化层的性质,以达到“活化”和“缓蚀”的目的。② 向电解液中添加各类添加剂(电解液添加剂)。

(1) 电极添加剂

作为电极添加剂的合金元素大体上可以分为两类:一类是活化元素,如 Ga、In、Tl、Mg、Sn、Bi 等。其作用主要是破坏致密钝化层的形成,降低铝表面钝化层中离子传导的电阻。另一类为缓蚀元素,如 Sn、Pb、Zn、Mn、Bi、Hg 等。它们是具有较高的析氢过电势的金属,可降低析氢自腐蚀速度。研究表明,同时含有活化和缓蚀这两类合金元素的铝合金电极的性能明显优于仅含一类合金元素的铝合金电极的性能。目前,铝合金阳极已经发展到五元甚至更多元;合金使用的电解质范围越来越广,各合金的作用机理也越来越复杂。加入多种合金元素时,必定有一个综合的作用,形成的铝合金的微观组织、各元素之间以及合金元素与电解液之间的相互作用,都会影响铝阳极的活化和缓蚀性能。

关于各合金元素对铝阳极的作用及影响机理方面的研究,主要集中在 Al-Ga 系、Al-In 系和 Al-Ga-In 系这几个系列的铝合金上。Ga 和 In 属于低熔点、高密度的金属。合金元素 Ga 对铝阳极的影响,主要表现在改变纯铝晶粒在溶解过程中存在的各向异性,从而使铝阳极腐蚀均匀。Ga 与其他合金元素,如 Bi、Pb 等,在电极工作温度下,形成低温共熔混合物,阻止铝表面产生钝化膜。合金元素 In 对铝阳极的影响,主要表现在 In 具有很强的活化能力,能破坏铝表面的钝化膜。合金元素 In 还能有效抑制合金的析氢腐蚀，这与其具有较高的析氢过电势有关。合金元素 Sn 对铝阳极的影响，主要表现在 Sn 能降低铝表面钝化膜的电阻，使铝表面钝化膜产生孔隙（高价 Sn^{4+} 取代钝化膜中 Al^{3+}，产生一个附加空穴）。合金元素 Sn 也具有较高的析氢过电势，能有效地抑制析氢腐蚀，并能与 Ga、In 等其他合金元素形成低共熔混合物，破坏铝表面钝化膜。总的来说，目前对铝合金阳极组成、结构与性能的关系理解还不够深入，合金的组成和配比主要还是依靠经验和筛选来决定。

目前，性能较好的铝合金阳极材料主要有 Al－Ga－Mg、Al－Ga－Bi－Pb 和 Al－In－Mg 等系列合金。Al－Ga－Mg 系列合金的典型组成（质量分数 w_B）为：$w_{Ga}=0.02\%\sim0.06\%$，$w_{Mg}=0.20\%\sim2.00\%$，$w_{Mn}=0.02\%\sim0.20\%$，$w_{Fe}=0.02\%\sim0.10\%$，Si 为 Fe 含量的 0.5～2 倍。该合金在较小电流密度下放电时性能较佳。Al－In－Mg 系列合金的基本成分（质量分数 w_B）为：$w_{In}=0.02\%\sim0.15\%$，$w_{Mg}=0.05\%\sim1.0\%$，$w_{Mn}=0.02\%\sim0.20\%$，余量为铝。该系列合金在碱性电解液中高电流密度下放电时，表现出较好的活化和耐蚀能力。

（2）电解液添加剂

在中性电解质溶液中，铝阳极在发生电化学氧化反应放电时，电极表面将生成 $Al(OH)_3$［式(9－9)］，$Al(OH)_3$通常以凝胶状出现。这种凝胶状 $Al(OH)_3$不像结晶态 $Al(OH)_3$那样易于脱离电极进入电解质中沉淀出来，它会附着在电极表面形成胶膜，增加参与电极反应过程的物质的传输阻力，导致钝化极化。此外，它会吸收大量水，这就要求电池中必须有更多的水，从而导致电池的质量和体积能量密度下降。这种 $Al(OH)_3$凝胶也使电池的清洗和重复使用变得困难。因此中性电解质中电极添加剂的主要作用就是防止凝胶状 $Al(OH)_3$的形成和积累。起到这种作用的添加剂通常是一些无机盐凝结剂，比如 NaF、Na_3PO_4、Na_2SO_4、$NaHCO_3$ 等，它们能够促使铝的电化学氧化产物 $Al(OH)_3$形成结晶态而非凝胶状的 $Al(OH)_3$，从而易于沉淀出来并离开而不是附着在电极表面。这些凝结剂中 NaF 是最为有效的一种。另外也可以使用絮凝剂。

在碱性电解质溶液中，铝的腐蚀速率非常快，因此碱性电解液添加剂的研究侧重于降低铝的自放电腐蚀析氢反应速率。研究表明，在碱性电解液中添 Ga_2O_3、In_2O_3、CaO、ZnO、Na_2SnO_3、檬酸钠等均可有效抑制铝的腐蚀，甚至可以减小铝阳极的电化学极化。有趣的是，这些添加剂中的金属元素大部分和上述的铝阳极的电极添加剂中的合金元素相同，这意味着电极添加剂和电解液添加剂可能在某种程度上存在相同的作用机理。合金中的 Ga、Sn 等元素在电极放电过程中会在电极表面形成具有保护性的氧化物或氢氧化物，这与在溶液中加入 Ga_2O_3、Na_2SnO_3 等改变电极-溶液界面性质有殊途同归之处。目前在大部分研究中，电极添加剂和电解液添加剂往往同时使用，以获得最佳的“缓蚀”和“活化”效果。

早期的铝半燃料电池多采用超纯铝，铝的精炼要消耗大量的能量。通过在铝中加入具有活化和缓蚀作用的元素制成合金，以及使用电解液添加剂，可降低对铝纯度的要求，从而降低铝半燃料电池的制造成本。

9.2.3 镁阳极

镁是地球上储量排位第 8 的丰富元素，其在金属元素的储量中排第 6 位。镁在地壳中的含量约 2.7%，在海水中含量为 0.13%。它以氧化物、氯化物、氟化物、硫酸盐、磷酸盐的多种形式存在于海水和许多矿石中，如白云石、菱镁石、光卤石以及镁的硅酸盐矿物等。镁是一种银白色的金属，具有密集六方晶格，无同素异构转变。其熔点为 651 ℃，沸点是 1 105 ℃，在 20 ℃时固体密度为 $1.74\ g \cdot cm^{-3}$，是超轻合金的主要构成金属之一。镁的外层电子结构为 $3s^2$，易失去两个电子而显示出活泼的化学性质。镁在酸性和碱性介质中的标准电极电势分别为−2.37 V 和−2.69 V，极易发生电化学氧化反应。镁的电化学当量为 $2.20\ A \cdot h \cdot g^{-1}$，仅次于铝 $2.98\ A \cdot h \cdot g^{-1}$，远远大于锌 $0.82\ A \cdot h \cdot g^{-1}$，其质量和体积能量密度介于锌和铝之间。因此镁也是理想的化学电源的阳极材料。特别是以镁为阳极的储备激活电池表现出良好的性能。这类电池有 Mg/AgCl、Mg/CuCl、Mg/MnO_2 等，主要用于军工和国防上。比如镁海水激活电池可用于鱼雷的驱动上，发射时由海水激活。我国是世界上镁资源最为丰富的国家之一，2005 年我国原镁产量已占到世界总产量的 70%。

$$Mg \rightarrow Mg^{2+} + 2e^- \qquad (9-16)$$

$$Mg + 2OH^- \rightarrow Mg(OH)_2 + 2e^- \qquad (9-17)$$

由于镁的高化学活泼性，在大多数的电解质水溶液中，会与水发生化学反应，溶解并放出氢气，式(9-18)。在酸性电解液中反应尤其剧烈，在中性电解液中反应相对缓慢，在碱性电解液中，由于反应产物 $Mg(OH)_2$ 能在表面形成保护膜，可降低镁的活性溶解速率。因此，镁为阳极的金属半燃料电池的电解质溶液通常为中性(如海水)或碱性(如 KOH)电解液。

$$Mg + 2H_2O \rightarrow Mg(OH)_2 + H_2 \qquad (9-18)$$

与锌阳极和铝阳极一样，镁阳极也存在自腐蚀析氢和表面钝化的问题，导致镁阳极利用率和放电性能的下降。通常也是采用在镁中添加少量合金元素(电极添加剂)和在电解液中加入添加剂(电解液添加剂)来起到“活化”和“缓蚀”作用，提高镁阳极的综合性能。镁阳极通常还存在滞后效应。

另外，镁阳极在极化时，存在严重的“负差效应”，即随阳极极化电流增加或极化电势正移，电极的“自腐蚀电流密度”或“析氢速率”反而增大的现象。“负差效应”如图 9-2 所示。

图中实线 A 和 B 分别是正常情况下的阳极与阴极理论极化曲线。在腐蚀电位 E_{corr} 下，两线交叉，阴极反应和阳极反应的速率相等，此时的腐蚀电流密度为自然析氢速率 j_0。设电极在某一阳极极化电势 E_{appl} 作用下产生一阳极氧化电流密度，在此电流密度下测得的析氢速率为 j_H。定义：

$$\Delta j = |j_0| - |j_H| \qquad (9-19)$$

正常情况下，在阳极极化区，$\Delta j > 0$，并且随极化电势正移而增大，即发生阳极极化时析氢速率随电势变正而减小(沿A线从 j_0 下降到 $j_{H,t}$)，即通常所说的“正差效应”。大多数金属都具有这种正常的电化学极化行为。然而镁的情况则不同，镁被阳极极化时，其析氢反应速率不像大多数金属那样沿A线变化，而是沿虚线C变化，即随阳极极化电势正移，镁的析氢速率反而增加。因此，在极化电势 E_{appl} 下，镁的实际析氢速率 $j_{H,Mg}$ 远大于理论极化曲线的预期值 $j_{H,t}$。同时，镁的溶解速率沿虚线D变化，故在极化电势 E_{appl} 下，镁的实际溶解速率 $j_{Mg,p}$ 也明显大于理论上极化曲线的预期值 $j_{Mg,t}$。这种异常现象即为“负差效应”。因此，从图9-2可以看出，“负差效应”的特征：一是阳极极化电势变正(或阳极电流增大)导致析氢速率增大；二是镁的实际阳极溶解量高于从阳极极化电流通过法拉第定律计算出的理论量。显然，“负差效应”的存在显著降低镁电极的的放电电流效率。

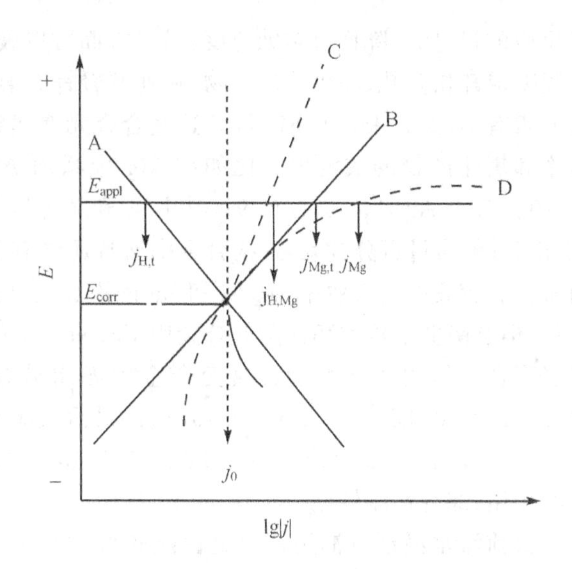

图9-2　镁阳极极化过程的负差效应示意图

镁存在“负差效应”的原因有如下几种：

① 在阳极溶解过程中，镁表面的保护膜破裂，随电流密度增加，膜的破坏程度也增大，使得镁的自腐蚀析氢速率增加。

② 在高阳极电流密度下，除了阳极氧化溶解外，还同时有未氧化的金属微粒脱落，从而使得依靠失重法测定的溶解速度大于按氧化电流计算出的溶解速率，即出现负差效应。

③ 在阳极溶解过程中，有一价的镁离子中间产物生成，此一价离子可通过化学反应的途径被氧化为二价产物，此情况发生时，一个镁原子只释放出一个电子而不是两个电子。此时，如果按照形成最终产物为二价镁来应用法拉第定律、从测定的阳极电流密度计算镁的溶解速率，就会得出镁的实际失重结果大于按法拉第定律计算所得的失重结果，即表现出“负差效应”。

④ 镁可以通过如下的电化学反应生成氢化物 MgH_2：

$$Mg + 2H^{+} + 2e^{-} \rightarrow MgH_2 \tag{9-20}$$

在此反应中，镁是得到电子，而不是失电子。MgH_2 不稳定，与水接触时发生化学反应放出氢气：

$$MgH_2 + 2H_2O = Mg^{2+} + 2OH^{-} + 2H_2 \tag{9-21}$$

将镁和其他合金元素制成二元、三元乃至多元合金。一方面可以细化镁合金晶粒，增大析氢反应的过电势，降低自腐蚀速度；另一方面可以破坏钝化膜的结构，使得较为完整、致密的钝化膜变成疏松多孔、易脱落的产物，从而减轻镁合金钝化问题，提高电极放电活性。常用的合金元素有 Al、Zn、Ga、Pb、Mn 等。这些合金元素起到“缓蚀”或“活化”作用，降低镁合金的析氢速率和氧化产物的成泥度。比如在 Mg 中添加 Al、Zn 等制备的 Mg－Al－Zn 系商业合金 AZ10、AZ21、AZ31、AZ61、AZ91（其中 A 和 Z 分别代表 Al 和 Zn，第一及第二位数字分别代表 Al 和 Zn 的质量百分含量，这些合金中通常还含有其他微量元素，如 Mn、Cu、Fe、Si 等），它们通常具有较高的电流效率，但 Al 和 Zn 的添加使开路电势有所下降。加入 Mn 则能提高开路电势，但会降低电流效率。降低合金中 Fe、Ni、Cu、Co 等杂质元素的含量，提高合金的纯度，可以提高合金的耐腐蚀性能。改变合金中各组分含量还可减小滞后效应，比如 AZ10 合金（Mg－1Al－0.4Zn－0.2Mn－0.15Ca）的滞后效应小于 AZ31 合金（Mg－3Al－1Zn－0.2Mn－0.15Ca），AZ21 合金（Mg－2Al－1Zn－0.2Mn－0.15Ca）则兼具提高电流效率和减小滞后效应的作用，综合性能较佳。

目前海水激活电池用镁合金性能较好的是英国 Magnesium Elektron 公司生产的 MELMAG® 75（Tl：6.6％～7.6％，Al：4.6％～5.6％，Mn＜：0.25％）和 MELMAG® AP65 镁合金（Al：6％～7％，Pb：4.5％～5％，Zn：0.14％～1.5％，Mn：0.15％～0.3％），其特点是电势高、析氢量低、成泥少。AP65 的开路电势为－1.803 V（vs. SCE），析氢速度为 0.15 $mL \cdot min^{-1} \cdot cm^{-2}$，阳极利用率为 84.6％。Mg－Ga－X 系列合金在在海水介质中也表现出开路电势负，自腐蚀速度低，表面腐蚀均匀等优点。Mg－Li 系列合金近年来也被尝试作为电池的阳极材料，比如以 Mg－13Li 为阳极组装的 Mg－Li/$MgCl_2$/CuO 电池具有开路电位高的优点，在 8.6 $mA \cdot cm^{-2}$ 的电流密度下，阳极电流效率能够达到 81％。

对 AZ 系列商业合金的研究发现，这类合金的晶相结构通常是单独的 α 相（与纯镁相同晶体结构的 Mg－Al－Zn 固溶体，α－Mg）结构，如 AZ21；或 α 相与 β 相（$Mg_{17}Al_{12}$）两相结构，如，AZ31、AZ61、AZ91 等。不同的晶相结构的镁合金的腐蚀速率不同，比如，在碱性 NaCl 溶液中，AZ21 的腐蚀速度小于 AZ91 的腐蚀速率；随 Al 含量的增加，合金的腐蚀电位也正移；β 相在测试溶液中非常稳定，对腐蚀有两种影响：当 β 相的体积分数很小时，β 相作为有效阴极促进 α 相的腐蚀，当 β 相的体积分数很大时，β 相则起到阳极的屏障作用，阻止合金的腐蚀。

关于镁阳极电解液添加剂的研究不多。目前应用的添加剂有氧化镓、锡酸盐、季铵盐、二硫代缩二脲及其苯基或甲苯基衍生物等。这些添加剂可单独使用，也可联合使用。比如，对 AZ31 镁合金阳极，采用季铵盐和锡酸盐的复合抑制剂可使阳极效率达到 90％以上，比未添加抑制剂时提高 13％，电池电压升高 5％。锡酸钠与氧化镓联合添加剂对 AZ61 镁合金阳极的性能也有明显的改善。目前针对镁阳极的“活化”和“缓蚀”添加剂的作用机理研究很少。

9.3 金属半燃料电池的结构与性能

9.3.1 金属-空气半燃料电池

金属-空气半燃料电池的突出优点是其理论能量密度大,可达上千瓦时每公斤。但是,由于阴极、阳极、电解液及电池结构方面存在的诸多问题,目前的实际能量密度只有几百瓦时每公斤,因此具有较大的研发空间。鉴于金属-空气半燃料电池的种类繁多(一次使用式、机械充电式、连续加料式、电解液静止式、电解液循环式等),本书仅以碱性锌-空气半燃料为例来介绍金属-空气半燃料电池的空气电极结构及电池结构上的特点。

9.3.1.1 碱性空气阴极

金属半燃料电池的碱性空气阴极的工作原理和电极结构与传统燃料电池的气体扩散电极相似,但由于反应气体通常为常压,且无需考虑电池排水等问题,因此空气电极在结构设计上一般较为单一,均采用透气防水型多孔电极结构如图 9-3 所示。电极一般由三层组成:全憎水的透气层、半憎水半亲水的催化剂层、增加电极机械强度的金属基体导电网(集流体)。全憎水的透气层面向空气一侧,一方面提供反应气体的通道;另一方面有效防止电解液的渗漏,同时也起到电池外壳(或气室壁)的作用。催化剂面向电解液一侧,由具有一定的亲水性的催化剂颗粒和具有憎水性的黏结剂(聚四氟乙烯)混合组成,形成部分憎水和部分亲水的网络结构,其中憎水部分交错形成可供气体通过的气孔(气体通道),而催化剂表面的亲水部分与电解液接触形成薄液膜,从而在催化剂层中建立起气-液-固三相反应界面。空气中的氧气通过多孔电极中的气体通道到达三相界面区,并溶解在薄液膜内,经过液相扩散达到催化剂表面,随之发生电还原反应式(9-22)。电还原反应所需的电子通过金属导电网集流体、透气层中的导电颗粒(炭黑、石墨等)及催化剂本身(三者一起充当电子通道)传导到催化剂表面。参与电极反应的反应物(如 H_2O)及反应生成的产物(如 OH^-)离子通过液相传质过程到达或离开反应场所,这条液相传质通道由催化层内的亲水部分填充电解液所组成。

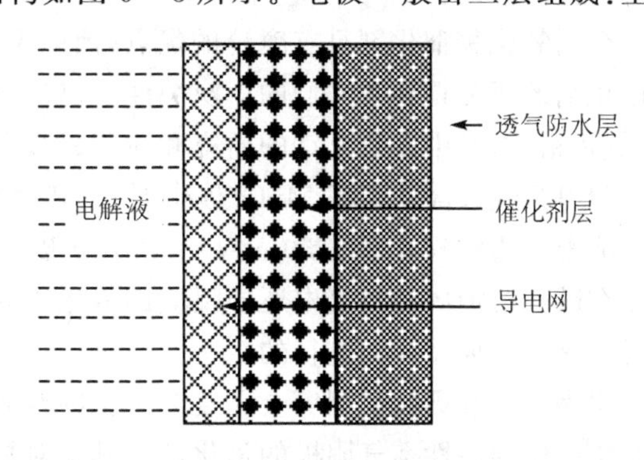

图 9-3 空气电极及其透气防水多孔结构示意图

碱性电解液中氧气电还原反应:

$$O_2 + 2H_2O + 4e^- \rightarrow 4OH^- \tag{9-22}$$

由此可见，碱性空气电极的性能与催化剂、电极孔隙率、憎水剂及其比例、导电颗粒及其比例、电极的制备及处理方法等有关。高效空气电极应满足以下条件：

① 孔隙率高，即透气性好，提高气体扩散速度，消除由于浓差极化所造成的性能衰减。

② 液膜薄，即减小气体在液相中的扩散阻力，提高极限电流密度。

③ 催化性能好，即催化剂活性要高、表面积要大、从而加速氧气的电化学还原反应，减小电极的电化学极化，提高电极的工作电流密度。

④ 具有稳定的三相界面，即电极拥有较大的反应区，防止由于三相界面的移动，造成电极“淹死”或“干涸”现象的发生而影响电极的输出性能。

作为空气阴极催化剂的材料主要有金属（Pt、Ag、Ni 等）、金属氧化物（MnO_2、Co_2O_3 等）、复合金属氧化物（尖晶石、钙钛矿类）、有机过渡金属大环化合物（卟啉铁、酞菁钴等）。

从催化活性和稳定性上看，贵金属 Pt 是最佳的。氧气在 Pt 上的电化学还原反应遵循直接 4 电子途径，避免了中间产物（HO_2^-）的出现，并能够在较高的电势下输出较大的电流。然而，Pt 资源有限，价格昂贵，使其应用受到限制。Ag 由于在碱性溶液中对氧气还原具有良好的电催化作用，同时具有良好的导电性和稳定性，且价格相对低廉，因而在碱性空气阴极中得到了广泛的应用。

金属氧化物催化剂具有廉价的优点，因此采用金属氧化物来替代贵金属作为碱性空气阴极催化剂的研究得到了人们的广泛关注。已研究的金属氧化物催化剂主要有二氧化锰、氧化镍、氧化钴等，其中以氧化锰的研究和应用最多。将炭黑和硝酸锰溶液混合后，在 340 ℃下焙烧可制得活性较高的碳载 MnO_2 催化剂，以其为空气阴极催化剂制备的碱性锌-空气电池的放电电流密度通常只有 30～60 $mA \cdot cm^{-2}$，所以目前这类催化剂只适用于小功率空气电池。氧化锰在碱性溶液中对氧气电还原反应的催化机理尚不十分清楚，可能是通过氧参 Mn^{4+}/Mn^{3+} 电对的氧化还原反应而进行的。

尖晶石型和钙钛矿型等金属复合氧化物对氧气电还原反应也具有较高的催化活性，因而也被研究作为碱性空气阴极的催化剂。其中对具有 ABO_3 结构的钙钛矿型复合金属氧化物的研究表明，当 A 位元素为 La 和 Pr 时，其催化活性最高；若以 Ca，Sr，Ba 对 A 元素进行部分取代，不仅能够提高其催化活性，而且能够提高其稳定性。B 位元素通常为 Co，Fe，Mn，其催化活性顺序为 Co>Mn>Fe，而其稳定性顺序为 Fe>Mn>Co。可见，通过对 A 位和 B 位元素进行调变，可以改善其催化性能。关于这种复合金属氧化物在碱性溶液中催化氧气电还原反应的机理，一般认为氧气是通过两电子反应途径产生 HO_2^-，其在催化剂表面进一步电还原或分解。具有 AB_2O_4 结构的尖晶石型复合氧化物作为碱性空气阴极催化剂研究的主要有 $Mn_xCo_{3-x}O_4$、$Ni_xCo_{1-x}O_4$ 等。研究发现，在碱性电解液中，一定的过电势下、氧气在 $Mn_xCo_{3-x}O_4$ 电极上电还原反应的电流密度随 x 增加而增大。$Mn_xCo_{3-x}O_4$ 催化剂中存在 Co^{3+}/Co^{2+} 和 Mn^{4+}/Mn^{3+} 氧化还原电对，他们可能与氧气还原反应催化活性有关。这类金属复合氧化物催化剂在长期使用过程中的稳定性尚待进一步提高。

含有4个N原子的大环有机物(如卟啉 porphyrine 及其衍生物、酞菁 phthalocyanine 及其衍生物、四偶氮轮烯等)与过渡金属(如Fe、Co、Ni、Cu、Mn)等形成的螯合物一直被认为是有希望取代铂而成为碱性空气阴极的廉价催化剂。早期在研究酞菁钴和四苯基卟啉金属复合物时发现,这些复合物对氧电还原具有较高的催化活性,但其稳定性很差。当将这些有机金属复合物在高温下焙烧,使其部分裂解后,它的催化活性和稳定性均有大幅度提高。这可能是由于热处理导致有机配体部分分解和聚合,形成氮-金属-碳复合结构,增加了其导电能力、提高了稳定性和催化活性。有机过渡金属螯合物的催化活性与配体和过渡金属的种类有关,以钴金属螯合物为例,其活性按配体:卟啉、四苯基卟啉、四甲基四苯基卟啉的顺序而降低。这类催化剂的作用机理尚不十分清楚,其稳定性还有待提高。

空气阴极的透气防水层和催化剂层中使用的憎水性物质主要有热固性的聚四氟乙烯和热塑性的聚乙烯。因此金属空气电极分成聚乙烯型和聚四氟乙烯型两种。目前多采用聚四氟乙烯型,其制备工艺普遍采用碾压法。即通过碾压方式分别制备出透气防水层和催化剂层,然后再与导电金属骨架一起热压组合成空气阴极。图9-4是聚四氟乙烯型催化剂层的制备工艺流程图,防水层的制备工艺与其类似。

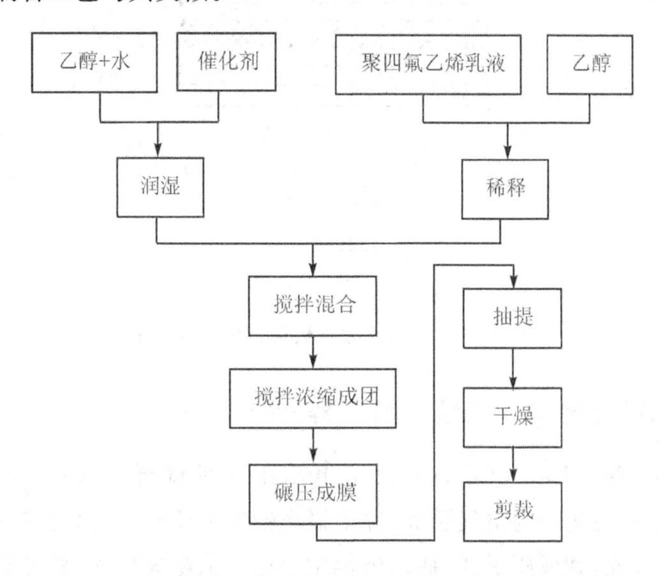

图9-4　聚四氟乙烯型催化剂层的制备工艺流程框图

将催化剂(有时需加入乙炔黑或石墨导电剂)加入到蒸馏水和少量乙醇中使其润湿;在60%的聚四氟乙烯乳液中加入适量乙醇,搅拌均匀后与已润湿的催化剂按比例混合,加热并搅拌直至浓缩成黏团状。然后反复捏练至有弹性的胶状体,再用双滚筒碾压机在滚筒温度为65±5 ℃下反复碾压,将聚四氟乙烯颗粒展开成纤维网络,制成所需厚度的膜片,将制成的膜片用丙酮抽取出聚四氟乙烯乳液内的乳化剂，以提高电极的憎水性，晒干、剪裁。获得催化剂层。

气体扩散电极的制备通常采用热压法。图 9-5 为加压成型示意图。即按防水层、导电网（如带银极耳的具有菱形网格的铜箔）、防水层、催化剂层的次序进行组合，用压膜成型机在 50～60 ℃、8～10 MPa 压力下将其压制在一起。将导电网压制在两层透气防水层中间可以防止导电网刺破催化剂层产生漏液，并减少导电网与电解液的接触引起的腐蚀问题。

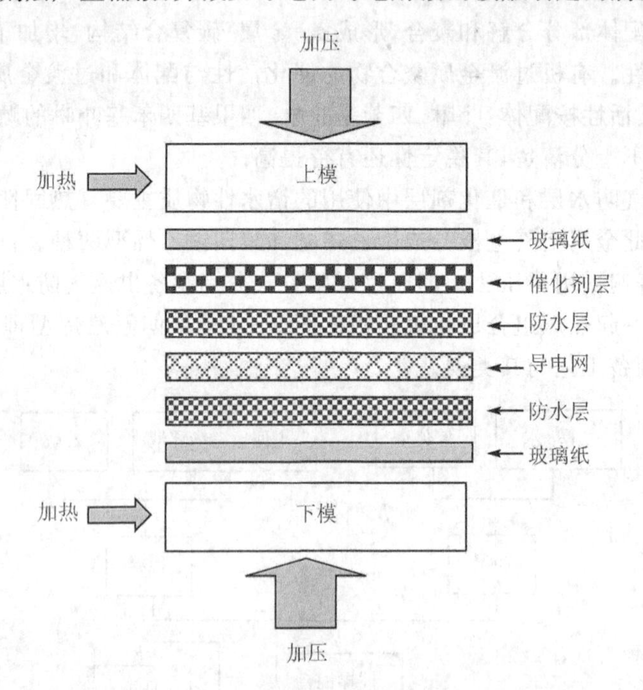

图 9-5 气体扩散电极加压成型示意图

9.3.1.2 机械充电式和连续供料式锌-空气电池

以色列 Electric Fuel Ltd.（EFL）开发了电动车用机械再充式锌-空气半燃料电池如图 9-6 所示。电池的两侧均为空气阴极，锌阳极由铜集流体框架、锌泥、7～8 mol·L^{-1}KOH 电解液和隔膜封套构成，做成匣子式，插入电池中。电池放电完毕后，锌电极匣可被提起更换。更换下来的锌电极经过处理，电解回收锌，重新制成新的锌电极匣，实现燃料锌的循环利用。这种电池结构相对简单、空气阴极面积大、锌阳极更换简单方便，可实现快速机械充电，满足电动车用电源的要求。利用这种电池，EFL 组装了一个电池堆，其能量密度可达 200 Wh·kg^{-1}，功率密度为 90 W·kg^{-1}。这种电池已经在公交巴士和市内邮政运输车上成功的进行了示范运行。

美国 Lawrence Berkeley 实验室研制了一种锌粒更换式机械充电锌-空气半燃料电池如图 9－7 所示。电池的一侧为空气阴极，另一侧为阳极室，两极之间有一隔膜，锌粒以堆积床的形式填充在阳极室中集流板和隔膜中间，阳极室内充满电解液。放电时，锌粒的溶解使电解液密度增大，在密度差的作用下电解液发生自然对流，由锌颗粒床顶部向下流经床层到达底部，再从集流板背侧由下而上流回到锌颗粒床顶部，不断循环。锌粒消耗尽之后，放电产物和电解液一起通过插入阳极室的吸管从阳极室中抽出，新的电解液和锌粒从电池顶端的开口加入阳极室，完成电池的机械再充电。燃料锌粒的尺寸为 20 目，电解液为 45%KOH，更换燃料时无需清洗电池，循环性能稳定。这种半燃料电池结构简单、机械充电方便。测试表明，在空气阴极面积为 76 cm^2，放电电流 2 A 时，电池电压稳定在约 1.2 V。优化设计后，其能量密度可达 228 $Wh \cdot kg^{-1}$，功率密度为 100 $W \cdot kg^{-1}$。与 EFL 的插卡式机械再充锌-空气半燃料电池相当。

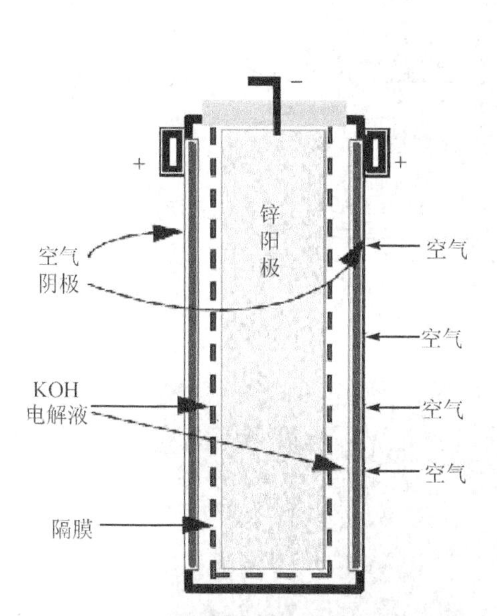

图 9－6　EFL 研制的阳极插拔式机械再充锌-空气半燃料电池示意图

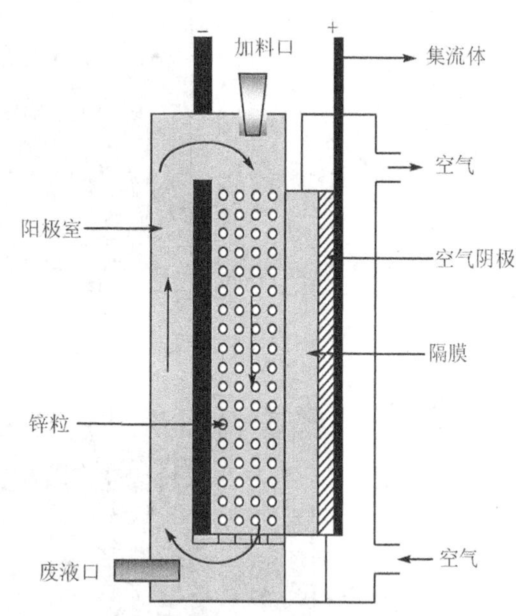

图 9－7　锌粒更换式机械再充锌-空气半燃料电池示意图

美国 Lawrence Livemore National Laboratoty (LLNL)的 Cooper 博士研制了一种连续加料式的锌-空气电池。锌燃料为 1 mm 的锌丸，存储在独立于电池的储料器中。电池工作时，锌粒由电解液携带加入到加料室中，这种设计实现了燃料储存器与电池池体的分离以及燃料的连续供给，因此这种锌-空气电池具有燃料电池的特征，可称为锌-空气燃料电池。图 9－8 为可现场加注燃料的锌-空气燃料电池的结构示意图。阳极室呈漏斗状，上端为锌粒储存区(加料室)，下端为楔形槽(电极反应区)，锌丸依靠重力填入电极，工作时电解液从阳极室下端

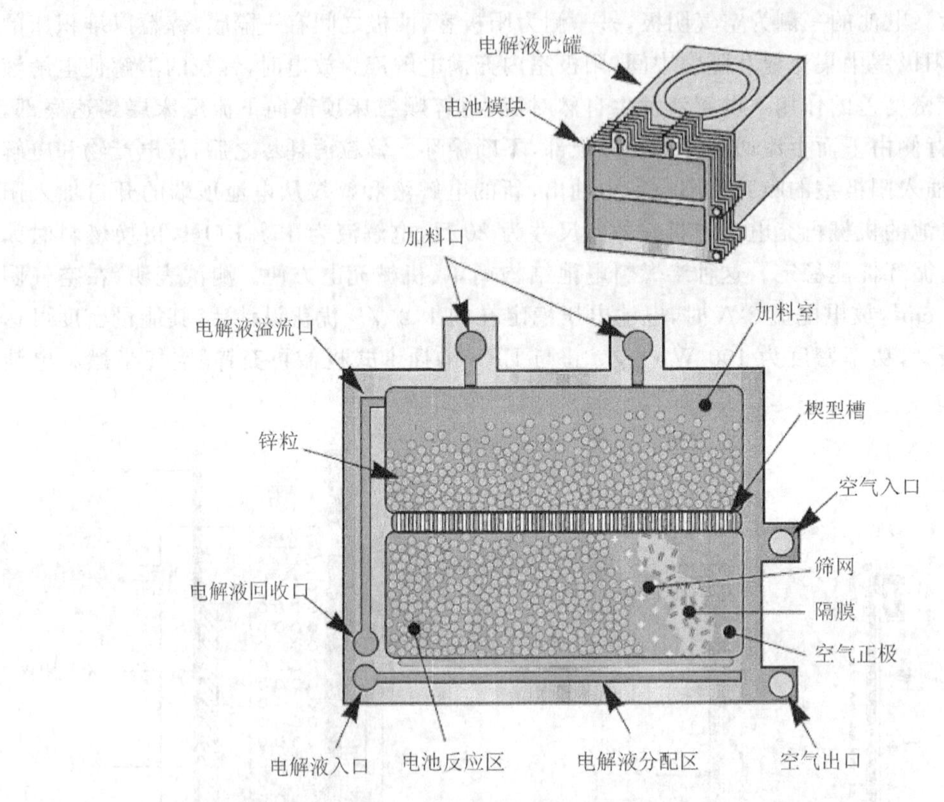

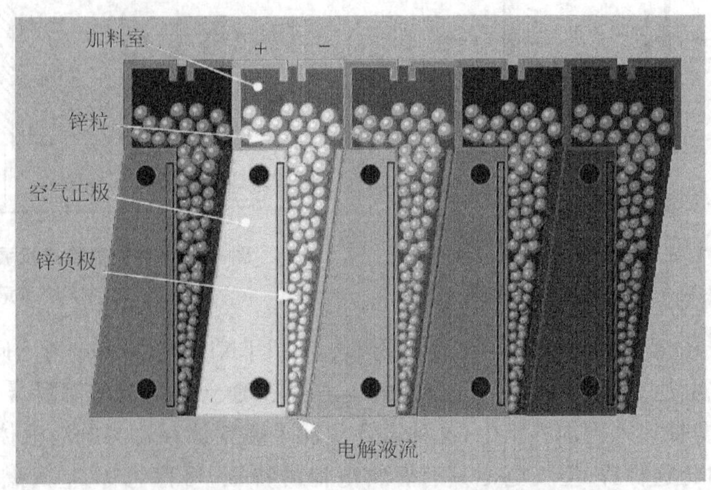

图 9－8　LLNL 锌-空气燃料电池的结构示意图

流向上端，楔形槽的槽口宽度一般不超过 3 mm，以控制锌粒沉入电极区的速度，使锌粒均匀地进入反应区，形成疏松而开放的锌粒电极结构，有利于电解液的流动。锌的放电产物被向上流动的电解液经溢流口带出，从而防止电极的活性表面被阻塞，保证锌粒完全被氧化。流动的电解液还可及时带走反应放出热量。电解液流动及空气输送所消耗的电能少于电池输出电能的 0.5%，几乎可以忽略不计。

9.3.2　金属-过氧化氢半燃料电池

近年来，以过氧化氢为氧化剂的金属半燃料电池的研究取得了长足进步。与金属-空气半燃料电池和其他传统的陆用燃料电池都依赖空气提供氧气工作不同，这类半燃料电池由携带的液态过氧化氢充当氧化剂，它可以工作在水下及太空等无氧环境。这类电池的特点是能量密度高、放电电压稳定、结构简单、存储寿命长、使用安全、无生态污染以及机械充电时间短，因而是极佳的水下动力电源，目前主要用作智能型全自动无人驾驶水下自主潜器（Autonomous Underwater Vehicles 或 Unmanned Underwater Vehicles，简写为 AUV 或 UUV）的动力电源。挪威国防研究部（FFI）和加拿大燃料电池技术有限公司 FCT（Fuel Cell Technologies Ltd.）先后研制出了铝-过氧化氢半燃料电池并成功用于 AVU，其综合性能优于 AUV 常用的锂离子电池和其他电池。

9.3.2.1　H_2O_2作为半燃料电池氧化剂

（1）H_2O_2作为半燃料电池氧化剂的优点

H_2O_2作为燃料电池的氧化剂，有两种应用模式：间接模式和直接模式。间接模式是指 H_2O_2 首先分解为氧气和水，再利用释放的氧气作为氧化剂，如式(9-23)、(9-24)及(9-25)所示。每公斤过氧化氢可释放出 0.471 kg 氧气。在这种模式下，H_2O_2仅仅是一种储氧材料，实际上仍然是利用氧气作为氧化剂，这与采用氧气直接作为氧化剂相比无明显优势，因而研究较少。直接模式即是采用 H_2O_2直接作为氧化剂，在电池的阴极发生直接电化学还原反应，如式(9-26)及(9-27)所示。这种模式是理想的应用模式。然而由于过氧化氢的分解往往不可避免，因此在电池的阴极上，这两条反应途径经常是同时存在的。通过选择适宜的阴极催化剂和对电极结构和操作参数进行优化设计，可有效地使直接模式占主导作用。

过氧化氢分解：

$$2H_2O_2 \rightarrow 2H_2O + O_2 \qquad (9-23)$$

碱性介质：

$$O_2 + 2H_2O + 4e^- \rightarrow 4OH^- \qquad E^\circ = 0.401\ V \qquad (9-24)$$

酸性介质：

$$O_2 + 4H^- + 4e^- \rightarrow 2H_2O \qquad E^\circ = 1.229\ V \qquad (9-25)$$

碱性介质:

$$H_2O_2 + 2e^- \rightarrow 2HO^- \quad E^\circ = 0.878\ V \tag{9-26}$$

酸性介质:

$$H_2O_2 + 2H^+ + 2e^- \rightarrow 2H_2O \quad E^\circ = 1.776\ V \tag{9-27}$$

以过氧化氢直接作为金属-半燃料电池的氧化剂具有如下优点:

① H_2O_2是一种强氧化剂,其电化学还原活性高。H_2O_2直接电还原是 2 个电子反应过程,与氧气电还原的 4 个电子反应的过程相比,活化能要低得多,通常认为H_2O_2直接还原的交换电流密度比氧气电还原的要大 3~6 个数量级。因此,以H_2O_2作为氧化剂的燃料电池的性能更高。

② 无论是在酸性还是碱性电解液中,过氧化氢的还原电势均高于氧气,因此以H_2O_2作为氧化剂的燃料电池的理论电压更高。

③ H_2O_2是液体,其储存、运输以及向电池中输送均较方便,并且要比使用压缩氧或液态氧的安全系数更高。作为水下机器人电源的金属-过氧化氢半燃料电池,其过氧化氢可以简单地存储在聚乙烯袋中,直接暴露于海水中,不需特殊的压力容器,并可方便地通过计量泵输送到电池中。另外,由于过氧化氢与水完全互溶,其使用浓度可以任意选择。

④ H_2O_2在电池的阴极上发生的电还原反应是在固/液两相界面上进行,而氧气的电还原则是在固/液/气三相界面区进行,需要结构复杂的气体扩散电极。两相反应界面区比三相界面区容易建立和稳定。因此过氧化氢阴极结构简单,稳定可靠,不会发生空气电极的"淹死"或"干涸"现象。

另外,H_2O_2价格便宜、无毒无污染。替代空气还可以克服空气中的二氧化碳使碱性电解液碳酸盐化的问题。

(2) H_2O_2电还原反应机理

H_2O_2的直接电化学还原反应是一个 2 电子转移过程,虽不像O_2电还原 4 电子反应那么复杂,但其反应机理的研究仍然不是很深入。如果不考虑反应历程中的细节问题,各种电极上H_2O_2的电还原反应机理可简单归纳成两种:

第一种,单电子转移反应为速率控制步骤的机理,如式(9-28)、(9-29)所示。

$$H_2O_2 + e^- \xrightarrow{\text{rds}} OH(ads) + OH^- \tag{9-28}$$

$$OH(ads) + e^- \rightarrow OH^- \tag{9-29}$$

即H_2O_2分子首先获得一个电子,生成OH^-离子和表面吸附态的 OH 基团,这一步涉及 O—O 键断裂,活化能较高,为速率控制步骤,吸附态的 OH 再得到一个电子,还原为OH^-离子。在酸性介质中,OH^-进一步与H^+反应生成水。这一机理的提出是基于过氧化氢电还原反应的$\left(\frac{\partial \ln j}{\partial \ln c(H_2O_2)}\right)_\eta = 1$,即反应对$H_2O_2$为一级的实验事实。

第二种,化学解离反应为速率控制步骤的机理,如式(9-30)、(9-31)或式(9-32)、

(9－33)、(9－34)所示。

$$H_2O_2 \xrightarrow{\text{rds}} 2OH(ads) \tag{9-30}$$

$$2OH(ads) + 2e^- \rightarrow 2OH^- \tag{9-31}$$

或

$$H_2O_2 \xrightarrow{\text{rds}} H_2O + O(ads) \tag{9-32}$$

$$O(ads) + H_2O + e^- \rightarrow OH^- + OH(ads) \tag{9-33}$$

$$OH(ads) + e^- \rightarrow OH^- \tag{9-34}$$

即 H_2O_2分子首先在电极表面发生化学解离反应，生成吸附态的 OH 或 O 基团，这一步为速率控制步骤。吸附态的 OH 或 O 基团进一步发生电还原反应生成 OH^- 离子或水(酸性介质中)。这一机理的有力证据是 H_2O_2电还原反应速率常数几乎不随着电势的改变而变化。

(3) H_2O_2电还原催化剂

H_2O_2直接作为燃料电池氧化剂存在两个主要问题：一个问题是 H_2O_2在发生电化学还原反应的同时，伴随有化学分解反应如式(9－23)导致氧气的生成，如果氧气的生成速率大于其进一步被电还原的消耗速率，将会有氧气析出。这样，一方面导致氧化剂利用率下降；另一方面需要设置排气系统，造成电池结构复杂及安全性降低。另一个问题是，虽然 H_2O_2电还原的平衡电极电势很高，但实际还原电势远低于其平衡电势，即存在很高的极化过电势，从而使得燃料电池的实际输出电压远低于其理论值。这两个问题的存在，严重地阻碍 H_2O_2作为氧化剂的燃料电池发展。解决这些问题的途径主要有两条：一是从催化剂上着手，即研发对过氧化氢直接电化学还原具有高催化活性，但对其化学分解反应无催化活性的高选择性催化剂；另一方面是从过氧化氢阴极结构上着手，即研发具有大体积比表面积、良好液相传质性能的阴极，配合高活性催化剂，从而保证在使用低浓度过氧化氢时仍能输出足够的电流，即有效减小浓差极化。低浓度过氧化氢的使用可有效降低氧气的析出速率。

原则上能催化氧气电还原的催化剂均能催化过氧化氢电还原，因为过氧化氢是氧气电还原的中间产物。因此，目前研究较多的过氧化氢电还原催化剂与氧气电还原催化剂类似，主要有以下三类：

① 贵金属及其合金催化剂。这类催化剂主要有负载在炭基材料(如碳纸、碳布、碳纤维)或泡沫镍基体上的 Pt、Pd、Ir、Ag 和 Au 等及其合金，其优点是具有较高的催化活性和稳定性，但除了 Au 之外，其他金属上的 H_2O_2均存在严重的催化分解反应。

② 金属氧化物及金属复合氧化物。如 Co_3O_4、MnO_2、$NiCo_2O_4$、UO_2、CuO 等。这类催化剂的优点是廉价。

③ 有机过渡金属大环化合物。如炭负载的 Fe 和 Co 的卟啉以及 Cu 的三嗪类大分子络合物。这类催化剂的活性及在酸碱电解液中的稳定性不是很理想，但其催化 H_2O_2分解的活性较低。

另外，研究发现过氧化物酶对 H_2O_2 电还原显示出良好的电催化活性，而且完全不催化过氧化氢分解。但是酶需要特定的工作环境，对 H_2O_2 的浓度、工作温度、电解液的酸碱度有严格的要求。

贵金属及其合金催化剂的研究较多。Bessette 等研究了碳纤维负载的 Pd－Ir 作为 Mg－H_2O_2 半燃料电池的阴极（酸性电解液）。首先将直径为 11 μm 的碳纤维整齐地切割成长度为 0.5 mm 后，用碳基导电环氧树脂胶将其垂直地植在 100 μm 厚的 Ti 箔上，制成碳纤维密度约 125 000 根/cm^2 的基体，基体中碳的体积比表面积达 182 $cm^2 \cdot cm^{-3}$，然后利用电化学沉积法将 Pd 和 Ir 沉积在碳纤维上，获得过氧化氢电还原阴极。XPS 测试表明，Pd 为金属态，Ir 为氧化态。这种电极具有较大的体积表面积和良好的液体传质性能，可使反应物与钯铱催化活性组分进行充分接触，从而降低了 H_2O_2 的使用浓度，有利于减少 H_2O_2 分解产生的氧气量，使过氧化氢的电化学还原效率提高到 90%以上，并且阴极极化减小，电池性能提高。图 9－9和 9－10 分别为碳纤维基体和负载 Pd－Ir 的碳纤维阴极的扫描电镜照片。

图 9－9 垂直粘接在 Ti 箔上的碳纤维基体的扫描电镜照片

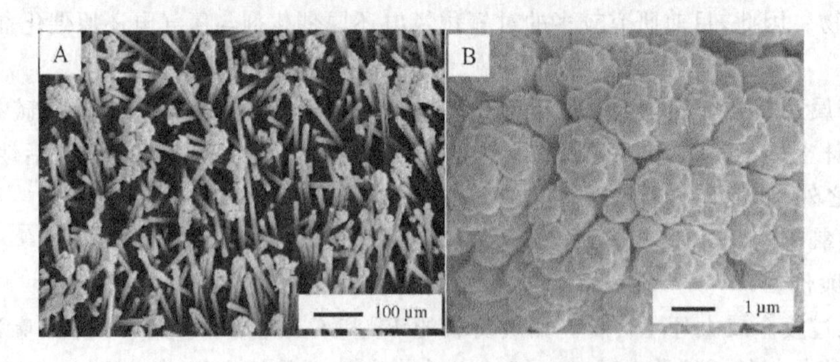

图 9－10 负载 Pd－Ir 的碳纤维电极的扫描电镜照片

孙公权等研究了泡沫镍负载的 Ag 和 Pd - Ag 作为 Al - H_2O_2(碱性电解液)和 Mg - H_2O_2(酸性电解液)半燃料电池的阴极。由于泡沫镍具有三维立体开放的多孔网状结构,因此这种电极具有较大的表面积和良好的液相传质性能。测试表明,电极具有高的稳定性和催化活性。单独以 Ag 为催化活性组分时,过氧化氢的利用效率(直接电还原选择性)达约 70%(其余 30%分解释放氧气);以 Pd - Ag 为催化活性组分时,过氧化氢的利用效率达约 88%。Ag 及 Pd 的负载均采用电化学沉积法。XPS 分析表明二者均为金属态。图 9 - 11 为泡沫 Ni 基体、Ag/Ni 及 Pd - Ag/Ni 电极的扫描电镜照片。

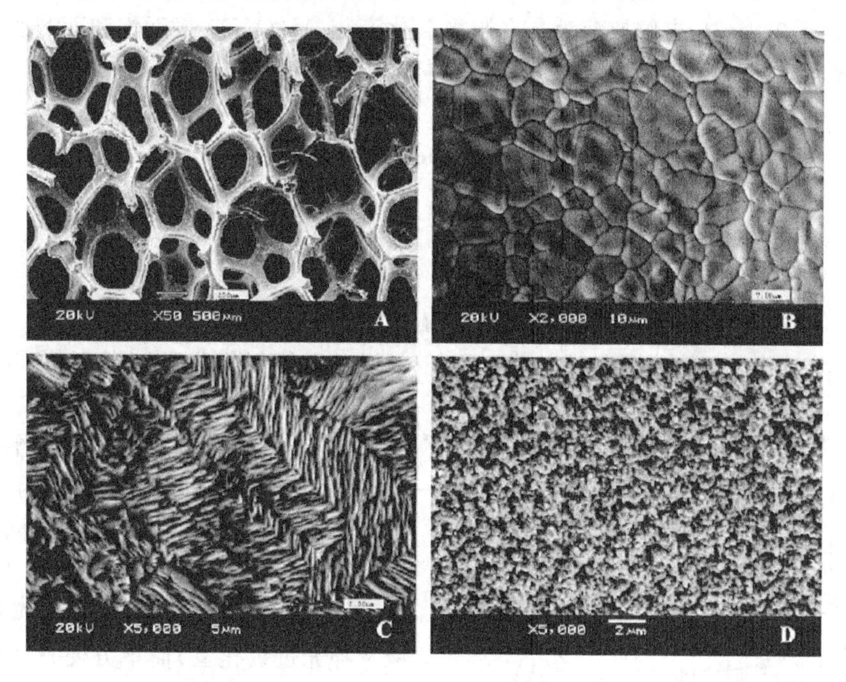

图 9 - 11　泡沫 Ni(A、B)、Ag/Ni(C)及 Pd - Ag/Ni(D)电极的扫描电镜照片

Lu 等利用电化学沉积法和溅射法制备了高比表面大空隙率碳布负载的纳米 Au 电极。通过性能测试并结合 Pourbaix 图分析发现,纳米 Au 对过氧化氢直接电还原反应保持较高的催化活性的同时,对过氧化氢的分解反应具有较低的催化性能,即纳米 Au 在活性和选择性之间存在较好的平衡关系。

编者最近的研究发现,在碱性介质中,Co_3O_4 和 $NiCo_2O_4$ 对 H_2O_2 的电还原显现了较高的催化活性和稳定性。当 H_2O_2 的浓度低于 0.4 mol · dm^{-3} 时,其电还原主要是按直接路径进行,几乎不分解产生 O_2。这表明这类氧化物很有希望取代贵金属,成为碱性 H_2O_2 燃料电池的阴极催化剂。

9.3.2.2 Al－H_2O_2半燃料电池

挪威国防研究部(FFI)于1998年首先研制出了Al－H_2O_2半燃料电池系统，并成功搭载在Hugin 3000型AUV上。其单电池及阴极的结构如图9－12所示。阳极为金属铝棒，阴极为做成瓶刷状碳纤维，载有银或铂或钯等金属为催化剂。阳极和阴极采用交替式排列，中间无分隔膜。电解质为7 mol·dm^{-3}左右的KOH或NaOH溶液，通过循环泵控制其在电池内部不断循环。运转时50％的过氧化氢被注入到电解质中，其浓度控制在0.003～0.005 mol·dm^{-3}，即0.1～0.2 g/L电解质溶液。在阳极氧化产物$Al(OH)_4^-$接近饱和而产生沉淀之前，更换电解液(机械充电)。电极、电池反应及其标准电势分别为：

阳极

$$2Al_{(s)} + 8OH^- \rightarrow 2Al(OH)_4^- + 6e^- \qquad E^\circ = 2.35\ V(vs.\ SHE) \qquad (9-35)$$

阴极

$$3H_2O_2 + 6e^- \rightarrow 6OH^- \qquad E^\circ = 0.87\ V(vs.\ SHE) \qquad (9-36)$$

电池

$$2Al_{(s)} + 3H_2O_2 + 2OH^- = 2Al(OH)_4^- \qquad E^\circ_{cell} = 3.22\ V \qquad (9-37)$$

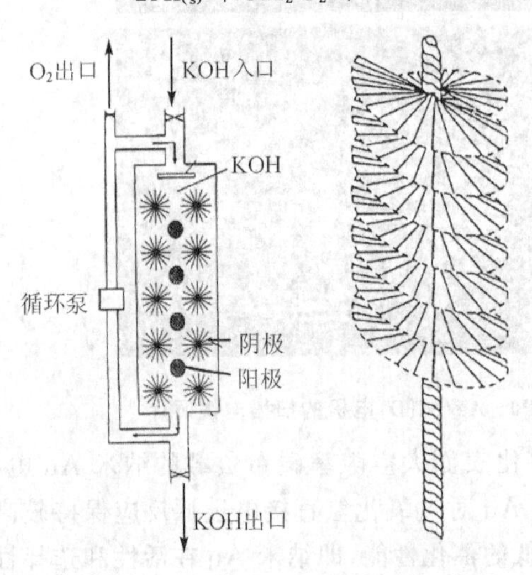

图9－12 Al－H_2O_2半燃料电池及其瓶刷状阴极的结构示意图

在无任何损失的情况下，产生1法拉第(26.8 Ah)电量，需消耗9 g铝，17 g 50％的过氧化氢和62 g 7 mol·dm^{-3}的氢氧化钾，基于此计算所得的质量能量密度为305 Ah·kg^{-1}。这种电池的特点是阴阳极间无隔膜，电池结构简单，电池放电过程中无固体产物生成，因而放电平稳、机械充电(更换阳极、电解液及补充过氧化氢)简单方便且所需时间短。瓶刷式阴极提供很大的表面积，可以充分的利用过氧化氢，从而有效地降低过氧化氢与阳极铝的接触机会，并且对电解液流动产生的阻力小。使用低浓度过氧化氢可有效减少其分解而造成损耗，提高氧化利用率。

用于Hugin 3000型AUV的电池由28根铝阳极，夹在两排炭纤维瓶刷式阴极之间构成一个电池组，这样的6个电池组串联起来形成整个电池。再加上电解质循环系统，过氧化氢存储袋和注入泵，排气系统，电池控制电器，以及DC/DC转换器和Ni－Cd缓冲电池，就构成了完整的电源系统。整个动力系统干重约500 kg，总容量50 kWh，最大功率1.2 kW，质量能量密度为100 Wh·kg^{-1}，电池输出电压为9 V，经DC/DC转换器后，输出电压为30 V。这种电池系统可供排水量 2.4 m^3，干质量 1.4 t 的 AUV 在 4 kn 的航速下续航时间达 60 h，之后更换电解质和补充过氧化氢，AUV 可再次下水，连续两次下潜（工作 120 h）后更换阳极铝。更换过程可在 1 h 内完成。电池直接与海水接触，从而省去了抗压容器。因此作为 AUV 电源，这一系统在安全性、充电时间、能量密度等方面优于锂离子电池系统。图 9－13 和图 9－14 分别为 4 个单电池串联组成电池组的示意图及用在 Hugin 3000 型 AUV 上的 6 个单电池串联组成的电池系统的实物照片。

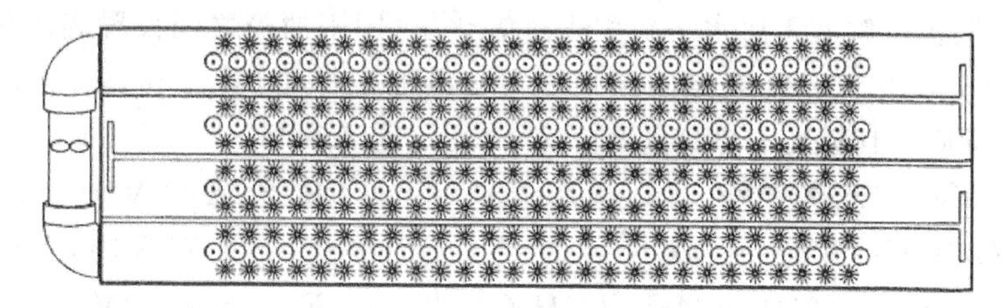

图 9－13　4 个单电池串联组成电池组的示意图

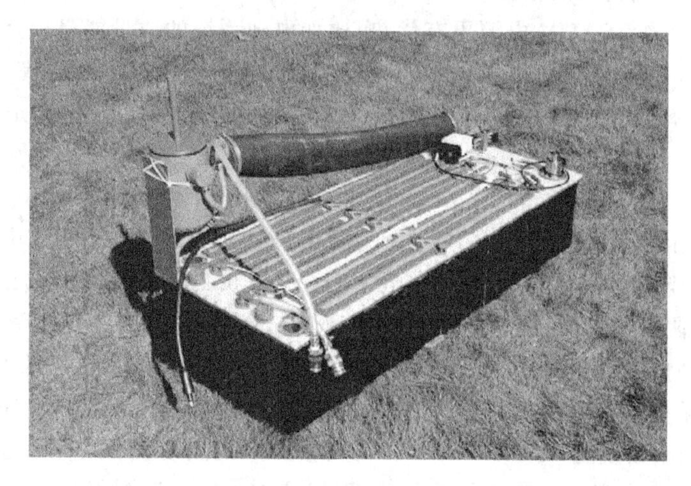

图 9－14　用在 Hugin 3000 型 AUV 上的 $Al-H_2O_2$ 半燃料电池组的实物照片

FFI 的这种电池无隔膜无阳极泥的半燃料电池在简化电池结构、方便机械再充电的同时，也降低了电池的能量密度。这是因为，一方面阳极和阴极间无隔离膜，过氧化氢和其分解产生的氧气不可避免会与阳极铝直接接触，发生化学反应式（9－14）和（9－15），导致铝的无功消耗；另一方面为了防止 $Al(OH)_3$ 沉淀生成而采用高浓度 KOH，从而增加了电解液的质量。再加上铝的自放电析氢反应式（9－12）和过氧化氢的分解释氧反应式（9－23）的存在，导致半燃料电池的实际能量密度要远小于其理论值。研究发现，如果采用隔膜将阳极电解液（KOH）和阴极电解液（KOH＋ H_2O_2）隔离开，则电池的电化学效率可提高多达 75%。如果允许 Al$(OH)_3$ 生成（即一次使用，不再进行机械充电），则质量能量密度可提高约一倍。

9.3.2.3 Mg－H_2O_2半燃料电池

镁-过氧化氢半燃料电池的研究始于最近几年，历史较短，目前仍处于概念性单电池及小型电池组的实验室研究。开展相关研究的主要是美国海军水下战争中心（Naval Undersea Warfare Center）Medeiros 和马萨诸塞大学的 Bessette 等人。典型的 Mg－H_2O_2半燃料电池的阳极为镁及其合金，阳极电解液为海水（或 NaCl 溶液），阴极为炭纤维担载的 Pd－Ir（见9.3.2.1小节），阴极电解液为海水＋硫酸＋过氧化氢，阴阳两极之间设置离子传导膜（如 Nafion－115），阻止过氧化氢和硫酸渗透到阳极室。电池工作时，镁合金被氧化，过氧化氢被还原。电极、电池反应及其标准电势分别为：

$$Mg \rightarrow Mg^{2+} + 2e^- \qquad E^\circ = 2.37\ V(vs. SHE) \qquad (9-38)$$

$$H_2O_2 + 2H^+ + 2e^- \rightarrow 2H_2O \qquad E^\circ = 1.77\ V(vs. SHE) \qquad (9-39)$$

$$Mg + H_2O_2 + 2H^+ \rightarrow Mg^{2+} + 2H_2O \qquad E^\circ_{cell} = 4.14\ V \qquad (9-40)$$

与 Al－H_2O_2半燃料电池相比，Mg－H_2O_2半燃料电池的理论电压更高，它可直接采用海水作为电解液，因而作为 AUV 电源更有优势，比如电池系统的质量能量密度高、造价低、完全环境友好。然而，由于 Mg 在海水中的放电速率不如 Al 在碱性电解液中高，所以 Mg－H_2O_2半电池的输出功率低于 Al－H_2O_2半燃料电池。它的应用对象主要是小功率、长航程的 AUV。

Medeiros 等以镁片（2.5 cm×3.5 cm×0.2 cm）为阳极，以 Nafion－115 为导离子隔膜，以垂直植入到 Ti 箔上的碳纤维担载的 Pd－Ir 为阴极组装了 Mg－H_2O_2测试电池。采用 40 g·dm^{-3} NaCl 溶液为阳极电解液，0.06 mol·dm^{-3} H_2O_2＋0.2 mol·dm^{-3} H_2SO_4＋40 g·dm^{-3} NaCl 混合溶液为阴极电解液，在电解液流速为 200 cm^3·min^{-1}的条件下测试了电池及电极的性能。发现电池的开路电压约为 2.2 V，随电流密度增加，阴阳两极均发生极化，但阴极极化程度显著大于阳极的极化程度。当电池的电流密度增加到 75 mA·cm^{-2}时，电池电压下降到 1.12 V，此时功率密度达 85 mW·cm^{-2}。经过 40 h 的反复测试，未观测到性能下降。在 25 mA·cm^{-2}的电流密度（1.75 V 电池电压）下恒流放电 3 h 后测得的过氧化氢的利用率达 88%。根据消耗的镁，过氧化氢和硫酸的质量计算出来的电池的能量密度达 500 Wh·kg^{-1}。

尽管镁-过氧化氢半燃料电池的理论电压高达 4.14 V，但在目前的技术水平下，电池的实际工作电压小于 2 V。原因之一是过氧化氢直接电还原反应的极化过电势极高，即使采用活性非常高的 Pt、Pd 等贵金属为催化剂，在酸性电解液中其开路电势也只有约 0.8 V，甚至低于氧气的开路电压，与其平衡电极电势（1.77 V）相差甚远。存在如此高过电势的原因目前尚不清楚。另外 Mg 在放电时，其放电产物 $Mg(OH)_2$、$MgCO_3$ 等在表面会形成一层钝化膜，导致电阻极化，致使 Mg 的开路电势（约－1.8 V）远正于其平衡电极电势。

9.3.3　金属-海水中溶解氧半燃料电池

金属-海水中溶解氧半燃料电池可以说是结构最为简单的一种半燃料电池。其电化学原理与金属-空气电池相同。图 9-15 为典型的金属-海水中溶解氧半燃料电池的结构示意图。通常将若干根镁或铝合金棒垂直地均匀排布在电池的中心位置作为电池的阳极,环绕阳极的为若干根均匀分布的碳纤维刷阴极或一金属圆筒阴极,用一耐蚀金属框架固定两极,构成整个电池。使用时,将电池浸入海水中,利用海水中溶解的氧气作为氧化剂,海水充当电解质。由于电解质和氧气直接取自于电池周围的海水,唯一消耗的材料就是金属阳极,因此这种半燃料电池具有极高的能量密度,而且其结构十分简单,造价低廉,安全可靠,干存时间无限长,无任何生态污染。但是由于受海水中溶解氧气浓度的限制(约 0.3 $mol \cdot m^{-3}$,对应电量 28 $Ah \cdot m^{-3}$),其输出功率较小。因此特别适用于为长期在海下工作的小功率电子仪器设备提供电力。比如用于水声通信设备、海洋监测系统、海下导航仪、自动控制海下采油井,海底地震监测仪、航标灯等。其极高的能量密度使其具有极长的使用寿命,可以在完全无需维护的条件下持续工作若干年。

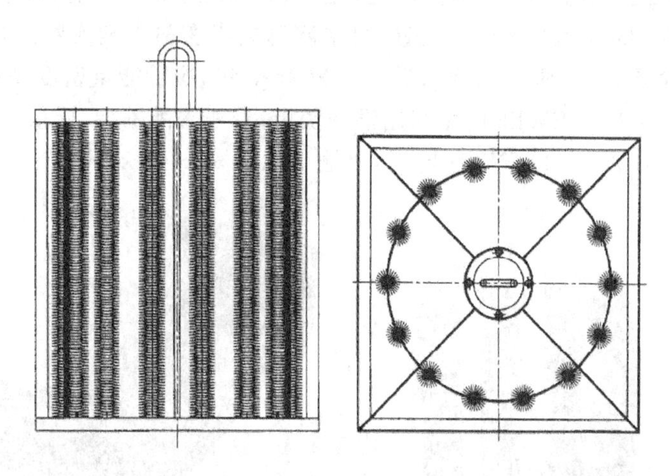

图 9-15　典型的金属-海水中溶解氧半燃料电池的结构示意图

这种半燃料电池在工作时,需要海水连续流过电池的两极,以便不断地为阴极提供氧气和带走阳极的反应产物,如 $Mg(OH)_2$、$MgCO_3$等。因此电池的结构必须是开放式的。这种开放式结构会导致电池串联时产生高的漏电电流,因此不能采用多个电池串联的方式来提高电压,但可以采用并联的方式来提高电流,配以 DC/DC 转换器,将电压升高并稳定到负载需要的电压范围。DC/DC 转换器的使用会限制输出功率,因此通常需要在 DC/DC 转换器和负载之间再安装一个蓄电池,来增加峰值输出功率。

1994 年挪威国防研究部研制了为海底采油井自动控制系统提供动力的镁-海水中溶解氧

半燃料电池。其实验电池的结构如图 9－15 所示。阳极为 4 根 AZ61 镁合金棒，直径 18.4 cm，长 1.1 m。阴极为炭纤维，绑束在钛金属丝上，形成试管刷式结构，管刷直径 9 cm。14 根试管刷式阴极被焊接到直径 80 cm 的钛圈上(外圈)，4 根镁合金固定在内圈上。内外圈被固定一个长宽高各为 1 m 的钛金属框架内。电池配有一个 DC/DC 转换器，以调节并稳定其输出电压。电池的功率为 3.6 W 时，在最初的 20 h 测试期间，电池电压为 1.2 V，之后电池电压增加并稳定在 1.6 V，此时输出电流为 2.25 A。电压升高被认为是由于海水中微生物附着在阴极炭纤维表面上形成一层似粘泥状物质，这种物质可以催化氧气的电化学还原反应，增加阴极的催化活性，降低了阴极电化学极化过电势。在 635 天的放电测试过程中，电池电压一直稳定在 1.6 V 左右，总输出能量达 55 kWh。在实验电池成功测试的基础上，制备了一个实用电池组，其由 6 个单电池组成，每个单电池的结构与实验电池一样，但其长度增加一倍。电池组测的长宽高分别为 5.2 m×3.2 m×4.2 m。框架采用炭钢以降低成本，炭钢上涂有防腐涂层并附有牺牲阳极以减缓框架的腐蚀。镁阳极总质量 118 kg，可得能量约 650 kWh。系统设计寿命 15 年。这一电池于 1996 成功安装到海下油井(Luna 27)的控制系统上(180 m 深，挪威海)。3 000 h 后的数据分析证明其工作良好，最大功率下的电池电压为 1.46 V。

挪威 kongsberg 公司将 FFI 技术商品化，生产出了不同型号的镁-海水溶解氧半燃料电池。图 9－16 为 SWB600 和 SWB501 型镁-海水溶解氧半燃料电池实物照片。SWB600 型采用碳纤维阴极，钛金属框架，质量 80 kg，设计寿命 2～5 年，质量能量密度高达 1 kWh · kg^{-1}，可输出能量 50～60 kWh。SWB501 型采用铜网阴极，聚亚安酯框架，质量 120 kg，设计寿命 3～5 年，质量能量密度 250～300 Wh · kg^{-1}，可输出能量 30～40 kWh。

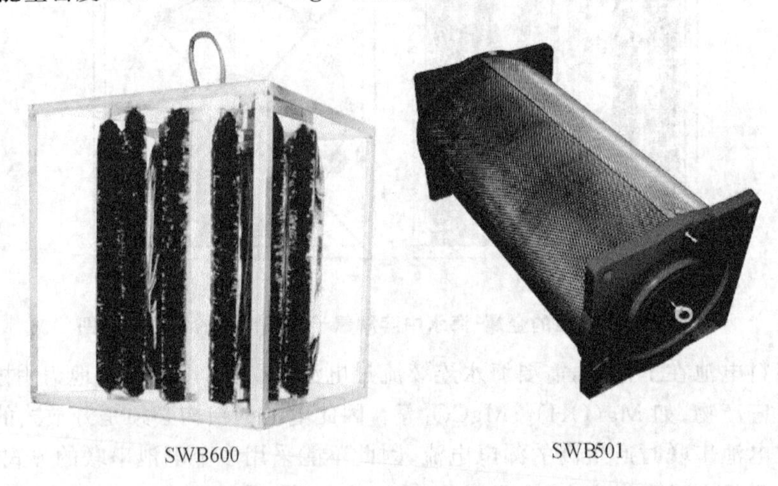

图 9－16　SWB600 和 SWB501 型镁-海水溶解氧半燃料电池实物照片

最近，法国和挪威正在联合测试将镁-海水溶解氧半燃料电池用于驱动超长航程的 AUV (CLIPPER 计划)。其设计航程超过 3 000 km，航速 2 m/s，下潜深度 600 m。这种 AUV 搭载较少仪器，执行超长航程任务，如侦查、目标识别、情报收集，反潜，快速环境评测，海洋研究、极地探索等。超常航程和低速行驶的设计要求电源系统具有足够大能量，镁-海水溶解氧半燃料电池正好可以满足这种要求。图9-17为超常航程AUV镁-海水溶解氧半燃料电池分布示意图。6个菱柱形的电池均匀分布在AUV外壳，每个单电池包含6×39＝234根并联在一起的镁棒和5×38＝190根炭纤维刷阴极。镁棒直径22 mm。阴极长35 cm，直径30 mm。阴阳极采用交替的排列方式，如图9-18所示。AUV行驶时海水流过电池，充当电解质并提供氧气给阴极。两个半燃料电池之间装有一个DC/DC转换器，将约1 V的电池电压升高到48 V。

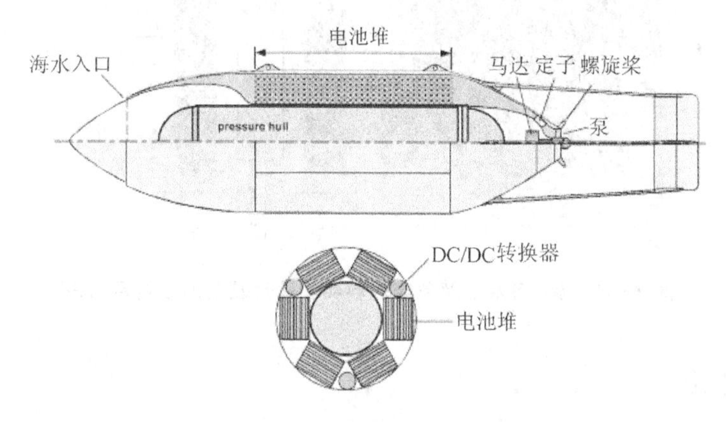

图9-17　AUV电池分布示意图

对单电池进行了400 h的海下放电测试，极化曲线测试发现，电池的开路电压约1.5 V，在电流达180 A时，电压下降到1.1 V。133 W恒功率测试表明，经400 h的放电，电池电压从约1.2 V下降到约1 V。电压的降低主要是由于阴极极化引起。

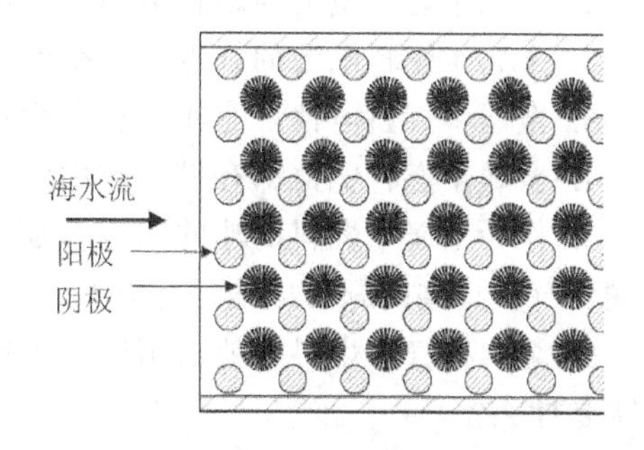

图9-18　阴阳极排列方式示意图

我国成功研制出了铝-海水溶解氧半燃料电池，这一技术获得了国家发明奖银质奖，并作为火炬计划推广项目。目前陕西鹏远科技开发有限责任公司生产。电池以铝合金做阳极、阴极具有类似鱼腮的网状结构，其大的表面积可以充分利用海水中微量的溶解氧。电池采用单节结构，避免因串联造成节间漏电。整个电源系统由铝-海水溶解氧半燃料电池、升压电路、蓄电池三部分构成，电池的输出电压经升压器提高到适当的电压给蓄电池充电，然后由蓄电池给用电设备供电。目前主要用于LED航标灯，可以可靠地工作一年以上，运行成本远低于现在通用的电池。还可用作气象、水文用流标、浮标、潜标及海下监控通迅设备的电源。图9-19为铝-海水溶解氧半燃料电池结构示意图及实物照片。

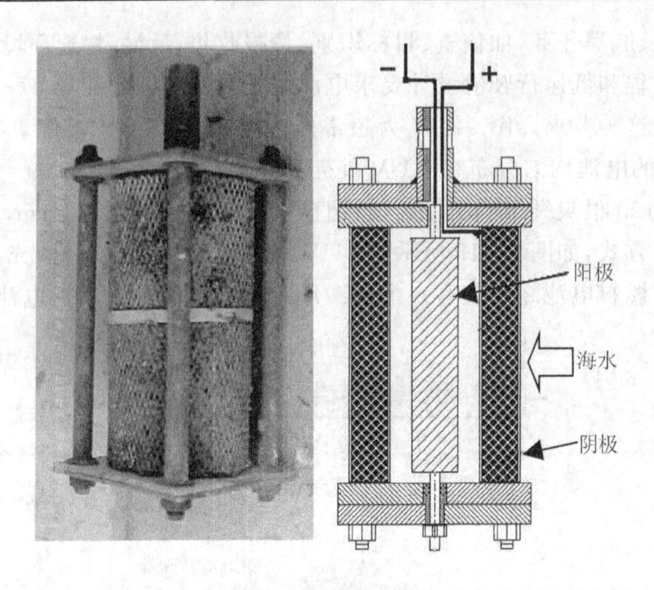

图 9-19 铝-海水溶解氧半燃料实物照片及电池结构示意图

问题与讨论

1. 金属半燃料电池与燃料电池和电池间的关系是什么？

2. 金属半燃料电池的特点是什么？

3. 金属半燃料电池都有哪几种类型？

4. 金属半燃料电池都有哪些应用？

5. 作为金属半燃料电池的阳极金属常用的有哪些？它们都有什么特点？各自存在什么问题？解决这些问题的措施是什么？

6. 金属空气半燃料电池的阴极常采用气体扩散电极，其结构特征是什么？对这种电极的要求是什么？

7. 常用的金属空气半燃料电池的阴极催化剂有哪几种？

8. 金属半燃料电池的电解液的选择规则是什么？

9. H_2O_2作为金属半燃料电池氧化剂的优点是什么？存在什么问题？

10. H_2O_2电还原催化剂有哪几类？

11. 对H_2O_2阴极的结构有什么特殊要求？

12. 金属-海水溶解氧半燃料电池的特点是什么？

第10章　直接碳燃料电池

燃料电池技术正处于快速发展阶段，除了前几章介绍的几种典型的燃料电池（PEMFC、DMFC、AFC、MCFC和SOFC）以外，近年来又出现一些技术上有别于这些传统燃料电池的新型燃料电池，比如直接碳燃料电池DCFC（Direct Carbon Fuel Cell）、直接硼氢化物燃料电池DBFC（Direct Borohydride Fuel Cell）和生物燃料电池BFC（Bio-Fuel Cell）等。这些新型燃料电池并不像传统典型的燃料电池那样得到广泛的关注和深入的研究；相反它们还处于初始活跃的研究阶段，正逐渐引起人们越来越多的关注。本章将介绍直接碳燃料电池的基本原理、特点、历史沿革、发展现状和存在的问题。

10.1　直接碳燃料电池的工作原理与电池结构

传统的燃料电池都是采用气态或液态燃料，如氢气、甲烷、甲醇等，这些燃料的一种重要特点是便于连续输送到燃料电池，实现发电系统的连续化和自动化。直接碳燃料电池不同于这些传统的燃料电池，它采用固体碳（如煤）为燃料，将固体碳供给到电池中，通过其直接电化学氧化反应来输出电能。直接碳燃料电池的基本结构和其他燃料电池（如MCFC和SOFC）一样，也是由阳极、阴极和电解质三部分构成，如图10-1所示。碳既是阳极，同时也是燃料，在电池运转过程中会不断消耗。这不同于前面讨论过的其他燃料电池，它们的阳极是不消耗的，消耗的只是燃料。由于碳的电化学氧化反应速率慢，通常需要在高温条件下进行，因此直接碳燃料电池采用熔融盐或固体氧化物为电解质，电极反应因采用的电解质不同而不同，但理想的电池反应均为

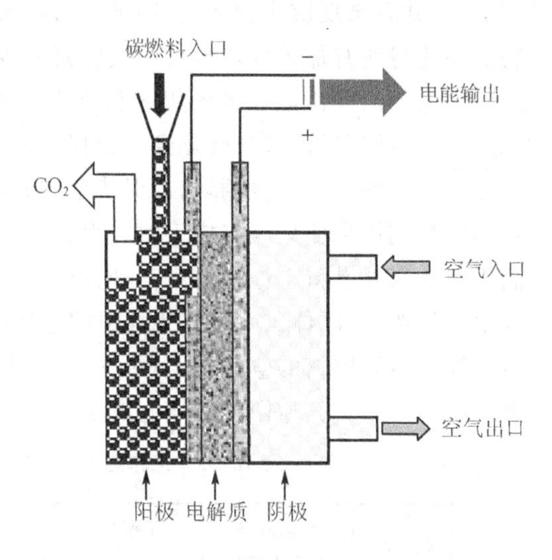

图10-1　直接碳燃料电池示意图

$$C + O_2 = CO_2 \qquad (10-1)$$

这一反应和碳的完全燃烧反应是相同的。典型工作温度下电池的标准电动势为1.02 V，与前面讨论过的常见的燃料电池相当。

10.2 直接碳燃料电池的特点

直接碳燃料电池与其他燃料电池相比，具有如下突出的特点：

① 直接碳燃料电池的能量转化效率高，其理论效率达100%以上。表10-1给出了在工作温度 t=800 ℃时直接碳燃料电池反应的热力学常数。从表中可以看出，电池反应的熵变为很小的一个正值。也就是说，电池在工作时，会从环境中吸收少量热量并将其转化为电能。电池工作温度越高，其效率也越高，这一点不同于其他高温燃料电池，如MCFC和SOFC。

表10-1 工作温度为800 ℃时电池的热力学和电化学参数

电池反应	ΔG°_{r}/kJ·mol^{-1}	ΔH°_{r}/kJ·mol^{-1}	ΔS°_{r}/J·K^{-1}·mol^{-1}	理论效率/%	标准电池电压/V
$C+O_2=CO_2$	−395.4	−394.0	2.5	100.4	1.02

电池反应过程中，反应物固态碳和产物气态二氧化碳均以单独的纯相存在，因此它们的活度是固定的，并且与反应进程无关，即不会随着燃料的转换程度和在电池内部的位置而改变。这一特点将使得所有加入的燃料可一次性完全转化掉，即利用率可达100%，而且在碳的全部转化过程中电池的理论电压能够恒定保证在1.02 V，即能斯特损失接近零。而其他燃料电池，其燃料一次循环只能部分转化到一定程度，且随燃料分压降低，电池电压下降，因此这些燃料电池需要对燃料进行反复循环，以保持燃料分压。由于在工作温度下，直接碳燃料电池的理论电压和燃料利用率比以氢气或天然气为燃料的电池高，因而直接碳燃料电池的实际效率要大大高于其他高温燃料电池，表10-2比较了 t=600 ℃下以固体碳、氢气和甲烷为燃料时电池的效率。显然，以固体碳直接作为燃料的电池(DCFC)的实际效率可达80%，显著高于以氢气或甲烷等气体为燃料的电池(MCFC、SOFC)的实际效率。这是由于固体碳高温下氧化的理论效率和利用率高于其他两种气体的缘故。

表10-2 工作温度为600 ℃时电池实际效率比较

燃　料	理论效率 $\Delta G^{\circ}_{r}/\Delta H^{\circ}_{r}$	燃料利用率 μ 100%	电压效率 $E/E^{\circ}=\varepsilon_V$	实际效率= $(\Delta G^{\circ}_{r}/\Delta H^{\circ}_{r})(\mu)(\varepsilon_V)$
C	1.003	1.0	0.80	0.80
CH_4	0.895	0.80	0.80	0.57
H_2	0.70	0.80	0.80	0.45

直接碳燃料电池的发电效率不仅高于其他类型的燃料电池，更高于火电站燃煤发电的效率。在直接碳燃料电池中，煤等固体碳是通过电化学氧化反应而将化学能转化成电能。这一煤到电的转换过程中不使用热机，因而可以突破热机卡诺循环效率的限制。

② 直接碳燃料电池的污染排放少。虽然从化学反应角度上，直接碳燃料电池发电和火电站的直接燃煤发电都是利用煤炭的完全燃烧反应式(10－1)，但是由于发电的原理不同，直接碳燃料电池发电所释放出的污染物，如 CO_2、SO_x、NO_x、粉尘等，要远小于直接燃煤发电。按每发 1 kW·h 电计算，采用 DCFC 所产生二氧化碳的量大约只有燃煤热电站的 50%，所产生的烟气总量大约只有燃煤热电站的 1/10。这是由于 DCFC 的效率几乎是现在燃煤发电站的一倍；同时，用直接碳燃料电池发电时，碳燃料不和空气直接接触混合，因此，阳极排放的气体主要是二氧化碳，其中含有的少量的 SO_x、NO_x 等，阴极排放的气体为无害的低氧空气。由于阳极排放气中二氧化碳的浓度高，提纯方便，可以回收作为化工原料利用；或者注入到油田，用来提高产油率，同时将二氧化碳永久地存储到地下，从而实现最大限度地降低二氧化碳向大气环境中的排放，减少温室效应。另外直接碳燃料电池几乎不产生粉尘排放。因此从环境保护的角度来看，直接碳燃料电池发电技术的优点是显著的。这一特点对于那些依赖燃煤发电的国家和地区尤为重要。比如在我国，约 80%的电力来自燃煤；燃煤产生的二氧化碳占到二氧化碳排放总量(居世界第二位)的 70%，SO_2 排放总量(居世界第一位)的 90%来自燃煤；67%的 NO_x 和 70%的粉尘也是来自燃煤。在美国 50%以上的电力来自燃煤电站，同时大量污染物的排放也来自其中。

③ 固体碳燃料资源丰富、廉价。作为直接碳燃料电池燃料的固体碳，可以从煤、生物质(如谷壳、果壳、秸秆、草)甚至有机垃圾中获得。煤是地球上储量最丰富的矿物燃料，占到全部矿物燃料储量的 60%；我国的煤储量和开采及利用量居于世界第一位。用做 DCFC 燃料的碳颗粒可由煤等通过热解制备，这一过程所消耗的能量和需要的投资要远低于富氢气体的制备过程(如天然气或煤气的重整过程)，富氢气体是其他燃料电池(如 PEMFC、PAFC 等)常用的燃料。另外，热解制备炭黑的技术是成熟的，美国炭黑的年产量达数百万吨。

由煤、生物质等热解制备 DCFC 燃料碳的同时，会副产氢气，这些氢气可用于氢氧燃料基电池，如 MCFC、SOFC。因此通过将直接碳燃料电池和其他燃料电池联合运用，可实现最大限度、洁净高效地利用丰富廉价的煤等含碳固体燃料，如图 10－2 所示。

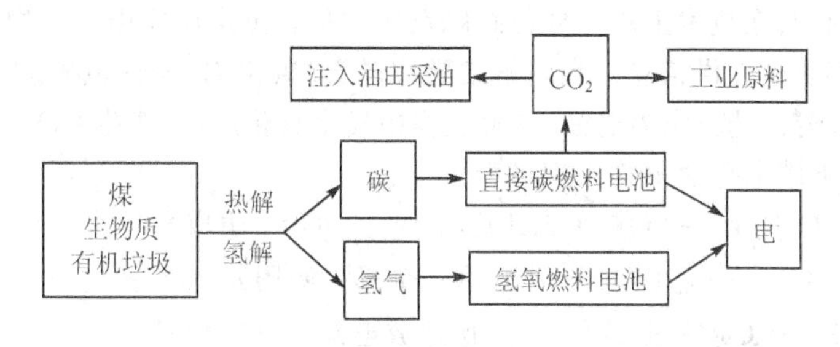

图 10－2　DCFC 与其他燃料电池联用实现煤电高效洁净转化

④ 直接碳燃料电池电站是模块化结构设计，可根据实际情况，经济方便地调整电厂的规模。此外，这种电站不像燃煤热电站那样需要大量的水。这些特点使得 DCFC 特别适于建设

坑口电站，变输煤为输电，从而可降低煤在运输中造成的污染并节省运输费用。

⑤ 直接碳燃料电池与熔融碳酸盐燃料电池比较具有优势。采用熔融碳酸盐为电解质的直接碳燃料电池与熔融碳酸盐燃料电池（MCFC）结构非常接近。MCFC 是公认的洁净高效的发电装置，其技术相对成熟，经济和环境效益突出。但是，第一，目前的 MCFC 主要采用天然气和煤气等为燃料。天然气是洁净能源，还是宝贵的化工原料，其储量有限，作为发电燃料使用不是最佳选择。煤气需由煤气化制备，这一过程存在污染和能耗问题。第二，天然气需经过重整转化为富氢气体（H_2+CO）后才能作为 MCFC 的燃料使用，内重整在一定程度上增加了 MCFC 结构的复杂性，降低了其工作稳定性。第三，MCFC 在高温长期运行中，阴极 NiO 会溶解于熔融碳酸盐中，产生的 Ni_2^+ 扩散到阳极附近时被溶解的 H_2 还原成金属 Ni 微粒，逐渐积累并互相连接成 Ni 桥，导致阴极与阳极间短路，从而限制了 MCFC 的使用寿命。采用固体碳直接作为 MCFC 的燃料可克服上述问题。第一，固体碳燃料如煤或生物质属于低品质或可再生能源，廉价丰富；第二，以固体碳直接为燃料的 DCFC 的电效率高，其理论效率 100%，实际效率可达 80%，高于以天然气为燃料的 MCFC，见表 10-2；第三，以固体碳为燃料时，可有效地避免阴极 NiO 溶解导致两极短路的问题，因为阳极不存在还原性气氛。

⑥ 直接碳燃料电池的阳极不需要催化剂，只需要集流体收集并传导电流即可，有利于降低电池的制造成本。

10.3 碳的直接电化学氧化反应

10.3.1 碳电化学氧化反应机理

碳的电化学氧化反应是直接碳燃料电池的阳极反应，其反应速率直接关系到燃料电池的工作性能。由于反应一般在高温熔盐中进行，且反应物为固体，这就给反应机理及其动力学的研究带来了一定困难，在技术上难以原位跟踪反应过程和测定反应中间产物，因此其反应机理的研究依赖于间接实验提供信息。在电解熔融冰晶石/氧化铝（酸性电解质）生产铝的霍尔过程（Hall process），碳（石墨）作为电极，电解过程中发生氧化反应，产生 CO_2。在对这一过程的研究中，提出了如下碳电化学氧化反应机理：

$$2[Al_2O_2F_4]^2 \rightarrow 2O^{2-} + 2Al_2OF_4 \quad (O^{2-}\text{ 生成}) \tag{10-2}$$

$$C_{RS} + O^{2-} \rightarrow C_{RS}O^{2-} \quad (\text{第一个 } O^{2-}\text{ 吸附}) \tag{10-3}$$

$$C_{RS}O^{2-} \rightarrow C_{RS}O^{-} + e^{-} \quad (\text{快速放电}) \tag{10-4}$$

$$C_{RS}O^{-} \rightarrow C_{RS}O + e^{-} \quad (\text{快速放电}) \tag{10-5}$$

$$C_{RS}O + O^{2-} \rightarrow C_{RS}O_2^{2-} \quad (\text{第二个 } O^{2-}\text{ 吸附——速率控制步骤}) \tag{10-6}$$

$$C_{RS}O_2^{2-} \rightarrow C_{RS}O_2^{-} + e^{-} \quad (\text{快速放电}) \tag{10-7}$$

$$C_{RS}O_2^- \rightarrow CO_2(g) + e^- \qquad (快速放电及 CO_2 生成) \qquad (10-8)$$

首先氟铝酸盐分解释放出自由的 O^{2-} 离子，然后 O^{2-} 离子吸附在碳表面的活性位（如边缘和台阶等缺陷）上，经两步快速-电子的放电反应，在碳表面上形成 C—O—C（C_2O）桥，如图10-3所示。第二个 O^{2-} 离子吸附在 C_2O 邻位，将表面吸附物种扩展为 C—O—C—O—C（C_3O_2）桥。这一步为速率控制步骤（rate-determining step），通常需要足够大的过电势。C_3O_2 进一步发生快速单电子放电反应，形成不稳定的 $C_{RS}O_2^-$；最后脱附生成游离的 CO_2。

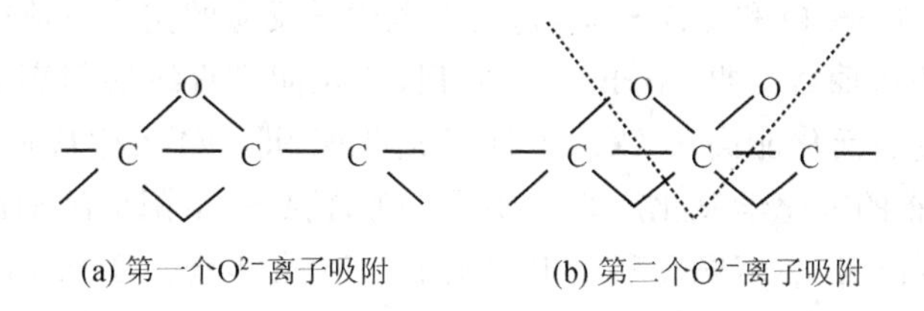

(a) 第一个O^{2-}离子吸附　　(b) 第二个O^{2-}离子吸附

图10-3　碳电化学氧化过程示意图

众所周知，熔融碳酸盐（如 Li_2CO_3、K_2CO_3）中的碳酸根离子可以分解释放出 O^{2-} 离子[见式(10-9)]。根据这一事实，美国 Lawrence Livemore National Laboratory (LLNL)实验室的 Cooper 教授提出，碳在熔融碳酸盐（碱性电解质）中的电化学氧化过程也遵循如上反应机理，所不同的是 O^{2-} 离子是由碳酸根离子分解反应提供，即用式(10-9)替代式(10-2)则得碳在熔融碳酸盐中的电化学氧化反应机理。如果采用熔融金属氢氧化物（如 NaOH、KOH）为电解质，如上反应机理也可能成立，因为熔融金属氢氧化物中也存在 O^{2-} 离子。当然这一假设需要进一步的研究来证实，因为在熔融金属氢氧化物中还同时存在 O_2^{2-}、O_2^- 和 OH^- 离子，它们也有参与反应的可能。以固体氧化物（如 YSZ）为电解质时，O^{2-} 离子则直接来自阴极。其反应式为

$$2CO_3^{2-} \rightarrow 2CO_2 + 2O^{2-} \qquad (10-9)$$

10.3.2　碳电化学氧化产物

从上述反应机理可以看出，在碳电化学氧化为二氧化碳这一4电子转移过程中，首先要经历一个生成吸附态一氧化碳的2电子转移过程[式(10-2)～(10-5)]，吸附态的 CO 若在进一步反应之前发生脱附，则导致碳电化学氧化产物中出现 CO。实验发现，碳在熔融碳酸盐中发生电化学氧化时，在某些条件下，产物中确实存在 CO，其含量主要取决于反应温度和极化过电势。CO/CO_2 随温度升高而增加，随极化过电势增大（电流密度增大）而减小。

以石墨为模型，通过推广的休克尔分子轨道法 EHMO(extended Hückel molecular orbital method)和量子化学的从头计算法（ab-initio）对 O^{2-} 离子在石墨电极表面上可能存在的各种吸附形式的吸附能的计算发现，氧呈双键形式吸附时的能量要比呈桥型吸附时低，因此氧原

子与碳原子结合的形式最可能是双键吸附，如图 10－4 所示。另外从平衡电极电位来看，CO 析出的电极电位要比 CO_2 的低，比如在 1 000 ℃下铝电解时，当阴极产物为铝，阳极产物为 CO 时的平衡电势比产物为 CO_2 时低了约 0.14 V。所以如果仅从热力学上看，CO 应优先析出。但是，由于这两个反应的平衡电势相差不大，因此只要稍加极化，阳极电势就可达 CO_2 的析出电势。因此，施加一定的过电势，CO_2 同样可以生成，此后氧化产物中 CO/CO_2 则由电极反应动力学控制。

图 10－5 给出了 C→CO 和 CO→CO_2 这两个电化学反应的交换电流密度的对数和热力学温度的倒数之间的关系曲线。据 Arrhenius 方程，活化能与直线的斜率成正比，所以 C→CO 这一电化学氧化反应的活化能高于 CO→CO_2 的活化能，即 CO 的生成速率低于其消耗速率。因此从动力学上看，碳的电化学氧化产物主要是 CO_2，前提是给阳极施加以一定的过电势。早期的实验事实也确实证明，在熔融碳酸盐电解质中，当极化电势大于 0.15 V 时，产物中 CO_2 的含量几近 100%。当然，氧化产物中 CO/CO_2 与过电势和温度间更确切的定量关系还有待实验的进一步研究。

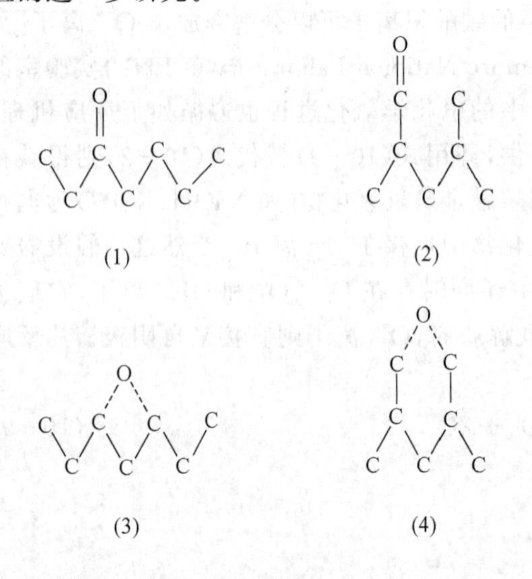

(1)和(2)为双键吸附；(3)和(4)桥型吸附；(1)和(3)为低晶格缺陷吸附位；(2)和(4)为高晶格缺陷吸附位。

图 10－4　氧离子在石墨上的放电吸附模型

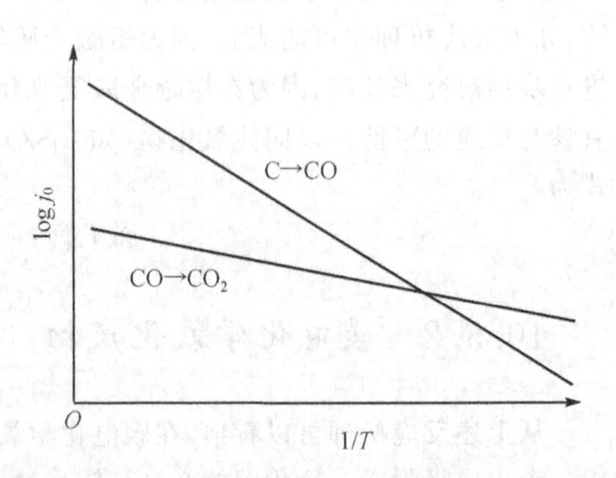

图 10－5　交换电流密度与反应温度间的关系

从图 10－5 可以定性地看出，在较低温度下，CO→CO_2 的交换电流密度大于 C→CO，因此只需较小的极化电势即可保证 CO 不会生成；在较高温度下，CO→CO_2 的交换电流密度小于 C→CO，因此极化过电势必须足够大；否则，生成的 CO 将不会进一步氧化为 CO_2，CO 将会成为主产物。

图 10－6 为根据从头计算法的结果提出石墨阳极氧化生成 CO 和 CO_2 的模型。氧离子首

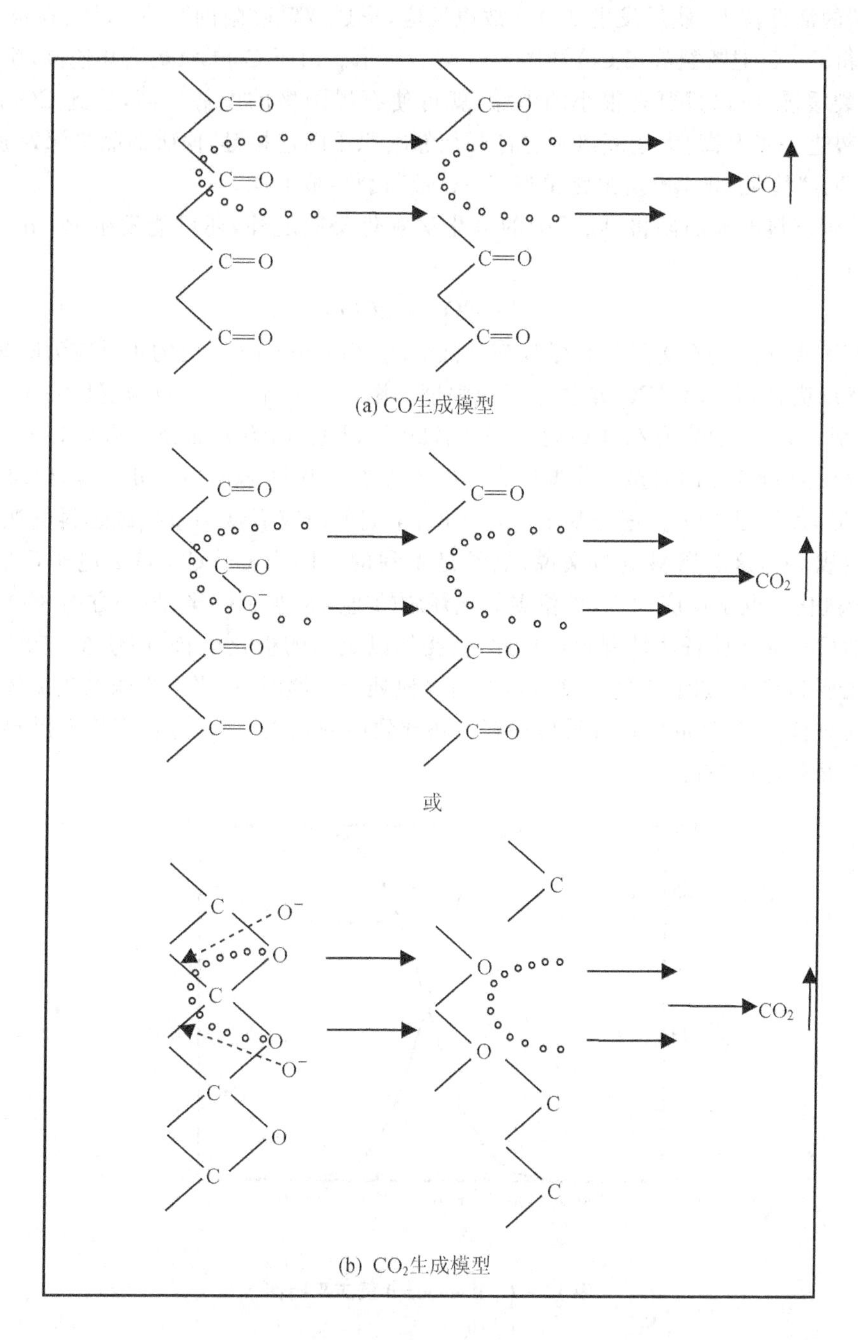

图 10-6　石墨阳极氧化生成 CO 和 CO_2 的模型

先吸附在碳的活性位上，然后发生 2 电子放电反应，形成双键吸附的“CO”基团，在极化电势的推动下，使得 C—C 键断裂放出 CO 如图 10-6(a)所示。由于 C→CO 的活化能高，生成 CO 时 C—C 键断裂缓慢，所以只要有很小的电流，就可使石墨阳极的电势升高，达到 CO_2 的析出电势，随着电势进一步升高，大量氧离子将打开相邻碳原子的连接键，向碳的晶格深处放电，形成不稳定的“CO_2”基团，极化电势最终迫使 C—C 键断裂生成 CO_2。

在直接碳燃料电池的阳极，除了碳的电化学氧化反应之外，还可能发生 Boudouard 反应式(10-10)。

$$C + CO_2 \rightarrow 2CO \tag{10-10}$$

即 C 与其氧化产物 CO_2 发生化学反应生成 CO。Boudouard 反应的正反应为吸热反应，逆反应为放热反应，因此，CO/CO_2 取决于反应温度如图 10-7 所示。在反应温度高于 400 ℃时，CO 开始生成，随反应温度升高，CO 含量增加，750 ℃以上时，绝大部分产物为 CO。以熔融碳酸盐为电解质的 DCFC 的典型工作温度在 800 ℃左右。根据 Boudouard 反应，碳氧化的产物主要应是 CO，而不是 CO_2。正是基于这一认识，早期的研究者认为直接碳燃料电池的阳极反应将主要生成 CO，这对燃料电池来说，显然是不利的。因为 C→CO 是 2 电子反应，和 C→CO_2 的完全氧化 4 电子反应相比，单位碳氧化释放的电能减少了一半；另一方面，CO 不能直接排放。当然后来的实验证明情况比非如此，只要加以足够的极化电势，即使在 750 ℃以上，氧化产物仍主要为 CO_2(如上所述)。但是，在当电池处于开路时，或者当碳未与集流体很好的接触而未被充分极化时，Boudouard 反应的存在将导致碳的损失，这一点在直接碳燃料电池的设计和运行时必须加以考虑。

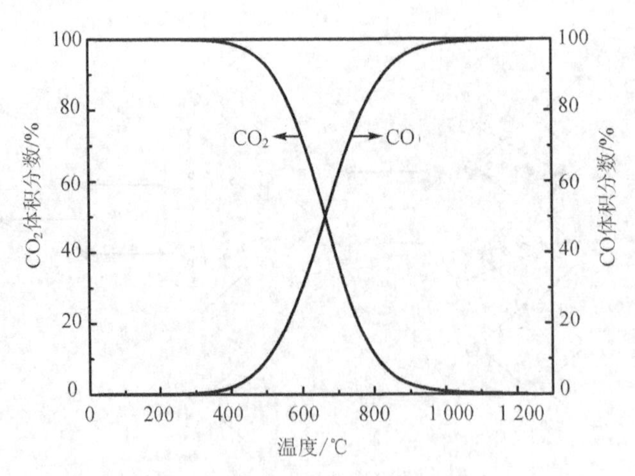

图 10-7 Boudouard 反应平衡图

10.4　直接碳燃料电池的历史沿革

直接碳燃料电池的历史可以追溯到 19 世纪中叶，在燃料电池技术发明不久的 1855 年和 1877 年，Bacquerelle 和 Jablochkoff 就制造了类似直接碳燃料电池的发电装置，它们以石墨做阳极(碳燃料)，以 Pt/Fe 为阴极，熔融 KNO_3 为电解质，成功地产生出了电，这可以看作是直接碳燃料电池的雏形。1896 年 Jacques 博士成功地展示了一个由 100 个单电池构成的直接碳燃料电池堆，采用焙烧过的煤制成的碳棒做阳极，铁罐做阴极，熔融的 NaOH 为电解质，通过往铁罐中鼓入空气并加热到 400～500 ℃的工作温度下，输出电压 0.9 V，获得了高达 100 mA·cm^{-2} 的电流密度和 1.5 kW 的电力，电效率为 32%。电池的寿命为 6 个月，最后由于碳酸盐的沉积而失活(图 10－8)。Jacques 博士的电池可以被看作是世界上第一个直接碳燃料电池。

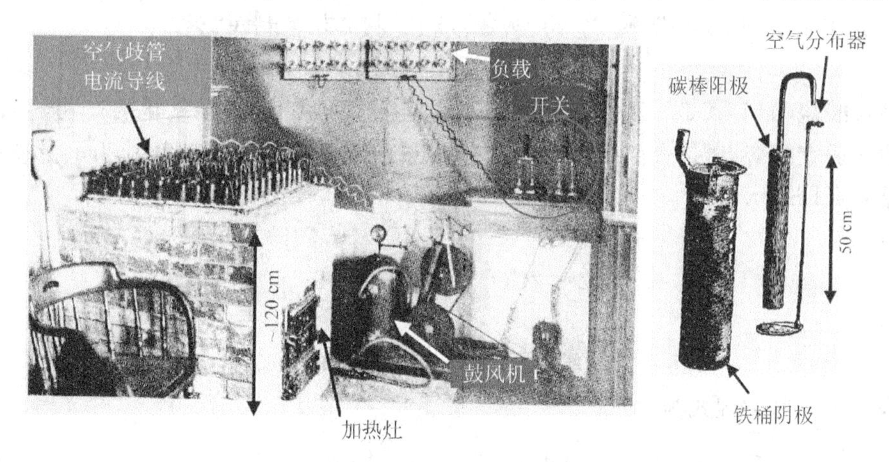

图 10－8　Jacques 的直接碳燃料电池堆

随着 20 世纪初蒸汽机技术的快速发展和火力发电效率的提高，使得研究这种燃料电池的动力逐渐消失，加之当时人们对燃料电池技术认识有限，难以重复出 Jacques 的试验结果，因此直接碳燃料电池的研究沉寂大半个世纪，直到 20 世纪 70 年代能源危机的出现，人们才开始重新审视这一技术。美国 SRI International 公司通过一系列研究，证实了可以利用固体碳的直接电化学氧化反应产生电的可能性，从而奠定了直接碳燃料电池的基础。

近年来，美国基于其能源安全、能源结构(美国 55%电力来自煤)和环境污染压力的考虑，启动了直接碳燃料电池的研究。美国能源部在 2003 年专门召开了直接碳燃料电池研讨会，2005 年国际燃料电池研讨会(Fuel Cell Seminar)和第二及第三届国际燃料电池科学工程和技术会议(2004 和 2005 年)分别设立了 DCFC 专题，致力于推动这一新技术的研究进展。美国 Lawrence Livemore National Laboratory (LLNL)、Scientific Application & Research Associates (SARS)和 SRI International 等研究机构和 Stanford University 等一些高等院校相继开展了直接碳燃料电池的研究，取得了突破性的进展，成功制备出了小型测试电池，并开始进行燃料电池堆的研究。英国 University of St Andrews 在直接碳燃料电池的研究上也取得了长足的进步。我国清华大学、天津大学、哈尔滨工程大学等也相继开展了跟踪研究。

10.5 直接碳燃料电池的研究现状

DCFC 按所用电解质可分为 4 种类型，即以熔融碳酸盐为电解质的 DCFC、以熔融碱金属氢氧化物为电解质的 DCFC、以固体氧化物为电解质的 DCFC、采用固体氧化物和熔融碳酸盐双重电解质的杂化型 DCFC。下面将分别讨论这 4 种类型的 DCFC 的研究现状。

10.5.1 以熔融碳酸盐为电解质直接碳燃料电池

熔融碳酸盐(如 Li_2CO_3 - K_2CO_3)由于其高的电导率，在 CO_2(碳氧化的产物)存在下良好的稳定性和适宜的熔点，是直接碳燃料电池较理想的电解质。熔融碳酸盐为电解质的 DCFC 的电极反应可以表示为：

阳极反应

$$C + 2CO_3^{2-} \rightarrow 3CO_2 + 4e^- \tag{10-11}$$

阴极反应

$$O_2 + 2CO_2 + 4e^- \rightarrow 2CO_3^{2-} \tag{10-12}$$

电池反应的能斯特方程式为：

$$E_{cell} = E^\circ_{cell} - \frac{RT}{4F}\ln[p_{CO_2}]^3_{anode} + \frac{RT}{4F}\ln([p_{O_2}][p_{CO_2}]^2_{cathode}) \tag{10-13}$$

当电池外接负载时，阳极的 C 发生电化学氧化反应，释放出电子，并与电解质中的 CO_3^{2-} 结合生成 CO_2，电子通过负载传导到阴极，同时释放电能，产生的 CO_2 中的三分之二通过电池外部输送到阴极循环利用，剩余的三分之一排放。O_2 在阴极得到电子被还原，并于 CO_2 结合形成 CO_3^{2-}，CO_3^{2-} 在电解质内部通过扩散和毛细作用再传导至阳极。电池的输出电压与工作温度、两极 CO_2 的分压和阴极氧气分压有关。

关于以熔融碳酸盐为电解质的 DCFC 研究，美国 LLNL 实验室 Cooper 研究组的工作最具代表性。他们以 32%Li_2CO_3 - 68%K_2CO_3 为电解质，研制了一种倾斜式结构的 DCFC，如图 10-9 所示。电池的阳极由粒度小于 100 μm 的碳粉与熔盐形成的碳泥及泡沫镍集流体构成；烧结的镍粉或经过挤压的泡沫镍充当阴极；阳极和阴极之间为几层氧化锆布形成的隔膜，隔膜内充满熔盐电解质，在起到传导离子作用的同时，防止阳极和阴极的短路及氧气与碳的接触。阴极催化剂使用前需进行活化，活化过程首先是在空气中热处理，形成一层致密的 NiO，然后再暴露到电解质中进行锂化以形成活性结构。电极组件倾斜 5°～45°角，这样有利于多余电解质的排放以防止电解质淹没阴极。

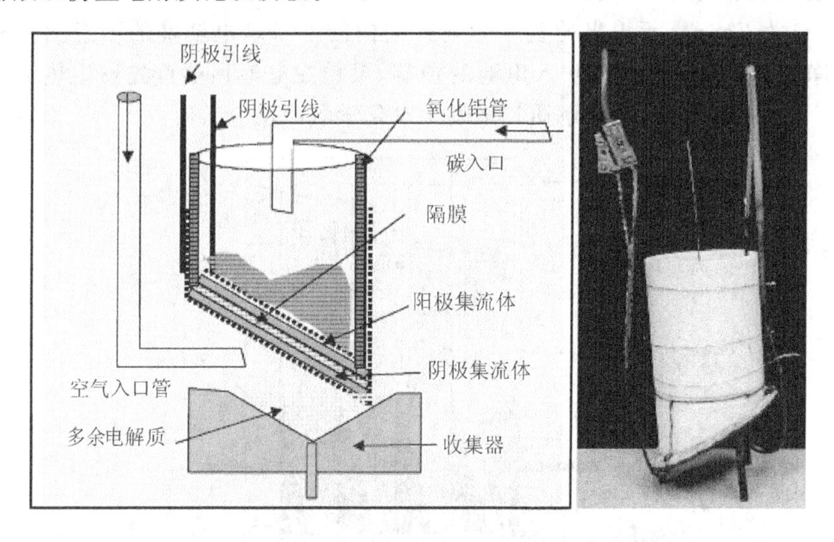

图 10－9　60 cm² 级倾斜式 DCFC 示意图及实物照片

利用这种结构的电池，测定了具有不同结晶度、不同颗粒尺寸和不同比表面积的碳作为燃料时电池的性能。在 800 ℃的工作温度和 0.8 V(理论电压的 80%)的工作电压下电池的电流密度如表 10－3 所列。显然，碳的性质显著影响电池的性能。桃核焦炭性能最佳，在 80%的电压效率下，电流密度可达 124 mA·cm^{-2}，功率密度约 100 mW·cm^{-2}。煤中提取的碳(灰分和硫含量低于 1%)性能最差，电流密度越 45 mA·cm^{-2}。通过测定碳的结晶度、电导率、比表面活性并与表 10－3 中的电流密度进行关联发现：① 结晶度越差，则炭中缺陷越多，碳氧化活性越高；② 碳的导电率越高，越有利于减小床层内欧姆极化，有利于远离集流体的碳的氧化；③ 碳比表面未对电池产生明显影响。

表 10－3　不同碳为燃料的 DCFC 在 800 ℃和 0.8 V 电压下的电流密度

碳　样	电流密度/mA·cm^{-2}	碳　样	电流密度/mA·cm^{-2}
石墨粉	58	煤活性炭	65
石油焦	58	椰壳活性炭	102
乙炔黑	77	桃核活性炭	124
锅炉炭黑	110	气溶胶碳	87

固体碳燃料一般除碳元素外，还含有其他多种非碳元素，如氧、氢、硫、氮、磷和无机盐等。这些杂质元素的存在，有可能影响电池的性能，这种影响可能是多方面的，比如影响碳的氧化速率、熔盐电解质的稳定性、电极和电解质隔膜材料以及集流器等，这是一个需要深入细致研

究的问题。Cooper 等的研究发现,硫的存在会导致电池性能的下降,原因可能是硫与集流体泡沫镍反应生成硫化镍,降低电流传导效能。

图 10－10 为 Cooper 等提出的基于倾斜式结构的 DCFC 电池堆的示意图。利用压缩的 CO_2气体将净化的煤粉间歇式地吹入电池的顶端,煤粉在电池顶端首先发生热解反应变成焦炭,然后逐步下移到阳极室,与电解质接触发生电化学氧化反应。

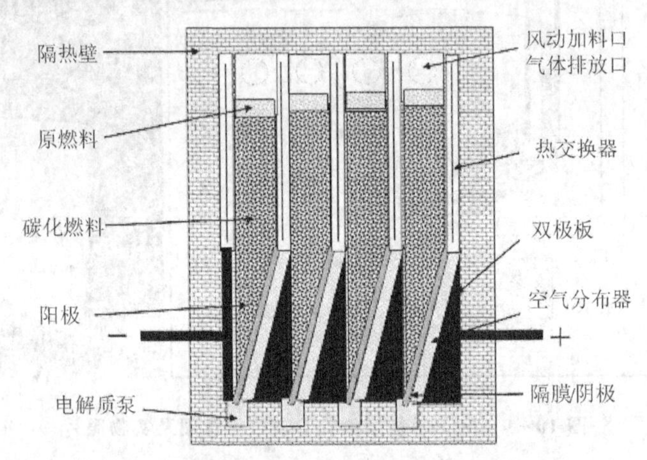

图 10－10　风动补料自进料内热解式 DCFC 电池堆示意图

10.5.2　以熔融碱金属氢氧化物为电解质的直接碳燃料电池

世界上第一个直接碳燃料电池就是采用熔融 NaOH 为电解质,可是由于熔融碱金属氢氧化物会与碳氧化产物 CO_2反应形成碳酸盐,一直以来,熔融碱金属氢氧化物被排除作为 DCFC 电解质。实际上,如果这一问题得到解决,以熔融碱金属氢氧化物为电解质是有诸多优点的。① 熔融氢氧化物比熔融碳酸盐具有更高的电导率,450 ℃下熔融氢氧化物的电导率是 650 ℃下熔融碳酸盐的 1.5 倍;② 与碳发生电化学反应时,熔融氢氧化物的反应活性更高,有利于增大阳极电流密度、降低过电位;③ 氢氧化物熔点更低。由于低温下熔融碱金属氢氧化物的离子电导率和反应活性高,所以电池可以在较低的温度下工作,比如 600 ℃。工作温度的降低一方面可以显著降低电池对材料的要求,从而降低电池的制备成本;另一方面,工作温度低可以有效地抑制由于 Boudouard 反应[如式(10－10)]而导致的 CO 的生成。

碳在熔融碱金属氢氧化物中发生电化学氧化反应导致碳酸盐的生成可能经由一个化学过程式(10－14)和一个电化学过程式(10－15)来完成。电化学过程分两步进行:快速化学反应步骤式(10－16)和慢速的电化学步骤式(10－17)(速率控制步骤),从反应式中可以看出,CO_3^{2-} 的浓度是 O^{2-} 和 H_2O 浓度的函数。如果熔融碱中的水含量增加,则反应式(10－14)和

(10－16)左移，不管 CO_3^{2-} 的生成是化学机理还是电化学机理占优势，结果均导致 CO_3^{2-} 的浓度下降。根据这一原理，SARA 提出了通过使用湿润的空气作为 DCFC 阴极氧化剂来实现抑制碳酸盐的生成。

$$2OH^- + CO_2 = CO_3^{2-} + H_2O \quad (10-14)$$

$$C + 6OH^- \rightarrow CO_3^{2-} + 3H_2O + 4e^- \quad (10-15)$$

$$6OH^- = 3O^{2-} + 3H_2O \quad (10-16)$$

$$C + 3O^{2-} \rightarrow CO_3^{2-} + 4e^- \quad (10-17)$$

保持电解质中有高含量的水，不仅能减少碳酸盐的生成，还能显著提高电解质的电导率，降低电池材料(镍、铁和铬等)的腐蚀速率。这些金属的腐蚀速率同氧负离子的浓度有关，高的水含量会降低氧负离子的浓度，从而减缓了金属的腐蚀速率。

图 10－11 为 SARA 提出的以熔融 NaOH 为电解质的 DCFC 的理想结构示意图及其第三代电池实物图(无隔膜)。实物电池中无多孔隔膜，因为目前尚未找到适宜在高温熔融碱中能够稳定存在的多孔隔膜材料。实物电池以纯石墨棒作为电池的阳极(燃料)，浸入在熔融 NaOH 电解质中，充装电解质的容器的内壁作为阴极(衬 Ni 钢或 Fe_2Ti 钢)，经过加湿的空气从电池的底部经分布器鼓入电池。电池的性能取决于阴极材料、空气流速、工作温度和电池的规模。电池的工作温度在 400～650 ℃之间时，开路电压为 0.75～0.85 V。运转 450 h 的平均输出功率为 40 $mW \cdot cm^{-2}$，峰值功率可达 180 $mW \cdot cm^{-2}$，最大电流密度可达 250 $mA \cdot cm^{-2}$，转化效率达到 60%。

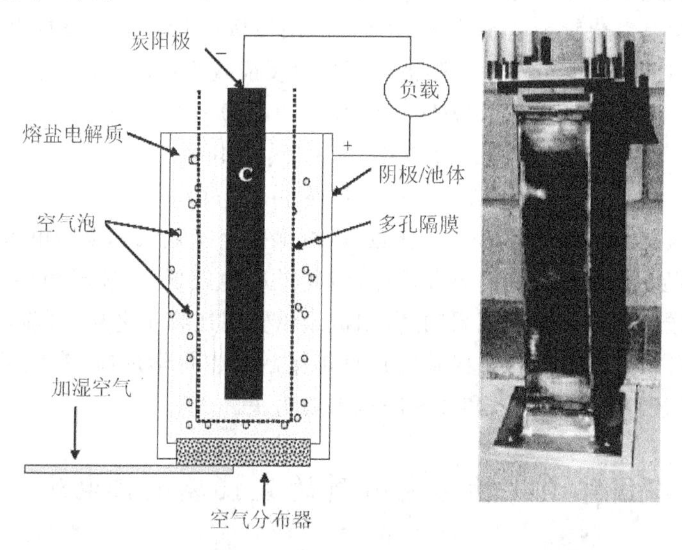

图 10－11　熔融氢氧化物 DCFC 结构示意图及实物照片

虽然石墨棒作为阳极的 DCFC 表现出了较好的性能，比如输出电流大、稳定性高、重复性好。但石墨其资源有限，作为燃料乃是浪费。为此，人们尝试将经过萃取的煤、石油焦炭(增加导电性)、煤焦油(粘合剂)一起压制成碳棒来作为 DCFC 的阳极。表 10-4 比较了石墨棒和煤炭棒作为阳极的 DCFC 的性能。测试结果表明，以煤炭棒为阳极的 DCFC 的开路电压为 1.044 V，明显高于石墨棒阳极的 DCFC 的 0.788 V 的开路电压，但是从最大电流密度和最大功率密度来看，煤炭棒阳极要大大低于石墨棒阳极。原因可能是煤炭棒的单位面积的电阻高于石墨棒。

表 10-4 NaOH 为电解质的 DCFC 在 675 ℃ 下的性能

	最大开路电压 /V	最大电流密度 /mA·cm^{-2}	最大功率密度 /mW·cm^{-2}	面积比电阻 /Ω·cm^2
石墨棒	0.788	230	84	2.59
煤炭棒	1.044	53	33	5.90

使用润湿的空气来抑制碳酸盐的生成，其效果如何，目前尚缺乏详实的实验验证。初步的研究发现：① 采用润湿的空气，不会对电池的稳定性造成不良影响；② 在低电流密度下(<50 mA·cm^{-2})，采用润湿的空气可以提高电池的电压(约 150 mV)，主要是因为降低了阴极的过电势，在高的电流密度下(>50 mA·cm^{-2})，采用润湿的空气导致电压的下降；③ 采用润湿的空气可以降低金属电池材料的腐蚀速率；④ 采用润湿的空气不能完全避免碳酸盐的生成，但是，虽然碳酸盐的存在降低了电池的性能，然而其对电池稳定性的影响并不显著。

以熔融碱金属氢氧化物为电解质的 DCFC 的阳极碳电化学氧化反应和阴极氧气电化学还原反应的机理目前尚不十分清楚。阳极和阴极总反应或许可以表示为：

$$C + 6OH^- \rightarrow CO_3^{2-} + 3H_2O + 4e^- \qquad (10-15)$$

$$C + 2CO_3^{2-} \rightarrow 3CO_2 + 4e^- \qquad (10-18)$$

$$O_2 + 2H_2O + 4e^- \rightarrow 4OH^- \qquad (10-19)$$

与以熔融碳酸盐为电解质的 DCFC 比较，以熔融碱金属氢氧化物为电解质的 DCFC 具有工作温度低、对材质要求低，结构简单等优点；但其效率也较低，需要导电性好的石墨做燃料，运行过程中存在碳酸盐的生成和积累问题，阳极难以实现连续化进料(目前还只能说是半燃料电池)，两极间无隔膜致使氧气与阳极碳燃料直接接触发生化学反应，降低了燃料利用率。因此，这种燃料电池还存在诸多科学和技术问题需要解决。

10.5.3 以固体氧化物为电解质的直接碳燃料电池

固体氧化物燃料电池(SOFC)是以固态氧离子导体为电解质的燃料电池。氧分子在电池的阴极得到电子被还原成氧离子 O^{2-}，通过电解质传输到阳极。由 O^{2-} 具有极高的活性，理论上可以与任何还原性物质(燃料)发生氧化反应，比如 H_2、CO、CH_4 等，当然 C 也不例外。这就激发了人们探索用固体碳来作为燃料的 SOFC,即以固体氧化物为电解质的 DCFC。

由于电解质为固体,反应在极高的温度(比如 900 ℃)下进行,因此采用固体碳作为燃料,将其直接氧化为 CO_2,就存在两个问题:第一,碳粉燃料与阳极的接触只限定在阳极的外表面积,难以进入电极内部实现与阳极催化剂/固体电解质相界面(电荷传递反应进行的位置)接触;第二,由于 Boudouard 反应的存在,高温下 CO_2 必然与 C 反应生成 CO,根据 Boudouard 平衡,最终的反应产物将主要是 CO。受到这两个问题的困惑,以固体氧化物为电解质的 DCFC 的研究还处在原始可行性探索阶段。

最近,Stanford 大学的 Gür 等提出了流化床式碳粉阳极 DCFC 的设计,初步研究获得了令人鼓舞的结果。图 10-12 为流化床式 DCFC 的示意图。电池的核心部分是膜电极组件 MEA(Membrane Electrode Assembly),其电解质为氧化钇稳定二氧化锆(YSZ),阴极为 $La_{1-x}Sr_xMnO_3$,阳极为 Ni/CeO_2 金属陶瓷,阴阳两极分别埋入铂网作为集流体。MEA 封接在 YSZ 支撑管底端。空气从电池的顶端吹入管内,流化载气(CO_2、He)经预热后从电池的底部吹入,带动碳粉形成流化床。在 900 ℃的工作温度下,以 20~25 μm 合成碳球为燃料(含碳 80.90%,灰分 2.45%,硫 0.31%),He 流化时,开路电压达 1 V,峰值功率密度 43 mW·cm^{-2},此时电池电压为 0.5 V。如果将 MEA 翻转过来,使阳极在上(管内),阴极在下(管外),将碳粉加入管内,用 CO_2 流化,发现电池开路电压下降到约 0.85 V,但峰值功率密度大幅提升到 140 mW·cm^{-2},峰值电压仍保持在约 0.5 V。这一结果给出了一个很好的信号,即通过结构优化,可以大幅提高电池的性能,使其接近实用化的水平。

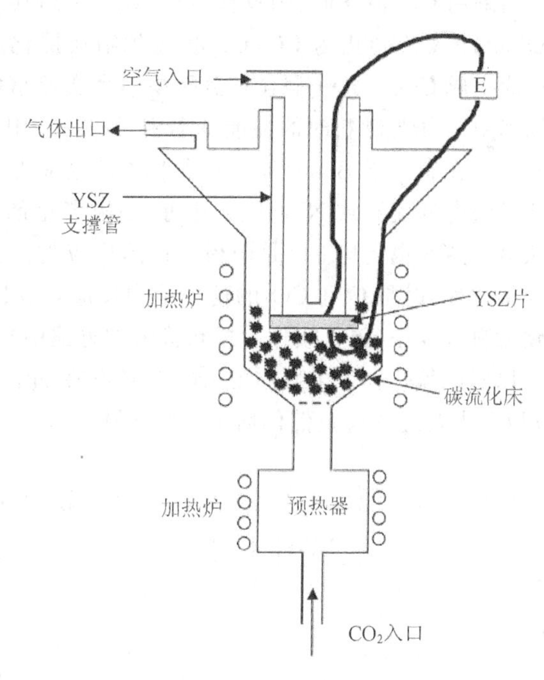

图 10-12　流化床式 DCFC 的示意图

通过对 He 流化时产物的分析发现,产物为 CO 和 CO_2 的混合物,但 CO 和 CO_2 的比例远低于 Boudouard 平衡值。鉴于碳粉与阳极的接触面积有限,作者假设了如下阳极过程:

阳极氧生成

$$2O_o^x(\text{YSZ}) = O_2(g) + 2V_o^{\cdot\cdot}(\text{YSZ}) + 4e^- \ (\text{electrode}) \qquad (10-20)$$

氧与碳反应

$$C + O_2(g) = CO_2(g) \qquad (10-1)$$

Boudouard 反应

$$C + CO_2(g) \rightarrow 2CO(g) \tag{10-10}$$

CO 氧化反应

$$2CO(g) + 2O_o^x(YSZ) = 2CO_2(g) + 2V_o^{\cdot\cdot}(YSZ) + 4e^- \text{ (electrode)} \tag{10-21}$$

总阳极反应

$$C + 2O_o^x(YSZ) = CO_2(g) + 2V_o^{\cdot\cdot}(YSZ) + 4e^- \text{ (electrode)} \tag{10-22}$$

当采用 CO_2 流化时，则反应由式(10－10)和(10－21)两步构成。根据这一假设，C 首先由 Boudouard 反应转化为 CO，CO 扩散到阳极催化剂/固体电解质间的相界面处发生电化学氧化反应生成 CO_2。这一假设得到至少两个实验事实的支持，其一，用 CO 作为燃料时，电池的性能和用 C 作为燃料时的性能基本相当；其二，用 CO_2 流化时的性能显著高于用 He 流化，(大量 CO_2 存在有利于 Boudouard 平衡向 CO 生成方向移动)。另外，电池的性能衰减很快，原因可能是碳中的硫导致 Ni 阳极的中毒；阳极催化剂活性的丧失必然不利于 CO 的电化学氧化，这从另一方面也支持 CO 是阳极氧化的反应物。如果这一反应历程成立，则碳电化学氧化属于间接过程，但是 C 到 CO_2 的这一系列反应均在同一阳极室内完成，所以仍然可以归类到直接碳燃料电池中(碳直接作为燃料输入到电池中)。

以固体氧化物为电解质的 DCFC 还存在的诸多问题中，其中氧化产物中含有相当比例的 CO 以及需要高效稳定催化剂是主要问题。

10.5.4 采用固体氧化物和熔融碳酸盐双重电解质的杂化型直接碳燃料电池

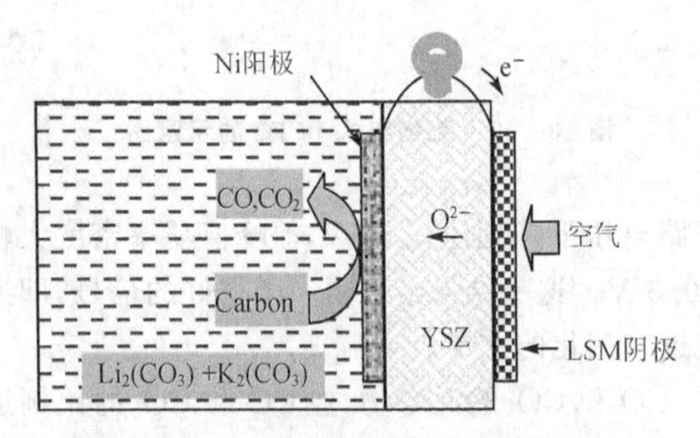

图 10－13 以熔融碳酸盐和固体氧化物为电解质的 DCFC 示意图

以固体氧化物为电解质的 DCFC 存在的主要问题之一是固体碳燃料与固体阳极/固体电解质组建间的接触面积非常有限。为了解决这一问题，美国 SRI International 的 Balachov 和英国圣安德鲁大学的 Irvine 等提出了杂化型 DCFC，如图 10－13 所示。即将固体氧化物燃料电池和熔融碳酸盐燃料电池结合到一起，用固体氧化物电解质将阴极和阳极分隔开，将碳粉分散在熔融碳酸盐中输送到阳极，熔融碳酸盐作为另一种电解质可以大大扩展阳极/电解质的反应界面区。氧气在阴极被还原成 O^{2-} 离子，通过固体氧化物电解质传输到阳极，直接与碳接触将其氧化，或通过 CO_3^{2-} 中间媒介间接的将碳氧化。

这种杂化型的 DCFC 兼收了以熔融碳酸盐为电解质和以固体氧化物为电解质的 DCFC 各自的优点,并有效地规避了二者存在的一些问题。① 固体氧化物电解质阻隔了熔融碳酸盐渗透到阴极,避免了碳酸盐淹没阴极,同时,SOFC 的阴极材料可以直接应用到 DCFC 中;② CO_2无需循环,简化了电池的结构;③ 和单纯以固体氧化物为电解质的 DCFC 相比,阳极/电解质的反应界面由二维扩展到三维,熔融碳酸盐的流动性加速碳到阳极的传递过程,促进碳完全氧化成 CO_2的反应;④ CO_3^{2-} 还充当 C 电化学氧化的媒介,从而提高其氧化速率;⑤ 可方便地实现燃料的连续加入。

在这种杂化型 DCFC 的阳极一侧,C 的电化学反应历程比较复杂。可能存在两种反应模式,如图 10－14 所示。如果 O_2^- 的量足够大,并能充分溶解到碳-碳酸盐混合浆料中,则它充当主要的活性物种,直接将碳电化学氧化为 CO_2,部分生成的 CO_2可与 O_2^- 反应生成 CO_3^{2-}。如果 O_2^- 量有限,则 CO_3^{2-} 充当主要的离子载体,将碳电化学氧化为 CO_2,生成的 CO_2部分在阳极催化剂上与 O_2^- 反应使得 CO_3^{2-} 再生。初步的实验研究发现,在阳极使用与不使用熔融碳酸盐时,DCFC 的性能差别显著,特别是在温度较低时,使用碳酸盐后性能大大提高。在 700 ℃下的开路电压可达 1.2 V,输出功率与碳-熔融碳酸盐浆料的量密切相关,这也说明碳的电化学氧化反应不仅仅发生在阳极上,而且存在于熔融碳酸盐浆料中,在浆料中反应时,碳充当电子导体,碳酸根离子充当离子导体。这种杂化型 DCFC 中,Boudouard 反应不可避免,因此氧化产物中存在 CO。

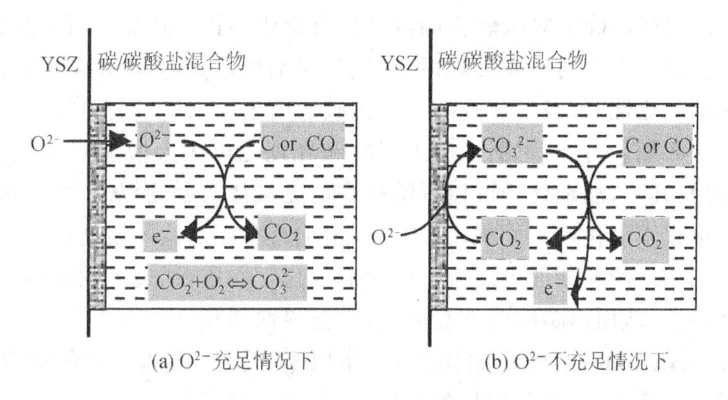

(a) O^{2-}充足情况下　(b) O^{2-}不充足情况下

图 10－14　碳电化学氧化的两种可能途径

10.6　直接碳燃料电池的问题与展望

直接碳燃料电池是一种可以将廉价丰富的固体碳燃料(如煤、生物质等)清洁高效地转化为电能的新装置。用 DCFC 替代燃煤发电,不仅可以极大提高能量转换效率,节省大量的煤,而且还可以减少煤直接燃烧带来的粉尘、二氧化硫等污染物的排放,特别是可大量减少导致温室效应的二氧化碳的排放。所以 DCFC 技术是一种具有现实意义的节能减排的新技术。和传统的燃料电池相比,DCFC 的研究远不够系统和深入,还存在诸多科学和技术问题有待研究。

① 作为 DCFC 技术的理论基础,碳的电化学氧化机理及其反应动力学有待深入系统和可靠的研究。采用不同的电解质时,反应机理可能有所不同,不同的机理会导致不同氧化产物。因此,有关反应机理和动力学信息对燃料电池的设计、电解质的选择、问题的诊断、反应参数的确定是非常有帮助的。

② 煤、生物质等原碳燃料不能直接用做 DCFC 的燃料,因为这些碳中含有的各种各样的杂质(挥发性组分、无机盐类)。这些杂质在 DCFC 工作过程,会发生反应,可能对电极材料、电解质、集流体、电池池体等产生不良影响。比如硫会中毒集流体,灰分的积累会导致电解质的电导率下降等。这些将使电池的稳定性难以保证。因此必须对原碳燃料进行净化加工处理,减少其杂质含量。碳的预处理必然消耗能量,降低 DCFC 系统的效率,同时增加成本。因此适合作为 DCFC 燃料的碳的制备技术也会很大程度上影响 DCFC 的应用进程,正如氢气的制备和存储已经成为制约 PEMFC 的产业化的重要因素。

③ DCFC 燃料的碳规格问题。达到什么要求的碳才能作为 DCFC 的燃料尚无结论。这一问题非常复杂,需要结合具体的 DCFC 的类型,系统分析碳的物理性质(粒度、结晶度、比表面积、孔隙率、对熔盐的润湿性)和化学组成(H、O、S、P 等及无机盐的含量)对电池性能的综合影响来确定。碳规格的确定对碳燃料的制备具有重要的指导意义。目前这方面的研究还存在很大的局限性。笔者近期的研究发现,用碳酸盐对活性碳进行预浸润可显著提高其在熔融碳酸盐中的电化学氧化性能,因为预浸润可使得碳的内表面积得以与电解质接触参与反应,从而提高电化学反应面积。另外,对活性碳进行酸碱处理也可大大增加其电化学氧化活性。这有两个方面的原因:其一,酸碱处理可以脱除碳中的无机盐灰分(脱灰),在其内部产生微孔(造孔),一方面增大电化学氧化反应面积;另一方面增加具有高活性的表面反应中心(高度配位不饱和碳)的数量。其二,酸碱处理可以改变碳表面的化学性质,通过不同类型官能团的生成,可调变碳表面的酸碱性,从而影响碳和熔盐间的固/液界面的建立。

④ 连续供料问题。DCFC 使用固体燃料,体积相对较小,运输、储存较为方便,但电池中的燃料供给将面临如何连续、平稳给料的难题,需要进一步探索。

⑤ 目前测试的 DCFC 均是单极模式,简单放大必将导致 DCFC 体积庞大。其他燃料电池堆一般采用双极板模式,可经济有效地增大单位体积电极面积。DCFC 涉及固体燃料的输送,若沿用双极板模式则在设计上面临很大的难题。因此,DCFC 规模放大方面需要睿智的工程设计。

⑥ DCFC 工作过程中产生的热量可能不足以维持电池的温度,需要额外提供热量。这个问题可以通过将 DCFC 与 MCFC 或 SOFC 等高温燃料电池连用来解决,利用 MCFC 或 SOFC 的余热维持 DCFC 的温度。

⑦ 材料问题。研究高性能电极材料、电解质、集流体材料、隔膜材料、池体材料，提高DCFC的工作性能，延长其寿命。DCFC材料的研究在很大程度上可以借鉴MCFC和SOFC材料的研究结果，特别是在电解质和阴极材料方面。此外还有灰分的去除等问题。

虽然目前DCFC还存在诸多问题，但最近几年的发展是令人鼓舞的。面对世界范围内的能源危机和环境恶化问题，DCFC作为一种利用廉价丰富的低品质燃料实现洁净高效发电的新装置，将会受到越来越广泛的重视。

问题与讨论

1. 什么是直接碳燃料电池？它的工作原理是什么？
2. 直接碳燃料电池有哪些特点？
3. 直接碳燃料电池的热力学效率为什么会略大于100%？
4. 为什么以固体碳直接作为燃料的燃料电池的效率要高于以氢气和甲烷等气体为燃料的燃料电池的效率？
5. 直接碳燃料电池有哪几种？它们各自的特点是什么？
6. 直接碳燃料电池与熔融碳酸盐燃料电池比较具有哪些优势？
7. Boudouard反应是怎样影响直接碳燃料电池阳极氧化产物的？
8. 请简述碳在熔融碳酸盐中发生直接电化学氧化反应的机理。
9. 试比较熔融碳酸盐和熔融氢氧化物作为直接碳燃料电池电解质的优缺点。
10. 对于以熔融氢氧化物为电解质的直接碳燃料电池，如何降低CO_2与电解质反应生成碳酸盐的问题？请说明其原因。
11. 直接碳燃料电池目前存在哪些主要问题？

第11章 直接硼氢化物燃料电池

燃料电池能直接将化学能高效、环境友好地转变为电能，现在正逐步用做车辆、便携和移动设备(包括手提计算机、移动通信和移动互联网技术等)的电源。燃料电池将在未来的电能生产和转换方面发挥重要的作用，且有望在便携和移动电子器件领域取代电池。下一代的便携和移动电子设备需要更大比能量的电源，例如移动电话和手提计算机的相互融合，使其具有包括无线宽带在内的更多功能，这就需要消耗更多的能源。由于比能量和工作寿命的限制，锂离子电池或其他充电电池不可能适用于高比能量和长期运行的下一代便携和移动电子设备。

我国是一个海洋大国，有300多万平方公里的海域，海洋资源的开发直接关系到我国可持续性发展的国家战略。水下无人潜器(UUV)可用于海洋生态研究，海洋环境研究，水下资源开发，海底地貌绘图，水下石油管道与电缆的检测，地震监测，和水下通信等方面，由于水下无人潜器(UUV)空间尺寸的限制，要求其动力能源具有大的能量密度。目前，大多数UUV的动力能源为银-锌电池(比能量81 $Wh \cdot kg^{-1}$，174 $Wh \cdot dm^{-1}$)、铅-酸电池(比能量35 $Wh \cdot kg^{-1}$，53 $Wh \cdot dm^{-1}$)和锂离子电池(比能量128 $Wh \cdot kg^{-1}$，315 $Wh \cdot dm^{-1}$)等，然而这些电池的能量密度有限，致使其在水下工作的时间短。所以，燃料电池将是新型水下电源研究的一个方向，是水下无人潜器向远程、大范围作业发展的关键。

质子膜燃料电池(PEMFC)、碱性燃料电池(AFC)和磷酸燃料电池(PAFC)都需要H_2气作为燃料，同H_2气的实际应用技术相比储氢技术的发展相对较慢，压缩H_2气被认为是应用在交通车辆领域切实可行的方法；但是由于低的体积能量密度，压缩H_2气的方法不能应用于便携装置；此外，H_2气的易爆炸性也使H_2气燃料的安全性蒙上了阴影。寻求替代燃料成为燃料电池迫切需要解决的问题。替代燃料应易于获得，方便使用；能安全运输储存；在较负的电位下能快速氧化；具有较大的比容量和比能量等。使用液体燃料被认为是提高体积能量密度的有效途径。直接甲醇燃料电池(DMFC)被认为是便携和移动设备有发展前途的候选电源；但是，由于甲醇氧化动力学速度慢和阳极中毒导致电池电压和能量密度降低，再加上甲醇穿透作用引起的阴极混合电位降低了能量的输出，限制了DMFC的应用和发展。

直接硼氢化物燃料电池DBFC(Direct borohydride fuel cell)是以硼氢化物为燃料的燃料电池。硼氢化物是含氢量很高($NaBH_4$中氢的质量分数为11%)的储氢材料，比甲醇的氧化动力学速度快，硼氢化钠的能量密度(比能量为9 300 $Wh \cdot kg^{-1}$，2 850 $Wh \cdot dm^{-1}$)也优于甲醇(比能量6 073 $Wh \cdot kg^{-1}$，2 072 $Wh \cdot dm^{-1}$)；理论上硼氢化钠的直接电氧化为$8e^-$反应，大于甲醇的$6e^-$反应，有更高的比容量(5 668 $A \cdot h \cdot kg^{-1}$对5 019 $A \cdot h \cdot kg^{-1}$)；硼氢化钠的电池电压(阴极为O_2时1.64 V)也高于甲醇(阴极为O_2时1.21 V)；DBFC可在环境温度下工作，电池因而容易启动；相同条件下燃料的穿透问题也较小，所以硼氢化钠可以使用比甲醇更高的燃料浓度；硼氢化钠不易燃、毒性低（除非吞食，否则无害）、不产生 CO_2，理论上硼氢化钠可以使用非铂催化剂，这些都是甲醇所不能比拟的；从工程学角度考虑，硼氢化钠溶液能充当热交换介质来冷却电池而无须额外的冷却板；水的电渗拖曳可用做阴极反应物，而无须像氢气(PEMFC)和空气(AFC)那样需要润湿。所有的这些特性对于燃料电池的设计是有益的。

同直接 $NaBH_4-O_2$ 燃料电池相比，直接 $NaBH_4-H_2O_2$ 燃料电池具有更大的优势，表现为：氧气的还原是一个 4 电子过程，还原速率慢，比氢氧化速率慢 6 个数量级，这限制了电池效率和功率密度，相比较而言过氧化氢的还原是一个 2 电子过程，比氧气的 4 电子过程有较低的活化过电势；直接 $NaBH_4-H_2O_2$ 燃料电池的电池电压也要大于直接 $NaBH_4-O_2$ 燃料电池；过氧化氢是最强的氧化剂之一，使用适当的电催化剂可转化为反应活性仅次于氟的氢氧基($OH^{\cdot}$)；直接 $NaBH_4-H_2O_2$ 燃料电池可用做无氧条件的电源；同氧气相比，由于过氧化氢是液体，整个电池系统会显得更加紧凑、方便和易于操作；直接 $NaBH_4-H_2O_2$ 燃料电池可以通过充电再生，作为充电再生燃料电池；在类似的条件下以 H_2O_2 为氧化剂的燃料电池比传统的燃料电池有更好的 $V-I$ 特性。上述突出优点使得 $NaBH_4-H_2O_2$ 燃料电池成为新一代空间电源、水下电源和高能量高功率密度的便携式电源。

11.1　直接硼氢化物燃料电池的原理

在 19 世纪 30 年代末至 19 世纪 40 年代初，许多新的硼氢化物问世，并立即在军事领域得到广泛的应用。硼氢化铀成功地成为六氟化铀的候选替代品，$NaBH_4$ 也被应用于信号气球的氢气源，甚至成为潜在的火箭推进剂。现在 $NaBH_4$ 主要应用于有机化学合成的还原剂，以及造纸的漂白剂，$NaBH_4$ 溶液还是传统上降温的热交换媒介；对于燃料电池而言，更重要的是，$NaBH_4$ 是氢的质量分数达 11% 的储氢材料，以 $NaBH_4$ 为阳极可以释放出 8 个电子，电氧化反应速度快，并具有高的能量密度、比容量和电池电压，使硼氢化钠燃料电池成为新一代空间电源、水下电源和高能量、高功率密度的便携式电源的有力竞争者。

DBFC 是在碱性介质条件下工作的，因为 $NaBH_4$ 在酸性条件下是不稳定的。DBFC 主要有两种形式，即直接硼氢化钠-氧气燃料电池($NaBH_4-O_2$)和直接硼氢化钠-过氧化氢燃料电池($NaBH_4-H_2O_2$)。图 11-1(a)为直接 $NaBH_4-O_2$ 燃料电池和示意图，图 11-1(b)为直接 $NaBH_4-H_2O_2$ 燃料电池示意图。阴极的 O_2（或 H_2O_2）通过还原反应转变为 OH^-，OH^- 迁移至阳极与 $NaBH_4$ 反应释放出电子，其电极反应和总的电池反应式为：

(1) 直接 $NaBH_4-O_2$ 燃料电池

阳极

$$BH_4^- + 8OH^- \rightarrow BO_2^- + 6H_2O + 8e^- \quad (E_a^\circ = -1.24\ V) \tag{11-1}$$

阴极

$$2O_2 + 4H_2O + 8e^- \rightarrow 8OH^- \quad (E_c^\circ = 0.40\ V) \tag{11-2}$$

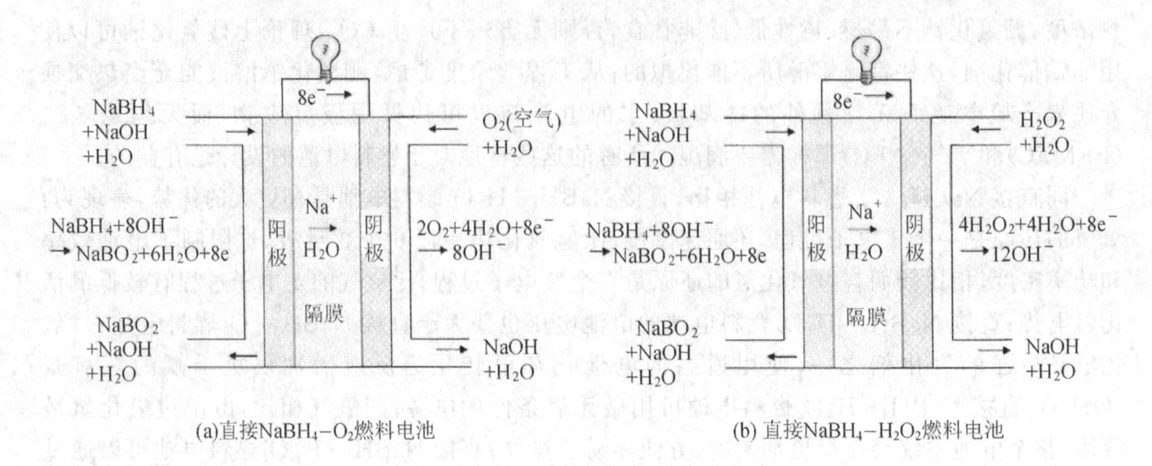

(a)直接$NaBH_4-O_2$燃料电池　　(b)直接$NaBH_4-H_2O_2$燃料电池

图 11-1　直接硼氢化物燃料电池示意图

总反应

$$BH_4^- + 2O_2 \rightarrow BO_2^- + 2H_2O \qquad (E^\circ = 1.64\ V) \qquad (11-3)$$

（2）直接 $NaBH_4/H_2O_2$燃料电池

阳极

$$BH_4^- + 8OH^- \rightarrow BO_2^- + 6H_2O + 8e^- \qquad (E_a^\circ = 1.24\ V) \qquad (11-1)$$

阴极

$$4HO_2^- + 4H_2O + 8e^- \rightarrow 12OH^- \qquad (E_c^\circ = 0.878\ V) \qquad (11-4)$$

总反应

$$BH_4^- + 4HO_2^- \rightarrow BO_2^- + 4OH^- + 2H_2O \qquad (E^\circ = 2.11\ V) \qquad (11-5)$$

式中，E_a°和 E_c°分别是阳极和阴极的标准电极电位，E°为硼氢化钠燃料电池标准电动势。需要说明的是式(11-1)中的 BH_4^- 不仅为 $NaBH_4$，还包括 KBH_4等其他的硼氢化物。

BH_4^- 的氧化反应是一个十分复杂的反应过程，BH_4^- 中的 H^-可一个接一个依次被 OH^-取代。BH_4^- 被一个 OH^-取代后，转化为 BH_3OH^-。这一过程分化学步骤和电化学步骤两步进行，反应方程式分别为

$$BH_4^- \rightarrow BH_3^- + H^* \qquad (11-6a)$$

$$BH_3^- + OH^- \rightarrow BH_3OH^- + e^- \qquad (11-6b)$$

式中，H^*为游离的氢原子，式(11-6a)和(11-6b)可简化为

$$BH_4^- + OH^- \rightarrow BH_3OH^- + H^* + e^- \qquad (11-6c)$$

按类似式(11-6)的过程，BH_3OH^-可继续被 OH^-取代为 $BH_2(OH)_2^-$、$BH(OH)_3^-$ 和 $B(OH)_4^-$，反应方程式分别为

$$BH_3OH^- \rightarrow BH_2(OH)^- + H^* \qquad (11-7a)$$

$$BH_2(OH)^- + OH^- \rightarrow BH_2(OH)_2^- + e^- \quad (11-7b)$$

$$BH_3OH^- + OH^- \rightarrow BH_2(OH)_2^- + H^* + e^- \quad (11-7c)$$

$$BH_2(OH)_2^- \rightarrow BH(OH)_2^- + H^* \quad (11-8a)$$

$$BH(OH)_2^- + OH^- \rightarrow BH(OH)_3^- + H^* + e^- \quad (11-8b)$$

$$BH_2(OH)_2^- + OH^- \rightarrow BH(OH)_3^- + e^- \quad (11-8c)$$

$$BH(OH)_3^- \rightarrow B(OH)_3^- + H^* \quad (11-9a)$$

$$B(OH)_3^- + OH^- \rightarrow B(OH)_4^- + e^- \quad (11-9b)$$

$$BH(OH)_3^- + OH^- \rightarrow B(OH)_4^- + H^* + e^- \quad (11-9c)$$

式(11-6)～(11-9)产生的 $4H^*$ 可进一步与 OH^- 进行电化学反应，产生 $4e^-$，即

$$4H^* + 4OH^- \rightarrow 4H_2O + 4e^- \quad (11-10)$$

综合式(11-6)～(11-10)各步骤，就可得到式(11-1)。当然式(11-6)～(11-9)产生的 H^* 也可能发生化学反应，以氢气溢出，如：

$$H^* + H^* \rightarrow H_2 \quad (11-11)$$

从理论上来讲，BH_4^- 在碱性介质中可能有不同的氧化步骤，释放出不同数量的电子，产生不同种类的氧化产物。根据式(11-6)～(11-11)，BH_4^- 在碱性介质中可能发生 14 种不同的电化学氧化反应模式：

$$BH_4^- + OH^- \rightarrow BH_3(OH)^- + 0.5H_2 + e^- \quad (11-12a)$$

$$BH_4^- + 2OH^- \rightarrow BH_3(OH)^- + H_2O + 2e^- \quad (11-12b)$$

$$BH_4^- + 2OH^- \rightarrow BH_2(OH)_2^- + 1.0H_2 + 2e^- \quad (11-12c)$$

$$BH_4^- + 3OH^- \rightarrow BH_2(OH)_2^- + 0.5H_2 + H_2O + 3e^- \quad (11-12d)$$

$$BH_4^- + 4OH^- \rightarrow BH_2(OH)_2^- + 2H_2O + 4e^- \quad (11-12e)$$

$$BH_4^- + 3OH^- \rightarrow BH(OH)_3^- + 1.5H_2 + 3e^- \quad (11-12f)$$

$$BH_4^- + 4OH^- \rightarrow BH(OH)_3^- + 1.0H_2 + H_2O + 4e^- \quad (11-12g)$$

$$BH_4^- + 5OH^- \rightarrow BH(OH)_3^- + 0.5H_2 + 2H_2O + 5e^- \quad (11-12h)$$

$$BH_4^- + 6OH^- \rightarrow BH(OH)_3^- + 3H_2O + 6e^- \quad (11-12i)$$

$$BH_4^- + 4OH^- \rightarrow B(OH)_4^- + 2.0H_2 + 4e^- \quad (11-12j)$$

$$BH_4^- + 5OH^- \rightarrow B(OH)_4^- + 1.5H_2 + H_2O + 5e^- \quad (11-12k)$$

$$BH_4^- + 6OH^- \rightarrow B(OH)_4^- + 1.0H_2 + 2H_2O + 6e^- \quad (11-12l)$$

$$BH_4^- + 7OH^- \rightarrow B(OH)_4^- + 0.5H_2 + 3H_2O + 7e^- \quad (11-12m)$$

$$BH_4^- + 8OH^- \rightarrow B(OH)_4^- + 4H_2O + 8e^- \quad (11-12n)$$

由此看出，硼氢化物的电化学氧化可以释放出 1～8 个电子，BH_4^- 的氧化产物可能是式(11-12)中的一种，也可能是几种的混合物。具体的反应模式要由溶液的酸碱度、温度、$[OH^-]/[BH_4^-]$ 比值和催化剂等条件来决定。最终产物 $B(OH)_4^-$ 可再按式(11-10)分解为

BO_2^-，即

$$B(OH)_4^- \rightarrow BO_2^- + 2H_2O \tag{11-13}$$

11.2 直接硼氢化物燃料电池的阳极催化剂

11.2.1 硼氢化物的电氧化与水解

硼氢化钠直接电氧化的一个关键问题为是否产生氢气？氢气的产生一方面降低了燃料的利用率；另一方面由于氢气泡会阻碍离子的迁移而降低了电池的性能。除了电化学反应外，氢气还可能由于硼氢化钠的水解而产生，反应方程式为

$$BH_4^- + 2H_2O \rightarrow 4H_2 + BO_2^- \tag{11-14}$$

硼氢化钠的阳极氧化反应实际上是由(11-1)式和式(11-14)决定的，综合的反应方程式为

$$BH_4^- + xOH^- \rightarrow BO_2^- + (x-2)H_2O + (4-0.5x)H_2 + xe^- \tag{11-15}$$

式中，x 为每个 BH_4^- 离子实际产生的电子数，理论上可以是 0～8 之间任何一个值。当 x 等于 0 时，式(11-15)还原为式(11-14)；当 x 等于 8 时，式(11-15)还原为式(11-1)。x 的值在很大程度上取决于电极催化材料，因为 $NaBH_4$ 的氧化是一个多步骤过程，在不同的电极表面有着不同的反应途径。氢气的释放速率与电流密度的关系可参见图 11-2。D 点是在开路电位的情况下，即仅有式(11-14)发生 BH_4^- 水解反应时释放出的氢气，其速率用 U_1 表示；直线 a 是式(11-15) BH_4^- 电氧化时氢气的释放速率，用 U_2 表示；式(11-14)BH_4^- 水解和式(11-15)BH_4^- 电氧化释放的氢气可能在阳极被进一步催化氧化而消耗掉，其反应方程式为

$$4H_2 + 8OH^- \rightarrow 6H_2O + 8e^- \tag{11-16}$$

式(11-16)氢气的消耗速率为 U_3。考虑到通常会有一些催化剂粒子孤立地存在于电极上，而没有与其他导电物质相接触，在这些粒子的表面，既不会发生式(11-15) BH_4^- 的电氧化反应，也不会发生式(11-16)氢气的消耗反应，但是式(11-14)BH_4^- 的水解反应却仍然存在，这样总的氢气释放速率可表示为

$$R = (U_1\overline{U_3}) \cdot U_2 + U_4 \tag{11-17}$$

式中，U_4代表孤立催化剂粒子水解 BH_4^- 释放氢气的速率，式(11-17)是一逻辑函数，其意义为(U_1 NOT U_3) OR U_2 AND U_4。根据式(11-17)，一个真正意义上的 8e 反应应该是 $U_1=U_2=U_3=0$，如果式(11-14)和式(11-16)均能在阳极上发生，就可能发生一个准 8e 反应，即 $(U_1\overline{U_3})=U_2=0$。图 11-2 中的曲线 DCB 是一种氢气的释放速率与电流密度的典型关系曲线。

影响式(11-15)中 x 值大小的另一个重要因素是 BH_4^- 离子的浓度，以 BH_4^-（浓度<

1 mol・dm^{-3})的碱性溶液为阳极电解液，发生在 Pt 阳极表面的就是准 8e 反应。假定 BH_4^- 离子的浓度过大，以致于在催化剂表面 BH_4^- 离子的数量比其电氧化的催化点数量还要多，当 BH_4^- 离子吸附到 Pt 表面时，只有一个 BH_4^- 四面体的氢原子能接触到 Pt 进行电氧化反应，而其他的 3 个氢只能处在水溶液中发生水解反应，结果 x 仅为 2，发生 2e 反应。如果降低 BH_4^- 离子的浓度，就有 2 个 BH_4^- 四面体的氢原子能接触到 Pt 进行电氧化反应，发生 4e 反应。然而即使整个 BH_4^- 四面体吸附到 Pt 表面，最多也只能有 3 个氢同时吸附到催化剂表面。也就是说，6e 反应是 BH_4^- 离子电氧化的极限。如果 BH_4^- 离子的浓度足够小，在催化剂表面 BH_4^- 离子的数量小于其电氧化的催化点数量，从而剩余出额外的催化剂。这些额外的催化点可再用来电氧化水解产生的氢气，这样就能发生准 8e 反应。

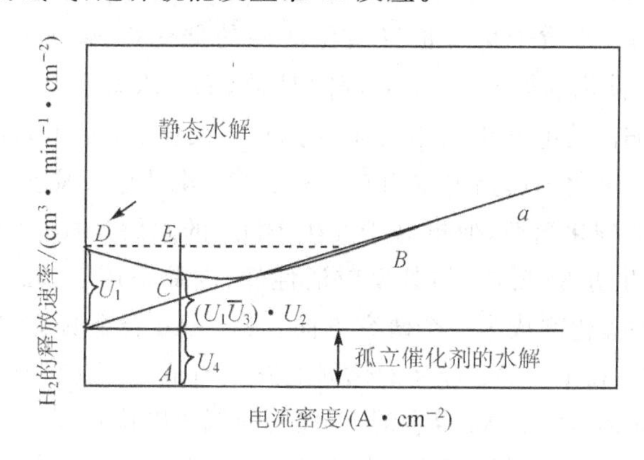

图 11-2　DBFC 运行中氢气释放示意图

因为碱溶液能使 BH_4^- 离子稳定存在，所以较高的[OH^-]/[BH_4^-]比值有利于 x 值的提高。在温度为 298 K 时，pH＞12 的溶液才能使硼氢化钠在水溶液中稳定存在，在 pH＝13.8 的溶液中硼氢化钠的半衰期为 270 d，当 pH＝14 时就延长至 430 d。为了减少 BH_4^- 离子的水解，按经验规律，通常[OH^-]＞5 mol・dm^{-3}才能使其保持稳定。从式(11-1)来看，[OH^-]/[BH_4^-]应该至少为 8，实际应用时要大于 10，甚至更大，这样才能有利于 BH_4^- 的电氧化反应的发生，但[OH]$^-$/[BH_4^-]也不能太大，否则过高的[OH^-]会使电池的极化加剧，导致 BH_4^- 氧化起始电位及开路电压朝电势更正的方向移动，反应活性下降。

由于低浓度的 BH_4^- 有利于 x 值的增加，将 Nafion 膜涂在 Pd 等表面用以降低 BH_4^- 的实际反应浓度，结果发现 Nafion 膜的加入不但能抑制 BH_4^- 水解释氢，也能抑制电化学释氢，BH_4^- 在电极表面的浓度随着 Nafion 膜厚度的增加而降低。BH_4^- 的水解释氢随温度的降低而减小，这就是说降低操作温度能抑制氢气的释放，但降低温度只能抑制孤立的催化剂粒子催化水解产生氢气，而不能抑制电化学释氢。

11.2.2 金属催化剂

以燃料电池为目的的硼氢化钠电氧化研究最早开始于1962年，Indig等人以烧结的Ni作为阳极研究了BH_4^-在质量分数为20%的NaOH和质量分数为6%的$NaBH_4$中的电氧化性能，在阳极电势为−1.125 V(vs. Hg/HgO)时，电流密度达到200 mA·cm^{-2}。但以Ni为催化剂的电极为4电子反应，除了BH_4^-水解产生的氢气外，BH_4^-的电化学氧化也会释放出氢气。

Pt对硼氢化物的电催化作用，BH_4^-先水解，生成H_2和稳定的中间媒介BH_3OH^-，中间媒介BH_3OH^-一部分被吸附在催化剂的表面被氧化，另一部分继续水解，这样每个BH_4^-释放出2～4个电子。只有对H_2的质子化有很好催化活性的催化剂，才能在一个合适的电势下将BH_4^-催化氧化，但这些催化剂如Pt、Ni、Pd等同时对BH_4^-水解也有很好的催化活性，降低了法拉第效率。Au对BH_4^-的电催化氧化反应，约为8e反应。Ag为阳极时，起催化作用的是阳极表面生成的Ag_2O，氧化的起始电位为0.1～0.2 V，电化学反应为6e。

Pt等虽然有较高的催化活性，但也易于发生BH_4^-的水解反应(BH_4^-的浓度高时尤为严重)；Au等催化剂能发生近8e反应，但其反应活性低，因此采用Pt和Au等金属的合金作为硼氢化物直接电氧化的催化剂成为一个研究方向。Pt-Au合金具有Pt的高反应活性和Au的高电子转移数等优点，在Pt-Au合金催化剂上发生的是8e反应，而Pt-Ir、Pt-Ni合金催化剂具有更好的阳极催化活性。Ag合金对$NaBH_4$的氧化电位范围为−0.7～0.4 V (vs. Hg/HgO)，Ag-Pt和Ag-Ir显示了较好的电化学活性，最负的氧化电位出现在Ag-Pt合金上，最高的稳态电流密度也是Ag-Pt合金，电流密度为10 mA·cm^{-2}时Ag-Ir的过电位最低，此外在Ag合金中，313 K时的电流密度比298 K时提高了约2～3倍。一些用于硼氢化钠电氧化的金属材料可参见表11-1直接硼氢化钠燃料电池金属阳极材料。

表11-1 直接硼氢化钠燃料电池金属阳极材料

阳极材料	转移电子数 n	开路电势(标准氢电位,V)	性能
Ni	4	−1.03	在−0.70 V时，电流>0.2 A·cm^{-2}
Raney Ni	—	−1.03	在−0.6 V时，电流≈0.6 A·cm^{-2}
Cu	—	−1.02	—
Au	7～8	−0.99	电流>0.1 A·cm^{-2}
Pt	2～4	−1.0	在−0.6 V时，电流≈0.7 A·cm^{-2}
Ni表面沉积Pd	6	−0.91～−1.00	在−0.92 V时，电流≈0.1 A·cm^{-2}
Ni表面沉积Pt	5～6	−0.91	电流<0.1 A·cm^{-2}
Ni表面沉积Au	—	−0.99	—
Ni_2B	—	−1.07	在−0.99 V时，电流0.1 A·cm^{-2}

硫脲能有效地抑制 Pt 电极氢气的生成，显著提高 BH_4^- 的利用效率和库仑效率，加入硫脲后 BH_4^- 的反应机理与 Au 的催化反应很相似。因为硫脲是一种有机硫化合物，极易分解为硫，可能吸附于金属表面或与金属生成硫化物，这样硫脲的存在还可能引起金属阳极的催化中毒。但是 Gyenge 从 $NaBH_4$ 的直接氧化和非直接氧化两种反应途径解释了硫脲抑制水解和提高比容量的原因，为了阐明硫脲抑制水解的机理和防止催化剂中毒，认为仍需要对金属表面性能同电化学催化反应之间的相互作用，以及电极电位与硫脲在金属表面的吸附和分解之间的关系做进一步的研究。

11.2.3　储氢合金催化剂

储氢合金是能将氢原子储存到体相内的一类电极材料，非常有希望减少氢气的释放。在碱性溶液中储氢合金的催化作用分两步进行，首先是将氢原子储存在合金中，然后被储存的氢按式(11-18)进行电化学反应：

$$MH_x + xOH^- \rightarrow M + xH_2O + xe \text{ (Volmer 反应)} \tag{11-18}$$

式中，M 为金属或储氢合金，MH_x 为金属氢化物，式(11-18)也称 Volmer 反应，是镍氢电池的阳极反应，燃料的利用效率几乎接近 100%，也就是说氢有可能全部地从 $NaBH_4$ 转移到储氢合金中，再通过式(11-18)完全发生电化学反应。吸收了氢原子后合金的晶格变大了，表面的电化学活性也改变了，这主要是由电子和氢原子造成的，而这些电子和氢是在储氢合金的催化作用下，经过多步骤的电化学分解和氧化所产生的，这一多步骤过程可汇总为一个化学反应式(11-19)来表示：

$$BH_4^- + 4OH^- \rightarrow BO_2^- + 2H_2O + 4H + 4e^- \tag{11-19}$$

式(11-19)产生的氢可以储存到储氢合金中，这一反应是一个可逆反应，见式(11-20)

$$M + xH \rightleftharpoons MH_x \tag{11-20}$$

这样式(11-20)产生的氢不断地被储存起来，被储存的氢 MH_x 按式(11-18)可以释放出电子发生脱氢氧化反应，也可能按式(11-21)Tafel 反应和式(11-22)Heyrovsky 反应进行化学或电化学再组合步骤，导致分子氢的析出：

$$2MH_{ad} \rightarrow 2M + H_2 \text{(Tafel 反应)} \tag{11-21}$$

$$MH_{ad} + H_2O + e^- \rightarrow H_2 + OH^- + M \text{ (Heyrovsky 反应)} \tag{11-22}$$

式中，MH_{ad} 代表 MH_x，显然同式(11-14)一样，式(11-21)和式(11-22)也降低了 $NaBH_4$ 的库仑效率，氢析出的 Volmer-Tafel 机理已在 Pd 及其合金，以及众多的 $LaNi_5$ 和 Ti-Zr-V-Ni 为主的合金上得到了很好的证实，Volmer-Heyrovsky 机理对于 Ni-Mo 合金也是适用的。

目前已经开发了两类储氢合金电极，即 AB_5 类和 AB_2 类。其中组分 A 易与氢反应生产稳定氢化物，如 Ti、Zr 和稀土元素等；而组分 B 通常条件下不生成氢化物，一般是 Ni 等过渡元素。AB_5类的代表化合物为$LaNi_5$，商品电极常用混合稀土合金(M_m)代替La，Co、Mn和Al等，部分地取代Ni，这样可增加氢化物的稳定性和耐蚀性，现在用于$NaBH_4$催化剂的已经有$M_mNi_{3.55}Co_{0.75}Mn_{0.4}Al_{0.3}$、掺Si的$M_mNi_{4.78}Mn_{0.22}$、$La_{0.58}Ce_{0.29}Nd_{0.08}Pr_{0.05}Ni_{3.6}Co_{0.7}Mn_{0.3}Al_{0.4}$和$M_mNi_{3.6}Al_{0.4}Mn_{0.3}Co_{0.7}$等。$AB_2$类合金又称拉乌斯(Laves)相电极，主要有锆基和钛基两大类，它们易于活化，动力学性能好，但在碱性溶液中电化学性能差，不太适用于做电极材料，用于$NaBH_4$催化研究的已经有$Zr_{0.9}Ti_{0.1}Mn_{0.6}V_{0.2}Co_{0.1}Ni_{1.1}$、$ZrV_{0.5}Mn_{0.5}Ni$和$ZrCr_{0.8}Ni_{1.2}$。$AB_5$类催化性能明显好于$AB_2$类，在$AB_5$类的合金中$M_mNi_{3.55}Al_{0.3}Mn_{0.4}Co_{0.75}$等的性能较好。一些用于硼氢化钠电氧化的$AB_2$类和$AB_5$类储氢合金材料的组成可参见表11-2直接硼氢化钠燃料电池储氢合金阳极材料。

表11-2 直接硼氢化钠燃料电池储氢合金阳极材料

储氢合金的组成	合金类型
$LaNi_{4.5}Al_{0.5}$	AB_5
$LmNi_{4.78}Mn_{0.22}$	AB_5(Lm为富La的稀土混合物)
$LmNi_{4.78}Mn_{0.22}$(Si修饰)	AB_5(10% Si)
$M_mNi_{3.2}Al_{0.2}Mn_{0.6}Co_{1.0}$	AB_5
$M_mNi_{3.2}Al_{0.2}Mn_{0.6}B_{0.03}Co_{1.0}$	AB_5
$M_mNi_{3.55}Al_{0.3}Mn_{0.4}Co_{0.75}$	AB_5(M_m:30%La,50%Ce,15%Nd,5%Pr)*
$M_mNi_{3.6}Al_{0.4}Mn_{0.3}Co_{0.7}$	AB_5(M_m:30%La,50%Ce,15%Nd,5%Pr)*
$M_mNi_{4.5}Al_{0.5}$	AB_5
$ZrCr_{0.8}Ni_{1.2}$	AB_2
$Zr_{0.9}Ti_{0.1}Mn_{0.6}V_{0.2}Co_{0.1}Ni_{1.1}$	表面处理的Zr-Ni Laves AB_2
$Zr_{0.9}Ti_{0.1}V_{0.2}Mn_{0.6}Cr_{0.05}Co_{0.05}Ni_{1.2}$	AB_2

*组成均为质量分数。

11.3 直接硼氢化物燃料电池的阴极催化剂

直接硼氢化钠燃料电池的研究主要集中在阳极，目前还不清楚痕量的硼氢根离子的存在是否会影响碱性介质中传统的阴极反应，通常炭载铂、银和二氧化锰等可作为氧气还原的催化剂，O_2的电还原内容可参见本书第5章碱性燃料电池。

H_2O_2直接电化学还原反应主要存在两个问题。第一个问题是H_2O_2在电极表面的分解，这会引起能量的损失。H_2O_2的分解有两种途径，一种是循环氧化还原途径，催化剂分子被一个H_2O_2分子氧化产生水，被氧化的催化剂分子再被另一个H_2O_2分子还原而复原到催化剂的初始状态，同时生成氧气和水。由于化学势的抑制作用，当 H_2O_2 的浓度较低（$<1\ mol \cdot dm^{-3}$）时，上述循环氧化还原过程不会发生，但仍然能观察到发生分解，这是由第二种分解机理产生的，因为有较低的功函数和较高的电导率，只要 Pt 在其他部位得到一个电子，就可以在任何部位给出一个电子，这样在不同的位置不同的 H_2O_2 分子能同时进行氧化和还原。在所有的贵金属表面，都不同程度地存在着这两种分解作用，其中 Pt、Pd、Au 和 Ag 的活性特别高。H_2O_2 的浓度低于 $0.5\ mol \cdot dm^{-3}$ 时就会有较低的分解率，但这并不影响电极电位。即便如此仍会带来很大的危害，Al－H_2O_2 燃料电池会损失 25% 的 H_2O_2。

第二个问题是 H_2O_2 的还原电位与按 Nernst 方程计算的值不相同。在碱性溶液中按吉布斯自由能计算(11－4)式的标准电极电位应为 0.88 V，其 Nernst 方程为：

$$E = 0.878 - 0.0887\log[(OH)^-] + 0.029\log[(HO)_2^-] \tag{11-23}$$

然而，这个方程只有在 H_2O_2 的浓度低于 $10^{-6}\ mol \cdot dm^{-3}$ 时才成立，H_2O_2 的浓度再升高时电极电位下降，其大小遵循式(11－24)：

$$E = 0.84 - 0.059\ pH \tag{11-24}$$

这就是说电极电位与 H_2O_2 的浓度无关，只随 pH 的变化而改变，在强碱溶液中电极表面电位接近于 0 V，常数 0.84 随电极材料的不同而不同，Au 电极为 0.842 V，Pt 电极为 0.835 V。这表明不论反应机理怎样 $(HO)_2^-$ 是一快速反应步骤，其浓度不影响电极电位，而电极与其表面吸附的中间产物的结合能对电极电位有重要的影响。产生这种现象可能是由于 Pt 等金属催化剂能沿着 O—O 键快速地分解 $(HO)_2^-$ 离子形成羟基自由基，羟基自由基然后再被还原，吸附键的强弱影响电极电位的大小：

$$(HO)_2^- + H_2O \rightarrow 2OH_{ads} + OH^- \tag{11-25}$$

$$2 \times (OH_{ads} + e^- \rightarrow OH^-) \tag{11-26}$$

虽然在气态时羟基自由基的还原电位很高，约为 2 V，但式(11－25)降低了羟基自由基的还原电位。

H_2O_2 的电还原的更多内容可参见本书第 9 章金属半燃料电池。

11.4　直接硼氢化物燃料电池的结构

直接硼氢化钠燃料电池的单体电池是由阳极、阴极、隔膜、流场板、双极板和其他一些辅助部件组成。DBFC 的阳极燃料为液体，阴极氧化剂可以是气体（氧气），也可以是液体（过氧化氢），因此，直接 $NaBH_4$－H_2O_2 燃料电池不需要固、气和液三相电极结构，只需固液两相电极结构，图 11－3 是直接 $NaBH_4$－H_2O_2 燃料电池操作系统的示意图，$NaBH_4$ 与 NaOH 的混合液用泵压入阳极的螺旋形沟槽内，在阳极催化剂的作用下，发生电化学氧化反应而产生电子。同样 H_2O_2 也用泵压入阴极的螺旋形沟槽内，在阴极催化剂的作用下，接受电子而发生电化学还原反应。参见图 11－4 美国伊利诺伊大学等制作的 15 W 直接 $NaBH_4$－H_2O_2 燃料电池及其流场和端板的照片，以及图 11－5 美国伊利诺伊大学等制作的 500 W 直接 $NaBH_4-H_2O_2$ 燃料电池的照片。至于直接 $NaBH_4-O_2$ 燃料电池，其阳极、阴极、流场板、双极板和其他一些辅助部件基本上是从质子交换膜燃料电池、直接甲醇燃料电池、碱性燃料电池和金属半燃料电池演变而来的，这些内容可参见第 3 章、第 4 章、第 5 章和第 9 章的内容。

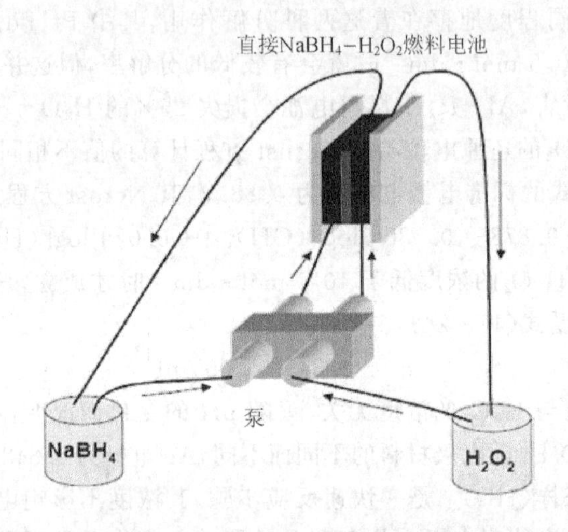

图 11－3 直接 $NaBH_4-H_2O_2$ 燃料电池操作系统的示意图

(a) 流场和端板

(b) 整体电池

图 11－4 美国伊利诺伊大学等制作的 15 W 直接 $NaBH_4-H_2O_2$ 燃料电池

DBFC 的阴阳两个电极也需要隔膜分离开来，DBFC 既可选用阳离子隔膜，也可选用阴离子隔膜，参见图 11－6 以(a)阳离子膜和(b)阴离子膜为隔膜的直接硼氢化钠燃料电池。在图 11－6 中，假定硼氢化钠不发生水解，电化学反应完全按式(11－1)进行，氧气的还原反应完全遵循式(11－2)，着重考察在电能产生过程中理想的化学变化。这样阳离子隔膜和阴离子隔

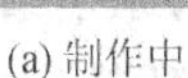

(a) 制作中

(b) 制作完成

图 11-5　美国伊利诺伊大学等制作的 500 W 直接 $NaBH_4$-H_2O_2 燃料电池

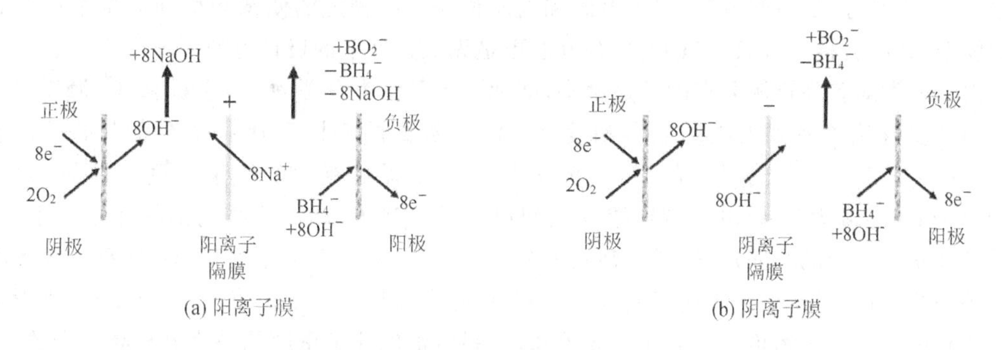

图 11-6　以阳离子膜和阴离子膜为隔膜的直接硼氢化物燃料电池

膜具有各自的优缺点，阳离子膜由于可采用全氟膜，因此即使在强碱溶液中或强还原剂中阳离子膜性能也很稳定，并且阳离子膜还易于得到，大多采用由 Dupont 制造的 Nafion® 1100 EW 系列隔膜。然而使用阳离子隔膜运行 DBFC 也会带来化学平衡等问题，这是因为每氧化 1 mol 的硼氢化钠，就要有 8 mol 的钠离子穿过隔膜，结果阴极电解液中的 NaOH 不断增多，阳极电解液中的 NaOH 不断减少。显然，若使 DCFC 连续运行，就必须使 NaOH 不断地从阴极返回至阳极，做到这一点是困难的。V 另外，随着阳极电解液中碱浓度的降低，硼氢化钠的稳定性减弱，致使 DCFC 燃料的利用效率也降低。如果使用阴离子隔膜，燃料转化成硼酸盐，DCFC 的化学反应是平衡的，不幸的是，大多数的阴离子膜在碱性中是不稳定的。由于价格太高，全氟的阴离子膜 Tosoh® 已经不再生产，目前还没有在强碱中稳定，并商业化生产的阴离子隔膜。虽然现在研究聚合物阴离子隔膜的稳定性是一个热点，市场上的阴离子隔膜承受碱的浓度还不能超过 5%，这么低的碱度，硼氢化钠是不能稳定存在的，而会发生水解。阳极电解液和阴极电解液之间存在很高的硼氢化物浓度差，硼氢根存在从阳极电解液穿过隔膜进入阴极电解液的可能,又因为硼氢根是阴离子,燃料硼氢根相对于阴离子隔膜的穿透性要明显大于阳离子隔膜。因此 Nafion®膜能相对好地解决硼氢根离子的穿透问题,并且有在强碱溶液中有较好的机械性能和活性稳定性,目前多数的 DBFC 的隔膜选用 Nafion®膜。

11.5 直接硼氢化物燃料电池的应用与发展现状

11.5.1 直接硼氢化物燃料电池的应用

燃料电池在未来电能的生产和转换、便携和移动电子器件领域有着重要的作用。质子交换膜燃料电池(PEFCs)以其优良的性能被认为是最有希望的低温燃料电池,然而燃料的生产、储藏和安全性限制了其发展。DBFC 具有很高的输出电压、能量转化效率和能量密度,并且易于储藏,安全性好,是空间电源、水下电源和高能量高功率密度的便携和移动设备很有发展前途的候选电源,直接 $NaBH_4$ - H_2O_2燃料电池更是无氧条件下的极佳电源。

由于人类对各种资源需求的日益增多,陆地上不可再生资源的储量越来越少,海洋资源的勘探和开发直接关系到人类的生存和发展。海洋资源的勘探和开发离不开水下无人潜器(UUV),由于 UUV 空间尺寸的限制,要求其动力能源具有大的能量密度。目前,大多数 UUV 的动力能源为银-锌电池、铅-酸电池和锂离子电池等,然而这些电池的能量密度有限,致使其在水下工作的时间短,燃料电池将减轻 UUV 的质量,延长航行时间,是新型水下电源研究的一个方向,是水下无人潜器向远程、大范围作业发展的关键。表 11-3 列出了水下无人潜器几种电源的能量密度。从表 11-3 可知,燃料电池的能量密度几乎比电池高一个数量级,因此,燃料电池有望克服电池的局限性。DBFC 由于能连续产生电能,无需充电,质量能量密度和体积能量密度大,燃料和产物易于控制,不排放气体,水下的隐蔽性好等特点,更适合于应用水下电源。

直接 $NaBH_4$ - H_2O_2燃料电池有开式循环和闭式循环两种运行模式,燃料和氧化剂连续不断地供给的运行模式,即燃料电池运行模式,称为开式循环;燃料和氧化剂以充电的方式重复使用的运行模式,即充电电池运行模式,称为闭式循环,或再生循环。闭式循环模式就是反向充电使式(11-5)发生逆反应,再生 $NaBH_4$ 和 H_2O_2,这实际上是一种再生式燃料电池。采用闭式循环的直接 $NaBH_4/H_2O_2$燃料电池在航天电源方面有很大的优势:

① 额定和在轨的质量能量密度已经达到 65 $Wh \cdot kg^{-1}$,并有望达到 125~200 $Wh \cdot kg^{-1}$。

② 在低地球轨道(LEO)和中地球轨道(MEO)的循环性能至少是目前最好的锂离子电池的 3 倍。

③ 快速的充电/放电性能,适用于 LEO/MEO 的运行,是将来高能航天的极佳电源。

④ 长的循环寿命。

表 11-3　水下无人潜器几种电源的能量密度

电源种类	质量能量密度/(Wh·kg^{-1})	体积能量密度/(Wh·dm^{-1})	备　注
银-锌电池	81	174	能量密度较高，但价格昂贵，循环寿命有限
铅-酸电池	35	53	能量密度低，但性能稳定
锂离子电池	128	315	目前最先进的充电电池
DBFC(固体燃料)	950(效率 50%的条件下运行)	2 850	技术仍在发展中，隐蔽性好于 DMFC
DMFC(纯甲醇燃料)	690(效率 30%的条件下运行)	2 070	发展技术好于 DBFC，由于有气体产生，隐蔽性较差
PEMFC(H_2 燃料)	690(效率 50%的条件下运行)	2 070	发展技术良好，但氢储存容量低，体积能量密度较低

注：假定电池在额定电压下工作，氧化剂为液态氧，功率在 2 kW 下运行 20 h。

直接 $NaBH_4$-H_2O_2燃料电池的上述优点使其成为探月或探测其他星球的理想的候选电源，Apollo 型月球车的电动机约为 1 kW，其能量有银锌电池提供，这类电池的能量密度约为 100 Wh·kg^{-1}，利用直接 $NaBH_4$-H_2O_2燃料电池能很容易地延长探测时间。

11.5.2　直接硼氢化物燃料电池与其他直接液体燃料电池的比较

用于燃料电池的液体燃料已经有许多种，表 11-4 列出了一些直接液体燃料的电极反应和电池的总反应，在这些液体燃料电池中，除了 DBFC 和直接肼燃料电池(DHFC)外，所有的燃料均为含碳燃料，含碳燃料的一个主要问题就是产生 CO 而导致阳极中毒，另外对于含有两个以上碳的燃料，断裂 C—C 键是很困难的，往往形成甲醇、醋酸和乙醛等产物，虽然理论上可能产生十几个甚至二十几个电子，实际上产生的电子数要远低于理论值，并且二甲氧基甲烷(dimethoxymethane)、三甲氧基甲烷(trimethoxymethane)等的价格十分昂贵，很难商业化使用。肼是强烈的致癌物，对环境和健康的危害很大，而且还不稳定，因此应尽量避免使用肼作为燃料。虽然硼氢化钠面临着水解等问题，金等催化剂仍能产生理论上的 8 电子或类 8 电子反应，DBFC 的标准电动势(cell voltage)为 1.64 V，理论比能量(theoretical specific energy) 9 300 Wh·kg^{-1}，这在所有的液体燃料中都是最高的，并且硼氢化钠不易燃烧，可固体储存，安全性好。综合各方面因素，DBFC 是一种很有希望的液体燃料电池。

表 11-4 几种液体燃料电池的化学反应

燃料电池	阳极反应	阴极反应	总反应
DBFC	$BH_4^- + 8OH^- \rightarrow 8BO_2^- + H_2O + 8e^-$	$2O_2 + 4H_2O + 8e^- \rightarrow 8OH^-$	$BH_4^- + 2O_2 \rightarrow BO_2^- + 2H_2O$
DDMFC	$(CH_3O)_2CH_2 + 4H_2O \rightarrow 3CO_2 + 16H^+ + 16e^-$	$4O_2 + 16H^+ + 16e^- \rightarrow 8H_2O$	$(CH_3O)_2CH_2 + 4O_2 \rightarrow 3CO_2 + 4H_2O$
DDEFC	$(CH_3)_2O + 3H_2O \rightarrow 2CO_2 + 12H^+ + 12e^-$	$3O_2 + 12H^+ + 12e^- \rightarrow 6H_2O$	$(CH_3)_2O + 3O_2 \rightarrow 2CO_2 + 3H_2O$
DEFC	$C_2H_5OH + 3H_2O \rightarrow 2CO_2 + 12H^+ + 12e^-$	$3O_2 + 12H^+ + 12e^- \rightarrow 6H_2O$	$C_2H_5OH + 3O_2 \rightarrow 2CO_2 + 3H_2O$
DEGFC	$C_2H_6O_2 + 2H_2O \rightarrow 2CO_2 + 10H^+ + 10e^-$	$\frac{5}{2}O_2 + 10H^+ + 10e^- \rightarrow 5H_2O$	$C_2H_6O_2 + \frac{5}{2}O_2 \rightarrow 2CO_2 + 3H_2O$
DFAFC	$HCOOH \rightarrow CO_2 + 2H^+ + 2e^-$	$\frac{1}{2}O_2 + 2H^+ + 2e^- \rightarrow H_2O$	$HCOOH + \frac{1}{2}O_2 \rightarrow CO_2 + H_2O$
DHFC	$N_2H_4 \rightarrow N_2 + 4H^+ + 4e^-$	$O_2 + 4H^+ + 4e^- \rightarrow 2H_2O$	$N_2H_4 + O_2 \rightarrow N_2 + 2H_2O$
DMFC	$CH_3OH + H_2O \rightarrow CO_2 + 6H^+ + 6e^-$	$\frac{3}{2}O_2 + 6H^+ + 6e^- \rightarrow 3H_2O$	$CH_3OH + \frac{3}{2}O_2 \rightarrow CO_2 + 2H_2O$
DMPFC	$CH_3OCH(OH)CH_3 + 4H_2O \rightarrow 3CO_2 + 6H^+ + 16e^-$	$4O_2 + 16H^+ + 16e^- \rightarrow 8H_2O$	$CH_3OCH(OH)CH_3 + 4O_2 \rightarrow 3CO_2 + 4H_2O$
DP1FC	$CH_3CH_2CH_3OH + 5H_2O \rightarrow 3CO_2 + 18H^+ + 18e^-$	$\frac{9}{2}O_2 + 18H^+ + 18e^- \rightarrow 9H_2O$	$CH_3CH_2CH_3OH + \frac{9}{2}O_2 \rightarrow 3CO_2 + 4H_2O$
DP2FC	$CH_3CH(OH)CH_3 + 5H_2O \rightarrow 3CO_2 + 18H^+ + 18e^-$	$\frac{9}{2}O_2 + 18H^+ + 18e^- \rightarrow 9H_2O$	$CH_3CH(OH)CH_3 + \frac{9}{2}O_2 \rightarrow 3CO_2 + 4H_2O$
DTOFC	$(CH_3O)_4C + 6H_2O \rightarrow 5CO_2 + 24H^+ + 24e^-$	$6O_2 + 24H^+ + 24e^- \rightarrow 12H_2O$	$(CH_3O)_4C + 6O_2 \rightarrow 5CO_2 + 6H_2O$
DTMFC	$(CH_3O)_3CH + 5H_2O \rightarrow 4CO_2 + 20H^+ + 20e^-$	$5O_2 + 20H^+ + 20e^- \rightarrow 10H_2O$	$(CH_3O)_3CH + 5O_2 \rightarrow 4CO_2 + 5H_2O$
DTFC	$C_3H_6O_3 + 3H_2O \rightarrow 3CO_2 + 12H^+ + 12e^-$	$3O_2 + 12H^+ + 12e^- \rightarrow 6H_2O$	$C_3H_6O_3 + 3O_2 \rightarrow 3CO_2 + 3H_2O$

11.5.3 直接硼氢化物燃料电池的发展现状

表 11-5 给出一些直接 $NaBH_4$-O_2燃料电池的组成及其性能，这些 DBFC 使用了不同的催化剂和隔膜，单电池的组成是典型的三明治式的膜电极组件(MEAs)。阳极催化剂多采用

Pt、Au 和储氢合金等，阴极催化剂炭载 Pt 和 MnO_2 等，隔膜既有使用阳离子隔膜，也有阴离子隔膜，还有未使用隔膜的 DBFC。应当说明的是，这些研究是在各自不同的条件下进行的，并且没有报道所有的实验条件，因此分析对比这些电池的性能是有难度的。印度理工学院以储氢合金 $M_mNi_{3.6}Al_{0.4}Mn_{0.3}Co_{0.7}$（$M_m$=30%La，50%Ce，15%Nd，5%Pr 质量分数）为阳极，不锈钢网表面镀 Au 为阴极，Nafion－961 为隔膜组成三明治式的膜电极装配(MEAs)，并由 6 个单电池组装了一个 28 W 的直接 $NaBH_4$－H_2O_2 燃料电池堆，在 25 ℃时该电池堆电压为 1 V 其最大功率密度为 50 mW·cm^{-2}，图 11－7 为其设计的 100 cm^2 的流场以及由 6 个单电池组成的直接 $NaBH_4$－H_2O_2 燃料电池堆示意图。

表 11－5　一些直接 $NaBH_4$－O_2 燃料电池的组成及其性能

电池构成			运行条件		
阳极催化剂	阴极催化剂	隔　膜	OH^-/(mol·dm^{-3})	BH_4^-/(mol·dm^{-3})	*T*/K
Ni_2B 合金	Ag 在 Ni 表面	石棉	6.2	0.4	298
97% Au + 3% Pt 颗粒/碳布	Pt/C	阴离子 Pall RAI No. 2259－60	6	5	343
$ZrCr_{0.8}Ni_{1.2}$	Pt/C	未给出	6	0.05	未给出
$Zr_{0.9}Ti_{0.1}Mn_{0.6}V_{0.2}Co_{0.1}Ni_{1.1}$	Pt/C	阳离子 Nafion NE－424	5	2.5	358
Pt/C	Pt/C	阳离子 Nafion	6	0.5	298
Au	MnO_2	无隔膜	6	1	298
Pt/Ni	MnO_2/C	无隔膜	1～5	2	未给出

燃料电池的性能				
开路电压/V	电流密度/(A·cm^{-2})	0.1 A·cm^{-2}时的电池电压/V	比能量/(Wh·kg^{-1})	最大输出功率/(W·cm^{-2})
0.92	0.01～0.06	0.73	未给出	未给出
0.95	0.01～0.3	0.6	184	0.06
未给出	0.12	0.7	420	0.09
1.26	0.02～0.3	0.95	未给出	0.18
1.05	0.01～0.1	0.7	2 800	0.04
0.6	1～5	未给出	未给出	未给出
0.8	35	未给出	未给出	0.019

美国国家航空航天局、英国海军研究部以及防务科学和技术实验室等近年来开始重点支持直接 $NaBH_4$－H_2O_2 燃料电池的研究，美国伊利诺伊大学研制的直接 $NaBH_4$－H_2O_2 燃料电

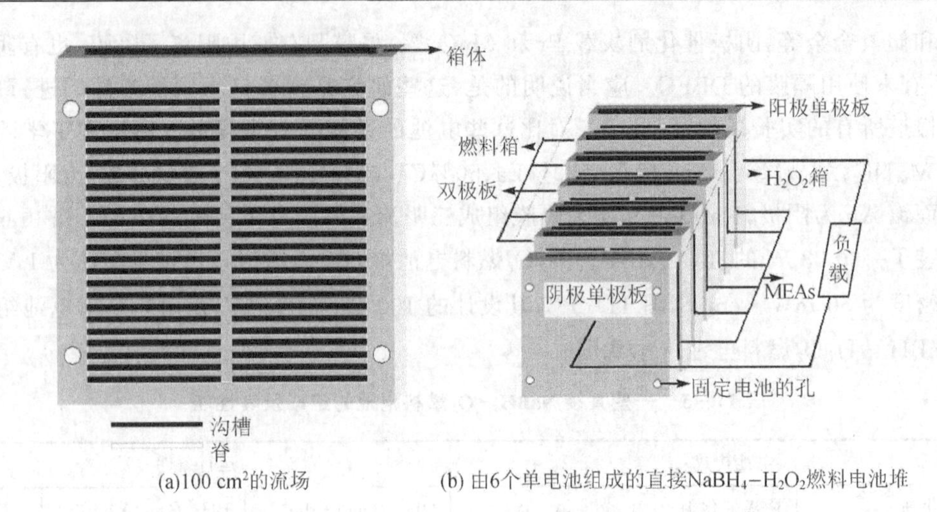

图 11-7 100 cm^2的流场以及由 6 个单电池组成的直接 $NaBH_4-H_2O_2$燃料电池堆示意图

池代表了目前较高的研究水平。为了寻找性能较佳的电催化剂，将部分贵金属和过渡金属放入反应物中来观察催化剂的稳定性，结果见表 11-6，以确定催化剂与反应物的兼容性。通过权衡电池的效率和性能，选择 Au 为 H_2O_2 催化剂，Pd 为 $NaBH_4$ 催化剂，与 Nafion-112 隔膜一起组成 MEAs 式的单电池，电池的功率密度可达 600 $mW \cdot cm^{-2}$，在 250 $mW \cdot cm^{-2}$ 的实用电流密度下，效率可达 60%，在此基础上组装的由 15 个单电池构成的电池堆，获得了500 W 的输出功率，电池的 $V-I$ 和 $P-I$ 性能曲线见图 11-8，从图 11-8 电池运行 20 min 后得到的数据来看，电池的性能稳定，输出功率为 500 W 时电压为 17 V，电流为 29 A。美国伊利诺伊大学等制作的 15 W $NaBH_4-H_2O_2$ 和 500 W $NaBH_4-H_2O_2$ 燃料电池可参见图 11-4 和图 11-5。

表 11-6 直接 $NaBH_4-H_2O_2$ 燃料电池催化剂与反应物的兼容性

催化剂类型	H_2O_2 的兼容性性	$NaBH_4$ 的兼容	催化剂类型	H_2O_2 的兼容性性	$NaBH_4$ 的兼容
Ni/硅酸铝	无气体产生	无气体产生	雷尼 NiAl	无气体产生	有气体产生
石墨涂 Ni	无气体产生	无气体产生	钛	无气体产生	无气体产生
Ni[OH]$_2$	无气体产生	无气体产生	铌	无气体产生	无气体产生
Ni[OH]$_2$/Co	有气体产生	无气体产生	氧化铱	有气体产生	有气体产生
碳载金	无气体产生	无气体产生	铱黑	有气体产生	有气体产生
碳	无气体产生	无气体产生	炭载铂	有气体产生	有气体产生
TiB	有气体产生	有气体产生	钯黑	有气体产生	无有气体产

DBFC 的氧化剂 H_2O_2 大多是在碱性介质中还原的，但也有在酸性介质中还原 H_2O_2 的，其电极反应和电池反应见式(11-27)～(11-29)：

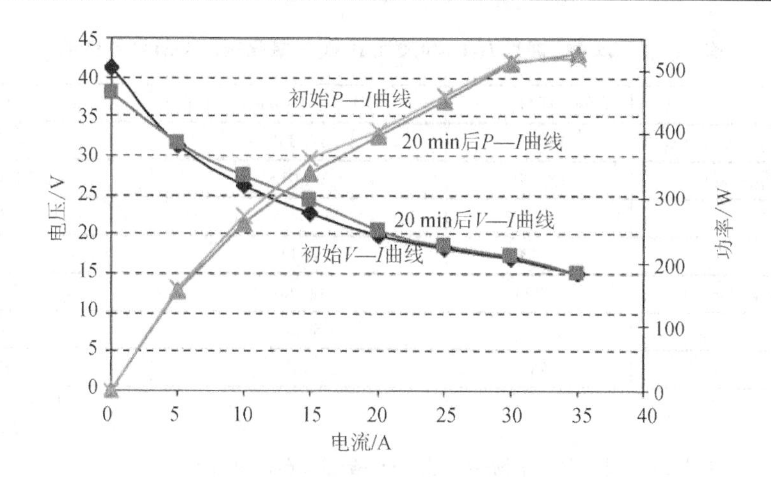

图 11-8　500 W 直接 $NaBH_4$-H_2O_2 燃料电池的 V-I 和 P-I 性能曲线

阳极

$$NaBH_4 + 8OH^- \rightarrow NaBO_2 + 6H_2O + 8e^- \quad E_a^\circ = 1.24\ V \tag{11-27}$$

阴极

$$4H_2O_2 + 8H^+ + 8e^- \rightarrow 8H_2O \quad E_c^\circ = 1.77\ V \tag{11-28}$$

总反应

$$NaBH_4 + 4H_2O_2 \rightarrow NaBO_2 + 6H_2O \quad E^\circ = 3.01\ V \tag{11-29}$$

这样，在酸性介质中，直接 $NaBH_4$-H_2O_2燃料电池的理论电压可以达到 3.01 V，比 H_2O_2在碱性介质中高 0.9 V，这意味着可以接近任何种类的锂离子电池的电压，而理论比能量可以达到 17 kWh·kg^{-1}，这种具有电池一样高输出电压的燃料电池可解决目前各类电池能量密度低的问题。根据上述原理，现已经设计出由单电池、2 个电池和 4 个单电池组成的电池堆（电极面积分别为 64 cm^{-2}、128 cm^{-2}和 256 cm^{-2}），电池以 Au/C 颗粒为阳极，以 Pt/C 纸为阴极，20 ℃时获得的最大功率分别为 2.2 W、3.2 W 和、9.6 W，在电流密度为 32 mA·cm^{-2}、16 mA·cm^{-2}和 12 mA·cm^{-2}时，电池电压分别为 1.06 V、0.81 V 和 3.2V。不过，由于这种 DBFC 的阴阳两极分别是强酸和强碱溶液，若要长期运行电池而不出现燃料和氧化剂的穿透问题，对隔膜的性能将是一个严峻的考验。以 O_2、碱性 H_2O_2和酸性 H_2O_2为氧化剂的 DBFC 的性能参见表 11-7。

除了 DBFC 外，还有一种利用 $NaBH_4$水解产生氢气，再结合质子交换膜燃料电池形成间接硼氢化钠燃料电池，即 B-PEMFC。考虑到现有的技术与 $NaBH_4$的价格，$NaBH_4$的穿透问题决定了 DBFC 和 B-PEMFC 两种电池的哪一个更具有竞争性，当考虑 DBFC 系统的燃料穿透问题时，B-PEMFC 具有价格优势；如果穿透问题得以解决，DBFC 以 6e 反应运行，DBFC 与 B-PEMFC 相当，但 6e-DBFC 消耗的 $NaBH_4$是 B-PEMFC 的 1.7 倍；如果实现 8e 反应，DBFC 会比 B-PEMFC 更具有竞争力，B-PEMFC 消耗的 $NaBH_4$量更多。

表 11-7 以 O_2、碱性 H_2O_2 和酸性 H_2O_2 为氧化剂的 DBFC 的性能

	$(Na^+)BH_4^-/O_2$	$(Na^+)BH_4^-/H_2O_2$(碱性介质)	$(Na^+)BH_4^-/H_2O_2$(酸性介质)
燃料的分子量/$(g \cdot mol^{-1})$	37.832	37.832	37.832
氧化剂分子量/$(g \cdot mol^{-1})$	31.999	34.015	34.015
反应电子数	8	8	8
低电势/V	1.64	2.11	3.01
理论比能量/$(Wh \cdot kg^{-1})$	9 295	11 959	17 060
纯燃料比容量/$(Ah \cdot kg^{-1})$	5 668	5 668	5 668
转换效率/%	91	97	97

11.5.4 直接硼氢化物燃料电池面临的问题

DBFC 的发展目前存在 $NaBH_4$ 的水解、H_2O_2 的分解、燃料的穿透以及 $NaBH_4$ 的价格昂贵等问题。$NaBH_4$ 的水解和 H_2O_2 的分解是直接 $NaBH_4$-H_2O_2 燃料电池发展的最大障碍,在考虑抑制水解和分解的同时,还要保障高的电子转移数和反应速率,因此将提高催化剂的性能和优化反应物的特性这两方面进行综合研究或许是解决这一问题的途径。$NaBH_4$ 的穿透问题也影响了电池的性能,这或许要联合改进隔膜、燃料和阴极催化剂三种因素来解决。DBFC 燃料电池的成本是昂贵的,如果解决了上述两个问题,为了扩大其应用规模,$NaBH_4$ 的价格下降就会是一种必然的趋势。现在国际上硼氢化钠的价格仍然达到 55 美元/kg,不过乐观者认为 5 年内可降到每 1 美元/kg,如果能降到 0.55 美元/kg,硼氢化钠燃料电池将成为主要的候选燃料电池。

问题与讨论

1. 直接硼氢化物燃料电池有什么优点和不足?
2. 根据工作原理直接硼氢化物燃料电池可分为哪几种类型?并分别给出电极反应和电池总反应。
3. 讨论影响硼氢化物水解的因素。
4. 直接硼氢化物燃料电池主要有哪些阳极材料?
5. 直接硼氢化物燃料电池采用阳离子隔膜和阴离子隔膜各有什么优缺点?
6. 在各种直接液体燃料电池中 DBFC 有什么优势?
7. 直接 $NaBH_4$-H_2O_2 燃料电池有什么特点?
8. 讨论 DBFC 今后的发展方向和应用前景。

第12章　生物燃料电池

随着全球化石油燃料的减少和由此产生的温室效应的加剧，人们纷纷把目光投向了可再生能源、生物质能源以及可变废为宝的清洁能源技术，它就是生物燃料电池(biofuel cells 或 biological fuel cells)。生物燃料电池与其他形式的燃料电池相比具有反应条件温和，生物相容性好等优点，因而受到关注。本章主要介绍生物燃料电池的工作原理、类型、特点和应用前景。

12.1　生物燃料电池的概述

12.1.1　生物燃料电池的工作原理

生物燃料电池是利用酶(enzyme)或者微生物(microbe)组织作为催化剂，将燃料的化学能转化为电能的一类特殊的燃料电池。

阳极室的燃料(葡萄糖等)在催化剂(酶、微生物等)作用下被氧化，同时释放出电子和质子，电子直接或由电子传递中介体(分布在阳极液或固定在阳极表面)传递到阳极，然后通过外电路到达阴极；质子通过质子交换膜到达阴极室，氧化物(一般为氧气)在阴极室得到电子被还原。图 12-1 为有电子传递中介体(分布在阳极液中)的生物燃料电池阳极的工作原理示意图。底物(燃料)在微生物或酶的催化作用下被氧化，电子通过介体的传递到达电极。

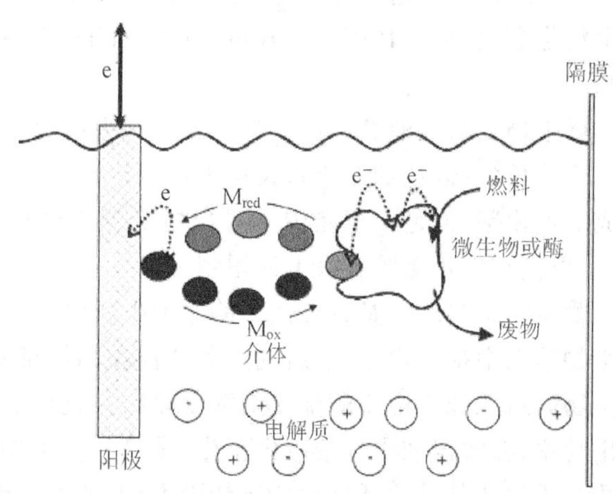

(M_{ox}介体的氧化态、M_{red}介体的还原态)

图 12-1　生物燃料电池阳极工作原理示意图

12.1.2　生物燃料电池的特点

生物燃料电池与其他燃料电池相比具有若干特点：

① 能量利用的高效性。生物燃料电池的能量转化效率高，可以发展出价廉、长效的电能

系统。

② 燃料来源多样化。可以利用一般燃料电池所不能利用的多种有机、无机物质作为燃料，甚至可利用光合作用或直接利用污水、生活垃圾、农作物废物等作为原料，可同步进行环境治理和产生电能。

③ 操作条件温和。由于使用酶或微生物作为催化剂，一般是在常温、常压、接近中性的环境中工作，这使得电池维护成本低，安全性强。

④ 无污染，可实现零排放。微生物燃料电池的主要产物是水和二氧化碳。

⑤ 无需能量输入。微生物本身就是能量转化工厂，能把地球上廉价的燃料能源转化为电能，为人类提供能源。

⑥ 生物相容性。利用人体内葡萄糖和氧为原料的生物燃料电池可以直接植入人体，作为心脏起搏器等人造器官的电源。

12.1.3 生物燃料电池的分类

生物燃料电池有多种分类方法。

1. 按催化剂的类型进行分类

生物燃料电池是一种以各种生物作为催化剂的装置，根据生物催化剂类型的不同可分为微生物燃料电池 MBFC（microbial fuel cells）和酶生物燃料电池 EBFC（enzymatic biofuel cells）。

微生物燃料电池是利用完整的微生物为催化剂来催化燃料的氧化。微生物燃料电池的电池寿命较长（可以达到 5 年），长期工作稳定性好；对燃料的催化效率较高，能够完全把单糖氧化成二氧化碳；但是由于在传质过程中受到生物膜的阻碍导致电能转换效率较低，输出功率低，所以其在应用上受到很大的限制。

酶生物燃料电池是直接使用酶作为生物燃料电池的催化剂来催化燃料的氧化，即先将酶从生物体系中提取出来，然后利用其活性在阳极催化燃料分子氧化，同时加速阴极氧的还原。酶生物燃料电池中由于酶催化剂浓度较高并且没有传质壁垒，因此有可能产生更高的电流或输出功率，在室温和中性溶液中工作，满足一些微型电子设备或生物传感器等对电能的需求。但酶在生物体外催化活性保持比较困难，电池稳定性差，寿命比较短；而且酶的氧化不彻底，只能部分地氧化燃料。

2. 按照电子转移方式进行分类

生物燃料电池中电子的转移方式有两种：一是反应场所和电极间的直接电子传递 DET（direct electron transfer）；二是通过循环进行氧化还原反应的电子中介体将电子由反应场所传递到电极 MET（mediator electron transfer）。

根据电子传递方式的不同，生物燃料电池又可分为直接生物燃料电池和间接生物燃料电池。另外，也可用生物化学方法生产燃料(如发酵法生产氢、乙醇等)，再将此燃料供给普通燃料电池。这种系统也是间接生物燃料电池的一种。

3. 按照生物燃料电池的构造进行分类

按照电池构造的不同，生物燃料电池可分为双室生物燃料电池和单室生物燃料电池。

双室生物燃料电池有阴阳两个极室，两极室间由质子交换膜等隔膜隔开。

单室生物燃料电池只有一个阳极室，构造简单，它又分为有隔膜和无隔膜单室生物燃料电池。无隔膜的单室生物燃料电池去掉了质子交换膜，具有质子传递速率高、电池体积小、电池内阻和制作成本低等优点；但单室生物燃料电池的库仑效率较低。

12.2 微生物燃料电池

12.2.1 微生物燃料电池的工作原理

微生物燃料电池(MBFC)是利用微生物(即完整的菌体细胞)作为催化剂，将燃料的化学能直接转化为电能的一种装置，如图12-2所示。

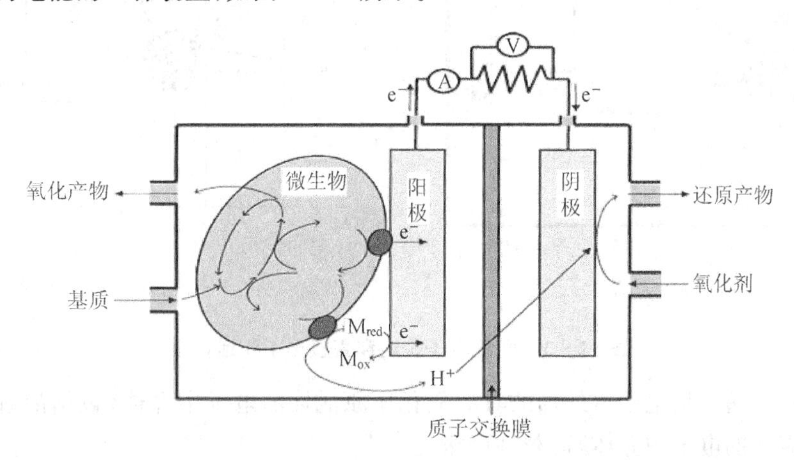

图12-2 微生物燃料电池的工作原理示意图

其工作原理与传统的燃料电池存在许多相同之处，以葡萄糖做底物的燃料电池为例，其阴极、阳极化学反应式如下：

阳极反应

$$C_6H_{12}O_6 + 6H_2O \rightarrow 6CO_2 + 24H^+ + 24e^- \qquad E^\circ = 0.014\ \text{V} \tag{12-1}$$

阴极反应

$$6O_2 + 24H^+ + 24e^- \rightarrow 12H_2O \qquad E^\circ = 1.23\ \text{V} \tag{12-2}$$

一般而言,微生物燃料电池都是在厌氧条件下利用微生物的代谢作用降解有机燃料,同时释放出电子和质子。电子通过人工添加的辅助电子传递中介体,或者微生物本身产生的可溶性电子传递中介体,或者直接传递到阳极表面;到达阳极的电子通过外电路到达阴极,有机物氧化过程中释放的质子通过质子交换膜到达阴极;最后,电子、质子和氧气在阴极表面结合形成水。

12.2.2 电子的传递方式

微生物燃料电池中电子的传递方式可分为直接电子传递 DET(direct electron transfer)和间接电子传递或介体电子传递 MET(mediated electron transfer)两种。按照电子传递方式的不同,微生物燃料电池分为直接微生物燃料电池和间接微生物燃料电池。间接电子传递和直接电子传递过程如图 12-3 所示。

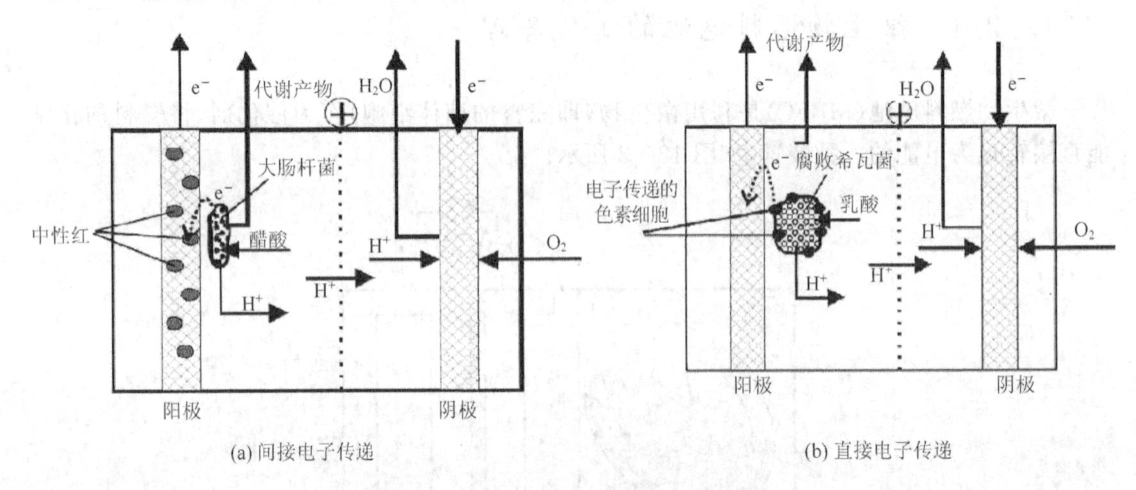

图 12-3 间接电子传递和直接电子传递过程

间接电子传递是指电子由外加的具有氧化还原活性的电子中介体(包括溶解在阳极液和固定在电极表面的电子中介体)运载到电极上。

因微生物的细胞膜或酶蛋白质的非活性部分对电子传递造成很大阻力,采用合适的中介体可有效地促进电子传递。20 世纪 80 年代后,由于氧化还原中介体的广泛应用,同时提高了电子传递速率和反应速率,使生物燃料电池的输出功率有了较大提高,使其作为小功率电源使用的可行性增大,并因此推动了它的研究和开发。

对于含介体的生物燃料电池,介体选择主要考虑以下几方面:

- 容易与生物催化剂及电极发生可逆的氧化还原反应;
- 氧化态和还原态都较稳定,不会因长时间氧化还原循环而被分解;

➢ 介体的氧化还原电对有较大的负电势，以使电池两极有较大电压；

➢ 有适当极性以保证能溶于水，且易通过微生物膜或被酶吸附。

较典型的微生物燃料电池的电子传递中介体是硫堇、中性红、Fe(Ⅲ)EDTA 或天然氧化还原介体等(如硫酸盐、硫化物等)。电子传递中介体的功能依赖于电极反应的动力学参数，其中最主要的是电子传递中介体的氧化还原速率常数(而它又主要与电子传递中介体接触的电极材料有关)。

为了提高其氧化还原反应的速率，可以将两种电子传递中介间体适当混合使用，以期达到更佳效果。例如，对从阳极液 escherichia coli(氧化葡萄糖)至阳极之间的电子传递，当以硫堇和 Fe(Ⅲ)EDTA 混合用作电子传递中介体时，其效果明显比单独使用其中任何一种都要好。尽管两种电子传递中介体都能够被 escherichia coli 还原，且硫堇还原的速率大约是 Fe(Ⅲ)EDTA 的 100 倍；但还原态硫堇的电化学氧化却比 Fe(Ⅱ)EDTA 的氧化慢得多。所以，在含有 escherichia coli 的电池操作系统中，利用硫堇接受电子，而还原态的硫堇又被 Fe(Ⅲ)EDTA 迅速氧化；最后，还原态的络合物 Fe(Ⅱ)EDTA 通过 Fe(Ⅲ)EDTA/Fe(Ⅱ)EDTA 电极反应将电子传递给阳极。类似的还有用 bacillus 氧化葡萄糖，以甲基紫精和 2-羟基-1,4 萘琨或 Fe(Ⅲ)EDTA 做微生物燃料电池的电子传递中介体。

由于微生物细胞的活性组分往往被细胞膜包裹在细胞内部，介体则又被吸附在细胞膜的表面，因而无法形成有效的电子传递，很难实现共同固定。常用的电子传递中介体的价格昂贵，使用寿命短，需要经常补充，相对于微生物燃料电池提供的功率，添加介体所付出的成本极高，同时增加了运行和管理的复杂性。很多氧化还原介体有毒，使其不能在从有机物中获得能量的开放环境中使用。因此有氧化还原介体的间接微生物燃料电池不适于用做一种简单的长期能源，在很大程度上阻碍了微生物燃料电池的工业化应用。

直接电子传递是在无须人工投加电子中介体的条件下，电子可直接转移到电极上。近年来，研究者陆续发现了乙酸氧化脱硫单胞菌 desulfuromonas acetoxidans、拜氏梭菌 clostridium beijerinckii、腐败希瓦菌 shewanella putrefaciens、geobacter metallireducens、氧化铁还原微生物 rhodoferax ferrireducens、geobacter sulfereducens 等特殊细菌。这类细菌可在无人工投加电子中介体条件下将电子传递给电极，在闭合回路下产生电流。

geobacter metallireducens 和 rhodoferax ferrireducens 两种产电菌可直接吸附在阳极上通过细胞膜进行电子传递。该类细菌附着在阳极上的微生物对产电的贡献比悬浮微生物要大得多。由此类微生物构建的 MBFC 称作无介体 MBFC。

MBFC 中一些产电菌不仅可以直接吸附在电极上实现电子转移，而且还能自身分泌电子介体。这些介体参与细胞外电子传递，并可以极大提高 MBFC 的性能。腐败希瓦菌 shewanella putrefaciens 的细胞外膜上存在细胞色素。这些色素具有良好的氧化还原能力，可在电子传递过程中起到介体的作用。研究表明从微生物中除去可以产生介体的基因，MBFC 的电流减小到 1/20，由此发展出自介体 MBFC。自介体产电菌的发现可能会改变以往认为

MBFC阳极室中产电菌必须通过与阳极的直接接触才能实现电子传递的观点。在无需人工添加电子介体的情况下,微生物以生物膜的形式在电极上生长,电子通过细胞壁直接传递到阳极,因此在电极表面只能形成单层生物膜。理论计算表明,当阳极表面只覆盖单层微生物膜时,以乙酸作为燃料的MBFC的最大功率约为2 200 mW·m^{-2}。而实际情况是产电菌不可能覆盖电极的全部表面,也不可能都保持活性。自介体产电菌无须吸附在电极板上,可以悬浮生长,并通过自身介体的传输实现电子向电极的转移。因此,已报道的无介体MBFC功率密度都小于1 000 mW·m^{-2}。而自介体MBFC的瞬间最大功率密度曾达到4 310 mW·m^{-2}。可以预见,当自介体产电菌在MBFC中形成优势种群时,MBFC产电功率可以最大限度地不依赖于阳极板面积的大小,这将有利于MBFC成本的降低和产电功率的放大。无介体和自介体微生物燃料电池的出现大大推动了微生物燃料电池的商业化进展。

不同的微生物存在多种不同的电子传递方式和条件,利用混合菌群接种,可以发挥菌群间的协同作用,增加MBFC运行的稳定性,提高系统的产电效率。海底沉积物和厌氧活性污泥中菌群都极为丰富,包括大量具有电化学活性的菌群。大量研究表明,采用适当的混合菌群接种可以获得与用纯菌体接种相当的处理效果,且运行稳定性增强。当微生物燃料电池用海底沉积物或厌氧污泥接种时,阳极室内为混合菌种。通常具有混合微生物的燃料电池比纯菌种生物燃料电池,具有更好的性能。混合菌种的微生物燃料电池同时生存有能直接传递电子的微生物和使用介体的微生物。

12.2.3 产电微生物

理论上各种微生物均可能用于MBFC,但由于细胞壁肽键或类聚糖等不良导体的阻碍,大多数微生物产生的电子不能够传出体外,不具有直接的电化学活性。然而,许多微生物通过添加某些可溶性氧化还原介体作为电子传递中介体,可以将电子由胞内传递至阳极表面。MBFC中的微生物可以直接或通过电子介体将有机物新陈代谢过程中产生的电子传递到阳极。海底沉积物、土壤、废水、湖水沉积物和活性污泥中都富含有能作为微生物燃料电池催化剂的微生物。例如:琥珀酸放线杆菌 actinobacillus succinogenes、嗜水气单胞菌 aeromonas hydrophila、丁酸梭菌 clostridium butyricum、粪产碱菌 alcaligenes faecalis、拜氏梭菌 clostridium beijerinckii、脱硫弧菌 desulfovibrio desulfuricans、大肠杆菌 escherichia coli、氧化葡糖杆菌 gluconobacter oxydans、胚牙乳杆菌 lactobacillus plantarum、沙雷菌 shewanella oneidensis、地杆菌 geobacter 等。下面就简单介绍几种产电微生物:

1. 泥细菌

泥细菌G.(Geobacter)是非常重要的一类产电微生物。研究发现,将石墨电极或铂电极插入厌氧海水沉积物中,与之相连的电极插入溶解有氧气的水中,就有持续的电流产生。对紧密吸附在电极上的微生物群落进行分析后得出结论:geobacteraceae 科的细菌在电极上高度富集。G. sulferreducens 可以只用电极做电子受体而完全氧化电子供体;在无氧化还原介体的情况下,它可以定量转移电子给电极;这种电子传递归功于吸附在电极上的大量细胞,电子传递速率为0.21～1.2 μmol 电子·mg^{-1}蛋白质·min^{-1},与柠檬酸铁做电子受体时(E°=+0.37 V)的速率相似。目前发现,能够以电极作为唯一电子受体的泥细菌包括: G. sulfurreducens,G. metallireducens,G. psychrophilus,desulfuromonas acetoxidans 与 geopsychrobacte relectrodiphilus 。由于 G. sulfurreducens 的全基因组序列的测序已经完成,有很好的遗传背景,所以基本都是以 G. sulfurreducens 为模式菌种进行 MBFC 的研究。

2. 希瓦氏菌

希瓦氏菌由于其呼吸类型的多样性而得到广泛研究。韩国科学家 Kim 的研究首次发现了腐败希瓦菌(shewanella putrefaciens)在无需外加氧化还原介质条件下,能够氧化乳酸盐产生电,从而可以设计出高性能直接微生物燃料电池。

3. 红螺菌

马萨诸塞州大学的研究人员发现铁还原红螺菌(rhodoferax ferrireducens)能够代谢糖类转化为电能,且转化效率高达80%以上,第一次实现了利用纯培养单一微生物转化糖类为电能。R. ferrireducens 是一种氧化铁还原微生物,它可将电子直接转移到电极上。相比其他微生物燃料电池,R. ferrireducens 电池最重要的优势就是它将糖类物质转化为电能,它可以完全氧化葡萄糖,这样就大大推动了微生物燃料电池的实际应用进程。进一步研究表明,这种电池作为蓄电池具有很多优点: ① 放电后补充底物可恢复至原来水平;② 充放电循环中几乎无能量损失;③ 充电迅速;④ 电池性能长时间稳定。

4. 其他产电微生物

通过分析 MBFC 电极表面沉积的微生物发现,desulfobulbulbaceae 菌科也是一类重要的产电微生物,其中研究最多的是 desulfobulbus propionicus 。desulfobulbulbaceae 菌科细菌能够利用电极作为唯一电子受体氧化 S 成为 SO_4^{2-} 获得能量。另外发现嗜水气单胞菌(aeromonas hydrophila)能够利用酵母抽提物作为燃料产生电流,但不能氧化乙酸盐产电。因为乙酸盐是很多有机物的发酵终产物,所以推测 A. hydrophila 不能有效地氧化有机物,限制了其在 MBFC 中的应用。其他的如大肠杆菌(escherichia coli)、假单胞菌(pseudomonas)、枯草杆菌(bacillus)及变形细菌(proteus)等必须依赖氧化还原中间体才能把从有机物氧化过程中产生的电子传递到电极。

12.2.4 微生物燃料电池的电极

1. 阳 极

阳极直接参与微生物催化的燃料氧化反应,吸附在电极表面的微生物密度对产电量起主要作用,所以阳极电极材料的选择、表面修饰以及表面积的提高均可优化 MBFC 的性能。一般微生物燃料电池用无腐蚀性的导电材料做阳极，目前使用的阳极材料包括石墨、石墨纤维、碳纸、碳布、碳毡、碳纤维刷、网状玻璃碳、铂黑、铂、不锈钢等，对阳极的研究主要是增大电极面积、对导电材料的改性和加入其他的催化剂等。

通过把电极材料换成多孔性的物质，如石墨毡、泡沫状物质、活性炭等，增大电极比表面积，可以提高吸附在电极表面上的微生物量，从而增大电能输出。用石墨毡和石墨泡沫代替石墨棒做阳极，电流产量分别为石墨棒的3倍和2.4倍。Logan等以具有高比表面积和不易被堵塞的石墨纤维刷为阳极，MBFC的功率密度由采用碳纸阳极的600 $mW \cdot m^{-2}$增加到4 300 $mW \cdot cm^{-2}$。

在阳极上加入聚阴离子或锰元素，使其充当电子传递中介体的作用，能使电池更高效地进行工作。如用Mn^{2+}、Ni^{2+}、Fe_3O_4来改性石墨作为阳极，改性后阳极产生的电流是平板石墨的1.5～2.2倍。在石墨中加入聚四氟乙烯（PTFE）作为MBFC的阳极，PTFE的含量影响了MBFC的电流产生，质量分数为30%的PTFE可以获得的最大功率为760 $mW \cdot m^{-2}$。将用氨气预处理过的碳布作为MBFC的阳极，预处理过的碳布产生的功率为1 640 mW/m^2，大于未预处理过的功率，并且MBFC的启动时间缩短了50%。这主要是由于碳布经氨气处理过后，比表面积增加了，从而有利于产生电子和质子以及微生物的吸附。

用碳纳米管/聚苯胺（CNT/PANI）作为MBFC阳极，碳纳米管可以提高电子的传导性，但不利于细菌的生长。而PANI不仅可以电催化产生电流，而且有利于细菌的生长，但是它的低传导性限制了其在MBFC中的应用。通过把两者结合起来，可以达到互补的作用。采用WC作为阳极催化剂，也可提高MBFC的产电性能。

2. 阴　极

阴极材料性质和表面积同样影响电池的性能。目前研究的阴极材料包括石墨、石墨纤维、石墨颗粒、碳纸、碳布、网状玻璃碳等。另外，采用空气多孔阴极取代液相阴极系统的单室微生物燃料电池，使空气中的氧气直接在电极上反应，使电池结构得以简化。

12.2.5　阴极电子受体和催化剂

MBFC的阴极电子受体主要有氧气、铁氰化物等。为提高开路电压，有研究者选用氧化还原电位更高的氧化剂作为阴极电子受体，如高锰酸钾（+1.491 V）、双氧水（+1.776 V）、重铬酸钾（+1.33 V）等。另外，还可以用硝酸盐做电子受体构建MBFC，实现了同时除碳和脱氮的目的。但是几乎所有的氧化剂都存在一个问题就是随着反应的进行，氧化剂的浓度都会降低，需要定期更换或补充氧化剂溶液，而且还存在向阳极室慢慢渗透的问题。

根据阴极电子受体的不同，电极上附载的催化剂不同，常用阴极电子受体和催化剂如图12-4所示。

用氧气作为阴极电子受体的研究较多，而直接用空气作为氧化剂的MBFC由于简化了电池结构，在近几年得到了较大发展。氧气具有高的氧化性、低的价格(氧气来源于空气是免费的)，同时反应后还没有化学污染物产生(水是唯一的产物)，因此氧气是 MBFC 最好的电子受体。但是氧气存在固体表面还原动力低、水溶性差等缺点，因此常利用高活性的化学催化剂如图 12-4(b)，贵金属 Pt、Au、非贵金属 PbO_2、过渡金属大环化合物 CoTMPP 等来催化氧气参与的电极反应，同时可以减少氧气向阳极扩散。

非生物的阴极通常需要价格昂贵的催化剂获得高的电子传递效果，但也相应增加了成本，降低了操作的可行性。此缺点可以通过用生物阴极代替来克服，即利用生物作为催化剂来协助阴极反应如图 12-4(c)所示。在 MBFC 的运行中阴极表面不可避免地会生长微生物。一些微生物可以直接从阴极或从阴极表面的电子中介体获得电子，然后将其传递给电子最终受体，如氧气、硝酸盐等。对于好氧阴极以氧气作为最终的电子受体，电子介体如铁、锰首先被化学阴极还原，然后再被微生物氧化。利用生物阴极催化氧的还原，可以减少金属和非金属催化剂的用量，提高了微生物燃料电池的操作性。

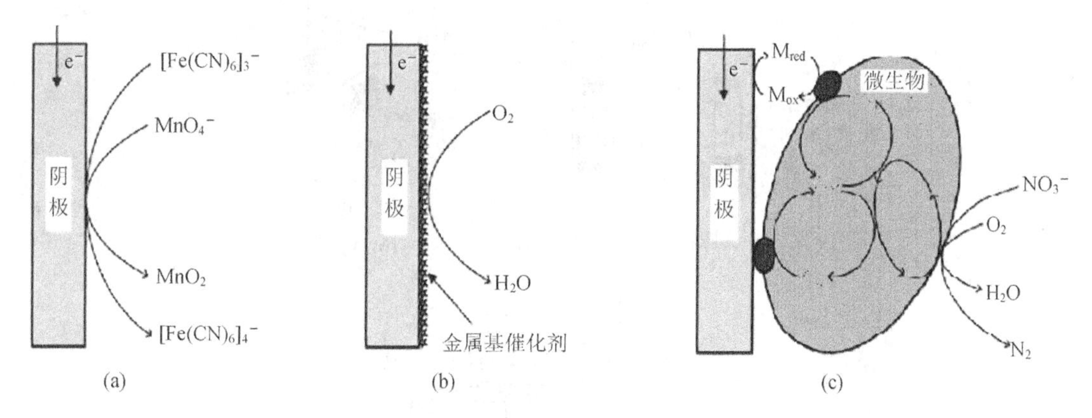

图 12-4　阴极电子受体和催化剂

12.2.6　隔膜和阳极燃料

质子透过材料可以是盐桥，也可以是多孔的瓷隔膜。但理想的材料应该是只允许质子透过，而基质、细菌和氧等都被截留的微孔材料。PEM 正好具有该功能。目前，PEM 大多采用美国杜邦公司的 Nafion 质子交换膜，也有用 Ultrex 膜的。

微生物燃料电池主要以葡萄糖、蔗糖、乳糖、醋酸、安息酸、蚁酸、生活污水和部分工业废水等为燃料进行发电。且随着技术的发展，完全可用诸如锯末、秸秆、落叶等废有机物的水解物为燃料。

12.2.7 微生物燃料电池的结构

目前运行的 MBFC 反应器类型主要分为双室微生物燃料和单室微生物燃料电池两种。反应器的形状包括矩形式(C-MBFC)、双瓶式(B-MBFC)、上流式(UMBFC)等。

1. 双室微生物燃料电池

MBFC 最早是两室系统。该系统包含两个被质子透过材料分隔的反应室,即阳极室和阴极室。阳极室含有细菌,必须密封以防氧气进入,以保证厌氧环境。阴极室可曝气以提供溶解氧,或用铁氰化物等代替溶解氧作为电子受体。目前研究的几种双室 MBFC 如图 12-5 所示。系统操作比较方便,阴阳两室可以通入独立的电解液。但它最大的缺点就是必须不断补充电子受体,成本负担高。

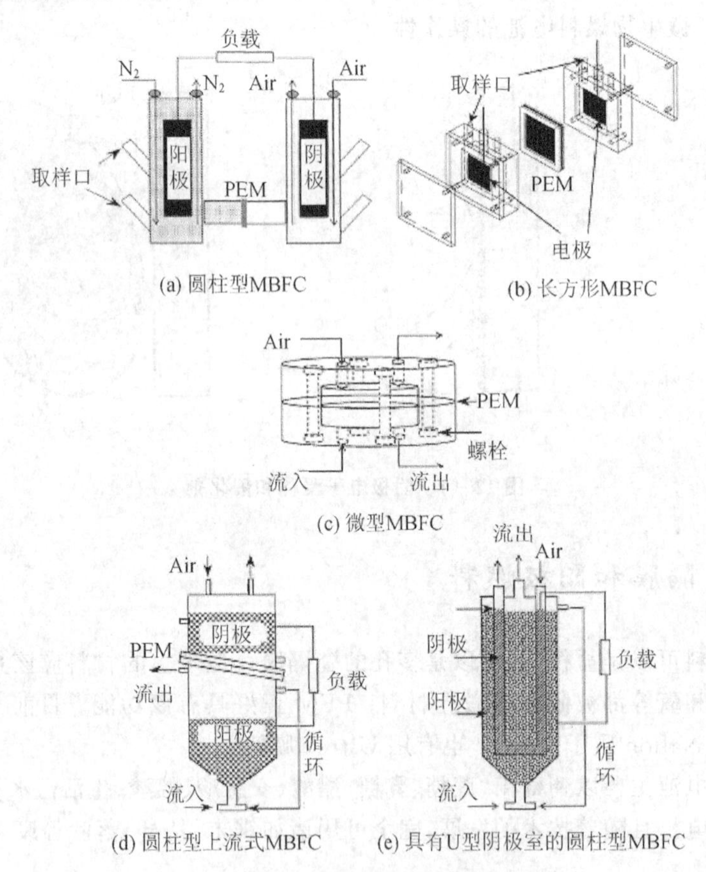

图 12-5 双室生物燃料电池

2. 单室微生物燃料电池

单室 MBFC(single chamber microbial fuel cell,SCMBFC),SCMBFC 可以省略阴极室,将阴极直接或与 PEM 黏合后面向空气放入阳极室,构成阳极室的一壁,如图 12-6 所示。它不仅简化结构,减小反应器容积,提高产电量,而且空气中的 O_2 直接传递给阴极,不需要曝气,节省专门通气的能耗。另外,有些 SCMBFC 省略质子交换膜,阴极直接暴露在阳极室,这样可降低成本和电池内阻。

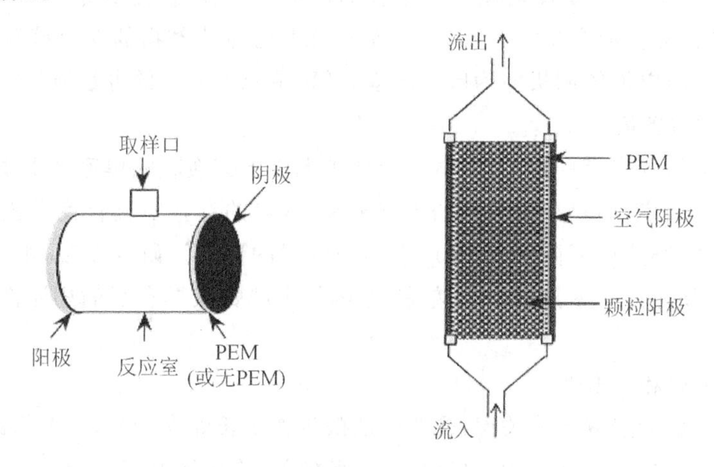

图 12-6　单室微生物燃料电池

12.2.8　影响微生物燃料电池性能的因素

目前,微生物燃料电池的性能比理想情况低很多,输出功率与其他形式的燃料电池相比也很低。影响微生物燃料电池能量产生的因素很多,其中包括微生物的种类和数量、电极的材料和表面积、阴极催化剂、隔膜类型和大小、反应器结构、燃料类型和浓度、阴极电子受体及浓度、离子强度、pH 值、温度等。对于一个给定的 MBFC 系统,操作条件的优化,可以降低极化的影响,从而提高 MBFC 性能。下面简单介绍操作条件等对 MBFC 性能的影响。

1. 阳极室的操作条件

阳极室内微生物的种类及数量、燃料的类型及浓度和进料速度是影响 MBFC 性能的重要因素。对于固定的微生物,功率密度随不同的燃料变化很大。

(1) 燃料浓度和进料速率

在微生物燃料电池中,最大电流常随燃料浓度的变化而改变。研究表明在以 S. putrefaciens 为产电微生物,醋酸为燃料的单室 MBFC 中,在醋酸浓度未过量(低于 200 $mmol \cdot dm^{-3}$)时,随醋酸浓度的增加,输出电流不断增大,功率密度也随着燃料浓度的增加而增大。有趣的是,MBFC 的最大输出功率一般在相对低的进料速率下出现,这可能是因为进料速率较高时，混合菌中发酵菌的增长比电化学活性菌的增长速度快。然而，如果微生物是以生物膜的形式生长在电极表面，则提高进料速率未必会影响生物群。一个可能的原因就是高的进料速率可能引入其他的电子接受体与阳极抗争，从而导致能量输出的降低。

(2) 底物转化率

底物转化率主要受生物量的多少、营养物的混合与传递、微生物生长动力学和质子传递效率等因素的影响。首先，需要保证微生物生长的最适合条件，使之在最短时间积累足够生物量。其次，阳极液的充分混合也很关键，可以保证微生物与营养物的充分接触，产物的及时输出。由于微生物燃料电池的阳极室为厌氧环境，可采用充入氮气的方法搅拌混合。

(3) 阳极室的溶解氧

质子交换膜对氧气也有一定的透过性，特别是无质子交换膜的单室微生物燃料电池，阴极的氧气会透过到阳极室，而对于阳极室的厌氧菌来说，氧的存在对其代谢是极为不利的，可以提高氧化还原电势，终止厌氧菌的代谢，严重影响电池的性能。研究发现，半胱氨酸可以作为溶解氧的去除剂，使电能产率提高 14%左右，原因是半胱氨酸具有强的还原性，可与溶解氧反应生成胱氨酸。

(4) 阳极电解质和 pH 值

电解质的 pH 值的选取十分关键，既要保证微生物生长处在最佳，又要保证质子能高效透过膜。阳极室最高的电流一般是在 pH＝7～8 得到的，在 pH 高于 9 和低于 6 时电流减小。这个结果说明微生物活性在未达到最佳 pH 时是比较低的。另外，电解质对质子交换膜不能有腐蚀作用。目前，最大的电流产生多是使用磷酸盐缓冲液＋氯化钠作为电解液。最低的电流产生是单独使用氯化钠溶液作为电解液。电解质也是形成电池内阻的一部分，因此，应尽可能提高电解液的导电性即增大离子强度。

2. 阴极室的操作条件

阴极电子受体的种类和浓度、阴极催化剂、阴极液 pH 值、操作温度和离子强度等会影响微生物燃料电池的性能。

(1) 阴极电子受体的浓度

阴极电子受体浓度的变化可以从 Nernst 方程和还原反应的动力学两方面影响 MBFC 的性能。在一定范围内提高氧化剂的浓度可以提高电池的性能，如当阴极采用氧气为电子受体时，采用纯氧和适宜的供氧速率可以提高电池性能。

(2) 阴极液 pH 值、电解质和操作温度

阴极电解液采用适宜的离子强度和 pH 值可以提高电池的性能。MBFC 操作温度的变化会影响反应动力学和物质、质子的传递。有研究表明，在无膜单室微生物燃料电池中，操作温度由 20 ℃增到 32 ℃时，电池的输出功率增加了 9%。但是，应该注意的是提高温度应在微生物和催化剂能接受的范围。

3. 电池的外电阻

电池的负载较高时，电流较低且较稳定，内耗较小，外电阻成为主要的电子传递限速步骤，是电流产生速率的限制因素；电池的负载较低时，内耗较大，电子消耗速率比电子传递速率低。但是低电阻时，库仑产率较高；库仑产率的不同，可能是电子消耗在除阴极之外的其他机制上造成的。因此，不同大小的负载，应选择效率合适的微生物燃料电池。电池的输出功率在外电阻和电池的内阻相等时最大。

12.3　酶生物燃料电池

酶生物燃料电池(EBFC)是以从生物体内提取的酶作为催化剂的一种生物燃料电池。

12.3.1　酶的类型和电子传递方式

能够在酶生物燃料电池中作为催化剂的酶主要是脱氢酶和氧化酶，常用的酶有胆红素氧化酶、葡萄糖氧化酶、漆酶等。酶生物燃料电池体积小、生物相容性好，可用于为植入人体的器官供电。

酶在生物燃料电池中可以两种状态存在。一是游离态，即酶可以与介体一起溶解在底物(燃料)中，但游离态酶容易失活；二是固定态，即将酶固定在电极上，这样可提高酶的有效寿命，增加稳定性。一般常将酶固定在碳电极、铂电极或金电极等常规电极上。采用聚合物膜固定酶是近年来研究较多的方法。常用的聚合物有聚苯胺和聚吡咯等。

为便于讨论酶和电极之间的电子传递方式，将氧化还原酶分成 3 种类型，如图 12-7 所示，但各种之间的差别没有绝对的界限。

图 12-7(a)中，酶的活性中心烟酰胺腺嘌呤二核苷酸 NAD(H)或烟酰胺腺嘌呤二核苷酸磷酸 NADP(H)。酶的活性中心与蛋白质的结合较弱，可以从酶中扩散出来运动到电极表面，其自身进行电子传递；图 12-7(b)中，活性中心(通常为卟啉衍生物)位于酶的边缘，通过与电极接触，可以直接与电极进行电子的传递；图 12-7 (c)中，活性中心(如黄素腺嘌呤二核苷酸 FAD)位于酶的内部，四周为酶蛋白质外壳。从活性中心的直接电子传递或是极慢或是不可能，需要能进入酶内部的电子介体传输电荷，葡萄糖氧化酶即为这类酶。

12.3.2　酶生物燃料电池的类型

酶生物燃料电池按照电池结构可分为单室和双室酶生物燃料电池；按照有无电子介体可分为无介体酶生物燃料电池和有介体酶生物燃料电池；另外也可分为单酶和多酶体系酶生物燃料电池。下面介绍几种酶生物燃料电池。

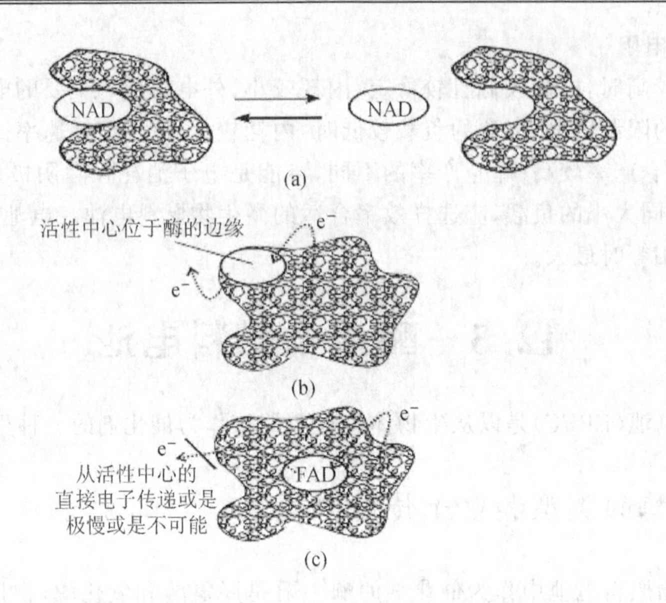

图 12-7 酶的活性中心的不同位置和电子的传递方式

1. 双室酶生物燃料电池

为了防止酶生物燃料电池两电极间电极反应物与产物的相互干扰，一般将正、负电极用质子交换膜分隔为阴极区和阳极区，即双室酶生物燃料电池。

如用电子介体修饰的葡萄糖氧化酶 GOx(EC 1.1.3.4)电极作为电池的阳极，固定化微过氧化物酶 211(MP211)电极做阴极。电池工作时，在 GOx 辅因子 FAD(黄素腺嘌呤二核苷酸)的作用下葡萄糖转化为葡萄糖酸内酯并最终转化为葡萄糖酸，产生的电子通过介体转移到电极上，H^+ 透过隔膜扩散到阴极区。在阴极区，H_2O_2 从电极上得到电子，在 MP211 的作用下与 H^+ 反应，生成 H_2O。反应方程如下：

阳极反应

$$\beta\text{-D-葡萄糖} \xrightarrow{\text{GOx(FAD/FADH2)}} \text{葡萄糖酸内酯} + H^+ + 2e \qquad (12-3)$$

阴极反应

$$H_2O_2 + 2H^+ + 2e \xrightarrow{\text{MP-11}} 2H_2O \qquad (12-4)$$

双室酶生物燃料电池在制备微型酶电池时，由于需要隔膜、密封等辅助部件，增加了电池的体积和质量，而且隔膜会增加电池内阻，使电池的输出性能降低。

2. 单室无隔膜酶生物燃料电池

单室无隔膜酶生物燃料电池采用均相混合溶液作为燃料，不仅使电池性能得到提高，而且有利于电池微型化。第一只单室无隔膜酶生物燃料电池出现在 1999 年，电池阳极为单层的 Apo-GOx(不含辅基的葡萄糖氧化酶)电极，阴极为细胞色素 c/细胞色素 c 氧化酶(Cyt c/

COx)电极。在葡萄糖浓度为 1 mmol・dm^{-3}并用空气饱和的 pH = 7 缓冲溶液中工作,环境温度为 25 ℃时,电池产生的最大电流密度为 110 μA・cm^{-2},电压为 0.04 V,最大输出功率为 5 μW・cm^{-2}。该电池电压较低,输出功率不高,这主要与酶电极的电极电势有关,但它为该类电池的研究奠定了基础。

通过对酶、固定酶的氧化还原聚合物等的改进,酶生物燃料电池输出功率可达到 140 μW・cm^{-2},阳极电流密度达到 1 mA・cm^{-2}以上,阴极电流密度超过 5 mA・cm^{-2}。其中,漆酶/葡萄糖氧化酶电池电压达到 0.78 V。特别需要指出的是,这些酶生物燃料电池仅由两根经修饰的直径为 7 μm 的碳纤维组成,这样的体积是其他系列电池难以达到的,而且其比能量与其他系列电池相比也是最高的。

3. 无介体酶生物燃料电池

生物燃料电池具有生物相容性,若采用导电聚合物作为酶固定材料,可制得无介体酶生物燃料电池,电池体积将大大缩小,这在为植入体内的微型装置提供能源方面很有应用前景。但要真正达到应用还有更进一步的要求:电池不但要有足够大的电压和电流,还要能在人体生理条件下工作(pH=7.4,0.15 mol・dm^{-3}/NaCl,37 ℃),并具有足够的机械强度。

文献中报道了一无介体酶生物燃料电池。电极是两根 2 cm 长,7 μm 直径的碳纤维,阳极催化剂采用聚{氮-乙烯基咪唑-$[Os(N,N'$-二烷基-2,2'-双咪唑$)_3Cl]^{2+/3+}$}和葡萄糖氧化酶,阴极催化剂采用聚{氮-乙烯基咪唑-[Os(2,2',6',2",-三联吡啶-4,4'-二甲基-2,2'联吡啶$)_2Cl]^{2+/3+}$}和来自 corsiolus hirsutus(毛云芝)的漆酶。在 pH=5,温度为 37 ℃时,电池电压可达 0.78 V,足够驱动硅集成电路,且不需要两个电池室间的隔膜,可直接以体内的葡萄糖和氧气为燃料,电池室亦可省略,因此电池体积可以非常微小,有很好的应用前景。

4. 多酶体系酶生物燃料电池

一般酶生物燃料电池只用一种酶,并且部分的氧化燃料,所以现在酶生物燃料电池的效率很低,这与可以完全把燃料氧化成二氧化碳和水的微生物燃料电池形成了鲜明的对比。在微生物体系中,多步酶循环可以把复杂的燃料完全氧化成简单的化合物。它们不仅包括氧化还原酶,还包括催化化学反应的多种酶。为了把生物燃料完全氧化成二氧化碳,可以在电极表面固定能够催化反应的酶。其中,多酶电极就是利用固定在同一电极上的多种酶催化连续或同时发生的多个反应。多酶电极扩大了酶生物燃料电池可以使用燃料的范围,提高了输出电流或电压,具有单酶电极难以达到的性能。图 12-8 是一个用于酶生物燃料电池的多酶电极。

该电极通过固定化乙醇脱氢酶、乙醛脱氢酶、甲酸脱氢酶的催化作用,使甲醇氧化为甲醛并最终转化为 CO_2。同时,在每步中产生的 NADH 又由硫辛酰胺脱氢酶重新生成 NAD^+。用 BV^{2+}/BV^{+} 作为硫辛酰胺脱氢酶的电子介体,它与 O_2阴极组成生物燃料电池,用甲醇为燃料,输出电压 0.18 V,在 0.149 V 下的最大功率为 0.168 mW・cm^{-2}。

另一种酶生物燃料电池阳极为醌血红素蛋白(QH-ADH),阴极是葡萄糖氧化酶 GOx 和微过氧化物酶 8(MP-8)多酶电极,可以用多种有机物做燃料。用乙醇做燃料时电池最大开

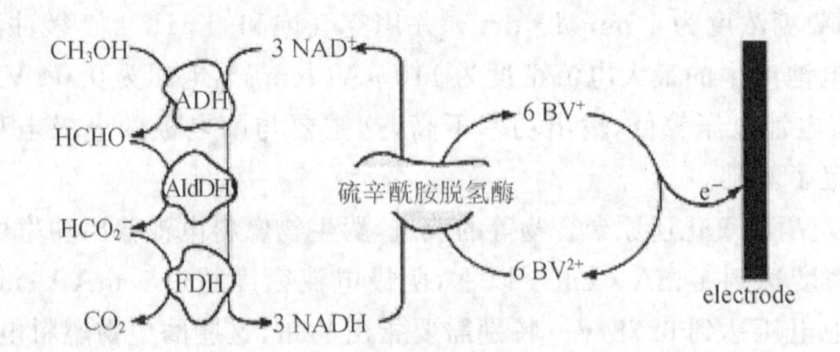

图 12-8 多酶混合电极示意图

路电压为－125 mV；用葡萄糖做燃料，开路电压为＋145 mV；用乙醇和葡萄糖混合燃料，最大开路电压＋270 mV。

5. 与太阳电池结合的酶生物燃料电池

将太阳电池与生物燃料电池相结合，是生物燃料电池发展的另一个新方向。图 12-9 为一复合电池结构图。

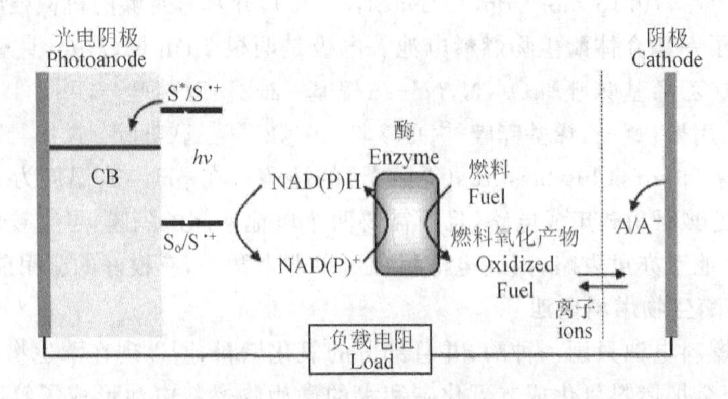

图 12-9 复合生物燃料电池结构图

光电阳极用的材料是铟-锡氧化物导电玻璃，外面涂有一层 SnO_2 半导体纳米颗粒。电子从激发态卟啉增感剂 S 进入 SnO_2，同时 S 被氧化为 $S^{\cdot +}$。$S^{\cdot +}$ 被还原型烟酰胺腺嘌呤二核苷酸（磷酸）[NAD(P)H]所还原，接着氧化态的烟酰胺腺嘌呤二核苷酸（磷酸）[$NAD(P)^+$]脱氢酶还原，同时将燃料氧化。质子经过质子交换膜到达阴极。电子经外电路到达阴极。增感剂采用四芳基卟啉。用卟啉做增感剂是因为它可以强烈地吸收可见光，化学稳定性高，易于改性，此复合电池的短路电流可达 60 μA，开路电压可达 0.75 V，最大功率为 19 μW，优于用同样燃料和阴极的太阳电池和生物燃料电池，由于以水为电解液，不使用重金属等有毒物质，它对环境更友好。

12.4　生物燃料电池的发展与应用

12.4.1　生物燃料电池的发展

1911年英国植物学家Potter用酵母和大肠杆菌进行试验，宣布利用微生物可以产生电流，生物燃料电池研究由此开始。1964年，生物燃料电池为植入体内的心脏起博器提供电能，但由于电池产生电量小而没有实现市场化。1984年，美国科学家设计出一种用于太空飞船的细菌电池，其电极的活性物来自宇航员的尿液和活细菌，但当时的细菌电池发电效率较低。20世纪80年代后，由于电子传递中介体的广泛应用，生物燃料电池的输出功率有了较大提高，但这种装置仍然存在诸多缺点，因此也制约了其发展。近几年来，随着直接将电子传递给固体电子受体的纯培养菌种的发现，科学家发明了无需使用电子传递中介体的微生物电池，其中所使用的菌种可以将电子直接传递给电极而产生持续高效稳定的电流。另外，单室或无隔膜生物燃料电池的设计，使得生物燃料电池的容积、制作成本及电池的内阻都得到了降低。特别是美国科学家Logan的同步废水处理和微生物发电的研究，给微生物燃料电池的研究注入新的活力，引起了世界各国科学家的高度关注。人们正在构想建立对环境无污染的“绿色”细菌发电站，且随着技术的发展，不仅可以利用废水发电，而且完全可用诸如锯末、秸秆、落叶等废有机物的水解物作为燃料。

目前，生物燃料电池的输出功率还较低，其发展方向包括生物阴阳极的发展；利用直接电子转移(DET)代替传递介质电子转移(MET)；单室生物燃料电池的研究；阴阳极材料的选择与修饰；高活性生物催化剂的筛选与培育等。

微生物燃料电池是一种可直接利用可再生生物质产生电能的新技术。由于它绿色环保的特点吸引了全世界研究者的目光，越来越多的科学家和机构投入到该领域的研究。在我国，MBFC的研究发展很快，研究内容已经快速覆盖了反应器、产电菌及菌群群落结构、生物制氢、电极材料、多元生物质利用等诸多方面。MBFC研究是涉及微生物学、电化学、材料学和工程学的交叉研究领域，目前存在很多关键科学问题和技术瓶颈问题亟待解决，需要世界范围内的科研工作者广泛合作。

12.4.2　生物燃料电池的应用前景

生物燃料电池作为一种可再生的绿色能源，可为微型电子装置提供电能。在疾病的诊断和治疗、环境保护以及航空、航天等领域具有诱人的应用前景。

1. 发 电

MBFC能够持续为设备提供电能，可用于许多方面，如驱动人工心脏或其他人工器官、驱动测量血液糖分水平和传输数据的设备、驱动小型硅基微电子器件、驱动数码相机、MP3、手机、笔记本等，特别是在诸如深海底部和国土安全的军事"特殊区域"具有潜在用途。

(1) 海底自动发电机(BUGs)

这种装置称为海底无人值守产电装置BUG(benthic unattended generators)，主要是用于偏远地区如海底等，是针对深海环境设计的一种发电装置如图12-10所示，为海上分析检测设备提供电源。它是由一个埋在海底沉积物中的阳极和一个与之相连并悬浮在溶氧水层的阴极组成。阳极处于一种缺氧环境中，上面紧密吸附着许多微生物菌落。海底沉积物中富含有机物质，阳极附近的其他微生物先将这些复杂有机物发酵或水解成脂肪酸和乙酸等小分子有机酸，阳极上吸附的微生物再将这些水解或发酵产物氧化释放出电子，电子传递到电极上，经过外电路形成电流，最后在阴极与氧气和质子结合成水。

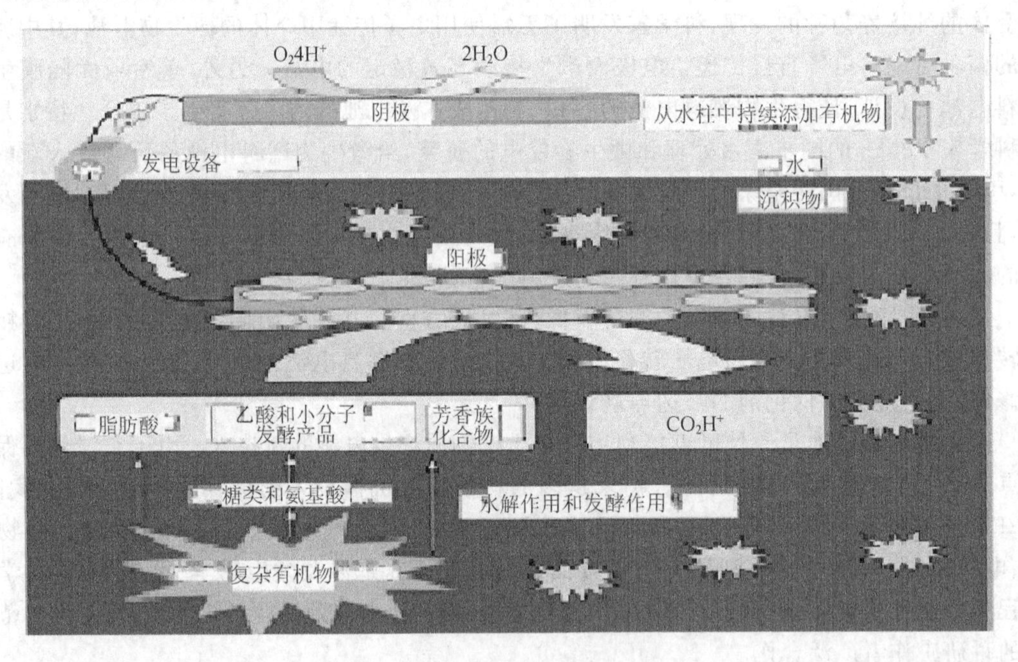

图12-10 海底发电机模型示意

(2) 与MEMS结合的微生物燃料电池

微型生物燃料电池产生的电压，足以驱动MEMS(microelectrom echanical system)器件，同时微生物燃料电池产生的只是二氧化碳和水分，对MEMS器件不会有污染和侵蚀所以MEMS和微生物燃料电池MBFC的结合大有可为。这两种技术的融合，可能是未来微机械和微型燃料电池的一个具有发展前途的方向，例如可用在微型的自维持型医疗器械上。

(3) 吃肉的机器人(gastrobot)

这是一种通过分解有机物质作为能源驱动力的机器人，正是典型的微生物燃料电池技术，可将食物的能源转化为电能。

(4) 微生物燃料电池汽车

厦门大学化学与化工学院的徐方成副教授介绍了一种新型的微生物燃料电池，为汽车节能环保提供了一种解决方案。微生物燃料电池以糖类物质、有机废水、有机固体废物等做原料，以微生物做燃料的催化剂，通过专门的化学反应装置，发生一系列化学反应，生成电或氢进入超级电容器或者氢燃料电池，最终转化为能量，为汽车提供动力。这种微生物燃料电池由产能电池和蓄能电池组成，可以在停车的时候生成并储存电能，安全、环保。其燃料来源是农作物秸杆等，取材方便。据介绍，这项技术可以使 1 000 g 的葡萄糖产生相当于 4.46 dm^3 汽油的能量。

2. 生物制氢

利用 MBFC 可以进行生物制氢，产生清洁能源氢气。

3. 污水处理

MBFC 技术能在利用微生物降解废水中有机物的同时获取直接的电能输出，是一种新概念的废水生物处理技术，也是 MBFC 最有发展前景的方向。特别是自介体电化学活性微生物的发现和反应器构型和材料的突破，使 MBFC 在废水处理中的实际应用成为可能。并且，MBFC 处理废水具有剩余污泥量少、同步废水处理和发电等优点。

4. 为植入体内的器官提供动力和生物传感器

生物燃料电池的生物相容性好，可为驱动人工心脏或其他人工器官提供电能。以微生物燃料电池为基础的 BOD(生物化学需氧量)传感器可测定污水中 BOD 的浓度和用于连续在线测定和检测控制。

5. 生物修复

通常情况下，为了促进有毒污染物的生物降解，加入电子供体或电子受体支持微生物的呼吸。电极可以作为电子受体支持微生物呼吸，达到降解污染物的目的。如 G. metallireducens 能够以电极为唯一电子受体有效的降解甲苯。另外利用电极作为电子供体支持微生物有毒污染物的还原。例如在 U 的污染中，U^{6+} 可以从电极上获得微生物产生的电子而还原成为 U^{4+}，附着在阴极表面而去除。

虽然微生物燃料电池的输出功率尚不能满足实际生产的需要，但原料广泛、操作条件温和、资源利用率高和无污染等优点，吸引了能源、环境、航天等各方面的广泛关注。节约能源、净化环境、废水处理以及生物传感器都会对未来社会产生深远影响，甚至在科幻电影中以天然食物为能源，可以通过“吃饭”来补充能量的机器人和汽车也将成为现实。这些梦幻般的画面时刻激励着世界各国的科研工作者们为实现这一目标而奋斗。因此，微生物燃料电池的研究必将得到更快的发展。

问题与讨论

1. 简述生物燃料电池的概念、分类及各类电池的特点。
2. 简述生物燃料电池的工作原理及与其他燃料电池的区别。
3. 目前研究的酶生物燃料电池有哪些类型?
4. 影响微生物燃料电池性能的因素有哪些?
5. 讨论生物燃料电池今后的发展方向和应用前景。

第 13 章　氢气的制备及储存

19 世纪以来世界能源消耗快速增长，特别是第二次世界大战以来，石油和天然气的开采与消费大幅度增加。目前世界 80%的能耗来源于化石燃料，使人类不得不考虑能源的可持续发展问题。根据现有的估算与推测，石油和天然气将在 21 世纪内被开采殆尽，煤可再延续使用 220 年。无论时间长短，化石燃料不久即将耗尽是无可争辩的事实。与能源供应危机伴随而行的是全球环境的日益恶化。矿物燃料燃烧时排放的二氧化硫、一氧化碳、二氧化碳、烟尘、三四苯并芘、氮氧化物、放射性飘尘等大量有害物质导致大气污染、酸雨和温室效应的加剧。近年来随着我国机动车保有量的迅速增长，使得汽车尾气成为大中城市主要的大气污染源。因此，如何为我国急剧增长的机动车提供可持续供应的、清洁的燃料，已经成为一个紧迫的问题。

将氢气作为机动车的燃料，可同时解决持续供应与环境保护问题。氢作为燃料的优点十分明显。首先，氢是清洁的、可再生的燃料。化学燃烧的产物是水和少量氮氧化物，电化学燃烧的产物只有水，决不产生化石燃料燃烧时产生的环境污染物。燃烧生成的水还可以用来制氢，循环反复无穷尽，不消耗任何资源，也不破坏地球固有的物质循环。另外，氢来源广泛。虽然在自然界中氢气单质很少，但是存在大量化合态的氢，例如每一个水分子都有两个氢原子。此外，氢的热值高。与其他燃料相比，氢的质量比能量最高。氢能体系主要包括氢的制备、储存和应用三个环节。本章主要介绍氢气的制备和储存。

13.1　氢气的制备

氢气的制备方法很多。根据制备氢气的原料可将常用的制氢方法分为两类：非再生制氢和可再生制氢。前者的原料是化石燃料，后者的原料是水或可再生物质。传统的制氢技术包括烃类水蒸气重整制氢法、重油（或渣油）部分氧化重整制氢法和电解水法。目前，以生物制氢为代表的新型制备方法也日益受到各国的关注，预计到 21 世纪中期将会实现工业化生产；利用工农业副产品制氢的技术也在发展。此外，利用其他方式分解水制备氢的技术也受到了广泛的重视，如热化学循环制氢、太阳能、地热能、核能等。图 13－1 概括了上述几种主要制氢方法。

13.1.1　水蒸气重整制氢

从天然气或裂解石油气等烃类混合物制氢是现在大规模制氢的主要方法。虽然这些原料

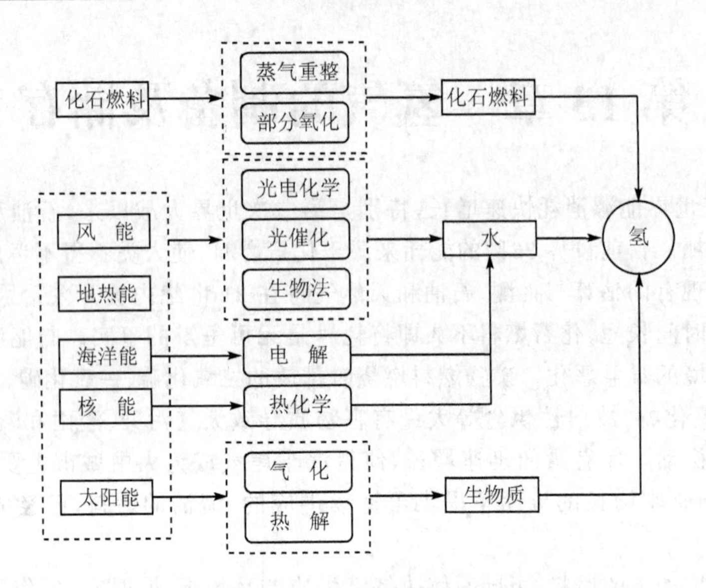

图 13-1 氢气的制备方法

都可以经由热分解得到氢气，但是通常利用它们与水蒸气的变换反应，因为这类反应的温度相对较低(1 100 ℃)。烃类混合物与水蒸气反应制氢是一个多种平行反应和串联反应同时发生的复杂过程，主要包括转化与变换两类反应。转化反应是：

$$C_nH_m + nH_2O \xrightarrow{\text{催化}} nCO + \left(n + \frac{m}{2}\right)H_2 \tag{13-1}$$

由于甲烷的氢碳比(m:n=4:1)最高，用甲烷作为生产氢气的原料气最为理想。变换反应是将产物中的一氧化碳进一步与水反应生成氢气和二氧化碳：

$$CO + H_2O \xrightarrow{\text{催化}} H_2 + CO_2 \tag{13-2}$$

转化反应为强吸热反应，变换反应为放热反应。由于转化反应吸收的热量超过变换反应放出的热量，所以整个反应过程是吸热的。为了提高烃类的转化率，转化反应在高温下进行，但高温不利于变换反应的进行，因此转化气的产物中含有较多的一氧化碳。大约 85％的氢是通过转化反应得到的，因此转化反应的工艺条件和转化炉的设计是反应装置效率的主要决定因素，其中最重要的工艺条件包括转化炉进口温度、转化炉出口温度、水碳比、转化炉操作压力和催化剂等。图 13-2 是天然气水蒸气重整制氢的工艺流程图。如果以甲烷为原料生产氢气，每生产 1 kg 氢副产 5.5 kg 二氧化碳。产物中的二氧化碳可用加压水洗的方法分离，副产物二氧化碳可作为生产纯碱或尿素的原料。

在镍催化剂的表面，甲烷转化的速率比甲烷分解的速率快得多，中间产物中不会有碳生成。由于在甲烷热分解和甲烷水蒸气转化过程中确实存在次甲基，因此推测如下的反应机理：在镍催化剂表面，甲烷和水蒸气解离成次甲基和原子态氧，并在催化剂表面吸附及互相作用，

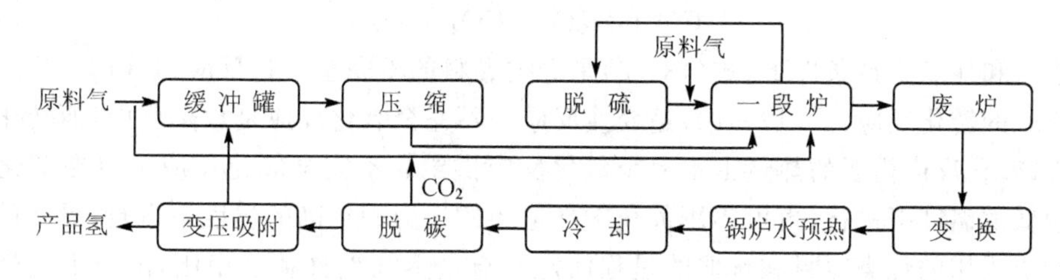

图 13-2 天然气水蒸气重整制氢工艺流程图

最后生成 CO、CO_2和 H_2。其反应式为

$$CH_4 + Z \rightarrow ZCH_2 + H_2 \tag{13-3}$$

$$ZCH_2 + H_2O(g) \rightarrow ZCO + 2H_2 \tag{13-4}$$

$$ZCO \rightarrow Z + CO \tag{13-5}$$

$$H_2O + Z \rightarrow ZO + H_2 \tag{13-6}$$

$$CO + ZO \rightarrow CO_2 + Z \tag{13-7}$$

式中,Z 为镍催化剂表面的活性中心,ZCH_2、ZCO、ZO 分别为化学吸附的次甲基、CO 和氧原子。此反应机理说明,镍催化剂能够吸附反应物甲烷和水蒸气并使之脱氢,从而加速反应。如果催化剂表面镍的能量分布是均匀的,则式(13-3)表示的甲烷吸附、解离速率最慢,是整个反应的速率控制步骤。其他反应的速率都很快,因此甲烷水蒸气转化的反应速率与甲烷的分压有关。

工业装置使用的催化剂均以 Ni 为活性组分。催化剂的载体通常是硅铝酸钙、铝酸钙以及难熔的耐火氧化物,例如 Al_2O_3、MgO、CaO、ZrO_2、TiO_2等。载体的耐压性和机械强度取决于工艺条件。$\alpha-Al_2O_3$是常用的载体。通常,只含活性组分 Ni 和载体的催化剂活性易于衰退,抗结碳能力较低。添加助剂可以抑制催化剂熔结,防止 Ni 晶粒长大,有利于稳定催化剂活性,延长其使用寿命,增加抗硫或抗积碳能力。常用的添加剂是碱金属氧化物、碱土金属氧化物、稀有金属氧化物和稀土金属氧化物。

13.1.2 不完全氧化制氢

不完全氧化法通常用于 C/H 比高的制氢原料。任何可以压送的烃类燃料(其中包括重油或煤)都可用此法制取氢气。不完全氧化法涉及碳氢化合物与氧气和水蒸气反应转化为氢气和二氧化碳的过程。它包括 3 个主要步骤:

$$C_xH_y + \frac{x}{2}O_2 \rightarrow xCO + \frac{y}{2}H_2 \tag{13-8}$$

$$C_xH_y + xH_2O \rightarrow xCO + \left(x + \frac{y}{2}\right)H_2 \tag{13-9}$$

$$CO + H_2O \rightarrow CO_2 + H_2 \tag{13-10}$$

在蒸气参与和加氧不足条件下，式(13-8)是烃类燃料的不完全氧化反应，式(13-9)是烃类燃料与水蒸气的转化反应，式(13-10)是变换反应。不完全氧化反应是放热反应，而转化反应是吸热反应，转化反应需要的热量由不完全氧化反应供给。不完全氧化反应可以在催化剂的参与下在较低的温度下进行，也可不用催化剂在适当的压力和较高的温度下进行，具体的压力和温度要看所采用的烃类原料和选取的过程而定。与水蒸气重整制氢相比，由于不完全氧化反应是放热反应，因此不完全氧化制氢不需要提供大量的外热源，因此降低了制氢的能耗。但是，不完全氧化制氢可能需要配置液化空气厂以提供所需的氧气。

烃类燃料部分氧化反应制氢可以通过 3 种技术进行：① 非催化部分氧化；② 自热重整；③ 催化部分氧化。工业成熟的烃类燃料部分氧化制氢过程包括高碳烃类非催化部分氧化和天然气自热重整。高碳烃类的非催化部分氧化是利用氧气（或者空气）与烃类在高温条件下反应，形成 CO、CO_2、H_2 和部分积碳、煤灰的过程。该工艺在 20 世纪 50 年代由美国 Texco 和荷兰 Shell 公司开发成功。在烃类燃料与氧气反应的过程中不使用催化剂，高温条件下发生一系列自由基反应，因此也称为气化过程，使用的反应器称为气化炉。产生的积碳如果进入下游操作将导致这些操作过程中应用的催化剂失活，因此积碳需要经过水洗清除。天然气自热重整在 20 世纪 50 年代开始应用于工业合成气生产，它是一个结合了均匀燃烧和多相催化反应特点的工艺过程。天然气自热重整反应器通常包括一个燃烧炉和一个催化反应区。反应原料是天然气、水蒸气以及氧气（或空气），或者还可以在反应中加入二氧化碳。发生燃烧反应时，火焰中心温度可达 2 000 ℃以上，为了降低炉壁温度以延长反应器寿命，需要对燃烧炉进行特别设计。

13.1.3 等离子体热裂解制氢

从一般意义上讲，等离子体是含有足够的自由带电粒子以致其动力学行为受电磁力支配的一种物质状态。它不同于常规的气态、液态和固态，是物质存在的第四态。等离子体多用于提供极高温度，实现常规方法难以转化的稳态分子的转化。天然气的主要成分是具有正四面体稳定结构的甲烷，它是最为稳定的烃类化合物。甲烷 C—H 键的平均键能高达 414 $kJ \cdot mol^{-1}$，因此实现甲烷的高效转化是一个难题。热等离子可以起到高温热源和化学活性粒子源的双重作用，可在无催化剂的条件下加速反应进程，并提供吸热过程中所需的能量。用等离子技术使甲烷分解成氢气和炭黑，反应式为

$$CH_4 \rightarrow C + 2H_2 \tag{13-11}$$

在常温下此反应的自由能 $\Delta G = 50.75\ kJ \cdot mol^{-1}$，是难以发生的反应，但在 1 000 K 的高温下，此反应的 $\Delta G = -19.17\ kJ \cdot mol^{-1}$，成为可自发进行的反应。甲烷的平衡分解在大约 500 ℃开始，在大约 1 000 ℃完成，1 000～2 500 ℃的平衡产物是炭黑和氢气。

由于自由基的生成能(3～4 eV)远低于离子的生成能(9～13 eV),自由基密度比离子密度大 10^5～10^6 倍,因此甲烷等离子体的反应机理是自由基反应,即等离子反应体系中自由基反应起控制作用,离子的贡献很小。反应机理如下:

$$2CH_4 \rightarrow 2CH_3 \cdot + H_2 \tag{13-12}$$

$$2CH_3 \cdot \rightleftharpoons CH_3 \cdot CH_3 \cdot \tag{13-13}$$

$$2H_3 \cdot \rightarrow 2CH_2 : + H_2 \tag{13-14}$$

$$2CH_2 : \rightleftharpoons CH_2 : CH_2 : \tag{13-15}$$

$$2CH_2 : \rightarrow 2CH \vdots + H_2 \tag{13-16}$$

$$2CH \vdots \rightleftharpoons CH \vdots CH \vdots \tag{13-17}$$

$$2CH \vdots \rightarrow 2C + H_2 \tag{13-18}$$

$$n(CH \vdots) \rightarrow C_nH_n \tag{13-19}$$

$$n(CH \vdots) \rightarrow C_nH_{n-m} + 0.5mH_2 \tag{13-20}$$

在甲烷分解成氢气和炭黑的过程中,可能形成一系列中间产物,如 C_2H_2 和 C_2H_4 等。这些中间产物最终也会生成氢气和炭黑。

等离子体法制氢有以下优势:① 制氢成本低。如果考虑炭黑的价值,等离子体法的成本比风能制氢、水电解制氢、地热制氢、生物法制氢和天然气水蒸气重整制氢几种方法的成本低。② 原料利用率高。几乎所有的原料都转化为氢气和炭黑,没有其他副反应,除原料中含有的杂质以外,没有二氧化碳生成,其他非烃杂质也很少。③ 原料的适应性强。除天然气外,几乎所有的烃类都可作为制氢原料。原料的改变只会影响产物中氢气与炭黑的比例。④ 生产规模可大可小。

13.1.4　煤气化制氢

在利用化石燃料制氢的方法中,最有发展意义的是煤气化制氢。煤气化过程的中间产物是人造煤气,它可以再转化为氢气和其他煤气。煤在我国储藏量大,价格比较便宜,因此采用煤气化制氢不但原料多而且成本低。煤气化制氢的工艺过程一般包括煤的气化、煤气净化、CO 变换以及 H_2 提纯等主要生产环节。煤中的主要成分为固体碳,它可先与水蒸气反应转化为 CO 和 H_2,产生的 CO 再和水蒸气发生水煤气反应产生 CO_2 和 H_2。其简化的制氢过程可表示为

$$C(s) + H_2O \rightarrow CO(g) + H_2(g) \tag{13-21}$$

$$CO(g) + H_2O(g) \rightarrow CO_2(g) + H_2(g) \tag{13-22}$$

气化所需的热量可以通过煤与加入的氧气的燃烧反应热来供给,也可以利用固体、液体或气体载热体通过直接或间接对煤床加热的方式来供给。

根据加热方法、采用的床层与流动形式,气化压力以及煤块与灰分的处理方法的不同,煤

炭气化技术有多种类型。根据加热方法可分为熔浴气化法、太阳能气化法、电化学气化法和自燃式汽化法等。按采用的床层与流动形式可分为移动床气化、流化床气化、气流床气化及熔浴床气化等工艺。根据气化炉的压力可分为常压气化和加压气化。按煤块与灰分的处理方法可分为固态排渣气化、液态排渣气化及灰熔聚气化等工艺。

13.1.5 甲醇制氢

甲醇是由氢气和一氧化碳加压催化合成的,同样甲醇也可以催化分解制备氢气。利用甲醇制氢的途径有:甲醇分解、甲醇部分氧化和甲醇水蒸气重整。甲醇水蒸气重整制氢由于氢收率高,能量利用合理,过程控制简单,便于工业操作而更多地被采用。甲醇水蒸气重整制氢有以下特点:① 投资省,能耗低。甲醇水蒸气重整制氢的反应温度低(260~300 ℃),工艺条件温和,燃料消耗低。② 与电解水制氢相比,单位氢气成本较低。③ 所用的甲醇原料易得,运输、储存方便。④ 由于所用的原料甲醇纯度高,不需要再进行净化处理,因此反应条件温和,流程简单,易于操作。⑤ 可以做成组装式或可移动式装置,操作方便,搬运灵活。基于以上特点,甲醇水蒸气重整制氢可作为燃料电池的氢源,特别是可作为车载质子交换膜燃料电池的氢源。

甲醇水蒸气重整制氢是以甲醇和脱水盐为原料,在一定的温度和压力下通过催化剂的作用,同时发生甲醇催化裂解反应和一氧化碳变换反应:

$$CH_3OH \rightarrow CO + 2H_2 \tag{13-23}$$

$$CO + H_2 \rightarrow CO_2 + H_2 \tag{13-24}$$

甲醇加水裂解是一个多组分、多反应的气固催化复杂反应体系,式(13-23)为其主反应。分解得到的一氧化碳通过变换反应,式(13-24)与水蒸气作用。总反应为:

$$CH_3OH + H_2O \xrightarrow{\text{催化}} 3H_2 + CO_2 \tag{13-25}$$

此反应为吸热反应,同时伴有下列副反应:

$$2CH_3OH \rightarrow CH_3OCH_3 + H_2O \tag{13-26}$$

$$CO + 3H_2 \rightarrow CH_4 + H_2O \tag{13-27}$$

$$2CO \rightarrow CO_2 + C \tag{13-28}$$

甲醇水蒸气重整制氢的催化剂主要有三大系列:镍系催化剂、铂钯系催化剂和铜系催化剂。镍系催化剂的主要特点是稳定性好,适用范围广,不易中毒;但镍系催化剂在低温下活性不高,当温度低于300 ℃时选择性较差,生成较多的一氧化碳和一定量的甲烷。镍系催化剂的选择性差是由于其对甲醇的吸附远优于对一氧化碳的吸附。铂钯系催化剂(贵金属催化剂)主要以Pt-Pd做主催化剂,以ZnO等为载体,稀土金属Ce、La做改性剂。铂钯系催化剂的优点是活性高,选择性和稳定性好,受毒物和热的影响小;但催化剂的载体和助剂显著影响其催化性能。比如在纯净的 Pt 中加入适量的 La 和 Ce 等稀土元素助剂，其催化活性显著提高。铜系催化剂是研究最早并且应用最广的甲醇水蒸气重整催化剂。铜系催化剂的主催化剂是 CuO，载体是 Al_2O_3 和 SiO_2，助剂是 Cr、Mn、Zn、Fe、Al、Ti、Si、Ca、Sn、Co、Ni 等的氧化物。铜系催化剂的优点是活性高，选择性好。主要的铜系催化剂种类可分为二元铜系催化剂（Cu/SiO_2、Cu/MnO_2、Cu/ZrO_2、Cu/Cr_2O_3、Cu/ZnO、Cu/NiO），三元铜系催化剂（$Cu/ZnO/Al_2O_3$）和四元铜系催化剂（在三元铜系催化剂中添加 Cr、Zr、V、La 等助剂）。SiO_2、Al_2O_3 和 ZrO_2 都是良好的甲醇重整制氢催化剂载体。目前使用的催化剂载体主要为 Al_2O_3。

13.1.6　电解水制氢

电解水制氢过程的原理很简单，因为它是氢和氧燃烧生成水的逆过程。电解水制氢的电解池是由电极、电解质、隔膜以及电解槽所组成。当电流从电极间通过时，在阴极上形成氢气，而在阳极上则产生氧气。这样，水就从溶液中被电解掉。当纯水连续地供应到电解池中去时，两极上就可连续生产出氢气和氧气。对于碱性电解液化学反应为

$$2e^- + 2H_2O \rightarrow H_2\uparrow + 2OH^- \quad \text{（阴极）} \tag{13-29}$$

$$4OH^- \rightarrow O_2 + 2H_2O + 4e^- \quad \text{（阳极）} \tag{13-30}$$

对于酸性电解液化学反应为

$$2e^- + 2H^+ \rightarrow H_2\uparrow \quad \text{（阴极）} \tag{13-31}$$

$$2H_2O \rightarrow O_2\uparrow + 4H^+ + 4e^- \quad \text{（阳极）} \tag{13-32}$$

无论是碱性电解液还是酸性电解液，总的电解水反应为

$$2H_2O \rightarrow 2H_2 + O_2 \tag{13-33}$$

水的理论电解电压是 1.23 V。实际上，由于氧和氢生成反应过程中的过电位、电解液电阻及其他阻抗，实际需要的电压比理论值要高，在 1.65～2.2 V。过电位造成的能量损失增加了制氢成本。

电解水制氢使用的电极包括阳极和阴极。它们必须是电子导体，并且需要具有适当的催化表面供氢离子或氢氧根离子反应。电极必须提供足够的面积，保证催化剂和电解液充分接触。电极也是产生气泡的地方，并能在工作电压下实现气泡和电解液分离。在碱性电解液中，多采用镍作为电极材料。虽然铂系金属是最理想的电极材料，但是由于价格昂贵，一般不用。为了降低氢的阴极析出过电位，常采用具有较低过电位的廉价合金作为阴极材料，如雷尼镍（Raney Ni）合金、镍基过渡元素合金和储氢合金等。

电解水制氢使用的电解质通常是导电盐或化合物的水溶液。电解质必须具有很高的电导率，并且在工作电压下本身不起化学变化。电解质必须不易挥发，以保证其不会随着电解过程中气体的释放而逸出。有实用价值的电解质有像硫酸这样的强酸和像氢氧化钾这样的强碱。大多数盐在电解电压下会分解，酸性电解液有强烈的腐蚀性，所以商用电解水制氢装置多采用

碱性电解液。

电解水制氢需要用隔膜分隔阴极和阳极，以防止短路。同时也可用隔膜分离氢气和氧气，以免它们在电池内部互相混合。隔膜通常是多孔的，以允许电解液中的离子通过。隔膜上的孔要充满电解液，不让气体通过。隔膜常做成薄膜，以降低离子的流通阻力。它既要有足够的结构强度，又要耐腐蚀。常用的隔膜是以镍铬丝为衬底骨架的石棉布。

电解水制氢使用的电解槽主要有两种形式：槽式和压滤式。槽式电解槽的优点是许多电解槽并联工作，有各自的电极、隔膜、电解液和通电设备。因此，当任何一个槽发生故障时，都不会影响其他槽的工作。这种槽的缺点是整个系统都需要在低电压、大电流的条件下工作，投资高。压滤式电解槽是一种串联式电解槽，不存在低电压、大电流的问题；但是系统一旦发生故障，将整体停产。

电解水制氢装置是一种制取纯氢的最简单装置。它本身没有运动的部件，结构简单，运行可靠，且清洁无污染。电解水制氢的最大缺点是：电耗大，不经济。它的制氢成本主要受电费的影响。因此，它适用于电价低廉或矿石燃料贫乏的地区。它还特别适用于既需要氢气又需要氧气的地方。

13.1.7 热化学循环分解水制氢

由于水的直接热解需要几千摄氏度的高温，带来了能源匹配、高温材料以及高成本投资等问题；故从 20 世纪 60 年代起，便陆续提出采用多步骤的热化学分解水制氢的方法。在这种方法中，热量不是在很高的温度下集中加给纯水，使它单步分解；而是在不同阶段和不同温度下加给含有添加剂的水分解系统中，使水沿着多步骤的反应过程最终分解为氢气和氧气。在热化学制氢过程中，只消耗水和热，其余参与过程的添加元素或化合物在循环制氢过程中并不消耗，它们可以回收再生和反复利用，整个反应过程构成一个封闭的循环系统。热化学循环法可以在较低的反应温度（$T=1\,073\sim1\,273$ K）下制氢，此温度与高温核反应堆或太阳能装置等提供的温度水平相匹配。热化学循环分解水制氢的效率可以达到 50%左右。

多步骤的热驱动制氢化学反应原理可以归纳为如下反应式：

$$AB + H_2O + Q \rightarrow AH_2 + BO \tag{13-34}$$

$$AH_2 + Q \rightarrow A + H_2 \tag{13-35}$$

$$2BO + Q \rightarrow 2B + O_2 \tag{13-36}$$

$$A + B + Q \rightarrow AB \tag{13-37}$$

式中，AB 称为循环试剂。这类反应要想取得成功，需要具备这样一些条件：① 各分步反应的产量必须很高，以保证较高的总产率；② 分步反应的数目应尽可能少；③ 需要在高温下加工的中间产物应是比较容易处理的；④ 各反应均不产生副产物；⑤ 组成物 A 和 B 应该是容易大量获得的单质或化合物，而且价格是较为低廉的；⑥ 过程中包含的化合物都不会对环境造成破坏。

目前，已经开发出的热化学制氢循环有数百种，采用的循环剂有卤素、某些金属及其化合物、碳和一氧化碳等。热化学制氢循环的实例有 Fe_2O_3/SO_2 循环、S/I_2 循环、Br/Fe/Ca 循环（UT-3 循环）、Fe/Cl/O/H 循环、Mark 循环、太阳能分解金属氧化物循环、S/I/Mg 循环以及 S/O 循环等。

13.1.8　光催化分解水制氢

光催化分解水制氢是利用入射光的能量使水分子分解产生氢气的过程。当某种分子吸收光子时，会使其中的轨道电子跃迁到激发状态，使它有可能与相邻的原子或分子的电子配对而形成新的分子。要分解一个分子需要打断它的分子键。在光催化分解水制氢时，吸收的光子提供打断水分子键所需要的能量。其净化学反应为：

$$H_2O(l) + E_{light} \xrightarrow{\text{Catalyst}} \frac{1}{2}O_2 + H_2 \tag{13-38}$$

式中，$E_{light} = h \cdot \nu$，即被吸收的光能。其理论值为 $\Delta G^{\ominus} = 237\ kJ \cdot mol^{-1}$。$h$ 为普朗克常数，ν 为光子的频率。水分解所需的理论自由能可由波长约为 0.5 μm 的光子（相当于绿光）提供。因此，对于太阳光来说，并非大多数辐射光都含有足以光解水的能量。只有紫外光才具有足够使水分解的能量。然而，水对于可见光是透明的，它不可能把每种色光的能量都稳定地吸收进去。为此，只有通过着色的光催化剂才能使水吸收足够的光并发生分解。光催化剂的作用是帮助水吸收足够的入射光能，尽量利用宽广的太阳光谱的入射能量。光催化剂本身在制氢循环中并不消耗，可以反复回收利用。光催化剂的选择与制氢效率和制氢工艺密切相关，其选择标准主要是要具有高光吸收率和宽光谱活化率。可用的催化剂主要有 4 类，即盐、金属、半导体和光合染料。

光催化分解水制氢可以通过三种途径来进行：① 光电化学池。即通过光阳极吸收太阳能并将光能转化为电能。光阳极通常为光半导体材料，受光激发可以产生电子-空穴对，光阳极和对极（阴极）组成光电化学池，在电解质存在下光阳极吸光后在半导体带上产生的电子通过外电路流向对极，水中的质子从对极上接受电子产生氢气。光电化学池法的优点是放氢放氧可以在不同的电极上进行，减少了电荷在空间的复合几率。其缺点是必须加偏压，从而多消耗能量。并且，光电化学池结构比较复杂，难以放大。克服此困难的途径之一是采用固态电解质，但固体电解质比较昂贵，难以大量推广应用。② 光助络合催化。即人工模拟光合作用分解水的过程。如果只考虑太阳能的光化学转化与储存，光合作用无疑是十分理想的。通过光合作用，不但储存了氢，而且储存了碳。但对于光催化分解水制氢，需要的只是氢，因此不必从结构和功能上模拟光合作用的全过程，只需从原理上模拟光合作用的吸光、电荷转移、储能和氧化还原反应等基本物理化学过程。光助络合催化使用的光敏剂是具有叶绿素功能的金属络合物。光助络合催化的反应体系比较复杂。除了电荷转移光敏络合物以外，还必须添加催化剂和电子给体等其他消耗性物质。大多数金属络合物不溶于水,只能溶于有机溶剂,有时需要用表面活性剂或相转移催化剂来提高接触效率。此外,金属络合物本身的稳定性差,可能会污染环境。③ 半导体光催化。即将 TiO_2或 CdS 等光半导体微粒直接悬浮在水中进行光解水反应。半导体光催化在原理上类似于光电化学池,可以把每个细小的光半导体颗粒看作一个悬浮在水中的微电极,它们的作用与光阳极类似。在半导体微粒上可以担载铂,从铂的作用机制上看其更像是催化剂而非阴极。铂的主要功能是聚集和传递电子促进放氢反应。与光电化学池比较,半导体光催化分解水制氢的反应大大简化,但在同一个半导体微粒上由光激发产生的电子-空穴对极易复合。

13.1.9 生物制氢

生物质资源丰富,是重要的可再生能源。广义地讲,生物制氢是指所有利用生物产生氢气的方法,包括两种方法:一种是生物质气化法,即通过热化学转化方式将处理过的生物质转化为燃气或合成气;另一种是微生物制氢法,包括厌氧光合制氢和厌氧发酵制氢两大类。狭义地讲,生物制氢仅指微生物制氢。

生物质催化气化制氢的第一步是生物质的气化,将预处理过的生物质在气化介质中加热至 700 ℃以上,将生物质分解为合成气。气化介质可以是空气、纯氧、水蒸气或三者的混合物。生物质气化的主要产物是 H_2、CO_2、CO 和 CH_4,混合气的组成因气化温度、压力、气化停留时间以及催化剂的不同而不同。得到的混合气再经过水蒸气重整(水气转换)和变压吸附等氢气分离手段得到高纯氢气。

微生物制氢是利用某些微生物代谢过程来生产氢气的一项生物工程技术。微生物制氢包括光合生物制氢和厌氧微生物发酵制氢两种方法。光合生物制氢是利用光合细菌 PSB(photosynthetic bacteria)或微藻直接把太阳能转化为氢能。厌氧微生物发酵制氢是利用异养型厌氧菌或固氮菌分解小分子有机物制氢。

光合生物制氢按照途径不同可以分为两大类:一类是光合自养微生物制氢,它主要通过分解水制氢;另一类是光合异养微生物制氢,它主要依靠分解有机质制氢。制约光合微生物制氢实际应用的主要原因是太阳能的分散性和低密度性。目前研究得比较多的光合产氢微生物有绿藻、颤藻属、红螺菌属、红假单胞菌属、红微菌属、外硫红螺菌属等。蓝细菌亦名蓝藻或蓝绿藻,属于原核生物,而绿藻属于真核生物,它们都具有催化产氢的酶。这些微藻能够进行光合自养生长,并最终以产氢的形式将太阳能转化为氢能。微藻细胞中参与代谢的酶主要是固氮酶、吸氢酶和放氢酶。这 3 种酶均存在于蓝藻中,在绿藻中只发现了放氢酶。光合自养微生物制氢的缺点是产生氢气的同时也产生氧气。光合细菌属于原核生物,其产氢主要是固氮酶的作用。光合细菌不能利用水作为电子供体,因此在产氢时需要有机物作为电子供体。这种光合异养微生物制氢的优点是理论底物转化率高,不产生氧气,能利用较宽频的太阳光,能利用废水或废弃物中的有机物作为底物。

厌氧微生物发酵制氢具有产氢稳定性好，产氢能力较高，生产速率快以及制氢成本低等很多优点。发酵产氢细菌是另一类能在代谢过程中产生分子氢的微生物，它们能根据自身的生理代谢特征，通过发酵，在固氮酶或氢酶的作用下在逐步分解有机物底物的过程中产生分子氢。常见的发酵产氢细菌包括专性厌氧菌和兼性厌氧菌，如丁酸梭状芽孢杆菌、产气肠杆菌、中间柠檬酸杆菌、褐球固氮菌、白色瘤胃球菌等。底物包括甲酸、乳酸、丙酮酸、半乳糖、麦芽糖等。

生物制氢至今没有产业化的主要问题是成本高，而利用工业和农业废弃物发酵制氢可大大降低成本。生物制氢所用的原料是城市污水、生活垃圾、动物粪便等有机废物，在获得氢气的同时净化了水质，达到保护环境的作用。因此无论从环境保护，还是从新能源开发的角度来看，生物质制氢都具有很大的发展前途。

13.1.10　氢气的提纯

大多数制氢过程都包含氢气的纯化过程，以除去粗制氢气中的各种杂质。根据氢气来源不同，可采用不同的精制方法来制备高纯氢。常用的氢气纯化方法、纯化效果和主要用途如表 13－1 所列。下面简单介绍变压吸附法。

表 13－1　常用的氢气纯化方法

<table>
<tr><th rowspan="2">序号</th><th rowspan="2" colspan="2">纯化方法</th><th rowspan="2">纯化材料</th><th rowspan="2">原料氢气的纯度</th><th colspan="2">纯化效果</th><th rowspan="2">主要用途</th></tr>
<tr><th>脱除杂质</th><th>脱除深度</th></tr>
<tr><td>1</td><td colspan="2">吸收法</td><td>乙醇胺，热碳酸钾，氢氧化钠等</td><td>含氢量低的转化，副产品粗氢</td><td>CO_2</td><td>$<25\times10^{-6}$</td><td>用于化工厂的粗氢除去 CO_2</td></tr>
<tr><td rowspan="4">2</td><td rowspan="4">吸附法</td><td>吸附干燥</td><td>硅胶，分子筛，活性氧化铝</td><td>$>99\%$的氢气</td><td>H_2O，CO_2</td><td>$H_2O<5\times10^{-6}$
$CO_2<5\times10^{-6}$</td><td>用于氢气的初级终端的纯化</td></tr>
<tr><td>低温变温吸附</td><td>硅胶，活性炭，分子筛(液氮)</td><td>$\geqslant99.99\%$的纯氢</td><td>各种杂质</td><td>THC(total hydrocarbon)，N_2，O_2 均$<0.1\times10^{-6}$
$H_2O<0.5\times10^{-6}$</td><td>用于氢气的精纯化</td></tr>
<tr><td>变压吸附</td><td>分子筛，活性炭</td><td>40%的粗氢</td><td>各种杂质</td><td>$H_2\geqslant99.999\%$</td><td>用于纯化和含氢量低的粗氢的提纯</td></tr>
<tr><td>3</td><td colspan="2">催化反应法</td><td>Pd,Pt,Cu,Ni 等金属制成的催化剂</td><td>$>99\%$的氢气</td><td>O_2</td><td>$O_2<0.1\times10^{-6}$</td><td>用于脱除氢气中的氧</td></tr>
<tr><td>4</td><td colspan="2">钯合金扩散法</td><td>钯合金膜</td><td>$>99.5\%$的氢气(其中 $O_2<0.1\%$)</td><td>各种杂质</td><td>$H_2\geqslant99.9999\%$</td><td>用于氢气的精制纯化</td></tr>
<tr><td>5</td><td colspan="2">金属氢化物</td><td>Fe－Ti，稀土－Ni 等合金</td><td>—</td><td>各种杂质</td><td>$H_2\geqslant99.999\%$</td><td>用于氢气的精制纯化</td></tr>
</table>

变压吸附 PSA(pressure swing adsorption)是近几十年发展最快的化工分离技术之一。变压吸附技术是以吸附剂(多孔固体物质)内部表面对气体分子的物理吸附为基础,利用吸附剂在相同压力下易吸附高沸点组分、不易吸附低沸点组分和高压下吸附量增加(吸附组分)、减压下吸附量减少(解吸组分)的特性,将原料气在压力下通过吸附剂床层,相对于氢的高沸点杂质组分被选择性吸附,低沸点组分的氢不易吸附而通过吸附剂床层,达到氢和杂质组分的分离。然后在减压下解吸被吸附的杂质组分使吸附剂获得再生,以利于再次进行杂质的吸附分离。

变压吸附的吸附剂床层由活性炭、硅胶、分子筛、氧化铝多种吸附剂组成。吸附剂是变压吸附操作中重要的技术组成部分,吸附剂的选择直接影响分离效果。吸附剂的选择是由吸附剂对原料气中组分的分离系数及其对易吸附组分吸附量的大小决定的。组分 A 与 B 分离系数 α 的定义为:

$$\alpha = \frac{x_A y_B}{y_A x_B} \tag{13-39}$$

式中,x 和 y 分别为吸附相和气相的浓度。一般来说,原料气中其他组分和氢气的分离系数应不小于 3。

由于 PSA 技术具有能耗低,产品纯度高,工艺流程简单,预处理要求低,操作方便、可靠,自动化程度高等优点,在气体分离领域得到广泛使用。PSA 法制氢可用各种气源为原料,技术已经十分成熟。根据原料氢和工艺路线的不同,原料氢可以不经过预处理一步得到高纯氢,或者经过简单的预处理再经吸附塔精制,净化后产品纯度可以在 99%～99.999%范围内灵活调节。PSA 技术可以用于各种规模的氢气提纯装置,氢气的生产能力可达到数万 $Nm^3 \cdot h^{-1}$。

13.2 氢气的储存

氢能利用的关键是氢气的储存,它是目前氢能应用的主要技术障碍。储氢问题的实质就是如何减少氢气的巨大体积。大家知道,所有元素中氢的质量最轻,在标准状态下,它的密度为 0.089 9 $g \cdot dm^{-3}$,为水密度的万分之一。在 −252.7 ℃时,可成为液体,密度为 70 $g \cdot dm^{-3}$,仅为水的十五分之一。所以,氢气可以储存,但是很难高密度的储存。

对储氢系统的要求很多,最重要的是高储氢密度。衡量氢气储运技术先进与否的主要指标是单位质量储氢密度,即储氢单元内所储氢质量与整个储氢单元的质量(含容器、存储介质材料、阀及氢气等)之比。出于实际应用考虑,特别是作为机动车燃料的应用条件限制,对于储氢方法所能达到的氢气密度提出了具体要求。美国能源部提出单位质量储氢密度达 6.5%,单位体积储氢密度达 62 $kg \cdot m^{-3}$的目标要求。事实上,国际权威机构希望到 2015 年储氢标准进一步提高,体积储氢密度达到 80 $kg \cdot m^{-3}$,质量储氢密度达 9%。这仅仅是技术指标,储氢方法的经济性也是非常重要的。氢是人造燃料,本身成本较高,若储氢环节再把成本拉高很多,即使能够达到技术指标也是不能应用的。同样出于实际应用考虑,对储氢方法提出的另一要求则是吸放氢过程的可逆性。此外,使用的方便性和安全性也是储氢系统在设计时必须考虑的非常重要的要求。

氢能够以气态、液态、固态三种状态储存。根据储存机理的不同又可分为很多储存方法,如高压气态存储、低温液氢存储、物理吸附储氢存储、金属氢化物存储和复合氢化物存储等。下面介绍几种主要的储氢方法。

13.2.1 气态存储

高压气态存储是最普通和最直接的储氢方式,通过调节减压阀就可以直接释放出氢气。高压氢气储罐如图 13-3 所示。目前,储存压力在 20 MPa 以下的压缩技术已经比较成熟,但效率非常低。使用新型轻质复合材料的高压气瓶耐压可达 80 MPa,单位体积储氢密度可达 36 kg·m^{-3},大约是其标准沸点下液态氢的一半。随着压力的升高,高压气瓶的壁厚增加,因此单位质量储氢密度随着压力的升高而降低。两端为半球状的圆筒的壁厚由下式给出:

$$\frac{d_w}{d_o}=\frac{\Delta p}{2\sigma_v+\Delta p} \tag{13-40}$$

式中,d_w为高压气瓶的壁厚,d_o为圆筒的外径,Δp为内外压力差,σ_v为材料的抗拉强度。材料的抗拉强度从 50 MPa(铝)到 1 100 MPa(优质钢)不等。制作高压气瓶材料的未来研究方向是抗拉强度更高并且密度更低的新型复合材料。

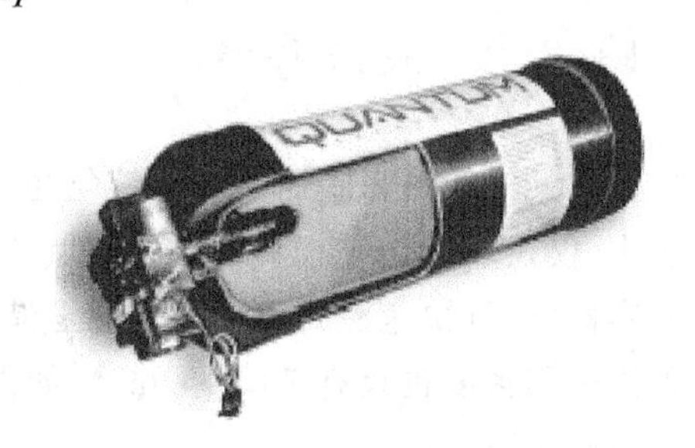

图 13-3 高压氢气储罐

高压储氢的优点很明显,在已有的储氢体系中,动态响应最好,能在瞬间提供足够的氢气保证氢燃料车高速行驶或爬坡,也能在瞬间关闭阀门,停止供气。高压气氢在零下几十度的低温环境下也能正常工作。高压气氢的充气速度很快,10 min 就可以充满一辆大客车,是目前实际使用最广泛的储氢方法。其缺点是储氢密度还达不到美国能源部的要求,另外,用户也会担心高压带来的安全隐患。为了提高储氢能力和安全性,设想未来的压力容器由三层构成,最内层是聚合物衬里,其上用碳纤维复合材料缠绕,以提高罐体的耐压能力,最外层是芳族聚酰胺材料,能够抗机械损伤和腐蚀损坏。质量为 110 kg、储存压力为 70 MPa 的这种储罐的单位质量储氢密度可达 6%(质量分数),单位体积储氢密度可达 30 kg·m^{-3}。

氢气可以用标准机械泵压缩。为了补偿氢气较高的扩散能力,有时必需修改封口。理论上,等温压缩氢气必需做的功由下式给出:

$$\Delta G = RT\ln\left(\frac{p}{p_0}\right) \tag{13-41}$$

式中，R 代表气体常数($R=8.314\ \mathrm{J\cdot mol^{-1}\cdot K^{-1}}$)，$T$ 代表绝对温度，p 和 p_0 分别代表终端压力和初始压力。在 0.1～100 MPa 的压力范围内，用此方程计算的功的误差小于 6%。因此，将氢气从 0.1 MPa 等温压缩到 80 MPa 耗能 2.21 $\mathrm{kWh\cdot kg^{-1}}$。在实际过程中，压缩消耗的功要稍微高一些，因为压缩不是等温的。

氢气还可以像天然气一样使用巨大的水密封储罐在低压下储存，此方法适合大规模储存气体时使用，由于氢气的密度太低，所以应用不多。按照当今的技术水平，用中空的玻璃微球储氢已成为可能。这种微球的直径小于 1 000 μm，壁厚小于 10 μm。这种微球具有在低温或室温下呈非渗透性，但在高温下具有多孔性的特点。利用此特点，在 10～200 MPa 的压力和 300～400 ℃温度下，使氢气扩散进入玻璃空心球内，然后等压冷却，氢的扩散性能随温度下降而大幅度下降，从而使氢有效地储存于空心微球中。使用时，加热储器，就可将氢气释放出来。微球成本较低，耐压性能优异，特别适用于氢动力车系统。玻璃微球储氢的技术难点在于制备高强度的空心微球。工程应用的技术难点是为储氢容器选择最佳的加热方式，以确保氢足量释放。

13.2.2 液态存储

通过氢气绝热膨胀而生成的液氢也可以作为氢的储存状态。液氢沸点仅 20.38 K，气化潜热小，仅 0.91 $\mathrm{kJ\cdot mol^{-1}}$。因此液氢的温度与外界的温度存在巨大的温差，稍有热量从外界渗入容器，即可快速沸腾而损失。液氢储罐的结构很复杂，图 13-4 给出液氢储罐简图。液氢的理论体积密度也只有 70 $\mathrm{kg\cdot m^{-3}}$，如果将容器和附件的体积考虑在内，液氢系统的储氢密度还不到 40 $\mathrm{kg\cdot m^{-3}}$。

氢分子由两个氢原子组成，由于两个原子核自旋方向不同，因此存在着正氢和仲氢两种状态。正氢的两个原子核自旋方向相同，仲氢的两个原子核自旋方向相反。正氢和仲氢的平衡组成随温度而变，在不同温度下处于正氢和仲氢平衡组成状态的氢称为平衡氢。常温时，含 75%正氢和 25%仲氢的平衡氢，称为正常氢或标准氢。高温时，正氢和仲氢的平衡组成不变。低于常温时，正氢和仲氢的平衡组成将随温度而变。温度降低，仲氢浓度增加。在液氢的标准沸点时，仲氢浓度为 99.8%。在氢的液化过程中，如不将正氢催化转化为仲氢，则生产出的液氢为正常氢，液态正常氢会自发地发生正氢向仲氢的转化，最终达到相应温度下的平衡氢，正氢向仲氢的转化是放热反应，转化热是温度的函数，随温度下降而升高。77 K 时达到 519 $\mathrm{kJ\cdot kg^{-1}}$，低于 77 K 后转化焓变为 523 $\mathrm{kJ\cdot kg^{-1}}$ 并几乎保持恒定。转化焓比常压沸点普氢和仲氢的蒸发潜热(451.9 $\mathrm{kJ\cdot kg^{-1}}$)高。如果储罐内的液氢是未完成转化的正常氢，则自转化过程不可避免，并且转化热将在储罐内释放，引起液氢的蒸发损失。不过这种自发转化的速率是很

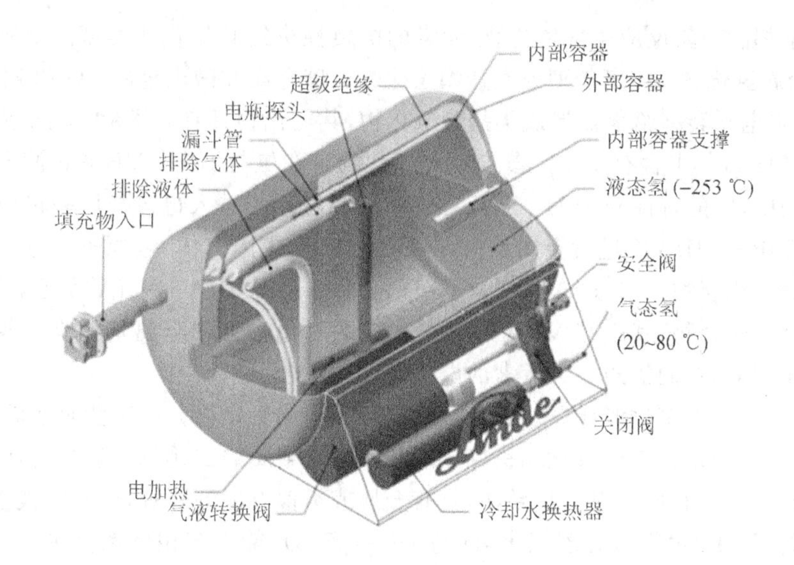

图 13－4　液氢储罐结构

缓慢的，为了获得标准沸点下的平衡氢，在氢的液化过程中，必需将正氢催化转化为仲氢。从正氢到仲氢的转化可被某些表面活性物质和顺磁物质催化，例如高表面活性碳可使转化在几分钟内达成。其他的正-仲转化催化剂有金属钨和镍或氧化铬和氧化钆这样的顺磁氧化物。

液氢在大的储罐中储存时存在热分层问题。即储罐底部液体承受来自上部的压力而使沸点略高于上部，上部液氢由于少量挥发而始终保持极低温度。静置后，液体形成的两层。上层因冷而密度大，蒸气压较低；反之，底层因热而密度小，蒸气压较高。显然这是一个不稳定状态，稍有扰动，上下两层就会翻动，如果略热而蒸气压较高的底层翻到上部，就会发生液氢爆沸，产生大量氢气，使储罐爆破。为防止事故的发生，大的储罐都备有缓慢的搅拌装置以阻止热分层。如果在液氢中加入胶凝剂，进一步降温就会生成液氢和固体氢的混合物(即胶氢)，含有 50%固体氢的胶氢的温度为 13.8 K，密度为 81.5 $kg \cdot m^{-3}$。

液氢方式储运缺点除了液氢蒸发损失以外，还存在成本问题。氢气液化需要消耗大量能量。将氢气从室温下冷却至液氢，所需最小理论能耗为 3.23 $kWh \cdot kg^{-1}$，整个过程的实际总能耗约为 15.2 $kWh \cdot kg^{-1}$，这个能耗接近 1 kg 氢气燃烧所释放能量的一半。生产液氢一般可采用 3 种液化循环，即节流氢液化循环、带膨胀机的氢液化循环和氦制冷氢液化循环。此外，由于制造液氢储罐必须使用耐超低温的特殊材料，并且要有极好的绝热性能，因此液氢的投资成本相当高。

13.2.3　可逆金属氢化物存储

金属、金属间化合物和合金与氢反应通常主要形成固态金属-氢化合物。除惰性气体外，几乎所有元素都能与氢反应生成氢化物，元素的电负性决定其氢化物类型。金属与氢可形成3种类型的金属氢化物：① 离子型或类盐型氢化物。碱金属和碱土金属（Be和Mg除外）的电负性较低，可将电子转移给氢而形成类盐型氢化物，其氢化物具有离子键。离子型氢化物的通式为MH或MH_2，其中含有H^-。② 金属型氢化物。在氢与IIIB－VB族过渡金属化合形成的金属氢化物中，氢的特性介于H^-和H^+之间，形成氢原子进入母体金属晶格内的间隙型化合物。氢与VIB－VIIIB族过渡金属反应，一般以H^+形成固溶体，氢原子也进入基体金属晶格中形成间隙型化合物。③ 共价型或分子型化合物。氢与IIIA－VIIA族元素反应，生成分子型或共价型氢化合物，其中与VIIA族元素形成的氢化物为非金属氢化物。各种氢化物之间的界限并不明显，它们依照有关元素的电负性彼此融合。

在高温下，氢与许多过渡金属及其合金反应形成金属氢化物。电正性元素最易起反应，即钪、钇、镧系元素、锕系元素以及钛和钒族的成员。过渡金属的二元氢化物主要是金属型的，通常称为金属氢化物。它们是电的良导体，具有金属或类似石墨的外观，通常能被水银润湿。许多此类化合物（MH_n）大幅偏离理想化学计量（$n=1,2,3$），能以多相体系存在。晶体结构是氢在间隙位置的典型金属晶体结构，因此也称为间隙氢化物。此类结构的组成为MH、MH_2和MH_3，氢原子占据金属晶格的八面体或四面体空穴，或者二者兼有。氢带部分负电，其程度取决于金属，$PdH_{0.7}$例外。只有少量过渡金属没有已知的稳定氢化物。在元素周期表中有一个相当大的“氢化物缺口”，始于VIB族（Cr）一直到IB族（Cu），其中仅有的氢化物是钯氢化物（$PdH_{0.7}$）、非常不稳定的镍氢化物（$NiH_{<1}$）和不明确的铬氢化物（CrH，CrH_2）和铜氢化物（CuH）。在钯氢化物中，氢具有高迁移率以及大概很低的电荷密度。在高分散装态下，铂和钌能够吸收大量氢，氢因此被活化。虽然铂和钌不形成氢化物，但是它们连同钯和镍是很好的加氢催化剂。由于改变元素能够改变金属氢化物的性质，金属间化合物的金属氢化物特别令人注意，最简单的是三元体系AB_xH_n，具体例子见表13－2。A元素通常是稀土或碱土金属，易于形成稳定的氢化物。B元素通常是过渡金属，只形成不稳定的氢化物。一些明确定义的金属间化合物的B/A比例（$x=0.5,1,2,5$）能够形成氢/金属比例高达2的氢化物。

表13－2　常见金属间化合物的原型、氢化物和结构

金属间化合物	原　型	氢化物	结　构
AB_5	$LaNi_5$	$LaNi_5H_6$	Haucke相，六方晶系
AB_2	ZrV_2，$ZrMn_2$，$TiMn_2$	$ZrV_2H_{5.5}$	Laves相，六方晶系或立方晶系
AB_3	$CeNi_3$，YFe_3	$CeNi_3H_4$	六方晶系，$PuNi_3$型
A_2B_7	Y_2Ni_7，Th_2Fe_7	$Y_2Ni_7H_3$	六方晶系，Ce_2Ni_7型
A_6B_{23}	Ho_6Fe_{23}，Y_6Fe_{23}	$Ho_6Fe_{23}H_{12}$	立方晶系，Th_6Mn_{23}型
AB	TiFe，ZrNi	$TiFeH_2$	立方晶系，CsCl或CrB型
A_2B	Mg_2Ni，Ti_2Ni	Mg_2NiH_4	立方晶系，$MoSi_2$或Ti_2Ni型

储氢合金(金属间化合物)的吸放氢过程热力学性能可以用 $p-c-T$ 曲线表征,如图 13-5 所示,它实际上是一张相图,包括一系列氢气压力与吸氢浓度之间达到平衡时的等温线。横轴表示固相中的氢浓度(H/M,氢与金属的原子比);纵轴为氢压。温度不变时,从 0 点开始,随着氢压的增加,氢溶于金属,形成含氢固溶体(α 相),合金结构保持不变。点 A 对应于氢在金属中的极限溶解度。在低温时,等温线服从 Sievert 定律,固溶体中的氢浓度与平衡氢压的平方根成正比,即:

$$H_{固相} = K_s p^{\frac{1}{2}} \tag{13-42}$$

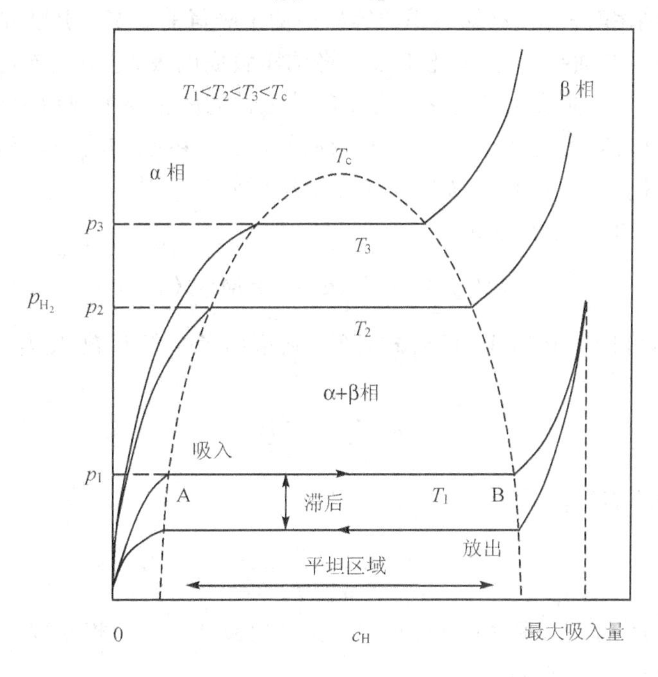

图 13-5　$p-c-T$ 曲线

式中,$H_{固相}$ 为金属相中的氢浓度,K_s 为 Sievert 常数,p 为平衡氢压。当固溶体内氢含量增加时,由金属的弹性形变引起的 H—H 之间的相吸作用使体系偏离了理想性能,反映在图中等温线斜率的降低。当氢浓度超过氢在 α 相中的溶解度时,就会有 β 氢化物相析出,此时平衡氢压保持稳定。当氢浓度继续增加时,α 相与 β 相达到混溶平衡,等温线形成平台,氢在恒压下被金属吸收。只要两固相共存就会保持该平台。当所有 α 相都变为 β 相时,组成达到 B 点。AB 段为两相(α+β)共存的体系。这段曲线呈平直状,故称为平台区,相应的恒定平衡压力称为平台压。平台的长短直接决定储氢量的大小。当相转变完成后,体系获得了一定的自由度,氢压再度随着纯 β 相中氢浓度的增加而快速上升,β 相组成就会逐渐接近化学计量组成。也可能不只生成一种氢化物,这样就有另外的平台形成。在储氢合金的吸放氢过程中往往会发生滞后效应,滞后是指储氢合金吸放氢过程中的平衡氢压差,体现为吸氢等温线上的 α→β 相变平台区的平衡氢压高于放氢等温线上的β→α相变平台区的平衡氢压，吸氢 $p-c$ 等温线总是在放氢 $p-c$ 等温线之上(图 13－5)。一般来说，温度越高，滞后效应越明显。图 13－5 中，p_1、p_2、p_3 分别代表 T_1、T_2、T_3 下的平台氢压。通常，温度升高，$p-c$ 等温线上移，平台氢压升高，两相共存平台区缩小。当达到临界温度 T_c 时，两相共存平台区消失。温度高于 T_c，α 相向β相的转换是连续的。

$p-c-T$ 曲线是通过实验测定的，常用的实验方法有以下几种：① 热重分析法。利用高压热天平进行金属氢化物的热重分析，通过在高压氢气气氛中测定的样品的质量变化获得 $p-c-T$ 曲线。② 容积法。在已知容积的容器中测定吸氢前后氢气压力的变化，通过状态方程的计算得到 $p-c-T$ 曲线。③ 电化学法。将试样做成电极，进行充放电测试，测定电量与平衡电位，得到 $p-c-T$ 曲线。鉴定储氢合金吸放氢性能的主要常规指标是 $p-c$ 等温线的平台氢压、平台宽度与倾斜度、平台起始浓度和滞后效应，这些指标也是探索新型储氢合金的主要依据。同时，利用 $p-c-T$ 曲线也可求出热力学函数。

金属与氢气之间的反应可写成：

$$\mathrm{M(s)} + \frac{x}{2}\mathrm{H_2(g)} \rightleftharpoons \mathrm{MH}_x\mathrm{(s)} \tag{13-43}$$

体系的热力学数据可用 Van't Hoff 公式计算，它给出了平衡常数 K 与反应焓 ΔH 之间的关系：

$$\frac{\partial \ln K}{\partial T} = \frac{\Delta H}{RT^2} \tag{13-44}$$

对于反应式(13－43)而言：

$$K = \frac{\alpha_{\mathrm{MH}_x}}{\alpha_{\mathrm{M}}(f_{\mathrm{H_2}})^{\frac{x}{2}}} \tag{13-45}$$

式中，α_{MH_x} 是 MH_x 的活度，α_{M} 是 M 的活度，$f_{\mathrm{H_2}}$ 为氢的逸度。在理想状况下，气体的活度取 1，逸度为气压，于是(13－44)可写成：

$$\frac{\partial(\ln p_{\mathrm{H_2}})^{-\frac{x}{2}}}{\partial T} = \frac{\Delta H}{RT^2} \tag{13-46}$$

将式(13－46)积分得：

$$\ln p_{\mathrm{H_2}} = \frac{2}{x}(\Delta H/RT) + C_0 \tag{13-47}$$

据此，相变焓 ΔH 可用吸收或解吸平台氢压的对数 $\ln p_{平台}$ 值与温度的倒数做图获得。如果氢在金属 α 相中的溶解度不大，$\Delta H_{平台} \approx \Delta H_f$，其中 ΔH_f 是金属生成氢化物的生成焓，其截距 C_0 则等于 $-\left(\frac{2}{x}\right)\left(\frac{\Delta S}{R}\right)$，此时 ΔS 则为相应的熵变，式(13－47)通常可写成：

$$\ln p_{\mathrm{H_2}} = \frac{\Delta H}{RT} - \frac{\Delta S}{R} \tag{13-48}$$

可以根据此式做 Van't Hoff 图，图 13-6 是一些氢化物的 Van't Hoff 图。只要测出不同温度下相变区的平衡氢压，就可求出氢化反应的 ΔH 和 ΔS。

储氢合金形成氢化物的反应焓和反应熵，不但有理论意义，而且对储氢合金的研究、开发和利用有极重要的实际意义。生成熵表示形成氢化物反应进行的趋势，在同类合金中数值越大，其平衡分解压越低，生成的氢化物越稳定。生成焓就是合金形成氢化物的生成热，负值越大，氢化物越稳定。最稳定的二元氢化物的生成焓为 $\Delta H_f = -226\ \mathrm{kJ \cdot mol^{-1}\ H_2}$，例如 HoH_2。最不稳定的氢化物是 $FeH_{0.5}$、$NiH_{0.5}$ 和 $MoH_{0.5}$，其生成焓分别为 $\Delta H_f = +20\ \mathrm{kJ \cdot mol^{-1}\ H_2}$，$\Delta H_f = +20\ \mathrm{kJ \cdot mol^{-1}\ H_2}$ 和 $\Delta H_f = +92\ \mathrm{kJ \cdot mol^{-1}\ H_2}$。

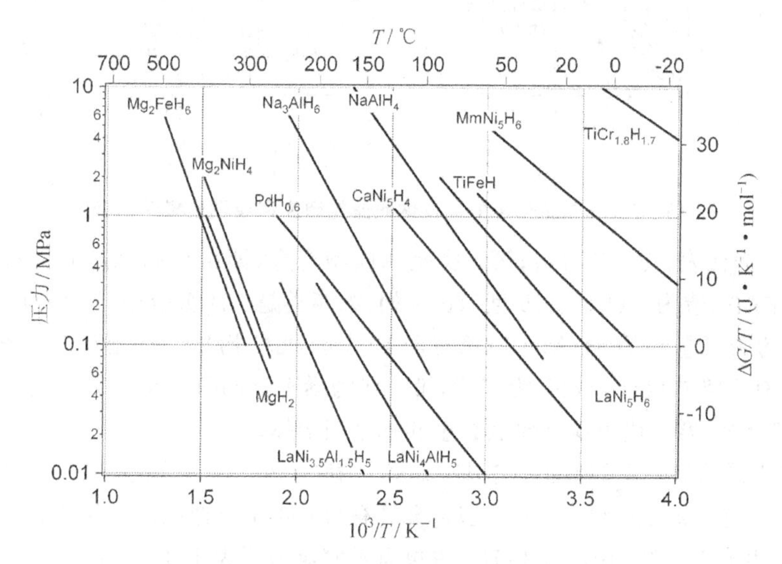

图 13-6　一些氢化物的 Van't Hoff 图

由于吸氢时的相变，金属氢化物具有在恒定压力下吸收大量氢气的特性，此特性非常有用。部分置换构成金属间化合物主晶格的元素能够改变吸放氢的特性。一些金属氢化物在常温和接近常压下吸收和解吸氢气。表 13-2 列出的金属间化合物中有一些是储氢合金的研究热点。它们都由两种元素组成，A 元素对氢的亲和力高，B 元素对氢的亲和力低。通常，至少部分 B 元素为 Ni，因为镍是氢气离解的优良催化剂。非常高的单位体积储氢密度是金属氢化物令人关注的特征之一。如图 13-7 所示，目前已知单位体积储氢密度最高的氢化物是 Mg_2FeH_6 和 $Al(BH_4)_3$ 的 $150\ \mathrm{kg \cdot m^{-3}}$，这两种氢化物属于络合氢化物。金属氢化物的单位体积储氢密度可达 $115\ \mathrm{kg \cdot m^{-3}}$，例如 $LaNi_5$。

储氢合金有多种分类方式。如果按照储氢合金的主要元素划分主要有五大类型，即稀土系、钛系、锆系、镁系和钒基固溶体。如果按照储氢合金的结晶构造和氢化特性的类似性大致可分为五类：第一类以 Mg_2Ni 为代表，即由碱土金属 A 和过渡金属 B 结合而成的 A_2B 合金；

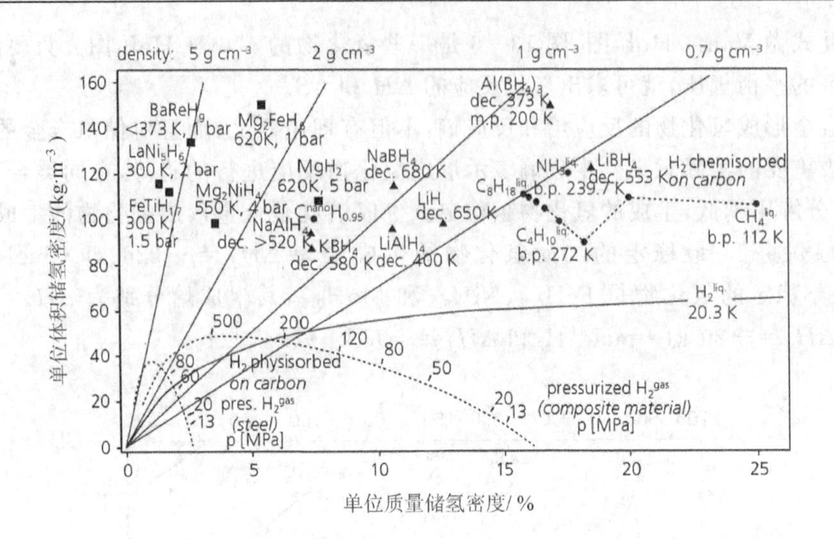

图 13-7 一些氢化物的单位体积储氢密度和单位质量储氢密度

第二类以 TiFe 为代表，为 AB 合金；第三类是 AB_2 型合金，即由金属 A(Ti 或 Zr)和过渡金属 B 组合而成，结晶构造为 C14 或 C15 型 Laves 相；第四类是 AB_5 型合金，以 $LaNi_5$ 和 $CaNi_5$ 为代表，这类合金的吸氢量约为 H/M=1；第五类是具有 BCC 构造的固溶体型合金，吸氢量大，H/M>1.5。有人将储氢合金划分为三代，第一代为稀土类储氢合金，第二代为具有 Laves 相结构的 AB_2 型合金，第三代为镁基储氢合金和钒基固溶体。

AB_5 型稀土系储氢合金的典型代表是 $LaNi_5$。荷兰 Philips 公司发现 $LaNi_5$ 储氢合金在室温下有良好的可逆吸放氢特性。$LaNi_5$ 型合金具有与 $CaCu_5$ 类似的六方结构，在室温下能与六个氢原子结合生成六方结构的 $LaNi_5H_6$，单位质量储氢密度为 1.4%。$LaNi_5$ 氢化反应的焓变为 $\Delta H=-30.1\ \mathrm{kJ\cdot mol^{-1}\,H_2}$，熵变为 $\Delta S=-105.1\ \mathrm{J\cdot K^{-1}\cdot mol^{-1}\,H_2}$。$LaNi_5$ 储氢合金活化容易、平衡氢压适中、吸放氢的迟滞小，动力学性能优异。由于制备 $LaNi_5$ 需要纯稀土元素 La，价格比较昂贵，限制了其大规模应用。此外，由于氢原子的进入，使 $LaNi_5$ 晶格体积膨胀 23.5%，而在放氢后，晶格又收缩，反复地吸放氢会导致晶格细化，表现为储氢合金产生裂纹甚至粉化，导致储氢能力降低。为了降低储氢合金成本，改善 $LaNi_5$ 的储氢性能，必须对其进行改性。改性方法包括非化学计量 $AB_{5\pm x}$ 和元素替代。元素替代包括：① A 侧用其他元素部分代替 La；② A 侧用富铈(Mm)或富镧(Ml)混合稀土代替 La；③ B 侧用其他元素部分代替 Ni。图 13-8 为 AB_5 型稀土系储氢合金的发展现状。

AB_2 型 Laves 相储氢合金属于拓扑密集结构相。Laves 相储氢合金中 A 原子和 B 原子的原子半径之比(r_A/r_B)为 1.2 左右，A 原子与 B 原子相间排列，晶体结构具有很高的对称性及空间填充密度。Laves 相结构有 $MgZn_2$ 型(C14，空间群 $P6_3/mmc$，六方结构)、$MgCu_2$ 型(C15，空间群 Fd3m，面心立方结构)、$MgNi_2$ 型(C36，空间群 $P6_3/mmc$，六方结构)3 种类型。在单位

AB_2晶体中，包含 17 个四面体间隙（12 个 A_2B_2，4 个 AB_3，1 个 B_4）。由于 Laves 相结构中可供氢原子占据的四面体间隙（A_2B_2和 AB_3）较多，AB_2型 Laves 相储氢合金具有储氢量大的特点，如 $ZrMn_2$和 $TiMn_2$的单位质量储氢密度为 1.8%。但合金氢化物稳定性很高，合金吸放氢平台压力过低。通过元素替代能够改变单元晶胞的体积和电子结构，影响氢化物的稳定性和化学计量比，从而改善 AB_2型 Laves 相储氢合金的储氢性能。图 13－9 为 AB_2型 Laves 相储氢合金的发展现状。

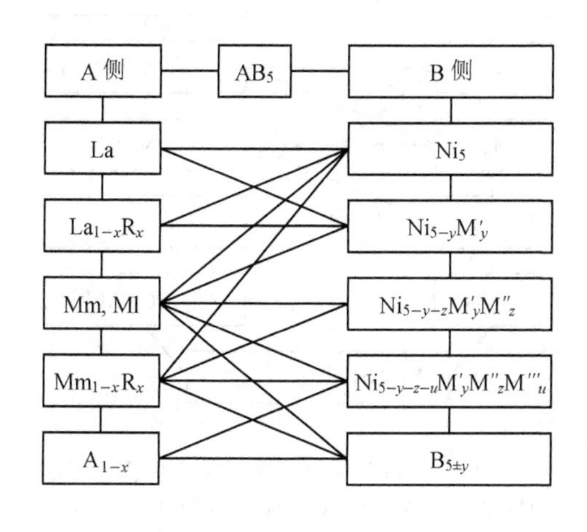

R—Ce，Pr，Nd，Zr，Ti，Ca，Y；Mm—富铈混合稀土；Ml—富镧混合稀土；M′，M″，M‴—Co，Mn，Al，Fe，Cu，Si，Ta，Nb，W，Mo，B，Zn，Cr，Sn 等。

图 13－8　AB_5型稀土系储氢合金发展现状

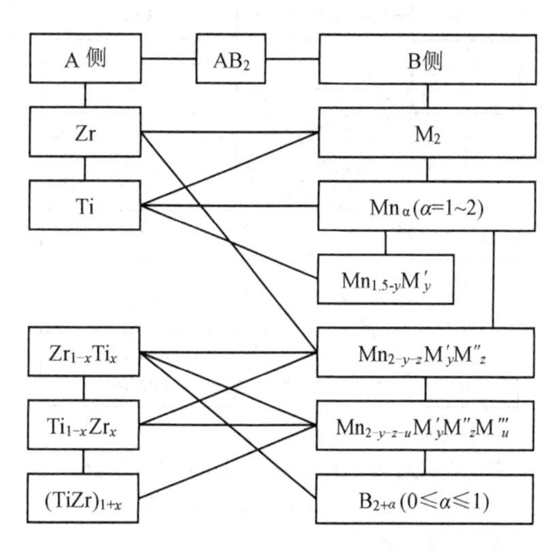

M—Mn，V，Cr，Fe，Co，Mo，Cu；M′—Cr，Cu，V，Ni；M″，M″—Fe，V，Cr，Cu，Ni。

图 13－9　AB_2型 Laves 相储氢合金的发展现状

AB 型储氢合金以 TiFe 为代表，美国 Brookhaven 国家实验室的 Reilly 和 Wiswall 两人于 1974 年发表了 TiFe 合金氢化性能的系统研究结果。TiFe 在室温下与氢反应生成两种氢化物 $TiFeH_{1.04}$（β 相）和 $TiFeH_{1.95}$（γ 相）。前者为四方晶结构，后者为立方晶结构。TiFe 合金作为储氢材料具有一定的优越性。首先，TiFe 合金活化后在室温下，能可逆地吸放大量的氢，理论单位质量储氢密度为 1.86%，且氢化物的分解压强仅为几个大气压，很接近工业应用；其次，Fe 和 Ti 两种元素在自然界中含量丰富，价格便宜，适合在工业中大规模应用。TiFe 的缺点是活化困难，需在高温高氢压（450 ℃，5 MPa）条件下进行活化，抗杂质气体中毒能力差，并且滞后较大。用过渡金属、稀土金属等部分替代 Fe 或 Ni，能够有效改善 TiFe 合金的氢化性能。图 13－10 为 AB 型储氢合金的发展现状。

镁系储氢合金作为储氢材料具有以下优点：储氢量很高，MgH_2的含氢量达到 7.6%（质量分数），而 Mg_2NiH_4的含氢量也达到 3.6%（质量分数）；镁是地壳中含量为第六位的金属元素，约占地壳质量的 2.35%，价格低廉，资源丰富；吸放氢平台好；无污染。但镁系储氢合金作为储氢材料也存在几个缺点：吸放氢速度慢，反应动力学性能差；氢化物较稳定，释氢需要较高的温度；镁及其合金表面易形成一层致密的氧化膜。这些缺点严重阻碍了镁基储氢合金的实用化进程。镁基储氢合金的典型代表是镁-镍系、镁-铝系和镁-镧系。其中，研究较多的是 Mg－Ni 系储氢合金，例如属于 A_2B 型储氢合金的 Mg_2Ni。在 Mg－Ni 系储氢合金的基础上，对 A 侧和 B 侧元素进行部分替代，开发出一系列新合金，其发展现状如图 13－11 所示。

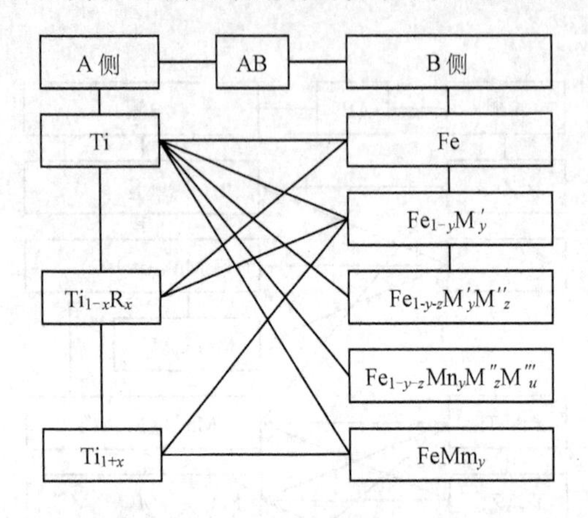

R—Mn, Zr, V, Ca; M′—Mn, Co, Ni, Cr, Cu, Nb, V; M″—Ni, V, Co, Cr, Mn, Al; M‴—Zr, Al; Mm—混合稀土。

图 13－10 AB 型储氢合金的发展现状

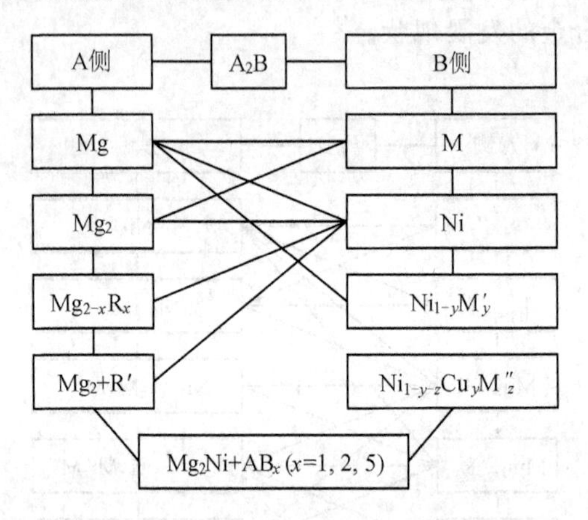

R—Ti, V, Ca, Al, La; R′—La, Ce, Mm; M—Ni, Cu, Ca, La, Al; M′—Cu, Mn, Cr, Fe, Co, V, Zn, W, Ti, Zr; M″—Mn, Ti。

图 13－11 Mg－Ni 系储氢合金的发展现状

钒及钒基固溶体合金可与氢生成 VH 和 VH_2 两种氢化物，其中 VH_2 的理论单位质量储氢密度高达 3.8%，是 $LaNi_5H_6$ 的 3 倍，因此钒基固溶体合金已成为第三代储氢合金研究开发的重点对象。金属钒具有吸氢量大，抗粉化性能好等优点，已在氢的精制和回收、运输和储存、热泵等方面较早地运用，但是有效吸氢量低，只有一半的氢能够释放出来。在接近室温的条件下，VH 的平衡氢压低（约为 10^{-9} MPa），使 VH→V 的放氢反应难以利用，实际上可以利用的 VH_2→VH 反应的放氢量只有 1.9%（质量分数），但钒基固溶体合金的上述可逆储氢量仍然高于 AB_5 和 AB_2 型合金。目前所开发的含钒的固溶体合金和钒基固溶体合金主要有 Ti－V、Zr－V 和 Ti－V－M（M＝Cr, Mn, Ni, Zr 等）等。Ti－V 合金具有 BCC 结构，能够形成 $Ti_{1-x}V_xH$ 和 $Ti_{1-x}V_xH_2$ 两种氢化物，但实际应用时有反应速度慢、平台区缺乏平坦性、寿命短及机械破碎困难等缺点。在 Ti－V 合金中添加第三种元素 M 后，合金能够快速吸氢，且有效吸氢量高。ZrV_2 储氢合金的吸氢量为 2.79%（质量分数），在 323 K 时的分解压为 0.1 MPa，反应热为－202 kJ·mol^{-1} H_2。

各种类型的储氢合金有不同的制备方法，其中包括中频感应熔炼法、电弧熔炼法、熔体急冷法、气体雾化法、机械合金化法（或机械磨碎法）、还原扩散法、燃烧法、粉末烧结法等。目前工业上生产储氢合金最常用的是中频感应熔炼法，它具有成本低和适于大规模生产的优点。其缺点是耗电量大，合金组织难以控制。

合金表面层在吸放氢过程中充当着重要的作用。表面改性处理是对合金表面进行化学或者物理处理，是提高储氢合金吸放氢能力的重要手段。常用的方法有化学处理法、微包覆法和表面活性剂法等。目前所研究的储氢合金表面处理方法主要有：碱溶液处理；酸性溶液处理；有机酸处理；氟化物溶液处理；合金表面包覆金属膜处理；储氢合金表面机械合金化等。

13.2.4　物理吸附储氢

气体在表面上的吸附是固体（吸附剂）表面上的场力吸引气体或蒸气分子（吸附质）的结果。气体分子在固体表面上的物理吸附源于电荷分布的共振波动，因此称为色散相互作用或范德华相互作用。在物理吸附过程中，一个气体分子与固体表面的几个原子相互作用。相互作用包括吸引和排斥两项。吸引项与分子和固体表面之间距离的 6 次方成反比，排斥项与分子和固体表面之间距离的 12 次方成反比。因此，分子的势能在分子和固体表面之间距离大约为吸附质半径处有最小值。能量最小值为 0.01～0.1 eV（1～10 $kJ \cdot mol^{-1}$ H）。由于物理吸附是弱相互作用，只有在低温下（＜273 K）才能观察到显著的物理吸附。

氢的临界温度非常低（－33.19 K），具有商业化潜力的吸附储氢温度都显著高于其临界温度。既然吸附储氢条件下氢气是超临界气体，吸附储氢的理论基础必然是超临界温度气体的吸附。著名的 BET 吸附理论认为，固体表面的第一层吸附分子是由气固相互作用维系的，以后各层的吸附分子是由吸附质分子之间的相互作用维系的。因此，一旦在固体表面形成吸附剂的单分子层，气体分子只能与固体表面的吸附质分子相互作用。因此，第二层吸附剂分子的结合能与汽化或升华潜热相似。由于超临界温度条件下气体的不可凝聚性，不存在第二及其以后的吸附层。一切基于凝聚现象的吸附机理，包括空间填充、多分子层吸附和毛细管冷凝，在超临界温度条件下都不可能发生，能够发生的只有在固体表面的单分子层吸附。为了估计单分子层吸附质的数量，必须使用液态吸附质的密度和分子体积。如果假定液体由密堆积面心立方结构 FCC(face－centered cubic)组成，在吸附剂上一摩尔单分子层吸附质的最小表面积 S_{ml} 可以用液体的密度 ρ_{liq} 和吸附质的分子量 M_{ads} 计算：

$$S_{ml} = \frac{\sqrt{3}}{2}\left(\sqrt{2N_A} \cdot \frac{M\,ads}{\rho_{liq}}\right)^{\frac{2}{3}} \tag{13-49}$$

式中，N_A 代表 Avogadro 常数（$N_A = 6.022 \times 10^{23}\ mol^{-1}$）。据此，氢的单分子层表面积是 $S_{ml}(H_2) = 85\ 917\ m^2 \cdot mol^{-1}$。在比表面积为 S_{spec} 的吸附剂上吸附质的数量为 $m_{ads} = M_{ads} \cdot S_{spec}/S_{ml}$。当吸附剂为碳并且吸附质为氢时，碳的最大比表面积为 $S_{spec} = 1\ 315\ m^2 \cdot g^{-1}$（单面石墨层），最大吸氢量为 3.0%（质量）。由此理论近似值可以推断吸氢量与吸附剂的比表面积成正比 $m_{ads}/S_{spec} = 2.27 \times 10^{-3}$ %（质量）$\cdot m^{-2} \cdot g$，并且只能在很低的温度下观察到。

碳纳米材料是指具有纳米级特征几何参数的碳材料，如单壁或多壁碳纳米管，直径为纳米级(特别是小于 2 nm)的活性炭等。碳纳米管储氢是由美国可再生能源国家实验室的 Dillon 等人于 1997 年在《Nature》上发表的文章中提出的，并由此激发了研究碳纳米材料可逆吸附氢的热潮。此文报道的是一个简单的氢脱附实验结果。当时作者估计碳纳米管的储氢容量为 5%～10%(质量)。根据 TEM 图片估计，此研究所用碳样品含 0.1%～0.2%(质量)的单壁碳纳米管 SWNT(single - wall carbon nanotube)。高温峰脱氢量是 0.01%(质量)，大约是低温物理吸附峰的$\frac{1}{10}$～$\frac{1}{5}$。作者由此得出"单壁碳纳米管的质量储氢密度是 5%～10%"的结论。三年后，在给美国能源部的报告中，此峰很大地移动了 300 K，达到 600 K。显然，报道的结果前后不一致。Hirscher 等指出，脱附的氢来自超声处理过程中引入的钛合金微粒，而非来自碳纳米管。

碳纳米管与高比表面积石墨之间的主要差别是石墨片和管内空腔的曲率。在微孔固体内，具有宽度不超过几个分子直径的毛细管，由于来自对面壁的势场重叠，因此作用于吸附质分子上的引力比平的碳表面更大。此现象应是研究氢与碳纳米管相互作用的主要动机。碳纳米材料无疑是非常重要的新材料，但不是恰当的储氢材料。

总的来说，可逆氢吸附过程是基于物理吸附的。在低温下(77 K)，吸氢量与碳纳米材料的 BET 表面积成正比。吸氢量为 1.5×10^{-3}%(质量分数)·m^{-2}·g，再乘以碳的最大比表面积，碳纳米材料的最大吸氢量为 2%(质量分数)。如果考虑到测量是在 77 K(远高于氢的临界温度)下进行的，所以氢的单分子层吸附并不完全。没有证据证明碳纳米材料的几何结构对吸氢量有影响。很明显，纳米管的曲率可能只影响吸附能，而不影响吸氢量。另外，所有试图打开纳米管并在管内吸附氢的尝试并没有增加吸氢量。在室温下，即使压力高达 35 MPa，基于物理吸附的吸氢量仍小于 0.1%(质量分数)。所有类型的碳纳米材料都是如此，如碳纤维，碳纳米管，高比表面积碳。除了碳纳米材料以外，其他纳米孔材料也可用于储氢，如沸石和金属有机框架化合物 MOF(metal organic framework)。

物理吸附储氢的优点是操作压力低，材料成本相对较低以及储氢系统设计简单。缺点是碳的吸氢量很低并且需要低温操作。

13.2.5 化合物存储

1. 有机化合物储氢

有机液体氢化物储氢是借助不饱和液体有机化合物与氢的可逆反应(即加氢反应和脱氢反应)来实现的。加氢反应实现氢的储存，脱氢反应实现氢的释放。不饱和液体有机化合物作为储氢剂可循环使用。烯烃、炔烃、芳烃等不饱和液体有机化合物均可作为储氢材料。从反应的可逆性和储氢量等角度看，苯和甲苯是比较理想的有机液体储氢剂。表 13 - 3 给出了苯和甲苯的储氢性能。

表 13-3　苯和甲苯的储氢性能

储氢剂	可逆反应	储氢密度 /(g·H_2·dm^{-3})	理论储氢里量（质量分数）/%	储存 1 kg H_2 需要的储氢剂质量/kg	反应热/(kJ·mol^{-1})
苯	$C_6H_6+3H_2 \rightleftharpoons C_6H_{12}$	56	7.19	12.9	206
甲苯	$C_7H_8+3H_2 \rightleftharpoons C_7H_{14}$	47.4	6.16	15.2	204.8

与高压压缩、深冷液化和金属氢化物这些传统的储氢方法相比，有机液体储氢有以下特点：① 氢载体的储存和运输安全方便。氢载体环己烷和甲基环己烷与汽油类似，可方便地利用现有的储存和运输设施，有利于长距离大量输氢。② 储氢量较大。环己烷和甲基环己烷的理论储氢量（质量分数）分别为 7.19% 和 6.16%，高于高压压缩和金属氢化物的储氢量。③ 储氢剂苯和甲苯的成本低，可循环使用。④ 可逆反应中，加氢是放热反应，脱氢反应需要的能量约占其储存氢能的 30%，因此脱氢过程是有机液体储氢的关键。有机液体储氢的明显不足之处在于，催化加氢和催化脱氢装置的投资费用较大，操作比其他储氢方法复杂。

对于苯和甲苯的加氢反应，最初采用的是热催化加氢，它必须在高温下进行。与热催化加氢相比，电化学催化加氢具有以下优点：① 避开断开氢分子双键的动力学势垒，反应条件温和；② 控制加在阴极催化剂上的电势可避免毒物的吸附。电化学催化加氢的缺点在于：芳环的加氢还原反应困难，还原产物与电解液需要分离。

另一种情况是氢可以化合键合到 C_{60} 和 C_{70} 富勒烯上，C_{60} 的储氢量可高达 $C_{60}H_{48}$(6.3%)。与简单的活性炭吸氢不同的是 C_{60} 碳原子与氢原子形成相当强的共价键，ΔH 为 285 kJ·mol^{-1} H_2，这意味着要打破这种键释放氢气，需要 400 ℃以上的温度。

2. 无机化合物储氢

一些无机物与氢的反应物既可作为燃料又可分解获得氢气，可以利用这一特性储氢。下面简要介绍一些无机化合物储氢方法。

利用碳酸氢盐与甲酸盐之间相互转化的可逆反应能够储氢，储放氢反应为：

$$HCO_3^- + H_2 \xrightarrow{\text{Pd 或 PdO, 20 atm, 35 ℃}} HCO_2^- + H_2O \qquad (13-50)$$

$$HCO_2^- + H_2O \xrightarrow{\text{Pd 或 PdO, 20 atm, 70 ℃}} HCO_3^- + H_2 \qquad (13-51)$$

反应以 Pd 或 PdO 做催化剂，用吸湿性强的活性炭做载体。此方法的储氢量较低，为 2%（质量分数）左右。主要优点是便于大量的储存和运输，安全性好。

络合氢化物储氢也是一种无机化合物储氢方法。络合氢化物分为两大类，一类包含过渡元素，一类不含过渡元素。前者主要由第一族或第二族元素和一种低化合价的过渡元素组成。典型的例子是 Mg 和 Fe 与氢可形成稳定的氢化物 Mg_2FeH_6，而 Mg 和 Fe 不能形成金属间化合物。后者主要是铝或硼与碱金属组成的络合氢化物（如 $NaAlH_4$ 或 $NaBH_4$）。一般认为，络合氢化物储氢是不可逆的，但可以通过使用过渡元素或稀土催化剂使大部分络合氢化物能可逆储氢，其不仅价格便宜，而且单位质量储氢密度高达5.5%～18.5%，超过储氢合金。典型的络合可逆氢化反应如下：

$$NaAlH_4 \xrightarrow{15\ MPa, 423\ K} \frac{1}{3}Na_3AlH_6 + \frac{2}{3}Al + H_2(g) \tag{13-52}$$

$$Na_3AlH_6 \xrightarrow{15\ MPa, 423\ K} 3NaAlH + Al + \frac{3}{2}H_2(g) \tag{13-53}$$

络合氢化物储氢的主要缺点是其络合反应速度慢，再次氢化压力高(10～15 MPa)，使用温度(473～673 K)高于实际使用温度(<373 K)。如果能有效克服其缺点，络合氢化物极可能用于燃料电池。

硼氢化钠($NaBH_4$)是常用的络合型氢化物，以优良的还原性而著称。$NaBH_4$在水中会发生水解反应：

$$NaBH_4 + 2H_2O \rightarrow 4H_2 + NaBO_2 \tag{13-54}$$

25 ℃标准状态下此反应是放热的，焓变为－217 kJ。$NaBH_4$通常储存在强碱性(pH>14)溶液中。如果要利用$NaBH_4$碱溶液来生产氢气，必须要有足够快的反应速度。为了加快反应速度，通常采用使用催化剂、添加酸或升高体系温度等措施。根据所用的原料不同，可将$NaBH_4$的制备方法分成4类：① 以硼烷或有机硼为原料；② 以三卤化硼及四氟硼酸钠为原料；③ 以硼酸酯为原料；④ 以氧化硼、磷酸硼及硼酸盐为原料。$NaBH_4$制氢/储氢具有氢的储存效率高(1 g $NaBH_4$的最大产氢量为0.212 g)、产品氢气纯度高、按需产氢且反应速度易于控制以及安全无污染等优点。但$NaBH_4$制氢/储氢也存在成本较高和副产物$NaBO_2$需回收利用等问题。如果能够突破$NaBH_4$的低成本制造技术和$NaBO_2$的回收利用技术，那么将有可能在汽车加油站中用泵给汽车加注$NaBH_4$，同时回收$NaBO_2$，返送到合成车间进行再循环使用。

硼烷氨AB(ammonia borane)是化合物储氢材料中的明星，其分子式为H_3NBH_3。其优势在于：① 含氢量高。如果能将所含氢原子全部释放，单位质量和体积储氢密度可分别达到19.6%和0.16 kg·H_2·dm^{-3}。② 稳定性高。常温下为固态，在空气与水中稳定，安全性高。③ 成本低。制备技术成熟，有利于大规模应用。因此硼烷氨是近几年储氢材料研究的热点之一。硼烷氨在常温下放氢速度慢，提高其脱氢速度的方法包括：用离子液体溶解、制备纳米硼烷氨以及用金属催化等。

问题与讨论

1. 非再生制氢方法有哪些？它们之间有何异同点？
2. 电解水制氢装置由哪些部分组成？它们有何特点？
3. 热化学制氢循环主要有哪些？它们的循环反应机理是什么？

4. 光催化分解水制氢可以通过哪些途径实现？这些途径有何优缺点？
5. 与利用化石燃料制氢的方法相比，生物质气化制氢有何不同？
6. 能够制氢的微生物有哪些种类？它们的制氢原理是什么？
7. 比较各种制氢方法的特点，讨论未来制氢技术发展的方向。
8. 氢气的纯化方法有哪些？它们有哪些用途？
9. 如何通过变压吸附实现氢气的提纯？
10. 仔细比较气态储氢和液态储氢，它们有哪些优缺点？
11. 为什么储氢合金的单位体积储氢密度很高？
12. 改善储氢合金性能的手段有哪些？
13. 试讨论文献报道的碳纳米材料储氢量存在巨大差异的原因。
14. 试讨论限制化合物储氢应用的因素。
15. 如何才能实现氢能的有效循环利用？

参考文献

[1] WG&G TECHNICAL SERVICES, Inc. FuelCell Handbook(Seventh Edition), 2004.

[2] JAMES LARMINIE, ANDREW DICKS. Fuel Cell Systems Explained (Second Edition),John Wiley & Sons Ltd, 2003.

[3] 詹姆斯・拉米尼,安德鲁・迪克斯.燃料电池系统—原理・设计・应用[M].2版.朱红,译.北京:科学出版社,2006.

[4] 衣宝廉.燃料电池-原理技术应用.北京:化学工业出版社,2003.

[5] 毛宗强.燃料电池.北京:化学工业出版社,2005.

[6] 黄镇江.燃料电池及其应用.北京:电子工业出版社,2005.

[7] 刘凤君.高效环保的燃料电池发电系统及其应用.北京:机械工业出版社,2005.

[8] Ryan O' Hayre,等著,燃料电池基础.王晓红.黄宏,等译.北京:电子工业出版社,2007.

[9] 王林山,李英.燃料电池.第二版.北京:冶金工业出版社,2005 .

[10] 许世森,程健.燃料电池发电系统.北京:中国电力出版社,2006 .

[11] 谢晓峰, 范星河. 燃料电池技术. 北京:化学工业出版社, 2004.

[12] 隋智通,隋升,罗冬梅.燃料电池及其应用.北京:冶金工业出版社,2004.

[13] SINGHAL S C,KENDALL K.著.高温固体氧化物燃料电池:原理、设计和应用,韩敏芳,蒋先锋,译.北京:科学出版社,2007.

[14] MENICOL B D, RAND D A, WILLIAMS K R. Direct Methanol - Air Fuel Cells for Road Transportation. Journal of Power Sources, 1999, 83(1 - 2): 15 - 31.

[15] WASMUS S, KüVER A. Methanol Oxidation and Direct Methanol Fuel Cells: a Selective Review. Journal of Electroanalytical Chemistry, 1999, 461(1 - 2): 14 - 31.

[16] REN X,ZELENAY P,THOMAS S,DAVEY J,AND GOTTESFELD S. Recent Advances in Direct Methanol Fuel Cells at Los Alamos National Laboratory. Journal of Power Sources, 2000, 86(1 - 2): 111 - 116.

[17] DILLON R, SRINIVASAN S, ARICò A S, AND ANTONUCCI V. International Activities in DMFC R&D: Status of Technologies and Potential Applications, Journal of Power Sources, 2004, 127(1 - 2): 112 - 126.

[18] 魏昭彬,刘建国,乔亚光.直接甲醇燃料电池性能. 电化学, 2001, 7(2): 228 - 233.

[19] ANDRIAN S V, AND MEUSINGER J, Process Analysis of a Liquid - feed Direct Methanol Fuel Cell System. Journal of Power Sources, 2000, 91(2): 193 - 201.

[20] THOMAS S C, REN X, GOTTESFELD S, AND ZELENAY P. Direct Methanol Fuel Cells: Progress in Cell Performance and Cathode Research. Electrochimica Acta, 2002, 47(22 - 23):3741 - 3748 .

[21] SCOTT W M, ARGYROPOULOS P T, AND SUNDMACHER K. The Impact of Mass Transport and Methanol Crossover on the Direct Methanol Fuel Cell. Journal of Power Sources, 1999, 83(1 - 2): 204 - 216 .

[22] HAMNETT A, KENNEDY B J, AND WEEKS S A. Base Metal Oxides as Promotors for the Electrochemical Oxidation of Methanol. Journal of Electroanalytical Chemistry, 1988, 240(1-2): 349-353 .

[23] 陈军峰，徐才录，毛宗强，等.碳纳米管表面沉积铂及其质子交换膜燃料电池的性能. 中国科学(A辑)，2001, 31(6):529-533.

[24] 唐亚文，包建春，周益民，等.碳纳米管负载铂催化剂的制备及其对甲醇的电催化氧化研究. 无机化学学报，2003, 19(8): 905-908.

[25] 陈卫祥，J. Y. Lee，刘昭林. 微波合成碳负载纳米铂催化剂及对甲醇氧化的电催化性能. 化学学报，2004, 62(1): 42-46.

[26] JIANG J, AND KUCERNAK A. Novel Electrocatalyst for the Oxygen Reduction Reaction in Acidic Media Using Electrochemically Activated Iron 2,6-bis(imino)-pyridyl Complexes. Electrochimica Acta, 2002, 47(12): 1967-1973.

[27] REEVE R W, CHRISTENSEN P A, DICKINSON A J, HAMNETT A, AND SCOTT K. Methanol-tolerant Oxygen Reduction Catalysts Based on Transition Metal Sulfides and Their Application to the Study of Methanol Permeation. Electrochimica Acta, 2000, 45(25-26): 4237-4250.

[28] 吴洪，王宇新，王世昌.聚乙烯醇膜的阻醇及导电性能研究(I)热处理聚乙烯醇. 高分子材料科学与工程，2003, 19(2): 172-175.

[29] BAE B C, AND KIM D K. Sulfonated Polystyrene Grafted Polypropylene Composite Electrolyte Membranes for Direct Methanol Fuel Cells. Journal of Membrane Science, 2003, 220(1-2):75-87.

[30] FEDKIN M V,ZHOU X Y,HOFMANN M A,CHALKOVA E, WESTON J A,ALLCOCK H R,AND LVOV S N. Evaluation of Methanol Crossover in Proton-Conducting Polyphosphazene Membranes. Journal of Materials Letters, 2002, 52(3):192-196.

[31] WILLSAU J, AND HEITBAUM J. Elementary Steps of Ethanol Oxidation on Pt in Sulfuric Acid as Evidenced by Isotope Labeling. Journal of Electroanalytical Chemistry, 1985, 194(1): 27-35.

[32] ZHOU W J, ZHOU Z H, SONG S Q, LI W Z, SUN G Q, TSIAKARAS P, AND XIN Q. Pt Based Anode Catalysts for Direct Ethanol Fuel Cells. Appled Catalysis B: Environmental, 2003, 46(2): 273-285.

[33] 马国仙，唐亚文，周益明，邢巍，陆天虹.固相反应法制备 Pt-Ru/C 催化剂对乙醇氧化的电催化活性研究. 无机化学学报，2004, 20(4):394-398.

[34] RICE C, HA S, MASEL R I, AND WIECKOWSKI A. Catalysts for Direct Formic Acid Fuel Cells. Journal of Power Sources, 2003, 115(2):229-235.

[35] YANG Y Y, SUN S G, GU Y J, ZHOU Z Y, AND ZHEN C H. Surface Modification and Electrocatalytic Properties of Pt(100), Pt(110), Pt(320) and Pt(331) Electrode with Sb towards HCOOH Oxidation. Electrochimica Acta, 2001, 46(28): 4339-4348.

[36] HERRERO E, FELIU J M, AND ALDAZ A. Poison Formation Reaction from Formic Acid on Pt(100) Electrodes Modified by Irreversibly Adsorbed Bismuth and Antimony. Journal of Electroanalytical Chemistry, 1994, 368(1-2):101-108 .

[37] LLORCA M J, HERRERO,E FELIU J M, AND ALDAZ A. Formic Acid Oxidation on Pt(111) Elec-

trodes Modified by Irreversibly Adsorbed Selenium. Journal of Electroanalytical Chemistry，1994，373(1-2)：217-225.

[38] RICE C，HA S，MASEL R I，WASZCZUK P，WIECKOWSKI A，AND BARNARD T. Direct formic acid fuel cells. Journal of Power Source，2002，111(1)：83-89 .

[39] ZHU Y M，HA S，AND MASEL R I. High power density direct formic acid fuel cells. Journal of Power Sources，2004，130(1-2)：8-14.

[40] HA S，LARSEN R，AND MASEL R I. Performance characterization of Pd/C nanocatalyst for direct formic acid fuel cells. Journal of Power Sources，2005，144(1):28-34.

[41] WANG X，TANG Y. W，GAO Y，AND LU T H. Carbon-supported Pd-Ir catalyst as anodic catalyst in direct formic acid fuel cell. Journal of Power Sources，2008，175(2)：784-788.

[42] 宋树芹，陈利康，刘建，魏昭彬，辛勤.直接乙醇燃料电池初探. 电化学，2002，8(1)：105-110.

[43] WANG R F，LIAO S J，AND JI S. High performance Pd-based catalysts for oxidation of formic acid. Journal of Power Sources，2008，180(1)：205-208.

[44] NIU L，Li Q H，Wei F H，CHEN X，AND WANG H. Electrochemical impedance and morphological characterization of platinum-modified polyaniline film electrodes and their electrocatalytic activity for methanol oxidation. Journal of Electroanalytical Chemistry，2003，544(13)：121-128.

[45] 符显珠，李俊，卢成慧，廖代伟. 直接甲醇燃料电池质子膜研究进展. 化学进展，2004，16 (1):77-82.

[46] 赵晓旭，王立新，陈刚，等.新型炭/改性酚醛树脂(C/R)复合材料的研究. 炭素，2001，1:25-27.

[47] 梁剑莹，李永亮，沈培康. PEMFC关键组件的研究进展.电池，2006，36(3):226-228.

[48] YAN X Q，HOU M，ZHANG H F，JING F N，MING P W，AND YI B L. Performance of PEMFC stack using expanded graphite bipolar plates. Journal of Power Sources，2006，160(1)：252-257.

[49] HUNG Y，EL-KHATIB K M，AND TAWFIK H. Testing and evaluation of aluminum coated bipolar plates of PEM fuel cells operating at 70 ℃. J. Power Sources，2006，163 (1)：509-513.

[50] JOSEPH S，MCCLUREA J C，AND CHIANELLI R. et al，Conducting polymer-coated stainless steel bipolar plates for proton exchange membrane fuel cells (PEMFC). International Journal of Hydrogen Energy，2005，30 (12)：1339-1344.

[51] 史萌，邱新平，朱文涛. Nafion膜在直接甲醇燃料电池中的应用及改进. 化学通报，2001，8：488-491.

[52] PIVOVAR B S，WANG Y X，AND CUSSLER E L. Pervaporation membranes in direct methanol fuel cells. Journal of Membrane Science，1999，154(2):155-162.

[53] 吴洪，王宇新，王世昌.用于聚合物电解质膜塑料电池中的质子导电膜. 高分子材料科学与工程，2001，17(4):7-11.

[54] GUO D J，AND LI H L. High dispersion and electrocatalytic properties of platinum on functional multi-walled carbon nanotubes. Electroanalysis，2005，17：869-872.

[55] LIANG Y M，ZHANG H M，YI B L，ZHANG Z H，AND TAN Z C. Preparation and characterization of multi-walled carbon nanotubes supported PtRu catalysts for proton exchange membrane fuel cells. Carbon，2005，43：3144-3152.

[56] 李延辉，陈军峰，丁俊，毛宗强，徐才录，吴德海.碳纳米管沉积铂和钌对PEMFC抗CO中毒能力的影响.

无机材料学报,2004, 19(3):629 - 633.

[57] 黄乃宝,衣宝廉,侯明,明平文.PEMFC薄层金属双极板研究进展. 化学进展, 2005, 17(6):963 - 969.

[58] 张海峰,衣宝廉,侯明.质子交换膜燃料电池双极板的材料与制备. 电源技术,2003, 27(6):129 - 133.

[59] WIND J, SPAH R, KAISER W, AND BÖHM G. Metallic Bipolar Plates for PEM Fuel Cells. Journal of Power Sources, 2002, 105: 256 - 260.

[60] 罗晓宽,侯明,傅云峰,侯中军,明平文,衣宝廉.质子交换膜燃料电池模压石墨双极板研究. 电源技术, 2008, 32(3):174 - 176.

[61] BESMANN T M, KLETT W J, AND HENRY J J. Carbon/carbon composite bipolar plate for proton exchange membrane fuel cells. Journal of Electrochemical Society, 2000, 147(11): 4083 - 4086.

[62] 黄岳强,梁剑莹,张晓飞,沈培康.PEMFC双极板的材料和加工方法. 电池,2008, 38(1): 53 - 56.

[63] HENTALL P L, LAKEMAN J B, MEPSTED G O, ADC - OCK P L, AND MOORE J M. New materials for polymer electrolyte membrane fuel cell current collectors, Journal of Power Sources, 1999, 80: 235 - 241.

[64] SHAO Z G, XU H F, LI M Q, HSING I M. Hybrid Nafion - inorganic oxides membrane doped with heteropolyacids for high temperature operation of proton exchange membrane fuel cell. Solid State Ionics, 2006, 177: 779 - 785.

[65] TIAN J H, GAO P F, ZHANG Z Y, LUO W H, AND SHAN Z Q. Preparation and performance evaluation of a Nafion - TiO_2 composite membrane for PEMFCs. international journal of hydrogen energy, 2008, 33: 5686 - 5690.

[66] WILSON M S, AND GOTTESFEL D S, Thin film catalyst layers for polymer electrolyte fuel cell electrodes. Journal of Applied Electrochemistry, 1992, 22: 1 - 7.

[67] GULZOW E, KAZ T, REISSNER R, SANDER H, SCHILLING L, AND VON BRADKE M. Study of membrane electrode assemblies fordirect methanol fuel cells. Journal of Power Sources, 2002, 105: 261 - 266.

[68] KUAN H C, MA C C M, CHEN K H, AND CHEN S M. Preparation, electrical, mechanical and thermal properties of composite bipolar plate for a fuel cell. Journal of Power Sources, 2004, 134(1): 7 - 17.

[69] MEHTA V, AND COOPER J S. Review and analysis of PEM fuel cell design and manufacturing. Journal of Power Sources, 2003, 114(1): 32 - 53.

[70] LEE S J, MUKERJEE S, TICIANELLI E A, AND MCBREEN J. Electrocatalysis of CO tolerance in hydrogen oxidation reaction in PEM fuel cells. Electrochimica Acta, 1999, 44(19): 3283 - 3293.

[71] MUKERJEE S, AND RICHARD C U. Bifunctionality in Pt alloy nanocluster electrocatalysts for enhanced methanol oxidation and CO tolerance in PEM fuel cells: electrochemical and in situ synchrotron spectroscopy. Electrochimica Acta, 2002, 47(19): 3219 - 3231.

[72] 侯中军,俞红梅.质子交换膜燃料电池阳极抗CO催化剂的研究进展.电化学,2000. 6(4):379 - 387.

[73] CHEN Y, WANG X H, CHEN L X, CHEN C P, WANG Q D, AND SEQUEIRA C A C. Electrochemical properties of rare - earth based hydrogen storage alloy for replacing Pt as the anode electrocatalyst in AFC. Journal of Alloys and Compounds, 2006, 421: 223 - 227.

[74] KINOSHITA H, YONEZAWA S, KIM J H, KAWAI M, TAKASHIMA M, AND TSUKATANI T. Preparation and characterization of Ni - plated polytetrafluoroethylene plate as an electrode for alkaline fuel cell. Journal of Power Sources, 2008, 183:464 - 470.

[75] HU W K, AND NORéUS D. Rare - earth - based AB_5 - type hydrogen storage alloys as hydrogen electrode catalysts in alkaline fuel cells. Journal of Alloys and Compounds, 2003, 356 - 357: 734 - 737.

[76] 赖渊,周德璧,胡剑文,崔莉莉. 碱性燃料电池 Co - N/C 复合催化剂的电化学性能. 化学学报,2008, 66 (9):1015 - 1020.

[77] 魏昭彬, 赵秀阁, 辛勤. 双组分过渡金属氮化物催化剂II:催化性能. 催化学报, 2000, 21(4): 305 - 308.

[78] LEE H K, SHIM J P, SHIM M J, KIM S W, AND LEE J S. Oxygen reduction behavior with silver alloy catalyst in alkaline media. Materials Chem. Phy., 1996, 45(3): 238 - 242.

[79] 滕加伟,金丽华,唐伦成. 碱性燃料电池氧电极的研究——助催化剂的添加对 AgC 催化剂活性的影响. 电化学,1997, 3(4):428 - 432.

[80] 滕加伟,金丽华,唐伦成. 碱性燃料电池氧电极的研究——制备条件对 Ag - Ni - Bi - HgC 催化剂活性的影响. 电源技术,1997, 21(6):252 - 255.

[81] 滕加伟,金丽华,唐伦成. 碱性燃料电池氧电极的研究——Ni,Bi,Hg 对 Ag/C 催化剂活性的影响. 电源技术,1998, 22(1):21 - 23.

[82] SALEH M A, GULTEKIN S, AND ZAKRI A S. Effect of carbon dioxide on the performance of Ni/PTFE and Ag/PTFE electrodes in an alkaline fuel cell. Journal of Applied Electrochemistry, 1994, 24 (5): 575 - 580.

[83] APPLEBY A J, AND FOULKES F R. Fuel Cell Hand book, Florida: Krieger Publishing Company, 1993.

[84] GULZOW E. Alkaline fuel cells: a critical view. Journal of Power Sources, 1996, 61(1 - 2): 99 - 104.

[85] CIFRAIN M, AND KORDESCH K V. Advances, aging mechanism and lifetime in AFCs with circulating electrolytes. Journal of Power Sources, 2004, 127 (1 - 2): 234 - 242.

[86] BETTY Y S L, DONALD W K, AND STEVEN J T. Performance of alkaline fuel cells: A possible future energy system? Journal of Power Sources, 2006, 161: 474 - 483.

[87] SAMMES N, BOVE R, AND STAHL K. Phosphoric acid fuel cells: Fundamentals and applications. Current Opinion in Solid State and Materials Science, 2004, 8: 372 - 378.

[88] GHOUSE M, ABAOUD H, AL - BOUEIZ A, AND AL - ZAHARANI S. Fabrication and characterization of the graphite bi - polar plates used in a 0.25 kW PAFC stack. International Journal of Hydrogen Energy, 1998, 23(8): 721 - 730.

[89] WANG H L, AND TURNER J A. Austenitic stainless steels in high temperature phosphoric acid. Journal of Power Sources, 2008, 180: 803 - 807.

[90] SONG R H, SHIN D R. Influence of CO concentration and reactant gas pressure on cell performance in PAFC. International Journal of Hydrogen Energy, 2001, 26: 1259 - 1262.

[91] HOJO N, OKUDA M, AND NAKAMURA M. Phosphoric acid fuel cells in Japan, Journal of Power Sources, 1996, 61: 73 - 77.

[92] MIYAKE Y, AKIYAMA Y, HAMADA A, ITOH Y, ODA K, SUMI S, NISHIO K, AND NISHIZAWA N. Status of fuel cells R&D activities at Sanyo. Journal of Power Sources, 1996, 61: 153-160.

[93] ANTOLINI E, SALGADO J R C, AND GONZALEZ E R. The stability of Pt-M (M = first row transition metal) alloy catalysts and its effect on the activity in low temperature fuel cells: A literature review and tests on a Pt-Co catalyst. Journal of Power Sources, 2006, 160: 957-968.

[94] 隋静,黄红良,李伟善.中日合作番禺 200 kW 磷酸燃料电池电站概况. 电源技术,2005,29(4):253-256.

[95] 朱新坚.中国燃料电池技术现状与展望. 电池,2004, 34(3):202-2031.

[96] HERMANN A, CHAUDHURI T, AND SPAGNOL P. Bipolar plates for PEM fuel cells: A review. International Journal of Hydrogen Energy, 2005, 30(12):1297-1302.

[97] LI M C, ZENG C L, LUO S Z, SHEN J N, LIN H C, AND CAO C N. Electrochemical corrosion characteristics of type 316 stainless steel in simulated anode environment for PEMFC. Electrochimica Acta, 2003, 48(2): 1735-1741.

[98] GHOUSE M, AL-BOEIZ A, ABAOUD H, AND AL-GARNI M. Preparation and electrochemical evaluation of the PTFE-bonded porous Teflon gas-diffusion carbon electrodes used in phosphoric acid fuel-cell application. International Journal of Hydrogen Energy, 1995, 20(9): 727-736.

[99] GHOUSE M, AL-BOEIZ A, AL-GARNI M, AND ABAOUD H. Development of a 0.25 kW PAFC stack. Arabian Journal of Science & Engineering, 1995, 20(4B): 835-853.

[100] RECUPETRO V, ALDERUCCI V, LEONARDO D I, LAGANA M I, ZAPPAL G, AND GIORDANO N. 1 kW PAFC stack: a case history. International Journal of Hydrogen Energy, 1994, 19(7): 633-639.

[101] CHIN D T, AND HAWARD P D. Hydrogen sulfide poisoning of platinum anode in phosphoric acid fuel cell electrolyte. Journal of electrochemistry Society, 1986, 133:2447-2450.

[102] YANG J C, PARK Y S, SEO S H, LEE H J, AND NOH J S. Development of a 50 kW PAFC power generation system. Journal of Power Sources, 2002, 106: 68-75.

[103] 张纯,毛宗强.磷酸燃料电池(PAFC)电站技术的发展、现状和展望. 电源技术,1996, 20(5):216-221.

[104] 黄红良,隋静,李伟善,黄启明,梁甫坚,李碧莲.中日合作番禺 200 kW 磷酸燃料电池运行数据分析. 电源技术,2007, 31(1):80-83.

[105] 魏子栋,谭君付,川殷菲,陈昌国,唐致远,郭鹤桐. PAFC 空气电极催化层相界面结构分析. 物理化学学报,2001, 17(10): 892-897.

[106] GHOUSE M, ABAOUD H, AND AL-BOEIZ A. Operational experience of a 1 kW PAFC stack, Applied Energy, 2000, 65(1-4): 303-314.

[107] 韩敏芳,彭苏萍著.固体氧化物燃料电池材料及制备,北京:化学工业出版社,2005.

[108] GELLINGS P J, BOUWMEESTER H J M. The CRC Handbook of Solid State Electrochemistry, CRC Press, Inc. 1997.

[109] MCINTOSH S, GORTE R J. Direct Hydrocarbon Solid Oxide Fuel Cells, Chemical Reviews, 2004, 104:4845-4865.

[110] ADLER S B. Factors Governing Oxygen Reduction in Solid Oxide Fuel Cell Cathodes, Chemical Reviews, 2004,104: 4791-4843.

[111] SUN C W, STIMMING U. Recent anode advances in solid oxide fuel cells, Journal of Power Sources, 2007, 171: 247 - 260.

[112] MANTHIRAM A, KUO J F, GOODENOUGH J B. Solid State Ionics, 1993, 62(3 - 4): 225 - 234.

[113] KAKINUMA K, YAMAMURA H. Oxide - ion conductivity of $(Ba_{1-x}La_x)_2In_2O_5$ system based on brownmillerite structure. Solid State Ionics, 2001, 140: 301 - 306.

[114] 王康，邵宗平. 单室固体氧化物燃料电池. 化学进展，2007，19:267 - 275.

[115] JASINSKI P, SUZUKI T, DOGAN F. Impedance spectroscopy of single chamber SOFC. Solid State Ionics, 2004, 175: 35 - 38.

[116] ZHANG C M , ZHENG Y, RAN R. Initialization of a methane - fueled single - chamber solid - oxide fuel cell with NiO + SDC anode and BSCF + SDC cathode. Journal of Power Sources, 2008, 179: 640 - 648.

[117] CHARLES J P, RUSSELL R B, YONG K K, AND CHRISTIAN R S. Fabrication and Rate Performance of a Microfiber Cathode in a Mg - H_2O_2 Flowing Electrolyte Semi - Fuel Cell. Journal of the Electrochemical Society, 2008, 155(6): B558 - B562.

[118] YANG W, YANG S, SUN W, SUN G, AND XIN Q. Nanostructured palladium - silver coated nickel foam cathode for magnesium - hydrogen peroxide fuel cells. Electrochimica Acta, 2006, 52(1): 9 - 14.

[119] MEDEIROS M G, BESSETTE R R, DESCHENES C M, PATRISSI C J, CARREIRO L G, TUCKER S P, AND ATWATER D W. Magnesium - solution phase catholyte semi - fuel cell for undersea vehicles. Journal of Power Sources, 2004, 136(2): 226 - 231.

[120] HASVOLD O AND STORKERSEN N. Electrochemical power sources for unmanned underwater vehicles used in deep sea survey operations, Journal of Power Sources. 2001, 96(1): 252 - 258.

[121] HASVOLD O, LIAN T, HAAKAAS E, STORKERSEN N, PERELMAN O, AND CORDIER S. CLIPPER: A long - range, autonomous underwater vehicle using magnesium fuel and oxygen from the sea. Journal of Power Sources, 2004, 136(2 SPEC ISS): 232 - 239.

[122] CAO D, SUN Y, AND WANG G. Direct carbon fuel cell: Fundamentals and recent developments. Journal of Power Sources, 2007, 167(2): 250 - 257.

[123] NABAE Y, POINTON K D, AND IRVINE J T S. Electrochemical oxidation of solid carbon in hybrid DCFC with solid oxide and molten carbonate binary electrolyte. Energy Environmental Science, 2008, 1: 148 - 155.

[124] ANDREW C L, SIWEN L, REGINALD E M, AND TURGUT M G. Conversion of Solid Carbonaceous Fuels in a Fluidized Bed Fuel Cell. Electrochemical and Solid - State Letters, 2008, 11(2): B20 - B23.

[125] JAIN S L, NABAE Y, LAKEMAN B J, POINTON K D, AND IRVINE J T S. Solid state electrochemistry of direct carbon/air fuel cells. Solid State Ionics, 2008, 179(27 - 32): 1417 - 1421.

[126] POINTON K, LAKEMAN B, IRVINE J, BRADLEY J, AND JAIN S. The development of a carbon - air semi fuel cell. Journal of Power Sources, 2006, 162(2): 750 - 756.

[127] CHEREPY N J, KRUEGER R, FIET K J, JANKOWSKI A F, AND COOPER J F. Direct conversion of carbon fuels in a molten carbonate fuel cell. Journal of the Electrochemical Society, 2005, 152(1): 80 - 87.

[128] ZECEVIC S, PATTON E M, AND PARHAMI P. Direct electrochemical power generation from carbon in fuel cells with molten hydroxide electrolyte. Chemical Engineering Communication, 2005, 192 (10 - 12):1655 - 1670.

[129] WEE J H. A comparison of sodium borohydride as a fuel for proton exchange membrane fuel cells and for direct borohydride fuel cells. Journal of Power Sources, 2006, 155:329 - 339.

[130] WEE J H. Which type of fuel cell is more competitive for portable application: Direct methanol fuel cells or direct borohydride fuel cells? Journal of Power Sources, 2006,161:1 - 10.

[131] UMIT B D. Direct liquid - feed fuel cells: Thermodynamic and environmental concerns. Journal of Power Sources, 2007, 169: 239 - 246.

[132] UMIT B D. Direct borohydride fuel cell: Main issues met by the membrane - electrodes - assembly and potential solutions. Journal of Power Sources, 2007, 172:676 - 687.

[133] PONCE DE LEON C, WALSH F C, PLETCHER D, BROWNING D J, LAKEMAN J B. Direct borohydride fuel cells. Journal of Power Sources, 2006, 155:172 - 181.

[134] PONCE DE LEON C, WALSH F C, PATRISSI C J, MEDEIROS M G, BESSETTE R R. REEVE R W, LAKEMAN J B, ROSE A, AND BROWNING D. A direct borohydride - peroxide fuel cell using a Pd/Ir alloy coated microfibrous carbon cathode. Electrochemistry Communications, 2008, 10(10): 1610 - 1613.

[135] PONCE DE LEON C, WALSH F C, ROSE A, LAKEMAN J B, BROWNING D J, AND REEVE R W. A direct borohydride - Acid peroxide fuel cell. Journal of Power Sources, 2007, 164(2): 441 - 448.

[136] GU L, LUO N, AND MILEY G H. Cathode electrocatalyst selection and deposition for a direct borohydride/hydrogen peroxide fuel cell. Journal of Power Sources, 2007, 173 (1): 77 - 85.

[137] MILEY G H, LUO N, MATHER J, BURTON R, HAWKINS G, GU L, BYRD E, GIMLIN R, SHRESTHA P J, BENAVIDES G, LAYSTROM J, AND CARROLL D. Direct $NaBH_4/H_2O_2$ fuel cells. Journal of Power Sources, 2007, 165(2): 509 - 516.

[138] RAMAN R K, PRASHANT S K, AND SHUKLA A K. A 28 - W portable direct borohydride - hydrogen peroxide fuel - cell stack. Journal of Power Sources, 2006, 162(2): 1073 - 1076.

[139] CHOUDHURY N A, RAMAN R K, SAMPATH S, AND SHUKLA A K. An alkaline direct borohydride fuel cell with hydrogen peroxide as oxidant. Journal of Power Sources, 2005, 143:1 - 8.

[140] LI Z P, LIU B H, ARAI K, AND SUDA S. A fuel cell development for using borohydrides as the fuel. Journal of the Electrochemical Society, 2003, 150(7): 868 - 872.

[141] LI Z P, LIU B H, ZHU J K, AND SUDA S. Depression of hydrogen evolution during operation of a direct borohydride fuel cell. Journal of Power Sources, 2006, 163:555 - 559.

[142] 王贵领,兰剑,曹殿学,孙克宁. 直接 $NaBH_4 - H_2O_2$ 燃料电池的研究进展.化工学报，2008. 159(4): 805 - 813.

[143] BULLEN R A, ARNOT T C, LAKEMAN J B, AND WALSH F C. Biofuel cells and their development, Biosensors and Bioelectronics, 2006, 21: 2015 - 2045.

[144] DU Z W, LI H R, AND GU T Y. A state of the art review on microbial fuel cells: A promising tech-

nology for wastewater treatment and bioenergy. Biotechnology Advances，2007，25：464 - 482.

[145] RISMANI - YAZDI H，CARVER S M. CHRISTY A D，AND TUOVINEN O H. Cathodic limitations in microbial fuel cells：An overview. Journal of Power Sources，2008,180(2)：683 - 694.

[146] 洪义国，郭俊，孙国萍. 产电微生物及微生物燃料电池最新研究进展. 微生物学报，2007，47(1):173 - 177.

[147] 刘强，许鑫华，任光雷，王为. 酶生物燃料电池. 化学进展，2006，8(11)：1530 - 1537.

[148] 刘登，刘均洪，刘海洲. 微生物燃料电池的研究进展. 化学工业与工程技术，2007，28(5):26 - 28.

[149] 宋天顺，叶晔捷，徐源，徐夫元，陈英文. 沈树宝. 用于废水处理及产能的微生物燃料电池研究进展. 现代化工，2008，28(4):23 - 27.

[150] 丁福臣，易玉峰. 制氢储氢技术[M]. 北京：化学工业出版社，2006.

[151] 毛宗强. 氢能(21世纪的绿色能源)[M]. 北京：化学工业出版社，2005.

[152] 孙燕，苏伟，周理. 氢燃料[M]. 北京：化学工业出版社，2005.

[153] 唐有根，李文良. 镍氢电池[M]. 北京：化学工业出版社，2007.

[154] 陈军，陶占良. 镍氢二次电池[M]. 北京：化学工业出版社，2006.

[155] 李景虹. 先进电池材料[M]. 北京：化学工业出版社，2004.

[156] 陈丹之. 氢能[M]. 西安：西安交通大学出版社，1990.

[157] ZüTTEL A. Hydrogen storage methods. Naturwissenschaften，2004，91：157 - 172.

[158] KARKAMKAR A，AARDAHL C，AND AUTREY T. Hydrogen Storage Materials. Material Matters，2007，2：6 - 10.